MANUEL

DE L'INGÉNIEUR

DES PONTS ET CHAUSSÉES

RÉDIGÉ

CONFORMÉMENT AU PROGRAMME

ANNEXÉ AU DÉCRET DU 7 MARS 1868

RÉGLANT L'ADMISSION DES CONDUCTEURS DES PONTS ET CHAUSSÉES
AU GRADE D'INGÉNIEUR

PAR

A. DEBAUVE

INGÉNIEUR DES PONTS ET CHAUSSÉES

QUATRIÈME FASCICULE

AVEC UN ATLAS DE 54 PLANCHES

—

Exécution des Travaux

PARIS

DUNOD, ÉDITEUR

SUCCESSEUR DE VICTOR DALMONT

LIBRAIRE DES CORPS DES PONTS ET CHAUSSÉES ET DES MINES

Quai des Augustins, 49

—

1872

MANUEL

DE L'INGÉNIEUR

DES PONTS ET CHAUSSÉES

RÉDIGÉ

CONFORMÉMENT AU PROGRAMME

ANNEXÉ AU DÉCRET DU 7 MARS 1868

RÉGLANT L'ADMISSION DES CONDUCTEURS DES PONTS ET CHAUSSÉES
AU GRADE D'INGÉNIEUR

PAR

A. DEBAUVE

INGÉNIEUR DES PONTS ET CHAUSSÉES

QUATRIÈME FASCICULE

AVEC UN ATLAS DE 54 PLANCHES

—

Exécution des Travaux

PARIS

DUNOD, ÉDITEUR

SUCCESSEUR DE VICTOR DALMONT

LIBRAIRE DES CORPS DES PONTS ET CHAUSSÉES ET DES MINES

Quai des Augustins, 49

—

1872

MANUEL

DE L'INGÉNIEUR DES PONTS ET CHAUSSÉES.

PROGRAMME

DE L'EXAMEN DES CANDIDATS AU GRADE D'INGÉNIEUR DES PONTS ET CHAUSSÉES.

EXÉCUTION DES TRAVAUX.

I. *Terrassements.* — Déblais; fouille et charge. — Jet à la pelle; banquettes. — Déblais de rochers : au pic, à la pioche, à la mine. — Précautions à prendre pour l'emploi des mines. — Mèches de sûreté.

Transport à la brouette, au tombereau. — Relais; rampes. — Transport au wagon, par chevaux ou par locomotives.

Remblais. — Régalage et pilonnage. — Dressement des talus.

Exécution des tranchées profondes. — Moyens employés pour prévenir les éboulements ou les glissements; assèchements des talus, gazonnements et plantations, perrés.

Dragages : en lit de rivière, dans une enceinte. — Dragues à mains; bateaux dragueurs : à manége, à vapeur. — Transport des terres par bateau.

II. *Ouvrages d'art; conduites des travaux; matériel.* — Dessins d'exécution. — Tracé des ouvrages. — Approvisionnements; métrés; attachements. — Surveillance.

Appareils employés pour le transport, le hardage et la mise en place des matériaux. — Rouleaux et madriers. Chariots. Fardiers. — Treuils. Chèvres. Crics. Grues. — Echafaudages. Ponts et chemins de fer de service.

III. *Fondations.* — Moyens de constater la nature du terrain. — Système à adopter dans le cas d'un terrain : 1º incompressible; 2º compressible sur une certaine épaisseur et superposé à un terrain incompressible; 3º indéfiniment compressible. Précautions à prendre pour les terrains affouillables.

Répartition de la charge des constructions sur l'étendue des fondations. — Empâtements.

Battage des pieux et palplanches. — Sonnettes à tirande et à déclic; sonnette à vapeur. Recépage, arrachage. — Exécution des grillages, plates-formes et basses-palées. — Exécution et emploi des caissons.

Batardeaux. — Épuisements. — Machines à épuiser : norias, chapelets, tympans, pompes, vis d'Archimède.

Coulage du béton : divers procédés. — Moyens d'étouffer ou de détourner les sources. Enrochements.

Fondations tubulaires. — Scaphandres.

IV. *Mortiers et bétons.* — Cuisson des chaux et ciments : fours intermittents, fours à feu continu.

Composition des chaux grasses, maigres, hydrauliques, des ciments. — Fabrication des chaux artificielles et des pouzzolanes.

Modes divers d'extinction des chaux vives.

Essai des pierres à chaux, des argiles, des chaux, des pouzzolanes naturelles et artificielles. Sables.

Composition des mortiers et bétons. Leur fabrication à bras d'hommes et au moyen de diverses machines.

Notions sur la solidification des mortiers et bétons.

Action de l'eau de mer sur les mortiers.

Résultats d'expérience sur la résistance à l'écrasement et sur l'adhérence des mortiers.

Plâtre; cuisson, broyage. Emploi.

Mastics bitumineux; roche asphaltique et goudron minéral. Préparation et emploi pour chapes et pour trottoirs.

V. *Maçonnerie.* — Qualités et défauts des pierres de différentes natures. — Pierres d'appareil; tailles diverses des parements, des lits et joints; ravalements; outils du tailleur de pierre; sciage de la pierre. — Moellons piqués, smillés, de remplissage. Libages.

Briques; choix des terres, moulage, séchage; cuisson.

Résultats d'expériences sur la résistance des pierres et des briques à la rupture et à l'écrasement.

Exécution des maçonneries en pierre de taille, en moellons, en briques, en béton.

Restauration des anciennes constructions; rejointoiements. — Emploi des ciments.

Exécution des maçonneries en pierres sèches.

TABLE DES MATIÈRES

CHAPITRE IV.

Mortiers et bétons.

CHAPITRE VI.

Bois et métaux.

I. BOIS.

FIN DE LA TABLE DES MATIÈRES

EXÉCUTION DES TRAVAUX.

CHAPITRE Ier.

TERRASSEMENTS.

Dans toute entreprise de travaux, on trouve des terrassements à faire. Ici, il faut enlever les terres et les porter loin du chantier pour asseoir à leur place les fondations d'un pont, d'un viaduc, d'un aqueduc; là, il faut corriger le relief du sol et faire des tranchées dans les collines pour employer le produit de ces tranchées, c'est-à-dire les déblais, à combler les vallées au moyen de remblais.

Les terrassements comprennent, d'après cela, plusieurs opérations secondaires qui sont : 1° la fouille ou déblai ; 2° la charge ; 3° le transport ; 4° la confection du remblai.

FOUILLE. — Il arrive quelquefois que l'on s'attaque à des terres meubles et sablonneuses, et qu'il est possible de les charger immédiatement en se servant uniquement de la pelle ; mais c'est le cas le plus rare, et, en général, il faut au préalable ameublir la terre au moyen d'une pioche (*fig.* 1) ; souvent même il faut recourir au pic, sorte de pioche à laquelle on ne conserve que la branche pointue. Les extrémités de la pioche et du pic doivent être aciérées, car elles sont exposées à rencontrer des terrains durs ; toutefois, lorsqu'on les emploie à l'extraction de rochers, il faut se garder de donner aux pointes une trempe trop énergique, si on ne veut les voir se briser à chaque instant.

Dans les terrains vaseux, faciles à découper en tranches, on se sert du louchet ou de la bêche.

Avant la construction des chemins de fer, on ne connaissait guère les grands ateliers de terrassement; chaque ouvrier, suivant son pays et sa routine, avait un outil spécial. On reconnut bien vite les inconvénients de cette confusion, et les entrepreneurs comprirent que c'était leur avantage de mettre aux mains de l'ouvrier l'outil le plus commode. En 1843, à la suite d'une longue expérience, M. Guillet, conducteur des ponts et chaussées, recommandait l'emploi de la pelle représentée par la *figure* 2 : « Ces pelles sont en fer battu, d'un assez fort échantillon (3 millimètres d'épaisseur) ; elles ont, vues de face, une figure qui se rapproche de l'ogive, et forment un peu la cuiller vers le milieu ; deux lames en fer, qui ne sont que le prolongement de la pelle elle-même, servent d'enveloppe au manche jusqu'à 25 centimètres de hauteur et, à l'aide de clous rivés, le maintiennent solidement. »

Par sa forme, cet outil pénètre facilement dans des terrains un peu durs et graveleux ; la poignée qui surmonte le manche permet à l'ouvrier d'exercer un plus grand effort. Cette poignée est gênante dans les premiers temps, et en plus d'un cas on l'a abandonnée, en se contentant d'allonger le manche de 0^m,15 à 0^m,20, ainsi qu'on le voit sur la *figure* 3.

Sur cette figure, on voit que le manche fait un angle avec la pelle ; cette forme n'est favorable qu'au jet de la terre dans le sens vertical ; on peut la considérer comme nuisible à l'effort exercé.

Lorsqu'on a un terrain que l'on peut attaquer à la pioche, on l'enlève par couches successives de $0^m,30$ à $0^m,40$; un ouvrier pioche le sol, et un ou plusieurs autres ouvriers chargent dans les véhicules la terre ameublie.

S'il suffit de déplacer la terre à une distance inférieure à 4 mètres dans le sens horizontal, le pelleur la jette directement ; mais alors il n'enlève plus que les trois quarts du cube qu'il aurait mis en brouette.

D'autres fois, la tranchée est profonde et de faible largeur ; alors on conserve une série de banquettes en terre formant un escalier dont la hauteur de marche est au plus égale à 2 mètres, et les ouvriers se passent la terre d'un gradin à l'autre. Si même la tranchée n'est pas assez large pour que l'on puisse conserver des gradins, on établit de petits échafaudages étagés. Dans ces conditions, pour un travail important, il sera toujours préférable de recourir à des monte-charges mécaniques.

Abatage. — On se propose de prolonger une tranchée terminée par une paroi verticale. Perpendiculairement à cette paroi, on établit deux saignées que l'on descend jusqu'au sol de la tranchée ; on réunit ces deux saignées par une autre horizontale, que l'on creuse autant que possible, tant qu'il n'y a pas danger d'éboulement. On comprend que l'on a ainsi formé un prisme de terre, qui ne tient plus à la masse que par la face verticale opposée à la paroi de la tranchée. Dans le plan de cette face on enfonce des coins en fer ; le prisme se détache et s'ébranle. On obtient ainsi d'un seul coup jusqu'à 30 mètres cubes de déblai ; mais le procédé est dangereux.

Déblai de rochers. — Un rocher tendre peut quelquefois s'exploiter à la pioche ; mais le plus souvent il faut l'entamer avec des pics pesants ou avec des fleurets à bout aciéré que l'on enfonce à coups de marteau. Enfin, si la roche est trop dure, on a recours aux mines.

Mines ordinaires. — Une mine se compose d'une excavation creusée dans le rocher compacte, remplie de poudre et fermée par une bourre ; on enflamme à distance la poudre de la mine, l'explosion se produit et donne deux effets : 1° disjonction et fendillement de la masse du rocher ; 2° projection d'une partie des blocs formés. Ce dernier effet est dangereux et inutile. L'habileté du mineur consiste à calculer la proportion de poudre employée, et la disposition des trous de mine, de telle sorte que le cube disloqué soit le plus grand possible, et qu'il se produise le moins de projection possible.

Il arrive, dans les rochers fissurés, que l'effet d'une mine est nul, parce que les gaz formés par la combustion se détendent dans les cavités ; en général, quand on a affaire à de telles roches, on les exploite au coin ; toutefois, dans le cas où on voudrait employer la mine, il faudrait d'abord couler dans l'excavation de l'eau chargée de sulfate de chaux ou plâtre, lequel se déposerait dans les fissures et se durcirait suffisamment pour les boucher.

Le principal outil du mineur est le fleuret ; c'est une tige cylindrique de fer amincie en biseau à une extrémité ; le biseau est aciéré, et on le fait pénétrer dans la roche en frappant la tête du fleuret à coups de masse en fer. Un ouvrier tient le fleuret et l'autre frappe ; si le fleuret restait immobile, on percerait dans le rocher une fente rectangulaire ; afin de percer un trou cylindrique, l'ouvrier qui tient la tige la fait tourner après chaque coup de marteau d'un certain angle. La *figure* 4 représente le fleuret du mineur.

La roche est pulvérisée, et, comme on verse toujours un peu d'eau dans le trou pour empêcher l'échauffement et, par suite, la désaciération du fleuret, il se forme au fond une sorte de boue liquide que l'on enlève avec une cuiller en fer.

Le trou terminé, on le sèche avec des tampons, on le remplit de poudre jusqu'au tiers de sa hauteur, on place l'épinglette ou petite tige en bronze dont la tête dépasse l'orifice du trou, puis on bourre avec du papier, de la glaise, des débris de rochers, en se servant d'un bourroir en fonte. (Les outils en fer ont causé plus d'un accident, car lorsqu'ils choquent un morceau de silex, ils peuvent en tirer une étincelle et enflammer la poudre.) Le bourrage achevé, on enlève l'épinglette et l'on remplit avec de la poudre le trou qu'elle laisse vide, ou mieux on se sert d'un tube creux en sureau ou en zinc, dont l'âme est remplie de poudre et se prolonge par une mèche soufrée que l'on enflamme et qui, par son peu de vitesse à brûler, permet aux ouvriers de se mettre à l'abri de l'explosion.

Le bourrage avec le papier est mauvais, en ce sens que, si le trou de l'épinglette n'est pas complétement rempli par la poudre, ce papier prend feu et brûle lentement ; l'explosion se produit au bout de quelques heures et peut blesser les ouvriers qui s'imaginaient que la mine avait raté.

Un perfectionnement a été l'emploi des mèches de sûreté, dites fusées Bickford. Ce sont des fusées dont l'âme est une traînée de poudre, et l'enveloppe une corde enroulée et recouverte elle-même d'un ruban goudronné imperméable à l'humidité.

Ces fusées ont l'avantage de servir à enflammer les mines sous l'eau ; la poudre est alors contenue dans une boîte en zinc.

Le dosage de la poudre à employer n'est pas soumis à une règle fixe ; on donne quelquefois une règle empirique qui dit que la quantité de poudre doit être proportionnelle au cube de la ligne de moindre résistance de la masse à enlever ; mais, en somme, dans chaque cas, c'est d'après l'expérience qu'il faut se guider.

L'emploi des petites mines a suffi tant qu'on n'a pas eu de grands déblais de rochers à faire ; mais depuis quelques années on a, pour ainsi dire, fait sauter des montagnes entières, et s'il avait fallu employer la vieille méthode, le mètre cube de déblai serait revenu à 4 fr. ou 5 fr., parce que la force d'expansion de la poudre est, pour la plus grosse part, employée à projeter et à émietter la roche. Une autre considération est que les blocs du déblai sont employés à la construction des ouvrages d'art, et qu'il importe de les obtenir aussi beaux que possible.

On est venu forcément à faire des mines plus puissantes, et à en enflammer plusieurs simultanément, ces mines étant disposées en ligne de manière à détacher un bloc choisi d'avance. L'explosion simultanée est produite en réunissant en un même faisceau une série de mèches de longueur égale, et mieux encore en enflammant la poudre au moyen de l'étincelle électrique produite par la bobine de Ruhmkorff.

On comprendra bien l'avantage des grosses mines si l'on réfléchit que la résistance à la séparation d'un bloc de la masse du rocher croît proportionnellement à la surface de contact, c'est-à-dire au carré des dimensions, tandis que la résistance à la projection croît proportionnellement au volume, c'est-à-dire au cube des dimensions ; cette dernière résistance croît donc beaucoup plus vite que la première.

« Pour construire le brise-lames d'Holyhead, le gouvernement anglais a acheté sur la côte 33 hectares de terrain, afin d'y établir des carrières dont les matériaux sont transportés par chemins de fer. Ces carrières sont établies sur le flanc d'une montagne de 216 mètres de hauteur, qui se compose de schistes quartzeux très-durs dont la densité est 2,75. L'exploitation se fait sur un front de 500 à 600 mètres, suivant deux étages. La tranche supérieure est attaquée par des puits verticaux de $1^m,20$ de côté, la tranche inférieure par des galeries horizontales de $1^m,05$ de hauteur sur $0^m,90$ de largeur. On emploie des mines très-puissantes, dont on enflamme la poudre par l'étincelle électrique. Dans une des plus fortes opérations, 7,255 kil. de poudre, distribués en quatre chambres, ont disloqué à la fois un massif de 17,600 mètres cubes, pesant 48,400 tonnes. On compte qu'en moyenne 1 kil. de poudre fournit 6,720 kil. de pierres.

« Ce mode d'exploitation donne lieu à beaucoup d'éclats dangereux, et on a dû renoncer, pour charger les pierres, aux grues fixes formées de mâts à haubans, parce que ces grues ont été bientôt mises hors de service. Les grues actuelles, qui sont munies de contre-poids glissants, peuvent voyager sur les chemins de fer d'exploitation, et on les éloigne suffisamment lorsqu'on fait jouer les mines. »

Pour déblayer certaines parties sous l'eau, pour enlever des écueils, on a employé quelquefois la mine sous-marine ; on a recours aujourd'hui au procédé américain appliqué pour la première fois aux bancs des attérages de New-York. On dépose la charge sur le rocher en profitant de la masse d'eau qui se trouve au-dessus et qui remplace le bourrage ordinaire, et l'on met le feu soit par l'électricité, soit par les fusées Bickford. On obtient des effets remarquables si la profondeur d'eau est assez considérable. La profondeur minimum paraît être celle qu'on trouvait à Alger sur la roche Sans-Nom, 5 à 6 mètres. Au moyen du scaphandre, on place la charge dans un endroit favorable, par exemple dans une anfractuosité de rocher. D'abord la charge était mise dans des caisses en zinc ou en tôle ; on a reconnu aujourd'hui qu'il était préférable de se servir de ces grandes bonbonnes en grès qui servent à transporter les acides et qui ne sont plus ensuite d'aucune utilité. La charge la meilleure semble être 50 kil. ; avec plus de poudre, on n'a que de grandes dislocations incomplètes ; s'il y en a moins, rien ne se produit. C'est la charge de 50 kil. qui a été employée à Cherbourg entre les bajoyers d'une écluse. On s'est servi de courants électriques à Alger et à Fécamp, de fusées Bickford à Cherbourg et à Brest ; dans ce dernier cas on emploie toujours deux fusées, de peur que l'une ne vienne à manquer. Dans l'Océan, on met la charge à basse mer et on tire à haute mer.

Il a fallu, pour 1 mètre cube de matière, 3ᵏ 1/4 de poudre pour le calcaire de Fécamp, et 12 à 13 kil. pour le gneiss de Brest.

La dépense moyenne pour la dislocation et l'enlèvement des débris est de 40 à 65 fr. par mètre cube.

Une fois la dislocation produite, les plongeurs enlèvent les débris au moyen de pinces qui serrent d'autant plus que le fragment est plus lourd. (Extrait du *Cours de travaux maritimes* professé par M. l'inspecteur général Chevalier.)

Grâce à l'emploi des grandes mines, on est arrivé à faire l'exploitation de masses énormes de rochers moyennant le prix de 0ᶠ,50 à 0ᶠ,60 par mètre cube.

La poudre de mine est généralement mauvaise ; la masse ne s'enflamme pas instantanément et met un certain temps à brûler. On a tenté d'employer des substances explosives, telles que le coton-poudre, la nitro-glycérine, qui pour les armes seraient des poudres brisantes, mais dont les propriétés conviennent bien à la dislocation des roches. Malheureusement, ces substances sont difficiles à conserver, dangereuses à manier, et l'usage ne s'en est pas généralisé. Cependant, dans la dernière guerre, on les a utilisées sous le nom de dynamite.

Forage chimique. — M. Courbebaisse, ingénieur en chef des ponts et chaussées, frappé de l'inconvénient des petites mines et du résultat insignifiant qu'elles donnent, se proposa d'employer les grandes mines et de creuser les poches de ces mines en dissolvant la roche au lieu de la pulvériser à coup de fleuret.

Son procédé s'applique seulement aux roches calcaires ; ce sont, du reste, celle que l'on rencontre le plus souvent : il consiste à les attaquer par l'acide chlorhydrique ; nous avons vu, en chimie, que l'acide chlorhydrique décomposait le carbonate de chaux ; de l'acide carbonique se dégage, et du chlorure de calcium reste en dissolution dans l'eau de l'acide (le chlorure de calcium est un corps des plus solubles). — Voici la réaction :

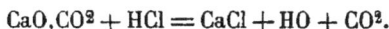

$$CaO,CO^2 + HCl = CaCl + HO + CO^2.$$

On commence par forer un trou de mine de petit diamètre par les procédés ordinaires ; puis on introduit dans ce trou un tuyau en plomb ou en gutta-percha qui descend jusqu'au fond et y amène l'acide contenu dans un baquet (*fig.* 5). La réaction se produit avec effervescence, et un courant de liquide, de gaz et de mousse remonte par un tube ayant le diamètre du trou de mine et enveloppant le petit tube conducteur d'acide. On recueille ces déjections dans un autre baquet, on les laisse reposer et on les emploie de nouveau, parce qu'elles contiennent encore beaucoup d'acide.

M. Courbebaisse est arrivé, par ce moyen, à faire des extractions de rochers à $0^f,60$ le mètre cube.

Nous finirons cette question des mines en faisant remarquer combien le travail du fleuret est défectueux : il faut, avec lui, réduire la roche en fine poussière, c'est-à-dire dépenser une grande quantité de travail. On doit donc chercher à substituer, autant que possible, le travail du ciseau, qui enlève la pierre par éclats, à celui du fleuret ; on y arrivera en donnant aux trous de mines non pas une forme cylindrique, mais la forme de fentes terminées par une poche. On arrive par ce procédé à obtenir le bloc que l'on veut en dirigeant les rainures dans tel ou tel sens, et l'on peut exploiter à la mine les matériaux de construction tels que le marbre, que l'on exploite encore au coin et à la scie.

TRANSPORT DES TERRES.

Charge de déblais. — Il arrive quelquefois que la terre à déblayer peut être chargée directement sans piochage préalable. On dit alors que la terre est à un homme, ce qui signifie qu'un homme seul suffit pour en déblayer au moins 15 mètres cubes, et dans certains cas, jusqu'à 24 mètres cubes dans sa journée de 10 heures. (Expériences du capitaine du génie aujourd'hui maréchal Vaillant.)

Si la terre est trop dure pour que l'on puisse la prendre directement à la pelle, il faut, si l'on veut que le pelleur déblaye ses 15 mètres cubes dans la journée, lui adjoindre un ou plusieurs piocheurs.

C'est d'après le nombre des piocheurs que dessert un pelleur que l'on classe les terres. Ainsi, un piocheur suffit-il à deux pelleurs, on dit que la terre est à un homme et demi ; si à chaque pelleur il faut son piocheur, la terre est à deux hommes ; si, pour un pelleur, deux, trois, quatre piocheurs sont nécessaires, on dit que la terre est à trois, quatre ou cinq hommes.

On arrive de la sorte, en expérimentant avec de bons ouvriers également forts et habiles, à classer les terres et à fixer le prix qu'il convient de payer dans chaque cas pour 1 mètre cube de déblai.

Le coefficient d'une terre s'obtient en faisant piocher un ouvrier pendant t minutes ; s'il met t' minutes à charger ce qu'il a pioché, il résulte de ce qui précède que le coefficient de la terre est de $\left(\dfrac{t}{t'} + 1\right)$ ou $\dfrac{t + t'}{t'}$.

Dans chaque cas, il est bon de s'en rapporter à l'expérience directe ; nous ne donnons donc qu'à titre de renseignement les quelques chiffres suivants :

1 mètre cube de terre végétale ordinaire pèse de 1,200 à 1,400 kil.

—	sable fin et sec	— 1,400	—
—	sable fin et humide	— 1,300	—
—	terre argileuse	— 1,600	—
—	terre glaise	— 1,900	—
—	terre de bruyère	— 650	—
—	marne	— 1,600	—

Temps nécessaire à la fouille d'un mètre cube de terre franche légère... $0_h,80$

Temps nécessaire à la fouille d'un mètre cube de terre ordinaire...... 0,90

Temps nécessaire à la fouille d'un mètre cube de terre végétale mélangée. 0,65

Temps nécessaire à la fouille d'un mètre cube de sable coulant......... 0,95

Temps nécessaire à la fouille d'un mètre cube de tourbe ou fange....... 1,36

Temps nécessaire à la fouille d'un mètre cube d'argile ou glaise......... 1,45

Temps nécessaire à la fouille d'un mètre cube de gravier très-serré...... 1,57

Transport à la brouette. — Le véhicule élémentaire d'un terrassement est la brouette inventée par Pascal. On emploie trop souvent encore la brouette française, qui présente plusieurs inconvénients. Elle est basse sur roue et, par suite, difficile à renverser et dure au roulage ; elle est munie de parois verticales et, pour décharger les terres, il faut pour ainsi dire retourner l'appareil ; elle est trop longue de manches, ce qui donne une mauvaise répartition de la charge et cause des oscillations fatigantes pour le rouleur.

Dès qu'on a eu à remuer de grosses masses de terre, on s'est préoccupé vivement des inconvénients de cette brouette. M. Guillet, conducteur des ponts et chaussées, les signale dans une note insérée aux *Annales*, en 1843, et propose de remplacer la brouette française par la brouette anglaise, dont il donne les deux modèles que représentent les *figures* 6 et 7. Ces modèles diffèrent des anciens en ceci : 1° que les brancards, plus courts et plus écartés, permettent au rouleur de maintenir plus facilement la charge en équilibre ; 2° que la forme évasée de la caisse permet de décharger les terres, soit en avant, soit de côté, en l'inclinant modérément ; 3° et que, à capacité égale, ces brouettes présentent, pour le même poids, plus de force et de solidité.

Le modèle A (*fig.* 6) possède une roue en fonte : la faible largeur de la jante ne permet guère de s'en servir que sur des chemins en madriers. C'est là la vraie brouette anglaise ; le modèle B (*fig.* 7), donné par M. Guillet, possède une roue en bois de plus grande hauteur et à large jante, ce qui a déterminé un remaniement des dimensions de la caisse. La carcasse du véhicule, c'est-à-dire les brancards, les pieds, les taquets, est en bois d'orme de première qualité ; la caisse est en sapin pour alléger le poids mort.

Un atelier de terrassiers se compose de piocheurs, qui ameublissent la terre ; de pelleurs ou chargeurs, qui la jettent dans les brouettes ; et de rouleurs, qui poussent les brouettes jusqu'au lieu de remblai. Il faut évidemment un certain rapport entre le nombre d'ouvriers de chacune de ces trois catégories, de telle sorte qu'il n'y ait pas un moment de perdu, que le piocheur ne fasse pas attendre le chargeur, ni celui-ci le rouleur ; que ce dernier, à son tour, revienne assez à temps pour occuper le chargeur. Nous avons déjà vu le rapport entre le nombre des piocheurs et celui des chargeurs ; reste à trouver combien, dans chaque cas, il faut de rouleurs.

Un chargeur met un certain temps t à remplir une brouette de capacité donnée ; le rouleur doit faire 30,000 mètres dans sa journée de 10 heures ; on sait donc ce qu'il peut faire de chemin dans le temps t, et comme il faut qu'il aille et qu'il revienne, la moitié de ce chemin représente la longueur de ce qu'on appelle le relais.

L'expérience montre, par exemple, que pour remplir une brouette chargée de $\frac{1}{29}$ de mètre cube, il faut le même temps que pour parcourir avec cette brouette 69ᵐ,50 ; le relais sera, dans ce cas, de 37ᵐ,75.

En général, on compte les brouettes pour $\frac{1}{30}$ de mètre cube, et on fixe le relais à 30 mètres, pour tenir compte des pertes de temps inévitables.

La distance à parcourir est souvent supérieure à 30 mètres ; alors on a plusieurs rouleurs, qui sont chargés chacun d'un relais de 30 mètres, et qui se passent les brouettes de l'un à l'autre. On a voulu éviter, par ce moyen, des entrecroisements nombreux et une confusion certaine. Le transport se paye à tant par relais ; on voit qu'on aurait tort de vouloir payer les relais plus ou moins cher, suivant leur nombre.

Pendant que le rouleur marche, le chargeur doit avoir une brouette devant lui ; le nombre des brouettes nécessaires sur un atelier est donc représenté par la somme des chargeurs et des rouleurs.

Relais en rampe. — En rampe, il faut évidemment diminuer la longueur du relais, parce que le rouleur a à vaincre, outre le frottement de roulement, l'effet de la pesanteur.

L'expérience a montré que la rampe inclinée au $\frac{1}{12}$ était la plus avantageuse, et que sur cette rampe le rouleur parcourt 20 mètres dans le temps qu'il mettrait à parcourir 30 mètres à plat.

Le relais en rampe sera donc de 20 mètres et, comme la pente est $\frac{1}{12}$, la brouette s'élèvera par relais de 1ᵐ,60. Si on a une tranchée de hauteur verticale h, le nombre de relais sera $\dfrac{h}{1,60}$ et l'on établira sur le flanc du talus une série de sentiers en zigzags, inclinés à $\frac{1}{12}$, ayant 60 mètres de longueur et réunis l'un à l'autre par de petits paliers sur lesquels les ouvriers échangent leurs brouettes.

On calcule le nombre de relais à établir entre un déblai et un remblai dont on connaît les centres de gravité de la manière suivante :

1° Si les centres de gravité sont à la même hauteur, et que d soit leur distance, $\dfrac{d}{30}$ est le nombre de relais ;

2° Si les centres de gravité sont à une différence de niveau h et à une distance horizontale d, $\dfrac{h}{1,60}$ sera le nombre des relais en rampe, et comme ces relais ont 20 mètres de longueur, ils correspondront à une distance parcourue égale à $20 \times \dfrac{h}{1,60}$ et il restera une distance horizontale à parcourir mesurée par $\left(d - 20\,\dfrac{h}{1,60}\right)$, laquelle distance, divisée par 30, donnera la seconde partie du nombre des relais.

Prix du transport à la brouette. — Soit p la journée d'un ouvrier et d la distance de transport. Un ouvrier charge 15 mètres cubes en 10 heures, soit 1 mètre cube en 40 minutes, et une brouette en $\frac{40}{50}$ de minute. Un rouleur fait 30,000 mètres en 10 heures, soit 50 mètres à la minute, soit $\frac{2000}{50}$ de mètre en $\frac{40}{50}$ de minute.

La moitié de $\frac{2000}{30}$, c'est-à-dire $\frac{1000}{30}$, est donc la longueur du relais. (On voit que l'on trouve ainsi 33 mètres pour le relais, tandis qu'en pratique on prend 30 mètres.) Si d est la distance à parcourir, il y aura un nombre de relais et par suite un nombre de rouleurs égal à $\dfrac{d}{\left(\frac{1000}{30}\right)}=\dfrac{30\,d}{1000}$, et comme p est le prix d'un rouleur, la somme dé-

pensée sera de $\dfrac{30.\,pd}{1000}$ et les rouleurs auront transporté 15 mètres cubes; le prix de

revient d'un mètre est donc $\dfrac{2\,p\,d}{1000}$.

Transport au tombereau. — On a employé quelquefois un véhicule inter-médiaire entre la brouette et le tombereau, sorte de voiture à bras manœuvrée par deux ouvriers, et qu'on appelait camion. Ce système a disparu ; entre autres incon-vénients, le matériel avait celui de ne plus servir à rien quand le travail de terrasse-ment était fini.

Tout le monde connaît le tombereau, véhicule formé d'une caisse en planches, montée sur des limons brisés et susceptible de basculer autour de l'axe qui joint les assemblages des limons.

Les principes de la charge et du transport sont les mêmes que pour la brouette ; mais il faudra, suivant les pays, calculer les relais, car rien n'est plus variable que la capacité des tombereaux.

Le tombereau à un cheval a souvent une capacité de $\frac{1}{2}$ mètre cube. Un pelleur ne peut plus charger 15 mètres cubes, mais seulement 12 mètres cubes en 10 heures, soit 1 mètre cube en 50 minutes, ou un tombereau en 25 minutes. On ne peut guère mettre plus de quatre chargeurs autour d'un tombereau, et alors il faut, pour le remplir, 6 minutes 1/4.

On admet que les chevaux font 36,000 mètres dans la journée, soit 1 mètre par seconde de vitesse moyenne.

Il sera facile d'avoir la longueur du relais, en prenant la durée du chargement en secondes, de laquelle on déduira le temps perdu pour décharge, et le temps perdu pour changement de tombereau à la fin de chaque relais. On trouvera ainsi un nombre de secondes dont la moitié représentera en mètres la longueur du relais.

Si D est la distance à parcourir, d la distance correspondante au temps perdu, les conditions seront les mêmes que si le véhicule avait parcouru à chaque voyage une

distance $2D + d$; le nombre des voyages à la journée sera de $\left(\dfrac{36000}{2D+d}\right)$, et si

l'on appelle C le cube du chargement et P le prix de location du tombereau, de l'attelage et du conducteur, le prix de revient d'un mètre cube sera :

$$\frac{P\,(2D+d)}{36000 \times C}.$$

Ayant les prix courants d'un pays, il sera facile de voir à quelle distance il sera avantageux de remplacer la brouette par le tombereau ; il suffira d'égaler les formules $\dfrac{2\,pD}{1000}$ et $\dfrac{P\,(2D+d)}{C \times 36000}$, dans lesquelles tout est connu, sauf D. On aura une équation qui donnera la valeur de D, pour laquelle il est indifférent de se servir de brouettes ou de tombereaux.

Quand on se sert d'un tombereau à deux chevaux, de capacité $0^{m\,c},9$, on admet en général que le prix du transport d'un mètre cube est, en moyenne, de $0^f,40$ pour le premier hectomètre, et de $0^f,10$ pour les autres ; ce qui donne comme formule :

$$0{,}001\,D + 0{,}30.$$

Wagonnet. — Pour attaquer les petites tranchées, ou pour attaquer les grandes, lorsque l'emploi du tombereau est incommode, les entrepreneurs se servent souvent du wagonnet, ou petit wagon étroit pouvant circuler dans œs courbes de petit rayon, et se déchargeant par basculement, soit sur le côté, soit en avant.

Quelquefois on se sert de rails à double champignon, posés à plat, et le wagonnet roule dans la rainure. Quand la journée est de 3 fr. par homme, la formule du transport au wagonnet est $0,018 \, d + 0,14$. Il rend des services incontestables pour les transports qui se font à des distances comprises entre 50 mètres et 260 mètres, et dans la plupart des cas il remplace avantageusement le tombereau.

Vers 300 mètres, on a recours au wagon.

Transport par wagons. — La *figure* 8 représente un wagon de terrassement, et nous empruntons au cours professé par M. l'ingénieur en chef Bazaine les observations suivantes sur les wagons de terrassement :

« Un wagon se compose d'une caisse, d'un châssis et de deux paires de roues en fonte et fer. La caisse peut basculer sur deux consoles en fonte : il y en a qui basculent en avant, et d'autres par côté ; en général, il faut que, sur un chantier, le plus grand nombre se vident en avant ; mais il en faut quelques autres pour pouvoir élargir au besoin la plate-forme et régler les talus.

« Ils doivent être très-solides et pouvoir se réparer à peu de frais ; le fond est ordinairement en bois de peuplier, bois blanc qui coûte peu, ce qui est essentiel pour cette partie du véhicule qui s'use beaucoup.

« Chaque wagon est muni d'un frein à main ; sa hauteur ne doit pas dépasser 2 mètres, pour qu'on puisse le charger de bas en haut. L'angle de versement ne doit pas être inférieur à 45° pour que les terres humides se détachent facilement.

« La charge doit être à peu près égale sur les quatre roues ; cependant elle est un peu plus forte à l'arrière qu'à l'avant, de 30 kil. au plus, pour que la caisse ne tende pas à basculer en avant, en exerçant une traction sur son crochet d'attache.

« Les madriers du fond doivent être placés dans le sens où on effectue le versement ; la porte qui ferme le wagon ne s'enlève pas comme dans les tombereaux : elle est fixée par des charnières, et se rabat de manière à prolonger le fond de la caisse et à projeter les remblais en avant, loin des roues.

« Le châssis est formé de deux longerons réunis vers leurs extrémités par deux traverses et une croix de Saint-André. Les longerons ont un fort équarrissage, car leurs extrémités servent de heurtoir ; ils doivent se prolonger assez pour qu'un train étant formé il y ait entre deux wagons, même lorsque les châssis se touchent, un espace d'au moins $0^m,40$ à $0^m,50$, où se placent les ouvriers.

« Les roues sont assez grandes pour que le roulement soit facile ; elles ont ordinairement de $0^m,60$ à $0^m,70$ de diamètre ; généralement, elles sont en fonte fondue en coquille pour que leur jante soit très-dure ; elles sont montées et calées sur des essieux parallèles pénétrant dans des boîtes à graisse fixées au châssis. L'écartement des essieux dépasse rarement 1 mètre ; les bandages sont coniques, et on conserve un jeu de la voie et un jeu des boîtes à graisse, de sorte que le passage dans les courbes est très-facile. Les essieux sont en bon fer laminé et les fusées sont tournées. Les bons entrepreneurs apportent beaucoup de soin dans la construction et l'entretien de leurs wagons, et surtout des parties délicates, fusées, boîtes à graisse ; le bon état de graissage est aussi fort à désirer, et ces conditions ont une influence considérable sur l'économie des travaux. La capacité des wagons a d'abord été de 1 mètre cube ; elle a augmenté peu à peu jusqu'à 2 et 3^{m3}.

« L'achat d'un wagon, son entretien et tous les frais accessoires font monter son loyer, par jour de travail, à $1^f,50$ pour 3^{m3} de capacité. »

Généralités sur l'exploitation d'un grand atelier de terrassement.
— Etant donné une grande tranchée à exécuter, le prix dépend d'une condition capitale, qui est le temps accordé pour le travail. Lorsqu'on donne le temps et le cube, on peut calculer le débit moyen par jour, et organiser le chantier de manière à obtenir ce débit.

Soit une tranchée de 60,000 mètres cubes à percer en 12 mois, c'est 5,000 mètres à enlever par mois, ou environ 200 mètres cubes par jour.

Que si l'on veut percer la tranchée en 6 mois, il faut compter sur un débit journalier de 400 mètres ; il faut augmenter le nombre et l'importance des ateliers de chargement et de déchargement, le nombre des wagons et des surveillants, la longueur des voies provisoires et tout le matériel en général, et le prix de revient sera plus élevé que dans le premier cas.

Il faut donc faire entrer en ligne de compte, pour l'établissement du prix, le débit moyen.

Il ne faut pas oublier cependant que ce débit est forcément limité ; car : 1° sur un atelier de chargement, on ne peut établir qu'un nombre limité d'ouvriers, et 2° il est rare qu'on puisse attaquer une tranchée en plus de trois ou quatre points différents. Pour obtenir un débit voisin de 400 mètres, il faut compter sur deux ateliers de chargement, et pour un débit égal ou supérieur à 600 mètres cubes, trois ateliers sont nécessaires.

Le transport pourra toujours s'organiser, soit au moyen de locomotives, soit par plans automoteurs inclinés, soit avec des relais suffisants de chevaux.

Le déchargement doit être organisé aussi suivant le débit : lorsque le débit est inférieur à 500 mètres cubes, on peut en général exécuter le remblai en une seule couche, et l'on dispose, suivant les cas, une, deux ou trois voies de déchargement ; sur les unes, les wagons se déchargent en avant ; sur les autres, ils se déchargent de côté. Lorsque le débit dépasse 500 mètres cubes, il est nécessaire d'exécuter le remblai en deux couches, et, comme le second étage est beaucoup plus large, on peut y disposer au moins quatre voies de déchargement.

Il est bien clair que le mode d'exploitation dépend non-seulement du débit, mais encore des dimensions du déblai et du remblai, de la nature des terres, de la disposition des lieux qui peut être plus ou moins gênante. On ne peut donc donner de règles précises ; on peut seulement donner des exemples de travaux bien conduits et bien exécutés, et c'est de ces exemples qu'il faudra s'inspirer dans chaque cas particulier.

Nous diviserons l'étude en trois points : 1° extraction et chargement des déblais ; 2° déchargement et formation du remblai ; 3ⁿ frais de transport, de voies provisoires, de matériel, etc.

Chargement des déblais. — Dans les déblais ordinaires, on peut presque toujours amener le véhicule en tel point que l'on veut, à la distance la plus convenable et la plus économique pour le chargement. Il n'en est pas de même dans les grands terrassements par wagons ; il faut construire, pour ces wagons, des chemins réguliers que l'on creuse dans le déblai sous la forme de cunettes ou de galeries. Ces cunettes sont coûteuses et longues à établir ; on les perce avec la largeur minima de manière à y engager une seule voie ; puis elles s'élargissent à mesure que l'exploitation avance, de manière qu'on puisse attaquer le déblai en plusieurs points.

Quand la profondeur du déblai ne dépasse pas 3 mètres, on ouvre la cunette dans l'axe du déblai ; elle se fait au jet à la pelle, et les terres sont retroussées sur les bords. Puis les wagons s'avancent, et on les charge au moyen de terre jetée, partie de haut en bas, partie de bas en haut.

Quand la profondeur du déblai est comprise entre 3 et 9 mètres, et que le terrain est suffisamment résistant, on ouvre une cunette centrale jusqu'au fond du déblai et la tranchée s'exploite sur deux ou trois étages. L'étage inférieur est chargé dans les wagons de bas en haut; au-dessus de cet étage, la tranchée s'élargit de manière à présenter deux banquettes latérales en retraite; sur ces banquettes et au-dessus des wagons on établit des passerelles en madriers, les terres extraites sont amenées en brouette et déversées du haut de ces passerelles dans les wagons. Le troisième étage commence quand la profondeur arrive à 6 mètres, et il est exploité comme le second.

Enfin, quand la profondeur dépasse 9 mètres, ou que la nature du sol ne permet pas d'exécuter des cunettes profondes, on attaque la tranchée par tranches plus ou moins élevées, dont le fond est limité à des plans d'inclinaison variable ayant pour intersection, pour charnière commune la ligne d'intersection du déblai avec le remblai. Pour la tranche supérieure, le plan de la voie a généralement une inclinaison assez considérable pour qu'on puisse abandonner les moteurs animés ou mécaniques et établir des plans automoteurs sur lesquels les wagons descendent naturellement par l'action de la pesanteur; la marche des trains est alors dirigée au moyen de freins que manœuvrent des hommes montés sur les wagons. Pour les tranches inférieures, on se sert des moteurs ordinaires. Sur chaque étage, il faut ouvrir une cunette par retroussement.

Ce système est très-rapide, mais il a sur le précédent le désavantage d'exiger un remaniement coûteux des voies provisoires, qui du reste ont un grand développement. Il n'est besoin d'y recourir que si le sol est très-mauvais, ou si l'on veut avoir un débit journalier supérieur à 500 ou 600 mètres cubes.

Déchargement. Exécution du remblai. — Nous avons vu que le déchargement pouvait être organisé en deux étages, et se faire sur plusieurs voies à chaque étage. Le remblai s'allonge au moyen des wagons que l'on décharge en avant, et il s'élargit au moyen de ceux que l'on décharge de côté. On peut compter que par chaque voie on arrive à décharger journalièrement 125 à 150 mètres cubes.

Voici comment se fait l'opération du déchargement : le train de wagons pleins arrive par la voie unique jusqu'à la bifurcation des deux ou trois voies d'avancement du remblai; les chevaux sont dételés et emmènent le train de wagons vides qui se trouvait dans la gare d'évitement. Puis les wagons pleins sont pris un à un et distribués sur les voies de décharge. A chaque voie est attaché un homme conduisant un cheval appelé le lanceur; le cheval s'attèle de côté, part au trot et communique sa vitesse au wagon; on a levé le crochet qui empêche le wagon de basculer, et le basculement n'est plus empêché que par la surcharge de 30 kil. environ que l'on a soin de ménager du côté opposé à la paroi mobile. Le wagon ainsi lancé arrive près de l'extrémité du remblai; alors le conducteur force le cheval à se jeter de côté, la chaîne d'attelage se dégage du crochet fixé au wagon, et le wagon vient butter contre un heurtoir comme le représente la *figure* 9 ; le choc fait basculer la caisse, la porte tombe en avant et prolonge le fond, et la terre s'écoule. Quelquefois le mode d'attache de la chaîne du cheval au wagon n'est pas aussi simple que nous l'avons dit, et l'on se sert du crochet anglais que représente la *figure* 10; le charretier tire une ficelle, et la pièce (*n*) qui empêche le crochet de tomber ne retenant plus ce dernier, il tombe et la chaîne est dégagée.

Ce mode de déchargement ne réussit pas avec les terres glaiseuses, humides et adhérentes, et on est souvent obligé de recourir à la pioche pour faire tomber les terres. On emploie encore de temps en temps l'appareil appelé baleine : c'est une sorte d'estacade en bois, formée d'un chariot roulant sur le sol en avant du remblai et que l'on avance en même temps que le remblai; à l'avant, ce chariot porte deux mâts ou élindes verticales, lesquelles supportent le bout d'un tablier en bois dont l'autre bout s'appuie sur le remblai. Sur ce tablier, on amène les wagons et on les décharge de côté. Les longerons du tablier ont une forme de fuseau favorable à la résistance, et c'est à cause de cette forme que les ouvriers ont donné à l'appareil le nom de baleine. On donne à la baleine environ 20 mètres de longueur; mais on comprend sans peine que, pour des remblais élevés, de pareils engins deviennent coûteux et lourds; aussi les emploie-t-on bien rarement aujourd'hui.

Il vaut mieux, en général, exécuter le remblai en plusieurs couches, parce qu'on a l'avantage de pouvoir transporter les terres de l'étage inférieur sur un plan automoteur.

Exemples de grandes tranchées. — Les considérations précédentes vont être complétement éclaircies par les exemples qui suivent.

1° *Tranchée de Saint-Just sur le chemin de fer du Nord.* (Extrait du Mémoire de M. l'ingénieur Piarron de Mondésir.) — Le cube à extraire était d'environ 100,000 mètres cubes, formés par une couche de terre très-argileuse de 4 mètres environ d'épaisseur, surmontant une couche de craie. Le plan du déblai se trouve sur la *figure* 11 à droite, puis vient ensuite le plan du remblai qui se prolonge sur la *figure* 12. La ligne de séparation est au piquet 338. On enlevait l'argile sur un seul étage; les quatre voies de l'avancement sont indiquées par un trait plein noir entre les piquets 345 et 346. Les wagons chargés descendaient par leur propre poids sur une pente de 0ᵐ,014 et remontaient les wagons vides; l'entrepreneur n'avait pas reculé devant la sujétion d'établir, comme on le voit sur le plan, deux cunettes, l'une pour les wagons pleins, l'autre pour les wagons vides; il pouvait s'épargner cette dépense en calculant les points de croisement et y disposant des gares d'évitement. (Nous aurons lieu de revenir sur la disposition à donner aux plans automoteurs quand nous nous occuperons des chemins de fer.) Il est facile de suivre sur le dessin les deux voies et de remarquer que, vers le milieu de l'espace qui sépare les piquets 337 et 338, la voie des wagons vides passe sur la voie des wagons pleins; on a dû le faire pour conserver la voie des wagons pleins autant que possible en alignement droit, parce que la pente était juste suffisante pour produire le mouvement, et il fallait éviter toute courbe qui eût fait perdre de la force. Les deux voies se réunissaient avant de passer sur le ponceau avant le piquet 335. La couche de marne était exploitée, comme on le voit, un peu au-delà du piquet 330; la voie correspondante était réunie vers la ligne de séparation (piquet 338) à la voie des wagons vides du plan automoteur, et c'est par cette voie que revenaient les wagons vides des deux ateliers. Les wagons pleins de marne étaient conduits sur une voie spéciale qu'indique un trait du dessin.

Vers le piquet 333 toutes les voies se réunissent, et on peut alors répartir les wagons sur les deux étages du remblai. L'étage supérieur occupe le milieu du remblai et se termine, vers le piquet 340, au moyen de deux voies d'avancement précédées d'une gare d'évitement pour les wagons vides. L'étage inférieur reçoit ses terres au moyen de deux voies latérales à la précédente, ainsi que le montre le dessin.

La *figure* 13 montre la coupe du déblai; on voit que toute la couche de marne est enlevée de front, à l'exception d'une banquette qu'on laisse pour le passage de la voie de l'étage argileux.

La *figure* 14 donne le profil en long du déblai et du remblai, et la pente des voies provisoires y est indiquée.

La tranchée de Saint-Just a été exécutée en 313 jours; ce qui donne un débit de 325 mètres cubes par jour. Ce débit est un peu faible, et, dans des circonstances ordinaires, il serait supérieur.

2° *Tranchée de Quincampoix (chemin du Nord).* — Le plan de cette tranchée est donné sur la *figure* 15, et le plan du remblai qui lui fait suite se trouve sur la *figure* 16. La *figure* 17 est le profil en long, et la *figure* 18 le profil en travers de la tranchée. On se proposait de transporter 144,000 mètres cubes de terre à la distance de 1,800 mètres en moyenne. L'exploitation du déblai se fit en trois étages; l'étage supérieur indiqué avant le piquet 388 était exploité par plan automoteur; les deux autres, dont on voit l'avancement aux piquets 387 et 386, sont enlevés par des chevaux. Il est facile de suivre les trois voies jusqu'à l'avancement du remblai, qui se fait en deux étages. Le profil en travers montre bien la disposition adoptée pour la tranchée.

Le débit moyen a été de 525 mètres cubes, et dans certains jours où tout allait bien, on arrivait jusqu'à 700 mètres.

Tranchée de Chepoix (chemin du Nord, M. l'ingénieur de Mondésir). — Le plan de cet ouvrage est donné par la *figure* 19, et le profil en long, par la *figure* 20. Le cube à extraire était de 131,000 mètres. On voit sur le profil en long que le déblai est formé par deux monticules ou ballons séparés par un col; cette circonstance permit d'attaquer le déblai en trois points. On remarque sur le plan une voie latérale qui contourne la plus haute colline pour venir se raccorder au chemin projeté, un peu après la ligne de séparation du déblai et du remblai, vers le piquet 515. Cette voie latérale aboutit au col, et là se rallie avec deux voies qui s'enfoncent dans le remblai, l'une à droite et l'autre à gauche; les wagons pleins de ces deux avancements s'en vont par la voie latérale. D'autre part on a évidemment attaqué la tranchée à la ligne de séparation du déblai et du remblai, et le point d'avancement de cette attaque est au piquet 509. Le remblai s'exécutait en un seul étage avec trois voies de déchargement. Le débit moyen a été de 440 mètres cubes.

Les exemples qui précèdent font bien concevoir comment on procède à l'exécution des grandes tranchées, et le lecteur pourra s'exercer sur une carte cotée à reproduire un certain nombre de dispositions analogues. Il en trouvera plusieurs fort bien traitées dans un mémoire sur l'exécution des terrassements publié en 1862 par M. A. Bernard, dans les *Annales des Mines*.

Évaluation des dépenses pour les terrassements au wagon. — 1° *Loyer du wagon.* — Nous avons vu plus haut que le loyer d'un wagon revenait par jour à 1f,50. Cela résulte du détail ci-contre :

Un wagon contenant 3 mètres cubes coûte 600 fr., et dure deux ans;

L'intérêt de la somme à 6 0/0 en deux ans fait................... 72 fr.

L'entretien et le graissage à 150 fr. par an donnent.............. 300

Le vieux wagon se revend uniquement pour la ferraille, qui neuve a coûté 400 fr., et qui ne vaut plus que 250 fr.; c'est donc une perte de capital de 350 fr. } 350

Dépenses diverses.. 28

Total des dépenses................. 750

En deux ans, le wagon travaille 500 jours; il coûte donc 1f,50 par jour de travail.

2° *Déchargement des wagons.* — Il faut 6 minutes pour lancer un wagon, le décharger et le ramener au garage; on peut donc avec une voie décharger 10 wagons à l'heure, et 100 à la journée. Avec deux ou trois voies, l'embarras et la gêne augmentent; on ne peut pas décharger deux ou trois fois plus de wagons qu'avec une :

1 voie permet de décharger........................ 100 à 120 wagons

2 voies permettent................................ 180 à 210   —

3 voies... 240 à 270   —

Ce qui donne, avec des wagons de 3 mètres cubes, un chiffre qui ne peut guère dépasser 700 mètres cubes. Admettons même 650 mètres cubes pour le débit ; il faudra :

3 lanceurs (cheval et conducteur à 8 fr.)........................ 24 fr.

9 ouvriers à 3 fr. (3 ouvriers par voie)......................... 27

1 aiguilleur à 2 fr... 2

                                                            ―――――
                                                            53 fr.

Soit environ 0ᶠ,08 par mètre cube.

S'il n'y a qu'une voie, il ne faudrait compter que 0ᶠ,04 par mètre.

3° *Chargement des wagons.* — Dans les terrassements à la brouette, nous avons vu qu'un homme chargeait 15 mètres cubes à la journée de 10 heures ; si cet homme est payé 3 fr., la charge d'un mètre cube coûtera 0ᶠ,20. Pour les tranchées ouvertes au wagon, il faut à ce prix de 0ᶠ,20 ajouter une plus-value comprise entre 0ᶠ,05 pour un petit déblai et 0ᶠ,25 pour une tranchée importante.

Voici, par exemple, le détail de la plus-value, quand il s'agit d'une tranchée d'un débit de 600 mètres :

Frais d'ouverture de cunette.....................	0ᶠ,04 par mètre cube
Chevaux pour distribuer les wagons, aiguilleur, surveillant, 24 fr. par jour, soit............... }	0ᶠ,04 —
Transport à un relais de brouette du quart au moins des déblais ; un relais coûte 0ᶠ,16 par mètre cube, d'où une plus-value de.................... }	0ᶠ,04 —
Les ouvriers, étant gênés, ne chargent plus que 10 mètres cubes au lieu de 15 ; ce qui augmente de.................................. }	0ᶠ,10 —
Total de la plus-value.........	0ᶠ,22

Pour une grande tranchée, il faut donc compter au moins 0ᶠ,40 pour la charge d'un mètre cube.

3° *Frais de transport.* — Soit C le débit journalier, c'est-à dire le cube à extraire, au moyen de wagons ayant, par exemple, 2 mètres cubes de capacité. Par jour il faudra remplir $\frac{C}{2}$ wagons, par heure $\frac{C}{20}$, et par demi-heure $\frac{C}{40}$.

Pour charger 2 mètres cubes dans un wagon, il faut 4 hommes capables de charger 10 mètres cubes en 10 heures, travaillant pendant une demi-heure.

Donc $\frac{C}{40}$ wagons au chargement ; et évidemment $\frac{C}{40}$ wagons au déchargement.

Les chevaux traînent les wagons à la vitesse de 1 mètre à la seconde, soit 36,000 mètres à la journée ; si L est la distance moyenne de transport, le parcours sera $2\,L$, et comme toutes les demi-heures il doit arriver un train vide au déblai pour remplacer le train qui part, les trains devront se succéder à une distance en mètres égale au nombre de secondes qu'il y a dans une demi-heure, soit 1,800 mètres. Le nombre de trains en marche sera donc $\frac{2\,L}{1800}$ ou $\frac{L}{900}$, et chacun de ces trains comprendra $\frac{C}{40}$ wagons. Il faut ajouter au nombre de wagons ainsi obtenu, au moins 20 0/0 pour parer aux avaries et réparations : la somme des wagons sera donc :

$$1,20 \times \frac{C}{40}\left(2 + \frac{L}{900}\right)$$

La plus grande longueur L d'un chantier ne diffère guère du double de la distance (d) qui sépare les centres de gravité du déblai et du remblai ; on remplacera donc L par

$2d$, et en multipliant l'expression obtenue par 1^f,50 on aura le loyer quotidien des wagons.

Un convoi de 9 wagons transporte 18 mètres cubes, et exige 3 chevaux plus un conducteur, soit 20 fr. de dépense par jour. Dans chaque voyage de longueur $2d$, il y a un temps perdu qui correspond à peu près au parcours de 600 mètres. Le convoi fera donc par jour un nombre de voyages égal à $\dfrac{36,000}{2d+600}$ et transportera un cube égal à $18 \times \dfrac{36,000}{2d+600}$. Il y a une dépense de 20 fr., donc la dépense par mètre cube sera de $\dfrac{20\,(2d+600)}{18 \times 36,000}$.

La voie est généralement formée avec des vieux rails de rebut qui appartiennent à l'entrepreneur ou que plus souvent fournit la compagnie. Ces vieux rails ont toujours leur valeur de 100 fr. la tonne (moitié du prix des rails neufs). La dépense par mètre courant de voie, y compris les coussinets, traverses, aiguilles, entretien, etc., est de 4 fr. au moins, et de 5 fr. si l'entrepreneur fournit le matériel.

La longueur d'un chantier étant L, on est pas loin de la vérité en admettant que la longueur des voies est $L + \dfrac{L}{2}$ ou $3d$. La dépense sera $4 \times 3d$, ou $12d$ fr., et la dépense par mètre cube sera $\dfrac{12d}{M}$, si M est le cube total à transporter. Pour de petits chantiers la longueur des voies peut se représenter par $2,5d$.

De là résultent deux formules générales pour la dépense totale par mètre cube de tranchée : (ces formules s'obtiennent en totalisant les éléments qui précèdent).

1° Grande tranchée, $0^f,39 + 0,00016d + \dfrac{12d}{M}$

2° Petite tranchée, $0^f,20 + 0,00016d + \dfrac{10d}{M}$

Ainsi, pour $M = 10,000$ mètres et $d = 300$ mètres, on trouve $0^f,56$ par mètre cube, ce qui serait le même prix que le terrassement au tombereau.

Mais en pratique, l'entrepreneur fait d'abord les grosses tranchées, puis reporte son matériel sur les petites; la dépense par mètre courant de voie se réduit à 1^f,50 au lieu de 4 fr. On reconnaît alors que l'on peut avec avantage employer le wagon pour des tranchées de faible importance.

Transport par locomotives. — Au lieu de chevaux, on emploie des locomotives, lorsque la distance de transport est grande et lorsqu'on peut charger et décharger beaucoup de wagons à la fois.

Les locomotives exigent une voie plus solide et un matériel plus soigné et plus coûteux sous tous les rapports.

Une machine de 8 tonnes remorque 15 wagons de 2,5 mètres cubes:

| — | 15 | — | 20 | — | 3 | — |
| — | 20 | — | 24 | — | 4 | — |

La vitesse de la locomotive doit être de 15 kilomètres à l'heure, soit 1 kilomètre en 4 minutes.

Il faut toujours compter un train en chargement, un train en déchargement et un train en marche; il est donc facile d'avoir le nombre des wagons. Le loyer de ces grands wagons monte à 2^f,50 par jour.

L'intérêt et l'amortissement de la locomotive, l'entretien journalier, la dépréciation, le salaire du mécanicien et du chauffeur, les frais d'installation, les frais divers vont à 100 fr. par journée de 10 heures, et la dépense en combustible s'élève par jour à 75 fr. au moins.

A une distance moyenne de 4,500 mètres, la dépense par mètre cube sera $0^f,40$; par chevaux, la formule donne $0^f,90$. On voit qu'à cette distance la locomotive est très-économique.

A 1,000 mètres, la dépense par mètre cube est de $0^f,35$ par locomotive et de $0^f,30$ par cheval. Ce n'est donc qu'au delà de 1,000 mètres que l'emploi de la locomotive est avantageux.

(Les chiffres qui précèdent sont extraits du cours de chemins de fer professé à l'Ecole des ponts et chaussées par M. l'ingénieur en chef Bazaine.)

REMBLAIS

Régalage et pilonnage. — Le remblai est grossièrement formé par les terres qui sont tombées des wagons; il faut régaler ces terres, c'est-à-dire les étendre à la pelle et les pousser jusqu'au bord du remblai; elles tombent et prennent leur talus naturel.

Le cube des terres après extraction est toujours supérieur au cube primitif du déblai. Cela se comprend sans peine, puisque l'on détruit la compacité de la terre et qu'on la met en morceaux qui laissent toujours entre eux un certain vide. Le foisonnement de la terre, c'est-à-dire l'augmentation du cube, est d'autant plus considérable qu'on a affaire à une terre plus forte et plus argileuse; avec de la terre ordinaire ou du sable, le foisonnement est d'environ 10 0/0, et il est facile de le réduire au moyen du pilonnage; mais avec une terre argilo-marneuse très-compacte, le foisonnement peut atteindre 75 0/0; avec du tuf ou du rocher il est un peu moindre.

Il faut donc tenir compte de cette augmentation de volume dans le calcul des terrassements, et il faut s'efforcer de la réduire, afin de ramener les remblais autant que possible à l'état naturel. On y arrive à l'aide de pilonnages.

Lorsqu'on remplit une tranchée pour conduite d'eau, par exemple, il arrive presque toujours que l'on a des terres en trop. Pour obvier à cet inconvénient, qui est sérieux lorsque les tranchées sont ouvertes sur des routes, les arrêtés d'autorisation prescrivent de remblayer par couches de 0, 20 à 0, 25 d'épaisseur, de les pilonner énergiquement une à une en les arrosant, lorsqu'il est facile de se procurer de l'eau. Nous ne pouvons trop recommander d'observer avec soin ces prescriptions.

On s'est servi quelquefois, pour exécuter des digues de canal, lorsqu'elles demandent à être bien étanches et par suite bien compactes, on s'est servi d'un rouleau formé d'anneaux en fonte accolés et garnis de saillies; on promenait ce rouleau sur chaque couche de remblai; c'est un appareil analogue au nouveau rouleau brise-mottes que l'on emploie en agriculture.

Dans les grands remblais, on ne peut recourir à ces petits procédés de pilonnage; on s'arrange pour faire produire ce pilonnage par les véhicules chargés, et c'est un moyen fort énergique dont on dispose; puis on a toujours un assez long intervalle entre la confection du remblai et l'établissement des voies définitives, de sorte que le tassement naturel se produit.

On prévoit toujours ce tassement naturel, et l'on a soin de prendre un profil enveloppant le profil définitif; en admettant des talus à 3 de base pour 2 de hauteur, on surélève la plate-forme de $\frac{1}{12}$ de sa hauteur définitive au-dessus du sol, et elle se trouve élargie de $\frac{1}{8}$. Il faut avoir soin de ne pas enfouir les terres végétales au fond du remblai, elles sont précieuses; on les met à part, et on s'en sert ultérieurement pour recouvrir les talus et les rendre propres à la végétation.

Dans les tracés de routes et de chemins de fer, on s'attache souvent à disposer les rampes de manière à avoir compensation exacte entre les cubes de déblai et de remblai. On se dispense par là, soit d'avoir à acheter des terrains pour y faire des emprunts, soit d'avoir à payer de grosses indemnités pour déposer l'excès de terre sur des propriétés particulières. Quelquefois cependant, il faut recourir à des emprunts et c'est même un avantage lorsqu'on peut attaquer une colline élevée, qui donne un grand cube pour une faible surface. Pour avoir des terres végétales ou du ballast, on creuse quelquefois des chambres d'emprunt assez profondes; ces chambres se transforment ultérieurement en marécages funestes à la santé : il est nécessaire de modifier le plafond de ces chambres, d'y faire une série de rigoles séparées par des banquettes sur lesquelles on plante des arbres aimant l'humidité, tels que les saules et les osiers.

Talutage. — Le talutage a pour but de dresser les talus. Cette opération ne semble pas au premier abord indispensable; elle est cependant nécessaire, car elle permet aux eaux pluviales qui tombent sur le remblai de s'écouler sur une surface unie qu'elles ne dégradent pas.

Un talus se dresse comme une pièce de bois; le talus brut est toujours en saillie sur le talus définitif; un ouvrier trace de place en place, suivant les lignes de plus grande pente, des saignées ou plumées qui descendent jusqu'au talus définitif. On n'a plus qu'à prendre une grande règle et à enlever toutes les terres en excès, de manière que cette règle s'appuie toujours sur le fond de deux saignées voisines.

Consolidation des talus. — Lors de la construction des chemins de fer, on s'est trouvé en face de tranchées profondes et de remblais élevés, et l'on a subi plus d'un mécompte. Ici des tranchées à peine ouvertes se trouvaient comblées par un éboulement des talus; là un remblai s'affaissait sur lui-même et s'étalait sur le sol, au lieu de se maintenir avec un profil régulier. La science des ingénieurs s'est appliquée à vaincre ces difficultés, et l'on peut dire qu'elle y a parfaitement réussi. Aussi notre tâche est-elle facile, et nous n'avons qu'à prendre pour guides et à résumer les mémoires de MM. de Sazilly (ingénieur des chemins de fer du Centre et de Paris à Cherbourg), A. Martin (ingénieur de la ligne de l'Ouest), Croizette-Desnoyers (ingénieur des lignes de Bretagne), et de quelques autres ingénieurs habiles.

Lorsqu'un massif de terre est coupé par un talus *A B* (*fig.* 21), si ce talus est trop roide pour que la cohésion de la terre puisse l'emporter sur l'action de la pesanteur, une partie de la masse se détache et la surface du talus affecte une surface concave *A T*. Il existe une inclinaison pour laquelle l'équilibre s'établit, et c'est ce qu'on appelle, pour le terrain considéré, le talus à terre coulante; cette inclinaison une fois dépassée, on n'a plus rien à craindre de l'action de la pesanteur.

Les conditions d'équilibre sont changées lorsque la plate-forme supérieure du talus est surchargée soit de cavaliers en terre, soit de matériaux de construction. M. de Sazilly donne pour chaque cas le moyen de calculer avec des tables le talus d'équilibre; mais il est si rare de rencontrer des terrains homogènes et semblables entre eux, qu'on ne peut appliquer les formules avec confiance.

On donne en général aux talus de remblai 2 de base pour 1 de hauteur; pour les talus de déblai l'inclinaison varie entre $\frac{1}{10}$ pour les rochers et 45°, limite inférieure.

La surface des talus se désagrège bien vite sous l'influence des actions atmosphériques, des alternatives de sécheresse et d'humidité, des neiges et des vents. Certains terrains schisteux ou pyriteux peuvent même éprouver une décomposition chimique. C'est ce qui est arrivé pour la tranchée du Glomel sur le canal de Nantes à

Brest; les schistes mis au jour renfermaient des sulfures qui se sont oxydés, ont donné des sulfates, en dégageant de l'acide sulfurique, dont l'influence toxique s'est fait énergiquement sentir sur les condamnés employés aux terrassements.

Remèdes contre les dégradations superficielles. — Lorsque la pente des terrains qui bordent la tranchée à droite ou à gauche tend à amener les eaux pluviales dans une tranchée, il se forme bien vite dans cette tranchée une série de torrents élémentaires qui creusent des lits profonds et détruisent le talus en peu de temps. Pour parer à cet inconvénient, il faut avoir soin d'établir dans le sol, à la limite supérieure du talus, un fossé latéral, dont (*abcd*) est le profil (*fig.* 22), et qui est destiné à détourner les eaux.

Bien entendu, il faut prendre la même précaution lorsque l'on asseoit un remblai sur un terrain en pente.

Ces fossés latéraux doivent avoir au moins 0ᵐ,01 de pente; il faut les curer et les entretenir en bon état; car s'ils étaient obstrués, l'eau s'amasserait, s'infiltrerait dans le talus, et le remède serait pire que le mal.

Lorsque ces fossés sont établis dans un terrain perméable, ils seraient la cause de grands dégâts, si l'on ne prenait soin de les recouvrir d'argile corroyée, formant cunette imperméable.

Lorsque l'on dépose de chaque côté de la tranchée des cavaliers en terre provenant du déblai ce qui arrive surtout pour les canaux, le fossé latéral est indispensable pour empêcher le délavement des terres et la dégradation du talus. (*Fig.* 23.)

Lorsque le talus est très-élevé, les eaux pluviales se réunissent à mesure qu'elles descendent et forment de petits cours d'eau suivant les lignes de plus grande pente : la vitesse de ces cours d'eau va s'accélérant, ils ravinent le talus, emportent les terres et viennent combler les fossés du bas. Il faut alors disposer sur la hauteur du talus une ou plusieurs banquettes, garnies de cuvettes, comme le montre la *figure* 22 ; ces cuvettes ont une pente transversale et conduisent les eaux dans d'autres cuvettes maçonnées, dirigées suivant les lignes de plus grande pente et convenablement espacées. Il est nécessaire que toutes ces cuvettes soient parfaitement entretenues si on veut qu'elles ne deviennent pas plus nuisibles qu'utiles.

Semis et plantations. — Le meilleur moyen de mettre des talus non-seulement à l'abri des pluies, mais encore de les préserver contre l'effet désastreux des vents et des gelées suivies de dégels, c'est de les couvrir de végétation lorsque cela est possible.

C'est là qu'on reconnaît l'intérêt qu'il y a dans les terrassements à mettre toujours de côté la terre végétale; on en recouvre les talus, on l'ameublit sur quelques centimètres et on y sème les graines qui poussent le mieux dans le pays; la luzerne, par sa racine pivotante et profonde, est une excellente défense, mais ne prend pas partout.

Ce qu'on peut semer partout, c'est le chiendent et la traînasse, qui par leurs racines nombreuses, courant à la surface du sol, forment comme un feutrage épais et inattaquable.

Aux graines précédentes, on mêle généralement des graines d'arbustes, ajoncs, genêts et acacias, qui poussent plus lentement et forment, au bout de quelques années, une excellente défense.

Aux graines de plantes vivaces, il est bon d'ajouter un peu d'avoine, dont la tige élevée protége les gazons naissants et maintient sur le sol une bienfaisante humidité.

Si rien ne veut pousser, et que le terrain sablonneux ressemble à celui des dunes, on protégera le talus par des branchages maintenus au moyen de piquets et l'on pourra essayer de semer ou de planter quelques pins.

En général, sur les talus sableux, on rapporte une couche de 0ᵐ,10 de terre végétale; mais, pour qu'elle se maintienne, il faut un talus assez doux, ne dépassant pas
l'inclinaison de 1,25 de base pour 1 de hauteur.

Lorsqu'on a affaire à des terrains qui ne se dégradent que lentement, tels que les
marnes, les calcaires, certains sables compacts, et que ces terrains peuvent attendre
quelques années une protection efficace, on creuse normalement au talus des trous où
l'on plante de jeunes pousses d'arbres ou simplement des marcottes (saule, peuplier,
osier); on remplit le trou avec de la terre franche que l'on appuie avec le pied de
manière qu'il n'existe aucune saillie sur la surface. Ces plantations se développent
et protègent complétement le sol au bout de quelques années. Dans le choix de
l'essence, il faut consulter les habitudes du pays; les acacias réussissent presque partout et on les voit sur toutes les lignes; le saule et l'osier conviennent aux terrains
humides.

Revêtements en gazon. — Le gazon s'enlève dans les prairies par plaques carrées
de 0ᵐ,30 ; si on le posait à plat, il ferait en général mauvais effet, à moins qu'il ne
reprît, et pour cela, il faudrait le poser sur une couche de terre végétale et il faudrait, en outre, une saison pluvieuse.

On le place par assises normales au plan du talus, et, comme les plaques sont des
carrés de 0ᵐ,30, il en résulte un revêtement d'une épaisseur de 0ᵐ,30.

Ce revêtement peut n'être pas très-coûteux, lorsqu'on traverse des prairies naturelles et qu'on a eu la précaution d'enlever les gazons du sol et de les mettre de côté.

Le revêtement en gazon forme une espèce de mur; on peut l'établir avec ½ de base
pour 1 de hauteur, pourvu que le talus ne soit pas trop élevé, sans quoi il faudrait
ménager, de place en place, des banquettes inclinées en dehors du talus.

Revêtements en maçonnerie. — Ils sont préférables au précédent, parce qu'ils permettent d'établir des talus plus roides (¦ de base pour 1 de hauteur), parce qu'ils sont
plus solides et parce qu'ils sont moins chers, car on trouve presque toujours dans les
tranchées tous les moellons nécessaires et il faut avoir soin de les mettre de côté.

L'inclinaison à ¦ de base pour 1 de hauteur est la limite *maxima* pour les perrés
formés de pierres sèches posées à plat et normalement à la surface du talus. Au delà
de cette limite, il faut maçonner les perrés.

Lorsque l'inclinaison d'un perré est voisine de 45°, on peut lui donner une épaisseur
constante de 0ᵐ,30 ; mais lorsque l'inclinaison augmente, on peut craindre que les
parties inférieures ne viennent à fléchir sous le poids des parties supérieures et que
le perré ne forme ventre. Aussi donne-t-on une épaisseur croissante de haut en bas ;
la largeur de 0ᵐ,30 au sommet va en croissant d'une quantité comprise entre 0ᵐ,05 e
0ᵐ,10 par mètre, suivant que la pente s'approche plus ou moins de ¦ de base pour
1 de hauteur.

Précautions à prendre dans la construction des perrés : 1° garantir le pied contre
les affouillements produits par les eaux, et pour cela, il faudra maçonner ou garnir
d'enrochements et de fascines, ou protéger par une enceinte de pieux et palplanches;
2° agencer les pierres de manière à les rendre solidaires, en mettant leur tête la plus
large en queue, de sorte qu'on ne puisse arracher une pierre isolément; 3° lorsqu'ils
sont baignés par des eaux courantes, les établir sur une couche de pierrailles et de
graviers que le courant ne pourra entraîner, tandis qu'il entraînerait la terre et amènerait l'effondrement du perré.

La végétation se développe dans les joints des pierres et les consolide. On fera bien
de l'activer en faisant les joints en terre végétale et semant des graines.

Lorsque des perrés sont soumis à l'effort des vagues, ils ne résistent pas, à moins
qu'on ne leur donne une inclinaison très-faible : alors on ne cherche plus à enchevê-

trer les pierres; on veut qu'elles reposent sur le terrain et le suivent dans tous ses mouvements indépendamment les unes des autres.

Nous avons vu plus haut que l'on donnait au talus des tranchées ouvertes dans le roc une inclinaison presque verticale; dans les autres cas l'inclinaison s'abaisse jusqu'à 45°; elle est même insuffisante lorsque les terres sont médiocrement résistantes et le talus élevé, et l'on a souvent été forcé après coup d'adoucir considérablement certains talus ou même d'y disposer des banquettes. Mieux vaudrait quelquefois adopter une pente roide avec des moyens de consolidation. Le talus de 45° prémunit contre les éboulements en masse, mais il ne met pas à l'abri des dégradations superficielles, souvent fort graves.

On a eu l'habitude de donner aux talus de remblai 3 de base pour 2 de hauteur, et l'on donnait pour raison que la terre rapportée devait moins bien se tenir que la terre compacte des tranchées. Cela est vrai; mais, comme les semis et plantations poussent très-facilement sous les remblais, comme ceux-ci sont très-faciles à assécher, on pourrait sans inconvénient incliner leurs talus à 45°, car ils seraient bien vite consolidés, à moins que les remblais ne soient exposés à des inondations, et dans ce cas l'inclinaison $\frac{3}{2}$ elle-même est insuffisante.

Il faut remarquer que l'inclinaison des talus de remblai augmente toujours après le tassement, parce que le remblai DABC s'affaisse et se gonfle latéralement comme le montre la *figure* 24 en DFA'B'EC.

Tranchées en terrains argileux. — Lorsqu'on ouvre une tranchée dans un terrain argileux, on rencontre quelquefois des difficultés si considérables de consolidation qu'on a été forcé, en plusieurs cas, d'abandonner le travail commencé et de faire un détour pour éviter le déblai. Exemple : sur la ligne d'Orléans, on a laissé la tranchée d'Ablon pour établir la voie en remblai sur le bord de la Seine.

Les terrains argileux ou glaiseux présentent à un degré variable les propriétés suivantes :

L'argile desséchée et désagrégée absorbe l'eau avec avidité; elle se gonfle par cette imbibition et devient visqueuse; elle perd alors la force de cohésion et l'élasticité qu'elle possède lorsqu'elle est simplement humide; elle devient imperméable et n'offre plus de résistance au frottement. Lorsque l'argile se dessèche, elle éprouve le retrait que nous avons déjà signalé dans les poteries, elle se gerce et finit par passer à l'état poudreux.

Des bancs d'argile très-dure et semblable à une roche, mis au jour, présentent ces propriétés, quelquefois à un très-haut degré.

Quelques ingénieurs admettent qu'il existe dans les masses glaiseuses des plans de glissement analogues aux faces de clivage que nous avons signalées dans les cristaux ; nous ne le pensons pas, nous croyons que l'humidité seule suffit à expliquer les phénomènes de glissement que l'on remarque dans les terrains argileux.

Lorsqu'on ouvre une tranchée dans l'argile, la surface du talus se trouve soumise à toutes les influences atmosphériques, pluie et grande sécheresse, gelée et dégel; la surface se désagrège, se gerce, se crevasse, l'eau pénètre à l'intérieur par les crevasses, noie l'argile, qui devient alors fluide et s'éboule.

Les grands éboulements ont une autre cause : ils se produisent lorsque la masse glaiseuse est surmontée d'une couche perméable, ainsi qu'on le voit sur la *figure* 25 : les eaux pluviales traversent cette couche et viennent s'écouler à la surface supérieure de l'argile qui est imperméable; arrivées près du talus, les eaux rencontrent souvent une argile qui n'est plus dans les conditions convenables d'humidité pour être imperméable, mais qui, au contraire, est gercée et crevassée : l'eau pénètre dans la masse, la délave, le massif (*abc*) se détache et s'éboule, et, l'action de l'eau retenue continuant à se faire sentir, l'éboulement s'accroît et gagne de proche en proche.

Les gelées ont aussi une influence funeste ; elles rendent imperméable la surface du talus, mais la nappe (*nn'*) n'est pas gelée, elle n'a plus d'écoulement, s'accumule derrière le talus sur lequel elle exerce une pression considérable. Tant que la gelée persiste, le talus est assez dur pour résister ; mais, que le dégel arrive, la surface se ramollit, cède sous la pression et tombe dans la tranchée.

Dans tout cela, il ne faudrait pas croire que la nappe d'eau (*nn'*) a un grand débit ; elle se réduit quelquefois à de simples suintements.

Moyens de combattre les éboulements. — La cause des éboulements étant une fois connue, il est facile de les combattre :

1° On s'opposera aux éboulements causés par les modifications de la surface en recouvrant celle-ci d'une chemise qui la protége contre les agents atmosphériques ;

2° On s'opposera aux éboulements produits par les eaux des nappes intérieures en détournant ces eaux, en leur donnant un écoulement toujours libre.

Tels sont les principes appliqués par M. de Sazilly.

Occupons-nous d'abord des eaux intérieures : on recherche, au moyen de sondages, la direction de la nappe ; puis on creuse, dans la couche perméable, une rigole qui descend jusqu'à l'argile et l'entame un peu ; on donne à cette rigole une pente convenable pour l'écoulement des eaux, puis on la remplit de cailloux et de pierrailles à travers lesquels l'eau peut passer.

Ce procédé, représenté par la *figure* 26, est coûteux et presque toujours insuffisant, parce qu'on est forcé d'établir la rigole à une certaine distance de l'arête de la tranchée ; de plus, il arrive presque toujours qu'il y a plusieurs bancs de suintement, parce que l'argile est formée de plusieurs couches séparées par des nappes de sables perméables.

Il faut, en dehors de la tranchée, faire simplement à la surface une rigole latérale destinée à recevoir les eaux pluviales, et quant aux eaux de suintement, on les recueille sur les talus mêmes pour les conduire dans les fossés de la tranchée.

Soit AB la surface d'un talus (*fig.* 27) et (*nn'*) une surface de suintement, on creuse la rigole (*abcd*) dont le fond pénètre dans l'argile, et dressée suivant des pentes et contre-pentes de 0^m,01. Le radier de cette rigole est formé par trois briques maçonnées avec mortier hydraulique ; on recouvre de pierres cassées comme celles des routes, au-dessus on place des gazons les racines en l'air ou des tuiles, puis on couvre l'excavation de terres rapportées et damées. Aux points bas, la rigole communique avec des cunettes maçonnées établies suivant la ligne de plus grande pente, comme le montre la *figure* 28.

Lorsqu'il y a sur un talus plusieurs bancs de suintement, on fait les opérations précédentes pour chacun et l'on s'arrange de manière à faire déboucher les rigoles dans les mêmes cunettes.

La chemise du talus peut être formée d'un perré de 0^m,30 ou 0^m,40 d'épaisseur, dont les joints sont bouchés avec de la terre pour que l'argile soit bien à l'abri, ou d'un revêtement en gazon ; mais il sera plus économique et aussi solide en général de la former d'une couche de terre damée et pilonnée avec soin. Il faut, toutefois, excepter le pied du talus, qui est constamment baigné par les eaux, comme on le voit sur la *figure* 29.

L'épaisseur de la chemise en terre varie de 0^m,25 à 0$_m$,30. Avec cette épaisseur, l'eau ne gèle pas et l'écoulement ne s'arrête pas dans les rigoles intérieures ; il suffit de faire casser la glace sur les cuvettes. Si les travaux sont bien faits, on n'a pas à craindre obstruction des rigoles. Si par hasard il s'en produisait quelqu'une, on en serait averti par un suintement qui se manifesterait sur le talus à l'endroit correspondant.

Au lieu de cunettes maçonnées, il vaut mieux, en général, établir des pierrées analogues aux rigoles; on a l'avantage de recueillir par ce moyen les eaux qui s'accumulent sur les redans glaiseux destinés à maintenir la couche de terre damée, comme on le voit sur la *figure* 27.

Les moyens précédents sont préventifs; lorsqu'il s'agit de réparer un éboulement produit, il ne faut jamais hésiter à enlever intégralement toutes les terres descendues dans la tranchée, puis on applique le procédé décrit plus haut, en rétablissant le talus primitif au moyen de bonne terre rapportée, ou bien en traçant un nouveau talus plus incliné que le premier sur la verticale.

Il ne faut jamais établir les rigoles ni les cuvettes sur du terrain rapporté, car il tasse toujours et disloque les maçonneries, si bien pilonné qu'il soit.

Dans certains terrains, formés de sable mélangé à de l'argile, les suintements s'établissent sur toute la surface du talus; il faut alors faire une pierrée générale recouverte d'un revêtement, comme le montre la *figure* 30.

Consolidation des remblais glaiseux. — Il semble, au premier abord, qu'un remblai glaiseux peut se tenir parfaitement, puisque les eaux pluviales s'écoulent à la surface et ne pénètrent point dans la masse. Cela serait peut-être vrai si les remblais étaient pilonnés jusqu'au refus; mais il n'en est pas ainsi et, malgré le passage des wagons, les mottes de glaise laissent entre elles des vides considérables où l'eau pénètre; elle humecte la glaise, celle-ci se gonfle, devient fluide, et le remblai s'éboule.

Comme on n'arrivera jamais à donner à la glaise assez de compacité pour la rendre imperméable, il faut chercher à la mettre à l'abri de l'eau.

Pour cela, on fait le noyau central du remblai en glaise, en évitant toutefois d'employer les parties trop molles; puis dans ce massif on taille des redans, et on achève le remblai avec des prismes latéraux de terre franche, qui empêchent le ramollissement complet de la glaise et qui résistent à sa poussée (*fig.* 31).

Le meilleur moyen, pour protéger un massif glaiseux, est celui que représente la *figure* 32 et qui a été employé sur la ligne de Paris à Versailles, rive gauche : on dispose des redans dans le massif, dont le talus est à 45₀, puis on l'entoure d'une couche de sable pilonnée, qui a 0m,50 d'épaisseur en haut et qui prend un talus extérieur de 1 1/2 pour 1. Le prisme de sable est contrebuté, comme on le voit, sur le terrain naturel. Pour empêcher les eaux d'infiltration de séparer le sable du massif de glaise, on fait avancer dans le sable, à la hauteur de chaque gradin, une plaque d'argile corroyée, et le cours des eaux se trouve rompu.

Lorsqu'on a à réparer un éboulement dans un terrain glaiseux (*fig.* 33), il faut bien se garder de venir recharger avec de bonnes terres la masse éboulée BCHG, il faut l'enlever complétement jusqu'à la surface de glissement, tailler celle-ci en gradins et rapporter de la terre franche, de manière à former le talus AB.

Pour éviter d'enlever la terre, on peut la contrebuter par un prisme de terre franche MLK, et ensuite remblayer et adopter le talus brisé APNM : mais ce procédé est moins bon que le précédent.

Emploi de drains ordinaires. — M. Müller, ingénieur des ponts et chaussées, a obtenu de bons résultats en substituant simplement aux rigoles et pierrées de M. de Sazilly des tuyaux de drainage, disposés en écharpe sur les talus et se contournant après un certain parcours pour venir déboucher dans les fossés de la tranchée.

Les consolidations de talus par le procédé de M. de Sazilly reviennent à 2 fr. le mètre carré; l'assainissement par simple drainage est beaucoup moins coûteux.

M. Lalanne, inspecteur général, a employé un autre système de drainage lors de la construction de l'Ouest-Suisse. Il perçait avec une tarière une série de trous dans le talus, puis dans ces trous il enfonçait un tube formé de tuyaux de drainage enfilés sur une perche que l'on retirait ensuite. On obtint de bons résultats ; mais, dans un terrain peu stable, il y aurait à craindre que les mouvement des terres ne vinssent à briser les lignes de drains.

Tranchée de la Loupe (chemin de Paris à Chartres). — La grande tranchée de la Loupe a une profondeur maxima d'environ 15 mètres, et elle a fourni 646,000 mètres de déblai. Le terrain rencontré se composait de marnes, mêlées de rognons de silex ; il se décomposait à l'air et, pour éviter des éboulements, il fallut perreyer tous les talus. Voici divers exemples de ces perrés, donnés par M. l'ingénieur A. Martin :

« Le type adopté d'abord (*fig.* 34), n'a été exécuté que sur une partie de la longueur par suite des difficultés que présentait le talus presque vertical, sous lequel les terrains étaient coupés en arrière des murs.

« Celui que représente la *figure* 35 a été substitué en **cours** d'exécution et paraît préférable de toute manière pour les cas semblables.

« La *figure* 36 donne le profil en travers du plus haut talus : elle montre que les talus ont été réglés à $1_m,5$ de base pour 1 mètre de hauteur, et que les perrés ont été surmontés de talus semés et gazonnés.

« Le cube total des maçonneries exécutées a été de 28,500 mètres; elles ont toutes été faites avec les rognons de silex trouvés dans la tranchée, ce qui a permis de les mener rapidement. »

La tranchée de Domfront (ligne du Mans à Laval) est ouverte dans l'argile verte du terrain crétacé inférieur, et cette argile verte est surmontée d'un banc calcaire, placé au-dessous du sol arable et formant banc de suintement.

Les *figures* 37 et 38 montrent que l'on a appliqué là les principes de M. de Sazilly, en disposant les rigoles avec pierrées et même en plaquant sur le talus et sous le perré des filtres en pierres cassées. Le remblai était très-élevé, et il était à craindre que les parties basses des perrés ne résistassent pas bien sous la charge des parties hautes. Aussi, dans l'axe des cuvettes, dirigées suivant les lignes de plus grande pente, a-t-on disposé de véritables pilastres, sur lesquels s'appuient des voûtes en pierres sèches, comme le montre la *figure* 39 : ces pilastres s'appuient sur un massif de béton, sur lequel se trouve reportée toute la pression des parties supérieures. Sous le pilastre règne la rigole d'écoulement, ainsi qu'on le voit sur la *figure* 40, et cette rigole débouche au-dessus du massif de béton.

On a souvent imité depuis cet exemple de pilastres en pierres sèches, supportant des arceaux aussi en pierres sèches, et on a même employé ce système sur des talus en terre très-élevés; par exemple, sur la ligne de Chambéry à Annecy.

Remblais sur les terrains vaseux. — M. l'ingénieur en chef Croizette-Desnoyers, lors de la construction récente de la ligne de Nantes à Brest par Lorient, a eu à exécuter des remblais considérables pour traverser les vallées vaseuses de l'Isac, de la Vilaine et de l'Oust.

Ces vallées sont formées de prairies marécageuses, situées presque au niveau des hautes mers, et par suite présentant une couche de vase sur une hauteur qui va jusqu'à 16 mètres. La *figure* 41 donne le profil de la vallée de la Vilaine sur l'axe du chemin de fer.

A mesure qu'on apportait les remblais, qui du reste étaient d'excellente qualité, ils s'enfonçaient en partie dans le sol ; on eût pu tenter de consolider préalablement le terrain soit par des pilotis, soit par des fascinages, mais on voulait une solidité durable, et non pas une voie dans un équilibre instable ; on préféra donc surcharger les remblais à mesure qu'ils s'enfonçaient, jusqu'à ce qu'ils eussent déplacé complètement la vase du dessous et atteint la couche solide. C'était un moyen héroïque, mais sûr, et l'on ne saurait payer trop cher sur nos grandes lignes une sécurité complète.

Le remblai s'enfonçait donc sans cesse et faisait refluer à gauche et à droite toutes les vases déplacées ; le soulèvement dépassait quelquefois le remblai lui-même, ainsi qu'on le voit sur la *figure* 42, représentant un profil en travers dans la vallée de la Vilaine.

Dans la vallée de la Vilaine, il est remarquable que le tassement ne se produisait pas immédiatement, parce que la couche supérieure de vase, sur 2 mètres de hauteur, avait plus de consistance que les couches inférieures, et c'était seulement quand le remblai atteignait une certaine hauteur que le tassement se faisait sentir.

Il est probable que dans ces parties on eût pu établir le remblai sur un fascinage donnant à la base un grand empatement ; mais il est certain qu'on n'eût jamais eu confiance absolue dans un pareil travail, et la solution adoptée était meilleure.

Sur la vallée de la Vilaine, le rapport de la section totale du remblai, à ce que nous appellerions la section utile, a atteint 3,5.

Dans une vase compacte, le profil de la partie enfouie est un trapèze qui ne descend pas jusqu'au sol résistant.

Dans la vase molle, il faut compter que le remblai descend jusqu'au terrain solide.

Déjà, lors de la construction du chemin de fer de Boulogne, on avait rencontré dans la vallée de la Somme des couches de tourbe de 5 à 6 mètres de hauteur, qui refluaient de chaque côté du remblai. Au-dessous de la tourbe existait une couche très-résistante de gravier ; c'est seulement lorsque le remblai, en s'enfonçant, eut atteint ce gravier que le tassement s'arrêta. La partie enfouie affectait à peu près la forme d'un cône.

Dans un projet, lorsqu'on rencontre de pareils terrains, il est donc sage de prévoir cet accroissement dans le cube des remblais, qui peuvent se trouver ainsi plus que doublés.

Assainissement d'une plate-forme. — Dans les tranchées humides, et même en rase campagne, il arrive souvent que l'on a à assainir la plate-forme d'une route ou d'une voie ferrée ; sans quoi, l'eau qui séjourne se mêlerait à l'argile, et l'empierrement ou le ballast s'enfoncerait dans la masse détrempée.

Dans ce cas, on place de 5 mètres en 5 mètres, au-dessous de la chaussée, des rigoles disposées en écharpe, qui partent de l'axe de la voie et se dirigent vers l'un des fossés avec une pente de 0,02 par mètre ; ces rigoles, remplies de gros cailloux, forment de véritables filtres par où l'eau s'écoule et se rend dans les fossés.

D'autres fois, on a disposé sous l'axe de la route et sous les accotements de véritables tuyaux de drainage, posés par les procédés ordinaires et qui viennent déboucher soit dans des puisards absorbants, soit dans des fossés à écoulement facile.

Remblai du val Fleury. — Le remblai du val Fleury, sur la ligne de Paris à Versailles (rive gauche), est établi sur un terrain calcaire en pente. La couche calcaire perméable repose sur une couche de sable aquifère ; au-dessous du sable vient une couche épaisse d'argile plastique reposant sur un banc de craie résistant et perméable. Il y avait à la surface de séparation du sable mouillé et de l'argile un plan de glissement, et le remblai menaçait de descendre dans la vallée.

A l'aval du remblai, on a percé des puits absorbants, traversant le calcaire, le sable et l'argile, et atteignant la craie ; la nappe d'eau descend dans ces puits et se perd dans la craie. Depuis lors, le remblai n'a pas bougé.

Nous arrêterons ici la description des moyens de consolidation employés pour les talus ; nous en rencontrerons quelques autres encore, qui sont d'un usage moins général, et que nous aurons lieu de signaler en leur place.

DRAGAGES.

On appelle dragages les déblais que l'on fait sous l'eau. De tout temps, les dragages ont beaucoup préoccupé les contructeurs : ils ont pour but, dans les rivières non navigables, d'enlever tout obstacle à l'écoulement se traduisant quelquefois en une perte de force motrice, d'empêcher l'exhaussement du lit et par suite les inondations; dans les rivières navigables, de donner aux bateaux un tirant d'eau suffisant et uniforme ; dans les mers, d'ouvrir à l'entrée des ports des passes profondes, larges et commodes. Enfin, ils ont pour but aussi de creuser le sol à l'emplacement des fondations d'un ouvrage, d'enlever les vases et les sables non résistants, et de donner aux maçonneries une assiette inébranlable.

Il y a eu de nombreux appareils de dragage. Tout le monde connaît la drague à main ordinaire, et les grandes dragues à godets montées sur bateaux et mues par la vapeur, que l'on voit partout sur nos rivières et dans nos ports. Entre ces deux systèmes s'en placent plusieurs autres, dont quelques-uns n'ont qu'un intérêt historique et dont nous donnerons l'explication succincte.

Il y a deux grandes classes de dragages : 1° à gueule-bée; 2° dans une enceinte.

On drague à gueule-bée lorsque le mouvement de l'appareil n'est limité que par les rives naturelles ou artificielles du cours d'eau. Lorsqu'on enlève un haut-fond dans une rivière, on fait un dragage à gueule-bée ; on comprend que dans ce cas on a toute facilité pour opérer, et que l'on peut employer tous les engins grands et petits, aussi bien la drague à main que la plus grosse drague à vapeur.

Au contraire, lorsqu'on veut fonder un ouvrage dans une enceinte, par exemple les piles d'un pont, souvent on ne peut recourir à des dragues de dimensions suffisantes, parce que l'emplacement fait défaut, et dans ces conditions l'opération est plus difficile et surtout plus coûteuse.

Il est donc important de réduire au minimum les déblais à faire sous l'eau dans une enceinte. Dès lors, étant donné la position d'une pile de pont à fonder dans une enceinte, il faudra commencer par exécuter à l'emplacement de cette enceinte un dragage à gueule-bée que l'on descendra aussi profondément que possible. Sans doute, on a de la sorte le désavantage d'enlever un cube beaucoup plus considérable qu'il ne faudrait; mais ce désavantage est bien compensé : 1° par le peu de dragages que l'on aura à faire dans l'enceinte, et ces dragages sont incomparablement plus coûteux que les autres ; 2° et surtout par la facilité qu'on aura à enfoncer les pieux et palplanches de l'enceinte, puisque ces pieux auront souvent quelques mètres de moins à traverser dans le sol.

Après les explications qui précèdent, il ne nous reste plus qu'à décrire, dans un ordre convenable, les divers engins employés au dragage.

Drague à main. — La drague à main a existé de tout temps, sous la forme d'une pelle garnie de rebords latéraux permettant d'enlever la vase. Cette pelle doit être percée de petits trous permettant à l'eau de s'écouler aussitôt que l'appareil sort de l'eau.

Machine à draguer employée sur le Doubs. — Sur un appontement disposé au bord de la rivière ou soutenu par des caisses flottantes, sont placés des ouvriers qui, en marchant sur des roues à échelons représentées sur les *figures* 43, 44 et 45, font tourner un treuil r, sur lequel deux cordes s'enroulent dans le même sens. Ces deux cordes sont fixées à une drague (d) au moyen d'une chaîne (a). Dans la position représentée par la *figure* 43, la drague est tirée par la corde la plus rapprochée de l'horizontale et elle mord dans la terre ; mais la corde supérieure qui passe sur la poulie (*p*), d'abord flottante, est calculée de telle sorte qu'elle se trouve tendue au moment où la drague est à la fin de sa course ; cette corde est alors verticale et soulève la drague pleine.

La *figure* 45 montre comment on se sert de l'appareil pour enlever de grosses pierres ; les pierres sont saisies par une pince que tire la corde, et la traction exercée sur la corde amène la pierre et en même temps serre les griffes de la pince, de sorte que le bloc ne peut se dégager.

C'est uniquement au point de vue historique que cet appareil est curieux ; on ne l'emploie plus aujourd'hui.

Appareil employé sur la Garonne. — Pour ouvrir des passes navigables dans les bancs de gravier qui obstruent le cours de la Garonne, M. l'ingénieur Borrel imagina, en 1836, le remarquable appareil dont suit la description et que représentent les *figures* 46 et 47 :

« Il consiste en un vannage vertical qu'on oppose au courant de la rivière dans l'endroit où on veut creuser une passe navigable.

« Le vannage est retenu contre le courant à l'aide de deux cordes attachées chacune à deux piquets d'amarre (*b*) et (*b'*) (*fig.* 48) solidement plantés dans le gravier, à l'amont et de chaque côté de la passe, et enroulées par trois ou quatre tours sur les deux montants verticaux contre lesquels sont fixées les traverses horizontales du vannage.

« Quand la machine est en jeu, deux hommes assis sur les bras du vannage tiennent chacun une des deux cordes directrices, et, en les larguant convenablement et peu à peu, conduisent le vannage partout où il est nécessaire d'aller.

« Ces deux hommes, comme les autres ouvriers de l'équipage, sont portés sur un bateau qui fait système avec le vannage et le suit dans tous ses mouvements.

« Le vannage se trouve composé d'une partie fixe de 3 mètres de largeur sur 1 mètre de hauteur environ, et de deux parties mobiles sur charnières de 1 mètre en quarré environ, susceptibles de varier d'inclinaison de 0° à 90°, de manière à pouvoir modifier la largeur de tout le vannage depuis 5 mètres jusqu'à 3 mètres.

« Des barres de fer percées de trous pour la partie supérieure, et une corde qui relie les deux ventelles dans la partie inférieure, servent à immobiliser le système du vannage, quelle que soit l'inclinaison qu'on veuille donner aux ventelles.

« Les montants verticaux sur lesquels sont enroulées les cordes directrices dépassent la traverse inférieure du vannage de 15 à 18 centimètres. Ces montants sont armés de sabots plats, pour les empêcher de s'user, l'expérience ayant appris que la hauteur de 15 à 18 centimètres était celle qui donnait le plus d'effet.

« La partie fixe du vannage se trouve percée, à ses deux extrémités, dans le voisinage des ventelles mobiles, de deux ouvertures que l'on peut agrandir ou amoindrir à l'aide de deux petites vannes verticales.

« Quand la machine fonctionne, il s'établit une différence de niveau de l'amont à l'aval du vannage. La pression due à cette différence de niveau détermine, sous le vannage, un courant qui affouille le gravier ; d'autres courants agissent sous les petites vannes, chassant en aval les graviers affouillés. Enfin, deux grands courants s'établissent à droite et à gauche des ventelles, entraînent le gravier accumulé derrière le vannage ou chassé par les courants des petites vannes, et le déposent à droite et à gauche de la passe qu'on approfondit, ou l'amènent à l'aval des passes, dans des gouffres où il ne gêne plus le passage des bateaux.

« Le but de cette manœuvre est tout simplement d'affouiller le gravier dans les points où il gêne et de le chasser, de proche en proche, dans des points où il ne gêne pas. »

Curage des égouts de Paris. — Le système précédent, simple et économique, a été fort habilement utilisé pour le curage des égouts de Paris.

Dans les égouts de largeur moyenne, comme celui qui règne sous le boulevard Sébastopol, on se sert du wagon-vanne. La section de ces égouts est formée d'une cunette bordée de deux trottoirs. L'angle des trottoirs est consolidé par une cornière en fer ; les deux arêtes ainsi formées sont deux véritables rails sur lesquels peut rouler un chariot à quatre roues ; les roues sont à rebord intérieur.

A l'arrière du chariot est une vanne mobile que l'on peut enfoncer plus ou moins dans la cunette ; cette vanne arrête l'eau à l'amont ; il se forme une chute de l'amont à l'aval et sous la vanne passe un courant animé d'une grande vitesse. Ce courant entraîne les vases et nettoie l'égout. Le chariot, sollicité par la pression de l'eau, s'avance de lui-même à mesure que le chemin devient libre, et il parcourt toute l'étendue de l'égout, avec une vitesse qui dépend de la grandeur des dépôts et de la hauteur de chute.

Dans le grand collecteur, qui va déboucher à Asnières, on a remplacé le wagon par un bateau occupant presque toute la largeur de la cunette ; la vanne mobile est placée à la tête aval du bateau et le système descend de lui-même.

Quand le wagon ou le bateau sont arrivés au bout de leur course, on soulève la vanne, et des hommes hâlent les appareils pour les ramener à leur point de départ.

Ces appareils sont tout à fait analogues à ceux de la Garonne ; on n'a plus besoin de les diriger au moyen de cordages, parce qu'ils suivent forcément la direction de la cunette.

Drague à treuil employée sur la Garonne. — Avant d'employer la vanne de M. Borrel, on creusait les chenaux de la Garonne soit au moyen de dragueurs à main, représentés par la *figure* 49, qui attiraient les sables et les accumulaient en bourrelets de chaque côté de la passe, soit au moyen d'une grande drague à treuil représentée par les *figures* 50 et 51.

On assemblait deux bateaux, maintenus à une distance fixe l'un de l'autre et fixés en un point du courant par des cordages attachés aux rives. Ces deux bateaux étaient réunis à leurs extrémités par des appontements ; sur l'appontement d'aval on voit un treuil qui, par une forte corde, tire une grande drague garnie de pointes en fer ; cette drague est munie d'un manche qui sert à la diriger.

La substitution de cet appareil au système de la drague à main a eu pour résultat une grande économie de bras, de temps et d'argent.

D'après M. Borrel, voici le prix de revient, en 1836, pour 1 mètre cube de travail utile des trois systèmes employés simultanément sur la Garonne :

Dragage à la main....................... $2^f,25$
Dragage avec la vanne Borrel............... $0^f,266$
Dragage avec la drague à treuil.............. $0^f,74$

Drague à roulettes. — La drague à roulettes était employée par M. l'ingénieur Collin pour curer le canal de Bourgogne. Les dépôts sont toujours vaseux et faciles à entamer. Les *figures* 52 à 61 représentent le système et la manière de l'appliquer.

La drague représentée par les *figures* 58 et 59 est en tôle percée de trous et garnie de pointes qui pénètrent dans le dépôt ; elle est montée sur des roulettes en fonte ; elle s'attache sur une chaîne que tire un treuil placé sur la digue du canal et manœuvré par deux hommes.

On enlève la vase par tranches transversales ayant la largeur de la drague; la drague est munie d'un manche que dirige un ouvrier monté sur un bateau. Cet ouvrier passe successivement d'un banc à l'autre du bateau, de sorte que l'opération s'effectue avec une grande précision, et la drague passe autant de fois à une section qu'à l'autre.

Les *figures* 52, 53, 54 représentent le treuil employé; il se meut sur la digue au moyen de quatre roulettes en fonte parcourant deux cours de madriers parallèles à l'axe du canal.

Trois manœuvres, payés ensemble 6 fr., peuvent extraire d'un biez et rouler à 4 ou 5 mètres à droite et à gauche du treuil, sur la levée, 120 dragues combles. Chaque drague comble fournit un cube de 0ᵐ,15, d'où il suit que, le volume total de vase extrait étant de 18 mètres cubes pour une journée de travail de 10 heures,

Le prix de main-d'œuvre par mètre cube est de...................... 0ᶠ,330

Le treuil coûte............ 120 fr.
La drague................ 150
Le batelet................ 180
                          _____
Prix de l'appareil.......... 450 fr.

L'intérêt et l'amortissement de l'appareil doit être compté à 10 0/0 de sa valeur, soit 45 fr. par an; et en admettant que l'on tire 500 mètres cubes de vase par an, ce sera par mètre cube....................................... 0ᶠ,09

Prix de revient du mètre cube de déblai............................ 0ᶠ,42

Il faut bien se rappeler que la drague à roulettes convient surtout aux déblais vaseux; dans le gravier, elle exigerait trop de force pour se mouvoir.

Drague employée à la Rochelle. — La drague imaginée vers 1840 par M. Bonniot, conducteur des ponts et chaussées à la Rochelle, est beaucoup plus compliquée que les précédentes; elle est représentée par les *figures* 62, 63 et 64. C'est un engin curieux et bien combiné; son inventeur l'a décrit dans un mémoire dont nous allons reproduire des extraits; nous y verrons que M. Bonniot regardait sa drague comme préférable aux autres dragues mues par la vapeur. Cette opinion est aujourd'hui inadmissible; mais le travail de M. Bonniot n'en garde pas moins tout son mérite.

« Les travaux de dragage consistent en deux opérations :

« 1° L'extraction des matières sous l'eau et leur chargement dans des bateaux au moyen de machines à draguer;

« 2° Le transport par bateaux et le déchargement des matières dans un lieu de dépôt plus ou moins éloigné de la machine. Pour effectuer les déblais le plus économiquement possible, ces deux opérations doivent se combiner de manière à éviter les pertes de temps. Ainsi les moyens de transport doivent être proportionnés au produit de la machine et à la distance qui existe entre elle et le lieu de dépôt.

« Cependant ces deux éléments sont extrêmement variables; les difficultés du transport et du déchargement occasionnent souvent des retards qui obligent de suspendre le jeu de la machine; d'un autre côté, le produit de celle-ci se modifie selon le degré de dureté du terrain et les obstacles qui s'y rencontrent et qui ralentissent ou arrêtent le mouvement du chapelet.

« Lorsque la machine est mue par la vapeur ou par des chevaux, les équipages des bateaux de transport restent inactifs pendant le temps du chargement. Il n'en est pas de même quand elle est manœuvrée par des hommes, parce que les bateliers peuvent être employés comme moteur pour effectuer ce chargement. Par ce moyen, on utilise leur temps et l'on économise la dépense qu'occasionnerait un autre moteur.

« Des machines à draguer doivent surmonter deux sortes de résistances qui se combinent :

« 1° Celle permanente et uniforme occasionnée par la fouille des hottes dans un terrain homogène, par l'ascension des déblais jusqu'au sommet du chapelet et par le frottement des diverses parties de la machine ;

« 2° Les résistances instantanées et accidentelles provenant de corps étrangers qui se rencontrent dans le terrain et qui sont plus ou moins difficiles à extraire. Sous ce rapport, l'emploi des hommes comme moteur est également préférable, surtout si la machine est disposée de manière qu'ils puissent y exercer tous les efforts dont ils sont susceptibles, et dans le sens le plus favorable à leur force. Ils peuvent, par leur intelligence et leur agilité, se prêter, mieux que les autres moteurs, à toutes les variations d'intensité de force et de vitesse, et s'arrêter spontanément quand la circonstance l'exige.

« L'organe mécanique qui nous a paru le plus propre à recevoir l'action des hommes pour une machine à draguer est une roue ou tambour à palettes d'une longueur égale à la largeur du bateau et de 1 à 2 mètres de diamètre, organisée de manière que 10 hommes puissent s'y placer de front, y monter extérieurement comme sur un escalier et y exercer, selon le besoin et le plus avantageusement possible, l'action du poids de leur corps, leur force musculaire et un effet de percussion.

« Les hommes ne pourraient, sans doute, soutenir longtemps un travail qui exigerait l'emploi simultané de ces divers efforts ; mais, par une heureuse combinaison de la machine, ils ne doivent les exercer qu'alternativement.

« Ainsi, le poids des hommes appliqué à l'extrémité du levier horizontal du tambour suffit pour surmonter les résistances permanentes en proportionnant leur nombre au degré de dureté du terrain ; et lorsque la machine se trouve arrêtée par des obstacles accidentels, les hommes étant alors au repos, bien que leur poids agisse encore contre la résistance, ils y ajoutent, en agissant avec leurs bras, un effort de traction verticale qui s'exerce sur une traverse fixe ; et cet effort, dans la position où ils se trouvent, peut être évalué moyennement au double de leur poids et peut atteindre le quadruple.

« Enfin, quand ce moyen est insuffisant, ils sautent à pieds joints sur la marche du tambour où ils sont montés, et produisent ainsi une force vive bien plus énergique, qui se transmet immédiatement à l'obstacle par le chapelet dont la poulie supérieure est établie sur l'essieu du tambour.

« La forme, les dimensions et les dispositions du bateau et de la machine doivent nécessairement varier, selon l'usage spécial auquel ils sont destinés, soit pour un port, une rivière ou un canal, et en raison de la consistance du terrain, des bas-fonds, de la profondeur à laquelle on doit déblayer, de l'ouverture des écluses, barrages et arches des ponts que le bateau doit traverser, etc.

« Le chapelet dragueur peut être établi sur l'un des côtés ou dans l'axe du bateau. On peut aussi en placer un de chaque côté de la proue, lorsque la rivière n'est pas assez profonde pour le flottage du bateau dragueur, afin qu'il puisse, par cette disposition et une manœuvre particulière, pratiquer des passes dans les bas-fonds et même dans les bancs à fleur d'eau.

« Les *figures* 62, 63 et 64 représentent, en plan et en élévation, un bateau dragueur à un chapelet latéral, destiné au curage et à l'approfondissement d'une rivière, jusqu'à 2 mètres au-dessous de la surface de l'eau.

« La machine est établie sur un bateau à fond plat A. Elle se compose d'un chapelet formé d'une double chaîne sans fin, à mailles pleines et articulées B d'égale longueur, et auxquelles sont attachés des seaux en forme de hottes C, construits en forte tôle et garnis sur le bord antérieur de plaques d'acier trempé, afin qu'ils pénètrent plus facilement dans le terrain qu'ils sillonnent en se remplissant à mesure qu'ils se présentent au fond de la rivière. A cet effet, le chapelet est supporté par un plan incliné D, attaché à charnière par son extrémité supérieure, de manière à varier son inclinaison au moyen d'une moufle E, suspendue à l'extrémité saillante d'une poutre traversant le bateau et établie sur des poteaux à la hauteur convenable.

« La corde de cette moufle s'enroule sur un treuil à roue dentée F, manœuvrée par une manivelle à pignon. Le plan incliné est garni de rouleaux G, pour faciliter le mouvement ascensionnel du chapelet ; il porte aussi à son extrémité inférieure une poulie prismatique H, dont les pans sont égaux à la longueur des mailles. Une autre poulie I, à quatre pans, placée en tête du plan incliné, reçoit l'action du moteur, qui lui imprime un mouvement de rotation qu'il communique au chapelet. Les seaux pleins parcourent, en s'élevant, le plan incliné, et, parvenus au sommet, ils culbutent en tournant sur la poulie, et se vident dans une trémie K, qui verse les déblais dans les bateaux de transport que l'on place successivement le long du bateau dragueur.

« Dans la poulie supérieure du chapelet s'enchâsse carrément le bout d'une pièce de bois, qui sert d'axe à une roue à palettes L, de 6 mètres de longueur et de 1ᵐ,50 de diamètre, sur les rayons de laquelle les hommes montent extérieurement comme sur des marches d'escalier, et qu'ils font tourner par l'effet de leur poids.

« Cette roue est placée vers le milieu du bateau et en occupe toute la largeur ; elle est supportée à ses extrémités par des tourillons en acier poli, tournant sur des coussinets en gaïac fixés sur le bâtis M, qui supporte aussi le plan incliné du chapelet.

« Deux filières horizontales N sont établies sur des montants inclinés du côté de la roue où se placent les hommes ; ils y appuient leurs mains pour se procurer plus de stabilité ; elles leur facilitent en outre le moyen de modérer ou d'accroître l'effet de leur poids par l'action musculaire des bras.

« Une couverture légère O est disposée au-dessus de la machine, pour l'abriter ainsi que les ouvriers.

« Un volant P, monté sur un bâtis à coulisse, est établi vis-à-vis l'extrémité de la roue, du côté opposé au chapelet. Il reçoit son mouvement par une corde sans fin, passant dans des gorges pratiquées sur le périmètre du disque de la roue et sur le moyeu du volant. Il sert à régulariser le mouvement de la machine.

« Deux barils à engrenage Q sont établis dans l'axe du bateau pour servir à sa manœuvre à l'avant et à l'arrière.

« Le diamètre de la roue à palettes étant triple de celui de la poulie supérieure du chapelet, chaque homme placé sur la roue produit un effort de 200 kilogrammes sur la résistance par le seul effet de son poids ; cet effort est de 600 à 800 kilogrammes lorsqu'il y joint momentanément sa force musculaire ; il est au moins de 1,000 kilogrammes quand il produit une force vive en sautant sur le rayon de la roue où il est monté ; et comme dix hommes peuvent se placer sur le même rayon, il s'ensuit que la puissance totale de la machine est de 10,000 kilogrammes, puissance équivalente à celle d'une drague à vapeur de la force de 10 chevaux.

« La vitesse des hommes montant sur la roue à palettes est au moins de 1,000 mètres à l'heure ; la circonférence de la roue étant de 4ᵐ,70, elle fait dans ce temps 212 tours et élève 424 seaux, contenant chacun 0ᵐ,06 de matières ; d'où il résulte que le produit par heure de la machine est de 25 mètres.

« Cependant, la drague de ce genre employée depuis cinq ans au curage du port de La Rochelle n'enlève moyennement que 17 mètres de vase à l'heure. Cette différence provient des imperfections inévitables dans une première construction de cette espèce, et des pertes de temps occasionnées par les continuelles oscillations et dénivellations de la mer. Sur cette machine, cinq hommes composant l'équipage d'un bateau de transport suffisent pour déblayer les matières vaseuses jusqu'à 4 ou 5 mètres de profondeur sous l'eau, et l'on n'a jamais employé plus de huit hommes sur la roue pour extraire les terrains les plus durs qui se sont trouvés dans le port.

« La dépense journalière qu'occasionne la manœuvre du bateau et de la machine étant environ de 24 fr. pour un port de mer et de 16 fr. pour une rivière, le mètre cube de déblai de vase ne revient que de 8 à 15 cent. pour l'extraction et le chargement dans les bateaux, non compris les frais de transport. Ce prix s'accroît en raison de la dureté du terrain et de la difficulté du travail.

En résumé, cette machine présente les avantages suivants :

« 1° Les hommes qui la manœuvrent, étant successivement moteurs, bateliers et déchargeurs, utilisent tout leur temps en économisant la dépense d'un autre moteur ; la variété du travail les fatigue moins que s'ils appliquaient constamment leur force de la même manière ;

« 2° Les ouvriers emploient, selon le besoin et dans le sens le plus favorable à leur force, tous les efforts dont ils sont susceptibles, et peuvent les modifier en raison des résistances variables qu'opposent les terrains à déblayer ;

« 3° Le mécanisme, étant d'une extrême simplicité, n'occasionne que peu de frottement et n'est pas sujet à se détraquer ;

« 4° La construction de la machine est facile et peu dispendieuse ; son **entretien,** ainsi que sa manœuvre, n'exige pas l'emploi permanent d'un mécanicien ;

« 5° Le bateau dragueur n'ayant qu'un faible tirant d'eau, à cause de la légèreté de la machine, peut fonctionner sur les rivières les moins profondes ;

« 6° Il n'occasionne aucune dépense pendant le chômage, quelle qu'en soit la durée ;

« 7° Enfin, la manœuvre de ce dragueur, n'exigeant que des hommes, a le grand avantage de procurer du travail aux ouvriers journaliers. »

Drague à bras. — Nous croyons utile de donner encore le dessin d'une petite drague à bras, construite par M. Bertanche, agent secondaire des ponts et chaussées, et qui, avec de légères modifications, peut rendre de grands services pour curer les petites rivières et les biefs d'usine.

Les *figures* 65 à 69 en montrent les dispositions ; elle se compose d'une chaîne à godets, manœuvrée par un treuil à deux hommes, et supportée entre deux batelets ; dans l'intervalle plonge la chaîne à godets et son élinde, que l'on peut incliner plus ou moins au moyen d'une chaîne qui s'enroule autour d'un treuil, qu'on remarque sur le batelet de gauche. Le treuil moteur porte sur son arbre un volant en bois.

Cette machine a coûté 1,800 fr.; dans un terrain moyennement résistant, elle donnera 50 mètres cubes de débit par jour; dans un terrain bien meuble, on peut arriver à 70 mètres.

Approfondissement du chenal de Fécamp. — Il s'agissait d'augmenter la profondeur du chenal, pour augmenter le temps pendant lequel les navires d'un fort tirant d'eau peuvent entrer dans le port. Il fallait enlever une couche de craie chloritée compacte; on la brisait en blocs au moyen de mines sous-marines, formées de bombonnes renfermant 50 kilogrammes de poudre que l'on déposait sur la roche, sous une hauteur de 7 mètres d'eau au moins, et que l'on faisait éclater au moyen de l'étincelle électrique fournie par une machine de Rumhkorff.

On venait ensuite prendre les blocs et les soulever au moyen de pinces, dont les *figures* 70 et 71 représentent le mécanisme.

L'atelier était porté sur deux chalands pontés, réunis l'un à l'autre et servant après l'opération à transporter les déblais.

La *figure* 70 montre sur la partie de gauche un scaphandre allant placer une bombonne dans une anfractuosité de rocher; à droite, on voit un bloc saisi par la pince et soulevé, le scaphandre remonte à son échelle pour se mettre à l'abri de la chute de cette pierre.

On voit que la pince est disposée de telle sorte que plus la pierre est lourde, plus la pince est tendue.

Le prix de revient a été d'environ 4 fr. par mètre cube de déblai.

Outils employés pour l'enlèvement des débris de vieille maçonnerie. — La *figure* 72 donne les dessins de divers outils employés pour l'enlèvement de vieilles maçonneries sous l'eau. Ces outils ont été employés par M. l'ingénieur Lechalas pour l'exécution des fondations du pont de Pirmil, à Nantes.

Grande drague. — Tout le monde connaît aujourd'hui ces grandes dragues formées d'une chaîne à godets placée dans l'axe d'un bateau, ou de deux chaînes latérales. Ces appareils ont pris de grandes dimensions, parce qu'on dispose aujourd'hui de forces puissantes ; autrefois, on les mettait en mouvement à bras d'hommes, comme nous l'avons vu pour la drague rochelaise ; plus tard, on se servit de manéges établis sur des bateaux et mis en mouvement par des chevaux. Aujourd'hui, on se sert de machines à vapeur.

Le plus souvent, le bateau qui porte la drague est aménagé comme un navire à vapeur et porte dans ses flancs une machine marine qui fait mouvoir l'appareil. Quelquefois cependant, la drague est réduite à sa plus simple expression : une chaîne à godets soutenue par la charpente d'un appontement. Le tambour supérieur de la chaîne, qui est le tambour moteur, se prolonge par un arbre horizontal, que meut par l'intermédiaire d'une courroie sans fin une locomobile placée sur l'appontement. Le plus souvent, un engrenage est interposé (*fig.* 72 *bis* et *ter*).

Ce système est simple, peu encombrant, applicable partout, puisque partout aujourd'hui on trouve des locomobiles et qu'on en a au moins une sur tous les chantiers un peu importants : il est commode en ce sens qu'il permet de draguer à la machine dans des enceintes d'une certaine étendue, là où autrefois on n'employait que la drague à main. M. Castor, grand entrepreneur de travaux publics, donne dans son ouvrage plusieurs dessins de dragues ainsi disposées.

Il est une remarque générale à faire sur les dragues mises en mouvement par un moteur constant et brutal comme la vapeur : la machine à vapeur communique son mouvement au tambour de l'élinde par l'intermédiaire d'engrenages et d'arbres en fer. Or la drague peut rencontrer, à un moment donné, des obstacles insurmontables tels qu'un gros bloc de rocher, elle se trouve arrêtée, et, la vapeur continuant son action, il y a choc et rupture presque certaine des organes. On pare à cet inconvénient en montant, par exemple, la dernière roue d'engrenage sur un collier de friction, serré de telle sorte que la roue glisse sur son collier lorsque la force exercée dépasse une certaine limite.

C'est une précaution qu'il faut prendre toutes les fois qu'on établit des machines exposées à rencontrer accidentellement des obstacles insurmontables.

Nous donnons dans les *figures* 73, 74, 75 les dessins d'une grande drague employée en Ecosse sur la Clyde, dessins rapportés par M. l'ingénieur Quinette de Rochemont.

Cette drague est montée sur un bateau en tôle à fond plat ; elle est munie de deux chaînes à godets latérales, et les produits se déversent dans des couloirs qui les conduisent dans des chalands. Les élindes sont formées de deux poutres en tôle réunies par des entretoises, et comme le poids en serait trop lourd à supporter pour le tambour moteur de la chaîne, on les fait reposer sur un bâtis en fonte solidement rattaché à la charpente du bateau.

La chaîne à godets s'appuie sur des rouleaux en fonte de $0^m,025$ de diamètre, qui facilitent son mouvement. Les godets ont un cube de 106 litres, mais, dans le sable, ils ne remontent guère que 57 litres de déblai.

Les élindes sont manœuvrées au moyen de treuils mus par la machine. La machine est à double balancier inférieur qui, par un système de bielle et manivelle, communique le mouvement à l'arbre du volant et de là aux roues d'engrenage.

A l'origine, on recevait les déblais dans des chalands, puis on a reconnu préférable d'employer le porteur à hélice représenté par la figure 76. C'est un bateau en fer mu par une hélice et possédant à sa partie centrale une grande caisse dans laquelle on reçoit les déblais : cette caisse est fermée par six panneaux formés chacun de deux vantaux ; ces vantaux sont manœuvrés au moyen de chaînes et de treuils fixés à une traverse en tôle. Ces bateaux contiennent plus de 200 mètres cubes de déblai, qu'ils emportent rapidement et vont déposer dans les parties profondes, de manière à ne pas gêner la navigation.

On est arrivé ainsi à un prix moyen de 0f,43 par mètre cube de déblai dragué.

Le transport par chalands était estimé 1f,683 le mètre cube ; les ingénieurs anglais estiment qu'il revient à 0f,225 avec les porteurs à hélice.

Du transport des terres par bateau. — Nous venons de décrire plus haut un exemple du transport des terres par bateau : le porteur à hélice est très-commode pour aller jeter en pleine mer, ou dans des eaux profondes, des déblais qu'on a enlevés sur les hauts-fonds. C'est ainsi, généralement, qu'on opère pour les dragages à la mer ; on enlève la vase du port et on va la déposer au loin, en ayant soin de choisir des endroits où les courants s'éloignent des terres, car dans le cas contraire les vases reviendraient rapidement à leur point de départ.

Pour les dragages en rivière, on emploie souvent la méthode précédente, parce qu'elle est économique ; cependant on est obligé quelquefois d'enlever complétement les déblais au lit du cours d'eau et de les déposer sur les rives. Quelquefois même cette opération est non-seulement nécessaire, mais utile, lorsqu'on a à faire un grand remblai, par exemple, aux abords d'un pont ; généralement les produits de dragage sont sableux et forment de bons remblais.

C'est ainsi que la gare de Perrache, à Lyon, sur les bords du Rhône, est assise sur un remblai élevé, emprunté au lit du fleuve. On draguait le gravier et on le recevait dans des wagons de terrassement placés sur des bateaux ; ces wagons étaient en ligne et reposaient sur des rails qui se continuaient jusqu'au bord même du bateau, au moyen d'un plan incliné. On avait ainsi un véritable train reposant sur un long bateau ; le dragage se faisait à l'amont, de sorte que, le bateau une fois chargé, on le laissait descendre en le guidant de la rive avec des cordages, et on le faisait entrer dans une gare d'eau creusée dans la rive ; du fond de cette gare d'eau jusqu'à la hauteur du remblai, s'élevait un plan incliné garni de rails qui se trouvaient dans le prolongement des rails du bateau. Une machine fixe, placée au sommet du remblai, entraînait le train tout entier au moyen de câbles puissants ; les wagons montaient, étaient déchargés et revenaient à leur bateau.

Lorsque le remblai n'a pas des dimensions suffisantes pour que l'on puisse établir un plan incliné, on enlève verticalement les wagons du bateau au moyen de chaînes et d'une grue puissante mue par la vapeur.

Dragues à élindes latérales ou centrales. — Les dragues à deux élindes latérales ont plusieurs inconvénients : les deux chaînes ne travaillent pas toujours également, parce qu'elles ne rencontrent pas la même profondeur de terrain ni le même terrain ; il y a toujours perte de temps pour substituer un bateau à l'autre ; elles donnent au bateau une largeur qui peut être gênante ; mais elles ont l'avantage d'être d'une construction plus commode, d'un entretien plus facile, de permettre de creuser jusqu'au pied des murs, et on les préfère généralement.

La drague à chaîne centrale a une marche plus régulière; elle ne demande pas d'interruption de travail, parce qu'on peut avoir pour recevoir les déblais deux couloirs, l'un à droite et l'autre à gauche, dont on se sert alternativement; lorsque la chaîne centrale est placée à l'arrière du bateau, elle équilibre mieux le poids de la machine placée à l'avant et, en outre, elle élève les déblais à une hauteur moindre que ne le font les chaînes latérales. Toutefois, sur ce point, celles-ci ont l'avantage lorsque la chaîne centrale est établie au milieu du bateau.

Avec la chaîne centrale, on a le désavantage d'être exposé à de sérieuses avaries, lorsqu'on rencontre, par exemple, de vieux pieux qui se mettent en travers de l'ouverture; mais on est moins exposé aux effets de la houle.

A mesure que l'on a mis en œuvre une plus grande force motrice, on a augmenté la force des chaînes et la capacité des godets : nous avons vu que les godets employés sur la Clyde tenaient plus d'un hectolitre; les godets de l'isthme de Suez tiennent jusqu'à 250 litres.

Dragues de l'isthme de Suez. — Pour le percement de l'isthme de Suez, on a cherché à substituer partout le dragage par machines, même au déblai, à la pelle et à la pioche. C'est qu'il est plus facile et moins coûteux d'entretenir et de conduire de puissants appareils, que d'avoir à diriger une armée d'ouvriers.

Les dragues employées se creusent à elles-mêmes leur chemin; ce sont de grands bateaux en fer portant à l'avant un chapelet de godets énormes qui attaquent le sol et élèvent les remblais à une hauteur telle qu'ils retombent dans de longs couloirs en tôle, disposés sur le flanc de l'appareil; le déblai ramolli glisse dans ces couloirs convenablement inclinés et se rend de lui-même sur les bords du canal, où il s'amoncelle en cavaliers élevés formant digne. Pour que les matières s'écoulent facilement, il est nécessaire de les humecter avec une certaine quantité d'eau qui les rende fluides. Ces dragues, construites par MM. Borrel et Lavalley, sont de véritables monuments, qui ont rendu les plus grands services.

Bateau pompeur du port de Saint-Nazaire. — Le port de Saint-Nazaire est de création récente; quelque temps après la construction du bassin à flot, on s'aperçut qu'il s'envasait avec une rapidité extraordinaire, et l'on eut des craintes sérieuses pour l'avenir de ce port. Les dragues ordinaires étaient impuissantes et donnaient des dépenses exagérées.

Les ingénieurs eurent l'idée de pomper les vases, qui sont très-fluides, et cette idée fut mise à exécution par M. l'ingénieur Leferme, qui fit construire le bateau pompeur dont nous lui empruntons les dessins (*fig.* 77 à 80).

Ces bateaux sont en fer et mus par une hélice; pendant le dragage la machine fait marcher les pompes, la vase est élevée et conduite dans deux couloirs inclinés, d'où elle tombe à droite et à gauche dans deux grandes caisses, pouvant s'ouvrir par en bas chacune au moyen de deux ouvertures surmontées d'un fond en entonnoir, et ouvertes ou fermées au moyen de treuils. Quand les caisses sont pleines, la transmission de mouvement se fait sur l'hélice et le bateau s'en va déposer la vase au large du port, à des endroits où le courant s'éloigne de la côte.

L'élévation de face montre bien la disposition des pompes, qui sont mues par une bielle et un balancier, actionnés eux-mêmes par un arbre de couche parallèle à la quille et que l'on voit sur la coupe en long.

Le plan montre la disposition des deux caisses, dont la partie centrale supérieure est seule ouverte pour livrer passage à la vase; les deux parties latérales sont recouvertes par un panneau qu'on peut enlever.

A la seule inspection des treuils, on saisit la manière dont se fait la manœuvre d'ouverture et de fermeture des conduits qui prolongent les deux entonnoirs de chaque caisse.

L'élévation de face représente les deux tuyaux aspirateurs réunis par une crépine horizontale qui plonge de 0m,40 à 0m,50 dans la couche de vase ; quand celle-ci est convenablement fluide, on amène très-peu d'eau par les pompes, mais il est nécessaire que l'appareil se promène lentement, de façon que le point d'aspiration change à chaque instant.

Le prix moyen du mètre cube de vase, extrait et transporté à 1,500 mètres, est de 0f,231, et de 0f,478 avec l'amortissement des appareils.

Une somme annuelle de 70,000 fr. est nécessaire pour l'entretien du port de Saint-Nazaire.

CHAPITRE II.

OUVRAGES D'ART; CONDUITE DES TRAVAUX; MATÉRIEL.

Dessins d'exécution. — Lorsque l'architecte ou l'ingénieur a arrêté dans ses croquis les dimensions principales aussi bien que les détails d'un ouvrage, il fait dresser les dessins d'exécution.

Ces dessins doivent être assez complets et assez nombreux pour représenter entièrement tous les détails de la construction ; ils se composent d'un plan général, de profils en long et de profils en travers, à une échelle donnée ; cette échelle est généralement trop petite pour donner une idée complète de certains détails ; on en adopte une autre plus considérable (cinq ou dix fois plus grande), grâce à laquelle on peut figurer sous toutes leurs faces les pièces de petites dimensions (ferrures, assemblages, moulures).

On peut remarquer chez certains architectes une tendance à surcharger leurs dessins d'enjolivements parasites; par exemple, ils entourent une maison ou un pont d'un paysage complet; on peut faire de la sorte un tableau agréable, mais qui souvent présente l'inconvénient de reléguer au second plan l'objet principal et de dérober certains défauts d'architecture. Nous pensons qu'il faut proscrire tous ces ornements, surtout dans les dessins d'exécution, sur lesquels on doit juger un ouvrage ; ces dessins doivent se contenter d'être nets, scrupuleusement exacts et parfaitement cotés.

Les cotes sont indispensables; d'ordinaire on inscrit en chiffres un peu plus forts les cotes principales.

Il est nécessaire de délivrer aux entrepreneurs et surveillants des expéditions quelquefois nombreuses des dessins d'exécution ; il faut collationner avec soin toutes ces expéditions sur l'original. On reproduit un dessin, soit en le calquant au moyen de papier végétal ou de la toile transparente ; on peut en préparer à la fois plusieurs expéditions en piquant l'original; avec une aiguille à pointe fine, on pique toutes les extrémités de lignes ; les piqûres se reproduisent sur une ou plusieurs feuilles de papier placées sous le dessin, et on n'a plus qu'à joindre par des lignes tous ces points obtenus.

Signalons pour mémoire plusieurs instruments, tels que le pantographe, qui permettent d'amplifier ou de réduire toutes espèces de dessins.

Dans les grandes entreprises, on a pris l'habitude de reproduire par la gravure ou l'autographie les dessins dont on veut se procurer de nombreuses expéditions.

Un ouvrage n'est pas toujours exécuté en conformité absolue avec les dessins d'exécution; il est rare que quelque modification ne soit pas apportée. Pour en conserver la trace, et pour retrouver dans l'avenir la constitution intime d'un ouvrage, il est bon de dresser de nouveaux dessins conformes à l'exécution définitive ; on sera très-heureux de les avoir plus tard, par exemple pour procéder à des réparations.

En 1850, le ministre des travaux publics adressa aux ingénieurs un programme pour la rédaction des projets; ce programme renferme des prescriptions que l'on peut appliquer à toute espèce d'ouvrages; nous le reproduisons ici

Programme pour la rédaction des projets.

PIÈCES A PRODUIRE.	ÉCHELLES.	RÈGLES A OBSERVER.
Dessins.		**I. AVANT-PROJETS.**
1° Extrait de carte. 2° Plan général.	*Ad libitum.* On adoptera, selon les cas, l'une des échelles suivantes : 1/1000, 1/2000, 1/2500, 1/5000, 1/10000. On fera usage, autant que possible, des plans du cadastre.	1. Les accidents du terrain seront toujours figurés sur la carte ou sur le plan général au moyen de courbes horizontales, soit de hachures, soit de teintes conventionnelles; on y inscrira en outre, entre parenthèses, autant de cotes utiles de hauteur au-dessus du niveau de la mer que l'on aura pu en recueillir, particulièrement celles qui se rapportent aux faîtes et aux thalwegs. Les extraits de cartes devront être calqués sur les cartes gravées ou manuscrites qui existent dans les bureaux, notamment sur celles du dépôt de la guerre. Lorsqu'un projet s'étendra sur une certaine partie du littoral maritime, on se servira des cartes hydrographiques existantes, surtout de celles qui sont publiées par le dépôt de la marine, pour figurer le développement des côtes et indiquer les cotes de profondeur. 2. La carte et le plan général seront orientés. 3. La direction de chaque cours d'eau sera indiquée par une ou plusieurs flèches. 4. Pour établir une concordance parfaite entre le plan et le nivellement, on rapportera sur le plan, avec précision, les points principaux du profil en long, notamment les bornes milliaires ou kilométriques s'il en existe, tous les pieds de pentes et sommets de rampes, les piquets d'angles et les points où doivent être placés les ouvrages d'art. De plus, lorsque cela pourra être utile, pour faciliter l'examen du projet, on rabattra le profil en long sur le plan. 5. Lorsqu'un tracé devra passer dans une vallée sujette à des inondations, on indiquera sur le plan la limite du champ d'inondation. Si le projet a pour but l'amélioration d'un fleuve ou d'une rivière, ou une défense de rive, on s'attachera plus particulièrement à indiquer le tracé du thalweg et les limites du champ d'inondation sur les deux rives. Le plan devra d'ailleurs s'étendre suffisamment, en amont et en aval des ouvrages projetés, pour donner une

PIÈCES A PRODUIRE.	ÉCHELLES.	RÈGLES A OBSERVER.
3° Profil en long. Longueur......... Hauteur..........	Celle du plan général. Décuple de celle des longueurs.	idée exacte de la direction générale des cours d'eau. 6. Lorsqu'il s'agira du tracé d'une route, d'un canal, ou d'un chemin de fer, le plan général devra présenter, des deux côtés du tracé, et sur une largeur totale qui ne sera pas, en général, de moins d'un kilomètre, des rangées transversales de cotes de nivellement en nombre assez grand pour justifier complétement le choix de la direction proposée. Les chemins transversaux et, au besoin, les limites des propriétés fourniront des directions naturelles pour ces nivellements. Ils seront compris, autant que possible, entre des limites naturelles, telles que le flanc d'un coteau et une ligne de thalweg ou le bord d'un cours d'eau. 7. Le nivellement sera, autant que possible, rapporté au niveau de la mer. 8. Les cotes de longueur seront inscrites sur deux lignes tracées au-dessous du profil, parallèlement à la rive du papier. Sur la première ligne seront inscrites les longueurs partielles entre deux cotes consécutives de nivellement; sur la seconde, les mêmes longueurs cumulées à partir de l'origine; s'il s'agit d'un tracé de route ou de chemin de fer, on inscrira sur une troisième ligne la longueur et la déclivité de chaque pente ou rampe; s'il s'agit d'un projet de navigation, on y indiquera, au besoin, les distances entre les principaux ouvrages d'art. Pour les chemins de fer, on cotera sur une quatrième ligne les longueurs des alignements droits, ainsi que les longueurs et les rayons des courbes. Enfin, pour tous les projets, sur une ligne établie au-dessus du profil, on indiquera la longueur du tracé dans la traversée de chaque commune. 9. La longueur du tracé sera divisée en kilomètres; l'origine sera indiquée par un zéro, et les extrémités des divers kilomètres seront marquées par des chiffres romains. Chacune de ces divisions principales sera subdivisée en fractions exactes du kilomètre, lesquelles seront numérotées en chiffres arabes. La longueur des entreprofils ainsi numérotés devra être constante dans toute l'étendue d'un même avant-projet. S'il est nécessaire d'établir des profils intermédiaires, on les placera, autant que possible, à des distances du profil normal qui précède immédiatement, exprimées par des nombres entiers, sans fractions de mètre, et on les désignera par le numéro de ce profil normal, auquel on ajoutera les indices a, b, c, etc. 10. Le profil en long indiquera toujours la

PIÈCES A PRODUIRE.	ÉCHELLES.	RÈGLES A OBSERVER.
4° Profils en travers.	1/200 pour les longueurs et pour les hauteurs.	coupe du terrain par un simple trait noir. Les lignes du projet seront tracées en rouge. Les surfaces de remblai seront lavées en rouge, et celles de déblai en jaune. Les cotes de remblai et de déblai seront inscrites en rouge, et placées, celles de remblai immédiatement au-dessus, et celles de déblai immédiatement au-dessous de la ligne du terrain, excepté sur les points où cette ligne sera très-rapprochée de celle du projet, auquel cas les cotes devront être inscrites au-dessus des deux lignes à la fois s'il y a remblai, et au-dessous s'il y a déblai. 11. Les ponts, ponceaux, aqueducs et autres ouvrages d'art seront figurés en coupe sur le profil en long. Le niveau des plus hautes et des plus basses eaux connues, et celui des plus hautes eaux de navigation, seront indiqués par des lignes bleues que l'on rattachera au plan général de comparaison par des cotes de même couleur. Lorsqu'il s'agira d'un projet de navigation, on indiquera à la fois, sur le profil en long, la rivière et le chemin de halage. Dans les projets des ports maritimes et des ouvrages à la mer, on aura toujours soin d'indiquer les hautes et basses mers de morte eau, ainsi que les hautes et basses mers de vive eau, tant ordinaires qu'extraordinaires. 12. Lorsqu'il y aura lieu de comparer plusieurs tracés, les nivellements respectifs de ces tracés entre les mêmes points du plan seront ou superposés ou placés les uns au-dessus des autres, mais toujours sur une même feuille. On emploiera, pour les lignes et écritures relatives à chaque tracé, la couleur qui aura été affectée à ce tracé sur le plan. 13. Les profils en travers comprendront une étendue au moins double de celle du terrain à occuper. La cote prise sur l'axe sera distinguée des autres par l'emploi d'un caractère spécial ou plus prononcé. Cette cote sera la même que celle du profil en long. Les cotes des profils en travers et celles du profil en long appartiendront toujours à un même plan général de comparaison : seulement, pour ne pas avoir de trop longues ordonnées, on pourra rapporter ces profils à une ligne passant à un certain nombre de mètres au-dessus ou au-dessous du plan de comparaison, mais en laissant les cotes telles qu'elles doivent être pour indiquer les hauteurs prises par rapport à ce plan. Les profils en travers levés dans le voisinage d'un cours d'eau ou sur un terrain submersible seront accompagnés d'un trait bleu indi-

PIÈCES A PRODUIRE.	ÉCHELLES.	RÈGLES A OBSERVER.
		quant le niveau des plus hautes eaux, et rattaché au plan général de comparaison par une cote de même couleur.
		Lorsqu'il s'agira de projets de travaux à exécuter en lit de rivière ou de projets de digues à établir sur le bord des rivières, on y joindra des profils en travers en nombre suffisant pour faire connaître la position du thalweg, et l'on aura soin d'étendre ces profils au delà des limites du champ d'inondation.
		Les profils en travers seront tous rabattus du côté du point de départ.
5° **Types d'ouvrages.** Pour les dimensions n'excédant pas 100ᵐ...	**1/100**	14. Tous les dessins seront cotés avec exactitude.
Pour les dimensions excédant 100ᵐ........	1/200 Sauf à employer au besoin, pour certains détails, des échelles multiples de celles qui précèdent.	Le niveau des plus basses et des plus hautes eaux, celui des hautes et des basses mers de morte eau, de vive eau ordinaire et de vive eau d'équinoxe, y seront toujours indiqués par des lignes et des cotes bleues.
Pièces écrites.		
1° Mémoire à l'appui de l'avant-projet. 2° Tableau approximatif des terrassements, ouvrages d'art, etc. 3° Estimation approximative et détaillée des dépenses. 4° Relevé de la circulation annuelle (pour les projet) de routes, en distinguant, autant que possible, les diverses parties de la route. 5° Borde eau des pièces du dossier.		
Dessins.		**II. PROJETS DÉFINITIFS.**
1° Plan énéral.	On adoptera, suivant les cas, l'une des échelles suivantes : 1/1000, 1/200, 1/2500, 1/5000 ou 1/10000. On fera usage, autant que possible, des plans du cadastre.	15. Les accidents du terrain seront toujours figurés sur le plan général, au moyen soit de courbes horizontales, soit de hachures, soit de teintes conventionnelles. 16. Le plan général sera orienté et la direction de chaque cours d'eau y sera indiquée par une ou plusieurs flèches. 17. On rapportera sur le plan général tous les points du profil en long, sans exception. Les rayons des arcs de cercle, et, pour les paraboles, les rayons de courbure aux points de

PIÈCES A PRODUIRE.	ÉCHELLES.	RÈGLES A OBSERVER.
		tangence ainsi qu'au sommet, seront cotés avec exactitude.
		18. Dans les vallées, on indiquera sur le plan le thalweg, ainsi que les limites du champ d'inondation.
2° Profil en long. Longueur......... Hauteur..........	Celle du plan. Décuple de celle des longueurs.	19. Comme aux numéros 7, 8, 9, 10 et 11, en ajoutant que l'on indiquera sur le profil les sondages qui auront été faits, notamment sur l'emplacement des tranchées et des remblais d'une certaine hauteur, ainsi que dans le lit des rivières, pour les projets de ponts ou des travaux de navigation.
3° Profils en travers.	1/200 pour les longueurs et pour les hauteurs.	20. Comme au n° 13, en y ajoutant seulement que l'on mettra, en tête du cahier des profils en travers, les profils types de la route, du canal ou du chemin de fer à exécuter.
4° Ouvrages d'art. Pour les dimensions n'excédant pas 25ᵐ... Pour les dimensions comprises entre 25ᵐ et 100ᵐ................ Pour les dimensions excédant 100ᵐ........ Pour les portes d'écluse, les ponts tournants, les voies et le matériel des chemins de fer, et, en général, pour les ouvrages en charpente ou en métal.	1/50 1/100 1/200 De 1/20 à 1/5 en n'employant que des rapports simples et décimaux.	21. On indiquera sur la coupe des fondations de tous les ouvrages, soit par traits distincts, soit par des teintes conventionnelles, la nature et l'épaisseur des couches de terrain dans lesquelles les fondations seront engagées. On inscrira, en outre, sur chaque couche l'indication de sa nature et de son épaisseur.
		22. Le niveau des plus basses et des plus hautes eaux, ceux des hautes et basses mers de morte eau, de vive eau ordinaire et de vive eau d'équinoxe, seront toujours indiqués sur les élévations et sur les coupes des ouvrages d'art par des lignes et des cotes bleues.
		23. Sur les plans, coupes et élévations des ouvrages d'art, on aura soin de mettre autant de cotes qu'il sera nécessaire pour que l'on n'ait pas besoin de recourir au devis. On écrira en chiffres plus prononcés les dimensions principales; par exemple, pour les ponts et ponceaux, l'ouverture et la montée des voûtes, la hauteur des piédroits, l'épaisseur des piles et culées, l'épaisseur à la clef, la largeur entre les têtes, la hauteur et l'épaisseur des parapets, la largeur des trottoirs, la distance entre les trottoirs, etc.; pour une écluse, la largeur du sas, la hauteur des bajoyers, celle du mur de chute, la longueur totale de l'écluse, la distance du mur de chute à la chambre des portes d'aval, etc.
		24. L'appareil sera toujours figuré en élévation et en coupe.
Pièces écrites. 1° Mémoire à l'appui du projet. 2° Devis et Cahier des charges. 3° Avant-métré. 4° Analyse des prix. 5° Détail estimatif.		25. Les pièces numéros 2, 3, 4 et 5 seront toujours exactement conformes aux formules arrêtées par l'administration. Ces formules seront réimprimées dans chaque département, sans modifications, additions ni retranchements. La réimpression sera faite suivant le format prescrit ci-après.
		26. On ne reproduira dans les pièces du projet aucune des conditions qui figurent dans

PIÈCES A PRODUIRE.	ÉCHELLES.	RÈGLES A OBSERVER.
6° Etat sommaire des indemnités à payer. 7° Bordereau des pièces du projet.		le cahier des clauses et conditions générales, auquel on devra toujours renvoyer par le dernier article du devis. 27. On aura soin d'inscrire dans le bordereau toutes les pièces du projet avec un numéro correspondant.

III. PIÈCES A PRODUIRE.

En même temps que les projets définitifs, ou après l'approbation de ces projets en exécution du titre II de la loi du 3 mai 1841.

1° Plan parcellaire par commune.	1/1000	28. Chaque plan parcellaire sera rapporté sur une feuille de papier continue, formée de feuilles ajustées en ligne droite, sans goussets. En conséquence, à chaque changement notable de direction de l'axe, on établira un onglet en blanc, déterminé par deux lignes formant un angle d'une amplitude convenable, et disposé de manière qu'il soit facile de reproduire à volonté l'état des lieux. A cet effet, le papier sera brisé suivant deux plis que l'on reformera au besoin : les deux brisures aboutiront au même point sur l'une des rives du papier ; l'une des brisures sera perpendiculaire à ces rives, de manière à diviser en deux parties égales l'angle mort où le dessin sera interrompu. 29. On inscrira sur chaque parcelle le nom du propriétaire, le numéro de la matrice cadastrale et, de plus, un numéro d'ordre écrit en rouge, correspondant à celui de l'état des indemnités. Le plan portera en outre les lettres par lesquelles on désigne les sections cadastrales et les dénominations locales des subdivisions ou lieux-dits.
2° Tableau des surfaces des terrains à acquérir. 3° Etat détaillé des indemnités à payer. 4° Bordereau des pièces du dossier.		30. On reproduira sur ces états les noms, les numéros et les autres désignations inscrites sur le plan. Pour les noms, il y aura deux colonnes, dans l'une desquelles on inscrira les noms qui figurent à la matrice cadastrale, et dans l'autre ceux des propriétaires actuels et de leurs fermiers ou locataires.

IV. DISPOSITIONS GÉNÉRALES.

31. Les plans et nivellements seront toujours rapportés dans le sens indiqué par la dénomination de la route, du canal ou du chemin de fer, ou dans le sens de la rivière, en allant de gauche à droite.

32. On inscrira aux deux extrémités du plan les mots :

Côté de....... (Points de départ et d'arrivée servant à la dénomination de la route, du canal ou du chemin de fer.)

PIÈCES A PRODUIRE.	ÉCHELLES.	RÈGLES A OBSERVER.

33. Afin de faciliter la recherche, sur les cartes, du lieu où les travaux doivent être exécutés, on placera à l'origine du profil en long une note indiquant approximativement la distance de ce point aux principaux centres de population qui précèdent, et à l'extrémité du même profil une note semblable indiquant la distance de ce second point aux principaux centres de population situés au delà.

34. On aura soin d'indiquer sur tous les plans les centres de population, domaines, chemins, cours d'eau, ouvrages d'art, tracés, etc., dont il est fait mention dans les rapports, mémoires, délibérations et autres pièces quelconques faisant partie du dossier, afin de faciliter l'intelligence de ces pièces. Autant que possible, on y inscrira le chiffre des populations.

35. On évitera d'employer des expressions locales, ou, si on les emploie, on en donnera la traduction.

36. Les écritures devront être bien lisibles, ainsi que les chiffres inscrits sur les plans et profils. Les petits caractères (lettres ou chiffres) n'auront pas moins de deux millimètres de hauteur.

37. Les échelles seront représentées graphiquement sur les plans et profils. En même temps, elles seront définies en chiffres, comme dans l'exemple suivant :

Echelle de 0^{m}005 pour mètre (1/200).

38. Les plans, profils et dessins seront, autant que possible, collés sur calicot blanc, ou sinon, dressés sur bon papier, souple et propre au lavis.

39. Tous les plans, profils, dessins et pièces écrites, sans exception aucune, seront présentés dans le format dit *tellière*, de 0^{m}31 de hauteur sur 0^{m}21 de largeur.

40. Les plans, profils et dessins seront pliés suivant ces dimensions, en paravent, c'est-à-dire à plis égaux et alternatifs, tant dans le sens de la hauteur que dans celui de la longueur, en commençant toujours par cette dernière dimension.

41. Les titres, signatures et autres écritures d'usage, ainsi que l'échelle, seront placés sur le verso du premier feuillet des plans, profils et dessins, de manière qu'il soit toujours facile de les mettre en évidence, que le dessin soit plié ou qu'il soit ouvert.

42. Les ingénieurs emploieront les formules suivantes :

Dressé par { l'Ingénieur ordinaire ou l'élève ingénieur } soussigné

PIÈCES A PRODUIRE.	ÉCHELLES.	RÈGLES A OBSERVER.
		Vérifié et présenté par { l'Ingénieur en chef ou l'Ingénieur faisant fonctions d'ingénieur en chef } { soussigné, conformém^t à sa lettre ou à son rapport du .... }
		43. On inscrira d'ailleurs en caractères très-lisibles, au-dessous des titres généraux, les noms et grades des signataires du projet.
		44. Les procès-verbaux de conférences entre les ingénieurs des services civil et militaire seront toujours accompagnés d'une expédition des plans, nivellements, dessins et autres pièces mentionnées dans le procès-verbal, et portant les mêmes dates et les mêmes signatures que ce procès-verbal.

Tracé des ouvrages. — Avant de dresser le projet d'un ouvrage, on a dû se livrer à un relevé exact des lieux où on doit l'implanter. On possède donc le plan et le relief du terrain, et dans les dessins d'exécution, la position de l'ouvrage par rapport à ce plan et à ce relief est exactement déterminée au moyen de cotes se rapportant aux lignes principales de la construction ; les lignes secondaires sont déterminées non plus par rapport au terrain directement, mais par rapport aux lignes principales. Ainsi, l'axe d'un pont est déterminé par son inclinaison sur deux lignes fixes que l'on considère comme les rives théoriques du cours d'eau : l'axe une fois connu, on en déduit l'emplacement des piles, de la chaussée, des parapets ; le socle d'une maison est déterminé par la hauteur de son arête supérieure au-dessus d'un point fixe du sol, et ce socle une fois posé, on en déduit la position relative des divers étages ; la naissance et le sommet d'une voûte sont repérés par leur distance au-dessus de l'étiage d'un fleuve, etc.

L'opération qui consiste à rapporter du dessin sur le terrain les lignes principales déterminées comme nous venons de le voir, constitue ce qu'on appelle le tracé ou l'implantation de l'ouvrage.

Cette opération s'effectue, dans chaque cas, avec les instruments plus ou moins compliqués dont on se sert pour le nivellement et les levers de plans ; en architecture ordinaire, le niveau d'eau, l'équerre d'arpenteur et la chaîne ou le ruban d'acier suffisent en général ; dans les grands travaux, il faut avoir recours aux instruments à lunette, qui donnent plus de précision et permettent d'opérer sur de plus grandes longueurs.

Les axes et lignes principales étant déterminés, il faut les fixer d'une manière définitive qui permette à chaque instant de les retrouver ; ainsi, pour l'axe d'un pont, on bat sur chaque rive, dans un plan sensiblement normal à l'axe, deux pieux que l'on réunit par des moises ; entre les moises, on place une tige rigide en fer que l'on fixe solidement lorsqu'elle est bien verticale et bien dans l'axe. Lorsque l'axe à repérer est d'une grande longueur, on peut établir un massif solide de maçonnerie qui supporte une sorte de lunette méridienne à longue portée, laquelle tourne autour de tourillons horizontaux, et son axe optique parcourt un plan vertical dans lequel se trouve l'axe de l'ouvrage ; un simple coup d'œil permet, à chaque instant, de reconnaître si l'on suit bien exactement la direction voulue.

C'est ainsi qu'au mont Cenis on vérifiait l'axe du tunnel : à Bardonnèche, à la sortie du tunnel, était placée, sous un pavillon, une lunette méridienne, immuable de position et mobile dans le plan vertical qui contient l'axe du tunnel; la trace de ce plan sur la montagne était indiquée par une série de repères qui servaient à vérifier l'immobilité de la lunette. Au fond du souterrain, à quelques kilomètres de l'ouverture, on cessait le travail de temps en temps, afin de laisser la fumée se dissiper, puis on allumait à l'avancement une forte lumière (un fil de magnésium, par exemple), qui, placée dans l'axe optique de la lunette, donnait un point de l'axe du tunnel; on pouvait, de la sorte, rectifier la direction.

Dans les travaux ordinaires, c'est par de simples piquets en fer ou en bois que l'on indique les lignes de l'ouvrage.

Lorsqu'il faut tracer une ligne en rivière, par exemple l'axe d'une pile de pont, on la détermine en tendant, suivant l'axe longitudinal du pont, un fil de fer que des contre-poids empêchent de prendre une flèche trop forte (nous verrons en mécanique que la flèche n'est jamais nulle, quelle que soit la tension), et, sur ce fil, on mesure les distances; que le pont soit droit ou biais, on peut tracer alors assez exactement l'axe de la pile; on le repère au moyen de deux balises en fer, fixées chacune au centre de trois pieux moisés; lorsqu'ensuite les échafaudages et ponts de service sont établis, on reprend la mesure des distances très-exactement, avec des règles bien graduées, et on rectifie les positions.

Le directeur de travaux doit procéder lui-même à l'inspection des règles dont on se sert; il est bon d'établir, sur un grand chantier, une règle-étalon fixée, par exemple, dans un mur.

Lorsqu'on a souvent à chercher ou à vérifier une dimension constante, on ne se sert plus de règles graduées, mais de règles coupées d'avance à la longueur voulue et sur lesquelles on inscrit l'objet de leur destination.

Lorsqu'on a à mesurer des hauteurs verticales, on se sert de règles et de fil à plomb, ou bien de mires et de niveaux; il est indispensable d'établir un repère fixe, une borne, par exemple, par rapport auquel on connaît l'altitude de tous les points à déterminer. Pour les travaux de rivière, les échelles dont le zéro est à l'étiage sont aussi fort utiles, car c'est toujours par rapport à l'étiage que l'on repère les diverses lignes.

En terminant, nous dirons comment les maçons procèdent pour élever un mur, que le parement soit vertical ou qu'il présente un fruit. On établit d'abord les fondations; pour cela, on réunit par un cordeau les piquets qui en indiquent les limites, et on descend la fouille à l'aplomb de ces cordeaux; on exécute le massif de fondations, puis on dresse à l'extrémité de chaque mur et au milieu de son épaisseur une perche bien droite, que l'on rend verticale : à une certaine hauteur, on cloue sur cette perche une planchette horizontale, de sorte que l'ensemble forme une croix; sur chaque bras de la croix on prend, à partir de l'axe de la perche, une distance égale à la moitié du mur, et on en marque l'extrémité par un clou ou par une entaille. Si l'on réunit par des cordeaux les entailles correspondantes des deux croix élevées aux extrémités d'un mur, on a deux lignes horizontales qui sont situées dans le plan vertical du parement de ce mur, et par un fil à plomb on peut, à chaque instant, trouver une verticale de ce parement.

En réalité, on augmente l'épaisseur du mur de 1 centimètre de chaque côté, et l'aplomb des cordeaux se trouve passer à 1 centimètre en avant du parement; le maçon sait qu'il doit observer cette distance et il ne se trouve pas gêné dans son travail.

Chaque maçon qui commence un mur établit deux cordeaux à l'aplomb du cordeau fixe représentant le parement; le cordeau inférieur est à 0ᵐ,25 au-dessus des pieds du maçon et l'autre à 1ᵐ,25 plus haut; quand l'intervalle est rempli, on établit de nouveaux cordeaux en changeant l'échafaud.

Lorsque le mur a un fruit, on sait, pour chaque hauteur, à quelle distance du cordeau doit se trouver le parement.

Pour tous les murs en général, il est d'une bonne pratique d'observer un fruit de 2 à 3 millimètres par mètre; pour les maçonneries en plâtre, c'est une précaution indispensable quand on veut éviter le surplomb.

Le tracé d'un ouvrage ne doit jamais être confié qu'à un employé d'une exactitude scrupuleuse; on comprend sans peine combien d'inconvénients et de désagréments une erreur, dans une pareille opération, peut entraîner avec elle.

APPROVISIONNEMENTS. MÉTRÉS. ATTACHEMENTS.

Approvisionnements. — Pour assurer la marche régulière des travaux, pour éviter tout retard et tout chômage, il est nécessaire que l'entrepreneur ait toujours sur ses chantiers un certain approvisionnement de matériaux de toutes espèces, chaux, sable, pierre de taille et moellons, briques, bois, etc.; pour favoriser cette disposition et pour ne pas exiger des avances de fonds souvent considérables, on a pris l'habitude, dans les travaux publics (art. 44 des clauses et conditions générales), de délivrer aux entrepreneurs des à-compte sur le prix des matériaux approvisionnés jusqu'à concurrence des 4/5 de leur valeur.

L'habitude des grands approvisionnements pourrait devenir, pour un entrepreneur inexpérimenté ou inintelligent, une cause de fausses manœuvres, de doubles transports et de main-d'œuvre inutile. La disposition générale d'un chantier ne doit pas être abandonnée au hasard; il faut l'étudier attentivement; les matériaux approvisionnés ne doivent point être exposés à des reprises coûteuses, il faut qu'on puisse les transporter à pied d'œuvre aussi facilement et aussi économiquement que possible; l'usage des chemins de fer provisoires et des ponts de service facilite singulièrement ce dernier transport.

C'est sur les ateliers de fabrication du mortier que l'on doit particulièrement porter son attention; le sable et la chaux sont approvisionnés dans des magasins couverts, entre lesquels on place les manéges à mortier; ces manéges eux-mêmes doivent être aussi près que possible de l'ouvrage, sans toutefois nuire aux manœuvres. Lorsque l'on peut étager les divers magasins, on arrive à d'excellents résultats : à l'étage supérieur, on trouve le sable et le mortier, qui passent, sans qu'il soit besoin de les élever à bras d'hommes, à travers les tonneaux à mortier placés à l'étage inférieur: à cet étage on peut faire arriver les cailloux lorsqu'on a du béton à faire, et le béton se fabrique en descendant à un étage inférieur, d'où on l'emmène au lieu d'emploi. Ce qui précède revient à dire qu'il faut éviter toute élévation de matériaux qui n'est point nécessaire, et profiter du secours de la pesanteur pour amener les pierres et le mortier à pied d'œuvre. La remarque s'applique particulièrement aux grands travaux de ponts et d'écluses.

C'est pendant que les matériaux sont approvisionnés qu'il faut les essayer et voir s'ils sont conformes aux prescriptions du devis. Lorsque l'on fait venir au jour le jour les quantités nécessaires, on risque de n'avoir point le temps d'examiner les matériaux ; quelquefois, pour éviter un retard, on en acceptera de médiocres ; avec des approvisionnements suffisants, on évite ces inconvénients.

Métrés. Attachements. — L'opération du métré consiste à prendre les dimensions ou les poids, et à calculer les surfaces et les volumes de tous les éléments d'un ouvrage.

Elle exige quelques connaissances géométriques, beaucoup d'exactitude, d'attention et d'honnêteté. Les métrés se font contradictoirement entre le surveillant ou directeur des travaux et l'entrepreneur.

L'article 38 du cahier des clauses et conditions générales dit que : « A défaut de stipulations spéciales dans le devis, les comptes sont établis d'après les quantités d'ouvrages réellement effectués, suivant les dimensions et les poids constatés par des métrés définitifs et des pesages faits en cours ou en fin d'exécution. L'entrepreneur ne peut, dans aucun cas, pour les métrés et pesages, invoquer en sa faveur les us et coutumes. »

C'est donc la quantité réellement mise en œuvre que le métré doit constater, à moins de stipulations contraires. Ainsi, le poids de tôles qui doivent être rivées est constaté quand les trous de rivure sont percés.

Pour les massifs de maçonnerie, le métré évalue les volumes ; pour des enduits et des peintures, il évalue les surfaces ; pour des rejointoiements, il évalue les longueurs, etc. Donnons, comme exemple, quelques clauses que nous trouvons dans des devis de grands travaux :

1. Les déblais seront évalués d'après les dimensions des fouilles constatées par les profils levés contradictoirement avec l'entrepreneur.

2. Les dragages sont mesurés dans des bateaux d'une capacité reconnue contradictoirement avec l'entrepreneur, en déduisant du cube ainsi obtenu un septième pour foisonnement.

3. La démolition des bois et maçonneries sera évaluée au mètre cube sur mesure des pièces ou massifs avant l'enlèvement.

4. Le béton sera mesuré mis en place ; à cet effet, la capacité des enceintes sera reconnue avant et après le coulage, contradictoirement avec l'entrepreneur.

5. Les bois seront payés au mètre cube, en négligeant les millimètres, et prenant 0,01 pour 0,005 et au-dessus. La longueur des tenons s'ajoutera à la longueur des pièces.

6. Pour l'évaluation de la pierre de taille, on développera les parements droits, courbes ou moulurés.

7. Les fers et fontes seront évalués au poids.

On comprend, d'après ces quelques exemples, ce qu'il y a à faire dans chaque cas, et quelles sont les conditions de métré à introduire dans le devis.

Attachements. « Dans la langue des ponts et chaussées, l'attachement est un acte journellement employé pour constater les travaux faits pour le compte de l'administration. On l'appelle ainsi, probablement, parce que son caractère essentiel est de lier deux intérêts réciproques, celui de l'entrepreneur qui a exécuté les travaux, et celui de l'État, qui dès lors en doit le prix. Quoi qu'il en soit, lorsque l'attachement a été régulièrement formulé par le conducteur d'un chantier, et ensuite reconnu exact par l'entrepreneur, il devient un acte synallagmatique, dont l'importance est facile à concevoir, puisqu'il fixe des droits respectifs. L'administration ne saurait donc mettre trop de soin à ce que ces sortes d'actes soient faits dans les meilleures conditions possibles de célérité, de précision, d'authenticité, d'exactitude et même d'uniformité.

« Il sera très-utile, sans doute, d'exiger que les conducteurs dressent, dorénavant, ces actes avec la plus grande ponctualité; qu'ils les inscrivent, non plus sur des feuilles volantes, mais sur des carnets portatifs; que les faits inscrits sur ces carnets soient liés entre eux par l'enchaînement des dates; enfin, qu'on imprime un caractère obligatoire à la tenue de ces carnets, et un type uniforme à leur rédaction.

« Dès qu'une livraison a été reçue par un agent public, dès qu'une portion de travail, dont le prix se mesure sur une quantité, est accomplie pour le compte de l'Etat, il y a dépense faite; quand même le payement ne serait pas effectué, il y a créance ouverte à des tiers contre le Trésor.

« Une comptabilité administrative n'est fidèle qu'autant qu'elle constate tous les faits à mesure qu'ils se réalisent; elle n'est rassurante qu'autant qu'elle inscrit ces faits sur un registre authentique, et sans possibilité ultérieure d'y être changés; enfin, elle n'est irrécusable qu'autant que chacun des faits enregistrés dans ses descriptions quotidiennes peut être justifié par des pièces probantes. »

Ces quelques lignes, extraites du rapport du 10 août 1849, présenté par la commission de comptabilité des travaux publics, font bien comprendre toute l'importance du carnet d'attachements; c'est surtout grâce à lui que la comptabilité des ponts et chaussées est inattaquable au point de vue de l'exactitude et de l'honnêteté.

Mais, si l'invention du carnet d'attachements a rendu de grands services à l'administration des travaux publics, n'est-il point facile de l'appliquer aux travaux privés ?

Nᵒˢ du journal.	COMPTE OUVERT au sommier		EMPLACEMENT des travaux.	NOMS des Entreprs, Fournissrs, etc.	ATTACHEMENTS.	QUANTITÉS.	ARGENT.
	numéro d'ordre.	Titres.					
1	2	3	4	5	6	7	8
86	7	Route nationale nᵒ 138. — Reconstruction du pont de Brionne.	Brionne.	Sʳ X. et Cⁱᵉ.	*Le 30 septembre.* ↗ TRAVAUX TERMINÉS. — Maçonnerie de pierre de taille ... Pieux pour enceinte............ Battage de pieux............. Emploi provisoire de bois pour batardeau. .... Déblais au-dessus de l'eau......	5 m. 42 3 mc. 24 7 p. 9 mc. 09 28 mc. 75	

Accepté les quantités portées au nᵒ 86 du présent carnet et le mét. ci-contre qui s'y rapporte.

Le Conducteur,   L'Entrepreneur,
CHARLES T.....   X. et Cᵉ.

Surveillance. — La surveillance des travaux doit s'exercer de deux côtés : 1° par l'administration ou le propriétaire que représente un architecte, 2° par l'entrepreneur.

que de procès, que de difficultés n'éviterait-on pas si, dans toute entreprise, le propriétaire avait soin de constater chaque jour les fournitures et le travail faits, en les enregistrant contradictoirement avec l'entrepreneur !

Le cahier des clauses et conditions générales de 1866 s'exprime comme il suit sur la tenue des attachements :

« Les attachements sont pris au fur et à mesure de l'avancement des travaux, par l'agent chargé de leur surveillance, en présence de l'entrepreneur et contradictoirement avec lui ; celui-ci doit les signer au moment de la présentation qui lui en est faite.

« Lorsque l'entrepreneur refuse de signer ces attachements, ou ne les signe qu'avec réserve, il lui est accordé un délai de dix jours, à dater de la présentation des pièces, pour formuler, par écrit, ses observations. Passé ce délai, les attachements sont censés acceptés par lui, comme s'ils étaient signés sans réserve. Dans ce cas, il est dressé procès-verbal de la présentation et des circonstances qui l'ont accompagnée. Ce procès-verbal est annexé aux pièces non acceptées.

« Les résultats des attachements inscrits sur les carnets ne sont portés en compte qu'autant qu'ils ont été admis par les ingénieurs. »

Nous donnerons ici, comme modèle, une feuille du carnet d'attachements en usage dans les ponts et chaussées :

OBSERVATIONS, CROQUIS, RENSEIGNEMENTS DE TOUTE NATURE.	NOMBRE de parties	DIMENSIONS			SURFACES CUBES ou poids	
		longueur	largeur	hauteur ou épaissr	partiels	totaux
9	10	11	12	13	14	15
		m. c.	m. c.	m. c.	m. c.	m.c.
...ierre de taille. Couronnement ;de, la culée (côté de Rouen)....................................	1	10 »	1 55	» 35	» »	5 42
...ieux pour enceinte...........................	6	6 »	» 30	» 30	» 54	3 m. 24
...mploi provisoire de bois pour batardeau........ { Pieux..............	15	5 »	» 25	» 25	4 69	}9 m. 09
Bordage extérieur....	»	19 50	3 25	» 06	3 80	
Écharpes.............	25	2 »	» 10	» 02	» 60	

NOTA. — Dans cette colonne 9, on indiquera par croquis, lorsque cela sera nécessaire, les dimen...ns d'un ouvrage ou d'une partie d'ouvrage.

L'administration doit en effet veiller à ce que les travaux soient exécutés conformément au devis, et l'entrepreneur a besoin, lui aussi, d'exercer un contrôle incessan sur les ouvriers et sur les matières qu'ils mettent en œuvre.

La surveillance de l'administration s'exerce sous la haute direction de l'ingénieur qui a rédigé le projet et qui règle les dépenses, par des conducteurs et par des piqueurs ou agents secondaires.

L'ingénieur ou l'architecte doit faire sur les chantiers de fréquentes apparitions; il doit se rendre compte par lui-même de la qualité des matériaux et de la bonne ou de la mauvaise exécution. S'il ne le faisait pas, il pourrait arriver que la surveillance des conducteurs eux-mêmes se relâchât, et que les travaux ne fussent point exécutés avec la perfection désirable.

Les conducteurs sont constamment sur le chantier; ils procèdent au tracé des ouvrages, font les métrés, tiennent les attachements et exercent sur toute la partie matérielle de l'entreprise un contrôle de tous les instants.

Ces fonctions exigent de l'exactitude, de l'activité, de la finesse et surtout une grande expérience pratique, qui trouve à chaque moment l'occasion de s'exercer.

Les piqueurs ou agents secondaires surveillent des travaux peu considérables et tiennent les attachements; souvent on les charge de la surveillance d'une portion d'un grand travail, d'un atelier de bétonnage ou de charpente, etc.

L'entrepreneur exerce sa surveillance par une série parallèle d'employés : contremaîtres ou conducteurs de travaux, appareilleurs, chefs ouvriers. Les contre-maîtres doivent avoir un pouvoir de l'entrepreneur pour signer valablement les attachements; ils font exécuter les ordres transmis par le conducteur, en se demandant d'abord si ces ordres sont conformes au devis. Les appareilleurs sont chargés du tracé des épures et des panneaux destinés à l'exécution des pièces de bois ou des pierres de taille; ils choisissent eux-mêmes la pierre sur les carrières et président à la pose. L'attribution des chefs ouvriers se comprend d'elle-même; ils sont en général chargés de recueillir et de faire rentrer au magasin tous les outils appartenant à l'entrepreneur.

Appareils employés pour le transport, le bardage et la mise en place des matériaux. — Parmi les procédés en usage pour le transport, le bardage et la mise en place des matériaux, il en est de très-simples dont l'invention remonte aux époques où les grands travaux étaient rares et la mécanique peu avancée; on les a conservés pour tous les travaux de faible importance et on les emploie encore concurremment avec les nouveaux procédés.

Ces derniers ont profité du progrès des sciences et rendent au constructeur de précieux services; ils permettent d'exécuter rapidement et économiquement de nombreuses opérations, autrefois longues et coûteuses.

Nous n'aurons ici qu'à donner la description et l'usage des différents engins, nous réservant d'en exposer la théorie et le calcul dans le cours de mécanique.

Il y a peu de chose à dire sur les transports que l'homme effectue sans le secours d'une machine. Quelquefois on a l'occasion, sur les chantiers, de faire transporter par les ouvriers des pièces de bois ou de fer; cette opération primitive demande cependant quelques précautions lorsqu'elle exige le concours de plusieurs; soit par exemple une longue poutre que les hommes transportent sur leurs épaules : ils se disposent alternativement l'un à droite, l'autre à gauche de la poutre, afin de n'être point forcés de la maintenir avec le bras; ils marchent du même pas et en cadence pour éviter les secousses; ils se placent, en outre, par ordre de grandeur afin de se répartir également la charge.

Quand un ouvrier est seul et qu'il porte un fardeau soit sur l'épaule, soit sur la tête, il a soin de soutenir directement le centre de gravité du fardeau. Les manœuvres montent ainsi à de grandes hauteurs des auges pleines de mortier qu'ils placent en équilibre sur leur tête, opération qui n'est point sans exiger beaucoup de force et d'habitude.

Souvent encore, on voit des ouvriers étagés sur une échelle ou sur des échafauds se lancer de l'un à l'autre des briques, des tuiles, des ardoises ou des moellons; quelque habitude qu'ils aient de ce travail, quelque agilité qu'ils y mettent, on doit le proscrire sur les grands chantiers.

Pinces et leviers. — Pour imprimer aux grosses pièces de petits mouvements et pour les mettre bien en leur place ou pour les faire avancer sur des rouleaux et madriers, on se sert de pinces et leviers (*fig.* 81 et 82) généralement en fer. La pince diffère du levier en ce qu'elle possède un bout recourbé et aplati qui lui permet de se glisser sous les pièces à mouvoir avant de les soulever. Le principe de ces engins est celui du levier; la pince s'appuie sur le sol par son extrémité inférieure, l'ouvrier exerce un effort à la partie supérieure, et cet effort est transmis à la pièce en un point intermédiaire, mais il est multiplié par le rapport du grand bras de levier au petit.

C'est en général une bonne précaution que d'intercaler entre la pince et la pièce à mouvoir une planchette en bois, qui protége les arêtes de la pièce contre toute dégradation.

Souvent on substitue à la pince en fer un levier de bon bois, arrondi par le bout que tient l'ouvrier et simplement équarri à l'autre extrémité.

Madriers et rouleaux. — Dans certains cas, on transporte les pièces en les faisant glisser sur des madriers, placés par exemple sur deux lignes, parallèles au chemin à parcourir; ces madriers forment ce qu'on appelle un chantier. Quand on veut faciliter le mouvement, on réduit le frottement en arrosant les surfaces en contact, et mieux encore en les graissant.

Ce procédé n'est vraiment applicable que lorsqu'il s'agit de faire descendre les matériaux par un plan incliné; la pesanteur intervient pour faire une partie du travail; on peut même avoir à retenir la pièce pour modérer la descente; mais la meilleure inclinaison est évidemment celle pour laquelle il suffit d'exercer seulement un léger effort dans le sens du mouvement; la pièce ne descend pas seule, et on peut l'arrêter ou la mettre en marche pour ainsi dire à volonté.

Ces plans inclinés rendent de grands services dans les montagnes pour l'exploitation des forêts : les pièces de bois sont placées sur des traîneaux qui descendent un plan incliné, formé par des rondins transversaux plus ou moins espacés. Un seul homme suffit à diriger le traîneau.

Les couloirs ou coulottes, dans lesquels on fait descendre du sable, des cailloux, du mortier ou de la terre, sont basés sur le principe précédent.

Lorsque l'on veut faire avancer, par exemple, une pierre de taille sur des madriers, on a à vaincre le frottement de glissement, dont la valeur est bien supérieure à celle du frottement de roulement. On aura donc bien moins de travail à dépenser si l'on substitue des rouleaux aux madriers. C'est ce qui se fait d'ordinaire.

La *figure* 83 représente une pièce de bois que l'on transporte sur des rouleaux; on la soulève d'abord, à chaque extrémité successivement, avec un levier, et on place les rouleaux, puis on pousse la pièce soit à la main, soit avec des leviers placés en arrière, soit avec des leviers placés latéralement que l'on fait nager, comme on dit, c'est-à-dire qu'on amène d'arrière en avant en exerçant un effort comme pour soulever la pièce, puis d'avant en arrière sans exercer d'effort, soit encore avec des cordeaux que l'on tire si l'on veut ménager les arêtes de la pièce. La vitesse avec laquelle la pièce s'avance est double de celle des rouleaux, de sorte que celui d'arrière ne tarde pas à quitter la pièce, et celle-ci basculerait si l'on n'avait soin auparavant de lui présenter en tête un troisième rouleau; trois rouleaux suffisent donc pour un voyage indéfini.

S'agit-il de changer la direction du mouvement, on incline soit le rouleau de tête, soit les deux rouleaux, et l'habitude indique bien vite les proportions à garder. On imprime aux rouleaux ce changement de direction en les frappant en tête avec un levier quelconque.

Pour faciliter ce mouvement, on donne souvent aux rouleaux une forme fusoïde, c'est-à-dire que leur diamètre va en décroissant légèrement du centre aux extrémités.

On profite de l'avantage des rouleaux sans en avoir l'inconvénient en plaçant les pièces sur deux trucs supportés chacun par un rouleau formant essieu, comme le montre la *figure* 84. Au lieu de cet appareil, si l'on prend une plate-forme montée sur essieu en fer avec deux petites roues en fonte, on a un appareil très-commode, par exemple pour transporter de grandes poutres en fonte ou en fer que l'on place sur deux de ces petits chariots.

Chariots et fardiers. — Avant de parler des chariots, signalons pour mémoire la civière sur laquelle on transporte des moellons et de petites pierres de taille, la brouette dont nous avons déjà parlé à propos des terrassements (on a soin de se servir de brouettes à claire-voie pour transporter les petits moellons, afin de se débarrasser des poussières et des éclats), l'oiseau qui sert à transporter de petites quantités de mortier; cet appareil est formé de deux planches assemblées à angle droit : dans la rigole qu'elles forment on place le mortier; à la planche du dessous sont cloués deux bras, dans l'intervalle desquels un homme peut mettre le cou; le manœuvre porte l'oiseau sur ses épaules derrière le cou, et il le maintient en appuyant les mains sur les deux branches qui viennent en avant.

La charrette ou voiture à deux roues, qui presque partout sert aux transports ordinaires, se compose d'un bâtis horizontal monté sur un essieu en fer, dont les fusées reposent dans les moyeux de deux roues, lesquelles tournent indépendamment de l'essieu : on empêche l'échauffement et on diminue le tirage en ayant soin de frotter de temps en temps la fusée avec une graisse quelconque; à ce propos, on devrait bien s'éviter l'opération pénible du graissage en ménageant dans le moyeu une boîte à graisse hermétiquement fermée. Le bâtis horizontal d'une charrette se compose de deux pièces longitudinales ou limons; l'intervalle qui les sépare est réservé pour moitié au cheval appelé limonnier, et dans l'autre moitié on trouve des pièces transversales ou épars, dont les tenons sont reçus par des mortaises pratiquées dans les limons. Les épars soutiennent le plancher de la voiture; aux limons sont fixées latéralement, par des boulons ou autrement, les pièces verticales supportant les ridelles; celles-ci peuvent être pleines ou à claire-voie.

Dans les pays où les chemins sont en bon état, on se sert beaucoup de chariots à quatre roues; l'arrière-train est fixe, l'avant-train est mobile et son essieu peut tourner autour de la cheville ouvrière; la plate-forme prend alors de plus grandes dimensions, et la voiture se prête mieux au transport des matériaux encombrants.

Mais les charrettes et chariots sont en général peu commodes pour le transport des gros matériaux de construction, surtout à cause des difficultés de chargement et de déchargement.

On a recours alors au fardier que représente la *figure* 85. Ce fardier est destiné au transport des longues pièces de bois, il se compose de grands limons assemblés par des épars; ce bâti est réuni au moyen de boulons mobiles à des pièces de bois courtes et massives, nommées chantignolles, et qui sont fixées aux extrémités de l'essieu près des moyeux. En déplaçant les boulons des chantignolles, on peut par exemple reporter l'essieu au point (q) et transporter des pièces de bois deux fois plus longues que celles de la figure, tout en maintenant le centre de gravité de la charge un peu en avant de l'essieu, de manière que les limons compriment le cheval plutôt que de tendre à le soulever.

On soulève les pièces au moyen de cordes et de leviers; le plus souvent les cordes s'enroulent sur des rouleaux servant de treuils et manœuvrés par des leviers en bois dont l'extrémité s'engage dans des manchons mortaisés, faisant corps avec les rouleaux.

Pour le transport des grosses pierres de taille, les fardiers sont beaucoup moins longs; la pierre est suspendue sous l'essieu et on la soulève au moyen de treuils et de chaînes en fer; il faut garnir les arêtes avec des tasseaux pour éviter les écornures. Quelquefois la pièce est placée sur une civière que l'on soulève et que l'on dépose avec elle, ce qui simplifie la manœuvre. Si l'on veut transporter de la sorte de grosses pierres, on est forcé d'élever l'essieu et, par suite, de donner aux roues un grand diamètre, qui du reste favorise le tirage.

La *figure* 86 représente un engin de transport appelé diable; il se compose de deux roues réunies par un essieu, qui supporte deux chantignolles réunies par une pièce transversale dans laquelle est implantée une flèche, traversée à son extrémité par une barre transversale. Pour soulever une pièce de bois qui est sur chantier, on place au-dessus d'elle le diable, la flèche verticale, on entoure la pièce avec une chaîne serrée, et, en abaissant la flèche, on soulève la partie postérieure de la pièce; la flèche est alors abaissée jusqu'à toucher la partie antérieure de la pièce, à laquelle on l'enchaîne; le centre de gravité doit être un peu en avant de l'essieu; les ouvriers soulèvent la barre transversale et entraînent le diable en poussant sur cette barre.

Le diable précédent est à grandes roues, on peut l'employer pour le bardage des grosses pierres de taille; pour les pierres moyennes, on se sert d'un diable à roues basses; le bâtis est au-dessus des roues et se prolonge par une flèche médiane, qui ne doit point reposer sur l'essieu. Pour charger une pierre, on soulève la flèche de manière que le plancher du diable soit presque vertical; puis on fait basculer la pierre sur ce plancher, en la protégeant toutefois par des tampons de paille; on rabaisse brusquement la flèche jusqu'à terre, pour faire descendre la pierre au-dessus de l'essieu, et on se met en marche. Pour le déchargement, on opère d'une manière inverse, en ayant soin de faire basculer la pierre sur des cales ou sur un chantier, afin qu'il soit facile de la reprendre. Souvent on attelle un cheval en avant de la flèche.

Le binard est un chariot bas à quatre roues, dont le plancher porte en général deux pièces longitudinales saillantes, sur lesquelles on fait glisser les pierres. Quelquefois il y a deux planchers, l'un fixe et garni de rails longitudinaux, l'autre mobile et porté sur des roulettes en fonte qui parcourent les rails; ce dernier est manœuvré par un treuil, et, en inclinant le binard, on peut le faire monter ou descendre à volonté.

Cordages. — Dans ce qui précède, nous avons déjà plus d'une fois parlé de l'emploi des cordages; on en a besoin dans presque toutes les manœuvres des chantiers, et nous croyons utile de donner quelques renseignements sur leur composition et sur leur mise en œuvre.

La matière dont on fabrique les bons cordages est la partie fibreuse de la tige du chanvre; on soumet le chanvre récolté à une fermentation humide appelée rouissage, dans laquelle les fibres ne sont pas attaquées; les matières résineuses et gommeuses sont dissoutes; l'écorce est fendillée et désagrégée. On fait ensuite sécher la plante, puis on la broie pour séparer des filaments toutes les parties étrangères.

Les filaments, peignés et cardés, sont ensuite réunis pour former un fil. Le fil de chanvre, comme celui de lin et de coton, s'obtient en exerçant une torsion énergique sur tous les filaments accolés; on augmente ainsi le frottement de ces filaments dans une énorme proportion, et d'un assemblage sans résistance on fait, par la torsion, un tout capable de résister à de grands poids.

Le fil primitif ainsi obtenu, abandonné à lui-même, se détord et perd sa résistance on combat cet inconvénient en tordant ensemble plusieurs fils primitifs, ce qui donne un fil bitord.

Le fil élémentaire du cordier est appelé fil de caret, il a **deux millimètres de diamètre.**

Trois fils de caret, réunis par une seconde torsion, forment un merlin. Plus de trois fils de caret, réunis par une seconde torsion, forment un toron. En tordant ensemble plusieurs torons, on obtient une aussière, et en tordant ensemble plusieurs aussières, on obtient un câble.

Le chanvre donne un fil grossier et jaunâtre, mais c'est le plus résistant; il faut rejeter tout cordage sur lequel on remarque des traces de décomposition ou de pourriture; un bon cordage doit être souple, très-dur, non tacheté et sans odeur de moisi.

Les cordes goudronnées, savonnées ou mouillées ont moins de durée et moins de résistance; il semble que le frottement des fibres élémentaires, les unes contre les autres, se fasse plus facilement.

Une bonne corde sèche ne se rompt que sous une charge de 5 à 6 kilogr. par millimètre carré; il est bon de n'atteindre que le tiers de cette tension.

Nous reviendrons en mécanique sur la résistance et la roideur des cordes.

Les cordages se fixent soit à eux-mêmes, soit à des mâts, soit à des anneaux, etc. Le colonel Emy, dans son *Traité de charpenterie*, donne une classification complète de tous les nœuds employés; nous allons, d'après lui, citer les plus communs :

Les *figures* 87 et 88 représentent une ganse vue dans les deux sens; presque tous les nœuds commencent par une ganse.

Figures 89 et 90, nœud simple, commencé et fini.

Figures 91 et 92, nœud allemand, commencé et fini.

Figures 93 et 94, nœud en lacs, commencé et fini.

Figures 95, 86, 97, nœud double, commencé et fini. La corde est tortillée deux fois en passant deux fois dans la ganse. On peut faire de même un nœud triple, quadruple, etc.

Figures 98 et 99, boucle commencée et finie.

Figure 100, boucle coulante, avec laquelle on termine un cordage.

Figures 101 et 102, nœud de tisserand, commencé et fini.

Figures 103 et 104, nœud droit, commencé et fini. S'appelle aussi nœud de marin et nœud plat : il est bon dans les usages ordinaires et pour de petits cordages; dans les manœuvres, il n'est pas solide, et se défait aisément.

Figures 105, 106, 107, nœud appelé par les marins nœud à plein poing; il ne se dénoue jamais et ne glisse pas; mais les cordes étant pliées très-court, sont exposées à se rompre près du nœud.

Figures 108 et 109, joint anglais, commencé et fini.

Figure 110, joint à deux ligatures : bon, mais long à exécuter.

Amarrage sur organeaux :

Figure 111, amarre en tête d'alouette avec ligature.

Figure 112, amarre en tête d'alouette sur boucle de galère : cette amarre a l'avantage qu'on peut désamarrer subitement en enlevant le billot qui constitue le nœud d'alouette.

Figure 113, amarre ou nœud de marine.

Figure 114, amarre ou nœud de réverbère.

Figures 115, 116, 117, ligature portugaise servant à réunir deux bigues égales pour en faire usage comme d'une chèvre. Les *figures* 115, 116 montrent les deux bigues accolées et ligaturées; les bouts de cordages sont tordus et enlacés dans les derniers tours; lorsque la ligature est faite, on écarte les bigues en les croisant à la manière d'une croix de Saint-André. Par ce moyen, la ligature serre fortement les bigues; pour achever de la consolider, on l'entoure d'un collier fait de plusieurs tours d'un petit cordage passant entre les bigues et dont les bouts sont noués.

La *figure* 118 représente ce qu'on appelle un brellage à garot, qui sert à rassembler deux pièces de bois, à maintenir, par exemple, une pièce que l'on enfonce le long du madrier vertical qui sert de glissière au mouton. Avec le cordage (a), on fait deux ou trois tours autour des deux pièces sans les serrer; puis on introduit entre le cordage et le bois, le garot (mn) auquel on fait subir une rotation; on augmente ainsi la tension autant qu'on le veut; pour maintenir le garot, on en fixe l'extrémité à un point fixe (q) par un lien (pq).

Pour prolonger par un autre cordage un cordage trop court, il arrive souvent qu'on ne peut faire un nœud, parce que le cordage doit, par exemple, passer dans la gorge d'une poulie. On fait alors une épissure, comme le montre la *figure* 119 : on accole les deux cordages et on les serre l'un contre l'autre par un cordelet; cet assemblage est très-résistant.

Nous ne pouvons qu'engager le lecteur à exécuter lui-même les différents nœuds avec une ficelle, afin de les connaître parfaitement.

C'est particulièrement avec les poulies que l'on emploie les cordages. Une poulie est un cylindre aplati percé au centre d'un œil qui tourne à frottement doux sur un axe, lequel est réuni à une chape qui embrasse le cylindre et est fixée à un point immobile, par exemple au sommet d'une grue : le cylindre est entaillé sur son pourtour, et cette entaille est la gorge de la poulie sur laquelle s'enroulent les cordages.

Plusieurs poulies réunies sur un même axe et une même chape, prennent le nom de moufle (de l'allemand *muffel*, manchon); et deux moufles réunis par un cordage qui passe alternativement d'une poulie d'un moufle à une poulie de l'autre constituent un palan. C'est en mécanique que nous donnerons la théorie de ces engins. On les trouvera représentés sur quelques-uns des dessins qui vont suivre.

Treuils. — Un treuil se compose essentiellement d'un cylindre mobile autour de son axe, et reposant par l'intermédiaire de deux tourillons sur un bâtis solide; à l'axe est fixée une manivelle. Presque toujours des engrenages sont interposés entre la manivelle et le cylindre du treuil, afin d'amplifier la force transmise.

Le principe mécanique du treuil peut se définir comme il suit : lorsque deux manivelles sont montées sur le même axe, et soumises l'une à un effort, l'autre à une résistance, il faut, pour qu'il y ait équilibre, que l'effort et la résistance soient dans le rapport inverse de leurs distances à l'axe, c'est-à-dire dans le rapport inverse des rayons de leurs manivelles.

D'après cela, si vous exercez un effort d'un kilogramme sur un rayon de 100 mètres, cet effort pourra vaincre une résistance de 100 kilogrammes sur un rayon de 1 mètre; mais le chemin parcouru par cette résistance sera 100 fois moindre que le chemin parcouru par l'effort dans le même temps. Ce fait s'énonçait ainsi dans les anciens traités : « Ce qu'on gagne en force, on le perd en vitesse. »

Des deux côtés il y a quelque chose de constant, c'est le produit de l'effort ou de la résistance par le chemin respectivement parcouru, c'est le travail.

Le principe des engrenages est le même que celui du treuil et le calcul en est aussi facile. Une manivelle de rayon R communique son mouvement à une petite roue dentée ou pignon, monté sur le même axe et de rayon (r); la force (f) qui s'exerce à la circonférence du pignon est à la force F exercée sur la manivelle, dans le rapport $\frac{R}{r}$ ou bien $f = F \cdot \frac{R}{r}$.

Le pignon agit à son tour sur une grande roue dentée, de rayon R' à la circonférence de laquelle il exerce nécessairement l'effort (f) ; sur le même axe que cette grande roue est monté un second pignon de rayon (r'), qui exerce à sa circonférence l'effort $f' = f \dfrac{R'}{r'} = F . \dfrac{R}{r} . \dfrac{R'}{r'}$.

Ce second pignon peut activer à son tour une autre roue dentée sur l'axe de laquelle est monté un troisième pignon et ainsi de suite ; de sorte que finalement l'effort transmis à la circonférence du dernier pignon, ou bien à la circonférence du cylindre du treuil sur l'axe duquel est fixée la dernière grande roue, est égal à l'effort primitif amplifié dans le rapport du produit des grands rayons R. R'. R''..... au produit des petits r. r'. r''. Supposez une manivelle et deux roues dentées de $0^m,50$ de rayon, avec deux pignons et un cylindre de treuil de $0^m,05$ de rayon, l'effort exercé par un homme sur la manivelle sera amplifié dans le rapport $\dfrac{50 \times 50 \times 50}{5 \times 5 \times 5} = 10^3 = 1,000$.

Le treuil pourra donc soulever un poids 1,000 fois plus grand que l'effort exercé ; mais aussi la vitesse de ce poids sera 1,000 fois plus petite que la vitesse du bouton de la manivelle.

Les notions précédentes font bien comprendre le jeu et la composition d'un treuil à engrenages ; nous allons maintenant en donner la description pratique.

La *figure* 120 représente un treuil simple, c'est la roue de carrière des environs de Paris ; elle sert à l'extraction des pierres de taille. Un homme fait tourner la grande roue en marchant sans cesse sur les échelons dont elle est garnie à la circonférence, et le poids de l'homme peut vaincre une résistance égale à ce poids multiplié par le rapport du rayon de la roue au rayon du treuil. Soit un homme pesant 70 kilogrammes, une roue de 3 mètres de rayon et un treuil de $0^m,15$, on pourra soulever à la limite, avec cet appareil, en ne tenant pas compte des frottements, un poids de :

$$70 \times \frac{300}{15} = 70 \times 20 = 1,400 \text{ kilogrammes.}$$

Au lieu d'une grande roue montée sur l'axe du treuil, supposez une simple manivelle, et vous aurez l'appareil qui sert à monter les seaux d'un puits.

Les *figures* 123, 124, 125, représentent un grand treuil à engrenages employé au port de Cherbourg pour l'embarquement des blocs de rochers. Il est monté sur un bâtis en fonte et garni de roulettes, de manière à se mouvoir sur un chemin de fer supporté par un appontement ; les *figures* 121 et 122 montrent cet appontement et font suffisamment comprendre comment les caisses, pleines de pierres, sont amenées par un chemin de fer établi sur le quai, comment elles sont soulevées au-dessus de leur truc, et entraînées par le treuil, comment enfin elles se vident dans les navires.

Voici maintenant le détail du treuil : la manivelle (m) fait mouvoir un pignon (p) qui commande la roue dentée D, laquelle porte sur son axe le pignon p', qui commande la roue D', sur l'axe de laquelle est monté le tambour T du treuil ; sur ce tambour s'enroule la corde. Les dessins sont cotés, et il est facile de faire le calcul de l'effort que le treuil peut exercer ; mais pour faire ce calcul complet, il faut tenir compte des frottements ; il faut en outre calculer les diverses pièces et le bâtis lui-même, de telle sorte qu'ils résistent sans déformations sensibles aux efforts qu'ils ont à supporter ; nous aurons l'occasion de revenir sur tout cela en mécanique.

Aux pièces constitutives du treuil, il faut en ajouter deux autres qui sont indispensables pour la manœuvre : l'encliquetage, et le frein. L'encliquetage est représenté en (n), tout près d'une manivelle ; il a pour but d'empêcher tout mouvement rétrograde ; tant que le poids monte, la roue à encoches va de droite à gauche et le doigt de l'encliquetage qui est fixé au bâtis est soulevé par les saillies de la roue ; mais que les ouvriers s'arrêtent, le poids tend à descendre, le doigt de l'encliquetage s'engage dans une encoche et y est fortement maintenu par la pression. Lorsque l'on veut laisser descendre le fardeau, on soulève le doigt et on le rejette de côté, puis on modère la descente en retenant les manivelles.

Le frein est un appareil de sûreté destiné à modérer la descente dans tous les cas et à parer à une rupture possible de l'encliquetage. Il se compose d'une roue f, sur laquelle s'applique un ruban d'acier; en position ordinaire, le ruban touche à peine la roue et il n'y a pas de frottement; mais lorsqu'il en est besoin, en agissant fortement avec les mains ou les pieds à l'extrémité du levier l, on applique sur la roue le ruban dont les deux extrémités sont attachées au levier près de son point fixe; il en résulte un frottement considérable, une résistance qui peut arrêter le mouvement de descente. Le frein est situé à côté de la seconde manivelle et à portée de l'ouvrier.

L'encliquetage et le frein doivent être montés sur l'arbre des manivelles et non pas sur l'arbre du tambour, parce que dans la première disposition leur effet de résistance s'augmente de la résistance due aux frottements des engrenages.

On voit sur la *figure* 126 un cabestan ; c'est un treuil à tambour vertical, et l'on supprime les engrenages par la faculté que l'on a d'augmenter dans de grandes proportions le rayon des manivelles ; on se sert comme leviers de longues tiges de bois ou de fer qui s'implantent dans des cavités ménagées à la tête du cabestan.

La *figure* 126, extraite de l'ouvrage du colonel Emy, indique bien la manœuvre de cet engin.

Chèvres.—La pièce essentielle d'une chèvre est un bâtis en charpente formant un triangle isocèle (*fig.* 127 et 128) : deux longues pièces de bois (*a*), reliées par des épars, (*b*) s'appuient sur le sol et sont assemblées solidement à leur sommet; à la base est un treuil que l'on manœuvre avec des leviers pénétrant dans les trous de deux manchons à section carrée; en haut est une poulie sur laquelle passe la corde destinée à soulever le fardeau. C'est avec le treuil et la poulie que l'effort s'exerce. Un pareil système ne tiendrait pas debout si le sommet n'était relié à un troisième point fixe : pour cela, on attache à ce sommet un cordage que l'on amarre à un pieu sur le sol, ou bien on supporte la chèvre par une pièce de bois ou pied de chèvre. L'appareil prend alors la forme d'un trépied, il peut servir à soulever un objet que l'on veut travailler ou monter à une faible hauteur, mais il est mal commode pour le maniement des matériaux de construction.

Lorsqu'on n'a pas de chèvre à sa disposition, on se sert de deux bigues, ou mâts cylindriques, réunies par une ligature portugaise, ainsi que nous l'avons vu en parlant de l'emploi des cordages. Avec un crochet en fer, on fixe une poulie au sommet.

En général, la chèvre ne peut produire qu'un déplacement vertical ; toutefois, lorsqu'elle est fixée au sol par un cordage, si l'on a soin de placer un palan à l'extrémité de ce cordage, on peut le raccourcir dans une certaine mesure, et par suite relever le sommet de la chèvre ; dans ce cas, le fardeau se trouve soumis en outre à un déplacement horizontal perpendiculaire au treuil. Ce moyen est commode pour mettre en place des objets de dimension moyenne, tels que des vases, des statues, etc.

Les *figures* 129 à 135 donnent les dessins de la chèvre employée par M. l'ingénieur Potel à la construction du phare de Belle-Isle. Cette chèvre est à trois pieds ; elle est pourvue d'un treuil à manivelle ; elle amène les pierres de taille jusque sur un plancher mobile, et là on les reprend au moyen de rouleaux. Au sommet de la chèvre, nous apercevons un plateau en fer d'où partent des haubans qui soutiennent les échafaudages volants destinés au ragréement et au rejointoiement des parements.

Remarquons encore que cette chèvre est surmontée d'un paratonnerre dont la chaîne aboutit dans un baquet plein d'eau.

Le calcul de ces appareils est simple et facile, grâce aux principes que nous avons posés ; il est à considérer que souvent on attache le fardeau à la chaîne par l'intermédiaire d'une poulie que soulève la chaîne ; une extrémité de la chaîne s'enroule sur le treuil, l'autre est fixée au sommet de l'appareil ; pour une distance verticale (*d*) parcourue par le fardeau, la chaîne s'est enroulée sur le treuil d'une longueur (2*d*). La disposition ci-dessus a donc pour effet de réduire de moitié la vitesse d'élévation et par suite de réduire aussi de moitié l'effort à exercer à la circonférence du tambour ; car le travail mécanique, c'est-à-dire le produit de l'effort exercé par l'espace qu'a parcouru le point d'application, doit être le même dans un temps donné, soit qu'on le mesure à la circonférence du treuil, soit qu'on le mesure d'après les positions initiale et finale du fardeau.

Crics. — Un cric ou vinda est un appareil très-usité, servant à produire de petits déplacements : par exemple, à soulever un bloc à une faible hauteur.

Il se compose (*figures* 136 et 137) d'une manivelle à encliquetage, qui met en mouvement un pignon, lequel engrène avec une crémaillère logée dans le massif en bois qui supporte le tout. A sa base, la crémaillère est munie d'un talon saillant, et au sommet, d'un croissant recourbé ; ce talon et ce croissant sont destinés à exercer l'effort sur les pièces à soulever. La force transmise à la crémaillère est égale à l'effort exercé sur la manivelle multiplié par le rapport du rayon de cette manivelle au rayon du pignon ; la force qui agit dans le sens longitudinal de la crémaillère est celle qui agit à la circonférence du pignon.

Lorsqu'on veut amplifier l'effort dans une plus grande proportion, on interpose une grande roue dentée et un second pignon entre le premier pignon et la crémaillère, mais alors on perd en vitesse ce que l'on gagne en puissance.

Dans le premier cas, le cric est simple ; dans le second, il est composé.

Grues. — La grue est un appareil destiné à transporter un fardeau d'un point à un autre, dans un espace évidemment limité. On peut assimiler le mouvement d'une grue à un système de coordonnées géométriques (voir la *Géométrie analytique*) ; souvent, le corps parcourt une droite verticale, un axe de cercle horizontal, et une partie du rayon de cet arc ; c'est le système des grues qui tournent autour d'un pivot vertical ; quelquefois le mouvement suivant le rayon n'existe pas ; le champ d'opération de cet engin est forcément limité ; pour en obtenir un plus étendu, on a recours aux grues roulantes, qui font passer un corps d'un point à un autre par trois coordonnées rectilignes et rectangulaires, dont l'une est verticale ; ce sont celles-ci que l'on emploie tout particulièrement dans les grands travaux d'art.

Grues à pivot vertical. — La *figure* 138 donne l'élévation d'une grue simple en bois ; le fardeau est attaché à la chape d'une poulie mobile ; le cordage est fixé par une extrémité au sommet de la grue, et par l'autre extrémité il s'enroule sur un treuil. On voit comment le pied de la grue est enchâssé dans un bâtis solide et comment son pivot tourne sur une crapaudine inébranlable.

Dans la *figure* 139, la grue est double, et l'une des parties fait contrepoids à l'autre, le mécanisme est le même. Les deux appareils précédents n'impriment au fardeau que deux mouvements élémentaires, et le fardeau ne sort pas de la surface d'un cylindre circulaire droit à génératrices verticales.

La *figure* 140 donne un exemple plus complexe ; la grue peut prendre, soit sur des madriers, soit sur des rails, par l'intermédiaire de roulettes, un mouvement de progression longitudinale.

La *figure* 141 représente une grue en fer coulé, employée au port de Bristol, et pouvant servir au mâtage des bâtiments de commerce. Elle est munie d'un treuil puissant sur lequel s'enroule une chaîne ; remarquez les petits rouleaux destinés à supporter cette chaîne et à lui éviter tout frottement. L'engrenage est très-complet ;

mais on a soin de disposer un système d'embrayage et de débrayage qui permet de ne se servir que d'une partie des roues dentées, lorsqu'on n'a pas à soulever un lourd fardeau et que l'on veut gagner de la vitesse.

La *figure* 142 représente une grue du canal Saint-Jean, à Anvers ; elle est plus complexe que les précédentes, en ce sens qu'un palan permet d'incliner plus ou moins le bras de l'appareil et, par suite, d'imprimer au fardeau un mouvement suivant un rayon du pivot.

Dans la *figure* 143, nous avons représenté une double grue en fonte établie à la gare de Saint-Ouen, sur le bord du quai, et reliée solidement à un massif de maçonnerie.

On a souvent employé, pour les travaux à la mer, et en particulier pour la construction des phares en mer, des grues simples ou mâts de charge analogues à celui que l'on voit représenté sur la droite de la *figure* 144 (phare des Barges ; M. Marin, ingénieur). Cet appareil, usité à bord des navires, se compose d'un mât vertical solidement enchâssé dans la maçonnerie, quelquefois même relié à trois points fixes par trois haubans ; à ce mât vertical est relié, par un palan, un autre mât incliné, mobile autour d'une charnière horizontale et pouvant prendre, par la manœuvre du palan, toutes les inclinaisons sur la verticale. Le mât incliné est fixé au mât vertical, à la partie inférieure, par le moyen d'un collier mobile, de sorte qu'on peut faire exécuter au fardeau une rotation complète autour du mât vertical. Un treuil simple complète l'appareil. Le collier mobile peut être remplacé tout simplement par un collier fixe en fer forgé, avec une saillie latérale dans laquelle est ménagée une crapaudine où s'engage un goujon en fer terminant le mât incliné ; la rotation s'exécute beaucoup plus facilement avec ce goujon en fer qu'avec un collier mobile. En cas de chômage, on relève le mât incliné pour l'accoler à l'autre, et l'appareil ne présente aux violences de la mer qu'une faible surface.

Sur la gauche de la même *figure*, on peut voir une autre espèce de grue, qui se compose d'une chèvre dont les deux pieds sont garnis de roulettes, et qui est réunie à un point fixe : 1° par un hauban ; 2° par une pièce de bois horizontale, mobile autour du point fixe ; l'appareil est facile à déplacer, et lorsque les coups de mer empêchent de travailler, on replie la chèvre sur la pièce de bois de manière à l'appliquer sur le rocher.

Nous avons décrit ci-dessus des grues de divers types ; il nous reste à faire connaître les grandes grues roulantes qui sont employées concurremment avec les ponts et chemins de fer de service.

GRUES ROULANTES. PONTS ET CHEMINS DE FER DE SERVICE.

Les travaux d'art, tels que ponts, viaducs, écluses, etc., ont généralement une grande longueur par rapport à leur largeur ; si l'on voulait employer à la construction de ces ouvrages une des grues que nous avons décrites, elle pourrait suffire pour la largeur, mais on serait forcé de la déplacer souvent dans le sens longitudinal. Pour parer à cet inconvénient, il est plus simple de construire un pont de service qui entoure l'ouvrage et par lequel on peut faire toutes les manœuvres. Ce pont supporte un grand chariot en charpente, lequel se meut sur deux rails longitudinaux : le grand chariot porte lui-même deux rails transversaux sur lesquels se meut un petit chariot muni d'un treuil.

Le treuil produit sur les matériaux un déplacement vertical, le grand chariot un déplacement horizontal dans le sens de la longueur, et le petit chariot un déplacement horizontal aussi, mais transversal ; de sorte qu'un bloc de pierre, par exemple, une fois attaché au treuil, peut être conduit en un point quelconque de l'ouvrage.

Ces grues roulantes sont employées fréquemment sur les chemins de fer et sur les quais de port pour le débarquement des marchandises. Lorsqu'on veut les établir à poste fixe et leur donner une grande puissance, on peut leur imprimer tous leurs mouvements au moyen d'une petite machine à vapeur qu'elles portent elles-mêmes. Cette machine est placée dans une chambre ménagée à une extrémité de la grue ; elle sert de contrepoids, lorsque la grue avance au delà du quai pour saisir les fardeaux dans des bateaux ou dans des wagons.

Pour des travaux d'art, on n'a pas besoin d'une puissance bien considérable, et l'appareil doit être plus simple, vu son caractère provisoire.

Nous trouvons dans un mémoire de M. l'ingénieur Croizette-Desnoyers la description de divers échafaudages, avec grues roulantes et chemins de fer de service, employés à la construction de plusieurs viaducs sur le chemin de fer de Saint-Germain-des-Fossés à Roanne ; nous la reproduisons ici :

« Les échafaudages employés pour la construction des piles se rapportent à deux systèmes bien différents :

« Le premier, celui du viaduc de la Bèbre, est représenté par les *figures* 145, 146 et 147, et se compose essentiellement d'un pont de service continu reliant entre eux des cadres verticaux qui entourent chaque pile d'une manière complète. Le pont de service aboutit au coteau, sur le flanc duquel une voie de fer, disposée en plan incliné, sert à faire monter les matériaux au niveau du pont de service, et une autre voie de fer, établie sur ce pont lui-même, les conduit jusqu'à l'axe de la pile à laquelle ils sont destinés ; à ce point, ils sont pris par un chariot, mobile dans le sens transversal, muni d'un treuil à mouvement longitudinal (*fig.* 153 et 154), de sorte que la pierre est amenée et posée avec la plus grande facilité à l'emplacement exact qu'elle doit occuper. Les cadres des piles et les montants verticaux, qui supportent le pont de service, sont placés, dès l'origine, sur toute leur hauteur ; mais, afin de ne pas avoir à faire monter les matériaux beaucoup plus haut qu'il n'est nécessaire, le pont de service n'est fixé aux montants que par des boulons, ce qui permet de le relever au fur et à mesure de l'avancement du travail ; ce relèvement est opéré très-facilement en quelques heures, et a lieu de préférence le dimanche, afin de ne pas causer d'interruption dans le travail. Il faut ajouter qu'au viaduc de la Bèbre, le pont de service était à une voie, avec gares d'évitement, ce qui suffisait à la rigueur ; néanmoins, il y avait quelquefois de l'encombrement, et il serait préférable de faire tout de suite le pont à double voie, ce qui augmenterait très-peu la dépense.

« Le second système, celui du viaduc de Montciant, est représenté par les *figures* 148, 149 et 150 ; il se compose essentiellement d'échafaudages isolés pour chaque pile. Ces échafaudages forment des cadres analogues à ceux employés dans l'autre système et reçoivent également un chariot mobile à treuil, avec double mouvement ; seulement ce treuil, au lieu d'avoir seulement à prendre les pierres sur les wagonnets du pont de service, sert à les enlever à partir du terrain naturel.

« En comparant entre eux ces deux systèmes, on trouve que, dans l'un et l'autre, la pierre, une fois arrivée au niveau des maçonneries, est posée avec le même soin et la même facilité ; mais pour l'amener à ce niveau, l'opération est bien différente, puisque dans le premier cas il suffit de faire monter la charge sur un plan incliné, tandis que dans l'autre il faut l'élever verticalement. Par contre, le premier système, nécessitant un pont de service, est d'un établissement plus coûteux que le second ; mais cet excédant nous paraît largement compensé par la diminution des frais de montage, et surtout par la plus grande facilité avec laquelle se fait le service. Comme le montage vertical est plus long que le transport horizontal sur le pont de service, on est obligé de s'y prendre d'avance pour les approvisionnements qui, à Montciant, encombraient presque toujours les piles, tandis que cependant les ouvriers chômaient encore souvent, parce que les matériaux déjà bardés n'étaient pas ceux dont ils avaient besoin. A la Bèbre, au contraire, les wagonnets étaient chargés d'avance aux extrémités du pont de service ou sur les voies d'évitement, et n'étaient amenés aux piles qu'au moment où l'on en avait besoin; en outre, le moellon ou le mortier chargé sur un wagonnet était distribué indifféremment à telle ou telle pile, de sorte que les maçonneries n'étaient jamais encombrées, que les ouvriers y travaillaient, par suite, plus facilement, et qu'enfin ils n'étaient presque jamais obligés de chômer. Ces avantages ont été bien compris par les entrepreneurs, et pour les trois autres viaducs, qui ont commencé un peu plus tard, ils ont tous suivi le système d'échafaudage du viaduc de la Bèbre. Ce système ne cesserait d'être directement applicable que pour un ouvrage d'une très-grande longueur, ou bien dans les cas où les culées ne s'appuieraient pas à un coteau ; mais alors il conviendrait d'établir sur un petit nombre de points des appareils spéciaux pour le montage, de créer au sommet de chacun d'eux un emplacement pour dépôt des approvisionnements, et de répartir ensuite ces approvisionnements sur les piles, au moyen du système déjà décrit. L'application de ce système a été notablement simplifiée pour le viaduc de la Feige, en raison du faible volume des matériaux employés. Le pont de service est devenu une simple passerelle (*fig.* 151 et 152), et les cadres autour des piles ont pu être supprimés : il n'était pas nécessaire, en effet, de se donner les moyens de porter les matériaux au lieu d'emploi même, et de les poser à la louve, puisqu'on n'employait pas de pierre de taille, et que tous les moellons de parement pouvaient facilement être transportés et posés à la main. Cette simplification dans les échafaudages est encore un des avantages inhérents au système de construction en matériaux exclusivement de petit appareil. Pour la construction des voûtes, on n'a employé à tous les viaducs qu'un seul système, représenté par pans *figures* 157 et 158. Après la mise au levage des cintres, on établissait au-dessus d'eux un pont de service, soit immédiatement à la hauteur nécessaire pour fermer la voûte, soit à un niveau inférieur, sauf à le relever plus tard, et l'on disposait sur ce pont de service des grues mobiles à double mouvement (*fig.* 155 et 156). Ces grues, portées sur cintres, ont été employées pour la première fois par M. l'ingénieur en chef Kleitz, pour la construction du pont de Cinq-Mars, et leur usage est bien répandu maintenant; seulement, comme dans le cas actuel les matériaux arrivaient par l'axe de la construction elle-même, et non sur des ponts de service latéraux, comme pour les ponts en rivière, les grues avaient beaucoup moins de portée, beaucoup moins de disposition à basculer, et ont pu être construites d'une manière beaucoup plus simple et plus légère. »

La *figure* 159 représente la grue roulante ou plutôt le chariot roulant employé par M. l'ingénieur Lechalas à la reconstruction du pont de Pirmil à Nantes. Le chariot roule sur des longuerines horizontales, parallèles à l'axe longitudinal de l'ouvrage; il est formé de deux poutres composées, reliées seulement à leurs extrémités par des madriers boulonnés; ces poutres portent chacune un rail et sur les rails roule un petit chariot muni d'un treuil. Latéralement, on voit une passerelle, par laquelle on approche les pierres de taille que vient saisir le crochet du treuil; cette passerelle latérale, qui existe le plus souvent lorsque l'on construit un pont sur rivière, est aussi munie de rails, sur lesquels roulent des wagonnets chargés de matériaux.

Les longuerines fixes, supportant le chariot, reposent sur des pieux verticaux que consolident des jambes de force ; cette partie fixe de la charpente est quelquefois moins élevée, et le chariot est monté sur des pieds en charpente que terminent les roulettes (tel était le cas de l'exemple précédent) ; M. Lechalas estime que cette dernière disposition est plus coûteuse et moins commode pour la manœuvre. Un seul homme suffit à faire mouvoir le treuil.

Le viaduc de Morlaix, construit sous la direction de M. l'ingénieur Fenoux, est un travail considérable; en se servant des moyens primitifs de montage, on eût été entraîné à des dépenses et à des pertes de temps énormes; aussi s'est-on empressé de recourir aux moyens mécaniques. Les *figures* 160, 161, 162 font suffisamment comprendre la disposition de la passerelle de service et des procédés de levage.

La passerelle de service, que l'on voit en élévation et en plan sur les *figures* 160 et 161, se composait de deux poutres américaines en bois et fer, reliées à chaque montant vertical par une travée transversale. Chaque poutre était formée de deux longuerines de 0,20 sur 0,25 d'équarrissage, réunis par de grands tire-fonds en fer espacés de 1ᵐ,80 d'axe en axe; l'intervalle était occupé par des croix de Saint-André en bois. La passerelle était munie d'un garde-corps et de deux planchers, l'un à la hauteur de la longuerine supérieure, l'autre à la hauteur de la longuerine inférieure, séparés par une hauteur d'environ 2ᵐ,50. Le plancher supérieur porte deux voies de service; on le voit sur une moitié de la *figure* 161; sur l'autre moitié, les planchers sont supposés enlevés.

La passerelle reposait sur les piles par l'intermédiaire de chantiers de 1ᵐ,50 de hauteur, et on l'élevait successivement.

Les matériaux arrivaient, comme nous le verrons plus loin, sur le plancher d'une travée spéciale plus large que les autres, munie d'appontements en saillie, et placée dans l'axe de l'arche la plus élevée.

Du plancher de la travée spéciale, les pierres et moellons s'en allaient sur des wagonnets jusqu'à l'aplomb de chaque pile; là ces matériaux étaient repris et transportés transversalement par des grues avec chariot roulant muni d'un treuil. Quant au mortier, il arrivait sur le plancher inférieur du pont de service, et était transporté dans des hottes par des enfants qui venaient le verser au-dessus de chaque pile, dans des couloirs spéciaux.

Reste à expliquer le montage des matériaux :

Les pierres et moellons arrivaient par bateau dans le bassin à flot de Morlaix, et de là passaient sur des chemins de fer provisoires qui les amenaient au pied de la travée spéciale. On n'employait guère que des matériaux de petite dimension, les pierres de taille étant réservées pour les arêtes et pour les têtes de voûtes; ces matériaux étaient placés alternativement sur l'un et l'autre plateaux d'un bouriquet, dont un plateau descendait pendant que l'autre montait. La chaîne de cet appareil passait sur le tambour d'un treuil à engrenages qui la mettait en mouvement; le treuil lui-même était mû par une locomobile qui agissait sur lui au moyen de courroies et de poulies de transmission; il y avait deux de ces poulies montées sur le même arbre, et l'on pouvait à volonté communiquer le mouvement à l'une ou à l'autre au moyen d'un embrayage. Pour une des poulies la courroie était droite, et pour l'autre, croisée, de sorte que le mouvement donné par l'une était inverse de celui que donnait l'autre. Une fois le plateau chargé arrivé en haut, on arrêtait le mouvement, on posait ce plateau sur un truc qui l'emportait, ou accrochait à la chaîne un plateau vide; puis, faisant agir la locomobile sur la poulie tout à l'heure immobile, on renversait le mouvement pour élever un nouveau fardeau.

Le truc, qui avait reçu le plateau plein, était amené à une plaque tournante (*fig.* 161) pour passer de là sur les voies de service.

Le mortier était amené sur le plancher inférieur de la passerelle au moyen d'une chaîne à auges, représentée par la *figure* 162, qui suffit à en faire comprendre le mécanisme.

Le prix de montage avec ces appareils a varié entre 3ᶠ,40 et 5ᶠ,10 par mètre cube de maçonnerie, tout compris.

Comme dernier exemple, nous donnerons la description du pont de service et de la grue roulante employée au pont de Saint-Pierre de Gaubert sur la Garonne, pont construit par M. l'ingénieur Paul Regnaud.

La *figure* 163 donne une coupe de la partie supérieure du pont de service avec l'élévation de la grue roulante, et une vue de côté de cette même grue. Le pont de service est très-simple ; il est formé, à vrai dire, de deux passerelles séparées, la plus large à l'amont, l'autre à l'aval. La passerelle d'amont porte : 1° une voie ferrée de 1m,50 de large, formée de rails debout, sur laquelle roulent des wagons, composés d'un bâtis solide avec simple plate-forme et destinés à amener les pierres et moellons; 2° une voie ferrée de moindre largeur, formée de rails posés à plat, sur laquelle roulent des wagonnets à plate-forme destinés à amener des bennes remplies de mortier; les moellons sont dans des bennes à claire-voie; les pierres de taille sont soulevées à la louve. La passerelle d'aval ne porte que la grande voie ; le mortier ne peut donc arriver que par l'amont.

La grue roulante, composée de pièces de bois avec tirants en fer, roule sur deux madriers longitudinaux, et porte des rails sur lesquels se meut un chariot transversal avec treuil ; le treuil peut venir jusque sur la partie en porte-à-faux, au-dessus des voies de service, et là soulever les bennes ou pierres de taille. La grue repose sur les madriers longitudinaux par des galets en fonte, dont l'axe porte une roue dentée engrenant avec un pignon à manivelle. Quatre hommes agissent sur ces manivelles du bas pour faire avancer la grue, et quatre hommes sont préposés à la manœuvre du treuil supérieur.

Les *figures* 164², 164³ représentent à une petite échelle une grue à vapeur installée aux docks de Southampton, et destinée à prendre à bord du navire pour les déposer à quai, ou inversement, des colis dont le poids peut atteindre jusqu'à 50 tonnes.

La grue se compose de deux grands mâts de 27m,36 de longueur, formant chevalet, c'est-à-dire réunis en (a) à leur partie supérieure et aboutissant en (b) et (b') à la partie inférieure. Ce chevalet peut recevoir, autour de l'axe horizontal (bb'), un mouvement de va et vient, dont l'amplitude est de 13 mètres.

En (a) s'articule un autre mât (ac) ; son pied (c) repose sur un chariot mobile sur deux rails, dont la direction est perpendiculaire à l'axe (bb').

Le point (a) est réuni par des chaînes à l'extrémité (e) d'un second chevalet incliné en sens inverse du premier, et fixé en un point du sol par la chaîne de retenue (ef). A gauche du chevalet (ed), on voit le treuil que fait mouvoir une machine à vapeur, dont la chaudière et la cheminée se trouvent en (g).

Le treuil principal, dont la chaîne monte le long de l'arbre (ab) a 0m,45 de diamètre et 1m,50 de long. Il porte une roue dentée de 2m,20 commandée par un pignon de 0m,20 monté sur l'arbre du volant de la machine. La chaîne qui s'enroule sur ce treuil est en fer rond de 0m,02 de diamètre; à la tête de la grue, elle passe sur un palan à six poulies.

Lorsque la machine à vapeur fait 50 révolutions à la minute, la vitesse ascensionnelle du fardeau est de 0m,60 par minute.

Le chariot (c) porte des treuils destinés, 1° à le faire mouvoir, 2° à soulever à bras d'hommes les charges de faible poids.

On peut étudier, dans nos grands ports, de grandes grues à mâter les navires, qui ont quelque analogie avec celle que nous venons de décrire.

Louve. — Nous avons dit plus haut que d'ordinaire les pierres de taille se soulevaient à la louve. La *figure* 164 représente la louve employée au pont de Saint-Pierre de Gaubert; elle se compose de deux pièces courbes en fer forgé, accolées par leur convexité et réunies par un boulon qui les traverse, à frottement doux. Dans chaque pierre de taille on pratique **un refouillement** en queue d'hironde, dans lequel on fait pénétrer la louve, dont les deux branches inférieures sont rapprochées ; les branches supérieures sont réunies par un anneau qui s'attache au cordage ou à la chaîne du treuil. Quand on le soulève, les branches inférieures s'écartent, s'appliquent sur la pierre qui se trouve entraînée avec la louve.

On comprend sans peine que ce procédé ne doit s'appliquer qu'avec la plus grande précaution à des pierres tendres, et qu'il exige dans tous les cas une grande attention lorsqu'on veut parer aux accidents.

La forme des louves peut différer un peu de celle que nous venons de donner ; mais celle-ci est la plus usitée.

Bourriquet à contre-poids. — C'est une machine construite par M. Coignet, dont on a fait un emploi assez étendu au canal du Berry, au canal du Nivernais et aux fortifications de Paris pour le montage des déblais (*fig.* 165 et 166). Elle est basée sur ce principe que l'homme produit le maximum de travail mécanique, lorsqu'il utilise complétement son propre poids. L'appareil se compose d'un échafaudage vertical, que surmonte une grande poulie à gorge, sur laquelle s'enroule un cordage supportant à chaque bout un plateau ; les plateaux sont guidés dans leurs mouvements par des œillères qui parcourent des tiges verticales en fer.

Voici la manœuvre : un ouvrier arrive avec sa brouette au bas de l'appareil et il la place sur le plateau de gauche (le plateau de droite est en haut) ; puis il monte à l'échelle et se rend sur la plate-forme. Pendant ce temps, l'ouvrier qui l'a précédé s'est placé dans le plateau de droite avec sa brouette vide, et par son poids il a fait descendre ce plateau en remontant l'autre qui porte la brouette pleine, et ainsi de suite.

L'échafaudage vertical est formé d'étages, de 2 mètres de hauteur par exemple, dont on peut augmenter ou diminuer le nombre, suivant la profondeur du remblai.

Un pareil engin peut encore rendre quelques services dans des travaux peu considérables ; mais aujourd'hui on aura plutôt recours à la vapeur qu'au poids de l'homme.

Echafaudages ordinaires. — Les échafaudages ordinaires ou échafauds sont d'un emploi général pour l'exécution des constructions courantes.

On distingue les échafauds sur plan horizontal, les échafauds sur plan vertical et les échafauds volants.

Le plus simple des échafauds sur plan horizontal, se construit en plaçant des planches sur des chevalets. Les planches dont on se sert proviennent, à Paris, du déchirement de certains bateaux que l'on ne reconduit pas à leur point de départ et que l'on trouve plus économique de dépecer. Ces échafauds servent principalement aux plafonneurs et aux peintres. Si l'on n'a point de chevalets, on construit l'échafaud au moyen de perches verticales, s'appuyant le long des murs et supportant de longues traverses ; les traverses sont formées quelquefois de plusieurs morceaux de bois, entés au moyen de ligatures ; tous les assemblages d'un échafaud ordinaire, se font pour ainsi dire partout avec des cordages.

Le plus simple des échafauds sur plan vertical, c'est l'échelle : on la forme de deux montants parallèles en excellent bois, réunies de place en place par des boulons en fer formant échelons ; les autres échelons sont en bois, renflés vers le milieu, espacés de $0^m,30$ à $0_m,40$: on doit veiller avec le plus grand soin à remplacer tous les échelons douteux, afin d'éviter les accidents. Lorsqu'une longue échelle oscille trop fortement sous la charge, on peut la soutenir par une jambe de force qui prend un point d'appui sur la muraille et l'autre sur l'échelle, vers son milieu. On construit aujourd'hui des échelles tout en fer, qui rendent quelques services ; il y en a qui se replient en plusieurs morceaux au moyen de charnières ne s'ouvrant que dans un sens.

Pour construire un échafaud sur plan vertical, on se sert de deux sortes de pièces de bois : 1° de longues perches, qui sont généralement des sapins de petite dimension, ayant conservé leur forme conique, on les appelle échasses ou écoperches; 2° de rondins cylindriques d'environ 2m,50 de long, qu'on appelle boulins. Les échasses sont dressées verticalement, de 2 mètres en 2 mètres, à 1m,50 en avant de la construction ; puis, sur la hauteur, on relie aux échasses, par des cordages, des boulins espacés de 1m,75 et scellés dans le mur de face ; les trous qui restent ainsi, après la construction, portent eux-mêmes le nom de boulins. Les échasses sont plantées dans le sol, ou dans des patins en plâtre qui les maintiennent. On a établi de la sorte des rangs de traverses tous les 1m,75, sur lesquelles on applique des planches : sur les plates-formes ainsi obtenues, les ouvriers circulent et l'on y dépose les approvisionnements.

Un échafaud volant sert à faire des réparations en un point donné d'une façade, à ragréer les moulures, à rejointoyer, à peindre de grandes surfaces, etc. Le plus simple est la corde à nœuds : l'ouvrier a le corps maintenu dans une bretelle solide qui, à chaque bout, porte une agrafe en fer, que l'on accroche aux nœuds; il a chaque jambe entourée d'une bandelette en cuir, munie aussi d'une agrafe; en somme quatre points d'appui, que l'ouvrier peut déplacer successivement ; il se transporte ainsi de haut en bas, et quand il reste en place, il a la libre disposition de ses mains.

D'autres fois, l'ouvrier est assis sur un plateau étroit, supporté par quatre cordages se réunissant un peu plus haut et rattachés à un câble solide, parfaitement amarré lui-même. Ce système suffit quand le travail doit se faire à une hauteur constante; mais si l'on veut que l'ouvrier puisse se mouvoir verticalement, on remplace le câble par un palan, dont le bout est sous la main de l'ouvrier, qui peut alors allonger sa chaîne ou la raccourcir à volonté ; on dispose en outre une poulie avec un petit cordage, avec lesquels un peintre, par exemple, peut monter ses pots de couleur ou de badigeon. Signalons encore l'appareil ingénieux qui peut servir au ragréement des plinthes d'un pont : c'est un chariot à quatre roulettes, dont deux roulent sur un parapet et deux sur l'autre ; les flancs du chariot supportent de petites plates-formes sur lesquelles les ouvriers travaillent.

A Paris, pour monter les matériaux aux divers étages d'un échafaud, on se sert de grandes sapines, dont l'ossature est formée avec quatre montants verticaux, que relient des moises horizontales régulièrement espacées; les carrés, compris entre les moises et les montants, sont occupés par des croix de Saint-André, qui s'opposent aux déformations.

Dans ce couloir prismatique, on plaçait autrefois une série d'échelles par où montaient les manœuvres avec leurs fardeaux ; aujourd'hui on a recours à une benne qui se trouve guidée entre les quatre montants, et que soulève une chaîne qui, après avoir passé sur une poulie à la partie supérieure, redescend pour s'enrouler sur un treuil que met en marche soit une locomobile, soit une machine à gaz, soit une manivelle. Mieux vaut encore avoir deux bennes, dont l'une monte, pendant que l'autre descend : elles se font contrepoids, comme dans l'appareil Coignet.

L'appareil dont nous venons d'indiquer le principe est aujourd'hui bien perfectionné; il convient parfaitement dans les grandes villes, parce qu'il est peu encombrant, et reçoit son mouvement soit d'une petite locomobile, soit d'une machine à gaz.

Les dessins de la *figure* 162 *bis* représentent le modèle employé à la construction de la caserne du Prince-Eugène, à Paris. Il a été décrit dans le Portefeuille de l'École des ponts et chaussées, d'où sont extraits les dessins.

Sur le volant de la locomobile sont montées deux courroies, l'une droite (*d*), l'autre croisée (*e*), de sorte qu'elles communiquent à la poulie motrice (*h*) des rotations de sens différents.

Ces courroies traversent chacune une fourchette *f*; les deux fourchettes sont montées sur une pièce horizontale à laquelle on peut imprimer un mouvement de va et vient au moyen de la manette (*a*), qui, par l'intermédiaire de l'axe vertical (*b*), fait tourner le doigt (*c*). Grâce à ce mécanisme, on fait passer l'une ou l'autre courroie de sa poulie folle (*g*) sur la poulie motrice (*h*), et l'on change à volonté le sens du mouvement.

Sur l'arbre (*i*) de la poulie (*h*) sont montées deux roues 1 et 3, qui engrènent avec deux autres roues (2) et 4. L'arbre (*i*) porte un manchon claveté (*j*) et un taquet d'arrêt (*r*), de sorte qu'on peut lui donner un mouvement de va et vient dans ses paliers, et communiquer le mouvement à l'arbre *k* au moyen de la roue (2) ou de la roue (4). La roue 2 convient pour les grandes vitesses et les petits fardeaux, et la roue 4 pour les petites vitesses et les grands fardeaux.

L'arbre *k* porte une vis sans fin qui communique le mouvement à la roue dentée (*l*), et par suite à la poulie à gorge (*m*) sur laquelle s'enroule la chaîne de levage.

En haut de l'échafaudage on voit deux autres poulies à gorge (*n*).

La chaîne qui supporte le fardeau vient passer sur la première poulie (*n*), descend pour passer sur la poulie (*m*) et remonte sur la seconde poulie (*n*) pour revenir vers le sol.

Lorsque le fardeau monte, l'autre bout de la chaîne descend, et on l'accroche à une nouvelle pièce, que l'on soulèvera à son tour en changeant le sens du mouvement.

Une sonnette (*s*), manœuvrée d'en haut, donne au mécanicien les signaux de départ et d'arrêt.

Les treuils dont on se sert aujourd'hui sont bien perfectionnés; les anciens treuils à tambour, sur lesquels s'enroulait la chaîne à mesure que l'on soulevait le poids, avaient un grave inconvénient : les différentes spires de la chaîne s'accolaient sur le tambour, et il n'y en avait qu'une qui se trouvât dans l'axe de la poulie d'en haut; pour toutes les autres la traction était oblique, et il se produisait des frottements très-nuisibles; de plus, si plusieurs rangs de chaîne se superposaient, le tambour n'avait plus un rayon constant, et la force du treuil se trouvait modifiée. M. Neustadt a remédié à cet inconvénient en remplaçant le tambour par un pignon à chaîne Galles : la chaîne ordinaire et la chaîne à la Vaucanson sont composées de maillons d'un seul morceau; qu'un maillon s'use et cède, tout est perdu; avec la chaîne Galles, ceci n'est plus à craindre; pour en comprendre la constitution (*figures* 166² et 166³), on ne peut mieux la comparer qu'à une échelle dont les échelons seraient très-courts et très-rapprochés; ces échelons sont des boulons en fer qui traversent les montants à frottements doux; entre deux échelons, chaque montant est composé de plusieurs plaques de fer accolées, dont chacune porte un œil traversé par l'échelon, et qui sont indépendantes de celles qui forment le montant dans l'intervalle du haut et dans celui du bas; l'échelle ainsi formée aurait à chaque échelon une charnière mobile dans tous les sens, c'est donc une chaîne à maille carrée. Qu'une lame du montant vienne à s'user et à se rompre, les autres résistent, et l'on a le temps de faire la réparation. Cette chaîne, qui se tire à plat, s'enroule sur un pignon dont les dents pénètrent dans le carré vide des mailles, et le pignon est placé dans le plan des poulies et dans l'axe du treuil; le brin qui tire s'enroule sur le pignon suivant la moitié ou les trois quarts de sa circonférence, et de là se rend sur un tambour séparé où il s'emmagasine; mais ce tambour est indépendant du treuil, et c'est le pignon à dents qui, seul, exerce la traction. On ne saurait trop recommander cette modification importante apportée aux treuils.

La *figure* 159 *bis* représente l'appareil élévatoire inventé par M. Borde, et qui a servi pour plusieurs grandes constructions, par exemple pour le nouveau théâtre du Vaudeville, à Paris.

En A est une machine à vapeur, qui, par une courroie, communique son mouvement au treuil D, et à la chaîne destinée à soulever le fardeau.

Ce fardeau est supporté par la poutre E, dont l'inclinaison peut varier au moyen d'une corde qui s'enroule sur un treuil de rappel C.

K est une tige de fer destinée à renforcer la poutre en bois.

On voit que le fardeau reçoit, grâce au treuil D, un mouvement vertical, et grâce au treuil C, un mouvement horizontal.

Le poids de la machine doit être tel qu'il fasse équilibre à un poids supérieur au maximum du poids des fardeaux à enlever.

Tout l'appareil se transporte sur deux rails parallèles à la façade de la construction.

On obtient de la sorte une grande rapidité alliée à une grande économie.

Au nombre des monte-charges, usités dans certaines circonstances, nous signalerons encore les ascenseurs Edoux, que chacun a pu voir à l'Exposition universelle de 1867 :

Imaginez une plate-forme horizontale, guidée aux quatre coins par des montants verticaux, et soutenue par un long cylindre en fer ou piston, qui s'enfonce dans le sol au milieu d'un conduit vertical rempli d'eau : si l'on met cette eau en communication avec un réservoir élevé, ou si on la comprime par un moyen mécanique, on exercera sur la section horizontale du piston une pression, qu'on pourra rendre assez forte pour soulever l'appareil d'un mouvement uniforme. Mais on comprend qu'il y a là des sujétions de construction considérables.

Le second ascenseur de M. Edoux (*figures* 166[4] et 166[5]) est peut-être plus pratique ; il comprend deux bennes se faisant contrepoids et portant sous leur plate-forme une caisse étanche ; les deux caisses étant vides, on remplit celle de la benne du haut avec l'eau d'une conduite, le poids entraîne la benne vide et le fardeau dont elle est chargée ; le mouvement achevé, la caisse pleine repose sur le sol, on l'ouvre et son eau s'en va dans une rigole. On peut alors recommencer l'opération. Dans les villes où l'on pourrait obtenir des concessions d'eau à bon marché, peut être ce système serait-il économiquement applicable.

En Angleterre et dans certains ports de France, on a installé, depuis quelques années, des treuils et des grues hydrauliques, dont le mécanisme est analogue à celui de la machine à vapeur ; la pression hydrostatique remplace la force élastique de la vapeur d'eau. Mais la manœuvre de ces engins est assez compliquée. Il nous suffira de l'indiquer ici, nous réservant de les étudier en détail dans le cours de mécanique.

CHAPITRE III.

FONDATIONS.

Moyens de constater la nature du terrain. — Une opération préliminaire, indispensable pour tout projet de construction, est de reconnaître le terrain sur lequel devra reposer l'ouvrage. Ce terrain doit être assez résistant pour supporter la charge qu'on veut lui imposer; en général, ce n'est pas à la surface du sol que l'on trouve les couches solides, il faut aller les chercher plus ou moins profondément, et, pour ne pas être trompé dans ses prévisions, il faut, par un sondage préalable, reconnaître exactement les couches à traverser.

C'est une opération longue et délicate que d'exécuter un sondage à des profondeurs considérables, comme on le fait pour les puits artésiens ou dans les mines. Les moyens employés se simplifient lorsqu'on n'a plus à pénétrer qu'à quelques mètres de profondeur, ainsi que cela arrive ordinairement pour les travaux d'art. Souvent même, et c'est le mieux, on remplace le sondage par une fouille à ciel ouvert; lorsqu'on a, par exemple, à exécuter un long déblai pour chemin de fer, on reconnaît et on classe les diverses couches à enlever au moyen de puisards creusés de distance en distance sur l'axe du remblai.

Comme les puits artésiens sont aujourd'hui assez fréquents, et que le service des ponts et chaussées peut être chargé de les contrôler, nous croyons utile d'exposer ici d'une manière sommaire les procédés mis en œuvre pour exécuter des sondages de quelques centaines de mètres :

1º Le procédé ordinaire consiste dans l'emploi d'une longue tige rigide, formée de tiges élémentaires vissées les unes aux autres, et munie à son extrémité inférieure d'outils destinés à attaquer la roche; à l'extrémité supérieure, on trouve une tête portant un anneau pour suspendre l'appareil, avec des œils dans lesquels on passe les leviers destinés à imprimer à la tige un mouvement de rotation.

La tige rigide est en fer carré, de dimensions qui croissent avec la profondeur et le diamètre du trou de sonde ; les tiges élémentaires se terminent en haut et en bas par des renflements (*fig.* 168¹) ; celui du bas est percé d'une douille taraudée et celui du haut se prolonge par un goujon qui s'engage dans la douille de la tige précédente.

Il est facile d'allonger ou de diminuer à volonté la tige de sonde, et lorsqu'on veut la retirer du trou, on dévisse chaque barre aussitôt qu'elle est tout entière au-dessus du sol. Il faut remarquer l'inconvénient de ce système : on est forcé de faire tourner la sonde toujours dans le même sens, afin de ne point dévisser les barres.

Lorsqu'on remonte la sonde, il y a un temps d'arrêt pour enlever chaque tige, et il faut tenir suspendue toute la portion de la sonde qui est encore dans le trou : on la saisit au-dessous du renflement supérieur de la première tige par une clef de retenue : la clef de retenue (*fig.* 168 [2]) est un fer carré contourné en forme d'U, dont une des branches est plus longue que l'autre ; c'est par celle-ci que l'on manœuvre l'outil, entre les deux branches duquel on loge la tige carrée de la sonde ; tout le poids de la sonde repose donc sur cette clef, qui se trouve énergiquement appuyée sur la plate-forme horizontale très-solide entourant l'orifice. Pour dévisser les tiges élémentaires, on se sert d'un tourne-à-gauche (*fig.* 168 [3]), qui peut servir aussi à supporter toute la colonne.

L'outil qui attaque la roche est un trépan, analogue au fleuret du mineur ; on soulève la sonde, puis on la laisse retomber, et le choc produit un broyage énergique ; après chaque coup, on fait tourner la tige d'un certain angle, afin d'obtenir un trou cylindrique.

Dans les terrains tendres, on remplace le trépan par des tarières qui agissent par rotation, et qui sont armées de mèches, à moins que l'on n'ait à traverser de l'argile ; la mèche est alors inutile.

Après quelques coups de trépan, le fond du trou est plein de débris qu'il faut enlever pour poursuivre le travail ; au moyen d'un câble manœuvré par un treuil, on descend au fond du trou un cylindre creux en tôle, qui est percé à la partie inférieure d'un orifice fermé par un boulet mobile, ce qu'on appelle une soupape à boulet. En faisant danser ce cylindre au bout du câble, à chaque oscillation la soupape s'ouvre, puis se referme, après avoir laissé entrer les détritus dans le cylindre creux, que l'on soulève ensuite (*fig.* 168 [4]).

Il arrive quelquefois que les tiges se brisent dans le trou ; pour le relever, on emploie soit une tige appelée caracole, munie d'un doigt horizontal analogue à la clef de retenue et destiné à saisir une barre au-dessous de son renflement (*fig.* 168 [3]), soit une tige terminée par une cloche conique, dans laquelle est creusée une douille pouvant s'engager sur la vis de la tête d'une barre (*fig.* 168 [5]), soit enfin un grand tire-bouchon qui peut relever un câble brisé.

Ce qui précède suffit à faire comprendre la marche de l'opération : on commence le sondage avec une tarière à bras, et lorsqu'on arrive à la roche dure, on remplace la tarière par le trépan. A partir de 10 mètres, il faut recourir aux moyens mécaniques (chèvres, treuils, etc.) pour soulever la sonde.

Lorsqu'on arrive à une profondeur notable, toutes les fois qu'on laisse retomber la sonde pour attaquer le rocher, il y a un coup de fouet considérable de la tige contre le parois du trou ; il en résulte plusieurs inconvénients : 1° une grande perte de travail absorbée par le choc et les vibrations ; 2° une dégradation des parois qui se traduit par des éboulements ; 3° une détérioration rapide de la tige et des ruptures fréquentes. Ainsi, on est forcé de soulever en pure perte une masse énorme de fer, quand il suffirait d'avoir un certain poids immédiatement au-dessus du trépan.

Cette idée a été mise en pratique : la partie inférieure seule de la sonde est en fer ; elle s'assemble avec le reste au moyen d'une coulisse, de sorte que le choc ne se transmet pas à la partie supérieure. Pour celle-ci, on a remplacé les tiges de fer par des tiges de bois dur. Comme le trou de sonde est presque toujours plein d'eau, les tiges de bois tendent à être soulevées, et cela diminue d'autant la force motrice à employer : on peut calculer les longueurs relatives du fer et du bois de manière à donner le poids que l'on veut à cette espèce de mouton que constitue la sonde.

Dans les puits artésiens, on complète le travail par le tubage du trou, qui se fait soit en tuyaux de bois (c'est le mieux), soit en tuyaux de tôle ou de fonte qui s'oxydent bien vite, soit en tuyaux de tôle galvanisée, soit en tuyaux de cuivre laminé.

2° *Sondage chinois ou sondage à la corde.* — L'outil dont on se sert est en fonte et fer, et on lui imprime un mouvement de mouton au moyen d'un cordage solide que manœuvre une sonnette. L'outil est un pilon de fonte, coulé en coquille, muni à sa base d'une série de dents rayonnantes qui broyent le rocher ; ces dents dispensent de produire le mouvement de rotation de la tige. Le pilon cylindrique est cannelé, et la boue formée par les détritus remonte dans ces cannelures et vient se rendre dans un évidement que présente le pilon à la partie supérieure ; cet évidement est un cône renversé, semblable à celui qui existe dans les boulets cylindro-coniques. Quand on suppose que l'évidement est plein, ce qui se reconnaît à la hauteur d'enfoncement, on relève le pilon et on le vide.

Dans les terrains mous, on remplace le pilon plein par un cylindre creux, dont les bords de la base sont taillés en biseau pour attaquer le terrain : ce cylindre est fermé, à sa partie inférieure, par un clapet qui s'ouvre de bas en haut, de telle sorte que les détritus ne peuvent pas retomber. Ce cylindre creux se prolonge par une tige en fer qui traverse à frottement doux un mouton manœuvré par la sonnette ; le mouton vient battre la base supérieure du cylindre et produit l'enfoncement. Quand l'enfoncement est égal à la hauteur du cylindre, on le soulève pour le vider.

Le sondage à la corde est, comme on le voit, très-simple, d'une installation facile et peu coûteuse ; il mérite d'être propagé pour établir des puits dans les régions où la nappe d'eau n'est pas à une profondeur trop considérable.

3° *Sondage Fauvelle ou à curage continu.* — La sonde est une tige creuse en fer, portant à sa base un outil d'un diamètre plus large, afin qu'il y ait entre la tige et les parois du trou un intervalle libre. Une pompe de compression lance dans la tige creuse un courant d'eau qui balaye les détritus et les entraîne en les faisant remonter dans la portion annulaire en dehors de la sonde. On imprime à la sonde un mouvement de mouton continu, et on a l'immense avantage de n'avoir pas à relever continuellement une sonde qui peut avoir quelques centaines de mètres de longueur.

Pour que les résultats d'un sondage soient faciles à suivre, on réunit dans une série de boîtes étiquetées les échantillons des couches successivement traversées ; on a soin d'inscrire sur chaque boîte la profondeur et la nature du terrain correspondant.

Les explications qui précèdent suffisent bien à indiquer la marche à suivre pour les sondages de peu de profondeur que peuvent exiger les travaux d'art. Les *figures* 167 et 168 représentent quelques outils employés pour ces sondages. La *figure* 167 est une longue tige de fer, à section circulaire ; elle est pointue ; on l'enfonce dans le sol et on juge, d'après la résistance que l'on rencontre, de la plus ou moins grande solidité des couches. On trouve sur la *figure* 168 une série d'outils, tarières à mèche ou sans mèche, dont l'usage se conçoit bien après ce que nous avons dit.

Nous rappellerons en terminant que l'opération des sondages est des plus délicates, que l'ingénieur doit la diriger lui-même et se rendre bien compte de la constitution du sous-sol, afin d'éviter tout accident, dont le moindre a de très-fâcheuses conséquences. Les sondages doivent être exécutés, non-seulement sur l'axe de l'ouvrage, mais encore dans des plans transversaux, parce qu'il arrive quelquefois que les terrains ont été bouleversés ou relevés et ne possèdent plus leur stratification horizontale.

CLASSIFICATION DES SYSTÈMES DE FONDATIONS.

Les systèmes de fondations sont nombreux ; le choix qu'on doit en faire dépend de bien des circonstances, e ce serait un tort que de préconiser un système d'une manière générale. On peut presque toujours, dans un cas donné, adopter plusieurs solutions ; c'est la plus économique qu'il faut prendre, sans toutefois sacrifier la solidité. Nous allons définir sommairement les méthodes connues, puis nous donnerons pour chaque cas un exemple détaillé.

Comme principe général, la base d'une fondation doit être normale à l'effort qu'elle supporte. La plupart du temps, cet effort est vertical, et par suite la base horizontale ; un mur vertical serait évidemment dans de mauvaises conditions de stabilité s'il était assis sur un plan incliné, car on aurait sans cesse à craindre un glissement. Quand on construit un mur de quai ou une arche en maçonnerie dont les culées reposent sur les flancs d'un ravin resserré, on est conduit quelquefois à choisir une base non horizontale, afin qu'elle soit normale à la résultante de la pesanteur et de la poussée des terres, ou bien à la poussée de la voûte.

Mais, nous le répétons, les cas précédents sont exceptionnels ; nous les signalerons en leurs lieu et place et nous supposerons dans ce qui suit que le plan de fondation est horizontal.

Ceci posé, on peut ranger les systèmes de fondations en trois grandes classes, suivant qu'il s'agit :

1° D'un terrain incompressible ;

2° D'un terrain compressible sur une certaine épaisseur et superposé à un terrain incompressible ;

3° D'un terrain indéfiniment compressible.

1° Terrain incompressible. — Parmi les terrains incompressibles il faut ranger les roches, les graviers et les sables. Mais quand il s'agit de roches tendres, de graviers et de sables soumis à l'action d'un cours d'eau, on doit prendre des précautions spéciales pour combattre les affouillements, c'est-à-dire les dégradations incessantes produites par les courants ; nous traiterons cette question dans un paragraphe spécial.

On peut avoir à établir les fondations sur un terrain sec, ce qui est le cas général des constructions ordinaires, ou sous l'eau, comme cela arrive pour les ponts, écluses et murs de quai.

Sur un terrain sec, il y a peu de chose à faire : il suffit de dresser convenablement une plate-forme horizontale sur laquelle on pose la première assise. Quelque dur que soit le rocher, il est toujours convenable d'encastrer la fondation dans le sol, afin d'en bien assurer la solidité. La plate-forme dressée, on la recouvre d'un bain de mortier, sur lequel on pose soit les plus gros moellons, soit des pierres de taille dégrossies, en un mot, les matériaux les plus résistants dont on dispose, réservant pour les assises moins chargées les matériaux tendres et friables. Pour satisfaire les convenances architecturales, et pour être en même temps certain qu'aucune partie de la superstructure ne sera en porte-à-faux, il est d'usage de donner à la base un léger empatement de $0,^m05$ à $0,^m10$ et de former ainsi une manière de socle sur lequel repose l'édifice. Remarquons d'ailleurs que la base supporte le maximum de charge et doit par suite avoir un excédant de largeur.

Jamais un mur vertical ne doit être assis sur un plan incliné ; lorsque le rocher n'est pas horizontal, on l'entaille pour préparer une série de redans horizontaux, reliés par des faces verticales ; la hauteur du mur est donc variable d'un redan à l'autre ; c'est une disposition des plus contraires à la résistance, parce qu'il en résulte souvent des compressions inégales et par suite des déchirements et des crevasses dans les massifs. Lorsqu'on opère ainsi, il y a donc de minutieuses précautions à prendre : il faut commencer par amener toutes les parties du mur au niveau du redan le plus élevé, au moyen de maçonneries très-résistantes ; on attend qu'elles aient parfaitement fait prise avant de les exhausser; les ciments sont précieux dans de pareilles circonstances. C'est ainsi qu'ayant à asseoir, par exemple, un phare sur une plate-forme de rocher d'un diamètre insuffisant, on a complété cette plate-forme par des massifs de béton à ciment de Portland; on a abandonné le massif à lui-même pendant toute une année; puis, quand il avait, pour ainsi dire, atteint la dureté du rocher, on a commencé la superstructure sans avoir rien à craindre.

Les fondations sous l'eau sont plus difficiles et on les exécute par divers procédés, suivant la hauteur de la couche liquide à traverser.

1° Tant que la hauteur d'eau ne dépasse pas 2 mètres et que le courant est animé d'une vitesse modérée, on circonscrit, par une digue en terre glaise ou batardeau, l'emplacement des fondations; la glaise est soigneusement pilonnée et le batardeau est une muraille presque étanche. A l'intérieur de l'enceinte ainsi formée, on enlève l'eau, on épuise au moyen des machines que nous décrirons dans un chapitre spécial (pompes, norias, chapelets, tympans, vis d'Archimède, etc.). Une fois toute l'eau enlevée, on dresse le fond de l'enceinte avec la mine et le pic, et l'on maçonne comme à sec. L'imperméabilité de la digue n'est jamais parfaite; aussi doit-on réserver dans un coin de l'enceinte un petit puisard où se réunit le produit de toutes les sources, et qui reçoit la crépine d'un tuyau de pompe.

2° Lorsque la profondeur est trop considérable ou le courant trop rapide, on ne fait plus le batardeau uniquement en glaise, parce qu'avec ses talus il occuperait un emplacement considérable et manquerait de résistance. La digue est formée par une enceinte verticale en charpente, limitant la fouille et soutenant à l'extérieur un massif de terre glaise. L'enceinte en charpente est composée de pieux espacés et moisés à la partie supérieure; les cadres vides sont remplis soit avec des palplanches verticales, qui pénètrent dans le terrain, soit tout simplement avec des voliges horizontales.

Si ce système n'est pas suffisant, on exécute deux enceintes parallèles de pieux et palplanches ou voliges, entre lesquelles on pilonne la terre glaise. On épuise et on construit comme précédemment.

3° Enfin, si l'on trouve le procédé ci-dessus inapplicable ou trop coûteux, on peut encore construire une enceinte non étanche en pieux et palplanches battus dans le sol, et, dans cette enceinte remplie d'eau, on immerge, avec des caisses ou des trémies, un massif de béton qu'on amène jusqu'à l'étiage. A mesure que le massif s'élève, il exerce une pression contre les parois de l'enceinte jusqu'à ce qu'il ait fait prise; on équilibre cette pression au moyen d'enrochements que l'on dépose sur la paroi extérieure de l'enceinte et que l'on élève graduellement comme le béton.

Lorsque le massif de béton est arrivé à une certaine profondeur au-dessous de l'étiage, on coule quelquefois des murettes en béton le long des parois intérieures du coffrage; on constitue de la sorte une cuve en béton, dans laquelle on épuise pour maçonner à sec.

4° Le terrain est-il trop dur pour qu'il soit commode de battre des pieux, on exécute un caisson en charpente, dont la base est découpée de manière à épouser les irrégularités du fond; ce caisson, construit sur le rivage, est amené par bateaux à l'emplacement qu'il doit occuper; là, on l'échoue et on immerge du béton à l'intérieur; ou bien encore, on garnit les rebords inférieurs avec un bourrelet de glaise, on calfate les parois, on épuise à l'intérieur et l'on travaille à sec.

Au caisson en bois on a substitué quelquefois un caisson en tôle qui peut être, dans certains cas, plus commode, sinon plus économique.

5° Enfin, lorsque la profondeur d'eau est par trop considérable, comme pour certains travaux à la mer, on exhausse le plafond en immergeant d'énormes quantités d'enrochements et de blocs de manière à constituer pour la maçonnerie une base solide, quoique artificielle.

Dans ce cas, on a souvent recours, pour arrimer les blocs ou même pour les maçonner, à des cloches à plongeur ou à des scaphandres, dont nous parlerons plus loin.

2° Terrain compressible superposé à un terrain incompressible. — Lorsqu'on peut atteindre le sol résistant, il faut faire des sacrifices pour cela et se résoudre à acheter, quelquefois bien cher, une solidité à toute épreuve. C'est ainsi que, dans ces derniers temps, on n'a pas hésité à descendre jusqu'à 20 mètres et plus les fondations de grands ponts pour chemins de fer.

Le cas qui nous occupe est celui qu'on rencontre presque toujours ; il est rare que les couches solides soient à la surface du sol ; elles sont, la plupart du temps, recouvertes de terre arable, d'alluvions, de tourbes ou de vases qu'il faut traverser pour trouver une assiette inébranlable.

S'il s'agit de fonder un ouvrage sur un sol non recouvert par les eaux, on exécute une fouille que l'on poursuit jusqu'à ce qu'on ait rencontré le sol résistant ; si la profondeur de la fouille n'est que de 2 ou 3 mètres et que le terrain ait quelque consistance, on peut, sans avoir d'éboulement à craindre, tailler les parois à peu près verticales ; mais lorsque la profondeur augmente, il devient nécessaire, pour prévenir tout accident, d'étrésillonner la fouille et quelquefois de la blinder. Étrésillonner une tranchée, consiste à en soutenir les parois opposées par des madriers que l'on applique dessus et dont on maintient l'écartement par des pièces transversales ; celles-ci sont disposées de manière à laisser passage aux bennes qui montent les déblais ou qui descendent les matériaux ; lorsque le terrain est sablonneux et presque fluide, on est conduit à blinder la fouille, c'est-à-dire à en cacher les parois par des planchers ou boucliers que maintiennent des pièces transversales. La maçonnerie se fait comme nous avons dit ; mais comme les fondations sont cachées, on les exécute maintenant en petits matériaux hourdés avec du mortier de ciment, qui fait prise rapidement et donne un massif dur et compacte : on a même recours à des massifs de béton à chaux hydraulique et ciment, et l'on obtient par là de véritables monolithes incompressibles. L'empatement doit augmenter avec la profondeur de la fouille et la charge à supporter.

Lorsque la couche solide est à une grande profondeur, on se dispense quelquefois d'aller la chercher sur toute l'étendue de la fondation. On creuse seulement des puits, espacés de quelques mètres, et descendant jusqu'à la couche solide ; on les remplit de béton, et l'on réunit par des arcs de voûte les piliers ainsi construits. Il est à remarquer qu'on n'a pas besoin de cintres pour ces voûtes ; on se contente d'entailler le terrain entre deux piliers suivant le profil voulu, et l'on obtient un cintre en terre. Ce mode de construction est précieux pour traverser des couches d'alluvions profondes ou des terrains rapportés.

S'agit-il d'exécuter des fondations sous l'eau, on a recours à des procédés divers, dont voici le détail :

1° On forme une enceinte de pieux et palplanches et, dans cette enceinte, on drague jusqu'à ce qu'on mette à nu le sol résistant ; on immerge alors le béton, comme on l'a fait dans le cas d'un plafond incompressible.

Il est avantageux de draguer l'emplacement de la construction avant de battre les pieux, parce qu'on peut exécuter alors un dragage à gueule-bée avec les machines ordinaires, et ce dragage est peu coûteux, tandis que dans l'enceinte on est forcé de le faire à la main et il revient fort cher ; ajoutons que la hauteur d'enfoncement des pieux et palplanches est de beaucoup diminuée, et le battage rendu bien plus facile.

On peut chercher à rendre étanche une pareille enceinte et à épuiser, mais il faut alors que le sous-sol soit peu perméable, et c'est ce qui n'arrive guère. On est presque toujours forcé de couler au préalable une couche de béton, capable de résister à la sous-pression des eaux.

2° On drague à gueule-bée l'emplacement de la construction, et on vient y échouer un caisson en charpente de bois ou de tôle dans lequel on immerge le béton ; à moins que l'on ne préfère se servir d'un caisson étanche, dans lequel on épuise pour travailler à sec. Le caisson peut être en bois ou en fer.

3° Si la profondeur semble trop considérable, ou le caisson trop coûteux, on bat dans le sol une série de pieux dont la pointe pénètre dans la couche solide ; entre ces pieux, et tout autour de leur enceinte, on enfonce des enrochements destinés à empêcher les oscillations et flexions transversales. On recèpe les pieux dans le plan horizontal de l'étiage ; sur leur tête, on applique un plancher de madriers sur lequel on construit.

Tel est l'ancien système de pilotis : aujourd'hui on supprime le plancher, avec lequel la maçonnerie supérieure n'adhère jamais ; on noie la tête des pieux dans une couche de béton que l'on dresse bien horizontalement dans le plan de l'étiage ; sur ce béton, on élève les assises de maçonnerie, qui se trouvent parfaitement soudées à la fondation, dans laquelle on peut même les encastrer.

4° S'il faut donner aux pilots, pour arriver jusqu'à l'étiage, une hauteur trop considérable, on les recèpe à une certaine profondeur au-dessous de l'étiage, et sur la base ainsi formée on vient échouer un caisson foncé, véritable coffre étanche, ouvert par le haut, dans lequel on épuise pour exécuter à sec les maçonneries. Ce système est de beaucoup préférable au précédent, car les bois se conservent indéfiniment, parce qu'ils sont complétement noyés. Il va sans dire que les parois du caisson sont démontées et enlevées après l'opération.

5° Enfin, dans certains cas, on a raffermi le sol en le surchargeant d'une masse d'enrochements présentant une large base : on laisse tous les tassements se produire, et sur ce massif artificiel on vient asseoir les ouvrages. Ce procédé peut, dans un fleuve, donner de mauvais résultats, parce que les enrochements réduisent de beaucoup la section du lit, et donnent naissance à des chutes et à des rapides.

6° Lorsqu'il s'agit de traverser une couche de vase ou de sable d'une certaine profondeur, et surmontée seulement d'une faible couche d'eau, ou bien périodiquement submergée comme certaines plages, on a recours aux fondations tubulaires. Sur le sol on applique une rouelle en bois, sorte de plancher annulaire dont le bord est souvent garni d'un fer, formant un petit cylindre vertical, taillé en biseau et destiné à découper les parois du puits ; dans cet anneau se place l'ouvrier qui déblaye non-seulement au centre, mais encore sous le plancher ; celui-ci s'enfonce, et, à mesure qu'il s'enfonce, on le surcharge de maçonneries de briques. C'est donc un puits maçonné qui descend peu à peu ; quand on a trouvé le sol résistant, on s'arrête, on remplit les puits de maçonnerie, puis on les réunit par des voûtes sur lesquelles on bâtit.

Ce système est originaire de l'Inde, où les naturels l'appliquent depuis une haute antiquité pour la fondation de leurs temples sur le bord des rivières. Ils traversent ainsi de hautes couches de sable : le puits est plein d'eau et, à chaque instant, des plongeurs s'élancent pour aller remplir les dragues au fonds du puits ; on voit que c'est une opération peu commode. Pour traverser des terrains perméables, nous préférerons en général recourir à l'air comprimé, et nous réserverons les puits foncés pour traverser des couches de vase, dont l'imperméabilité permet de travailler à sec au fond du puits.

7° Nous arrivons enfin au système de l'air comprimé, qui a permis de fonder de merveilleux ouvrages à des profondeurs auparavant inaccessibles. Deux procédés sont en usage : fondations par tubes ou par caissons. Imaginez un tube ouvert par en bas, et portant à la partie supérieure un appareil à comprimer l'air ; on le place verticalement sur le sol, on comprime l'air à l'intérieur, l'eau s'enfuit par le dessous et l'on peut travailler à sec au fond du tube. A mesure que l'on descend, la colonne pd'eau, qui tend à faire irruption et qu'il faut maintenir, augmente de hauteur; il faut donc augmenter la pression. On injecte de l'air d'une manière continue pour avoir une atmosphère respirable et pour obvier aux fuites. On descend ainsi à 20 mètres et plus, et cela n'a rien d'étonnant, si l'on réfléchit que la pression d'une atmosphère équivaut à celle d'une colonne d'eau d'environ 10 mètres de hauteur; à une profondeur de 20 mètres, l'ouvrier enfermé dans le tube supporte donc une pression de trois atmosphères. Arrivé au terrain solide, on remplit le tube avec de la maçonnerie, ou, tout simplement, avec de bon béton : dans certains cas, on consolide encore le terrain du fond en battant les pieux avec des sonnettes placées dans le tube.

Pour avoir une base de fondation plus étendue et plus résistante, on a substitué aux tubes à air comprimé des caissons dans lesquels le travail est plus facile, et qui en outre sont plus commodes à guider dans leur mouvement de descente.

Nous étudierons en détail ces diverses méthodes.

3° Terrain indéfiniment compressible. — Il n'y a pas, à vrai dire, de terrain indéfiniment compressible; on trouve toujours une couche solide quand on pousse le sondage assez loin. Mais, en fait de fondations, on doit considérer le sol comme indéfiniment compressible, lorsqu'on ne veut pas ou qu'on ne peut pas aller chercher l'assise résistante. Il est clair, par exemple, que, pour une construction ordinaire, on ne descendra pas les fondations à 15 ou 20 mètres, et qu'on préférera s'établir sur le sol, même au prix de quelque désavantage; d'autre part, on n'ira pas non plus descendre, même pour un ouvrage de quelque importance, à 30 ou 40 mètres de profondeur.

Ce qu'on doit rechercher, quand on s'établit sur un sol compressible, c'est une répartition de la charge sur une surface aussi étendue que possible; mais il est de toute nécessité que cette répartition soit parfaitement uniforme, afin que, s'il se roduit un tassement, il soit le même partout; sans quoi on s'expose à voir les maçonneries se crevasser et se déchirer de toutes parts.

Un autre fait à signaler est le suivant : dans les terrains mous, la couche superficielle est souvent la plus dure ; et alors il faut bien se garder d'attaquer la surface, il faut tout simplement poser l'ouvrage sur le sol naturel.

Voici maintenant les divers procédés en usage pour le genre de fondations qui nous occupe.

1° On consolide le terrain en le lardant de petits pieux en bois, qui compriment la vase ou la tourbe et en augmentent la compacité ; en même temps, une partie de la vase reflue latéralement, comme un liquide : le pressions se transmettent de toutes parts dans ces couches semi-liquides, et il arrive souvent qu'en enfonçant un pieu on produit une sous-pression capable de faire remonter les pieux voisins. Une fois le sol affermi, on établit l'ouvrage ; mais on ne peut jamais avoir pleine confiance, parce qu'il arrive qu'un pieu, que l'on ne peut plus enfoncer à un moment donné, devient très-libre quelque temps après, quand la compression latérale a disparu, et prend, sous l'influence de la charge, une position nouvelle.

2° Au lieu de pieux en bois, on peut larder le terrain de pieux en sable comprimé; on enfonce un pieu conique en bois, puis on le retire par un mouvement de rotation, de manière à lisser les parois du trou, que l'on remplit ensuite avec du sable humide et pilonné. Le sable est parfaitement incompressible, et il produit le même effet que des pieux solides; il a, en outre, la propriété de répartir sur une grande surface les pressions auxquelles il est soumis à la partie supérieure; il en résulte qu'il a toutes les qualités désirables pour former un bon empatement. Aussi, dans certains cas, peut-on fonder assez solidement des ouvrages en enlevant une couche du sol que l'on remplace par une couche de sable.

3° Le procédé le plus usité pour fondations sur terrain compressible consiste à recouvrir le sol d'un grillage en charpente, formé de longuerines et de traversines, et présentant un large empatement; dans les cases de ce grillage, on bourre à coups de masse autant de moellons irréguliers qu'il en peut entrer, et sur la plate-forme qui en résulte, on établit l'ouvrage.

Quelquefois on recouvre le grillage d'une couche de béton, qui a pour but de répartir uniformément les pressions sur une grande étendue.

Et même on est allé jusqu'à supprimer le grillage et on a adopté pour couche de fondation une assise de béton de 1 à 2 mètres d'épaisseur; ce procédé a souvent réussi.

4° On peut encore tasser le sol en le surchargeant au moyen d'énormes remblais de bonne terre, qui s'enfoncent plus ou moins profondément dans la vase; on retire ensuite l'excédant de remblai, on bat des pieux et on peut fonder.

5° Enfin, lorsque le sol est par trop mou, et que les moyens précédents ne réussissent pas, on a recours à de longs pieux en bois, que l'on enfonce par le gros bout, afin qu'ils ne remontent point par les sous-pressions; ces pieux ne résistent point par leur section transversale, mais principalement par le frottement que la vase exerce contre leurs faces latérales. Quoi qu'il en soit, ce système est dangereux; on s'expose à bien des tassements, et il est bon, quand on l'emploie, de diminuer la charge le plus possible.

Précautions à prendre pour les terrains affouillables. — Les terrains les plus résistants sont attaqués à la longue par les eaux courantes; à plus forte raison, les fonds de gravier, de sable et même de roche tendre, ne résistent-ils pas à la force des eaux. Sur les fleuves à cours rapide, les affouillements atteignent fréquemment plusieurs mètres de profondeur; sur le Rhône, à Tarascon, on a trouvé des affouillements de 14 mètres.

On comprend bien que, dans ces conditions, un massif de fondation non défendu ne tardera pas à reposer sur le vide et à s'écrouler. On obvie aux affouillements en descendant la fondation à une assez grande profondeur, et en protégeant l'enceinte de cette fondation par des blocs irréguliers.

Les enrochements, une fois posés, peuvent se trouver remués et entraînés par les courants; il faut donc les inspecter de temps en temps, pour les entretenir et les compléter.

Lorsque la profondeur n'est pas considérable, on établit les enrochements en les déposant le long de l'enceinte de fondation ; de l'autre côté, ils prennent leur talus naturel; avant de les déposer, on exécute un dragage au pied de l'enceinte, afin que les blocs descendent au-dessous du fond; ils tendent toujours à retomber sur l'enceinte, parce que le fond de la partie draguée est incliné vers le massif. Lorsqu'on a des moellons de grosseur inégale, on met les plus petits au fond, ils livrent moins facilement passage à l'eau, qui ne peut venir produire des affouillements au dessous d'eux; on réserve les plus gros pour la surface, ils risquent moins d'être entraînés et brisent beaucoup mieux la violence du courant.

Lorsque nous parlerons des grandes digues exécutées à la mer, nous aurons l'occasion d'exposer complétement l'action des eaux sur les énormes massifs d'enrochements, qui forment la base de ces digues.

Dans les fleuves d'une certaine profondeur, il est à craindre que les enrochements abandonnés à eux-mêmes ne viennent à rétrécir au-delà des limites voulues la section d'écoulement ; dans ce cas, on préfère battre une seconde enceinte formée de pieux et palplanches et espacée de l'enceinte de fondation de 1 mètre ou 1^m,50. Dans la crèche ainsi formée, on immerge les enrochements ; la seconde enceinte est recépée bien plus bas que la première ; on la protége elle-même par des enrochements ordinaires qui n'occupent que peu de place. C'est le système employé au pont de Tarascon et au pont de Rouen.

Lorsque l'on manque de moellons irréguliers, ce qui est rare, on peut à la rigueur recourir soit à des blocs artificiels de béton, soit à des sacs de grosse toile remplis de béton. Il faut avoir soin, dans ce cas, de choisir une toile spéciale à large maille, afin que les sacs, en se moulant les uns sur les autres, prennent de l'adhérence entre eux. En général, la soudure ne se fait pas, et l'emploi des sacs, qu'on avait préconisé à un moment, n'a pas donné les résultats qu'on en espérait.

On s'oppose encore aux affouillements en faisant reposer les ouvrages sur un radier général : les ponts de Moulins et du Guétin, sur l'Allier, sont les exemples classiques de cette méthode.

D'une rive à l'autre on immerge une couche de béton de 1^m,50 à 2 mètres, qui vient remplacer une assise de gravier de même hauteur. Cette bande bétonnée a une largeur supérieure à celle de l'ouvrage qu'elle supporte tout entier ; on a soin de la protéger à l'amont et à l'aval par deux files de pieux et palplanches, entre lesquelles on établit des murs de garde. Les murs de garde descendent à deux ou trois mètres au-dessous du fond du radier. Ces dispositions ont donné d'excellents résultats.

Nous avons terminé maintenant les généralités sur les fondations ; nous avons résumé et classé les diverses méthodes en usage, il nous reste à les faire comprendre dans tous leurs détails, et c'est au moyen de nombreux exemples que nous espérons y parvenir.

Enceintes. — *Pont de Saint-Pierre de Gaubert.* — Un mémoire de M. l'ingénieur Paul Regnauld, inséré dans les *Annales des Ponts et Chaussées* de 1870, donne tous les détails de construction de ce pont. Les piles centrales reposent directement sur un fond de gravier : on les a fondées en immergeant du béton dans une enceinte de pieux et palplanches.

« Chaque enceinte, contenant treize pieux, huit en amont, cinq en aval, avait une forme rectangulaire, terminée en amont par un triangle, en aval par un quadrilatère (*fig.* 169).

« Cette inégale répartition des pieux était nécessitée par la résistance qu'on devait opposer au courant du fleuve, et par l'emploi de quelques-uns de ces pieux pour le pont de service.

« Ces enceintes de pieux et palplanches étaient maintenues par deux rangs de moises, servant à diriger les palplanches pendant le battage, et placés, le premier au niveau de l'étiage, le second à un mètre au-dessus.

« L'ouvrage terminé, les pieux et palplanches ont été recépés au niveau du rang de moises inférieur.

« Des enrochements de moellons ont été jetés autour de ces enceintes pour les maintenir et empêcher les affouillements. »

Fondation du pont de Menat (Puy-de-Dôme). — Ce pont a été construit en 1847 par

M. l'ingénieur Aynard ; c'est à une note de cet ingénieur que nous empruntons les lignes suivantes :

« Les fondations d'ouvrages d'art dans le lit des rivières torrentielles présentent quelquefois des difficultés imprévues, lors même qu'on a reconnu d'avance la solidité de la base sur laquelle on doit les établir.

« Ces rivières, près de leurs sources, coulent en général sur un lit de rocher recouvert d'une couche plus ou moins épaisse de galets et de pierres d'un volume quelquefois considérable.

« Lorsque cette couche est de faible épaisseur, et que l'on doit faire peu d'épuisements, l'établissement des maçonneries sur le roc est un travail des plus simples. C'est ainsi que se présentent le plus souvent, dans les pays de montagnes, les fondations des ponts qui servent à franchir des vallées étroites.

« Mais au contraire, quand la couche au-dessus du rocher a une épaisseur de quelques mètres, et que cette couche elle-même est placée à une certaine profondeur au-dessous de l'eau, on peut être obligé quelquefois d'employer des procédés particuliers de fondations qui s'écartent un peu des méthodes ordinaires. Ces circonstances se présentent souvent aussi dans les pays de montagnes, pour l'établissement des ponts situés dans les élargissements des vallées principales.

« La construction du pont de Menat, sur la Sioule, dans le département du Puy-de-Dôme, a donné lieu à quelques détails de fondations qui pourraient peut-être s'employer ailleurs avec avantage dans des positions analogues.

« La culée droite de l'ouvrage devait reposer sur un banc de rocher qui apparaissait vers la rive ; en sondant pour les piles et l'autre culée, on avait cru rencontrer le même banc à 3 mètres à peu près au-dessous de l'étiage. Cependant la grosseur des galets qui composaient le fond de la rivière me laissait quelques doutes sur l'exactitude de cette reconnaissance, qui avait été faite, du reste, avec des instruments fort imparfaits.

« Voulant mettre le rocher à découvert, nous devions ou draguer ou faire des fouilles avec batardeaux. Le premier moyen était impossible, au moins avec les appareils dont nous pouvions disposer, à cause de la grosseur des matières à draguer. Il fallait donc construire des batardeaux, et leur donner des dimensions telles qu'ils pussent contenir les talus de nos fouilles dont le fond devait descendre au moins à 3 mètres et très-probablement à une profondeur plus grande, puisqu'il y avait incertitude sur la vérité de nos sondages. Cette grande étendue à donner à nos batardeaux, en encombrant énormément le lit de la rivière, nous aurait exposés à beaucoup d'accidents.

« Il me sembla que le seul parti convenable était de faire les parements des fouilles verticaux, en les soutenant avec des palplanches ; mais les blocs qui composaient la couche à fouiller présentaient aux palplanches une résistance impossible à vaincre sans les briser.

« Nos palplanches ne pouvant s'enfoncer que de quelques centimètres, l'idée me vint alors de me servir de la fouille elle-même pour les faire descendre jusque sur le rocher.

« Nous avions autour de chaque pile un cadre en bois, *figures* 170 et 171, disposé pour battre une enceinte, et tout autour un batardeau en terre glaise pour permettre d'épuiser dans l'emplacement des fouilles. Comme les palplanches n'avaient pas pénétré dans le sol, leur pied reposait simplement sur le fond de la rivière ou s'y enfonçait de quelques centimètres seulement.

« Aussitôt que l'emplacement des fouilles fut à sec, on commença les déblais.

« Comme je l'ai dit, l'enceinte de nos batardeaux était fort étroite, elle avait été disposée pour donner aux fouilles des parements verticaux qui devaient être soutenus par les palplanches que nous comptions battre, et nous n'avions pas pu y réussir ; il fallait donc arriver au même résultat par un autre moyen.

« Dès que les déblais furent commencés, il fut facile de voir quels étaient les obstacles qui nous avaient arrêtés ; la grosseur des blocs nous montra que nous avions eu raison de ne pas persister dans le battage. Mais ce qui nous avait été impossible avant les épuisements nous était devenu facile ; il suffisait, à mesure que le fond de la fouille descendait, de déblayer un peu le pied de chaque palplanche qui, n'ayant plus à vaincre de frottement que sur l'une de ses faces, s'enfonçait alors sous le simple choc d'un maillet. L'enfoncement des palplanches marchant avec l'approfondissement de la fouille, l'office que nous en attendions était complétement rempli, puisqu'elles maintenaient les parements de la fouille verticaux, et que c'était là leur seul but.

« Les fouilles n'ayant pas plus de 6 mètres de largeur, *figure* 171, il était facile de maintenir les charpentes au moyen d'étais allant de l'un à l'autre bord.

« Comme je le craignais, ce n'était pas le rocher qui avait arrêté notre sonde, mais une couche de galets énormes mêlés à des blocs dont quelques-uns cubaient jusqu'à 0ᵐ,25 de cube.

« En suivant le procédé que je viens d'indiquer, nous avons fait descendre les fouilles sans la moindre difficulté jusqu'à environ 5 mètres au-dessous de l'eau pour une des piles, *figures* 170 et 171, sans être obligé d'employer plus de trois vis d'Archimède manœuvrées chacune par des relais de trois ou quatre ouvriers. Pour l'autre pile et la culée gauche, nous avons trouvé le rocher à une profondeur un peu moins grande.

« Nos maçonneries étaient à peine au-dessus de l'étiage qu'une crue emporta nos batardeaux ; et sans aucun doute, nos fondations auraient éprouvé le même sort, si elles n'avaient reposé sur un fond inaffouillable. »

Caissons. — *Fondation de l'écluse de Froissy (Canal de la Somme).* — M. l'ingénieur Mary, à qui l'on doit tant de beaux travaux, dans un mémoire de 1831, décrit le caisson employé à la fondation de l'écluse de Froissy, sur la Somme ; après la construction, l'ouvrage dut être repris, parce qu'il éprouva des mouvements considérables ; mais ces inconvénients ne sont pas inhérents au mode de fondation, et nous croyons utile de reproduire ici quelques paragraphes du mémoire de M. Mary.

« Le sol de la vallée de la Somme est généralement formé d'une couche plus ou moins épaisse de tourbe ou de terre noire, sans consistance, reposant sur le rocher crayeux qui forme la masse des coteaux entre lesquels cette vallée est renfermée. On n'y trouve donc que de la tourbe ou de la craie, et c'est sur l'un ou l'autre de ces terrains que toutes les écluses du canal de la Somme ont dû être fondées.

« Ainsi, dans quelques localités où le fond était solide, on était gêné par des sources très-considérables ; dans d'autres, où le sol était sans consistance, l'abondance des eaux n'était souvent pas moindre que dans la craie, et l'on avait à vaincre deux difficultés au lieu d'une.

« L'écluse de Froissy est construite à l'extrémité d'une tranchée ouverte dans un coteau crayeux qui s'avance, en forme de presqu'île, vers la petite ville de Bray. De part et d'autre de la tranchée, qui a 500 mètres environ de longueur, le canal est établi dans des marais dont les nappes d'eau respectives se maintiennent à la hauteur des parties voisines de la Somme ; il en résulte deux nappes distinctes qui présentent entre elles une différence de niveau de 2 mètres. De tout temps, une communication souterraine a existé entre ces deux nappes d'eau, et de nombreuses sources qui sortent du pied du coteau, vers l'aval, en étaient la preuve évidente ; mais dès que l'ouverture du canal en amont et le creusement des fouilles de l'écluse en aval eurent donné plus de facilité à l'entrée et à la sortie des eaux, le produit des sources s'accrut à tel point qu'il ne fut plus possible de songer à fonder l'écluse par épuisement, et qu'on se décida à l'établir sur une aire de béton.

« La composition et le coulage du béton se firent avec beaucoup de soin ; mais, au lieu d'enceindre la fouille par un batardeau élevé à peu près au niveau du marais supérieur, afin d'empêcher complétement le jeu des sources, on les laissa couler librement. Il arriva de là que le mortier se délayait au-dessus des sources, à mesure qu'on le coulait, et que lorsqu'on voulut épuiser on trouva le béton très-dur, mais percé d'autant de trous qu'il en existait dans le rocher. Il fallut donc encore renoncer à fonder sur ce sol factice, puisque d'une part il avait la même perméabilité que le sol naturel, et d'une autre part il présentait de plus le grave inconvénient d'être beaucoup plus dur et de ne pouvoir être dragué qu'à grands frais et avec beaucoup de temps. On ne pouvait reculer en aval l'emplacement de l'écluse, parce que l'on serait tombé dans la tourbe ; on ne pouvait le remonter parce qu'il aurait fallu faire des déblais énormes dans le coteau, et draguer des bancs de roche dure : il était impossible de le reporter à droite ou à gauche, parce que l'écluse devait nécessairement se trouver vis-à-vis la tranchée. Il y avait donc nécessité absolue de fonder dans l'emplacement où se trouvait le béton. On était d'ailleurs arrivé au mois de juillet, et on ne voulait pas perdre une campagne à enlever le béton, et peut-être une seconde année pour recommencer l'opération du bétonnage.

« Dans cette circonstance, M. Watbled, ingénieur chargé de la division des travaux, imagina qu'il surmonterait toutes les difficultés, en fondant l'écluse de Froisy dans un caisson. Il ne fut point arrêté par le dénuement absolu de bois, dans un pays qui n'en produit pas qui soit propre aux constructions. Il imagina un système de charpente qui réduisait à vingt le nombre des pièces de fortes dimensions, et pensant qu'il pourrait faire en béton le massif des bajoyers, si les parements vus étaient construits, il ne donna au caisson que la largeur strictement nécessaire pour y établir les parements intérieurs du sas. Le caisson put ainsi être réduit à n'avoir que 47ᵐ,60 de longueur, et 9 mètres de largeur hors œuvre, quoique l'écluse dût avoir 50 mètres de longueur et 12ᵐ,50 de largeur entre les parements extérieurs des bajoyers.

« Le fond était formé d'un double plancher en madriers placés longitudinalement et assemblés par leurs abouts dans des pièces transversales de même épaisseur que le plancher. Au-dessus de ces pièces transversales, et sur le milieu des madriers qui avaient 5ᵐ,80 de longueur, on avait placé de 3 mètres en 3 mètres des traversines auxquelles on avait donné alternativement 0ᵐ,60 sur 0ᵐ,30 et 0ᵐ,40 sur 0ᵐ,30 d'équarrissage. Ces traversines étaient assemblées à queues d'hironde, dans des pièces longitudinales destinées à porter les bords du caisson, et reliées par des boulons aux premières traversines noyées dans les planchers. Les madriers formant le plancher inférieur avaient 0ᵐ,10 d'épaisseur et étaient séparés par un lit de mousse du plancher supérieur qui n'avait que 0ᵐ,05 ; l'un et l'autre de ces planchers étaient calfatés avec le plus grand soin, et un clouage assez serré les reliait l'un à l'autre.

« Pour ne pas donner inutilement au caisson plus de largeur et de hauteur que cela n'était rigoureusement nécessaire, au droit de l'enclave des portes on n'avait élargi le plancher que de 0ᵐ,40 de côté et on l'avait seulement placée à 0ᵐ,30 en contre-bas des autres parties. Pour opérer ce ressaut, on avait posé deux traversines l'une sur l'autre, ce qui donnait à cette partie de la charpente un surcroit de solidité nécessaire pour résister à une pression plus forte.

« Ce caisson est représenté par les *figures* 172, 173, 174, 175 et 176.

« Les bords ont été composés d'aiguilles verticales, avec des potelets de distance en distance, et notamment au droit de chaque traversine de la plate-forme. Les aiguilles ont 0m,10 d'épaisseur, et les potelets ont 0m,20 de force; mais ces potelets ont été réduits à leur tête à 0m,10 pour être saisis, ainsi que toutes les aiguilles, par un double cours de moises longitudinales, distantes de 0m,10 et boulonnées au droit de chaque potelet. Enfin, les potelets ne portent point de rainures verticales, et sont ajustés à joints plats contre les aiguilles y attenantes.

« C'est sur ces moises longitudinales que des moises supérieures transversales sont placées et entaillées, tant pour maintenir l'écartement des bords opposés, que pour appuyer ces bords dans leurs rainures sur le fond du caisson, au moyen de tire-fonds en fer (fig. 175).

« Enfin, ces tire-fonds sont placés à l'intérieur du caisson et accrochés, au moyen de boulons, dans des lumières pratiquées dans les traversines. On se rappelle, à cet effet, que les traversines sont en saillie de leur épaisseur, de 0m,30 sur la plate-forme apparente du caisson.

« On signale toutes ces dispositions, non pas comme préférables aux modes de construction le plus constamment suivis, mais comme en différant presque en tous points. Ainsi, le fond du caisson se compose ordinairement de traversines jointives, d'égale épaisseur, sans doublures ni madriers additionnels.

« Ainsi, les bords se composent de panneaux en madriers longitudinaux engagés dans des potelets à rainures; et, par ce motif, les moises destinées à maintenir les bords du caisson sont placées, savoir : les moises transversales sur les bords, et les moises longitudinales sur les moises transversales. Enfin, on place toujours les tire-fonds à l'extérieur même du caisson. Mais il n'est jamais inutile d'avoir ainsi en présence des études tout à fait analogues, mises à exécution dans divers systèmes, ne fût-ce que pour se convaincre qu'un de ces systèmes mérite évidemment la préférence.

« Dans la coupe en travers du caisson (fig. 175), la lettre a désigne les bondes ou bouchons qui fermaient les trous pratiqués dans les traversines pour introduire à volonté de l'eau dans le caisson.

« Les pièces verticales b désignent, dans les mêmes coupes, les étrésillons ou appontilles qu'on a ajoutés pour roidir le fond contre les moises supérieures du caisson.

« On donnait en outre à ces moises toute la rigidité désirable, en établissant sur leur face supérieure un plancher de service, et en chargeant ce plancher avec des grès ou autres matériaux.

« Le forêts de la Haute-Somme ne fournissant, comme je l'ai dit, aucun des bois nécessaires pour la construction du caisson, on y avait suppléé avec des hêtres tirés de la forêt de Crécy, près d'Abbeville, et amenés par eau.

« Mais alors se présenta une nouvelle difficulté : on n'avait pas d'emplacement pour construire le caisson; le canal n'était pas ouvert en aval de l'écluse, la fouille elle-même était enfermée entre deux talus assez élevés, et on n'avait pas le temps de préparer une cale de construction ; force fut donc d'établir le caisson au-dessus de la fouille de l'écluse, sur l'appontement qui avait servi à couler le béton et qui n'avait pas encore été démoli.

« La construction du caisson ne donna lieu à aucune circonstance particulière; commencé le 24 août, il fut terminé le 30 septembre et mis à flot immédiatement, en faisant gonfler les eaux de la fouille au moyen d'un batardeau établi en aval. Pendant qu'on construisait le caisson, des terrassiers avaient préparé, sur l'un des côtés de la fouille, un emplacement dans lequel on pût placer cet énorme coffre de charpente, afin de laisser la possibilité de déraser bien de niveau l'aire de béton et de préparer ie refouillement nécessaire pour loger la partie basse du plancher dans l'emplacement de la chambre des portes. On put ainsi s'occuper simultanément du dérasement du béton et de la pose des assises inférieures des bajoyers. Mais comme on n'avait pas eu le temps de creuser assez bas l'emplacement du caisson sur le côté de la fouille, et qu'on ne pouvait pas élever le niveau de l'eau plus haut que la Somme en amont de la tranchée, on fut obligé de suspendre les constructions en maçonnerie dans le caisson, immédiatement après la pose des deux premières assises des bajoyers, et avant d'avoir pu commencer le pavage du radier ; un poids plus considérable aurait fait échouer le caisson sur la berge pratiquée dans le talus, et l'on n'aurait eu aucun moyen pour le remettre à flot avec sa charge de maçonnerie.

« Quand on fut parvenu par le moyen de lances, de dames, de herses et de rateaux, à rendre le béton parfaitement de niveau, on ramena le caisson dans son emplacement, et le 17 novembre on le fit échouer en introduisant de l'eau par différents trous de bondes percés à cet effet dans les traversines. Il était loin alors de contenir un cube de maçonnerie capable de le maintenir à fond, et on fut forcé de le charger d'un poids très-considérable pour pouvoir épuiser une partie des eaux, afin de continuer la construction des bajoyers. En conséquence, on versa dans le vide du sas une hauteur de 1ᵐ,40 à 1ᵐ,50 de terre, on coula au pourtour des bords un bourrelet de béton qui portait sur l'arête extérieure des longrines, et on plaça un grand nombre de grès sur une plate-forme reposant sur les traverses supérieures qui retenaient les bords entre eux.

« Quand on crut la charge suffisante on épuisa dans le caisson, mais on aperçut qu'un des angles était de 0ᵐ,30 plus élevé que les autres ; alors on fit rentrer l'eau et on augmenta la charge, mais inutilement ; le caisson ne reprit pas son niveau primitif, et l'angle soulevé resta plus haut que les autres ; une partie du béton nouvellement versé avait sans doute coulé sous le fond, et y était resté irrégulièrement accumulé. Pour éviter de nouveaux accidents du même genre, on divisa le caisson en trois parties et on n'en entreprit qu'une seule à la fois ; on parvint ainsi, sans accident, à élever le parement des bajoyers jusqu'au niveau de l'eau, et à terminer ce travail avant les gelées.

« Au printemps de 1826, il restait, comme on vient de le voir, à construire le radier, et à fonder le derrière des bajoyers. Pour ne plus risquer de soulever le caisson, et pour n'en pas fatiguer la charpente, on n'entreprit le radier que sur une longueur de 5 mètres, on enleva les terres qui s'y trouvaient, et on les jeta sur les travées voisines ; on transporta sur les bajoyers déjà construits la charge qui reposait sur les traverses, et on put ainsi construire le radier sans qu'il se fît remarquer aucun autre mouvement qu'un bombement du plancher dans l'intervalle des traversines.

« Lorsque la première case fut terminée, on y rejeta les terres qu'on en avait retirées, et on fit pour la seconde travée comme pour la première, à cela près que l'on enleva du caisson un cube de terre équivalent au poids de la maçonnerie du radier exécuté. On continua ainsi jusqu'à l'entier achèvement du radier, qui se termina sans qu'aucun accident en dérangeât l'exécution.

« Immédiatement après l'achèvement du radier on introduisit l'eau dans le caisson, on enleva les matériaux qui avaient servi à le charger, et on démonta aussi les moises et les bords. Ceux-ci furent réunis par panneaux de 1ᵐ,30 environ, et employés à former une enceinte éloignée du parement des bajoyers et du mur de chute à une distance égale à l'épaisseur qu'on voulait donner aux bajoyers et à l'écluse d'amont. Dans l'intervalle compris entre la maçonnerie et l'enceinte, on coula du béton jusqu'au niveau de l'eau, et on put alors continuer la construction de l'écluse, comme si elle eût été fondée de toute autre manière. On dragua la terre qui restait dans le sas, on seringua du mortier dans les trous des bondes, et on plaça les portes. »

Piliers isolés. — *Viaduc du Point-du-Jour.* — Le pont-viaduc du Point-du-Jour livre passage au chemin de fer de ceinture entre Auteuil et Javel ; il comprend quatre sections principales : 1º le viaduc d'Auteuil, de la station d'Auteuil à la route de Versailles (1,073 mètres) ; 2º le viaduc du Point-du-Jour, de la route de Versailles au quai d'Auteuil (154 mètres); 3º le pont-viaduc sur la Seine (242 mètres); 4º le viaduc de Javel (120 mètres).

La fondation des deux viaducs extrêmes présente peu d'intérêt; quant au viaduc du Point-du-Jour, il a été fondé par la méthode des piliers isolés, que nous avons décrite sommairement, et dont suit le détail, que nous empruntons au mémoire de MM. les ingénieurs Bassompierre-Sewrin et de Villiers du Terrage :

« Les fondations de cet ouvrage ont présenté d'assez grandes difficultés. Les douze premières piles ont pu être établies sur un banc de gravier qui constitue le plateau du Point-du-Jour, mais les piles suivantes devaient être fondées dans une prairie submersible qui s'étend depuis le coteau jusqu'aux berges de la Seine. Or, des sondages multipliés ont fait reconnaître, sur une épaisseur de 7^m,50, un terrain d'alluvions récentes, avec couches alternantes d'argile, vase et tourbe. On rencontre ensuite une couche d'environ 1 mètre d'épaisseur de gros gravier roulé, provenant de l'érosion, par les courants diluviens, des bancs supérieurs de la craie et reposant directement sur la craie compacte. Le dessus de ce banc de gravier, pris comme sol de fondation, est à une profondeur de 7^m,72 au-dessous du terrain naturel et de 2^m,89 au-dessous de l'étiage. Les piles devaient avoir une hauteur totale de 20^m,50 jusqu'à la naissance des voûtes, et, à moins de leur donner des dimensions horizontales excessives, il devenait indispensable de les contreventer par des arceaux en maçonnerie, vers le milieu de leur hauteur. Après avoir étudié diverses combinaisons, nous avons adopté (*fig.* 177) la solution consistant à supprimer les fondations des piles de rang impair, à partir de la treizième. Ces fondations sont remplacées par des voûtes ogivales construites en maçonnerie de meulière brute hourdée en mortier de ciment de Portland et constituant pour le viaduc un véritable étage inférieur en contre-bas du niveau des chaussées. Cette combinaison, sans augmenter la dépense, a permis une exécution plus rapide, en diminuant l'importance des travaux les plus difficiles. La pression par centimètre carré est de 5^k,3 sur le béton et de 4^k,8 sur le sol de fondation.

« Malgré leur profondeur, les fondations des piles ont pu être établies à sec. Les parois des fouilles, descendues verticalement, étaient soutenues par des blindages jointifs, convenablement étayés, et l'eau ne paraissait qu'au moment où le banc de gravier était mis à découvert. Les épuisements n'ont présenté d'importance que pour la pile la plus rapprochée de la rivière, et encore, après la pose de la première couche de béton, le bétonnage a pu se continuer à sec sans aucune difficulté. »

Fondations dans des enceintes formées de batardeaux. — Les fondations dans des enceintes formées de batardeaux sont les plus fréquentes, et cela se comprend, car ce sont les plus commodes et les plus sûres.

Toutes les fois que la chose est possible sans trop de frais, il est bon d'établir les fondations à sec, parce qu'on exécute alors d'excellentes maçonneries et que l'on reconnaît bien le sol sur lequel est assis l'ouvrage.

Comme nous l'avons vu, les batardeaux dont la hauteur ne dépasse pas 1^m,50 s'exécutent tout simplement en argile que l'on pilonne avec soin; il faut bien éviter que cette argile soit parsemée de pierres, de branchages ou de racines. Une **branche** par exemple, placée transversalement, peut servir à guider les eaux, et l'on voit alors une source qui surgit à l'intérieur de la fouille.

C'est pour la même raison qu'il faut avoir soin d'enraciner les batardeaux dans le sol de fondation ; sans cela la liaison ne s'établit point entre la glaise et le terrain, il y a une surface de séparation par où l'eau s'ouvre un passage ; on s'expose alors à ne pouvoir épuiser, ou bien on est forcé de recourir à des machines puissantes et coûteuses.

En règle générale, le batardeau doit pénétrer assez profondément dans le sol pour rejoindre les couches imperméables ; sans cette précaution, les eaux filtrent toujours sous le massif et viennent remplir la fouille.

Quoi qu'on fasse, l'étanchéité n'est jamais parfaite et l'on doit recourir à des machines d'épuisement plus ou moins compliquées.

Lorsque la hauteur d'un batardeau dépasse $1^m,50$ ou bien lorsqu'on est limité par l'espace, ce qui ne permet point de laisser à l'ouvrage ses talus naturels, on bat une ou deux files de pieux parallèles ; s'il n'y en a qu'une, l'un des talus se trouve remplacé par un plan vertical, contre lequel vient s'appliquer la glaise ; s'il y en a deux, c'est un véritable mur en glaise avec parements en bois. Pour compléter ces parements, on ajoute aux pieux des palplanches verticales ou tout simplement des voliges horizontales ; ce procédé est moins coûteux et donne souvent de bons résultats.

On doit éviter de réunir les deux files de pieux et palplanches par des pièces transversales qui seraient noyées dans la glaise, parce que ces pièces de bois, sans adhérence pour la terre, livreraient passage à l'eau.

Le sommet d'un batardeau doit dépasser un peu le niveau ordinaire des eaux, afin de protéger la fouille contre les petites crues accidentelles.

Souvent on substitue à la glaise un massif de béton que l'on verse entre les deux enceintes ; on obtient de la sorte de bons résultats ; toutefois, le procédé est dispendieux, et l'adhérence entre le sol et le batardeau n'est guère meilleure avec le béton qu'avec l'argile.

Ces batardeaux en béton peuvent rendre d'excellents services, lorsqu'ils reposent sur un radier général lui-même en béton. Voici par exemple comment on peut fonder une écluse sur un terrain de gravier : on drague à gueule bée l'emplacement de l'écluse, puis on construit une enceinte de pieux et palplanches qui suit tous les contours extérieurs de l'ouvrage ; dans cette enceinte, on achève le dragage jusqu'à la profondeur voulue, puis on dresse le fond et on immerge une couche de béton, dont l'épaisseur est variable avec la sous-pression qu'elle doit supporter. Cela fait, on immerge le long des enceintes des murettes de béton qui viennent se souder au radier et qui prennent à l'intérieur de l'enceinte leur talus naturel, à moins qu'on ne préfère les maintenir par une enceinte provisoire engagée dans le béton du radier. La masse de béton forme alors une cuve étanche, dans laquelle on épuise à son aise ; après l'épuisement, on établit à sec toutes les maçonneries ; on ne démolit pas les batardeaux, on les comprend dans les bajoyers ou murs latéraux de l'écluse et c'est tout économie. On voit combien ce procédé est simple et combien il est préférable à celui que nous avons décrit plus haut pour les fondations de l'écluse de Froissy.

La *figure* 178 représente trois batardeaux simples, dont la construction se comprend à la seule inspection du dessin. Dans le premier exemple, les terres reposent sur un plancher incliné que soutiennent des étais ; dans le second exemple, on voit un coffrage formé de pieux verticaux, réunis à la partie supérieure par des traverses et contre lesquels s'appuient des voliges horizontales ; dans le troisième exemple, il n'y a qu'une paroi verticale.

La *figure* 179 montre un batardeau à coffres : les pieux sont moisés longitudinalement et maintenus par des traverses; entre les deux files de pieux se trouve le coffrage en palplanches. Le remblai est bien enraciné dans le sol.

Sur la *figure* 180 on voit un batardeau en charpente à parois amovibles; le coffrage est formé de planches horizontales; les montants s'engagent à tenon et mortaise, à l'extrémité inférieure, avec des solives longitudinales, et, à l'extrémité supérieure, avec des traversines.

Enceintes de pieux et palplanches battus dans la vase. — *Viaduc d'Auray.* — « Les fondations par épuisements, dit M. l'ingénieur en chef Croizette-Desnoyers dans son mémoire déjà cité, sont incontestablement les plus satisfaisantes, parce qu'elles permettent de reconnaître dans tous ses détails la nature du fond, de le préparer convenablement en le dérasant ou le nettoyant autant qu'il est nécessaire, et enfin d'élever le massif dans les meilleures conditions possibles, avec tous les soins que comporte l'exécution d'un bétonnage posé à sec ou d'une maçonnerie construite à l'air libre. »

Le viaduc d'Auray est construit sur la rivière du Loc, un peu en amont de la ville d'Auray. L'amplitude des marées, c'est-à-dire la distance verticale entre la haute et la basse mer de vive eau, est de 4 mètres. Le fond de la vallée se compose d'une épaisse couche de vase recouvrant un rocher granitique, sur lequel il fallait asseoir les fondations.

C'est sur la rive gauche que se trouve la plus grande profondeur de vase, mais la marée ne s'élève guère au-dessus du sol, qui est à découvert pendant la basse mer; il était donc facile de protéger les fouilles par un batardeau ou bourrelet, formé de deux vannages maintenant entre eux un massif de vase compacte et imperméable.

Pour établir les fondations, on a battu autour de l'emplacement de chaque pile une enceinte formée de pieux de $0^m,25$ d'équarrissage, intercalés par séries entre des pieux verticaux de $0^m,35$ d'équarrissage, espacés de $1^m,50$ à 2 mètres d'axe en axe. Puis on a fouillé dans cette enceinte, en enlevant la vase compacte et en épuisant avec des pompes mues par des locomobiles; à mesure que la fouille descendait, la vase, qui transmet les pressions presque comme un liquide, exerçait sur les parois extérieures de l'enceinte des poussées considérables, et les parois opposées se seraient rapprochées, si l'on n'avait eu soin d'étrésillonner la fouille au moyen de cadres horizontaux en charpente; ces cadres, espacés de 2 mètres à la partie supérieure, allaient se rapprochant vers le bas de la fouille, où ils n'étaient plus qu'à 1 mètre de distance.

Voici dans quels termes M. Croizette-Desnoyers recommande ce système :

« Pour les fondations par épuisements dans les terrains vaseux, dès que la profondeur atteint 2 ou 3 mètres, il y a presque toujours avantage à blinder la fouille pour éviter d'avoir à lui donner trop d'amplitude ou de s'exposer à des éboulements. Seulement les blindages doivent être plus ou moins complets, suivant la nature du terrain. Il convient de les former de palplanches ou de madriers verticaux battus d'avance, et qui, à mesure que l'on exécute la fouille, sont maintenus par des cadres horizontaux suffisamment étrésillonnés. D'après la nature du sol, on emploie des palplanches plus ou moins épaisses; on les écarte ou on les rapproche jusqu'à les rendre jointives suivant les besoins; les cadres sont plus ou moins rapprochés, les étrésillons ont plus ou moins de force : mais cette disposition a le grand avantage de se prêter à des consolidations successives à mesure que la nécessité s'en fait sentir, et par conséquent de ne pas exiger d'avance de trop grands moyens. Ainsi, dans le cas où on reconnaît que les palplanches sont trop espacées, rien n'est plus facile que d'en intercaler d'autres; si les cadres sont trop éloignés entre eux, on en introduit d'intermédiaires; si les étrésillons ne sont pas assez nombreux, on les multiplie; mais on agit toujours d'après un plan régulier, on ne fait pas de fausse manœuvre et l'on a une fouille toujours parfaitement en ordre. Si au contraire on emploie des madriers horizontaux soutenus par des montants verticaux, dont l'écartement est maintenu par des étrésillons, on peut sans doute encore arriver au but, mais on a une enceinte formée de parties indépendantes qui ne se prêtent pas un appui mutuel; on est par suite beaucoup moins bien protégé contre les éboulements et l'on a beaucoup plus de difficultés à renforcer l'enceinte s'il en est besoin. Enfin, si l'on procède sans plan arrêté et si on dispose les bois d'une manière irrégulière, on en emploie beaucoup plus qu'avec une des méthodes précédentes, on gêne le travail de la fouille, on éprouve des accidents, et finalement on dépense beaucoup plus de temps et d'argent. Nous ne saurions trop recommander d'opérer toujours d'après un projet bien étudié, pouvant être modifié dans ses détails suivant les exigences du travail, mais devant être maintenu dans son principe, et nous insistons vivement pour l'emploi de palplanches verticales et de cadres horizontaux formant une enceinte régulière. Ce mode, simple et économique pour les profondeurs ordinaires, est encore le meilleur pour de grandes profondeurs, à la condition de renforcer suffisamment l'enceinte. »

Nous avons vu que les fouilles des piles placées près de la rive gauche de la rivière étaient protégées par des batardeaux en vase compacte; pour les piles centrales, les batardeaux avaient à soutenir une hauteur d'eau considérable, puisque l'oscillation de la marée atteignait 4 mètres, et le travail devenait difficile et dangereux. M. l'ingénieur Sévène eut alors l'idée d'établir à l'aval du viaduc, dans une partie resserrée de la rivière, un barrage, dont la base était en blocs de rochers et le massif en vase; ce barrage s'opposait à l'introduction des eaux de la mer; on lui avait accolé sur la rive droite un pertuis muni de clapets ou vannes à charnière, s'ouvrant de l'amont à l'aval. La marée montante appuyait ces clapets sans pouvoir pénétrer dans le bief supérieur; pendant ce temps-là, les eaux douces de la rivière s'accumulaient à l'amont, et, à marée basse, elles forçaient les clapets à s'ouvrir et à leur livrer passage. On arrivait de la sorte à décharger les batardeaux de la pression d'une nappe d'eau d'environ 2ᵐ,50 de hauteur.

Caissons foncés sur pilotis (*ponts d'Austerlitz, d'Iéna, de Rouen.* — **Radier général** (*Moulins*). — **Béton immergé** (*Souillac*). — En 1838, M. Lamandé, inspecteur général des ponts et chaussées, à qui l'on devait les ponts d'Austerlitz et d'Iéna à Paris et le pont de pierre à Rouen, fit paraître un mémoire intitulé : *Considérations générales sur les moyens à employer pour la fondation des constructions hydrauliques.*

Ce mémoire explique parfaitement l'emploi des caissons foncés sur pilotis; il renferme en outre quelques observations toujours vraies; nous en reproduirons ici les paragraphes suivants :

« C'est presque toujours par leurs fondations qu'ont péri les constructions hydrauliques dont la durée ne s'est pas prolongée jusqu'à nos jours. Leur destruction a été produite soit par des inégalités de tassement dans leurs points d'appui, qui, ne posant pas sur un terrain assez ferme ou sur une base assez bien consolidée par des travaux d'art, n'ont opposé qu'une résistance insuffisante au poids des masses dont ils étaient chargés, soit encore par des affouillements creusés par la rapidité du courant des eaux au milieu desquelles ces ouvrages étaient placés, ou par des infiltrations dues à la pression de la colonne d'eau qu'ils étaient destinés à soutenir.

« En considérant les ruines qui nous restent des temples, des palais et autres monuments antiques bâtis sur le sol, si nous en exceptons ceux qui ont été renversés par quelque grande catastrophe, telle qu'un tremblement de terre, on remarque le plus souvent que leurs fondations sont intactes et ont conservé leur niveau et leur aplomb : ce qui nous indique qu'ils ont été détruits ou par la main de l'homme, ou parce que l'on a négligé de les entretenir et que le temps, après avoir corrodé les parements des maçonneries, a attaqué les parties extérieures de l'édifice et a ouvert des brèches par lesquelles les eaux de pluie, la gelée et les autres causes destructives ont porté successivement la dégradation jusque dans l'intérieur. Si, d'un autre côté, l'on examine attentivement les ruines de la plupart des constructions hydrauliques, l'on aperçoit des déplacements dans leurs bases, lesquels attestent que leur destruction ne doit être attribuée qu'à l'imperfection des méthodes qui furent employées pour les fonder, et à l'une des causes que nous avons énoncées dans le paragraphe précédent.

« Il est incontestable que les moyens de fondation doivent varier suivant les localités, la nature du sol, la hauteur habituelle et les crues extraordinaires des eaux du fleuve ou de la baie dans lesquels on a à construire, et enfin, suivant la résistance que l'édifice doit opposer, soit à la pression de l'eau, soit à la rapidité du courant, soit au choc des vagues. Il doit donc être bien reconnu qu'il n'y a pas de méthode qui puisse recevoir une application générale, pas plus qu'il n'y a, en médecine, de remède universel ou panacée. Cependant il n'est pas rare de voir des constructeurs qui, encouragés par un premier succès, proposent de nouvelles applications du procédé qui leur a réussi dans un cas spécial, sans avoir auparavant assez considéré les différences résultant des circonstances dont je viens de parler.

« Lorsqu'on a à fonder dans un terrain d'une nature tendre et compressible, mais qui est homogène, l'ouvrage en maçonnerie peut être établi sur un simple grillage avec plate-forme en charpente, posé sur le sol après qu'il a été bien dressé et nivelé. L'on encaisse cette fondation par des files de pieux et de palplanches jointives, et les premières assises sont posées par retraites, de manière à donner à la base un large empatement et à répartir la pression sur une grande surface. Les travaux s'exécutent dans une enceinte entourée de batardeaux, élevés, si l'on est dans un port maritime, au-dessus du niveau des hautes mers de vives eaux, et si l'on fonde dans une rivière, au-dessus du niveau de ses crues ordinaires. L'intérieur de l'enceinte est mis et maintenu à sec avec des machines à épuiser.

« C'est ainsi qu'ont été fondés les murs et les écluses des bassins du port du Havre, ouvrages exécutés sous la direction de M. Lamandé père, alors ingénieur en chef de la généralité de Rouen, par MM. Lamblardie, Sganzin, Gayant, et continués depuis par MM. Lapeyre, Haudry, Letellier et Frissard.

« Cependant il est rare que l'on rencontre un terrain assez complétement homogène pour qu'il n'y ait pas à craindre quelques inégalités de tassement, lesquelles pourraient, si elles dépassaient une certaine limite, altérer la solidité des ouvrages. Par ce motif, et pour éviter aussi les dangers résultant des infiltrations qui pourraient avoir lieu sous le radier des écluses, l'administration s'est déterminée, malgré l'augmentation de dépense, à adopter pour les écluses plus récemment construites au Havre par les ingénieurs que je viens de nommer, ainsi qu'à Dieppe par M. Bérigny en 1806, et dans les ports de Fécamp et de Saint-Valery, sous la direction de M. Malet depuis 1830, le mode de fondation sur pilotis. Ce mode est celui qui a été presque généralement employé pour fonder les grands ponts construits en France pendant le siècle précédent, notamment par le célèbre Perronet, qui, dans son dernier projet, celui du pont Louis XVI, eut pour collaborateur notre savant ingénieur, M. le baron de Prony.

« Les fondations sur pilotis sont, quand on ne peut pas s'établir immédiatement sur le roc, celles qui, dans le plus grand nombre de cas, offrent les plus sûres garanties pour la solidité et la durée d'une grande construction hydraulique, parce que l'on peut d'avance les soumettre à un calcul rigoureux, dans lequel il n'y aura aucune donnée incertaine. En effet, on connaît, par de nombreuses expériences, la résistance des bois chargés dans le sens de la longueur de leurs fibres.

« Toutefois il est bien essentiel de reconnaître d'avance, par des sondes, la nature des différentes couches du sol dans lequel on enfonce les pilots, jusqu'au-delà de la plus grande profondeur à laquelle ils doivent pénétrer dans ce sol; car il arrive fréquemment que, par l'effet de la pression latérale exercée par le terrain, un pieu s'arrête sans pouvoir être enfoncé plus profondément, avant que sa pointe ait atteint une couche suffisamment résistante. Si l'on négligeait d'opérer ces sondages préalables, on s'exposerait à des tassements, comme il s'en est manifesté à une pile du pont d'Orléans pendant sa construction, et à l'une de celles du pont de Tours.

« Quelquefois encore ces sondes serviront à constater que, jusqu'à une profondeur beaucoup plus grande que celle à laquelle les pieux peuvent être enfoncés, l'on ne rencontre pas le terrain ferme. C'est alors qu'il faudra s'attacher à maintenir cette résistance latérale dont j'ai parlé et à l'augmenter par des enrochements, jetés tant entre les pilots qu'extérieurement à l'enceinte dans laquelle ils sont placés. Le poids de ces enrochements, en même temps qu'il comprime le terrain et le préserve des affouillements, exerce contre les faces de chaque pieu une pression qui, ajoutée à celle du sol, tend à accroître là résistance. Ce moyen a été appliqué par M. Deschamps pour consolider les fondations du pont de Bordeaux, établi sur un fond vaseux d'une épaisseur presque indéfinie.

« Après le battage des pilots, on les recèpe dans un plan horizontal, pour placer ensuite la plate-forme en charpente destinée à recevoir la première assise de fondation. Cette opération du recépage, quand on doit fonder au-dessous de l'étiage, se fait, soit en travaillant dans une enceinte entourée de batardeaux, et que l'on a mise à sec au moyen d'épuisements; soit en employant une machine qui serve à scier les pieux sous l'eau. Dans ce dernier cas, l'on évite la dépense, souvent excessive, des batardeaux et des épuisements, et l'on échoue sur les têtes des pilots, après qu'ils ont été recépés de niveau, un caisson dans lequel on pose les premières assises, jusqu'à ce que la maçonnerie soit élevée à la hauteur des eaux ordinaires. Le premier ouvrage important auquel ce mode de fondation ait été appliqué, en France, est le pont de Saumur, construit par M. de Cessart en 1756. Malgré le succès complet qu'il obtint, ce système fut rarement employé pour la fondation des grands ponts, jusqu'à l'époque à laquelle furent en même temps construits à Paris le pont des Arts, par M. Dillon, et le pont d'Austerlitz, dont je fus chargé. Je crus devoir proposer de faire une nouvelle application de ce système, parce que je trouvai qu'il en résultait une économie notable. On trouve (*fig.* 181) une coupe indiquant le mode de fondation d'une des piles du pont d'Austerlitz. On voit sur la même planche (*fig.* 183) le dessin d'une des piles du pont d'Iéna. J'avais à travailler dans la même localité, dans des circonstances tout à fait analogues : il n'y avait donc aucun motif pour ne pas fonder ce dernier pont en suivant les mêmes procédés qui m'avaient si bien réussi pour la fondation du premier. Les détails de construction du caisson sont exprimés (*fig.* 184, 185, 186 et 187); j'ai apporté à l'ancien système de charpente quelques perfectionnements. J'ai diminué beaucoup l'équarrissage des principales pièces. J'ai rendu moins compliqués les moyens d'assemblage des bords avec le fond du caisson, et plus faciles la pose et le déplacement de ces bords. Je crois enfin être parvenu à réduire ce système de fondation à sa plus simple expression.

« L'emplacement de chacune des piles du pont d'Iéna a été entouré par une enceinte de pieux et de palplanches jointives. Dans cet encaissement, ayant 6 mètres de largeur, on a battu d'autres pieux espacés de 1^m,16 de milieu en milieu. L'intervalle a été rempli en béton, qui a été arasé de niveau à quelques centimètres plus bas que le plan du recépage des pieux.

Sur ces pieux recépés dans l'eau, à 1ᵐ,65 au-dessous du plus bas étiage, on a échoué un caisson, dont le dessin est représenté (*fig.* 184, 185, 186 et 187).

« L'enceinte a été garantie des affouillements par des enrochements en moellons.

« La *figure* 188 représente un caisson construit sur la rive du fleuve et que l'on va lancer pour l'échouer à l'emplacement voulu.

« Une décision du directeur général des ponts et chaussées, du 3 septembre 1810, prescrivait, pour la fondation des piles du pont en pierre qu'il s'agissait alors de construire sur la Seine à Rouen, un mode à peu près analogue à celui qui avait été adopté pour fonder les piles des ponts d'Auterlitz et d'Iéna. Mais, lorsque je fus envoyé à Rouen, en 1812, pour prendre la direction des travaux de ce pont, je reconnus que les moyens d'exécution, employés avec succès aux ponts que je venais de construire à Paris, ne pouvaient pas être appliqués à celui de Rouen sans de grandes modifications.

« En effet, la profondeur de l'eau, dans l'emplacement des piles sur les deux bras de la Seine, est à Rouen de 8ᵐ,70 au-dessous du plus bas étiage. La marée monte d'environ 2 mètres. Ainsi, à l'époque des plus basses eaux, la profondeur de l'eau est de 10ᵐ,70. A Paris elle n'est, au plus, que de 4ᵐ,50. Les sondes que je fis faire m'apprirent que le fond du lit du fleuve est un terrain peu résistant et qu'il fallait donner aux pieux plus de 15 mètres de longueur pour pouvoir atteindre un banc marneux qui présentât une dureté suffisante. En me rendant compte de la plus grande profondeur à laquelle il me serait possible, au moyen d'une machine à scier dans l'eau, d'opérer avec une précision parfaite le recépage des pilots, je trouvai qu'il resterait encore, à partir du plan de recépage jusqu'au fond du lit du fleuve, une hauteur de 5ᵐ,60.

« Cela posé, pour défendre l'enceinte de la fondation par de simples enrochements, en ne leur supposant qu'un talus de 45 degrés, on aurait beaucoup diminué la section du fleuve. Or ce n'est déjà qu'en anticipant sur son lit que les ports qui bordent ses deux rives ont été formés. Il n'est pas même présumable que des enrochements se fussent maintenus avec un talus incliné à 45 degrés; car le courant de la marée montante et descendante, qui, lorsque les vents soufflent de l'ouest, a une rapidité très-forte, aurait régalé, en amont et en aval de l'emplacement du pont, les blocs que l'on aurait jetés pour former la partie supérieure de ces enrochements. Je jugeai donc nécessaire d'appeler l'attention du Conseil général des ponts et chaussées sur les inconvénients que je viens d'énoncer, et j'obtins que la décision précitée fût modifiée. Sur l'avis de ce Conseil, l'administration adopta le nouveau projet de fondation que je proposai, et qui consistait à construire autour des pieux de la pile une crèche basse, formée d'un second rang de pieux jointifs (*fig.* 182), saillant de 2ᵐ,50 au plus, au-dessous du fond du lit, et à remplir l'intérieur de cette crèche en béton. Par ce moyen je rendais, d'une manière factice, aux pieux d'enceinte de la pile la profondeur de fiche qui leur manquait, à cause de la grande distance qu'il y avait entre la plate-forme du caisson et le fond du lit de la Seine. Diminuant très-peu la section de ce fleuve, je n'avais plus d'affouillements à craindre; et les têtes des pieux de cette seconde ligne d'enceinte se trouvant à 6 mètres au-dessous du plan des plus basses eaux, la crèche était à l'abri de toute atteinte de la part des glaces et du courant.

« A mesure que les années augmenteront la consistance du béton, le système que j'ai proposé acquerra plus de solidité. Une fondation ainsi établie devrait donc être considérée comme indestructible, si elle était bien exécutée.

« L'une des difficultés d'exécution était de poser avec exactitude, sous l'eau et à une aussi grande profondeur, le châssis en charpente formé par les ventrières de ceinture de la crèche. Voici comment j'ai procédé à cette opération.

« On a commencé par déterminer d'une manière précise, par des repères tracés sur les chapeaux du pont de service, la direction et la distance, rapportées à l'axe de la pile, des files de pieux jointifs formant la double enceinte. Ces pieux ont été mis successivement en fiche dans l'ordre suivant, savoir : le pieu du milieu de chaque file, les pieux extrêmes, deux autres pieux intermédiaires et les deux pieux d'avant-bec et d'arrière-bec. Après que ces douze pieux de chaque enceinte ont été enfoncés à la profondeur qui avait été déterminée par des sondes, l'on a présenté le châssis formant la double ceinture de ventrière; et l'on a enfoncé le châssis ABCD (*fig.* 182), en appuyant dessus avec des poteaux de pression disposés de manière à régler le mouvement. Puis, en battant à la fois avec plusieurs sonnettes à déclic, manœuvrées simultanément et avec une précision égale à celle d'un exercice militaire, ou agissant isolément sur les points où l'on rencontrait plus de résistance, on a fait descendre par degrés tout le système, en maintenant sa position horizontale, jusqu'à ce qu'il reposât sur des tasseaux qui avaient été placés d'avance sur une des faces de chacun des pieux régulateurs. .

« Lorsque le battage des pieux jointifs des deux lignes d'enceinte a été achevé, l'intérieur de la crèche a été dragué jusqu'à 1ᵐ,30 de profondeur moyenne et rempli en maçonnerie de béton.

« Le dragage a été ensuite opéré dans l'intérieur de l'encaissement avant de battre les pieux de fondation destinés à recevoir le fond du caisson, et dont les intervalles ont été également posés en béton.

« Je fus rappelé à Paris en 1815, et les travaux du pont de Rouen furent, à cette époque, pendant quelque temps suspendus. Ils ont été plus tard repris et achevés par M. Drapier, sous la direction de M. Mallet, puis de M. Letellier. Ces ingénieurs ont fondé les piles qui restaient à construire et sans aucun changement, par le procédé que je viens de décrire et que j'avais appliqué avec un succès complet à la première pile de ce pont.

« Je viens d'exposer succinctement les procédés que j'ai employés pour fonder les ponts d'Austerlitz et d'Iéna, sur la Seine, à Paris, et celui de Rouen sur le même fleuve. Je vais maintenant faire mention de constructions hydrauliques, exécutées par des ingénieurs habiles, sur d'autres rivières.

« Quelques-uns de ces ouvrages d'art ont été fondés en dehors du cours des rivières, auxquelles on a ouvert un nouveau lit après que les travaux ont été achevés. C'est ainsi qu'ont été établis le pont de Moulins sur l'Allier, pour les sept arches contiguës à la rive gauche, le pont de Roanne sur la Loire et le pont de Laval sur la Mayenne. Il est rare que pour de grandes constructions, telles qu'un pont de plusieurs arches, l'on adopte cette disposition, parce qu'elle entraine presque toujours une augmentation considérable de dépense. Mais l'on prend quelquefois ce parti pour des ouvrages d'art ayant de moindres dimensions. L'on voit dans beaucoup de projets pour la canalisation des rivières que les écluses sont placées dans les dérivations. C'est une question qui est encore très-controversée, de savoir si ce parti est préférable à celui d'établir ces ouvrages en lit de rivière. On peut rappeler ici le principe que j'ai posé au commencement de ce mémoire, qu'en ce qui concerne les constructions hydrauliques, il n'y a pas de méthode qui puisse recevoir d'application générale. Ainsi l'on ne doit pas être étonné que les ingénieurs aient différé d'opinion sur cette question, et que, chaque fois qu'elle s'est présentée dans les projets soumis à l'examen du conseil général des ponts et chaussées, ce conseil ne l'ait pas décidée en termes généraux, mais seulement dans l'espèce et pour chaque cas particulier.

« M. de Regemorte, auteur du pont de Moulins, n'a pas dù hésiter à placer ce pont dans un nouveau lit qu'il a ouvert à l'Allier immédiatement à côté de l'ancien qu'il a, en partie, conservé et redressé. Ce n'était qu'un élargissement, qui était motivé par la nécessité de procurer aux crues de cette rivière un débouché suffisant, et il trouvait en outre dans cette disposition l'avantage de pouvoir établir avec sûreté le radier général à la solidité duquel était attachée la durée du grand ouvrage qu'il avait à construire. Trois autres ponts, qu'on avait tenté avant lui d'asseoir dans le lit de la rivière sans modifier sa section, avaient été, dans un espace de 35 ans seulement, emportés par les eaux. Le dernier avait été construit sous la direction d'Hardouin Mansard.

« Les détails du pont de Moulins ont été publiés par M. de Regemorte. Le livre qu'il a fait paraître en 1771 nous apprend que l'élargissement et le redressement du lit de l'Allier ont donné lieu à une dépense considérable en indemnités de terrains et bâtiments, puisqu'un faubourg entier a été détruit.

« Une autre construction très-remarquable a été faite, il y a peu d'années, sur l'Allier ; c'est le pont-canal du Guétin, établi au point d'intersection de cette rivière avec le canal latéral à la Loire. Cet ouvrage a été projeté par M. Vigoureux, et exécuté sous sa direction par M. Jullien. Les progrès de l'art et les perfectionnements apportés à la fabrication du béton par l'emploi de la chaux hydraulique, ont permis de fonder le radier général à une plus grande profondeur que celui du pont de Moulins et dans le lit même de la rivière, dont le cours a été réglé en contenant ses grandes eaux entre des digues (*fig.* 188 *bis*).

« Le fond du lit de l'Allier est composé de bancs mobiles de sable, et l'on trouve la même nature de terrain à une très-grande profondeur. On a beaucoup de peine à faire pénétrer les pieux dans ce terrain à plus de 4 mètres, quoique les crues de la rivière produisent quelquefois des affouillements de 6 mètres de hauteur. Le moyen de fondation qui, avec de telles circonstances, présente le plus de chance de succès, consiste à établir, comme on l'a fait à Moulins et au pont-canal du Guétin, un radier général s'étendant d'une rive à l'autre sous les arches et les piles du pont.

« Ce radier, posant immédiatement sur le sol, devra être protégé en amont et en aval par deux files de pieux jointifs, espacées plus ou moins, suivant que le lit de la rivière sera plus ou moins profond au-dessous du plan d'étiage. On commencera le travail par le battage de ces deux files de pieux, entre lesquelles on creusera dans le terrain avec des machines à draguer. Cette opération du dragage, à laquelle on pourra procéder même pendant le battage des pieux, servira, s'il y a lieu, à faciliter l'enfoncement de ces pilots d'enceinte jusqu'à la profondeur où les affouillements ne sont plus à craindre. L'on remplira ensuite l'intervalle en maçonnerie de béton. Puis, après avoir également dragué et nivelé l'intérieur de l'enceinte dans laquelle le radier doit être établi, on construira cet ouvrage en béton à la cote de hauteur qui aura été déterminée pour donner aux eaux de la rivière un débouché suffisant. Enfin l'on formera, au devant de chacune des files de pieux extérieurs, un enrochement en gros blocs pour les défendre contre les affouillements.

« Le mode que je viens d'indiquer diffère peu de celui qui a été adopté pour le pont-canal du Guétin. Il n'en est pas moins intéressant de voir dans le livre de M. de Regemorte les procédés qu'il avait appliqués en 1756 au pont de Moulins, dont le radier a été fondé sans emploi de chaux hydraulique.

« Pour me renfermer dans les limites du cadre que je me suis donné, il ne me

este plus à parler que de deux modes de fondation qui, depuis les découvertes de
M. Vicat sur les chaux hydrauliques, ont reçu de fréquentes applications.

« On ne peut obtenir un béton de bonne qualité et qui ait la propriété de durcir
promptemen dans l'eau, que par l'emploi de la pouzzolane, ou d'un mélange de chaux
hydraulique naturelle ou artificielle et de sable siliceux. C'est avec ce dernier mélange
ru'ont été fabriqués les bétons que j'ai employés aux ponts d'Austerlitz et d'Iéna.
Mais il fallait faire venir de Senonches à Paris de la chaux hydraulique qui coûtait
fort cher, sur la qualité de laquelle j'étais souvent trompé et que je ne recevais toutefois qu'après l'avoir essayée. Quand les premiers mémoires de M. Vicat parurent,
je me fis autoriser à établir, près du pont d'Iéna, des fours où je fis fabriquer de la
chaux hydraulique artificielle. Je parvins ainsi à m'affranchir de l'obligation d'approvisionner mes ateliers avec de la chaux de Senonches, et j'obtins une diminution de
près d'un cinquième sur le prix du béton.

« Les bétons du pont de Rouen ont été faits en mélangeant, avec de la pierraille et
de la chaux vive, une pouzzolane artificielle fabriquée avec des terres ocreuses,
extraites de la montagne Sainte-Catherine, et que l'on faisait torréfier dans des fours
établis à peu de distance des chantiers de ce pont.

« M. Vicat, pour les bétons qui ont servi à la fondation du pont de Souillac, a fait
usage de chaux hydraulique naturelle, provenant de pierres calcaires qui étaient
extraites d'une carrière qu'il avait découverte dans le pays. Le lit de la rivière, dans
laquelle les fondations de ce pont sont assises, est hérissé de pointes de rocher. M. Vicat
a fondé chaque pile dans un encaissement composé de pieux et de palplanches jointives, réunis par deux cours de doubles moises horizontales, qui permettaient à ces
palplanches de se mouvoir dans le plan vertical de manière à se prêter à toutes les
inégalités du fond. Il a rempli cet encaissement en béton jusqu'au plan horizontal
correspondant au lit de dessous de la première assise! Le fond de l'encaissement étant
ainsi rendu étanche dès que le béton avait durci, il lui a été possible ensuite, avec de
faibles épuisements, de calfater les joints des palplanches dans la partie supérieure,
et de poser les premières assises comme dans un caisson, les eaux une fois épuisées
ne pouvant plus, après le calfatage des joints, pénétrer dans l'intérieur de l'encaissement.

« Un grand nombre de constructions récentes ont été fondées dans une enceinte
de pieux et de palplanches jointives dont l'intérieur, après avoir été dragué jusqu'au
qerrain ferme, a été rempli en maçonnerie de béton. Ce mode de fondation est applicable, avec certitude de réussir et avec économie, toutes les fois que, pour arriver à
un terrain ferme, l'on n'est pas obligé de draguer trop profondément. Il peut être
employé pour fonder les piles des ponts en bois ou en fer, lesquels exercent sur leur
point d'appui une pression moindre que celles des grandes arches en pierre d'une
ouverture égale. On a vu même, par les exemples que j'ai cités, que souvent de
grands ponts en pierre peuvent être solidement fondés sur un massif en béton, soi
que l'on établisse un radier général, soit qu'il s'agisse de construire des piles isolées,
lorsque, dans ce dernier cas, le massif doit porter immédiatement sur le rocher
comme au pont de Souillac, ou seulement sur un terrain ferme, et si, d'après les
sondes que l'on aura faites, l'on reconnaît que ce terrain conserve la même consistance jusqu'à une profondeur qui sera jugée suffisante.

« Quand on veut fonder sur pilotis dans une rivière au-dessous du niveau de
l'étiage, on peut, après que les pilots ont été battus et recépés, établir les constructions qu'ils doivent porter, soit au moyen de batardeaux et d'épuisements, soit en
employant un caisson. Ce dernier procédé présente le plus souvent une économie
notable. Mais le premier a l'avantage de permettre de travailler dans une grande

enceinte mise à sec et par conséquent avec plus de facilité. On ne doit donc renoncer à l'adopter qu'après avoir bien constaté, par un calcul fondé sur des expériences faites dans des circonstances analogues, que l'excédant de dépense qui doit en résulter mérite réellement d'être pris en considération ; car s'il s'agit d'assurer la durée d'une grande construction hydraulique, ce n'est pas sur des travaux de fondation qu'il importe le plus d'obtenir des économies. Elles doivent principalement porter sur les ouvrages apparents et qui, étant au-dessus de l'eau, sont toujours faciles à réparer. On doit aussi chercher à diminuer les dépenses en substituant, dans toutes les parties de l'édifice où cela est possible, des matériaux d'un prix peu élevé à la pierre de taille, dont l'extraction et l'emploi coûtent fort cher dans certaines localités. On peut enfin, à moins que la construction ne doive être faite dans une grande ville, réduire aux formes les plus simples, ou même supprimer entièrement, les ouvrages qui ne servent qu'à la décoration et ne contribuent en rien à la solidité. »

Fondations avec caisson sans fond. — 1° *Caisson non étanche; 2° Caisson étanche.* — C'est à M. l'ingénieur en chef Beaudemoulin que l'on doit le projet de ces caissons sans fond, qui sont de deux sortes : 1° caissons non étanches pour rivières à fond de rocher, comme le Cher ; 2° caissons étanches pour rivières à fond d'argile compacte, comme la Creuse. M. l'ingénieur Croizette-Desnoyers a décrit, dans un mémoire, ce système de fondations ; en voici quelques extraits :

« 1° *Caissons employés sur le Cher et sur la Vienne. Emploi et utilité des caissons.* — La première application de ces caissons a été faite par M. Morandière pour les fondations du pont sur le Cher, dans la campagne de 1845 ; en 1846, ils ont été employés de nouveau pour les travaux du pont sur la Vienne.

« Le fond de ces rivières est formé de rocher calcaire recouvert de sable et de gravier : sur le Cher, la couche de gravier est assez considérable ; sur la Vienne, au contraire, elle est très-faible et ne dépasse pas $0^m,60$. La profondeur du rocher au-dessous de l'étiage à l'emplacement des piles variait de $1^m,80$ à $2^m,16$ pour le pont sur le Cher, et de $2^m,75$ à $3^m,66$ pour le pont sur la Vienne.

« Le principe des caissons employés sur ces deux rivières est le même que celui des caissons sans fond qui ont été utilisés pour les fondations du pont de Souillac, mais les dispositions sont essentiellement différentes.

« Les caissons ont pour but de remplacer les pilotages, palplanches et vannages destinés à maintenir le béton employé pour les fondations : ces divers travaux manquent en général d'exactitude, souvent de solidité, et en outre, lorsque le fond est en rocher dur comme sur les rivières précitées, ils exigent des forages longs et dispendieux. L'emploi des caissons dispense de ces forages, donne une enveloppe solide que l'on ajuste à l'air avec toute la précision désirable, et enfin présente surtout l'avantage d'une grande rapidité d'exécution.

« *Description générale.* — Ces caissons, représentés par les *figures* 189, 190, 191, 192, ont une base rectangulaire, des parois inclinées suivant un fruit d'un cinquième, et sont formés de montants espacés d'environ 2 mètres d'axe en axe, reliés entre eux par trois cours de moises horizontales doubles entre lesquelles, après l'immersion, on fait glisser des palplanches de $0^m,05$ d'épaisseur, qui achèvent de former l'enveloppe. Les dimensions du caisson sont calculées de manière que le béton qu'il doit renfermer présente de tous côtés une saillie de $0^m,80$ sur le parement du socle, ou de 1 mètre sur la base réelle de la pile ; par suite, sur la Vienne, les dimensions au niveau du bas du socle étaient de $13^m,28$ de longueur, sur $4^m,68$ de largeur. Les parois s'élèvent à 1 mètre au-dessus de l'étiage, afin de permettre de travailler aux fondations avec une hauteur d'eau ordinaire ; de plus, entre les deux cours de moises supérieures, ont établit à l'intérieur un bordage calfaté avec soin et destiné à former batardeau, afin que l'on puisse épuiser au-dessus du béton pour poser le socle et construire les premières assises en maçonnerie de la pile.

« *Construction et immersion.* — Pendant que l'on construisait un caisson sur le chantier, on préparait et mettait entièrement à nu le rocher à l'emplacement de la pile par un dragage à gueule-bée. Le caisson assemblé une première fois sur le chantier était ensuite démonté et transporté pièce à pièce sur deux forts bateaux établis de part et d'autre de l'emplacement de la fondation et sur lesquels étaient disposées six grandes chèvres, au moyen desquelles on faisait successivement la mise au levage et l'immersion du caisson. Dès que l'on avait assemblé les montants et les deux cours de moises inférieures, on mesurait par des sondes la profondeur exacte du rocher à l'aplomb de chacun des montants, on recépait suivant cette profondeur les montants d'abord laissés un peu longs à cet effet, puis, avant de compléter la charpente, on immergeait jusqu'à la seconde moise la partie déjà assemblée; la partie plongeant dans l'eau servait dès ce moment à alléger notablement le caisson; on posait le dernier cours de moises, puis on construisait et calfatait avec soin le bordage de la partie supérieure. On achevait ensuite d'immerger le caisson jusqu'à ce que les montants vinssent porter sur le rocher, et comme, vers la fin de l'opération, il avait perdu la plus grande partie de son poids, il devenait facile de le diriger et de le placer de telle sorte que les axes du caisson tracés sur la moise supérieure vinssent coïncider exactement avec les lignes qui établissaient le tracé des axes du pont et de la pile. Dès qu'il était bien en place, on se hâtait de glisser les palplanches, on les battait à la masse pour les bien assurer sur le rocher, et on les fixait ensuite définitivement sur la moise supérieure au moyen de coins en bois. Lorsque la pose des palplanches était terminée, on faisait autour du caisson un léger enrochement ayant pour but de le maintenir exactement dans la position qui lui avait été donnée. Aussitôt après on commençait le bétonnage.

« Au lieu de placer les palplanches jointives, on avait eu soin de laisser entre elles des intervalles de 0m,05 ainsi que l'indique le dessin : on maintenait ces intervalles dans la pose en clouant préalablement de petits tasseaux contre la tranche des palplanches ; les vides avaient un but très-essentiel, celui de permettre l'écoulement des laitances vaseuses qui se produisent dans l'immersion du béton; dans le même but encore, comme pendant le bétonnage la majeure partie des laitances était dirigée vers l'aval, on ne plaçait pas immédiatement toutes les palplanches de ce côté, et on laissait provisoirement une ouverture assez grande pour que le balayage pût être complet. Les vides de 0m,05 laissés entre les palplanches étaient encore très-utiles pour permettre au béton de se relier avec les parois beaucoup mieux qu'il ne l'aurait fait si elles avaient présenté une surface lisse, et par suite pour diminuer les filtrations qui devaient tendre à s'établir lorsque l'on épuiserait dans la partie supérieure pour la pose des socles.

« *Bétonnage.* — Le béton était immergé suivant les procédés décrits depuis longtemps par M. Beaudemoulin, au moyen de caisses prismatiques que l'on faisait basculer auprès du fond, et le massif était toujours conduit de l'amont à l'aval, de manière à présenter à l'action du batillage un talus roide sur lequel glissaient les laitances vaseuses; des ouvriers pressaient constamment le béton sans choc, mais avec force, au moyen de dames plates; ils devaient surtout s'attacher à l'appuyer avec soin contre les parois. Enfin, d'autres ouvriers, avec un large balai en bouleau, nettoyaient constamment le sol de la fondation au pied du talus et entraînaient les vases au dehors du caisson à mesure qu'elles se formaient; sur la Vienne, comme il y a fort peu de gravier, les laitances étaient entraînées par l'eau à l'aval; lorsque la couche de gravier est considérable, il est essentiel d'établir à l'aval du caisson un puisard d'où l'on extrait les vases à la drague, afin de les empêcher de revenir dans l'enceinte.

« A mesure que le bétonnage avançait, on avait soin d'élever l'enrochement extérieur, afin de contre-buter la poussée du béton ; mais néanmoins, comme l'enveloppe est par elle-même très-solide, l'enrochement peut toujours être fait assez léger.

« *Pose du socle et des pieds droits.* — Lorsque l'immersion du béton était terminée, on le laissait prendre une consistance convenable pendant quelques jours, et ensuite on épuisait dans la partie supérieure pour commencer les maçonneries. Sur la Vienne, les épuisements ont été très-variables ; pour la première et la quatrième pile, il y en eut fort peu ; pour la deuxième et la troisième, ils ont été assez considérables, ce qui a tenu soit à ce que le béton n'avait pas été suffisamment pressé contre les parois, soit à ce que les caissons ayant été établis un peu trop haut, il ne restait pas assez d'épaisseur du béton entre le bas du bordage et la surface de la fondation. Dans les deux premières piles, on avait établi à l'intérieur du caisson de petits batardeaux en béton, maintenus à l'intérieur par de légers vannages appuyés sur des fiches en fer ; mais ce travail ne paraît pas nécessaire en général, ne remédie pas suffisamment aux inconvénients signalés, puisque la deuxième pile, quoique ayant un batardeau, est une de celles qui ont donné le plus d'épuisements, et enfin a le désavantage de gêner pour la pose du socle. Pour ne pas avoir de filtrations, il faut surtout insister avec soin sur la compression du béton, et en outre, on aurait probablement une bonne garantie en baissant un peu le niveau de la moise intermédiaire et, par suite, celle du bas du bordage, par rapport au socle. Au reste, ces épuisements ne sont jamais bien dispendieux, parce qu'il faut très-peu de temps pour élever la pile jusqu'au niveau des moises supérieures : ils sont d'ailleurs, évidemment, toujours plus faibles dans les caissons qu'avec tout autre système d'enceinte.

« La faculté de pouvoir épuiser dans la partie supérieure des caissons est encore utile pour la pose des semelles des cintres, et par suite, il convient de conserver les caissons dans leur entier jusqu'à la construction des voûtes. Lorsque cette construction est opérée, on recèpe les parties supérieures au bas du socle.

« *Durée d'exécution.* — Les fondations faites par le procédé qui vient d'être décrit offrent une grande rapidité d'exécution, parce que toute la préparation du bois peut être faite d'avance sur le chantier, et parce que, pour une même pile, le travail des mêmes ouvriers et l'emploi des mêmes machines ne dure que très-peu de temps, ce qui permet de les reporter successivement de cette pile sur les autres. Ainsi, par exemple, pendant que l'on élève les maçonneries d'une première pile on fait le bétonnage de la deuxième, on assemble sur les bateaux et on met en place le caisson de la troisième, et enfin on prépare sur le chantier le caisson de la quatrième. Sur la Vienne, on a, en général, employé huit jours à assembler sur bateaux, faire le bordage et mettre en place un caisson, et également huit jours à le remplir de béton ; de sorte qu'en quinze jours la fondation proprement dite d'une pile était faite ; on n'arriverait certainement pas au même résultat avec des enceintes battues de pieux et palplanches, surtout lorsque, comme sur la Vienne, on n'aurait pu faire tenir les pieux qu'au moyen de forages dans le rocher. Lorsque le béton a pris corps, il faut ensuite quatre ou cinq jours pour élever la pile jusqu'au haut du caisson. En résumé, les fondations du pont sur la Vienne, comprenant quatre piles et deux culées, ont été faites dans la campagne de 1846, bien que l'approbation du projet n'ait été notifiée à l'entrepreneur que le 27 juillet, et que cet entrepreneur n'eût à sa disposition qu'un matériel très-faible et des ouvriers peu nombreux.

« En outre des avantages qu'il présente pour la promptitude de l'exécution, l'emploi des caissons permet aussi de réaliser une économie très-notable.

« 2° *Fondations exécutées sur la Creuse. Description du sol de fondation.* — Dans l'emplacement où l'on avait à construire un viaduc de trois arches de 31 mètres d'ouverture pour le chemin de fer de Tours à Bordeaux, le fond du lit de la Creuse est formé, sur au moins 8 à 9 mètres d'épaisseur, par une argile noire très-compacte, de nature schisteuse, et qui sur la plus grande partie de la largeur du lit est recouverte par une couche de gravier. Cette argile, connue sous le nom de jalle, n'est pas complétement incompressible ; mais cependant, à la suite d'expériences spéciales, elle a paru assez résistante pour supporter directement les piles du viaduc, à la condition de donner à la fondation de ces piles un très-fort empattement ; d'un autre côté, comme la jalle est à un certain degré affouillable, sous l'action d'un très-fort courant, il n'aurait pas été prudent de faire reposer la base des fondations sur la surface de la jalle, à une faible profondeur au-dessous des basses eaux. Par suite, on a été conduit à fonder les piles directement sur la jalle, avec des empattements de 18 mètres environ de longueur sur 10 mètres de largeur, et à une profondeur de 4 mètres au-dessous de l'étiage.

« A l'emplacement des piles, la surface de la jalle se trouve à environ 2 mètres au-dessous de l'étiage, et est recouverte par une couche de gravier. Pour établir la fondation d'après les bases du projet, il fallait donc, après avoir traversé la couche de gravier, faire pénétrer la fouille à 2 mètres environ de profondeur dans la masse de jalle. D'après la nature de ce massif, ainsi qu'on a eu occasion de s'en assurer par expérience, un dragage aurait présenté des difficultés à peu près insurmontables, et, dans tous les cas, aurait exigé beaucoup de temps et une dépense énorme. On ne pouvait donc appliquer, dans ce cas, ni les enceintes ordinaires de pieux et palplanches, dont le battage aurait eu d'ailleurs le grave inconvénient de faire éclater les couches de jalle et d'en détruire la résistance, ni même les caissons sans fond précédemment décrits, qui ne peuvent être appliqués avec avantage que lorsque la fondation doit reposer sur un terrain solide, que l'on peut mettre facilement à nu. C'est pour suppléer à l'insuffisance de ces moyens que M. Beaudemoulin a modifié, de la manière qui va être décrite, la disposition des premiers caissons, et a fait ensuite varier le mode d'emploi d'après les circonstances particulières à chaque pile.

« *Description des caissons.* — Le but principal que l'on devait se proposer dans l'emploi des nouveaux caissons consistait à éviter le dragage dans la jalle et à procurer les moyens de faire à sec par épuisement la fouille de cette partie de la fondation. Dès lors, au lieu de présenter seulement à la partie supérieure un bordage calfaté, comme dans les caissons précédemment décrits, les parois devaient être rendues étanches sur toute leur hauteur. Dès lors aussi, comme au moment de l'épuisement l'enveloppe devait avoir à supporter une très-forte pression, il fallait lui donner plus de solidité. Par suite, tout en conservant au caisson la même forme générale (*fig.* 194, 195, 196 et 197), on a donné beaucoup plus de force aux montants ; on a ajouté au bas des parois une forte semelle sur laquelle les montants viennent s'assembler ; on a relié ces dernières pièces par des contre-fiches, et enfin on a remplacé les palplanches verticales non jointives du premier système par un bordage ayant également 0ᵐ,05 d'épaisseur, mais formé de madriers placés horizontalement, assemblés très-exactement et calfatés avec le plus grand soin. Il est d'ailleurs évident que, comme dans ce cas la plus grande pression devait venir de l'extérieur, le bordage devait être placé en dehors des montants de manière à être soutenu par eux lorsque la pression se ferait sentir.

« Le caisson ainsi préparé formait donc une enveloppe complétement étanche, très-solide par elle-même et qui devait être fortifiée encore, au moment de l'emploi, par des étançons que l'on placerait à l'intérieur, pour prévenir la flexion des parois à mesure que l'on effectuerait l'épuisement. »

Le caisson construit était amené sur bateaux à l'emplacement voulu ; on avait au préalable dragué le gravier qui recouvre la jalle, de manière que les semelles du caisson vinssent, après immersion, reposer directement sur cette jalle. A ce moment, le caisson étant étanche et la jalle peu perméable, il n'y avait plus à combattre que les infiltrations qui se produisaient sous les semelles. On les annulait en disposant au-dessus et à côté des semelles, à l'extérieur du caisson, un bourrelet en argile bien corroyée et damée avec soin. Cela fait, on épuisait à l'intérieur, on achevait facilement la fouille et on élevait à sec la maçonnerie de béton.

Il est à craindre que l'argile formant bourrelet ne soit délayée et entraînée par le courant ; c'est une bonne précaution que de la recouvrir d'une toile goudronnée que l'on maintient par des blocs de rochers. Les *figures* 198 à 202 représentent le caisson étanche employé par M. Desnoyers à la fondation du viaduc de Port-de-Pile sur la Creuse.

Les caissons ci-dessus présentaient, comme nous l'avons dit, des parois inclinées à 1/5 sur la verticale ; on voulait de la sorte augmenter l'empattement du béton, mais il arrivait que le rétrécissement à la partie supérieure était trop rapide, et il en résultait une certaine gêne pour la pose des premières assises des piles. Dans les caissons plus récents, on a fait les parois presque verticales, ce qui a facilité tout à la fois la construction du caisson et le travail de fondation ; les bétons employés font prise assez vite pour qu'on n'ait rien à craindre de cette disposition.

Pont de Nogent. — Caissons en tôle. — Aux caissons en charpente, M. l'ingénieur Pluyette a substitué des caissons en tôle, dans lesquels on a fondé les piles du grand pont de Nogent-sur-Marne.

« *Exposé général.* — La tôle, dit-il, me paraît pouvoir être utilement employée pour faciliter les fondations sous l'eau. Jusqu'à ce jour on a généralement fait usage de constructions accessoires en charpente ; dans certains cas, de caissons foncés ou non foncés, et, le plus souvent, de files de pieux et palplanches destinées à envelopper des massifs de béton. Des batardeaux extérieurs en terre avec talus, ou renfermés dans des coffrages en bois, permettent de faire à sec, au-dessus du béton, les maçonneries qui doivent être établies à un niveau inférieur à celui des eaux de la rivière.

« Les conditions dans lesquelles j'ai dû fonder la pile en rivière du pont de Nogent-sur-Marne, pour le chemin de fer de Mulhouse, m'ont conduit à proposer l'emploi d'une enveloppe générale en tôle, au lieu des procédés ordinaires employés et que j'ai sommairement indiqués ci-dessus.

« *Conditions dans lesquelles il fallait fonder.* — Le pont de Nogent-sur-Marne traverse obliquement la vallée ; cette obliquité est conservée dans la fondation par rapport au courant.

« L'axe de la pile, parallèle à l'axe des voûtes, fait avec le courant un angle de 23° environ. Le lit de la rivière est très-mobile ; il se compose d'un sable très-fin, mêlé d'une forte proportion de vase, sur 1 mètre d'épaisseur.

« Au-dessous de ce sable est une argile compacte qui forme la surface du sol de la plaine dans laquelle coule la Marne, et au-dessous de l'argile est un mélange d'argile et de sable dans les couches inférieurs duquel le sable devient pur. Ces formations occupent environ 1m,50 d'épaisseur.

« Au-dessous de ces couches, à 3 mètres environ sous le niveau du lit de la rivière, **est** un gravier compacte, très-pur, qui constitue le sous-sol général de la vallée.

« C'est sur ce sous-sol parfaitement résistant que sont établies les autres fondations du pont de la Marne et qu'il fallait établir celle de la pile en rivière.

« Il y a 4 mètres d'eau à l'étiage au point où cette pile est établie. Les corrosions naturelles, à peu de distance du pont, ont atteint le gravier, c'est-à-dire 7 mètres environ sous l'étiage.

« *Choix du système de fondations.* — Le pont de Nogent-sur-Marne est composé de quatre arches en maçonnerie de 50 mètres d'ouverture chacune; son élévation au-dessus de l'étiage est de 29 mètres; il est accolé à un viaduc de trente arches de 15 mètres d'ouverture chacune. L'exposé de ces dimensions générales fait ressortir l'importance que devaient prendre les fondations. L'existence d'un sous-sol général parfaitement résistant indiquait qu'il fallait aller le chercher, quelque bas qu'il fût, pour y asseoir toutes les fondations, afin de profiter des résistances égales que présenterait ce sol homogène.

« Mais la nature mobile du terrain composant le lit de la rivière rendait impossible l'application des modes de fondation ordinairement employés. En effet, sans la présence d'une épaisse couche de sable vaseux, il aurait fallu draguer jusqu'au terrain solide, battre les pieux jointifs et couler du béton dans l'enceinte formée par ces batteries. Mais pendant le battage de ces pieux la fouille draguée eût été comblée, et on aurait eu à draguer de nouveau, après le battage, la couche de sable qui aurait été déposée, et il eût fallu le faire avec des dragues à la main.

« Puis, pour établir les maçonneries au-dessous de l'étiage, il eût fallu faire des batardeaux; or, il y a à l'étiage 4 mètres d'eau; la fouille autour de l'enceinte devait être descendue à 3 mètres sous le fond du lit; de plus, les batardeaux auraient dû s'élever à une certaine hauteur au-dessus de l'étiage pour parer aux crues éventuelles; il aurait donc fallu faire des batardeaux extérieurs dans 8 à 9 mètres d'eau, ou élargir en tous sens le massif de béton sur 6 mètres au moins de hauteur et 2 mètres de largeur pour faire des batardeaux intérieurs, ce qui eût représenté 1,800 à 1,900 mètres cubes de béton.

« C'est alors que je proposai d'exécuter une enveloppe générale en tôle destinée à être échouée aussitôt après le dragage de l'emplacement de la pile. Mon but était de substituer à l'enveloppe en charpente, composée de pieux laissant toujours entre eux un intervalle plus ou moins grand, une enveloppe exempte de vides par lesquels pussent passer les matières en suspension, et en même temps assez étanche pour servir de batardeaux pendant la construction.

« J'aurais pu obtenir le même résultat au moyen d'une charpente calfatée; mais les travaux accessoires de charpente étaient déjà considérables et il n'y eût pas eu d'économie d'argent à employer le bois.

« *Système définitif de fondations.* — L'étanchéité de l'enveloppe pouvant être obtenue sur toute sa hauteur, j'ai cru devoir profiter de cette circonstance pour descendre les maçonneries aussi bas que possible au-dessous du niveau de l'eau et faire en libages le parement extérieur du massif de la fondation, parce que ces matériaux me paraissaient devoir présenter plus de résistance qu'un parement de béton aux diverses causes de destruction qui se présenteront nécessairement lorsque l'enveloppe extérieure en tôle aura été détruite par l'oxydation, que la présence de l'eau doit produire complétement dans un temps plus ou moins long.

« Ce massif de fondation en maçonnerie ne pouvait cependant pas être établi directement sur le gravier. La fondation fut donc définitivement composée d'un massif de maçonnerie paramenté extérieurement en libages reposant sur une couche de béton d'une épaisseur suffisante pour résister à la sous-pression de l'eau pendant la construction de la maçonnerie. L'épaisseur du béton fut de 3 mètres, c'est-à-dire la hauteur du lit de la rivière au-dessus du gravier, de sorte que la maçonnerie est établie au niveau du lit naturel de la rivière à 4 mètres sous l'étiage.

« *Description de l'enveloppe en tôle.* — Il résulte de l'adoption du système précédent de fondation que l'enveloppe en tôle est divisée en trois zones : la zone inférieure correspond à la partie bétonnée de la fondation ; elle se compose de tôle mince sur 3 mètres de hauteur. La seconde zone correspond à la partie maçonnée de la fondation ; la paroi en tôle doit résister à la pression latérale de l'eau extérieure pendant la construction de la maçonnerie ; cette zone a $3^m,50$ de hauteur. Enfin, la zone supérieure est destinée à servir de batardeau jusqu'à ce que la maçonnerie ait été élevée au-dessus du niveau de l'eau de la rivière. Cette zone supérieure résiste à des pressions latérales moins fortes que la zone précédente ; la tôle est plus mince ; elle a $2^m,50$ de hauteur et doit être enlevée lorsque la maçonnerie sera terminée au-dessus du niveau de la rivière ; elle est donc provisoire.

« Les *figures* 203, 204 et 205 représentent l'enveloppe et la disposition de la fondation. La surface horizontale, dont le périmètre est formé par la base supérieure de l'enveloppe, est un rectangle de 10 mètres de largeur sur $11^m,75$ de longueur, dans le sens de la longueur de la pile. Aux extrémités des côtés de $11^m,75$ se raccordent les demi-circonférences de 5 mètres de rayon correspondant aux avant et arrière-becs de la pile. L'enveloppe présente un fruit général de $1/15$ sur sa hauteur totale, qui est de 9 mètres. La *figure* 203 représente l'élévation de l'enveloppe parallèle à l'axe des voûtes du pont ; la *figure* 204 représente la projection horizontale de l'enveloppe avec son fruit, et deux coupes, à des hauteurs différentes, donnant la position des tirants qui relient les faces planes parallèles de l'enveloppe dans chaque zone.

« Chaque zone principale de la partie définitive de l'enveloppe est composée de zones élémentaires ou anneaux superposés dans le sens vertical. Ces anneaux se composent de lames de tôle du commerce, dont la largeur est placée dans le sens vertical, assemblées par des rivets entre elles et à des cornières disposées horizontalement sur le périmètre de l'enveloppe ; deux anneaux consécutifs sont réunis par les cours horizontaux de cornières au moyen de rivets. Les cornières horizontales sont extérieures à l'enveloppe. Dans l'intérieur sont des fers à T dont la longueur est dans le sens vertical pour l'assemblage des tirants. La *figure* 206 représente un tirant dans la zone inférieure correspondant à la partie bétonnée. On voit par cette figure que les cornières horizontales, qui assemblent les zones partielles, ont $0^m,06$ de côté ; on les trouve dans le commerce ; leur épaisseur est de $0^m,008$ en moyenne sur chaque branche ; la tôle assemblée sur ces cornières et formant la paroi de l'enveloppe est également dans le commerce. Cette tôle a 1 mètre de largeur et $0^m,0045$ d'épaisseur dans la partie plane, $0^m,004$ dans la partie courbe correspondante aux avant et arrière-becs. Pour cette partie les tirants sont espacés de $3^m,917$; ce sont des fers quarrés du commerce, de 3 centimètres de côté. Ces tirants restent noyés dans le béton.

« Les *figures* 207 et 208 représentent les tirants de la partie intermédiaire de l'enveloppe correspondant à la maçonnerie. Ces tirants y restent noyés ; ils se composent de fers à T juxtaposés suivant le chapeau du T disposé verticalement ; leur espacement est aussi de $3^m,917$. Pour cette partie, les tôles qui composent la paroi de l'enveloppe sont des lames de tôle du commerce coupées en deux parties sur leur hauteur ; de sorte que les zones partielles ont $0^m,50$ au lieu de 1 mètre.

« Les cornières horizontales sont des cornières dites bâtardes, dont les branches sont inégales ; l'une, de $0^m,10$, est placée contre la paroi de l'enveloppe ; l'autre, de

0ᵐ,20, est placée horizontalement au dehors de l'enveloppe. Ces deux branches ont 0ᵐ,015 d'épaisseur. A l'intérieur de l'enveloppe des fers à T, dont le plat est contre la paroi, sont placés dans le sens vertical pour l'assemblage des tirants, qui a lieu sur la tige du T. Les tôles qui forment la paroi de l'enveloppe ont 0ᵐ,010 d'épaisseur dans la partie plane et 0ᵐ,008 dans les parties courbes. »

Batardeaux et caisson étanche. — *Fondations du viaduc du Scorff* (*ligne de Nantes à Brest*). — « Le viaduc établi sur la rivière du Scorff, à l'entrée de Lorient, comprend trois grandes travées métalliques dont les piles ont été fondées au moyen de l'air comprimé, et plusieurs arches en maçonnerie dont les fondations ont été faites par épuisements. » Les piles voisines des rives ont été fondées à l'abri de batardeaux ; pour la grande pile culée du pont métallique, on a recouru à un vaste caisson étanche.

Les batardeaux employés sont représentés par les *figures* 212, 213, 214. « Ils se composent de pieux espacés de mètre en mètre et reliés entre eux par plusieurs cours de moises, entre lesquelles on a fixé, de part et d'autre, des pieux, des panneaux en planches dont l'intervalle est rempli de vase bien tassée. Cette vase, ainsi serrée entre deux panneaux très-rapprochés, suffit pour assurer l'étanchéité du batardeau. La base des pieux était maintenue par des enrochements et reliée au rocher par un petit massif de maçonnerie fait au moment de basse mer, de manière à empêcher l'eau de passer au-dessous des panneaux du batardeau ; l'ensemble du système, d'abord appuyé par des contrefiches intérieures, était maintenu contre la poussée des eaux extérieures par un fort enrochement s'élevant un peu au-dessus du niveau moyen de la mer ; les angles étaient en outre reliés par des moises de la manière indiquée par la *figure* 213. Ces batardeaux, dont la disposition est due à M. le chef de section Guillemain, ont bien réussi et présentent l'avantage de prendre peu d'espace. Seulement, il est indispensable que la base du batardeau soit parfaitement reliée au sol. On a obtenu ce résultat en encastrant la base des panneaux dans de petits massifs de maçonnerie. »

Les *figures* 209, 210, 211 représentent le caisson employé à la fondation de la pile culée. Ce caisson se compose de poteaux montants reliés par quatre cours de moises horizontales ; on a relevé exactement le relief du rocher à l'emplacement que devait occuper le pourtour du caisson de manière à ce qu'il reposât bien d'aplomb sur le fond. Les palplanches glissent entre les cours de moises et viennent s'appuyer sur le rocher ; on ne les introduit qu'après l'immersion ; on calfate leurs jointures de manière à rendre la paroi étanche. Cette opération n'est facile qu'au-dessus du dernier cours de moises ; entre le dernier cours de moises et le fond, la paroi étanche est construite sur le chantier avant l'immersion du caisson ; cette paroi est formée de dosses verticales glissées entre les moises et supportant des madriers horizontaux, ainsi qu'on le voit sur la figure.

La carcasse du caisson avec la paroi étanche inférieure et le dernier cadre d'étrésillons fut construite à terre, puis lancée comme un navire, et amenée en place au moyen de bateaux qui la dirigent et la soutiennent ; ceci se fait à haute mer ; à basse mer, on laisse échouer le caisson, on le surcharge, par exemple, avec des rails, pour l'empêcher d'être soulevé, et on glisse les palplanches. Pour s'opposer aux filtrations qui ne pouvaient manquer de se produire entre le rocher et la base du caisson, on avait d'abord eu l'idée d'appliquer à l'extérieur un bourrelet d'argile, mais les courants violents auraient tout emporté. On résolut alors de construire un batardeau intérieur en béton, qui est représenté sur la *figure* 209 ; c'est un mur en béton immergé entre le bord des caissons et des panneaux en planches que soutenaient des tiges de fer enfoncées dans le rocher Le batardeau achevé, on épuisa à l'intérieur et on bétonna à sec. Les épuisements furent considérables, parce qu'on avait construit le dernier cadre d'étrésillons avant l'immersion du caisson ; ces étrésillons traversaient le batardeau en béton, sans avoir avec lui une parfaite adhérence, et par suite ils livraient passage à l'eau.

Il va sans dire que le batardeau en béton reste compris dans le massif de fondation dont il fait partie.

Caisson du viaduc de Port-Launay. — Le caisson du viaduc de Port-Launay, construit par M. l'ingénieur Arnoux, est analogue au précédent. Comme lui, il se compose de poteaux montants réunis par quatre cours de moises ; au-dessus des derniers cours de moises, on a placé un bordage formé de madriers horizontaux qui s'appuient sur les montants ; il est évident qu'il fallait placer ces madriers à l'extérieur puisque la pression est dirigée de l'extérieur vers l'intérieur du caisson ; entre les deux derniers cours de moises, on a glissé des palplanches ou madriers verticaux, dont la base vient toucher le rocher. C'est la disposition inverse de celle du viaduc du Scorff, et elle semble plus commode. Le caisson est protégé contre l'invasion des eaux par un bourrelet ou batardeau en argile pilonnée, recouvert d'une toile goudronnée, que maintiennent des blocs de rochers placés de place en place sur la face supérieure du batardeau. On épuisa à l'intérieur de cette énorme enceinte au moyen de pompes Letestu, manœuvrées par des locomobiles et montées sur des bateaux. Les bateaux montaient et descendaient avec la marée, de sorte que les pompes n'élevaient les eaux qu'à la hauteur strictement utile, ce qu'on ne pourrait obtenir si elles étaient installées sur un échafaudage fixe. On trouve dans les *Annales des Ponts et Chaussées* (septembre 1870) tous les détails de ce remarquable travail.

Caisson du pont viaduc du Point-du-Jour. — Nous empruntons au mémoire déjà cité de MM. Bassompierre et de Villiers du Terrage la description du système employé pour les fondations du pont du Point-du-Jour, *figures* 220, 221.

« Le système de fondation a dû varier suivant la nature du sol. La culée et l'arrière-culée, rive droite, ont été fondées sur pilotis ; les pieux ont, en moyenne, 8 mètres de longueur ; ils atteignent la craie solide après avoir traversé les bancs d'argile mêlés de tourbe et de vase que nous avons décrits ci-dessus à propos du viaduc du pont du Point-du-Jour. Ces pieux en chêne ont $0^m,30$ d'équarrissage : ils sont espacés de $1^m,05$ en moyenne et supportent chacun 28 tonnes. Il n'y a pas de grillage, mais la solidité des pieux est établie au moyen d'une forte couche de béton hydraulique posée à sec sans épuisements.

« La culée et l'arrière-culée de la rive gauche ont été fondées sur le gravier au moyen d'un massif de béton posé à sec dans une enceinte de pieux et de palplanches jointives. Par suite de la nature perméable du sol, l'emploi de pompes a été nécessaire pour épuiser les eaux d'infiltration.

« La fondation de chacune des piles en rivière est formée d'un massif de béton hydraulique coulé dans un caisson sans fond en charpente. Les caissons reposent sur le banc de craie préalablement mis à nu par le dragage des couches sablonneuses ou vaseuses qui se rencontrent dans le lit du fleuve. En même temps que le banc s'abaisse vers la rive gauche, la partie supérieure de la craie s'y présente beaucoup moins compacte que sur la rive droite. Elle a dû être enlevée par les dragues, notamment à l'emplacement de la pile 4.

« Les caissons étaient formés de poteaux en chêne de $0^m,15$ d'équarrissage reliés par quatre cours de moises. L'enceinte était complétée par des palplanches en sapin, destinées à maintenir le béton. Enfin, un bordage horizontal en planches jointives fixées au moyen de tire-fonds à la partie supérieure des poteaux formait batardeau, pour permettre la construction à sec des premières assises des piles.

« (Les planches du bordage étant placées à l'intérieur du caisson, l'emploi de tire-fonds est indispensable, et nous avons dû en ajouter sur quelques points où ils avaient été remplacés à tort par de simples clous insuffisants pour résister à la pression de l'eau pendant les épuisements.)

« Le levage et l'échouage présentaient quelques difficultés par suite de la grande dimension des caissons (39ᵐ,94 de longueur sur 8ᵐ,03 de largeur et 8 mètres de hauteur). Voici le moyen qui a été employé :

« Les caissons ont été construits sur place, c'est-à-dire, sur l'échafaudage mobile destiné à leur immersion, *figure* 221. Ce dernier était composé de quatre grands bateaux dits margotats, reliés par des longuerines et par un plancher général supportant quatre chevalets. Les grands côtés du caisson, d'abord assemblés sur le plancher, étaient successivement redressés d'une seule pièce et soutenus suivant l'inclinaison nécessaire pendant le levage et l'assemblage des petits côtés. Une fois l'ossature complétée, le bordage était immédiatement fixé et les palplanches trapézoïdales des panneaux d'angle mises en place.

« Le caisson étant alors prêt à immerger, l'échouage se faisait en quelques heures et d'une manière très-régulière au moyen des quatre chevalets et de quatre chèvres qui soutenaient les angles du caisson. Enfin les palplanches de l'enceinte réunies en panneaux préparés à l'avance étaient enfoncées par les moyens ordinaires. Pendant ces dernières opérations, le caisson devait être lesté pour éviter les effets de la souspression de l'eau.

« La rigidité de ce grand radeau a été fort utile par suite des difficultés résultant des crues fréquentes de la Seine pendant l'automne pluvieux de 1863. Ainsi, la fouille d'une pile ayant été en partie ensablée, nous avons pu déplacer le caisson prêt à immerger et le transporter sur une autre fouille où il avait son emploi immédiat. Cet échafaudage a servi également à l'installation des grues roulantes pour l'immersion du béton. On a évité par ce moyen à la pile 3 (*fig.* 220), la submersion des voies de la grue roulante, incident qui s'était produit à plusieurs reprises aux autres piles, en contrariant fort l'opération du bétonnage. »

Fondations par puits isolés. — Les puits de fondation ont été construits de deux manières différentes : 1₀ on a employé des puits en maçonnerie descendant sur une plate-forme, et 2° tout simplement des puits blindés analogues aux puits de mine.

1° Les puits descendant sur une plate-forme sont construits comme il suit : On place sur le sol un anneau ou rouet en charpente, dont le pourtour extérieur est garni d'un cercle vertical en fonte, formant comme un couteau cylindrique. Sur le rouet, on élève environ 1ᵐ,50 de maçonnerie, que l'on recouvre d'un second rouet, lequel est solidement réuni au rouet inférieur au moyen de tiges en fer avec boulons; on vient alors creuser au-dessous du rouet inférieur, qui s'enfonce peu à peu d'une manière plus ou moins régulière. Après un enfoncement de 1ᵐ,50 on s'arrête, on enlève le rouet supérieur, on construit une nouvelle hauteur de 1ᵐ,50 de maçonnerie que l'on recouvre du rouet, on réunit de nouveau celui-ci au rouet inférieur; on creuse en dessous de manière à produire un nouvel enfoncement de 1ᵐ,50, et ainsi de suite. Il est évident que ce procédé ne s'applique bien qu'à des terrains peu humides ou imperméables, comme du sable ou de la vase molle; il rend de grands services, mais la descente est souvent irrégulière; et, lorsque l'on est arrivé sur le rocher, si la surface de celui-ci n'est pas horizontale, il faut, par des reprises en sous-œuvre, joindre le rouet aux parties du rocher qu'il n'atteint pas; cette opération est souvent difficile. Les puits achevés, il n'y a plus qu'à les remplir de maçonnerie et l'on a des piliers solides, sur lesquels on vient asseoir son ouvrage.

Au bassin à flot de Rochefort, on employait des puits circulaires de 4 mètres de diamètre; le rouet inférieur très-solide était en tôle; il a fallu guider les puits au moyen de pieux d'échafaudage parce que la vase était très-molle. On a reconnu que malgré l'accroissement de dépense, il fallait employer des puits d'un grand diamètre (4 à 5 mètres), si l'on voulait opérer commodément et rapidement.

A Saint-Nazaire, M. Leferme eut recours à des puits sur plan carré de 6 mètres de côté, espacés de 7m,50 d'axe en axe, et réunis par des voûtes en maçonnerie. Comme on le voit, ces puits étaient très-rapprochés; aussi ne pouvait-on construire immédiatement le puits n° 2 après le n° 1, parce qu'on aurait eu à lutter contre une force considérable de déversement; avant de construire le puits n° 2, on commençait donc par établir le n° 3, puis entre le n° 1 et le n° 3, on venait implanter le n° 2.

La vase que l'on traversait était baignée par la haute mer; lorsque le flot arrivait, on cessait le travail et on recouvrait le puits d'un plateau bien calfaté et solidement maintenu par des blocs de rocher.

2° *Puits blindés.* — « Le chemin de fer de Nantes à Lorient, dit M. l'ingénieur en chef Croizette-Desnoyers, traverse la Vilaine à l'entrée même de la ville de Redon, tout à fait à l'extrémité de la vallée, et le rocher se relève si rapidement que, d'une profondeur de 15 à 16 mètres au-dessous du terrain sur la rive gauche, il vient se montrer en affleurements sur la rive gauche à quelques mètres seulement du bord proprement dit.

« La culée de la rive gauche a été fondée dans un batardeau par épuisements, sans aucune difficulté. Mais, pour la rive droite, il fallait aller chercher la roche à 15 et 16 mètres de profondeur; la proximité de la rivière rendait impraticable la compression du sol à l'aide de remblais, et il était bien évident *a priori* qu'une fondation sur pilotis, faite sans cette précaution, aurait été poussée sur la rivière quand on serait venu appuyer des terrassements derrière la culée. Il fallait donc employer un autre procédé, et comme le terrain était bien étanche, nous nous sommes décidé à pratiquer dans la vase six puits blindés comme ceux qu'on emploie pour les souterrains, à établir dans ces puits de solides massifs en maçonnerie reposant sur le rocher et à relier ces massifs entre eux à leurs sommets par de petites voûtes, de manière à compléter ainsi la base nécessaire pour la culée et les murs en retour. »

La *figure* 215 donne une coupe en travers de la culée terminée, et les *figures* 216 à 219 représentent un puits blindé. On a d'abord exécuté sur tout l'emplacement de la fondation une fouille de 3 mètres de profondeur, ce qui diminuait d'autant la hauteur des puits. Au pourtour de chaque puits et avant d'en commencer la fouille, on a battu des pieux directeurs; dans le puits représenté il y en a quatorze. Contre ces pieux on a appuyé les cadres horizontaux vigoureusement étrésillonnés, et derrière ces cadres, à mesure que l'on descendait, on glissait des madriers verticaux pour soutenir la vase; à 5 mètres environ au-dessous du fond de la fouille générale, la sous-pression était tellement forte que la vase remontait dans le puits; avant de poursuivre la fouille, on a battu à l'intérieur du puits une enceinte de palplanches jointives, puis on a continué en appuyant les cadres horizontaux contre ces palplanches au lieu de les appuyer contre les pieux directeurs.

Le puits achevé, on l'a rempli à sec de maçonnerie de béton sur une hauteur de 6 mètres environ; à ce niveau, on a commencé la maçonnerie ordinaire avec chaux hydraulique renforcée par un peu de ciment de Portland.

Fondations sur terrains compressibles. — *Grillages.* — *Pilotis après compression du terrain.* — Lorsqu'on se trouve sur un terrain compressible et qu'il s'agit de travaux très-importants, il ne faut pas hésiter à aller chercher, même profondément, une assiette solide; on a pour cela divers procédés dont nous avons parlé : puits blindés, appareils à air comprimé, etc... — Mais pour de petits ou de moyens ouvrages, il faut éviter une dépense considérable, et l'on a recours à des moyens plus simples, que nous avons classés et sommairement décrits.

On peut, par exemple, établir l'édifice sur un grillage en charpente, posé soit sur le sol, soit sur le fond d'une fouille de faible profondeur. On exécute presque toujours cette fouille afin d'encastrer un peu la maçonnerie dans le terrain, et afin aussi de préserver les bois du contact immédiat de l'air et des variations de température qui les décomposent rapidement. Les bois, complétement enfouis dans la vase, se conservent longtemps (à part quelques rares exceptions, que nous signalerons en parlant des bois de construction).

Voici la disposition du grillage employé à la fondation d'une partie des piles du viaduc de Paludate, construit sur les quais de Bordeaux à la suite du pont métallique du chemin de fer du Midi (M. Paul Regnauld, ingénieur). On avait affaire à un sol d'alluvion d'une grande profondeur, compressible et composé de couches alternatives d'argile, de sable fin plus ou moins éboulant, et de glaise sableuse. Les fondations de chacune des dix dernières palées sont assises simplement sur grillage.

La fouille descendue à la cote 0ᵐ,70, on répandait une couche de gros sable que l'on pilonnait et sur laquelle le grillage était posé.

Chaque grillage se compose de longuerines et de traversines. Les longuerines, de 0ᵐ,30 d'équarrissage, sont entaillées de 0ᵐ,05 et les traversines de 0ᵐ,25 d'équarrissage sont entaillées de 0ᵐ,10, de sorte que l'épaisseur totale du grillage est de 0ᵐ,40 et la saillie des traverses sur les longuerines de 0ᵐ,10.

Quelques-unes des longuerines sont en deux pièces, elles sont assemblées à mi-bois et à recouvrement sur une longueur de 0ᵐ,20 et chevillées ; de plus, le joint est renforcé par 2 couvre-joints latéraux, de 0ᵐ,70 de longueur sur 0ᵐ,15 d'épaisseur, réunis à la longuerine par quatre chevilles en acacia de 0ᵐ,04 de diamètre.

Les intervalles entre les traversines sont remblayés en sable fin pilonné au niveau des longuerines, sur lesquelles repose un plancher qui supporte la maçonnerie. »

La *figure* 222 représente un autre grillage établi sur pilotis. Les pieux sont recépés dans un même plan horizontal, ils s'assemblent à tenon et mortaise dans les chapeaux ou longuerines qui les recouvrent ; d'autres pièces de bois, les traversines, de même équarrissage que les précédentes, s'engagent avec elles à mi-bois ; les faces supérieures de toutes ces pièces sont dans un même plan, que surmonte un plancher supportant la maçonnerie.

Au viaduc de Paludate, on a garni les mailles du grillage avec du sable pilonné ; quelquefois on ne remplit pas ces mailles, mais le plus souvent on chasse à l'intérieur, à grands coups de maillet, des éclats de rocher gros et petits.

Sur la ligne de Nantes à Châteaulin, qui nous a déjà fourni plusieurs exemples, on a fondé plusieurs ouvrages sur des pilotis supportant un grillage, et on a eu beaucoup de peine à conjurer les mouvements des maçonneries :

« On sait, dit M. Croizette-Desnoyers, que dans les terrains vaseux, même lorsque les pieux pénètrent jusqu'au solide, les fondations ordinaires sur pilotis manquent complétement de stabilité, parce que les remblais apportés derrière les culées font chasser la vase, qui presse alors contre les pieux et tend à les déverser ; si les remblais ne sont pas conduits très-régulièrement contre les deux culées à la fois, l'ouvrage entier s'incline du côté le plus chargé ; si cette précaution est prise, les culées tendent à se rapprocher l'une de l'autre ; enfin, même lorsqu'on évite des déformations, des ruptures de matériaux ou des accidents plus graves encore, le pont reste dans un état d'équilibre inquiétant. Au contraire, si d'avance, en effectuant le remblai à l'emplacement de l'ouvrage, on a produit sur le terrain inférieur toute la compression qu'il doit recevoir plus tard, les pieux battus, en partie dans le remblai enfoui, en partie dans le terrain inférieur comprimé, possèdent une grande fixité et n'ont pas d'ailleurs, plus tard, à supporter de poussées latérales, puisque les remblais effectués dès l'origine contre l'emplacement des culées ont déjà produit tout leur effet.

Ce procédé, qui améliore beaucoup les conditions de solidité des fondations sur pilotis, en conserve en même temps presque toute l'économie, car le chargement en remblais, dont une grande partie est reprise et utilisée plus tard, n'augmente évidemment pas beaucoup la dépense totale.

« Ce mode très-simple serait d'un succès infaillible, si le terrain inférieur prenait toujours, avant la construction de l'ouvrage, tout le tassement qu'il est susceptible d'acquérir. Malheureusement, il n'en est pas ainsi, et le procédé a besoin d'être complété dans certains cas par des précautions supplémentaires. »

Un premier exemple du mode de fondation que vient de décrire M. Croizette-Desnoyers, est un petit pont construit sur le Brivet. Les *figures* 223 à 230 représentent les fondations de ce pont dans tous ses détails. Le terrain est formé d'une couche de tourbe recouvrant une couche épaisse de vase ; le tout est très-compressible, comme on le reconnaît en comparant le volume de remblai enfoui au volume de vase soulevé latéralement en bourrelet. On a donc comprimé le sol, à l'emplacement du pont, en lui imposant le même remblai qu'aux parties voisines ; puis on a enlevé l'excédant de terre, on a creusé l'emplacement des pilotis jusqu'à $1^m,25$ au-dessous du niveau moyen de la mer, on a battu les pieux qu'on a réunis par des chapeaux et des moises supportant un plancher, sur lequel on a élevé les culées. Pour empêcher tout rapprochement des culées, on a réuni par quatre cours de moises les files de pieux limitant intérieurement chaque culée, et ces moises sont elles-mêmes croisées par une lierne, les remblais ont été élevés en même temps et avec la même vitesse en arrière de chaque culée.

Les *figures* 231 et 232 représentent les fondations du pont sur l'Oust, dont la disposition est remarquable et intéressante. L'ouvrage a été établi dans une dérivation à l'abri du courant de la rivière ; après de grandes difficultés, on a pu surcharger l'emplacement avec un remblai considérable qu'on a ensuite enlevé ; on a commencé alors la fouille des culées jusqu'au niveau de la plate-forme de fondation, mais à mesure qu'on fouillait, la vase remontait par l'effet de la sous-pression ; et l'on n'avançait pas ; peu à peu cependant, les remblais voisins ont descendu et ont pris la place de la vase qu'ils chassaient, le mouvement s'est arrêté et on a pu achever la fouille ; les pieux battus ont été recouverts d'une plate-forme analogue à celle que nous avons vue plus haut pour le pont sur le Brivet. Malgré toutes ces précautions, les premiers pieux battus à la culée, rive droite (*fig.* 232), avaient chassé sous la pression du remblai, et leur tête s'était avancée vers les piles de plus de 2 mètres ; on résolut, pour s'opposer à ce mouvement, d'augmenter la force du contreventement ; à $1^m,50$ au-dessous du premier cadre horizontal, on en établit un autre identique et les panneaux verticaux, formés par les pièces homologues de ces deux cadres, furent garnis de croix de Saint-André, de manière à former de véritables fermes en charpente. Elles suffisaient seules pour résister à la poussée, mais on a craint que plus tard elles ne vinssent à disparaître, et on a coulé du béton dans cette sorte de caisson à claire-voie ; le béton a le temps de durcir et un jour il pourra suppléer avec avantage la charpente qui disparaîtrait.

Emploi du sable dans les fondations. — Le sable, par ses propriétés physiques, présente quelques avantages sous le rapport de la résistance, et on l'emploie quelquefois pour en composer les plates-formes de fondation.

Rappelons d'abord les résultats de quelques expériences ;

1° Si l'on remplit une caisse de sable et que l'on pratique des ouvertures au fond ou à ses parois, le sable s'écoule avec la même vitesse, quelle que soit la hauteur de la colonne.

Si les trous des parois sont percés horizontalement et n'ont pas un diamètre à peu près égal à l'épaisseur des parois, il ne tombe pas un seul grain de sable par les ouvertures latérales.

2₀ Quelque pression que l'on fasse subir au sable, elle n'influe en aucune manière sur la quantité qui s'écoule par une ouverture donnée dans le même temps.

3° Le sable versé dans une des branches d'un tube deux fois coudé à angle droit ne remonte pas dans la branche opposée; il s'étend à peine dans la partie horizontale, à une très-petite distance du coude.

4° L'angle avec l'horizon, sous lequel le sable se présente le plus souvent, après l'écoulement d'une partie de sa masse, est presque toujours entre 30° et 33°; il se maintient rarement à 35°.

5° Dans un tas bien tamisé, les couches inférieures, inclinées elles-mêmes de 30° avec l'horizon, servent naturellement de support aux supérieures; mais la plus grande partie du poids de celles-ci est supportée par la portion du plan horizontal à laquelle elles aboutissent. Si on enlève la portion du sol sur laquelle elles s'appuient, la couche tout entière s'écoule aussitôt, laissant voir intacte celle sur laquelle elle reposait, inclinée sous un angle de 30° à 33°. Cela explique pourquoi le sable ne s'écoule pas par des ouvertures horizontales, si elles sont plus profondes que larges; dans ce cas, les couches supérieures trouvent des points d'appui sur les parois mêmes du vase, et un obstacle absolu dans les couches inférieures.

De ce qui précède, on a conclu que le sable, placé dans une excavation, ne laissait reporter sur le fond de cette excavation que le poids d'une pyramide ou d'un prisme de sable, qui aurait pour base celle de l'excavation, et dont les faces auraient pour inclinaison sur la base, celle que le sable prend naturellement; qu'il transmettait, au contraire, aux parois, une pression oblique, uniforme et égale, pour chaque unité superficielle, à la charge divisée par la surface totale des parois de l'excavation.

Nous n'avons pas besoin de mettre le lecteur en garde contre les expériences précédentes et le résultat qu'on en a tiré; le résultat est faux et les expériences ont été faites dans des conditions trop spéciales pour qu'on puisse les considérer autrement que comme des indications se rapprochant plus ou moins de la vérité.

En ce qui concerne l'erreur que l'on a faite en considérant la pression exercée à la surface d'un massif de sable comme se reportant uniquement sur les parois de l'excavation, elle tient à ce que l'on a confondu l'état de mouvement avec l'état statique.

Supposons, en effet, du sable dans un tube à fond mobile; tant que le fond est maintenu, il supporte la colonne de sable tout entière avec la surcharge; que le fond vienne à descendre et le mouvement à se produire, la masse entière aura d'abord tendance à suivre le fond, mais les arcboutements des molécules de sable et les frottements contre les parois se produiront à ce moment; le fond du tube, dans sa descente, ne sera surmonté que d'un cône de sable à génératrices inclinées à 30°, et le reste de la masse pourra se trouver suspendu par le frottement contre les parois.

L'exactitude des considérations que nous venons d'exposer est démontrée par d'anciennes expériences du capitaine du génie, plus tard maréchal, Niel, qui arrive aux conclusions suivantes :

1° La poussée latérale ne peut, de quelque manière qu'on la conçoive, diminuer en rien la pression verticale du sable, qui est égale à son poids augmenté de la surcharge, et elle ne saurait avoir d'influence que sur la répartition de cette pression.

2° Les effets de la poussée latérale augmentent en pure perte le tassement des constructions, et peuvent leur faire prendre de l'inclinaison, surtout quand les parois verticales sont déprimées vers leur partie supérieure; il faut chercher à les éviter, en donnant au massif de sable un empatement proportionné à la résistance des parois verticales de l'excavation.

3° Le sable ne jouit point de la propriété de s'arc-bouter en voûte sur des distances assez grandes pour que la poussée latérale qui en résulterait vienne déprimer les parois verticales, en même temps que la charge qu'elles supportent directement les écraserait.

4° La propriété qu'a le sable de s'arc-bouter, au-dessus des parties du fond qui cèdent, empêche que les résistances inégales de ce fond viennent provoquer des ruptures dans la maçonnerie, et contribue à donner au sol de l'excavation une forme telle que la résistance soit partout la même.

En résumé, ce qui constitue les avantages du sable en matière de fondation, c'est sa mobilité, c'est son incompressibilité. Sa mobilité lui permet de changer de forme avec les parois de l'enceinte qui le contient et de répartir sur une surface d'autant plus grande que la profondeur du massif est plus considérable, les pressions exercées à la partie supérieure sur une surface restreinte. Grâce à son incompressibilité, il échappe aux tassements que subissent les terrains ordinaires. Il faut remarquer que l'incompressibilité du sable n'est absolue qu'autant qu'il est mouillé. Lorsqu'on l'emploie à constituer un massif de fondation, c'est donc une excellente précaution à prendre que de le répandre par couches que l'on arrose et que l'on pilonne.

Nous avons eu l'occasion de citer plus haut l'emploi qui a été fait du sable aux fondations du viaduc de Paludate, donnons encore quelques exemples :

M. l'inspecteur général Mary cite une maison de pontonnier du canal de l'Ourcq qui fut construite dans les marais de la Beuvronne sur un sol tourbeux. — « On sait que cette sorte de terrain, d'une part très-compressible, a, en outre, la propriété de se déplacer latéralement, de sorte qu'il est éminemment impropre à supporter les constructions. Cependant on est parvenu à construire la maison à peu de frais et très-solidement. Pour cela, on a enlevé la tourbe jusqu'à 2 mètres au-dessous de la fondation, tant dans l'emplacement de la maison qu'à une certaine distance du pourtour. Puis on a remplacé la tourbe sur cette épaisseur par du sable, qui se trouve en abondance dans le voisinage du canal. Les murs ont été ensuite fondés sur ce sable, comme sur un sol naturel, et aucun mouvement ne s'est jamais opéré dans les maçonneries. »

Le mode de fondation sur le sable a été souvent mis en usage dans le service du génie, où l'on rencontre fréquemment des murs ou des piédroits de voûtes à établir sur des terrains rapportés. Ce mode semble propre à être employé toutes les fois que l'on cherche à rendre les tassements des constructions moins considérables et plus uniformes, pourvu toutefois que le sable ne coure pas le risque d'être entraîné par les eaux, comme sous un mur de quai, par exemple. Ainsi, pour asseoir les maçonneries sur des terrains rapportés dont la résistance peut être inégale, comme ceux des remparts en général ; sur des terrains glaiseux, vaseux ou de dépôt, comme le sont la plupart de ceux des vallées et des bords des rivières; sur le gros gravier compressible, dans la tourbe, on pourra s'en servir avec avantage.

Le choix du sable ne doit pas être indifférent ; celui qui est moyennement fin, non terreux, homogène dans sa grosseur, est celui qui éprouve le moins de tassement, dont le talus d'éboulement varie le moins, et qui, par ces motifs, paraît le plus convenable. Quand il est humide, on le pilonne fortement pour le faire pénétrer dans toutes les anfractuosités; lorsqu'il est sec, il épouse de lui-même la forme de la cavité, mais il n'est pas absolument incompressible, et il faut l'employer par couches que l'on arrose et que l'on pilonne.

Lorsqu'on a à craindre que le sable ne soit attaqué et entraîné par les eaux souterraines, on lui ajoute un lait de chaux, ce qui constitue un mortier maigre qu'on appelle béton de sable.

Pilotis en sable. Lorsque le peu de consistance du terrain exige une certaine profondeur de fondation et que l'on ne peut exécuter la fouille pour la remplir de sable, on a recours quelquefois à des pilotis en sable, dont le système a été imaginé par le colonel Durbach.

On prend un pieu en bois, bien rond et de la longueur voulue, légèrement conique, et armé d'un sabot conique ajusté avec soin, de manière à ne faire aucune saillie sur le bois. La tête du pieu est armée d'une forte frette en fer, et percée d'un trou horizontal, dans lequel on peut engager une tige de fer. On enfonce le pieu avec un mail ou masse en bois, munie de deux manches, et que manœuvrent trois hommes, l'un entre les deux manches, les deux autres de chaque côté ; lorsqu'on a une sonnette légère et facile à transporter, cela vaut encore mieux. Le pieu une fois enfoncé, on le retire en lui imprimant un mouvement ascensionnel de torsion au moyen de la barre de fer horizontale, qui forme comme un bras de cabestan ; le trou du pieu reste avec des parois bien lisses, et on le remplit de sable ou de béton de sable.

On recommence à côté la même opération, et on larde ainsi de pieux en sable tout l'espace sur lequel l'ouvrage doit reposer. Il est clair que c'est là un moyen énergique de comprimer le terrain et de lui donner de la résistance.

Un autre avantage est que les pilots en sable sont bien moins coûteux que les pilots en bois : ceux-ci pourrissent vite dans un terrain qui n'est pas constamment imbibé d'eau ; ceux-là résistent indéfiniment.

Les *figures* 233, 234, 235 représentent l'emploi du sable dans les fondations.

BATTAGE DES PIEUX ET PALPLANCHES. — SONNETTES A TIRAUDES ET A DÉCLIC ; SONNETTE A VAPEUR. — RECEPAGE. — ARRACHAGE.

Pieux et palplanches. — Quand on a à exécuter la fondation d'un ouvrage d'une certaine importance, on doit presque toujours enfoncer dans le sol des pièces de bois qui, suivant leur forme, prennent le nom de pieux ou de palplanches.

Les pieux sont des pièces de bois à section carrée ou à section circulaire ; si la section est circulaire, on les forme tout simplement avec des troncs d'arbres en grume, c'est-à-dire à l'état brut, et on se contente de faire disparaître les aspérités ; mais il est, en général, plus commode de se servir de pieux carrés ; pour les obtenir, on équarrit les troncs d'arbre en coupant les faces de droit fil. Suivant l'un et l'autre cas, les pieux ont la forme d'un tronc de cône ou d'un tronc de pyramide ; cette forme n'est point favorable à l'enfoncement, parce que d'ordinaire on enfonce les pieux par le petit bout ; aussi quelques constructeurs·ont-ils eu l'idée d'enfoncer les pieux par le gros bout, ou bien de les garnir à leur pointe d'un sabot plus large que la pièce de bois. L'inconvénient de cette forme pyramidale est peu considérable, lorsqu'on se sert de bois de sapin, car ceux-ci sont souvent presque cylindriques sur une certaine hauteur, et, en tout cas, on peut le corriger en ne coupant pas les bois absolument de droit fil. Il existe quelques exemples de pieux en fer et en fonte ; ils sont peu répandus, mais il est possible que l'usage s'en propage avec le temps ; nous aurons plus loin l'occasion de les décrire. Les charpentiers désignent le plus souvent les pieux sous le nom de pilots.

Les palplanches sont des pièces de bois équarries, à section rectangulaire ; elles sont beaucoup plus larges qu'épaisses, et leur épaisseur varie généralement entre $0^m,08$ et $0^m,12$; elles sont taillées en pointe à leur extrémité, et c'est de là que leur vient le nom de pal.

Sabots. — Les pieux qui, sur toute leur longueur, sont engagés dans un terrain peu résistant, ne donnent jamais que de médiocres résultats au point de vue de la solidité ; il faut absolument qu'ils pénètrent dans des couches compactes, si l'on veut qu'ils puissent supporter une lourde charge. Dans ces conditions, la pointe ne tarderait pas à s'émousser et à disparaître, si on ne la protégeait par une enveloppe plus dure ; cette enveloppe constitue le sabot, qui est en fer ou en fonte.

En principe, le sabot doit présenter une surface lisse, sans clous saillants, afin de pénétrer facilement dans le terrain.

Il en existe de plusieurs formes :

La *figure* 236 représente le plus ancien et le plus connu ; il se compose de quatre lames de fer forgé, soudées à leur partie inférieure avec un culot qui se termine en pointe ; les lames sont fixées à la pointe du pieu par des clous dont la tête est noyée dans le fer. Ces sabots doivent être appliqués à chaud, parce que le fer, en se refroidissant, se resserre et l'on obtient une adhérence parfaite. Le pieu n'est pas absolument pointu, il se termine par une surface plane qui s'applique contre la cuvette intérieure du sabot.

Malgré toutes ces précautions, le sabot en fer forgé n'est jamais bien solidement fixé au pilot, et il se déforme souvent lorsque l'on doit traverser un terrain dur.

On lui a substitué un sabot en fonte que représente la *figure* 237 (coupe suivant l'axe du pieu) ; le profil extérieur du sabot est celui d'un triangle équilatéral, ayant pour base le diamètre du pieu ; on le fond dans un moule au milieu duquel pénètre une tige de fer barbelée, que l'on engage dans l'axe du pieu et qui, à cause de sa forme, ne peut revenir en arrière.

Un sabot en fonte, pesant 10 kilogrammes, valant par exemple 4 francs, donnera un meilleur résultat qu'un sabot en fer forgé pesant 16 kilogrammes et valant 16 francs.

Le sabot le plus estimé est celui du système Camuzat que l'on voit sous la figure 238 : c'est une feuille de tôle épaisse, qui s'enroule sur la pointe du pieu et qui est rivée suivant une génératrice ; elle est fixée au pieu par de longs clous à tête plate ; au-dessus de la pointe, à l'intérieur, on place un culot en fer ou fonte afin de renforcer cette pointe. Pour des pieux de $0^m,25$ d'équarrissage, le sabot Camuzat peut peser de 12 à 18 kilogrammes suivant la profondeur de fiche et la résistance du terrain.

Quelquefois il faut trouver des pieux qui atteignent jusqu'à 20 mètres de longueur ; de pareilles pièces de bois seraient fort coûteuses d'un seul morceau, on peut les composer de deux morceaux placés dans le prolongement l'un de l'autre et réunis par une enture, comme le montre la *figure* 239 : un goujon en fer pénètre également dans l'axe de chacune des pièces, qui sont entourées aux environs du joint par un manchon en tôle rivée. Ce système a bien réussi.

Battage. — L'effort à faire pour supporter un ouvrage est généralement vertical, aussi les pieux sont-ils presque toujours battus verticalement. Dans certains cas cependant, notamment pour les murs de quai et murs de soutènement, l'effort est oblique, et il faut battre des pieux inclinés, nous verrons comment on procède à cette opération; il peut même arriver exceptionnellement que l'on ait à battre des pieux horizontaux; dans ce cas on les enfonce au moyen d'une grosse pièce de bois, suspendue horizontalement par des cordages, et que l'on balance comme le bélier des anciens.

Occupons-nous des pieux verticaux : lorsqu'ils sont de faibles dimensions, on peut les enfoncer avec des masses en bois ou en fer, manœuvrées à bras; on a recours quelquefois au mail à deux ou à trois manches dont nous avons déjà parlé.

Le plus souvent, pour obtenir une forte percussion, on se sert de sonnettes; la sonnette est un échafaudage analogue à la chèvre, disposé de manière à ce qu'on puisse soulever à une certaine hauteur une grosse masse de fer, appelée mouton; on la laisse ensuite retomber sur la tête du pieu et, par la percussion, elle produit un enfoncement plus ou moins considérable suivant la dureté du terrain et suivant la grandeur du frottement que subit le pieu latéralement.

Le travail produit par la chute du mouton n'est pas transformé tout entier en effet utile; une grande portion se trouve absorbée par les trépidations transmises au sol, et aussi par les dégradations que supporte la tête du pieu. Cette tête serait bien vite broyée et déformée, si l'on n'avait soin de l'entourer d'une frette ou cercle en fer plat, que l'on enlève après le battage et qui sert pour un autre pilot. On comprend que cette frette maintient le parallélisme des fibres et s'oppose à la désagrégation.

Les palplanches, qui ont des dimensions plus faibles que celles des pieux, ne sont pas toujours garnies d'un sabot et d'une frette. Lorsqu'on a à construire une enceinte, on la compose de pieux espacés par exemple d'un mètre, et entre eux on bat des palplanches.

On peut simplement juxtaposer les palplanches par leur tranche, mais alors il est rare qu'elles restent accolées, parce qu'elles dévient de la verticale pendant le battage, et il faut les guider au moyen de deux cours de moises. Une bonne méthode est d'assembler les pieux et les palplanches à grain d'orge; chaque palplanche porte sur une tranche un double biseau saillant et sur l'autre un double biseau rentrant, de sorte que ces pièces de bois s'assemblent l'une à l'autre comme par des rainures. On bat à la fois toutes les palplanches formant un même panneau, c'est-à-dire remplissant l'espace qui s'étend entre deux pieux; de la sorte elles ne se **désunissent pas**, descendent régulièrement et l'on obtient une enceinte continue.

Sonnettes. — On distingue trois classes de sonnettes :

1° La sonnette à tiraudes, manœuvrée directement à bras d'hommes;

2° La sonnette à déclic ordinaire, manœuvrée par l'intermédiaire de treuils et de cabestans;

3° La sonnette à vapeur, qui peut être, soit une sorte de marteau-pilon soulevé directement par la vapeur, soit une sonnette à déclic mise en mouvement par une locomobile.

1° *Sonnette à tiraudes*. — La sonnette à tiraudes, le plus ordinairement employée, est représentée en élévation par la *figure* 240, en plan par la *figure* 241, et les *figures* 242 et 243 donnent un détail.

Elle se compose de deux jumelles *b*, le long desquelles glisse le mouton; le mouton est guidé par deux oreilles qui se meuvent dans l'intervalle entre les jumelles et qui sont maintenues dans leur position par deux clefs horizontales en bois glissant le long de la face postérieure des jumelles; on voit que le mouton ne peut s'écarter de la verticale de son centre de gravité. Les deux jumelles reposent sur une semelle *a* sur laquelle s'assemblent la queue *f* et deux contrefiches (*g*); à la partie supérieure, les jumelles enserrent un arc-boutant (*c*) garni d'échelons et s'assemblent à la base avec la queue *f*; dans la face antérieure, les jumelles sont maintenues verti-

cales par deux contrefiches symétriques qui viennent s'assembler aux extrémités
de la semelle (*n*) ; chaque jumelle est reliée à sa contrefiche par des pièces horizontales ou épars en plus ou moins grand nombre.

Telle est la charpente essentielle d'une sonnette.

Le mouton (*h*) est soulevé par un cordage qui passe sur une poulie de grand diamètre et se termine par une boucle, à laquelle on attache les petites cordes ou tiraudes.
Sur la droite de la *figure* 240, on voit un treuil sur lequel s'enroule un cordage, qui
vient passer sur une petite poulie en tête de l'arc-boutant ; ce cordage et ce treuil
servent à saisir et à soulever le pieu et à l'amener verticalement au-dessus du point
qu'il doit occuper ; c'est ce qu'on appelle la mise en fiche du pieu.

Le pieu mis en fiche, il faut placer le mouton bien d'aplomb au-dessus ; pour cela,
on fait subir de petits déplacements à l'appareil tout entier, en se servant de leviers
qui s'engagent sous les extrémités de la queue et de la semelle, entaillées à mi-bois
pour cet objet. Le maître charpentier, qu'on appelle l'enrimeur, vérifie avec le fil à
plomb la direction du pieu et des jumelles.

Cela fait, on soulève un peu le mouton au-dessus de la tête du pieu, et on le laisse
retomber ; ce petit coup sert à engager le pieu dans le sol. Si la direction est bonne,
les ouvriers saisissent les tiraudes, et se mettent à sonner en cadence ; ils procèdent
généralement par volées non interrompues de trente coups. Après chaque volée, il y
a une pause pendant laquelle l'enrimeur vérifie la direction. Pour corriger cette direction, l'enrimeur se sert d'un levier qu'il passe entre le pieu et les jumelles, et c'est en
prenant un point d'appui sur celles-ci qu'il peut imprimer au pieu de petits mouvements latéraux, pendant que le mouton le chasse longitudinalement.

Le pieu est maintenu à une certaine distance des jumelles au moyen d'une double
équerre (*mn*) dont la queue est prise dans l'intervalle qui sépare les jumelles ; il ne
peut du reste s'écarter en avant parce qu'il est maintenu par un cordage horizontal,
qu'un enfant, monté sur un épars, serre au moyen d'un bâton faisant un nœud de
garrot (*fig.* 242 et 243).

Il arrive un moment où le pieu n'entre que d'une faible quantité par volée de
trente coups. Le refus est la pénétration du pieu pour une volée ; on dit par exemple
que le pieu est battu au refus de un centimètre, de trois ou de quatre millimètres.

La longueur de fiche ou simplement la fiche est la quantité dont le pieu pénètre
dans le sol.

Sur un chantier important, lorsqu'on a à battre un grand nombre de pieux, il est
indispensable de tenir un carnet de pilotage ; pour chaque pieu, on inscrit son
numéro, sa fiche et son refus, et l'on rapporte ces indications sur les dessins.

L'impossibilité de mettre un grand nombre d'ouvriers à la manœuvre des tiraudes,
sans que ces ouvriers se gênent réciproquement, ne permet point d'adopter avec la
sonnette précédente un mouton dont le poids dépasse 400 kilogrammes ; c'est la limite
supérieure.

La course du mouton est égale à la plus grande distance que puisse parcourir la
main de l'homme pendant qu'il exerce une traction ; elle ne dépasse guère 1m,50 et
peut exceptionnellement atteindre 2 mètres.

2° *Sonnettes à déclic.* Lorsque l'on doit exercer un effort énergique pour enfoncer
des pieux à longue fiche dans un terrain dur, il est avantageux de recourir aux
sonnettes à déclic. Quelquefois on commence le battage des pilots avec l'appareil à
tiraudes, et on l'achève avec l'appareil à déclic.

Perronet se servit, pour les fondations du pont de Neuilly, de la sonnette représentée par les *figures* 244 et 245 : elle se compose d'un mouton pesant jusqu'à
900 kilogrammes, qui glisse verticalement entre deux jumelles ; on le soulève par

une corde s'enroulant sur un treuil dont la manivelle est remplacée par une grande poulie à gorge; sur cette poulie s'enroule un câble auquel on attelle un cheval. Le mouton étant au bas de sa course, on fait avancer le cheval, le mouton s'élève, la corde (v) se tend peu à peu et finit par abaisser le crochet (p); le mouton n'étant plus soutenu tombe sur le pilot, le conducteur détèle son cheval avec lequel il revient près du treuil; pendant ce temps-là un manœuvre fait tourner la grande poulie à gorge pour enrouler le câble à nouveau, et l'on recommence une seconde opération. Il est évident que l'on règle la hauteur de chute d'après la longueur de la corde (v). Au grand treuil est accolé un petit treuil à barres destiné à la mise en fiche des pilots.

Il est rare aujourd'hui que l'on emploie des chevaux comme moteurs; on a recours à des hommes qui virent au cabestan, et plus simplement encore on se sert d'un treuil à engrenages mu par des manivelles.

Le système de déclic, que nous venons de décrire, est très-simple; il n'a que l'inconvénient de donner un choc au mouton lors de l'échappement.

La *figure* 246 représente un autre système : le déclic à tenailles. Le crochet du mouton se trouve saisi par les deux petites branches d'une tenaille; si l'on rapproche les deux grandes branches, les deux petites s'écarteront et laisseront tomber le mouton; ce mouvement est produit automatiquement à la hauteur voulue au moyen d'une traverse horizontale percée d'une ouverture dans laquelle s'engagent les branches supérieures des tenailles qui sont alors forcées de se rapprocher.

Ce système est à rejeter, comme presque tous les systèmes automatiques; ils offrent un inconvénient sérieux, que nous définirons d'une manière banale par ces mots : avec eux, le mouton s'échappe sans crier gare. Il faut toujours préférer les déclics que l'enrimeur fait partir lui-même au moment voulu, au moyen d'une petite corde : outre la sécurité que l'on trouve par ce moyen, on a l'avantage de régler à volonté la hauteur de chute, ce qui est très-utile et presque indispensable surtout au commencement du battage.

Les accidents dus à des déclics mal construits, laissant échapper le mouton à un moment inopportun, sont assez fréquents pour que certains constructeurs préfèrent recourir à un *débrayage* du treuil et laisser tomber le cordage avec le mouton; de la sorte, on use rapidement les cordages et c'est une dépense sérieuse.

Le déclic à crochet a été perfectionné d'une manière ingénieuse par M. Bernadeau, conducteur des ponts et chaussées; il est représenté par les *figures* 247 et 248; il se compose d'un crochet en fer attaché au câble du treuil et soulevant le mouton par son anneau; à ce crochet est associée une fourrure (a) en bois et fer, qui glisse entre les jumelles verticales; à la longue tige du crochet en (d), s'attache une cordelle que l'enrimeur manœuvre directement, ou à laquelle il laisse une longueur voulue égale à la hauteur de chute; quoi qu'il en soit, une fois la corde tendue, le crochet se dégage sans secousse, le mouton descend; on débraye le câble du treuil, qui est entraîné par le déclic dont le poids est calculé en conséquence, le déclic descend avec sa fourrure, et le crochet guidé vient se placer en face de l'anneau du mouton.

Les *figures* 249 et 250 représentent un bon système de déclic; c'est une tenaille dont une branche est mobile et reliée à un système d'échappement; les figures peignent aux yeux la manœuvre de cet appareil.

Les moutons manœuvrés par les sonnettes à déclic pèsent de 500 à 900 kilogrammes. Dans une sonnette perfectionnée, on doit tendre à augmenter la masse en diminuant la hauteur de chute; en effet, nous verrons en mécanique que dans le choc, la proportion de travail perdu en vibrations et déformations est d'autant moindre que la masse du marteau ou du mouton est plus forte.

3° *Sonnette à vapeur*. — Aujourd'hui que l'on a partout à sa disposition la force élastique de la vapeur d'eau, il était naturel de la substituer à la force musculaire de l'homme et des animaux dans l'opération pénible du battage des pieux.

Pilon à vapeur. — La première disposition qui vous vienne à l'esprit est de disposer un cylindre vertical dans lequel se meut, par la vapeur, un piston dont la tige verticale se termine par un mouton ; la vapeur soulève à la fois le piston et le mouton, qui retombent ensuite si l'on met la partie inférieure du cylindre en communication avec l'atmosphère au lieu de continuer à lui envoyer de la vapeur.

Au grand viaduc de Tarascon, sur le Rhône, MM. les ingénieurs Desplaces et Collet-Meygret ont employé l'appareil que nous venons de décrire sommairement :

« Pour la construction du viaduc de Tarascon, il a fallu battre plus de 2,000 pieux de 15 mètres, au moyen de machines montées sur des bateaux.

« Le battage des palées et des enceintes a été commencé au moyen de sonnettes à déclic sur les points où, le Rhône étant très-profond, les pieux à battre demandaient peu de fiche.

« La nature des terrains rendait très-difficile l'enfoncement des pieux. D'après la manière dont le battage a marché, on a pensé qu'un certain nombre de pieux avaient dû se briser dans le sol. Une circonstance imprévue est venue éclaircir cette question de manière à ne laisser aucun doute. Une palée du pont de service, que l'on n'avait pas eu le temps d'enrocher, ayant été affouillée par une crue subite, est restée suspendue au pont de service par l'intermédiaire de la haute palée, de sorte que tous ces pieux, flottant comme des bois amarrés, ont pu être démontés, examinés et mesurés. Aucun pieu n'avait conservé son sabot, et tous les bois étaient cassés dans le sol et sur des hauteurs variables atteignant 4 mètres. Après une telle expérience, il était impossible de ne pas considérer le battage au déclic comme tout à fait insuffisant pour les enceintes, surtout pour celles des piles à établir sur les parties peu profondes du Rhône, enceintes que l'on devait draguer à 8 ou 9 mètres sous l'étiage ; c'est pourquoi on a jugé nécessaire d'essayer le battage à la vapeur d'après le système Nasmyth. Un pilon à vapeur acheté en Angleterre au prix de 39,380 fr. 27, transport et droits de douane compris, a été essayé et a donné, après d'assez longs tâtonnements et des modifications importantes, des résultats tellement satisfaisants, qu'il a été employé exclusivement sur les points difficiles au battage de 682 pieux. L'emploi du déclic n'a plus été admis que pour les palées.

« L'appareil du pilon à vapeur posé sur la tête du pieu pesait 4,000 kilog.; son mouton, du poids de 1,500 kilog., battait de 80 à 100 coups par minute, avec une chute de $0^m,98$; le pieu se trouvait ainsi continuellement ébranlé et pénétrait de 8 à 10 mètres dans un terrain où les sonnettes à déclic les plus puissantes ne pouvaient pas lui donner plus de 5 mètres de fiche. Dans ces circonstances, le battage d'un pieu s'exécutait en une dizaine de minutes, c'est-à-dire en quatre fois moins de temps que n'en exigeait la seule mise en fiche. Où le battage au déclic coûtait 35 à 40 francs par pieu, le battage à la vapeur est revenu de 15 à 17 francs, y compris les réparations de l'appareil.

« La machine, portée sur une plate-forme mobile sur deux rails parallèles à la ligne de pieux à battre, est posée sur échafaudage ou sur un bateau.

« Les parties principales de l'appareil (*fig.* 250 *bis*) sont les suivantes :

« 1° Une petite machine à vapeur destinée à faire fonctionner successivement, selon les besoins, ou le treuil sur lequel s'enroule la chaîne qui supporte le pilon à vapeur, ou un tambour sur lequel s'enroule la chaine servant à soutenir le pieu à mettre en fiche, ou enfin à faire avancer sur ses rails, dans un sens ou dans l'autre, l'ensemble du mécanisme.

« 2° Le pilon à vapeur proprement dit, suspendu à l'aide d'une chaine passant sur la poulie placée au haut de la bigue, et assujetti à glisser le long de cette bigue par quatre brides à crochets fixées sur la boîte en tôle où se meut le mouton et embrassant les bords de fortes bandes de tôle boulonnées sur cette pièce de bois.

« La petite machine auxiliaire et le pilon sont alimentés par une même chaudière à vapeur. La vapeur est introduite dans le cylindre du pilon par un tuyau en fonte de $0^m,06$ de diamètre intérieur, articulé à l'aide de genouillères, de manière à suivre, en se développant plus ou moins, le cylindre dans toutes ses positions depuis le sommet jusqu'au bas de la bigue. La vapeur ne peut être introduite que sous le piston ; elle sert à soulever le mouton, qui redescend par son propre poids, entrainant le piston, aussitôt que l'échappement de la vapeur peut avoir lieu dans l'air extérieur.

« Les pieux battus au pilon ont traversé, en moyenne, une couche de gravier plus épaisse de 3 mètres que celle des pieux battus au déclic, et on a vu que ceux-ci étaient presque toujours brisés, tandis que les pieux battus au pilon à vapeur n'ont éprouvé que de rares accidents. »

A ces avantages s'ajoute une grande économie :

Le battage des pieux à la sonnette est revenu, au pont de Tarascon, de 40 à 45 francs. A cette somme il faut ajouter 10 francs pour détérioration des appareils ; dépense totale par pieu : 50 à 55 francs.

Le battage des pieux à la vapeur est revenu à $13^f,50$; à cette somme il faut ajouter $21^f,52$ pour tenir compte de la moins-value de l'appareil, qui a été vendu 25,000 francs ; dépense totale par pieu : $35^f,02$.

De ce qui précède il résulte que la dépense relative à l'amortissement du prix d'achat de l'appareil est assez élevée, et, pour qu'elle n'ait pas trop d'influence, il faut avoir à battre un grand nombre de pieux.

L'usage des pilons à vapeur ne s'est guère propagé, car on ne peut s'en procurer un que pour un travail considérable, et, bien que la solution paraisse moins simple au premier abord, on a préféré se servir de sonnettes à déclic, à mouton pesant, que mettent en mouvement des locomobiles.

Sonnette à déclic avec locomobile. — M. Janvier, ingénieur, a décrit dans les *Annales des ponts et chaussées*, de 1856, la sonnette à vapeur employée par lui au port de Toulon, et représentée par les *figures* 251, 252, 253, 254.

Elle se compose d'un mouton, du poids de 800 kilog., maintenu par deux échancrures latérales entre deux coulisses verticales reliées à la face antérieure de la chèvre ; celle-ci, qui a la forme ordinaire, repose sur un châssis (*a*), monté sur huit roues de wagon, qui transportent l'appareil sur deux rails parallèles à la file de pieux. Le mouton est suspendu à sa chaine au moyen d'un déclic à tenailles, qui s'ouvre lorsque les grandes branches des tenailles s'engagent dans la cheminée LL. Cette cheminée est simplement posée sur deux boulons qui traversent les coulisses verticales, de sorte qu'elle peut suivre le mouton dans son mouvement d'ascension ; elle pèse 50 à 60 kilog. Sur le châssis principal repose un contre-châssis formé de deux longuerines (*b*), réunies par des traverses *e e' e''* ; le contre-châssis supporte le treuil moteur, avec son arbre A et le tambour en bois T, qui reçoit, par l'intermédiaire d'une courroie, l'impulsion d'une locomobile de cinq chevaux, soigneusement calée sur la plate-forme et munie d'un appareil à changement de marche, comme les locomotives. Le contre-châssis rencontre les pièces de bois qui forment la base de la sonnette; aux points de rencontre, les pièces du contre-châssis sont entaillées, mais on a soin de laisser à chaque entaille un jeu de 0^m,10, afin de pouvoir, au moyen de leviers, communiquer à la sonnette de petits mouvements qui n'affecteront ni le treuil ni la locomobile. Le treuil comprend deux tambours, l'un inférieur t', sur lequel s'enroule la corde de la mise en fiche, l'autre supérieur t, sur lequel s'enroule la corde du mouton; la fourchette f permet de mettre le pignon moteur en contact avec la roue t' ou avec la roue t. Une autre fourchette F, dont la *figure* 253 montre le détail, sert à embrayer le treuil avec l'arbre moteur A, ou à le débrayer.

Le manche du levier F est réuni par une petite chaîne à la cheminée L, et un manœuvre le tient dans sa main.

Voici le détail d'une opération :

1° *Mise en fiche.* — L'enrimeur attache le pilot; un manœuvre, qui tient le levier f, embraye le pignon avec le tambour t', et un autre manœuvre, qui tient le levier F, embraye le treuil avec l'arbre moteur A; le mécanicien est à son poste, tenant en main le levier de changement de marche. L'enrimeur commande : En avant! le mécanicien donne la vapeur, et le pilot est enlevé jusqu'à ce que l'enrimeur crie : Stop! La machine s'arrête, l'enrimeur place le pieu, commande : En arrière! et le pieu descend à sa place.

2° *Battage.* — On manœuvre f de manière à engrener avec le tambour t, on fait un tour en avant pour dégager le mouton et enlever la cheville qui le soutient, on donne un petit coup pour achever la mise en fiche, puis on commence le vrai battage. Quand le mouton est arrivé au haut de sa course, il s'engage dans la cheminée L, qu'il soulève un peu; mais celle-ci, par son poids, force les tenailles à s'ouvrir et à lâcher le mouton, qui tombe. Au moment où la cheminée est soulevée, elle tire la chaîne l, qui la rattache au levier F; le manœuvre qui tient ce levier dans sa main, sent la pression et est averti qu'il faut débrayer immédiatement, ce qu'il fait; de la sorte on évite un choc. La cheminée, qui est lourde, retombe sur ses supports, et avec elle le déclic qui continue à descendre jusque sur le mouton, en entraînant le cordage du treuil, qui se déroule.

Pour déplacer l'appareil entier sur ses rails, on a un cordage que l'on fixe en avant à un pieu situé dans le sens du mouvement à produire; ce cordage passe sur deux poulies de renvoi (p), fait deux tours sur le tambour t', et un manœuvre l'enroule sur le châssis; en embrayant le tambour t' avec l'arbre moteur, on produit le mouvement de progression (*fig.* 254).

M. Janvier, dans son mémoire, conclut comme il suit :

« Il nous reste à faire apprécier l'économie que procure l'application que nous venons de décrire :

« La journée de travail d'une sonnette à déclic manœuvrée à bras, par des hommes libres (et non par des forçats, comme à Toulon), coûte 21 francs, ainsi répartis :

« Deux gabiers à 3 francs......................... 6 fr. »
« Six manœuvres à 2^f,50........................... 15 »

« Total.............. 21 fr. »

« La journée de la même sonnette, manœuvrée par la vapeur, coûte 27 francs ainsi répartis :

« Un mécanicien.. 3ᶠ50

« Un chauffeur... 2,50⁻

« Deux gabiers... 6,00

« Deux manœuvres.. 5,00

« Un porteur d'eau douce, un quart de journée..................... 0,50

« Bois à brûler provenant de déchet de pilotage.................... 6,50

« Huile et matières grasses.. 0,50

« Intérêt et amortissement du capital de la machine supposée durer 10 ans. 2,50

« Frais de construction du châssis..................................... 0,50

« Le châssis et ses accessoires coûtent 600 francs.

                             « Total................... 27ᶠ50

« Dans l'un ni dans l'autre cas je ne considère l'usure de la sonnette. D'un autre côté, il résulte d'un relevé fait pendant 30 jours de travail, qu'une sonnette manœuvrée à bras a placé 57 pilots, tandis que tout à côté, dans le même terrain et dans des circonstances identiques, une sonnette semblable, manœuvrée à la vapeur, en a placé 192.

« On verra facilement que les nombres ci-dessus établissent le résultat suivant :

« Le battage d'un pilot à bras coûtant 11ᶠ,05, le battage du même pilot par la vapeur coûte 4ᶠ,25.

« Pendant que la sonnette à bras place 1,00 pilot, la sonnette à vapeur en place 3,37.

« La sonnette à bras donne par heure 16 à 18 coups, et la sonnette à vapeur en donne 100 à 110. »

L'installation que nous venons de décrire est particulièrement commode lorsque l'on doit battre une longue file de pieux.

Lorsqu'il faut battre les pieux dans l'eau, on monte la sonnette sur un ponton, ou sur deux bateaux couplés, comme l'ont fait au pont de Kehl, sur le Rhin, MM. les ingénieurs Vuigner et Fleur-Saint-Denis.

Les *figures* 255, 256, 257 représentent les dispositions adoptées pour ce magnifique ouvrage.

Il y avait à vaincre des difficultés sérieuses, car le courant du Rhin est extrêmement rapide, et il régnait au-dessous de l'étiage, en plusieurs endroits, une profondeur de 8 à 9 mètres d'eau. On a battu beaucoup de pieux d'une longueur de 25 mètres, et l'on comprend qu'il fallait pour cela de puissants appareils.

Deux bateaux longs sont réunis par une charpente qui supporte la sonnette, mobile sur des galets ; sur l'élévation longitudinale on voit en (*d*) la chaudière qu'alimente le chauffeur ; cette chaudière envoie par un tube sa vapeur à la machine (*c*), dont un mécanicien manœuvre le levier d'embrayage et de débrayage ; en (*b*) est un charpentier qui garrotte le pieu, et en (*a*) un manœuvre qui accroche à l'anneau du mouton le crochet du déclic. Le mouton, qui pesait 1,000 kilog., avait une chute qui allait jusqu'à 6 mètres, et battait 3 ou 4 coups par minute.

Les deux exemples précédents, ceux de Toulon et de Kehl, ne sont pas d'une application générale, car le premier suppose une locomobile pourvue d'un appareil de changement de marche, ce qu'on ne rencontre guère dans la pratique, et le second suppose une petite machine à vapeur séparée de sa chaudière, ce qu'on ne trouve guère non plus. Pour les fondations des ponts de Nantes, M. l'ingénieur Lechalas employa une locomobile ordinaire, sans changement de marche.

Une sonnette à déclic Bernadeau est montée sur une plate-forme mobile sur deux rails ; le treuil à deux tambours est mis en mouvement par la courroie d'une locomobile montée sur une autre plate-forme ; on n'a pas besoin de déplacer la locomobile aussi souvent que la sonnette, il suffit de modifier la longueur de la courroie. L'arbre moteur porte un pignon, qui se meut dans le sens de l'axe longitudinal de l'arbre et que l'on manœuvre au moyen d'un levier en fourchette, de manière à l'engrener soit avec le tambour de mise en fiche, soit avec le tambour de battage. Un frein sert à modérer la descente du pieu lors de la mise en fiche, ou la descente du déclic lors du battage. Supposez le mouton au bas de sa course, on met en marche, il s'élève, la cordelle du déclic se tend peu à peu, le mouton se décroche à la hauteur voulue et tombe ; au commencement de la chute, on débraye ; le déclic, qui est très-lourd, redescend sur le mouton en faisant tourner le treuil, et pendant ce temps la locomobile marche toujours. On embraye de nouveau et l'opération recommence.

Suivant M. Lechalas, il faut, pour marcher rondement avec un mouton de 00 kilog., une machine de 4 chevaux.

« Les prix de revient par mètre de fiche ont été :

« Sonnettes ordinaires : échafaudages, 0^f,80 ; main-d'œuvre et location du matériel, 8^f,30. Total : 9^f,10.

« Sonnettes à vapeur : échafaudages, 0^f,80 ; charbon de terre, 0^f,70 ; main-d'œuvre, 4^f,36. Total : 5^f,86. Il faudrait ajouter un prix de location pour la sonnette et les transmissions.

« L'appareil des transmissions a coûté 2,150 fr.; mais nous avons payé trop cher, comme il arrive toujours lorsqu'on est très-pressé. On pourrait faire construire d'autres appareils semblables pour 1,500 fr.

« Les sonnettes à bras battaient 60 coups à l'heure. Avec une locomobile de 4 chevaux et un mouton de 800 kilog., on peut battre 250 à 350 coups à l'heure. »

En terminant ce qui est relatif aux sonnettes, nous dirons quelques mots des modifications à leur faire subir pour le battage des pieux inclinés, dont l'emploi tend à se propager en France et que les Anglais ont toujours beaucoup employés. La modification principale à faire subir aux sonnettes est de guider le mouton d'une manière plus parfaite et de le soutenir sur un plan incliné : quelquefois le mouton repose sur le plan incliné des coulisses par l'intermédiaire de deux petits rouleaux en fonte ; il vaut mieux le faire glisser sur une pièce de bois graissée, et le guider dans sa marche par des échancrures latérales embrassant deux pièces de bois parallèles ; les modifications à apporter à la charpente se conçoivent d'elles-mêmes.

Arrachage des pieux. — Il arrive souvent que des pieux se brisent pendant le battage ou qu'ils prennent une mauvaise direction qu'on ne peut rectifier avec le mouton, et l'on se voit forcé de les arracher.

Le procédé le plus ordinaire consiste à les ébranler énergiquement par des secousses répétées qu'on leur transmet au moyen d'un grand levier en bois ; l'adhérence latérale du pieu avec le sol finit par disparaître, parce que le trou s'agrandit, et l'on n'a bientôt plus à vaincre que le poids du pieu pour le soulever.

La *figure* 258 représente un système de grand levier manœuvré par des tirandes et établi sur terre ferme ; lorsqu'on a à enlever des pieux battus dans l'eau, il est facile d'installer sur un bateau un levier analogue ; il est peu coûteux et facile à confectionner partout. Le mode d'attache de la chaîne de traction avec la tête du pieu est variable : le plus simple consiste à traverser le bois par une cheville en fer, dont les extrémités dépassent et sont engagées dans les dernières mailles de la chaîne (*fig.* 259). Les *figures* 260 à 263 représentent des systèmes qui consistent à saisir la tête du pieu au moyen de colliers ovales en fer, simples ou doubles ; par la traction, ces colliers broient les fibres du bois, pénètrent un peu dans le pieu et ne peuvent pas se dégager tant que dure la traction.

Un autre système d'arrachage consiste à se servir de verrins en bois ou en fer; on ne procède plus par secousses, mais par efforts continus. On voit sur les *figures* 264 et 265 deux verrins en bois, mus au moyen de bras de cabestan; dans le premier, les bras de cabestan sont fixés à la vis et s'élèvent avec elle; dans le second, les bras sont engagés dans une lanterne qui forme l'écrou fixe de la vis mobile.

Recepage des pièces. — Lorsqu'on a établi une file ou une enceinte de pieux et palplanches, il est en général nécessaire de les déraser de manière que toutes les têtes se trouvent dans un même plan horizontal; cette opération constitue le recepage.

Lorsque les pieux sont hors de l'eau, le recepage est facile et il n'y a qu'à se servir de scies ordinaires.

Il n'en est pas de même lorsqu'il s'agit de receper les pieux sous l'eau à une profondeur quelquefois considérable.

Un des plus anciens appareils destinés à cet usage est la scie de Decessart que représentent les *figures* 266 et 267; c'est quelque chose de très-compliqué que nous ne pouvons décrire que d'une manière sommaire, à titre de curiosité. Sur la *figure* 266, coupe verticale en long, on voit trois tiges verticales : celle du milieu est une tringle verticale sur laquelle agit le chef de chantier pour appliquer le plan horizontal de la scie sur la tête des pieux déjà dérasés; celles qui se trouvent de chaque côté portent latéralement des crémaillères et servent à soulever ou à abaisser le plan horizontal de la scie de manière à le placer à la hauteur voulue. En dehors de ces tiges, on trouve, de chaque côté, une glissière inclinée qui retient un bouton de manivelle fixé à une tige à laquelle des ouvriers impriment un mouvement de va et vient; ce mouvement de va et vient se communique par des leviers articulés, situés dans un plan vertical, à un autre système de leviers situés dans un plan horizontal, et ces derniers le transmettent à la scie (*fig.* 267); les lignes ponctuées font bien comprendre ce qui se passe. Tout l'appareil repose sur un chariot de support qui permet de faire aller la scie d'un pieu à un autre. Tout ingénieux qu'il est, cet appareil ne saurait être aujourd'hui d'aucun usage.

Aux fondations du port de Bordeaux, M. Vauvilliers fit usage d'une scie circulaire horizontale mue par un arbre vertical, qui recevait lui-même son mouvement d'un cabestan; l'appareil est soutenu par un châssis métallique qui ne masque que la moitié du cercle de la scie, de manière à permettre à l'autre moitié d'attaquer le pieu : l'axe vertical doit être formé de deux parties qui s'assemblent à coulisse de telle sorte qu'on puisse l'allonger ou le raccourcir, c'est-à-dire abaisser ou élever la scie circulaire.

On en est venu, plus tard, à des appareils plus simples : avec les précédents on obtenait une tête de pieu mathématiquement horizontale; supposez un triangle isocèle, dont la base est horizontale et formée d'une lame de scie; le plan du triangle est vertical et peut prendre un mouvement de va et vient autour d'un axe horizontal, qui lui est perpendiculaire et qui passe par son sommet; l'enveloppe de la scie dans son mouvement sera un cylindre et la tête du pieu sera découpée suivant la même surface; ce ne sera donc pas un plan horizontal, mais elle en diffère bien peu, si l'on a soin de donner une assez grande hauteur à l'axe de rotation. La solution revient en somme à substituer au plan tangent à la surface décrite par la scie cette surface elle-même, et cette solution est excellente en pratique. Le mouvement de va et vient est communiqué à l'appareil au moyen de deux cordelles ou de deux perches qui s'attachent aux sommets de la base du triangle et qui se prolongent en dehors de l'eau.

Les *figures* 268 et 269 représentent, en élévation de face et en élévation latérale, la scie oscillante employée par M. l'ingénieur Beaudemoulin pour les fondations du pont de Tours.

La *figure* 270 est le dessin d'une petite scie oscillante employée par M. l'ingénieur de Lagrené à la fondation de barrages sur la haute Seine; elle est manœuvrée par quatre hommes et a servi pour de petites profondeurs qui n'ont pas dépassé 1ᵐ,40; il était facile de modifier à volonté le niveau de la scie, il suffisait de placer la cheville formant axe de l'oscillation dans un des trous que l'on voit figurés sur le montant vertical de la charpente.

Lunettes plongeantes. — Un instrument fort utile pour les travaux hydrauliques, auquel on n'a peut-être pas assez souvent recours, c'est la lunette plongeante. Il en est de plusieurs formes : rappelons que dans une lunette on appelle objectif le verre ou la lentille qui touche l'objet, et oculaire le verre que l'observateur approche de son œil.

M. Vouret, conducteur des ponts et chaussées, inventa, vers 1835, une lunette à oculaire, destinée à montrer le fond de l'eau : c'est un tube conique, parfaitement étanche, dont le petit bout porte un oculaire; le gros bout est renflé de manière à former une sorte de cloche; supposez que l'on plonge l'appareil dans l'eau verticalement, le tube étant ouvert par le bas, l'eau tendra à s'élever à l'intérieur, mais elle ne peut le faire qu'en comprimant l'air confiné qui suit la loi de Mariotte; son volume varie en raison inverse de la pression. C'est précisément pour obtenir une diminution notable du volume intérieur et en même temps une faible ascension de l'eau dans le tube qu'on lui donne la forme renflée vers le bas. Pour être étanche, cet appareil demande à être bien et solidement construit; il est lourd et peu maniable, et il y a toujours une couche d'eau assez considérable interposée entre l'air et l'objet; cette couche d'eau diminue beaucoup la netteté de la vision.

Au pont de Tours, M. Beaudemoulin obtint d'excellents résultats avec une lunette sans oculaire et munie d'un objectif en verre plan (il est préférable, lorsqu'on peut le faire, d'adopter pour objectif une lentille biconcave). Les *figures* 271 et 272 représentent une de ces lunettes de petite dimension qui est très-commode et très-maniable; on l'enfonce dans l'eau en exerçant un certain effort, l'eau ne pénètre point à l'intérieur, puisque l'objectif fait fonction d'obturateur; on peut donc approcher de l'objet aussi près qu'on le veut. Pour éviter toute filtration de l'eau, il faut veiller à ce que la lentille soit soigneusement encastrée dans les parois du tube. Jusqu'à 2 mètres de profondeur, même en eau trouble, on distingue jusqu'au moindre grain de sable sans s'assujettir à placer l'œil tout près de l'orifice; à 5 mètres de profondeur, on est forcé de placer l'objectif sur le corps à examiner et d'approcher l'œil de l'oculaire.

« Une lunette à verre plan mastiqué, dit M. Beaudemoulin en 1841, de 2 mètres à 2ᵐ,50 de longueur, coûte 8 francs; les bords du verre doivent être dépolis pour faire prendre le mastic.

« Avec un verre enchâssé dans un appareil étanche en étain, elle coûte 10 francs. Enfin, avec un objectif biconcave, elle peut revenir à 12 francs. »

On s'est servi aussi de lunettes à réflexion, destinées à montrer non pas le fond d'une rivière, mais par exemple les parois verticales d'une pile de pont; ces lunettes, fermées au fond, portent à la base sur une de leurs faces une glace, en face de laquelle, à l'intérieur, on trouve une surface polie inclinée à 45° pour renvoyer l'image à l'œil de l'observateur. Cette complication est inutile, car il est facile d'incliner plus ou moins la lunette à objectif; du reste, avec celle à réflexion on ne peut guère voir'qu'à 0ᵐ,30 en avant de la glace.

Dans les travaux à la mer, lorsqu'on a besoin d'éclairer à de grandes profondeurs sous l'eau, on a recours à des lampes puissantes, dont la description sortirait de notre programme; il nous suffira de dire que la difficulté à vaincre est, dans ce cas, d'envoyer assez d'air à la mèche pour entretenir la combustion.

Du moisage des pieux. — Quand on a établi une enceinte de pieux, on a, en général, à réunir les têtes de tous ces pieux par des pièces de bois longitudinales et transversales, et, d'ordinaire, ce sont des moises que l'on emploie. Si la tête des pieux est hors de l'eau, ou tout au moins à l'étiage, il est facile d'établir ce grillage par les méthodes ordinaires, on peut même ne pas se servir de moises et prendre des pièces simples qui s'assemblent à tenon et mortaise sur la tête des pieux.

Lorsqu'on a recours à des moises, il y a, dans tous les cas, certaines précautions à prendre. Il n'arrive jamais que les pieux soient exactement battus suivant la ligne droite prévue, il faut donc, pour les recouvrir exactement, commencer par relever en plan leur position respective : dans l'axe de chaque pieu, on perce un petit trou de tarière, dans lequel on plante une fiche en fer; le long de deux des fiches on applique une règle, et l'on prend, par rapport à cette règle, les ordonnées et les abscisses de toutes les autres fiches : on a de la sorte la position relative de tous les pieux, que l'on peut reporter sur l'ételon. C'est là que l'on arrête la forme définitive, plus ou moins régulière, soit des chapeaux destinés à recouvrir les pieux, soit des moises destinées à les embrasser.

Les moises, avons-nous dit, se composent de deux pièces parallèles qui embrassent les pieux, par un assemblage généralement à mi-bois, et qui sont distantes entre elles d'un intervalle un peu supérieur à la largeur des palplanches, dont elles servent à guider la marche; lorsqu'elles sont assemblées, on les rapproche au moyen de forts boulons qui traversent à la fois les deux moises et le tenon ménagé sur la tête du pieu, et on exerce un serrage énergique.

Lorsqu'il s'agit de moiser sous l'eau, on peut réunir les moises par des boulons situés en dehors de l'emplacement des pieux, puis on engage le système dans les pieux à la partie supérieure et on le force à descendre à frottement dur, en le frappant tantôt à un endroit, tantôt à l'autre, par l'intermédiaire d'un chasse-pieu.

Si l'on veut obtenir un moisage parfait, on opère autrement : les pieux étant recépés sous l'eau, on ne peut chercher à les réunir aux moises par des boulons horizontaux; il faut venir poser ces moises sur la tête des pieux, et alors on maintient l'écartement des deux moises par des taquets en bois, dont l'axe est dans le prolongement de celui des pieux; les taquets et les moises sont serrés ensemble par des boulons horizontaux, et ce chapeau complexe est réuni à la ligne des pieux au moyen de chevilles en fer barbelées, engagées d'un bout dans un taquet et d'autre bout dans le pieu correspondant, suivant l'axe vertical.

Pour relever le plan de l'enceinte, on vient appliquer sur la tête de chaque pieu un tube en fer-blanc, terminé par un entonnoir qui embrasse le pieu; le tube est vertical; à l'intérieur, on descend une longue tarière et on perce un trou dans l'axe du pieu; dans le trou on implante une tige en fer qui dépasse le niveau de l'eau, et de la position relative de toutes les tiges on déduit le plan de l'enceinte; on peut alors préparer exactement les moises et leurs taquets, que l'on perce de trous verticaux correspondant aux tiges; les taquets s'engagent dans les tiges et la charpente descend à sa place. Avec des pinces, on engage les chevilles barbelées dans les trous des taquets, et, avec un chasse-pieu, on les fait pénétrer dans les pilots. L'opération est alors terminée; il faut avoir soin de conserver la frette des pilots, sans quoi les tarières les feraient éclater. M. l'ingénieur de Lagrené a appliqué ce système avec succès à la fondation des barrages de la haute Seine, dans des profondeurs d'eau qui atteignaient jusqu'à 2 mètres. Il a reconnu qu'on pouvait évaluer à environ 60 francs par mètre cube de bois employé le prix de la main-d'œuvre de ce genre de moi sage.

Des pieux à vis. — On a essayé plus d'une fois, particulièrement en Angle-gleterre, d'employer des pieux en métal, fer ou fonte. Certains murs de quai sont protégés par une enceinte de pieux et palplanches en fonte qui s'assemblent à rai-nures et languettes; d'autres fois, on a eu recours à des pieux creux en fonte que l'on enfonçait en faisant agir à l'intérieur une forte pression hydraulique.

La plus pratique de toutes ces inventions est celle des pieux à vis, qui rendent d'immenses services dans les terrains mouvants de grandes profondeurs, tels que les sables et les vases.

C'est vers 1840 que M. Alexandre Mitchell, de Belfast, les inventa; ils se propagè-rent rapidement dans les travaux maritimes; on ne tarda pas, sur les plages sablon-neuses et vaseuses, à les substituer aux corps morts de toute dimension, auxquels on a l'habitude de fixer par des chaines les bouées de balisage et d'amarrage, et l'on en obtint d'excellents résultats sous le rapport de l'économie et de la solidité. C'est sur des pieux à vis qu'on établit aussi quelques phares en des endroits où l'on eût été forcé de mettre des feux flottants bien plus coûteux et bien moins sûrs; le phare de Walde, dans le Pas-de-Calais, repose sur des pieux à vis.

Nous aurons lieu de revenir sur ce sujet lorsque nous traiterons des travaux ma-ritimes; il a été développé dans tous ses détails par M. V. Chevallier, inspecteur gé-néral des ponts et chaussées (*Annales*, 1855), à qui nous empruntons les lignes sui-vantes :

« Les vis à terrain, employées pour corps morts et pour sabots de pieux, présentent deux types :

« 1° Pour les terrains peu résistants, la vis est cylindrique, elle fait au plus un tour et demi, son filet a sur le noyau une très-grande saillie (*fig.* 273) ;

« 2° Pour les terrains plus résistants, la vis est conique, elle fait jusqu'à trois tours et demi ; le filet, moins saillant, diminue successivement de largeur (*fig.* 274 et 275) ;

« 3° Pour les terrains durs, ce sont des tarières (la *figure* 276 représente la vis d'un pieu employé sur un récif madréporique).

« Les vis coniques ont au plus $0^m,76$ de diamètre, les vis cylindriques $1^m,22$.

« La grandeur des vis est limitée par la force nécessaire pour l'enfoncement du pieu ou du corps mort.

« Cette force est appliquée à des hauteurs successives sur le pieu. »

C'est généralement avec un cabestan, dont l'axe est le pieu lui-même, que l'on exécute l'opération du vissage.

Lorsqu'on doit établir un ouvrage pesant sur pieux à vis, on peut déterminer la dimension de ceux-ci par une expérience préalable; on enfonce dans le terrain une vis d'un diamètre connu et d'une surface connue, puis on la surcharge jusqu'à ce qu'elle commence à s'enfoncer; on déduit de l'expérience le poids auquel peut ré-sister 1 mètre carré de surface de vis, et, par suite, on en déduit aussi les dimen-sions et le nombre de pieux à employer.

Pour les ponts et jetées, on se sert surtout de pieux creux en fonte terminés par une vis en fer. Ces pieux ont été précieux pour exécuter de grands travaux dans les colonies lointaines (les Indes, l'isthme de Panama, Java, etc.). Soit un grand viaduc à construire, on le monte tout entier en Europe, on numérote les pièces et on les expédic par vaisseaux ; quelques ouvriers intelligents suffisent pour diriger le montage sur place.

Les pieux à vis ont servi à fonder des ponts, des viaducs, des jetées et des digues, des maisons et bâtiments de toutes espèces; on en a fait des poteaux de télégraphe, des poteaux de clôture. Ils ont été très-utiles pour des travaux à exécuter près de constructions menaçant ruine. Avec des pieux ordinaires, on produit des ébranlements du sol très-dangereux ; les pieux à vis n'ont pas ces inconvénients, on les place sans secousses et sur eux l'on vient appuyer le cintre ou les étais nécessaires à supporter la construction en péril; ils ont encore l'avantage de pouvoir être déplacés facilement après l'emploi et réutilisés autre part.

Epuisements. — Machines à épuiser. — Ce n'est qu'en mécanique que nous pourrons traiter d'une manière complète et vraiment utile la question des machines d'épuisement; nous nous bornerons ici à la partie descriptive, laissant de côté tout calcul.

La machine d'épuisement la plus simple est *le seau* de dimension variable, que l'on fait en bois, en fer-blanc, en cuir, en toile goudronnée. Il y un a avantage sérieux à obtenir un poids mort aussi faible que possible, pour éviter la fatigue des hommes; aussi le seau de toile rend-il de grands services, particulièrement dans les incendies.

Après le seau vient *l'écope*, que tout le monde a vu mettre en œuvre pour enlever l'eau qui s'amasse au fond des bateaux de faible dimension. Avec une écope ordinaire on peut élever en une heure environ 6 mètres cubes à 1 mètre de hauteur, et le prix du mètre cube enlevé revient donc à environ 0ᶠ,05. L'écope est une sorte de grande cuiller munie d'un manche en bois. On lui a quelquefois donné de grandes dimensions, comme on le voit sur la *figure 277*, qui représente une *écope hollandaise* grand modèle. C'est une auge ouverte sur un de ses petits côtés, mobile autour d'un tourillon horizontal, et à laquelle on imprime un mouvement d'oscillation au moyen d'un balancier; le jeu de l'appareil se comprend de lui-même. Cet appareil simple, facile à établir, ne peut guère servir qu'aux irrigations; il est encombrant et a l'inconvénient d'élever l'eau à une faible hauteur. Avec l'écope hollandaise, le prix de revient du mètre cube d'eau élevé à 1 mètre de hauteur est moitié moins élevé qu'avec l'écope ordinaire; on peut l'évaluer à 0ᶠ,02 ou 0ᶠ,025. Avec un seau à la main, le mètre cube d'eau élevé à 1 mètre revient à 0ᶠ,07.

Après l'écope, citons la *noria*, appareil d'origine arabe, qu'on emploie dans beaucoup d'industries, spécialement dans les moulins, où des norias en cuir font circuler la farine d'un étage à l'autre; la *figure* 278 représente une noria perfectionnée pouvant servir à des épuisements ou à une alimentation d'eau; c'est une chaîne sans fin à grandes mailles rectangulaires, qui s'enroule sur deux tambours polygonaux; le côté des polygones est égal à la longueur de la maille; à une maille sur deux est fixé un seau en tôle qui s'emplit à la partie inférieure pour se déverser en haut. Le moteur ordinaire d'une noria est un cheval ou un âne. C'est aussi une machine qui sert surtout à l'arrosage.

Citons encore, à côté de la noria, d'autres machines qui aujourd'hui ont à peu près complétement disparu des travaux publics; ce sont :

1° La *roue à seaux* que l'on voit sur la *figure* 279, et qui se trouve encore dans les jardins de l'Est de la France ;

2° la *roue à tympans*, qui est formée de tubes en spirale (*fig.* 281), ou d'un cylindre à génératrices horizontales séparé en plusieurs chambres par des cloisons en spirale (*fig.* 280); quelle que soit la forme, l'eau est prise à la circonférence et pénètre dans les spirales, où elle tend toujours à occuper la partie la plus basse; elle monte donc et se déverse par un orifice ménagé près de l'axe de rotation. Cet appareil est d'une construction facile, surtout aujourd'hui qu'on peut le faire en tôle ; il est d'un entretien commode, et avec des dispositions bien étudiées on peut en tirer un rendement de 75 0/0 ; on le fait mouvoir soit par une roue hydraulique, soit par une locomobile, et les transmissions sont toujours faciles, puisqu'il s'agit de transformer un mouvement de rotation en un autre mouvement de rotation à axe parallèle. Quoi qu'il en soit, la roue à tympan, vu ses grandes dimensions et les sujétions qu'elle présente, ne peut être un appareil usuel dans les travaux publics.

La *figure* 281 bis représente le tympan en tôle et fer cornière, installé aux travaux du barrage éclusé de Meulan sur la Seine.

Ce tympan, qui revenait à environ 1 fr. le kilogramme, avait un diamètre de 10m,50 ; il élevait l'eau à une hauteur variant de 4m,50 à 4m,60, et on estime qu'il fournissait environ 10 mètres cubes par minute, ou 14,400 mètres cubes par 24 heures.

Les dépenses du tympan, en 100 jours de travail, ont été de 27,943f,27, soit 279 fr. par jour, et 0f,0194 par mètre cube d'eau élevée à la hauteur indiquée ci-dessus.

D'après M. Cavé, le rendement était de 80 0/0.

Le mouvement de la machine à vapeur était transmis au tympan au moyen d'une courroie passant sur la poulie motrice de la machine, et sur une seconde poulie montée sur l'arbre même du tympan.

3° Le *chapelet*. Il est formé d'une chaîne sans fin, à chaque maille de laquelle est fixée une planche carrée, dont le plan est perpendiculaire à la chaîne ; imaginez cet appareil manœuvré par deux tambours comme la noria, et plongeant à la partie inférieure dans un puisard ; la moitié de la chaîne qui monte s'élève dans un tube carré de même section que les planchettes, de sorte que celles-ci forment avec le tube une série de vases sans communications avec l'extérieur ; l'eau s'y trouve emprisonnée au départ et s'élève avec la chaîne pour se déverser à la partie supérieure. On comprend sans peine avec quelle précision cet appareil doit fonctionner pour donner un rendement convenable ; il y a toujours un jeu notable entre les planchettes et les parois du tube, d'où résultent des fuites considérables qu'accroît encore la pression. L'avantage du chapelet est d'être d'une construction facile, et de pouvoir être employé qand il est incliné, mieux encore que quand il est vertical.

4° La *vis d'Archimède*, dont la *figure* 282 représente une coupe suivant l'axe. Cet appareil, très-usité dans les Flandres et la Hollande pour les dessèchements, a servi plus d'une fois dans les travaux publics. Il est d'une installation facile et peu encombrant, et on lui communique le mouvement soit à bras d'hommes par une manivelle, soit par un manége à chevaux, soit par une locomobile. Nous en avons vu une application pour les fondations de piles de pont ; c'est surtout à l'alimentation des canaux du Nord et de l'Est qu'on a appliqué la vis d'Archimède ou vis hollandaise. M. Lamarle, ingénieur en chef des ponts et chaussées, a publié sur ce sujet, en 1845, un mémoire très-détaillé ; la théorie mécanique de la vis d'Archimède a été mainte et mainte fois traitée ; au point de vue pratique, les observations les plus récentes ont été présentées par M. Riche, ingénieur de la Sambre canalisée.

L'appareil se compose d'une vis d'Archimède, comprenant un noyau solide qui porte deux ou trois cours de surfaces héliçoïdales engendrées par une droite qui se meut normalement au cylindre du noyau en s'appuyant constamment sur une hélice de ce cylindre ; la vis est entourée d'un berceau cylindrique fixe. Lorsqu'on donne à l'appareil un mouvement de rotation, l'eau comprise entre deux pas de vis tend toujours à descendre à la partie la plus basse, et par suite de cette tendance elle s'élève en réalité, pourvu que l'axe de la vis ne soit pas trop incliné sur l'horizon, l'eau sert d'écrou mobile à la vis fixe.

La vis hollandaise est commode pour élever de grandes masses d'eau à de faibles hauteurs; elle est facilement réparable, ne coûte pas cher et fonctionne régulièrement; mais elle donne des résultats économiques très-médiocres, pour les raisons suivantes:

Le diamètre du rayon est souvent trop faible pour la longueur de la vis, il éprouve un flexion notable, et pour donner un jeu à cette flexion il faut laisser entre les surfaces héliçoïdales et le berceau un espace vide de 2 à 3 centimètres, par lequel s'écoule beaucoup d'eau (c'est l'inconvénient déjà signalé pour le chapelet).

La vitesse de la vis est généralement trop considérable; il en résulte des frottements et une perte de force vive notable, surtout lorsque l'appareil est tout en bois.

Pour avoir le rendement maximum, il faut donner au diamètre du noyau les 45 à 60 centièmes du diamètre total de la vis; généralement au contraire, le rapport est bien moindre. En prenant un noyau épais, les surfaces héliçoïdales se trouvent moins larges, et, bien qu'elles ne soient pas géométriquement développables, on arrive à les exécuter en tôle.

En adoptant un noyau épais en bois, l'appareil formant en somme un corps en partie flottant, on peut réduire dans une grande proportion l'effort transmis par la pesanteur sur les tourillons.

La vis doit être immergée d'une profondeur constante, calculée suivant sa force; quand l'immersion est trop considérable, les hélices extrêmes se chargent d'un volume d'eau que les parties plus rapprochées du noyau ne peuvent retenir, et qui s'écoule alors le long du cylindre intérieur du berceau; si l'immersion est trop faible, on n'utilise plus complétement l'appareil, qui ne se charge pas suffisamment. Il faut donc placer la vis dans un puisard à niveau constant.

Les anciennes vis en bois donnent un rendement qui ne dépasse pas 50 0/0; M. Riche a obtenu un rendement de 74 0/0 en adoptant les dimensions ci-après:

Ses vis ont 8ᵐ,20 de longueur, un diamètre total de 1ᵐ,80, un noyau de 1ᵐ,05 de diamètre, un pas de 1ᵐ,80; elles sont inclinées à 27° sur l'horizon. Elles ont coûté, y compris le palier, le pivot et la crapaudine, 2,050 fr. chacune, c'est-à-dire moitié moins que les anciennes vis en bois.

Aujourd'hui, c'est à une locomobile qu'on demande la force nécessaire à la manœuvre d'une vis d'Archimède; la transmission se fait par un pignon et une roue d'angle comme le montre la *figure* 282.

Le prix de revient d'un mètre cube d'eau élevé à 1 mètre de hauteur est de:
Quatre centimes, lorsque l'appareil est mu par des hommes,
Un centime,   —   par un manége,
Un demi-centime   —   par une locomobile.

Dans ce dernier cas, c'est à peu près l'engin le plus économique.

5° Pour terminer ce que nous avons à dire de ces anciens appareils, nous citerons encore la *roue dite hollandaise* (fig. 283); c'est une roue à palettes planes, emboîtée dans un coursier et mise en mouvement par une autre machine. L'eau monte comme dans le chapelet.

Des pompes. — Les pompes sont aujourd'hui les machines d'épuisement les plus usuelles. Les pompes ordinaires, par leur faible débit et par leur constitution particulière, ne conviennent point à l'épuisement des fouilles; en effet, elles ne peuvent, sans être rapidement détériorées et mises hors d'état de fonctionner, aspirer des eaux troubles, chargées de graviers et de vases. Il faut recourir soit à des soupapes spéciales qui ont fait la fortune des pompes Letestu, soit à des pompes rotatives.

La pompe Letestu est encore la plus répandue. Elle ne diffère des pompes ordinaires que par la forme du piston (*fig.* 284 à 287).

C'est un piston conique en bronze, tout parsemé de trous qui livrent passage à l'eau et recouvert à l'intérieur d'un cuir qui, par la pression de haut en bas, s'applique sur le cône. Quand le piston descend, il n'y a pas d'effort à faire; l'eau passe librement de bas en haut, et, vu la largeur des trous, elle peut entraîner avec elle le sable, la vase et le gravier; quand il remonte, le cuir vient boucher les trous, la communication se ferme entre le haut et le bas du corps de pompe; l'eau qui est au-dessus du piston est soulevée et s'écoule par une ouverture latérale.

Ce qui fait le mérite de l'appareil c'est, nous le répétons, la disposition du piston qui permet d'aspirer une eau chargée de terre et de gravier; une pompe ordinaire ne résisterait pas longtemps à un pareil régime. La pompe à un seul corps que nous venons de décrire ne peut être manœuvrée qu'à bras; car l'effort à exercer, qui est nul ou presque nul pendant la descente, prend, pendant que le piston remonte, une valeur constante représentée par une colonne d'eau d'une hauteur égale à celle qui sépare l'orifice de déversement du niveau de l'eau dans le puisard.

Ce n'est qu'accidentellement, et pour de faibles épuisements, que l'on a recours à l'appareil précédent; dans une fouille de quelque importance, on se sert de la pompe à deux corps, qui se meut soit à bras d'hommes, soit à la vapeur; enfin, pour des épuisements considérables, on peut employer une pompe à quatre cylindres, mue par la vapeur.

Les *figures* 288 à 291 représentent les dispositions adoptées par M. Paul Regnauld, ingénieur des ponts et chaussées, pour les fondations du grand pont de Saint-Pierre de Gaubert, sur la Garonne (chemin de fer du Midi). On voit sur la *figure* 288 comment on a réuni par un fossé latéral les fouilles de plusieurs piles, de manière à amener les eaux dans un puisard commun, d'où on les extrait par une machine puissante; c'est une solution économique, qui permet en outre d'éviter l'encombrement.

La *figure* 289 donne les détails des pistons et soupapes, qui sont les pièces essentielles des pompes. Le piston conique en bronze est formé de circonférences concentriques réunies par des rayons, de manière à donner des ouvertures quadrilatères, et il est recouvert à l'intérieur par une lame de caoutchouc; les soupapes qui mettent en communication la partie inférieure des corps de pompe avec le tuyau d'aspiration sont formées de rondelles en bronze, percées, comme les pistons, de nombreux trous, recouvertes d'une feuille de caoutchouc, et guidées par trois ailettes verticales.

Sur la *figure* 290, on voit les détails de la pompe à deux cylindres : à la partie inférieure, les cylindres verticaux sont réunis par un cylindre horizontal plus petit, dans lequel débouche le tuyau d'aspiration; à la partie supérieure, ils sont réunis par un autre cylindre horizontal, qui reçoit l'eau soulevée; celle-ci s'écoule dans une bache, par un plan incliné ménagé sur le côté du cylindre horizontal. Chaque corps de pompe communique avec le cylindre inférieur par une soupape. Lorsqu'un piston descend, le caoutchouc qui le garnit flotte dans l'eau; il n'y a pas de résistance à vaincre; la pression du liquide ferme la soupape du bas en appuyant sur la rondelle de caoutchouc; la communication n'existe plus entre le corps de pompe et le tuyau d'amenée; quand le piston remonte, il soulève l'eau qui est au-dessus de lui, et celle-ci, par sa pression, appuie le caoutchouc sur le piston; au-dessous, le vide tend à se faire, la soupape s'ouvre et l'eau du puisard est aspirée.

Nous avons vu qu'avec un seul piston, l'effort à exercer est tantôt nul, tantôt représenté par une colonne d'eau d'une hauteur égale à celle qui sépare le niveau du puisard de l'orifice de déversement, soit H cette hauteur. Lorsque deux corps de pompe sont réunis par un balancier, l'un monte pendant que l'autre descend; l'effort à exercer sur l'ensemble devient constant et représenté par H.

Les transmissions sont représentées en pointillé sur l'élévation, et en trait plein sur le plan. Une locomobile imprime, au moyen d'une courroie, un mouvement de rotation à une poulie qui sert de volant, et qui sur son axe porte un pignon de 18 dents, engrenant avec une roue de 72 dents montée sur un arbre coudé qui porte la manivelle M, reliée au balancier par une bielle. On voit que l'on réduit dans la proportion de 1 à 4 la vitesse de l'arbre du volant; en effet, une vitesse exagérée ne conviendrait point à l'appareil, parce qu'on aurait des frottements considérables au passage de l'eau à travers les pistons et les soupapes.

On remarquera que l'appareil est monté sur quatre roues de wagon, afin de circuler sur les voies de service.

La *figure* 291 représente une pompe à quatre corps, réunis à la partie inférieure par une caisse quadrangulaire, dans laquelle débouche le tuyau d'aspiration, et avec laquelle chaque corps de pompe communique par une soupape. Les transmissions sont la seule partie que nous ne connaissons pas. Sur un truc qui suit la machine est posée une chaudière, qui envoie sa vapeur dans un cylindre que l'on voit marqué en pointillé sur le bâtis de la pompe; le piston, prolongé par une tige à glissière, met en marche une bielle et un arbre sur lequel sont montés deux volants de 0ᵐ,80 de diamètre, et deux pignons de 0ᵐ,20 de diamètre; ceux-ci engrènent avec deux roues dentées de 1 mètre placées au-dessus d'eux, et les roues dentées elles-mêmes communiquent leur mouvement de rotation à leur arbre, qui est coudé au milieu pour livrer passage à la bielle motrice du balancier des pistons. La vitesse de rotation du premier arbre est réduite pour le second dans le rapport de 1 à 5.

« La quantité d'eau, élevée d'une hauteur de 6 mètres par la pompe à quatre cylindres, était, en moyenne, de 200 mètres cubes par heure.

« La pompe à deux cylindres donnait des résultats beaucoup plus faibles; elle élevait en moyenne 75 mètres cubes par heure. »

La *figure* 292 donne les dispositions adoptées au pont de Kehl par MM. les ingénieurs Vuigner et Fleur-Saint-Denis, pour les épuisements à l'intérieur des piles. Une chaudière montée sur le pont de service donne sa vapeur à un cylindre dont la tige agit par une bielle sur un arbre à volant; cet arbre porte un pignon qui engrène avec une roue dentée, sur l'arbre de laquelle est fixée une manivelle qui fait mouvoir les balanciers de trois pompes Letestu : une grande et deux petites; là, comme plus haut, on interpose une roue dentée pour diminuer la vitesse de rotation. Il est évident qu'on n'est pas forcé de faire mouvoir les trois pompes à la fois.

Les tuyaux d'aspiration pénètrent dans le puisard et se terminent par une sorte de pomme d'arrosoir appelée crépine; la crépine, tout en livrant passage à la terre et aux petits graviers, arrête les cailloux et les détritus de toutes sortes qui détérioreraient l'appareil.

Voici un aperçu des prix des pompes Letestu :

Une pompe à deux corps de 0ᵐ,40 de diamètre, avec son balancier....   1,250 fr.

Avec tuyaux d'aspiration, coude et crépine........................   1,700

Avec les transmissions...   2,800

Le débit peut atteindre 1,300 litres à la minute.

La pompe de 0ᵐ,40 est de beaucoup la plus usitée.

Une pompe à deux corps de $0^m,60$ coûterait, avec les transmissions, 16,000 fr., et peut donner un débit de 7,000 litres à la minute.

Une pompe à deux corps de $0^m,25$ revient, tout compris, avec les transmissions, à 1,900 fr., et elle donne un débit de 460 litres à la minute.

Dans les travaux publics, on paye souvent les appareils d'épuisement à la journée ; quelquefois, cependant, il y a un prix fait pour la campagne et on le fixe au 1/10 de la valeur des appareils.

Le rendement des pompes Letestu est compris entre 50 et 65 0/0.

D'après les expériences de MM. les ingénieurs Morandière et Compaing, le prix de revient de 1 mètre cube d'eau élevé à un mètre de hauteur est de :

Avec une petite pompe simple à bras......................	4 centimes.
Petite pompe à double corps à bras......................	5 —
— — à manége..................	1,2 —
— — avec locomobile.............	0,6 —

Avec une grande pompe à deux ou à quatre cylindres, le prix de revient peut s'abaisser encore davantage.

On obtient un rendement bien plus considérable avec les pompes Farcot, qui sont à double effet, et qu'on a utilisées quelquefois dans les travaux publics, particulièrement pour vider les bassins de radoub.

Les pompes rotatives, qui depuis quelques années ont pris un grand développement, même dans les travaux publics, sont d'invention récente ; on a pu en admirer plusieurs types à l'Exposition universelle de 1867. La plus ancienne est la pompe rotative de Dietz, qui ne mettait en pratique aucun principe nouveau, et qui, vu sa construction assez compliquée, ne pouvait rendre aucun service.

La vraie pompe rotative est la pompe à force centrifuge inventée par Appold ; c'est une véritable turbine Fourneyron, ou bien encore un ventilateur à aubes courbes. Dans un ventilateur, l'appel d'air se fait par une portion annulaire réservée autour de l'axe de rotation ; l'air, mis en mouvement par les aubes, est repoussé à la circonférence et comprimé, il tend à se détendre dans le tuyau d'aérage et par suite produit un courant plus ou moins rapide. Le même phénomène se produit avec l'eau dans les pompes rotatives : la turbine à axe horizontal est animée d'un vif mouvement de rotation, le vide tend à se produire au centre près de l'axe, et comme le tuyau d'amenée y débouche, l'eau du puisard est aspirée ; au contraire, à la circonférence il y a une compression due à la force centrifuge, et l'eau comprimée s'élève dans le tuyau d'ascension, à une hauteur d'autant plus grande que la vitesse de rotation est plus considérable. C'est à la fois une pompe aspirante et foulante ; la forme des aubes a une grande influence sur le rendement ; celui-ci a plus que triplé le jour où on a substitué aux aubes planes dirigées suivant des rayons, des aubes courbes dont l'extrémité est presque tangente à la circonférence extérieure.

La vitesse de la roue est, avons-nous dit, en rapport avec la hauteur d'élévation ; cependant il y a une limite qu'on ne peut dépasser, et l'usage de la pompe cesse d'être avantageux bien avant cette limite. La pompe rotative est surtout commode pour élever de grandes masses d'eau à de faibles hauteurs. Dans de bonnes conditions d'installation et de vitesse, elle peut donner un rendement de 70 0/0. En Angleterre, le fabricant le plus connu de pompes rotatives est M. Gwyne ; en France, on connaît MM. Malo-Belleville, de Dunkerque ; Cogniard, de Paris ; Dumont et Neut, de Lille ; ce sont les appareils de ces derniers que l'on rencontre le plus souvent dans les travaux publics.

Les *figures* 292 *bis* et 292 *ter* représentent le type de pompe centrifuge que construisent MM. Malo et Belleville.

C'est une turbine dont on voit les aubes courbes pointillées sur l'élévation. Elle est montée sur un arbre horizontal H, qui reçoit son impulsion de la poulie I, que commande la courroie d'une machine à vapeur. L'axe tourne dans deux paliers graisseurs K, que supportent des pièces en fonte J, reliées au support, également en fonte.

Les tuyaux d'aspiration D, qui aboutissent à la partie supérieure dans la partie annulaire centrale de la turbine, se réunissent en bas dans l'ouverture B, sur laquelle s'adapte le tuyau d'aspiration muni de sa crépine.

Le tuyau de refoulement est en E; son axe est tangent à la circonférence extérieure de la turbine.

Les deux parties C du corps de pompe sont réunies au moyen de deux parties annulaires bien rabotées, que serrent des boulons.

Cet appareil pèse 1,200 kilog., coûte 1,800 fr., et présente un rendement de 9,000 litres à la minute.

La pompe rotative offre de nombreux avantages :

Montage facile; mouvement de rotation continu, exempt des chocs inhérents au mouvement alternatif; construction simple et solide; petit volume et faible poids; transmissions faciles; débit pouvant varier immédiatement avec la vitesse ; possibilité d'aspirer des eaux chargées de boue et de gravier.

Voici les prix de quelques pompes rotatives Neut et Dumont :

Pompe débitant   300 à   360 mètres cubes à l'heure, 1700 fr. avec double palier.
  —   —   720 à   900   —   —   2900   —   —
  —   —   1800 à 2000   —   —   5200   —   —

Suivant de nombreuses expériences, exécutées par M. Le Verrier, ingénieur des mines à Lille, le rendement des pompes Neut et Dumont peut atteindre 57 0/0.

Nous reviendrons en mécanique sur ces appareils intéressants.

Coulage du béton. — C'est une excellente introduction à l'étude actuelle que de reproduire ici les lignes dans lesquelles Vical, l'illustre et l'utile inventeur des chaux hydrauliques artificielles, explique la manière dont on doit immerger le béton :

« De toutes les destinations du béton, l'immersion en eau profonde est celle q demande le plus de soins et présente le plus de difficultés; quelques ingénieur emploient le camion, qui se vide par bascule et verse le béton qu'il contient un peu avant de toucher le fond; d'autres préfèrent la caisse à soupape, qui s'ouvre en dessous; la trémie paraît abandonnée. Chacun cite des exemples de succès à l'appui de sa préférence. Il est une considération capitale, qui doit diriger dans le choix de moyens, c'est, en tout état de cause, d'opter pour celui qui maintiendra le béton immergé au plus près possible de sa consistance de fabrication, en le remaniant le moins possible sous l'eau, et en donnant lieu par conséquent à la moindre formation de laitance possible; tout béton remanié après l'immersion se délave et s'affaiblit proportionnellement.

« Quelque soin que l'on prenne, cependant, il y aura toujours de la chaux séparée du mortier sous forme de bouillie claire, nommée laitance; et c'est par cette raison que nous avons recommandé d'en forcer un peu la dose en sus de la proportion ordinaire. Cette laitance, lorsqu'il règne un léger courant sur l'enceinte dans laquelle on échoue le béton, est entraînée à mesure qu'elle se forme; mais dans une enceinte bien close dont l'eau ne peut se renouveler, elle se dépose et finit par s'accumuler à tel point qu'il devient indispensable de s'en débarrasser. Elle ne provient pas seulement de la chaux délayée, mais encore du soulèvement des vases fluides qui, après les dragages, recouvrent le fond sur lequel on bétonne. D'autres causes, lorsqu'on opère en eau de mer, s'ajoutent aux précédentes; il se précipite une grande quantité de magnésie et de sulfate de chaux à l'état naissant, matière presque gélatineuses et faciles à soulever. En eau douce, les pouzzolanes, lorsqu'on en emploie, donnent lieu aussi à des formations gélatineuses par la combinaison presque immédiate de leurs parties les plus fines avec la chaux. De là une augmentation notable de cette bouillie fluide, qu'il faut enlever.

« Cette opération devient plus ou moins laborieuse, suivant le mode d'immersion adopté; lorsqu'on procède par couches horizontales, la laitance se dépose uniformément dans les creux résultant des inégalités des surfaces; à chaque couche nouvelle, la quantité en augmente et surnage, mais pas au point de laisser les couches successives se juxtaposer exactement; la laitance qui reste engagée entre elles y produit des solutions de continuité très-fâcheuses pour l'homogénéité et la résistance uniforme de la masse; il importe donc, au fur et à mesure que cette laitance se produit, de la balayer hors de l'enceinte, quand c'est possible, ou de la chasser vers un puisard ménagé à cet effet, et de la pomper; l'opération devient moins difficile, quand le bétonnement, au lieu de se faire par couches horizontales, présente une déclivité vers le puisard.

« En voilà assez pour que tout ingénieur reste juge du parti à prendre; nous nous prononçons formellement, cependant, surtout pour le cas de bétons très-prompts à durcir, [contre le procédé qui consiste à déposer les augées sur un même point pour en former une montagne que l'on force à s'élargir circulairement, ou d'arrière en avant, par l'affaissement de sa masse, aidée du poids de nouvelles augées qu'on y dépose et de l'action de la dame; il n'est pas besoin de démontrer que cette expansion du béton ne peut se faire sans que la masse soit à chaque instant désunie et remaniée, ce qui devient une cause puissante d'affaiblissement pour sa durée future. »

Nous allons maintenant décrire les divers procédés qui ont été employés pour le coulage du béton, et, il nous sera facile ensuite de conclure quels sont les meilleurs, en prenant pour bases les principes posés par Vicat.

Trémies employées au barrage de Saint-Valery-sur-Somme. — Elles sont représentées par les *figures* 293 et 294; inventées par M. l'ingénieur Magdelaine, elles furent perfectionnées par M. Mary vers 1830 : la trémie est soutenue par un appontement, qui repose sur deux bateaux plats et sur une série de tonneaux que l'on pouvait immerger plus ou moins, à volonté, de manière à corriger les variations de la nappe d'eau dont le niveau s'exhaussait de 0^m,15 à 0^m,18 pendant les marées de vive eau. Le béton était versé avec précaution dans les trémies que l'on promenait lentement à l'aide de forts cabestans; ces trémies formaient des tranches parallèles de 2 mètres de largeur et se mouvaient à recouvrement de 1 mètre sur les parties pleines (*fig.* 294). Les rouleaux, dont était muni leur orifice inférieur, tout en facilitant le dégorgement et comprimant la surface du béton, permettaient de revenir plusieurs fois sur la même zone, et toujours à recouvrement sur les parties pleines. L'aire générale du béton était formée de deux couches, la couche inférieure de 1 mètre d'épaisseur, et la couche supérieure de 0^m,70; si on avait fait l'épaisseur totale en une seule couche, il est clair que le béton, ayant à former en pleine eau un talus à 45 degrés de plus de 3 mètres de longueur, eût été complètement délavé.

M. Mary obtint de bons résultats avec les trémies, et à cette époque il les considérait comme préférables aux caisses, particulièrement sur un sol de gravier traversé par de nombreuses sources de fond, car, disait-il, « lorsque l'on se sert d'une caisse qui, pour être facilement manœuvrable, ne doit pas avoir une capacité de plus d'un hectolitre, au moment où l'on opère le versement, le béton s'étend de tous les côtés, et, quelle que soit sa forme au sortir du moule, il ne conserve pas une épaisseur moyenne de plus de 0ᵐ,10 à 0ᵐ,12. Si sous cette légère couche de béton se trouve placée une source agissant avec une charge de 0ᵐ,30 seulement, elle soulèvera et traversera immédiatement le béton, et quand on versera le contenu de la seconde caisse la même chose arrivera aussi facilement que la première fois. Au contraire, quand le coulage se fait avec une trémie, les sources peuvent percer le béton qui forme talus, mais, quand on avance sur le point qui a été traversé par les eaux, le béton se trouve chargé par le poids de toute la matière contenue dans la trémie, les sources sont étouffées et la compression ferme nécessairement les vides que le passage de l'eau a pu faire. »

Sans méconnaître ce que l'assertion précédente peut avoir de fondé, nous ferons remarquer qu'au moment où le béton dégorge de la trémie, il roule sur le talus, et se trouve délavé ; ce qui le prouve, c'est qu'avec les trémies on obtient une plus grande proportion de laitance qu'avec les petites caisses. Leur plus grand inconvénient est d'être encombrantes, difficiles à mouvoir ; elles se déversent facilement, et reviennent cher comme façon et comme entretien.

Caisse à immerger le béton employée au port d'Alger en 1837. — Cette caisse a pour section un quart de cercle (*fig.* 295 et 296), elle est suspendue par les extrémités à un treuil à manivelle et à frein ; pendant que les cordes (*l'l*) se déroulent, les cordes (*m'm'*) s'enroulent et leur longueur est calculée d'après la profondeur de l'eau, de manière qu'elles se tendent lorsque la caisse arrive au fond et qu'elles la fassent basculer. Les petites ouvertures (*o'*) ont pour but de laisser écouler l'eau dont la caisse se remplit en montant.

Cette caisse est à grandes dimensions ; elle tient un mètre cube ; on voyait à cela l'avantage de déposer le béton en grandes masses et de le soustraire ainsi au délavage.

Caisse employée à la digue de l'anse de Kerhuon, à Brest. — Cette caisse, d'une disposition ingénieuse, inventée par M. l'ingénieur Petot, est représentée par les *figures* 297 et 298. C'est un demi-cylindre partagé en deux secteurs rectangulaires mobiles autour de leur centre commun, et maintenus l'un près de l'autre au moyen d'un crochet que montre la *figure* 298. Vu le mode de suspension, les deux secteurs tendent toujours à se séparer par l'action de la pesanteur, et le crochet les retient. La caisse étant pleine de béton, on la descend jusqu'auprès du fond, on tire la ficelle du crochet, les deux secteurs se séparent et le chargement tombe à l'endroit voulu. On remonte la caisse vide ; quand elle est hors de l'eau, les deux secteurs sont dans la position que représente la *figure* 297 ; il faut les rapprocher. Pour cela, on remarquera qu'un cordage est fixé à l'axe de rotation des deux secteurs, et vient faire seulement un tour sur le treuil ; il est tenu en main par un ouvrier ; si cet ouvrier exerce une traction sur le cordage auxiliaire, pendant que les cordages principaux ne bougent pas, l'axe de la caisse est soulevé, les deux secteurs s'accolent, et on peut mettre le crochet pour recommencer l'opération. Le cordage auxiliaire sert en outre de frein pour modérer la descente. La capacité de chaque caisse est d'environ 0,40 de mètre cube.

Bateau lisseur employé au pont de Tours. — Au pont de Tours, M. Beaudemoulin fit usage de rouleaux pour unir, comprimer le béton, et lui donner en peu de temps la consistance suffisante pour résister à l'action du courant ; ce sont deux rouleaux en bois de deux mètres de longueur et de 0ᵐ,30 de diamètre, fixés chacun sur des élindes graduées, placées à l'avant et à l'arrière d'un bateau fortement lesté avec des pierres.

Lorsqu'on veut comprimer du béton, c'est toujours par une pression continue qu'il faut agir ; on doit bien se garder de battre la surface avec une dame ou un pilon, parce que l'on fait sortir de la masse la chaux liquide qui s'amasse en bouillie à la surface ; c'est un effet analogue à celui que l'on remarque, lorsque l'on bat avec un morceau de bois la surface d'un sable fin et humide.

Bétonnage au bassin de radoub n° 3 du port de Toulon. — Dans un mémoire inséré aux *Annales des Ponts et Chaussées*, en 1850, M. l'ingénieur Noël décrit les moyens employés pour la fondation des bassins de radoub du port de Toulon. Il y avait à couler des aires en béton d'une grande étendue.

Les caisses d'immersion (*fig.* 299), de 1 mètre cube de capacité, sont en tôle renforcée par des cornières, avec deux volets inférieurs qui s'ouvrent à charnière. Sur un bâti à roulettes est monté le treuil dont on voit la manivelle en (*a*), avec roue à rochet (*d*) et frein (*f*), le tambour en (*b*), avec une roue dentée que fait mouvoir un pignon monté sur l'arbre des manivelles; (*h*) est la chaîne de suspension, (*l*) une chaînette qui soulève le verrou (*o*), lequel abandonne les bords des volets (*n*) qui tournent autour de leur charnière et viennent se placer verticalement dans le prolongement des côtés de la caisse. A la descente, les hommes qui sont aux manivelles n'ont qu'à suivre le mouvement que guide un ouvrier placé au frein ; quand la caisse touche le fond, on la relève de $0^m,15$, on tire la chaînette et le béton s'échappe.

Les caisses sont placées sur un grand radeau qui occupe l'emplacement de l'aire à construire et qui porte transversalement autant de coupures qu'il y a de caisses ; c'est au-dessus de ces coupures que circulent les caisses et leurs bâtis. La *figure* 300 donne le profil en long du chantier; le radeau est mobile, de sorte que les caisses ne déposent point toujours leur béton au même endroit. On ne commence pas à faire fonctionner toutes les caisses en même temps; la première seule dépose d'abord une ligne transversale du béton ; puis on lui adjoint la seconde, puis la troisième aux deux autres, la quatrième aux trois premières et ainsi de suite. On comprend que de la sorte la surface du massif n'est pas horizontale, mais qu'elle présente un talus de l'amont vers l'aval; sur ce talus, la laitance s'écoule et se rend dans un puisard d'où l'extrait une petite pompe Letestu à un seul cylindre, que l'on voit en (*f*). De cette pompe sortait constamment un courant de laitance « ayant la consistance et l'aspect d'une crème au chocolat ». A l'arrière du radeau, on venait comprimer le béton posé, au moyen de longs pilons sur la tête desquels frappaient des sonnettes : on évitait ainsi un choc direct.

Dans cette opération, ce qui préoccupait le plus, et à juste titre, c'était de se débarrasser de la laitance : la disposition adoptée pour cela était excellente. Dans d'autres cas, au lieu d'un puisard et d'une pompe, on a eu recours pour enlever la laitance à des dragues à main, emmanchées au bout d'une longue perche; ces dragues se composaient d'une sorte de filet conique, dont l'ouverture était maintenue par un cercle de fil de fer (c'est la forme d'un filet à papillons). On s'est servi aussi de balais doux que l'on promenait à la surface des assises de béton ; il est facile de confectionner ces balais, qui se composent de brins de paille serrés entre deux planchettes au moyen de boulons; on en obtient toujours de bons résultats au point de vue de la liaison des diverses couches de béton entre elles.

Aux ponts de Nantes, M. l'ingénieur Lechalas fit usage de caisses en tôle analogues à celles du port de Toulon; elles sont représentées par la *figure* 301 ; formées de tôles planes, renforcées par des cornières, elles sont d'une construction simple;

les volets inférieurs s'ouvrent par des verrous à levier que l'on manœuvre d'en haut par une cordelle. Ces caisses cubent 0ᵐ,33.

Caisses employées sur la Garonne. — M. l'ingénieur Paul Regnauld, dans son mémoire inséré aux *Annales des Ponts et Chaussées,* en mai 1870, décrit comme il suit les dispositions adoptées par lui pour la pose et l'immersion du béton, au pont de Saint-Pierre de Gaubert sur la Garonne :

« Les deux culées et une partie des piles ont été fondées à sec. On transportait le béton dans des brouettes; on le versait à la place qu'il devait occuper et on le régalait par couches horizontales de 0ᵐ,20 à 0ᵐ,25 d'épaisseur, afin de rapprocher les cailloux tendant toujours à s'écarter. En outre, pour rendre au béton son homogénéité, pour faire prendre aux cailloux les positions les plus favorables et pour remplir exactement les vides en répartissant uniformément le mortier dans toute la masse, on avait soin de pilonner, à l'aide de pilons en bois, les couches de béton aussitôt qu'elles étaient établies.

« Cette méthode était employée pour les culées où l'on avait ménagé des rampes permettant le transport du béton à la brouette.

« Pour les piles où le talus des fouilles était de 45°, on construisait une aire en planches, à l'extrémité des fouilles, près du pont de service amont, et on y installait a caisse à béton. Les matériaux, amenés à l'aide de chariot roulants sur le pont de service, étaient jetés dans la bétonnière et arrivaient, à l'état de béton, sur le plancher construit. On le chargeait en brouettes et on le transportait dans les différents points de la fouille où il était disposé en couches, comme dans le cas précédent.

« On réalisait ainsi une économie considérable de temps et de main-d'œuvre.

« Quand on était obligé d'interrompre les couches de béton, on les terminait par des redans afin d'assurer le raccordement des parties interrompues avec celles que l'on établissait le lendemain. On lavait alors la surface du redan sur laquelle on posait le nouveau béton; les autres surfaces subissaient la même préparation. On parvenait ainsi à relier parfaitement les couches de la veille à celles du jour même.

« Dans les quatre piles en rivière, on fut obligé de couler le béton sous l'eau.

« Cette immersion du béton se faisait de la manière suivante :

« On commençait par recouvrir les enceintes avec un plancher en madriers. Ces madriers étaient posés en travers des enceintes et leurs extrémités reposaient sur les pieux et les moises supérieures. On ménageait, à l'extrémité amont du plancher, une ouverture destinée à introduire le béton ; cette ouverture, qui s'étendait sur toute la largeur de la fondation, pouvait, par une simple transposition de madriers, être changée de place à mesure que s'avançait le coulage du béton.

« Sur ce plancher on établissait un treuil léger, formé d'un arbre d'environ 0ᵐ,12 de diamètre, mobile sur un bâti rectangulaire.

« Ce treuil servait au coulage du béton, que l'on plaçait dans des caisses demi-cylindriques, cubant environ 0ᵐ,25.

« Ces caisses, représentées sur les *figures* 302, 303 et 304, avaient 1 mètre de longueur et 0ᵐ,90 de diamètre. Elles étaient formées de deux quarts de cylindre, mobiles autour d'un arbre qui se confondait avec leur axe et pouvant facilement se séparer.

« Aux deux extrémités de cet arbre étaient fixées des tringles en fer qui aboutissaient à un anneau placé dans l'axe transversal de la caisse, et auquel était attachée l'extrémité du câble supportant la caisse et s'enroulant autour du treuil.

« Le poids même des deux quarts de cylindre faisait que ces deux parties s'appliquaient l'une contre l'autre; on chargeait ainsi la caisse et on égalisait la surface du béton avec le plat de la pelle, de manière à la rendre presque lisse et, par suite, plus propre à s'opposer à la pénétration de l'eau. Puis deux hommes manœuvrant le treuil la descendaient jusqu'à 20 ou 30 centimètres du fond la fouille. Une disposition très-commode permettait alors d'ouvrir la caisse en dessous et de couler le béton. Des câbles attachés aux extrémités supérieures des quarts de cylindre se réunissaient à un panneau auquel était fixée l'extrémité d'une corde manœuvrée par le chef de chantier. On voit facilement que, la caisse continuant à descendre quand le chef de chantier tirait sur la corde, les deux parties tournant autour de l'axe horizontal se séparaient et le béton tombait au fond de l'eau; on remontait alors la caisse et on recommençait l'opération.

« Cette caisse, pouvant s'approcher beaucoup du fond des fouilles, présente l'avantage de diminuer sensiblement le délavement du béton et la formation de la laitance. Il s'en produisait néanmoins une certaine quantité qui était enlevée, au fur et à mesure du coulage, avec des raclettes en bois. Cette laitance était chassée par des ouvertures qu'on avait faites à l'aval des enceintes.

« Pour favoriser encore cet écoulement, on immergeait le béton de l'amont à l'aval. La laitance se rendait sur les parties inférieures où l'on enlevait, à l'aide de dragues à main, celle que les raclettes n'avaient pas entraînée.

« L'emploi de cette caisse demi-cylindrique, de faible dimension, a présenté un grave inconvénient. La quantité de béton immergée, à chaque descente de la caisse, n'étant que de $0^m,25$, le courant d'eau déterminé dans la pile par les fissures des palplanches, le délavait, entraînant une grande partie de la chaux, et lorsque, les fondations terminées, on creusait dans le béton pour y établir le libage, des renards se déclaraient en différents points.

« On a fait construire des caisses de dimensions beaucoup plus fortes sur le modèle des premières.

« Elles avaient $1^m,80$ de longueur et $1^m,20$ de diamètre.

« Les treuils ne suffisant plus alors pour les mouvoir, on fut obligé de recourir aux grues roulantes établies pour le montage des matériaux.

« Chaque caisse pouvait contenir 1 mètre cube de béton.

« Ces masses énormes de béton étaient difficilement délavées par le courant dans l'intervalle qui séparait deux immersions successives, et la seconde apportait assez de mortier pour réparer la perte qu'avait pu subir la première.

« Ces caisses ont produit d'excellents résultats, et, dans les fouilles faites pour établir le libage, on n'a plus constaté la présence d'aucun renard. »

La caisse de M. Regnauld ressemble beaucoup à celle de M. Petot, que nous avons décrite plus haut; mais, dans celle-ci, la disposition des deux cordages est inverse, ce qui complique la manœuvre en nécessitant l'addition d'un verrou.

Nous voyons d'après tout ce qui précède qu'on a obtenu de bons résultats avec les divers procédés employés pour couler le béton. Les trémies elles-mêmes, si encombrantes et si peu mobiles, ont bien réussi quelquefois, grâce à des soins particuliers.

Certains ingénieurs préfèrent les caisses de petites dimensions, contenant $\frac{1}{10}$ ou $\frac{1}{5}$ de mètre cube ; d'autres préfèrent les grandes caisses d'un mètre cube de capacité. Les deux systèmes ont leurs avantages ; avec de petites caisses, on a une manœuvre prompte et facile, et l'on dépose le béton là où l'on veut; avec les grandes, on a moins à craindre le délavage. Notre conclusion est qu'il vaut mieux réserver les petites caisses pour les enceintes dans l'intérieur desquelles l'eau n'est soumise qu'à de très-faibles courants, et recourir aux grandes lorsqu'on se trouve en présence de courants rapides. Dans tous les cas, la principale cause de succès est dans l'attention que l'on apportera à se débarrasser complétement des laitances.

Moyen d'étouffer ou de détourner les sources. — Il arrive quelquefois qu'après avoir exécuté des fouilles à l'intérieur d'une enceinte, on rencontre pour asseoir l'ouvrage un sol incompressible il est vrai, mais très-perméable et duquel s'échappent des sources nombreuses et puissantes.

Lorsque les sources sont latérales et produites par des couches de suintement se rapprochant de l'horizon, on peut s'en débarrasser en exécutant autour de l'enceinte un fossé qui recueille les eaux pour les amener dans un puisard d'où on les enlève avec une machine d'épuisement.

Le plus souvent l'on a affaire à des sources de fond ; si elles ne sont pas fortes, on les laisse couler jusqu'à ce que l'eau s'élève suffisamment dans l'enceinte pour leur faire équilibre, puis on immerge une aire de béton dont l'épaisseur est calculée pour résister à la sous-pression des sources ; au bord de cette aire, on accole aux pieux et palplanches de l'enceinte un mur en béton qui forme batardeau. On a donc obtenu de la sorte une grande cuvette en béton toute pleine d'eau ; on laisse aux mortiers le temps de durcir, puis, on épuise à l'intérieur, et l'on achève à sec la construction ; lorsqu'on épuise, le béton a pris assez de consistance pour étouffer les sources qui ne reparaissent plus.

Dans certains pays à sous-sol perméable, l'écoulement des eaux ne se fait guère à la surface, il est surtout souterrain, et dans les fouilles on rencontre des sources puissantes. Lors de l'exécution des écluses du canal de la Somme, M. Mary, qui nous a laissé tant de notions pratiques, eut à lutter contre ce grave inconvénient des sources de fond ; il parvint à le surmonter par des procédés qui sont restés classiques, et que, dans son cours de construction, il décrivait comme il suit :

« Lorsque le sol est incompressible et peu perméable, on épuise l'emplacement de l'ouvrage que l'on a à construire et l'on procède comme si l'on avait à fonder au-dessus de l'eau. Cependant, il y a des circonstances où, même avec des eaux peu abondantes, il convient de prendre des précautions particulières pour assurer la solidité de l'ouvrage que l'on exécute. Il peut arriver que toutes les eaux sortent par une source assez énergique, et que cette source se trouve dans l'emplacement de la maçonnerie ; si, dans cette position, on maçonne autour de la source, puis au-dessus, avant que les massifs environnants aient pris corps, il arrivera, ou que la source s'ouvrira une nouvelle issue au travers de la maçonnerie voisine, ou qu'elle soulèvera le massif avec lequel on aura essayé de l'étouffer. Le meilleur parti à prendre dans ce cas est de laisser une issue libre à l'eau du côté opposé au parement vu, et d'attendre, pour fermer cette issue avec du béton ou du mortier hydraulique, que toute la fondation soit terminée et que l'on ait laissé remonter les eaux dans la fouille.

« Si la source jaillit dans l'emplacement d'un radier, on lui prépare une issue maçonnée, recouvertes en pierres plates, ou en madriers en chêne pour l'amener, par le chemin le plus court, jusqu'au derrière des murs, et on prépare, de distance en distance, à peu près de 2 mètres en 2 mètres, sur cette rigole, des trous ronds que l'on bouche avec des tampons en bois, pour qu'aucune ordure ne puisse y tomber. Les eaux ayant ainsi un libre cours, ne s'élèvent pas, aucune sous-pression ne se produit, les mortiers ne sont délavés nulle part et la maçonnerie se trouve dans les meilleures conditions de durée. Si l'on a plusieurs sources, on tâche de les amener à une rigole commune. Quand toute la fondation est faite, que l'on est sur le point de laisser monter les eaux, on enlève les bouchons qui ferment les trous de la rigole et on les remplace par d'autres d'une longueur suffisante pour qu'ils s'élèvent au-dessus de l'eau après qu'elle aura repris son niveau.

« Quand on s'est assuré, en fermant les issues de la fouille, que les sources sont noyées et ne coulent plus, on introduit l'ajutage d'une pompe foulante dans l'orifice le plus reculé de la rigole, celui qui est tout à fait au fond du cul-de-sac que orme cette rigole ; cette pompe foulante est formée d'un bout de tuyau en bois, assez long pour s'élever du radier sur lequel il doit porter jusqu'au-dessus du niveau de l'eau. A son extrémité inférieure est adapté un ajutage en tôle du même diamètre que le vide du tuyau, et disposé pour entrer dans les orifices de la rigole. On maintient ce tuyau dans une position verticale, on y introduit avec une espèce d'entonnoir, de très-bon mortier, de consistance moyenne et fabriqué avec du sable plutôt fin que gros. Tant que le mortier entre dans le tuyau, on continue à en verser. Il est entendu que pour faire toute l'opération, on a soin d'enlever, outre le tampon du trou où le tuyau est placé, les tampons les plus voisins, afin de faciliter la sortie de l'eau qui remplit la rigole, à mesure que le mortier s'y introduit; car on conçoit que si les orifices étaient bouchés, l'eau ne sortant pas, le mortier ne pourrait entrer. C'est par ce motif que le premier trou doit être à l'extrémité la plus reculée de la rigole et que l'on commence par celui-là. Si l'on a plusieurs corps de pompe, on les place sur les trous les plus rapprochés de celui par lequel le mortier est introduit. Cette disposition permet de juger du succès de l'opération par l'arrivée du mortier dans le second et quelquefois jusque dans le troisième corps de pompe.

« Dès que le mortier cesse d'entrer dans le tuyau, on y pousse avec force une verge en fer ou en bois ; souvent cela suffit pour faire pénétrer de nouveau le mortier ; cependant, il arrive un moment où ce moyen ne suffit plus. Alors on introduit dans le tuyau un tampon en étoupe, on place dessus une espèce de piston qui a du jeu dans le tuyau et on frappe avec un maillet sur le piston ; ordinairement cela fait dégorger le tuyau d'où l'on retire le piston, puis le tampon d'étoupe que l'on saisit avec un crochet, et on recommence la même opération jusqu'à ce que l'on arrive à un refus absolu.

« Alors on reporte son tuyau au trou suivant, et on continue ainsi jusqu'à ce que l'on arrive à un refus absolu dans tous les trous ; souvent lorsque l'on verse du mortier dans un des trous, il sort par les trous voisins ; on prévient cet effet en y mettant d'avance des tuyaux dans lesquels le mortier s'élève.

« Si la rigole avait plusieurs rameaux, il conviendrait de verser à la fois du mortier dans chacun d'eux, de manière à y arrêter les versements quand ils seraient remplis jusqu'à la branche principale.

« Nous avons insisté sur ces détails parce qu'ils peuvent être appliqués non-seulement à la fondation d'une écluse quelconque, mais aussi à la réparation d'une maçonnerie dans laquelle il existe des vides que l'on peut remplir à peu de frais. »

FONDATIONS PAR L'AIR COMPRIMÉ.

Historique. — Nous avons vu, en parlant des puits foncés pour fondations dans la vase, que l'invention des fondations tubulaires remontait à une haute antiquité; les Indous s'en servaient pour établir leurs temples sur le bord des fleuves. Les Anglais ont conservé le système et plus d'un de leurs grands ouvrages, ponts et monuments, repose sur des fondations tubulaires : aux puits ronds, ils ont substitué les puits à section carrée, que nous avons vu employer aussi en France.

Brunel établit, comme d'énormes puits foncés, les tours qui servent à descendre dans le tunnel sous la Tamise ; elles ont 15 mètres de diamètre et l'une d'elles a près de 25 mètres de profondeur.

C'est à cette époque que l'on vit apparaître les premiers tubes en métal.

On eut l'idée d'y faire le vide pour les enfoncer. Supposez un tube ouvert par le bas et recouvert par en haut d'une calotte métallique, et faites le vide à l'intérieur ; les matières terreuses sont aspirées de bas en haut, mais en même temps la pression atmosphérique (10 tonnes par mètre carré) presse le tube de haut en bas et le force à s'enfoncer. On enlève la calotte de temps en temps pour vider l'intérieur du tube et draguer les matières soulevées.

Bien que ce système n'ait point donné de mauvais résultats, on semble aujourd'hui l'avoir abandonné ; peut-être y reviendra-t-on. Il a un avantage sérieux, c'est que l'aspiration de l'eau, qui se produit à travers le sol, le désagrége et le soulève en le perçant de nombreux canaux, et les dragages sont d'une exécution facile.

En 1841, M. Triger, ayant à percer un puits de mine près de Chalonne sur la Loire, devait traverser une couche de sable aquifère de plusieurs mètres de hauteur ; il parvint à vaincre cette difficulté en constituant la paroi du puits avec un tube métallique fermé par en haut, à l'intérieur duquel on comprimait de l'air ; cet air chassait l'eau et faisait équilibre à la pression hydrostatique qui s'exerçait à la base du tube ; des ouvriers pouvaient donc travailler à sec au fond du puits et creuser le sol. Une sorte d'écluse posée sur le tuyau, et communiquant à volonté soit avec l'atmosphère, soit avec le réservoir d'air comprimé, permettait aux ouvriers d'entrer dans le puits et d'enlever les déblais sans interrompre le travail.

En 1851, les Anglais eurent l'idée d'employer la méthode ingénieuse de M. Triger à la fondation du pont de Rochester, et Brunel en fit ensuite l'application au pont de Royal Albert.

L'invention était devenue pratique et elle se développa rapidement.

Quelques années après, il parut plus commode de substituer aux tubes à section circulaire, des caissons à section rectangulaire de grandes dimensions, que l'on descendait par le même procédé que les tubes. La plus belle application en a été faite au pont de Kehl sur le Rhin, par deux ingénieurs français : MM. Vuigner et Fleur-Saint-Denis.

Le système des fondations à l'air comprimé se divise donc naturellement en deux grandes sections :

1° Fondations par tubes isolés ;

2° Fondations par caissons.

1° **Fondations par tubes isolés.** — Nous allons décrire trois des principales fondations tubulaires exécutées par des ingénieurs français, savoir :

Les fondations du pont de Szegedin (Hongrie), construit en 1857, sur la Theiss, pour le chemin de fer du Sud-Est autrichien, par M. Cezanne, ingénieur des ponts et chaussées ;

Les fondations du pont de Bordeaux, construit en 1859 pour le raccordement du chemin de fer d'Orléans au chemin de fer du Midi, par MM. de la Roche-Tolay et Paul Regnauld, ingénieurs des ponts et chaussées ;

Les fondations du pont d'Argenteuil, construit en 1861, pour le chemin de fer de l'Ouest, par les ingénieurs de la Compagnie.

Pont de Szegedin. — Chaque pile est formée de deux tubes qui soutiennent des arcs en tôle.

Les tubes sont composés d'anneaux en fonte de 3 mètres de diamètre, 1ᵐ,815 de haut et 0ᵐ,035 d'épaisseur ; ils pèsent 5500 kilogrammes. On a choisi la fonte comme étant plus maniable et donnant des pièces d'une exécution plus facile ; elle a l'inconvénient de se briser facilement sous les chocs, et il vaudrait mieux employer des anneaux en tôle à la partie supérieure des tubes que peuvent rencontrer les bateaux ou les glaces.

Le diamètre adopté, 3 mètres, est suffisant pour permettre aux ouvriers de tra vailler à leur aise ; on ne pourrait en adopter un moindre.

L'épaisseur des anneaux est beaucoup trop considérable, vu la charge qu'ils ont à porter : nous ferons remarquer ici qu'à Szegedin on a considéré les tubes comme résistant par leur enveloppe seule ; le béton placé à l'intérieur n'est que pour le rem plissage, et, dans plusieurs circonstances, les Américains l'ont remplacé par du sable. Étant admis que les tubes supportent seuls les efforts de la superstructure, ils doivent résister d'une part à la pression verticale (il y a bien plus d'épaisseur qu'il n'en faut pour cela) et d'autre part à la différence des poussées horizontales que peuvent exercer l'une contre l'autre deux travées voisines.

Les anneaux sont réunis l'un à l'autre par des joints formant la couronne, joints dont les figures 306 et 307 donnent le détail ; ils se composent d'une partie tournée de 40 millimètres de largeur, suivie d'un redan de 25 millimètres de largeur grâce auquel s'emboîtent bien exactement deux anneaux voisins ; vient ensuite une bride de 100 millimètres de largeur ; les boulons traversent les deux brides voisines qui sont séparées par un intervalle vide de 15 millimètres de hauteur, que l'on bouche avec du mastic, afin d'obtenir un joint étanche.

Voici la composition du mastic employé :

> Tournure de fonte............ 1000 parties en poids.
> Sel ammoniac................   10   —   —
> Soufre en fleur...............   2   —   —
> Eau (ce qui est nécessaire pour dissoudre le sel).

Ce mastic fait prise dans un intervalle de deux à huit jours, suivant qu'il fait chaud ou froid ; il se travaille à la lime et se délite à l'humidité.

Nous avons vu plus haut que M. Cézanne ne considérait le béton que comme un remplissage ; il ne voulait point lui faire supporter la superstructure, parce qu'il pen sait, d'après plusieurs circonstances, que le béton pouvait bien ne pas faire prise dans le fond des tubes.

En effet, le béton emprisonné dans un tube ne communique pas avec l'eau exté rieure, il lui est impossible d'en absorber aussi bien que de rejeter l'excès d'humidité qu'il peut contenir. La réaction chimique, de laquelle résulte le durcissement, ne se produit pas et le mortier reste mou ; pour en faciliter la prise, il faudrait réserver au centre de la colonne un petit puisard destiné à recevoir l'eau exsudée par le mortier, et on viendrait plus tard le remplir en mortier de ciment. M. Cézanne à Szegedin, a préféré mélanger au béton des fragments de briques bien secs, destinés à soutirer à la masse son excès d'eau.

Lorsqu'on commence à bétonner au fond du tube, on construit d'abord une assise de 1 mètre en mortier de ciment afin de s'opposer aux sous-pressions que pourrait amener une diminution de pression à l'intérieur. Les sous-pressions se trouvaient notablement réduites à Szegedin, parce qu'on avait comprimé le terrain du fond au moyen d'une batterie de pieux.

Les eaux de la Theiss étaient trop profondes à Szegedin pour qu'on pût monter le tube entier d'un seul coup sur une plate-forme de service, puis le descendre avec les treuils ; on assemblait donc la moitié inférieure, que l'on descendait dans l'eau en la soutenant par de longs crochets, puis on achevait le tube et on amenait le tout à re poser sur le fond. La colonne entière pesait 30,000 kilogrammes.

Malgré ce poids considérable, lorsque l'on comprime l'air à l'intérieur et que l'on

chasse l'eau, on transforme le tube en un corps flottant dont la tendance au soulèvement ne pourrait être vaincue par le poids de la colonne joint à son frottement latéral.
Il est nécessaire de la surcharger, ce que l'on fait au moyen de contre-poids en
fonte L (*fig.* 305), reposant sur des consoles I fixées sur le pourtour extérieur du tube.

Pour bien suivre la marche du fonçage, il faut au préalable expliquer la disposition
et le mécanisme du sas à air, ou écluse servant à passer de l'atmosphère dans l'intérieur du tube. Ici, nous laissons la parole à l'auteur :

« La cloche pneumatique (*fig.* 305, et pour les détails, *fig.* 308 et 309) est un tambour cylindrique en tôle de même diamètre que la colonne en fonte, ouvert par en
bas, fermé par en haut par un fond ou toit. Le bord circulaire inférieur est garni
d'une cornière percée de trous correspondant à ceux de la bride supérieure de la
colonne. Une bande en caoutchouc étant interposée entre la cloche et la colonne, il
suffit, pour faire le joint, de boulonner fortement la bride et la cornière.

« Le toit de la cloche est traversé par deux corps AA à peu près cylindriques, en
fonte, dirigés verticalement, engagés des deux tiers de leur hauteur environ dans la
cloche et saillant au dehors d'un tiers.

« Ces deux corps cylindriques, semblables et indépendants, forment chacun un sas
à air ; ils peuvent être fermés en haut par un clapet circulaire C, s'ouvrant vers l'intérieur en tournant autour d'une charnière horizontale ; en bas, par une porte rectangulaire verticale B, qui tronque le corps cylindrique parrallèlement à ses arêtes et
s'ouvre autour d'une charnière verticale de l'intérieur du sas vers l'intérieur de la
colonne. La porte et le clapet sont garnis tout autour de bandes de caoutchouc. Différents tuyaux et robinets D permettent de faire communiquer l'intérieur du sas avec
l'extérieur de la cloche ou avec l'atmosphère libre ; ces tuyaux peuvent être manœuvrés soit par les hommes placés sous la cloche, sur le plancher intérieur, soit par
ceux placés sous le sas, soit enfin par ceux de l'extérieur.

« L'appareil est complété par deux ajutages à soupape EE, auxquels on peut appliquer deux tuyaux de conduite d'air, communiquant avec les pompes ; deux valves G
pour faire échapper brusquement la pression intérieure ; un coude de siphon H présentant vers l'intérieur une amorce munie d'un robinet et vers l'extérieur une
amorce simple. Tous ces appareils sont adaptés aux parois cylindriques de la
cloche, qui porte en outre des consoles I, sur lesquelles ont peut placer des contre-
poids en fonte L.

« Ces contre-poids sont des segments en fonte dont la forme s'adapte au contour et
aux saillies de la cloche. Ils sont réunis entre eux par paquets de 5,000 kilogrammes.
On peut aussi, avec quelques modifications dans la forme des consoles, employer des
rails ordinaires.

« Les tuyaux, tant ceux de conduite d'air que du siphon, sont en fer et portent
d'un côté un collet, de l'autre un manchon taraudé. Le collet d'un tuyau s'engage
dans le manchon de l'autre, et celui-ci pouvant tourner indépendamment du tuyau
qui le porte, on peut serrer chaque joint sans démonter la conduite. Quelques rac-
cords en caoutchouc donnent au système la mobilité nécessaire pour suivre les mouvements des bateaux et ceux des colonnes. »

La colonne étant bien guidée, on peut commencer l'opération : pour cela, on met
les pompes en marche et on insuffle l'air par les ajutages E ; la pression s'établit peu
à peu, au bout d'une heure on obtient une atmosphère ; lorsqu'on juge la pression
suffisante, on ouvre le robinet du siphon, et l'eau s'échappe mélangée d'air.

Le siphon de 0ᵐ,06 de diamètre enlevait 20 mètres cubes d'eau à l'heure. L'épuisement terminé, les ouvriers pénètrent à l'intérieur et se disposent comme on le voit

sur la *figure* 305 ; ajoutez un chauffeur, un mécanicien, un chef d'équipe, vous arrivez à un total de neuf hommes nécessaires à la manœuvre.

« Le passage des hommes et celui des seaux se fait de la même manière ; s'il s'agit d'entrer, on met le sas en communication avec l'extérieur, le clapet C s'ouvre, et l'on descend dans le sas ; les hommes du treuil extérieur attachent leurs crochets au clapet C pour le relever et l'appuyer contre les bords de l'ouverture ; on tourne alors le robinet qui met en communication le sas et la colonne, la pression s'établit et l'on peut ouvrir la porte latérale B pour sortir ou pour entrer ; les seaux se présentent devant cette porte B, et là, un homme les accroche à la chaîne du treuil intérieur, ou les décroche.

« L'enfoncement du tube se produit par secousses successives comme nous l'allons voir ; supposons que les mineurs, après avoir déblayé quelque temps, soient arrivés au tranchant dont est garnie la base du tube. Ils remontent avec leur matériel et tout le monde sort de la colonne. On ouvre brusquement les valves G et l'air intérieur s'échappe, l'eau dont la pression n'est plus contrebalancée s'élève dans le tube.

« A ce moment, l'appareil n'est plus un corps flottant, mais un corps noyé ; la masse de fonte qui forme l'appareil et son contre-poids n'est plus équilibrée, elle pèse de tout son poids sur le tranchant de la base du tube ; le sol ne résiste plus et la colonne s'abaisse plus ou moins brusquement, d'une quantité variable avec la nature du terrain.

A Szegedin, la descente variait d'ordinaire de 1 mètre à 2 mètres ; à la première opération, le tube a descendu brusquement de $4^m,30$ comme s'il menaçait de s'engloutir.

« Le mouvement s'arrête quand la masse d'eau et de sable entraînée à l'intérieur équilibre la pression extérieure, et quand le frottement du tube équilibre son poids. Ce frottement est presque nul dans le sable et le gravier fin, il est énorme dans l'argile. »

Suivant la proportion de sable et d'argile, la descente sera donc plus ou moins rapide.

En tous cas, cette descente se produit si rapidement, et sous l'impulsion de forces si puissantes, qu'il est difficile de la régler et de guider bien exactement la colonne.

Il faut s'attendre après chaque opération à corriger la direction de la colonne ; on y arrive par des tâtonnements, en plaçant tantôt dans un sens, tantôt dans l'autre, des étais qui, lors de la descente, repoussent le tube ; on peut encore augmenter la charge d'un côté ou de l'autre, en déplaçant les contre-poids, ou bien engager sous le tranchant du tube des madriers inclinés qui, au moment de l'enfoncement, rejetteront le tube dans le sens voulu.

Lorsque le tube a descendu, on épuise, et l'équipe reprend sa place pour déblayer les matières qui ont pénétré à l'intérieur. La profondeur voulue une fois atteinte, on a installé dans le tube une sonnette, et l'on a battu des pieux qu'on a recépés ensuite : on les a recouverts d'un massif de béton à mortier de ciment, que l'on introduisait avec les seaux et le treuil ; puis on a achevé le remplissage en jetant du béton dans le sas ; le sas une fois rempli, on fermait le clapet supérieur, on ouvrait la porte latérale, et le béton tombait tout seul.

Lorsqu'on arrive au niveau de la moitié de la hauteur de l'eau, on peut enlever la cloche pneumatique, et, comme le tube est étanche, on bétonne à ciel ouvert.

Prix de revient des fondations tubulaires de Szegedin ; (la plupart des fontes et fers venaient d'Angleterre ; il y avait donc d'énormes frais de transport qu'il faudrait ajouter aux chiffres suivants) :

Cloche pneumatique et ses accessoires, tuyaux, garnitures, etc.,
    7,000 kilog. à 2 francs.................................... 14,000 fr.

Une pompe à air pesant 1,200 kilog., à 4 francs................ 4,800

Contre-poids en fonte brute, 40,000 kilog., à 0ᶠ,10............. 4,000

                                Total................. 18,800 fr.

Installation de vieilles locomotives servant de chaudières à vapeur, sur des pontons. Si l'on avait pris des appareils spéciaux, il
eût fallu compter pour cet objet........................... 11,200

                                Total................. 30,000 fr.

Une heure de travail des appareils coûtait 10ᶠ,60.

En somme, le prix moyen du mètre courant de fiche pneumatique a été pour les douze colonnes du pont de Szegedin, de 445ᶠ,93, non compris la fourniture et l'entretien des appareils, leur échouage et leur direction.

Pont de Bordeaux. — Les deux poutres métalliques qui constituent le tablier reposent sur deux culées et sur six piles, formées chacune de deux tubes, en tout douze tubes.

Le fond de la Garonne se compose de sable fin, suivi de couches alternantes d'argile, de petit gravier et de sable fin. A 15 mètres au-dessous des basses mers on rencontre une couche de gravier, sur laquelle on fit reposer les tubes en les y engageant sur deux mètres de hauteur.

Les colonnes ont 3ᵐ,60 de large, et 0ᵐ,040 d'épaisseur. On a voulu qu'elles pussent résister aux chocs; car cette épaisseur est beaucoup trop forte, si on ne considère que la charge verticale à supporter.

Les contre-poids employés au pont de Szegedin reposaient directement sur la tête du tube; il y a à cela plusieurs inconvénients : 1° lorsqu'il faut ajouter de nouveaux anneaux pour augmenter la longueur du tube, il est nécessaire de déplacer, non-seulement la cloche, mais encore toute la surcharge, c'est-à-dire une masse considérable; 2° quand on met l'intérieur du tube en communication brusque avec l'atmosphère pour produire la descente, le tube tend naturellement à descendre par son propre poids, et la surcharge, qu'on ne peut ni enlever, ni modérer à volonté, agit de toute sa force pour augmenter la vitesse de l'enfoncement instantané; dans ces conditions, il devient impossible de diriger le tube; 3° enfin, la nécessité d'opérer par enfoncements brusques amène à extraire un cube beaucoup plus considérable que celui du tube, abstraction faite du foisonnement; en effet, l'eau qui rentre violemment par la base amène avec elle des masses considérables de terre et de gravier.

Les *figures* 310, 311, 312 représentent les dispositions générales mises en œuvre pour la fondation d'une pile.

On remarque sur la tête du tube deux poutres horizontales formant une manière de joug, fixé par ses extrémités aux tiges verticales de presses hydrauliques solidement réunies à l'échafaudage. Les presses transmettent leur traction au joug qui appuie sur la colonne; en suivant le manomètre, le mécanicien fait varier à volonté la pression de l'eau, et donne à la surcharge transmise par le joug telle valeur qu'il lui plaît. La direction et le redressage des tubes sont beaucoup plus faciles qu'à Szegedin.

Un tube est formé d'anneaux en fonte dont nous avons donné plus haut les dimensions; un anneau s'assemble au suivant, par une bride que serrent des boulons; les surfaces en contact sont tournées (*fig.* 312, 313); le bord de l'anneau supérieur est en saillie, celui de l'anneau inférieur est en creux, et dans l'angle de ce creux on place un petit cordon en caoutchouc; lorsqu'on rapproche les surfaces, on peut exercer une pression assez forte pour comprimer ce cordon et obtenir un joint étanche.

La chambre d'équilibre, ou sas à air, se trouve dans le corps même de la colonne, à la partie supérieure ; on ajuste dans la colonne deux diaphragmes en tôle munis de clapets, et l'espace ainsi formé sert de cloche pneumatique.

L'équipe employée au fonçage se composait de huit hommes, savoir :

2 mineurs au fond pour charger et accrocher les bennes.

1 ouvrier sur le plancher intermédiaire, pour guider les bennes.

1 ouvrier au treuil.

2 hommes, plus le chef d'équipe, à pousser le chariot roulant et à arrimer les bennes.

1 garde au-dessus de la chambre d'équilibre, pour ouvrir et fermer le sas suivant les signaux.

Le treuil qui sert à monter les bennes était mu par une locomobile extérieure dont l'arbre traversait le tube dans une boîte à étoupe ; les bennes pleines s'accumulaient sur de petits chariots dans la chambre d'équilibre. Cette chambre une fois pleine, on la mettait en communication avec l'atmosphère, et on vidait les bennes par une ouverture à clapet qu'elle présentait latéralement.

Lorsqu'il fallait produire un nouvel enfoncement, on laissait baisser la pression intérieure, sans toutefois permettre aux terres de faire irruption violente ; puis, la tige verticale du piston des presses étant complétement tendue, on exerçait à l'intérieur de ces presses, et de haut en bas, une pression variable, qui, transmise au tube, le forçait à descendre de toute la hauteur des tiges. On pouvait alors recommencer une seconde opération.

On descendait le béton en le faisant tomber, d'abord du pont de service dans la chambre d'équilibre, puis de celle-ci dans le tube, où les ouvriers allaient ensuite le régaler.

Signalons un accident sérieux qui se produisit avant le bétonnage : les quatre tiges verticales des presses se brisèrent, et le tube sauta en l'air à quatre mètres de hauteur.

Cet accident est dû à la cause suivante : le tube était presque plein d'eau ; on mit les pompes en marche à pleine pression ; l'air fut comprimé presque instantanément à plusieurs atmosphères, et souleva la masse entière.

Voici le détail des prix appliqués aux fondations du pont de Bordeaux :

Pour les six piles, c'est-à-dire pour les douze tubes :

Dépense du fonçage proprement dit........................	90,254^{f}87
Fourniture de la fonte des anneaux.......................	361,275 39
Boulons d'assemblage des anneaux.......................	11,716 43
Cordons de caoutchouc pour rendre les joints étanches........	4,950 00
Bétonnage..	60,703 78
Maçonnerie pour le couronnement.......................	21,662 77
Glissières..	60,752 69
Chapiteaux en fonte des piles.................	54,095 79
Pieux et enrochements laissés autour des piles.............	25,963 28
Essais des flotteurs pour échouer les tubes.................	3,311 60
Total général...........	694,686^{f}60

D'où l'on déduit le prix moyen d'un tube, tout compris........ 57,890^{f}55

Pont d'Argenteuil. — De 1861 à 1864, la compagnie de l'Ouest a exécuté plusieurs ponts à fondations tubulaires, qui ont bien réussi ; les plus importants sont ceux d'Argenteuil et d'Orival. Le procédé employé par M. Jullien, directeur de la Compagnie, inspecteur général des ponts et chaussées, est plus simple que les méthodes précédentes, et on ne peut qu'engager à l'imiter.

Chaque pile est composée de deux tubes reliés entre eux par des armatures en tôle.

Les *figures* 313 à 316 font comprendre la marche de la construction.

Chaque tube se compose d'anneaux en fonte de 1 mètre de hauteur, et de 0ᵐ,038 d'épaisseur ; au-dessous de l'étiage, le diamètre des anneaux est de 3ᵐ,60 ; au-dessus, il n'est que de 3 mètres ; l'anneau du fond a 0ᵐ,05 d'épaisseur, et sa base est taillée en biseau pour mieux pénétrer dans le sol. Ces anneaux sont assemblés entre eux au moyen de brides horizontales bien rabotées, et l'étanchéité des joints est obtenue en engageant dans une rainure, ménagée dans chaque bride, un cordon en caoutchouc que le serrage des boulons écrase.

Sur la dernière bride repose un tronc de cône formé d'une charpente en fer supportant des madriers, et ce tronc de cône est surmonté d'une cheminée en tôle de 1ᵐ,10 de diamètre, concentrique au tube. L'espace cylindro-conique réservé à la base de la colonne est la chambre de travail pour les mineurs.

La cheminée verticale, aux parois de laquelle est accolée une échelle en fer, sert de passage aux ouvriers et aux bennes.

La partie annulaire réservée entre la cheminée et la colonne est remplie de béton, au fur et à mesure de la descente, et ce béton remplace les contre-poids hydrauliques ou autres, qui coûtèrent si cher et furent assez peu commodes à Bordeaux et à Szegedin.

L'écluse ou sas à air se compose d'un cylindre en tôle Q, assemblé sur le dernier anneau de fonte, et traversé par un autre cylindre R, concentrique au premier et le dépassant d'une certaine quantité ; la partie annulaire, comprise entre ces deux cylindres concentriques, est divisée en deux parties égales par deux cloisons verticales T, et ces deux parties sont éclairées chacune par deux lentilles épaisses (*a*), enchâssées dans la tôle de la base supérieure ; chacune d'elles présente aussi deux portes : l'une U percée dans le cylindre extérieur, et l'autre U' percée dans le cylindre intérieur. Ces portes s'ouvrent pour chaque cylindre de dehors en dedans.

On voit sur l'écluse à air, 1° un manomètre Bourdon V ; 2° une soupape de sûreté W ; 3° un tuyau Z par lequel arrive l'air comprimé des pompes ; 4° une machine à vapeur (B) de la force d'un cheval. L'arbre horizontal de cette machine traverse le petit cylindre dans une boîte à étoupe, et met en mouvement la poulie N, qui transmet sa puissance à la poulie M, sur laquelle s'enroule le câble des bennes. La courroie de transmission n'est pas tendue, et la machine à vapeur, quoique marchant toujours, n'agit sur M qu'autant qu'un ouvrier serre la courroie par un tendeur à levier O. Remarquons encore un siphon P qui descend au fond du tube et sert à enlever les eaux lorsque les couches du fond ne sont pas assez perméables pour leur livrer passage.

La manœuvre se comprend d'elle-même : trois mineurs sont à la chambre de travail, ils remplissent les bennes ; un ouvrier est au tendeur, et il fait pénétrer les bennes dans un des compartiments par une porte U' ; dans ce compartiment est un ouvrier qui range les déblais. En tout cinq ouvriers, qui travaillent quatre heures et se reposent huit heures ensuite.

On voit qu'un des compartiments du cylindre Q est toujours inoccupé, et peut servir au passage.

Lorsqu'on est arrivé à la profondeur voulue, on descend du béton par le sas, et on en emplit la chambre de travail ; lorsque l'on est arrivé à une hauteur suffisante pour que la sous-pression ne soit plus à craindre, on enlève le sas à air et l'on continue le remplissage de la cheminée à l'air libre.

Il nous reste à dire comment on monte et comment on dirige les tubes.

A chaque pile est un échafaudage sur lequel se promène une grue roulante, et cet échafaudage est relié au pont de service placé à l'amont, par lequel on reçoit les matériaux.

Au-dessous du plancher principal qui porte la grue, on voit un second plancher sur lequel, à l'origine du travail, on dépose l'anneau de fond ; sur cet anneau, on construit le cône de la chambre de travail, puis on place quelques-uns des anneaux suivants avec autant d'anneaux de la cheminée ; la partie annulaire est remplie de béton ; puis tout l'appareil est suspendu à quatre verrins en fer, dont les tiges s'accrochent sous l'anneau de fond, et dont les écrous, manœuvrés par des leviers J, reposent sur le plancher supérieur de l'échafaudage ; on enlève les pièces de bois qui soutiennent le tube commencé, et celui-ci se trouve suspendu par ses verrins, que l'on allonge à volonté au moyen de nouvelles tiges. On le descend un peu, on assemble de nouveaux anneaux, et l'on place le béton correspondant ; on descend de nouveau, et ainsi de suite, jusqu'à ce qu'on ait touché le fond.

A ce moment, on ajuste le sas à air, et l'on commence la fondation à l'air comprimé. A mesure que l'on descend, on ajoute de nouveaux anneaux au-dessous de l'appareil pneumatique.

Le prix de revient a été, par mètre de fiche, d'environ 700 francs, non compris les fontes, les maçonneries et le béton.

2° Fondations par caissons. — Cette méthode fut employée pour la première fois en France par M. l'ingénieur Fleur-Saint-Denis, lors de la construction du pont de Kehl sur le Rhin ; elle fut coûteuse parce qu'il fallait en faire l'expérience ; quelque temps après on l'appliqua plus économiquement au pont de la Voulte sur le Rhône.

Le procédé modifié servit ensuite aux fondations du pont sur le Scorff à Lorient, puis, sur une grande échelle, aux fondations du pont de Nantes destiné au passage du chemin de fer de Nantes à Napoléon-Vendée.

Nous décrirons le système des fondations du pont de Kehl, et celui du pont sur le Scorff.

Pont de Kehl. — Tous les détails pratiques sur les dispositions générales et d'exécution de cet ouvrage d'art sont consignés dans le mémoire de MM. Vuigner et Fleur-Saint-Denis ; laissons-leur exposer comment ils furent conduits à adopter le système des caissons :

« D'après les prescriptions du traité international, les piles extrêmes devaient être exécutées en maçonnerie jusqu'à 2 mètres en contre-bas de l'étiage ; les piles intermédiaires devaient être formées de trois tubes en fonte, de 3 mètres de diamètre, et les fondations de ces piles devaient être descendues à 15 mètres au moins en contrebas des plus basses eaux connues.

« En discutant la question relative aux fondations des piles intermédiaires, nous avons reconnu que l'emploi des tubes en fonte, de 3 mètres de diamètre, pour les fondations et l'élévation des piles intermédiaires, présenterait dans l'espèce des inconvénients très-graves.

« Et d'abord, au point de vue de l'ornementation, il nous a paru que les piles intermédiaires, dont on ne verrait en élévation au-dessus des eaux du fleuve que les tubes en fonte de 3 mètres de diamètre, auraient un aspect très-maigre et très-disgracieux, par rapport aux piles extrêmes construites en maçonnerie et présentant en élévation au-dessus des eaux un massif de 21 mètres de longueur sur 4^m,50 de largeur, avec couronnement et corniche en pierre de taille; nous avons pensé qu'il y aurait beaucoup plus d'harmonie dans l'ensemble de l'ouvrage, si les piles intermédiaires étaient construites en élévation dans le même système que les piles extrêmes.

« Nous avons reconnu unanimement aussi, d'un autre côté, que le système tubulaire pourrait présenter, dans l'espèce, de grandes difficultés et qu'il résulterait de son emploi une perte de temps assez considérable.

« Les ingénieurs qui se sont occupés de fondations tubulaires savent, en effet, combien il y a de difficultés à enfoncer des tubes en fonte de 3 mètres de diamètre et combien ces difficultés augmentent selon la nature des terrains à traverser.

« Il arrive parfois que, quel que soit le poids additionnel dont on les charge, et bien que la surface extérieure soit parfaitement lisse, les tubes s'enfoncent à peine, par suite des frottements exercés sur leurs parois par les terrains traversés.

« Dans ces circonstances mêmes, un enfoncement subit de plus de 1 mètre succède quelquefois à un *statu quo* opiniâtre pendant un certain laps de temps.

« Souvent aussi il arrive que les tubes ont des mouvements de soulèvement de plus de 2 mètres, ou qu'en opérant l'enfoncement d'un tube on dérange ceux déjà en place.

« D'un autre côté, l'expérience avait appris que, dans le système de fondation tubulaire, les tubes d'une pile ne pouvaient être enfoncés que successivement; de plus, comme il n'y a pour chaque tube qu'une seule cheminée à air avec une écluse qu'il faut manœuvrer pour chaque passage d'ouvriers ou de matériaux de déblais et de construction, et démonter au fur et à mesure d'addition d'anneaux à la cheminée, il en résulte une perte de temps considérable.

« Nous avons pensé que, si ces difficultés et ces inconvénients avaient eu lieu lorsqu'il s'était agi d'enfoncer des tubes à une profondeur de 10 mètres à 12 mètres dans une eau tranquille comme la Saône, par exemple, *a fortiori* en devait-il être ainsi pour atteindre une profondeur de 15 mètres à 20 mètres dans un fleuve à courant rapide comme le Rhin, sujet à des crues torrentielles, et dont le lit est assez mobile pour qu'il s'y fasse des affouillements de plus de 15 mètres de profondeur.

« Dans l'espèce, il eût fallu plus de deux campagnes pour opérer l'enfoncement des tubes devant composer les piles intermédiaires, attendu que le régime à maintenir dans les eaux du Rhin n'aurait pas permis de travailler aux deux piles en même temps.

« Ces diverses considérations ont dû nous faire rechercher si l'on ne pourrait pas employer, pour les fondations des piles intermédiaires, un autre système plus simple et exigeant moins de temps dans l'exécution.

« M. Fleur-Saint-Denis, ingénieur principal à Strasbourg, avait eu d'abord la pensée d'employer un caisson en tôle fermé sur les parois latérales et à la surface supérieure, garni d'une grande cheminée de service et de deux cheminées à air; de faire exécuter les maçonneries au-dessus de ce caisson au fur et à mesure qu'il s'enfoncerait, et de le remplir de maçonnerie lorsqu'il serait descendu à la profondeur déterminée, le sol devant être déblayé au-dessous et dans l'intérieur du caisson pour déterminer l'enfoncement, et les produits de ces déblais devant être enlevés au moyen de bennes manœuvrées dans la grande cheminée de service.

« On peut résumer comme il suit le caractère et les principaux avantages de ce système de caisson surmonté de chambres à air et de cheminée de service, sur lequel on maçonne à sec, au fur et à mesure de son enfoncement :

« Dans le système de fondations tubulaires, il est nécessaire, pour empêcher les tubes de se soulever, lorsqu'ils sont à une assez grande profondeur, de les charger de très-forts contre-poids qu'il faut enlever ensuite. Cet inconvénient grave n'existe pas dans le système nouveau, puisque la maçonnerie, exécutée au-dessus du caisson au fur et à mesure qu'il s'enfonce, forme naturellement cette surcharge, qui devient permanente et utile.

« Par suite de l'exécution de ces maçonneries, pendant la descente du caisson, la pile est fondée dans les meilleures conditions de solidité possibles, lorsque le caisson est descendu à la profondeur voulue.

« La grande cheminée de service, qui traverse le caisson, étant disposée pour que les eaux s'y maintiennent au niveau du fleuve, on peut y opérer incessamment et sans éclusage l'enlèvement des produits de dragage.

« L'objection la plus grave à faire au système, c'était la difficulté de diriger à volonté, et de prévenir contre toutes les chances possibles de déversement, de dislocation et de rupture, des caissons en tôle d'aussi grandes dimensions, surtout l'une de ces dimensions dépassant de beaucoup les deux autres ; en admettant toutefois le système, il parut possible d'en conserver les principaux avantages et d'en faire disparaître les inconvénients, en divisant le caisson en plusieurs parties indépendantes et isolées.

« En conséquence, il fut entendu que l'on proposerait définitivement le mode de fondations consistant, en résumé, dans l'enfoncement simultané, pour chacune de ces piles, de trois caissons en tôle juxtaposés, dont la descente pût être dirigée de telle sorte qu'elle fût la même régulièrement pour tous les caissons d'une pile, chaque caisson devant être garni de deux chambres à air avec leur cheminée, et d'une grande cheminée centrale de service, et des caissons en bois devant être superposés aux caissons en fer, au fur et à mesure de leur enfoncement dans le sol.

« Pour les fondations des piles extrêmes, on adopta le système admis pour les piles intermédiaires en accolant quatre caissons au lieu de trois. »

Pour suivre facilement les explications ci-après, il est nécessaire de se reporter aux *figures* 317 à 322.

La *figure* 317 est une coupe verticale sur le grand axe d'un caisson ; c'est donc une coupe suivant un plan parallèle à l'axe longitudinal du pont.

La *figure* 318 est une coupe de la pile culée, faite par un plan vertical parallèle au cours du fleuve.

La *figure* 319 donne le plan de la partie supérieure du caisson.

La *figure* 320 représente une cheminée à air à l'intérieur de laquelle est installé un treuil, et la *figure* 321 représente la coupe d'une chambre ou sas à air.

A 12 mètres environ à l'amont du pont définitif, on a établi un pont provisoire de service, formé de poutres américaines en bois ; ce pont portait deux voies ferrées qui se prolongeaient jusqu'aux vastes chantiers ménagés sur la rive gauche du fleuve. De la sorte, on obtenait une grande rapidité dans l'approvisionnement et la distribution des matériaux.

Il eût été impossible d'immerger les caissons dans le courant rapide du Rhin, aussi a-t-il fallu entourer l'emplacement de chaque pile d'une enceinte de pieux et palplanches jointifs de manière à déposer les caissons dans une eau tranquille.

Au-dessus de chaque pile on a établi un immense hangar en charpente permettant de mettre les machines et les travailleurs à l'abri des intempéries. Ce hangar est à deux étages : l'étage supérieur est au niveau du pont de service, et il supporte une grue roulante qui va chercher les matériaux dans les wagons pour les conduire en place ; au-dessous de cette plate-forme, on trouve un second plancher sur lequel on fait descendre les matériaux au moyen de trappes ; c'est à cet étage que l'on procède à l'exécution des maçonneries.

Les caissons représentés sur les *figures* 317, 318, 319 ont servi à la construction de la pile culée de la rive française. Chaque caisson a 5ᵐ,80 de long, sur 7 mètres de large et 3ᵐ,67 de haut, et est composé de feuilles de tôle de 0ᵐ,008 d'épaisseur et de 0ᵐ,90 de largeur maxima, fortement assemblées les unes aux autres et renforcées par des contreforts verticaux, des ceintures horizontales et de doubles cornières aux angles.

La calotte est soutenue par un réseau de poutres transversales et longitudinales; dans ce réseau est réservé l'emplacement des deux cheminées à section circulaire qui sont surmontées de chambres à air, et de la grande cheminée centrale à section elliptique dans laquelle se meut la drague qui enlève les déblais.

A la base de la grande cheminée est un plancher volant en bois, sur lequel se tiennent deux ouvriers qui attaquent le sol, le désagrègent et poussent les détritus sous la cheminée centrale, où ils sont enlevés par les godets.

Pour se rendre compte de l'effort auquel étaient soumis les caissons, il faut remarquer qu'ils ont à supporter la pression de l'eau extérieure, le poids des maçonneries superposées, et la pression latérale du gravier; une partie de cette pression est équilibrée par la pression de l'air comprimé à l'intérieur. Chaque caisson pesait 34,500 kilogrammes.

Pour la pile culée, les quatre caissons ont été juxtaposés sur la plate-forme inférieure de l'échafaudage, juste au-dessus de l'emplacement qu'ils devaient occuper; chacun d'eux est soutenu aux quatre angles par des vérins, ou tiges de fer terminées à la partie supérieure par une vis qui s'engage dans un écrou fixe; l'écrou fixe repose sur la plate-forme supérieure, et en le faisant tourner on fait descendre ou monter la vis, et l'angle du caisson suit le mouvement; on allonge la tige du vérin au fur et à mesure de la descente, en ajoutant de nouvelles barres de fer d'une hauteur égale à celle de la vis (*fig.* 317).

La grande cheminée centrale traverse le caisson auquel elle est fixée; elle le dépasse à la partie inférieure de 0ᵐ,30 environ afin de pénétrer dans l'eau du puisard creusé par la drague; elle le dépasse aussi de 0ᵐ,60 à la partie supérieure et on la prolonge au moyen d'anneaux en tôle de 2 mètres de hauteur et de 0ᵐ,008 d'épaisseur. Nous l'avons déjà dit, cette cheminée communique à la partie supérieure avec l'atmosphère, l'eau s'y élève donc jusqu'au niveau du fleuve, et la chaîne à godets fonctionne dans ce tube comme elle le ferait en pleine eau.

De chaque côté de la cheminée centrale, on remarque une cheminée plus petite qui est surmontée d'une chambre à air; cette cheminée fait corps à la partie inférieure avec le plafond du caisson, qu'elle dépasse de 0ᵐ,60 par en haut, et de 0ᵐ,30 par en bas, et on l'allonge à volonté au moyen d'anneaux en tôle de 2 mètres de hauteur; chaque anneau porte sept échelons, et l'ensemble de ces échelons constitue une échelle verticale par laquelle les ouvriers montent et descendent.

« Chacune de ces cheminées était surmontée d'une chambre ou sas à air, d'une hauteur totale de 4ᵐ,10, dont 3ᵐ,30 avec un diamètre de 2 mètres hors œuvre, et 0ᵐ,80 formant une partie conique pour pouvoir être raccordée avec les anneaux; les sas avaient été construits avec des tôles de 0ᵐ,012 d'épaisseur, et ils pesaient chacun 6,000 kilog. environ.

« La chambre à air proprement dite n'avait qu'une hauteur de 3 mètres entre son plafond et son plancher, qui étaient garnis chacun d'un trou d'homme de 0ᵐ,65 de diamètre, placé, celui du plafond sur le côté, et celui du plancher inférieur au milieu de la cheminée.

« Ces trous d'homme étaient garnis de clapets, qui étaient alternativement ouverts ou fermés, comme les portes d'une écluse.

« Chaque chambre à air était munie, sur le côté opposé au trou d'homme du plafond, d'un treuil qui servait à descendre dans les caissons, les outils, madriers et autres objets ou matériaux nécessaires à l'exécution des travaux.

« L'air était introduit dans la partie conique, au-dessous du plancher des chambres à air, au moyen d'une tubulure armée intérieurement d'un clapet de sûreté, que l'air lancé par les machines ouvrait à chaque émission et qui se refermait de lui-même, de telle sorte que l'air ne pouvait pas sortir des chambres et des caissons, en cas de rupture des tuyaux d'amenée.

« Chaque chambre à air était garnie de prises d'air et de télégraphes nécessaires pour assurer le service.

« Ces cheminées latérales étaient composées de viroles de 2 mètres de longueur, assemblées intérieurement par des boulons et formant des joints étanches à l'air. Un clapet était placé à leur partie supérieure, afin d'enlever les écluses sans que l'air comprimé pût avoir une issue, et, en conséquence, sans déterminer d'interruption dans l'exécution des travaux. A la partie inférieure des cheminées latérales, se trouvait un autre clapet de sûreté, qui n'était manœuvré que lors des changements des chambres à air, d'une cheminée à l'autre.

« L'écluse à air d'une cheminée était enlevée, chaque fois que les caissons étaient descendus de 4 mètres ; on la reportait alors sur l'autre cheminée, préalablement allongée de deux viroles, et ainsi de suite successivement. »

Au-dessus des caissons en tôle, on élevait, au fur et à mesure de l'enfoncement, des caissons en bois, formés de cadres horizontaux en charpente, avec tirants en fer, sur lesquels s'appuyait une enveloppe de madriers jointifs. A partir d'une certaine hauteur, on reconnut l'inutilité de la paroi extérieure, et on se contenta d'élever la maçonnerie au-dessus des parties déjà exécutées.

Le produit des dragages tombait, par des coulottes en tôle, dans les caisses des bateaux marie-salope, qui, une fois pleins, se rendaient sous la grue établie sur le rivage pour être déchargés.

Les machines soufflantes étaient mises en marche par deux machines Cail de 16 chevaux établies sur un bateau, par deux machines Flaud de 10 chevaux établies sur un autre bateau, et par une machine Cavé de 25 chevaux établie sur un autre bateau ; c'était là une force considérable, bien supérieure à celle dont on avait besoin en temps ordinaire ; mais on avait voulu pouvoir, à un moment donné, parer à tous les accidents. Le tuyautage était en cuivre et toutes les tubulures étaient fermées par des robinets vannes ; des tuyaux en caoutchouc mettaient les écluses en communication avec les conduites principales.

La moyenne du fonçage a été de $0^m,33$ par journée de seize heures de travail effectif.

Une fois les caissons parvenus à la profondeur définitive, on remplit la chambre inférieure et les cheminées avec du béton de ciment ; cette opération est conduite comme on le voit sur la *figure* 322 ; toutes les viroles des cheminées, qui ne font pas corps avec le caisson, sont déboulonnées par des scaphandres et enlevées ; le paroi du cylindre restant est formée avec des briques. La *figure* 322 montre la marche successive du travail ; on remplit d'abord la chambre inférieure, en faisant descendre à travers le sas du béton que les ouvriers répandent de toutes parts : plus tard on remplit les vides des cheminées en immergeant du béton ; à partir d'une certaine hauteur, on peut même épuiser et travailler à sec.

Voici, pour terminer, un aperçu des prix et des dépenses :

Dragage à opérer à l'intérieur des caissons, 27 fr. le mètre cube (dans le système tubulaire, ce prix s'est élevé jusqu'à 100 fr.).

Grands caissons de fondation en tôle, prix de revient........ 0ᶠ 82 le kilog.

Chambres à air, prix de revient........................... 1 05

Viroles des cheminées, prix de revient................... 0 85

Les dépenses relatives aux travaux de fondation et maçonnerie en élévation de la pile culée française, ont atteint....... ....   760,000 fr.

Les dépenses relatives aux travaux de fondation et maçonnerie en élévation d'une pile intermédiaire............................   500,000

Prix total des fondations et des maçonneries en élévation.........   5,250,000

Le tablier et la superstructure en général ont coûté.............   1,750,000

                                            Total.............   8,000,000 fr.

Pont sur le Scorff. Ponts de Nantes. — Le pont sur le Scorff, à Lorient, présentait de sérieuses difficultés de fondation ; une des piles devait être descendue sur le rocher à 21 mètres au-dessous des hautes mers, en traversant une couche de 14 mètres de vase fluide.

M. l'ingénieur en chef Desnoyers a décrit ce travail dans son remarquable mémoire que nous avons déjà cité plusieurs fois. On avait eu d'abord l'intention de former chaque pile avec deux tubes, réunis à la partie supérieure par une voûte supportant une pile en maçonnerie. Comme l'eau de mer corrode rapidement le fer, il ne faut pas compter sur la durée des tubes, et le parement du remplissage devait être exécuté en maçonnerie résistante, ce qui compliquait beaucoup le travail.

M. Ernest Gouin, entrepreneur du viaduc, demanda à remplacer les deux tubes par un caisson occupant tout l'espace de la pile, et la Compagnie d'Orléans s'empressa d'accepter cette proposition avantageuse pour elle comme pour le constructeur.

Le système employé présente avec celui que nous venons de décrire pour le pont de Kehl quelques différences d'exécution : la principale est de s'appliquer à des surfaces de fondation beaucoup plus restreintes, ce qui permet d'enlever les déblais par des sas à air sans avoir besoin de recourir à la complication des norias. Pour chaque pile, on emploie un seul caisson, ce qui facilite beaucoup la manœuvre.

Les *figures* 323, 324, 325, empruntées au mémoire de M. Desnoyers, donnent une idée de l'ensemble des travaux et de la disposition des chantiers pour la construction des deux piles principales du viaduc du Scorff.

Le caisson proprement dit ou chambre de travail est construit sur la rive, on l'amène en place en le faisant flotter, et sur le plafond de cette chambre on élève la maçonnerie de manière à obtenir la surcharge nécessaire à l'enfoncement ; cette maçonnerie est enveloppée dans un batardeau en tôle qui prolonge la chambre de travail, et que l'on élève peu à peu.

La section horizontale du caisson est celle qu'on veut donner à la pile, c'est-à-dire un rectangle terminé par deux demi-cercles.

A l'amont et à l'aval, on remarque deux cheminées cylindriques voisines l'une de l'autre et surmontées d'une écluse commune.

Il s'est présenté dans ce travail une difficulté particulière, produite par le phénomène des marées ; l'équilibre était difficile à établir, puisqu'il fallait résister à une sous-pression variable, et le poids de maçonnerie, nécessaire au moment de la haute mer, devenait beaucoup trop fort à basse mer ; il en résultait une pression considérable sur la tranche inférieure du caisson, et cela pouvait amener des déversements. On pourrait bien parer à cet inconvénient en faisant varier la pression intérieure de l'air ; mais cette pression doit toujours être assez forte pour que l'eau ne pénètre pas dans la chambre de travail, et pour cette raison elle ne peut guère varier. On est donc forcé de prendre des précautions spéciales pour guider et soutenir l'appareil.

M. Gouin a perfectionné depuis les caissons et les sas à air qu'il avait employés au viaduc du Scorff, et ceux dont il s'est servi aux fondations des ponts de Nantes méritent d'être signalés.

Le caisson est représenté par les *figures* 326, 327 et 328 ; il comprend trois anneaux horizontaux en tôle dont les épaisseurs sont, à partir du bas, 0^m,012, 0^m,010 et 0^m,008 ; ces anneaux sont appliqués sur des cadres horizontaux fortement entretoisés ; le plafond qui doit supporter une masse énorme de maçonnerie est soutenu par quatre poutres longitudinales à double T, et celles-ci sont elles-mêmes renforcées par des écharpes inclinées qui vont chercher leurs points d'appui sur les cadres de la chambre de travail ; le plafond est en outre entretoisé par des poutrelles transversales. Sur l'axe de la pile, à chaque bout du caisson, on trouve deux cheminées cylindriques accouplées à la partie supérieure par le sas qn'elles supportent.

Les détails de ce sas sont donnés dans les *figures* 329 à 332 ; sa section horizontale est irrégulière ; elle est oblongue et porte latéralement deux renflements G et G', qui sont deux sas particuliers pouvant communiquer par les portes g', g' avec la partie dans laquelle débouchent les deux cheminées ; à cette partie est accolé un autre sas H dont la section horizontale a la forme d'un croissant, celui-ci sert au passage des ouvriers, qui y pénètrent de l'extérieur par la porte h, et en sortent par la porte h' pour se rendre aux cheminées. Enfin, il existe un quatrième sas K, qui a la forme d'une boîte prismatique dont la grande dimension est horizontale ; cette boîte communique avec la chambre des cheminées au moyen de la porte k, et elle débouche à l'extérieur par la porte k' ; dans cette boîte est un petit chariot qui roule sur deux rails, lesquels se prolongent à l'extérieur au delà de la porte k'.

Au sommet de la chambre des cheminées est une grande poulie J, sur laquelle s'enroule une corde qui à chaque bout porte une benne ; chaque benne se meut dans l'axe d'une des cheminées, et l'une monte pendant que l'autre descend.

Quand une benne pleine arrive en haut, on comprime l'air dans le sas K, la porte k peut s'ouvrir et l'on vide la benne dans le petit chariot ; on met alors le sas K en communication avec l'air extérieur, la porte k, que l'on a refermée, ne peut s'ouvrir puisqu'elle est appuyée par la pression qui s'exerce de haut en bas, mais on peut ouvrir la porte k', faire sortir le chariot et le vider au dehors.

Veut-on maintenant envoyer du béton dans la chambre de travail, on met les sas G et G' en communication avec l'air extérieur, et l'on peut alors ouvrir les portes g, g qui sont à la partie supérieure de l'appareil ; on remplit les sas de béton ; puis on les met en communication avec l'air comprimé, les portes g se ferment et les portes g' s'ouvrent ; le béton tombe dans les bennes qui le descendent à la chambre de travail.

On voit combien tout ce mécanisme est simple, et en effet, il a parfaitement réussi.

Les fondations du viaduc du Scorff sont revenues à 2,900 fr. par mètre carré de la section horizontale supérieure de la pile, et le prix du mètre cube est revenu à 162 fr. Ces prix sont très-élevés, mais il faut dire qu'on se trouvait dans des circonstances particulièrement difficiles.

A Nantes, où l'on se trouvait dans de bien meilleures conditions, et où il y avait à fonder de nombreuses piles, ce qui permettait d'utiliser plusieurs fois le matériel, le mètre carré de la section horizontale supérieure des piles est revenu à 1,550 fr. environ, pour une profondeur de 17 mètres au lieu de 18 mètres que l'on avait au viaduc du Scorff, et le mètre cube de fondation est revenu à 92 fr.

De tout ce qui précède, il faut conclure que le système des fondations à l'air comprimé est très-coûteux ; comme de plus il donne lieu à quelques accidents, on ne doit l'employer que dans les cas où il est impossible de recourir aux procédés ordinaires.

Fondation d'un égout à Grenoble. — **Nous ne quitterons pas cette curieuse question** des fondations par l'air comprimé sans en signaler ici une application intéressante que l'on doit à M. Margot, ingénieur des ponts et chaussées à Grenoble.

Lors des crues de l'Isère, les eaux de cette rivière faisaient irruption dans la ville, notamment en remontant dans les égouts et venant se déverser dans les rues par les bouches sous trottoirs. A la suite de l'inondation de 1859, on entreprit de porter remède à cet état de choses.

La mesure principale qu'on adopta fut de détourner l'égout collecteur qui débouchait le long d'un quai de la ville, et de reporter son débouché suffisamment en aval, pour qu'il eût la pente nécessaire à l'écoulement sans qu'on eût à craindre le reflux de la rivière.

Il s'agissait de creuser cet égout dans une plaine d'alluvions sableuses fournies par le torrent du Drac, et dans laquelle on rencontre la nappe d'eau à 1 mètre de profondeur; les épuisements sont pour ainsi dire impossibles.

On résolut de construire l'égout en allant de l'aval à l'amont; on exécutait donc la fouille, puis on bâtissait les piédroits et la partie du radier qui les supporte fig. 333), en laissant vide le milieu du radier qui formait ainsi un canal dont on maintenait les parois avec deux files de palplanches. Les eaux s'écoulaient par ce canal et l'on put sans encombre exécuter complétement ce travail.

On se mit alors à combler le radier avec du béton à mortier de ciment, faisant une prise très-rapide, et immergé dans le vide après qu'on avait enlevé les palplanches.

Cette opération ne réussit pas, et des sources nombreuses, qu'on ne put étancher, se manifestèrent à la soudure de la nouvelle maçonnerie et de l'ancienne, et, comme on allait de l'amont à l'aval, on résolut de poursuivre le travail de la partie aval par le procédé suivant que représente la *figure* 334 : on enlevait les palplanches, on dégradait la partie de maçonnerie délavée, on immergeait deux files de demi-tuyaux en ciment reposant par leur tranche sur le sol inférieur, et au-dessus de ces tuyaux on achevait le remplissage en coulant du béton à mortier de ciment. On obtient de la sorte un drainage énergique, les sous-pressions sont annulées, et la maçonnerie a tout le temps de faire prise.

En effet, le procédé donna de bons résultats; mais restait à réparer la partie amont qui se trouvait précisément dans la ville, et qu'on avait voûtée pour ne point gêner trop longtemps la circulation.

Pour cette réparation, M. Margot eut l'idée de recourir à l'air comprimé ; il s'agissait d'obtenir à l'intérieur de l'égout une pression suffisante pour équilibrer la sous-pression de l'eau, il suffisait pour cela d'avoir, outre la pression atmosphérique, un excédant de pression représenté par une colonne de $0^m,15$ à $0^m,20$ de mercure, ou par une colonne d'eau de $2^m,04$ à $2^m,72$ de hauteur, ce qui revient en somme à avoir dans l'égout une pression totale d'environ 1 atmosphère 1/4.

La *figure* 335 donne la coupe longitudinale des dispositions adoptées : l'égout est partagé en sections de 30 mètres de longueur par des murs transversaux de $0^m,40$ d'épaisseur ; au-dessus d'un regard d'égout on a placé un sas à air en tôle, de forme cylindrique, et muni de deux portes dont les bords sont garnis de caoutchouc; l'une de ces portes est percée dans la base inférieure du cylindre, l'autre vers la paroi latérale. Un système de robinets permet de mettre le sas en communication avec l'air extérieur ou avec l'air comprimé; l'opération est facile, et peut s'exécuter rapidement vu la faible différence des pressions.

Le sas est surchargé avec des gueuses en fonte qui résistent à la sous-pression, facile à calculer.

L'air est envoyé dans l'égout par des machines soufflantes que font mouvoir deux locomobiles de sept chevaux.

La première fois qu'on voulut élever la pression dans l'égout, on ne put obtenir qu'un excédant de $0^m,01$ à $0^m,02$ de mercure, pression qu'indiquait le manomètre ; en effet les maçonneries des piédroits sont très-perméables et l'on pouvait entendre le sifflement de l'air qui les traversait.

Pour obtenir une étanchéité parfaite, on recouvrit la surface interne de l'égout d'un enduit en ciment de $0^m,015$ d'épaisseur ; on arriva alors à élever facilement la pression intérieure de manière à obtenir une différence de niveau de $0^m,20$ dans les deux branches du manomètre à air libre, et les ouvriers achevèrent à sec la maçonnerie du radier ; une fois la prise achevée, il n'y avait plus rien à craindre, et l'on pouvait entamer une partie nouvelle.

Il va sans dire que la chambre de travail doit être munie d'une soupape de sûreté, qui se lève lorsque la pression dépasse la grandeur voulue.

Remarquons encore que, lorsqu'on passe d'une section à l'autre, il est inutile de déplacer les hangars, les locomobiles et les pompes à air ; il suffit de déplacer le sas et d'allonger le tuyau d'amenée de l'air comprimé. L'air comprimé peut, en effet, être envoyé à de grandes distances sans perdre beaucoup de sa pression.

En résumé, cet emploi de l'air comprimé sous de faibles pressions a produit de bons résultats ; on peut avoir quelquefois l'occasion de l'utiliser dans des conditions analogues.

Des mesures à prendre pour éviter les accidents auxquels donne lieu l'emploi de l'air comprimé. — En 1866, une commission composée de MM. Combes, de Hennezel et Féline-Romany, inspecteurs généraux des mines et des ponts et chaussées, fut chargée d'examiner un mémoire de M. Triger, sur les mesures à prendre pour prévenir les accidents auxquels peut donner lieu l'application du procédé de l'air comprimé aux fondations hydrauliques. Les membres de la commission étudièrent la question dans son ensemble, et leur rapport, qui commence par un historique intéressant, indique les précautions à adopter lorsque l'on a à diriger une fondation par l'air comprimé ; nous ne pouvons mieux faire que de leur emprunter les lignes suivantes :

« Il existe dans la vallée de la Loire un terrain houiller qui passe sous le lit même du fleuve à une profondeur de 25 à 30 mètres environ, et qui s'étend à une certaine distance sur l'une et l'autre rive.

« Ce terrain qui est exploité sur plusieurs points, et notamment à Chalonnes, où sont situées les mines de M. Las-Cases, dont M. Triger est l'ingénieur, est recouvert d'une couche d'alluvions composées de sables et de galets sur laquelle coule la Loire.

« Les besoins de l'exploitation de ces mines ont fait reconnaître à M. Triger, à une époque qui remonte déjà à plus de vingt-cinq ans, la nécessité de creuser un puits d'extraction dans le lit même du fleuve. Une pareille opération paraissait alors en quelque sorte impossible. Comment creuser un puits de mine jusqu'à la profondeur du terrain solide ? Comment le prolonger à travers ce terrain jusqu'aux couches de houille ? et surtout comment se débarrasser des eaux d'infiltration pendant cette opération ?

« Chercher à vider ce puits par les procédés ordinaires, à l'aide de pompes d'épuisement, c'était, comme l'a fort bien dit M. Triger, « vouloir épuiser la Loire. » C'est alors qu'il a eu l'heureuse idée d'employer l'air comprimé au nombre d'atmosphères voulu pour faire équilibre à la pression produite par le poids d'eau de la colonne extérieure, de manière à empêcher cette eau de pénétrer dans le puits.

« Il n'est peut-être pas inutile de mentionner ici que cette idée, si simple comme toutes celles qui ont conduit aux grandes inventions, était venue à l'esprit de Denys Papin, le premier qui ait signalé toute la puissance de la vapeur et le moyen qu'on pouvait en tirer pour les machines. Il existe dans la bibliothèque universelle et historique de Leclerc, pour l'année 1691, un mémoire intitulé : *Manière de conserver la flamme sous l'eau*, inventée par M. Papin, professeur de mathématiques, à Marbourg.

« Dans ce mémoire, qui n'avait d'abord en vue que de faire brûler une chandelle sous l'eau dans une sorte de lanterne pour pêcher la nuit au flambeau, Papin annonce qu'il a été conduit par ce problème de physique amusante à une modification importante de la cloche à plonger. Il propose d'injecter continuellement de l'air frais dans l'appareil, à l'aide d'un fort soufflet de cuir garni de soupapes, par un tuyau qui passe sous la cloche et va déboucher à sa partie supérieure. Il fait remarquer que par cette disposition la cloche, à quelque profondeur qu'on la descende, pourra toujours être vide d'eau et pleine d'un air constamment renouvelé ; « elle sera facile à manœu-
« vrer, dit-il, les ouvriers pourront y séjourner aussi longtemps qu'ils voudront,
« avoir du feu et de la chandelle, puis il ajoute qu'à l'aide de cette modification, la
« cloche demeurant toujours vide, et la faisant appuyer tout à fait à terre, le fond de
« l'eau en cet endroit demeurerait presque à sec et on pourrait y travailler de même
« que hors de l'eau, et je ne doute pas que cela ne pût épargner beaucoup de dépense
« quand on veut bâtir sous l'eau. »

« Ainsi cette idée de bâtir sous l'eau en travaillant dans l'air comprimé et incessamment renouvelé, était venue à Papin, comme celle de tirer parti de la vapeur lui était aussi venue lorsqu'il eut reconnu sa force expansive à l'aide de sa marmite ; mais il y avait encore loin de là à l'invention de M. Triger, qui a rendu pratique la conception de Papin de la manière suivante :

« Après avoir enfoncé un cylindre en tôle de 1ᵐ,33 de diamètre et d'une vingtaine de mètres de longueur, formé de plusieurs anneaux superposés et rattachés les uns aux autres, M. Triger a surmonté ce cylindre d'un second cylindre de même diamètre, suffisamment haut pour que des hommes puissent s'y tenir debout, et fermé à sa base ainsi qu'à sa partie supérieure. Ce cylindre, auquel il a donné le nom d'écluse, de sas, ou de chambre à air, est muni de soupapes et de robinets disposés de telle sorte que l'air refoulé par une pompe mise en mouvement par une machine à vapeur puisse atteindre, tantôt dans le premier cylindre, tantôt dans le second, la tension nécessaire pour faire équilibre à la pression atmosphérique augmentée du poids de la colonne d'eau correspondant à la profondeur à laquelle on se trouve.

« Au début de l'opération, lorsqu'il s'agit d'introduire dans l'appareil les ouvriers qui doivent fouiller le sol pour faire pénétrer le cylindre dans le terrain que l'on doit traverser, on manœuvre les robinets de manière que la pression soit la même à l'intérieur de l'écluse qu'au dehors.

« Les ouvriers étant entrés dans cette écluse, on refoule l'air dans le premier cylindre pour faire baisser l'eau jusqu'au niveau du sol sur lequel il repose ; on équilibre ensuite les pressions des deux cylindres par une manœuvre convenable, la soupape qui ferme le trou d'homme s'abaisse et les ouvriers descendent. On les fait remonter en faisant les mêmes manœuvres en sens inverse.

« On voit par cette courte description que les ouvriers travaillent sous une pression qui dépasse d'autant plus la pression atmosphérique que la profondeur du puits est plus grande. C'est là le seul inconvénient que présente cet ingénieux procédé, mais le danger est-il aussi grand que quelques personnes le prétendent, et n'est-il pas possible et facile d'y remédier ?

« C'est ce qu'affirme M. Triger dans son mémoire.

« Il indique d'abord le moyen de prévenir les explosions qui sont toujours la cause des accidents les plus graves.

« L'appareil devant en raison de sa forme, de la nature et de l'épaisseur de ses parois, ainsi que du mode d'assemblage des pièces, être capable de résister à une pression très-supérieure à celle sous laquelle il doit fonctionner, il convient de soumettre le sas monté à une pression d'épreuve, et de le munir de deux soupapes de sûreté.

« Il convient aussi de mettre le piston de la machine à vapeur et celui de la pompe foulante dans un rapport de surface et de vitesse tel que le degré de compression de l'air soit limité par cela même.

« Il faut enfin mettre l'appareil en communication avec trois manomètres placés, le premier près de la machine à vapeur, afin que le mécanicien qui la dirige l'ait constamment sous les yeux, le second dans le puits, pour que les ouvriers puissent se rendre compte de la pression à laquelle ils sont soumis, enfin le troisième à l'extérieur de l'écluse, en ayant soin de disposer ce dernier à air libre afin qu'il puisse au besoin fonctionner comme *sifflet d'alarme* et avertir le mécanicien dans le cas où, par une circonstance quelconque, le manomètre métallique qu'il a sous les yeux ne lui accuserait pas un excès de pression intérieure.

« Après le danger des explosions, celui auquel les ouvriers sont le plus exposés provient d'un déséclusement trop brusque.

« Toujours pressés de sortir après leur travail terminé, ils abusent généralement du robinet mis à leur disposition pour rentrer à l'air libre, et ne mettent souvent que quelques secondes pour se déséccluser, c'est-à-dire pour rétablir l'équilibre de pression entre l'air de l'intérieur du sas et l'air extérieur.

« Voulant obtenir un désécclusement moins brusque que celui auquel on attribuait les accidents qui devenaient plus fréquents à mesure que les travaux devenaient plus profonds, M. Triger a fait remplacer le robinet simple de sortie par un robinet à double boisseau, laissant toujours à l'ouvrier la faculté d'agir à l'intérieur pour sortir, mais réglé à l'extérieur par le surveillant des travaux de manière à modérer l'échappement de l'air et à empêcher une dilatation trop brusque.

« En fixant la durée du désécclusement à trois minutes, M. Triger a déjà constaté une certaine amélioration ; en portant cette durée à cinq minutes, le résultat a encore été plus frappant, les douleurs névralgiques des ouvriers ont disparu en grande partie, et elles ont cessé complétement avec une durée de sept minutes. A partir de ce moment, M. Triger affirme qu'aucun ouvrier de ses chantiers ne s'est trouvé malade en sortant de l'air comprimé, quoiqu'il ait été obligé de les faire travailler pendant plusieurs mois de suite sous des pressions d'eau de 25 à 30 mètres.

« Cette seconde amélioration obtenue, M. Triger a continué ses observations et ses recherches pour combattre les inconvénients que présente une trop grande compression, et cette fois c'est le hasard qui lui a fait découvrir un fait dont il a tiré un très-heureux parti.

« Lors du percement de son premier puits, étant arrivé à une profondeur de plus de 25 mètres et obligé de descendre encore, ce n'était plus qu'avec une extrême inquiétude qu'il soumettait ses ouvriers à une pression de 3 atmosphères 1/2 pour essayer de faire sortir l'eau de son puisard par un tuyau de dégagement, lorsqu'un ouvrier donna par maladresse un coup de pic dans ce tuyau et y fit un trou. Aussitôt l'eau, qui depuis quelque temps ne pouvait plus s'élever assez haut pour dégorger, jaillit avec violence, et cependant le manomètre accusait une pression inférieure de plus d'une atmosphère à celle qui aurait été nécessaire pour faire équilibre au poids de la colonne d'eau extérieure. Ce jet d'eau continuait aussi longtemps que l'orifice inférieur du tuyau plongeait dans l'eau du puisard ; il cessait aussitôt que l'eau s'abaissait au-dessous de cet orifice, pour reprendre lorsqu'elle remontait au-dessus, et cette intermittence se reproduisait autant de fois que l'eau descendait dans le puisard au-dessous de l'orifice pour remonter ensuite au-dessus par l'effet des filtrations.

« M. Triger parvenait donc ainsi à se débarrasser de l'eau en l'élevant à une hauteur plus grande que celle correspondant à la pression exercée à sa surface.

« L'eau se trouvait mélangée d'air et devenait ainsi un liquide bien plus léger.

« Ce fut pour lui, comme il le dit, un véritable trait de lumière, et dès ce moment, il résolut de le mettre à profit pour ne plus exposer ses ouvriers qu'à des pressions beaucoup moindres que celles qu'il avait considérées d'abord comme nécessaires.

« M. Triger résume ainsi les perfectionnements qu'il a successivement apportés à ses premiers essais :

« 1° Mettre les ouvriers à l'abri de toute explosion ;

« 2° Régler l'introduction de l'air dans le sas et sa sortie du sas de manière à faire disparaître complétement les névralgies et tous les autres accidents graves encore si fréquents aujourd'hui sur la plupart des chantiers ;

« 3° Équilibrer mathématiquement et d'une manière constante la pression de l'air avec la résistance effective à vaincre, et n'exposer ainsi les ouvriers qu'à une pression d'air beaucoup moindre que celle qui semble exigée par le niveau des eaux extérieures ou la profondeur du puits.

« M. Triger termine son mémoire en émettant l'avis que, pour remédier d'une manière certaine aux accidents occasionnés par l'emploi des appareils à air comprimé, il lui paraîtrait indispensable de soumettre ces appareils, avant leur mise en activité, non pas à un contrôle officiel, mais à un contrôle officieux, destiné à éclairer les entrepreneurs qui les font fonctionner sur la bonne ou mauvaise disposition des organes qui les composent.

« Nous allons examiner successivement chacun des moyens indiqués par M. Triger.

Explosions. — Les explosions sont des accidents qui occasionnent presque toujours la mort des ouvriers.

« L'essai des appareils à une pression au moins double de la pression maximum à laquelle ils doivent fonctionner est une mesure essentiellement utile, aussi bien que l'établissement de deux soupapes sur l'écluse.

« Il en est de même de l'établissement de plusieurs manomètres placés notamment en vue du mécanicien et dans l'intérieur des tubes ; mais nous ne pensons pas qu'il convienne de rendre ces mesures obligatoires par un règlement administratif comme celui qui régit les appareils à vapeur, parce qu'alors l'administration assumerait sur elle la responsabilité de l'efficacité de ces mesures, dans le cas où il arriverait encore des accidents. Il vaut mieux, suivant nous, ne pas déplacer cette responsabilité, et la laisser peser tout entière sur les ingénieurs et sur les entrepreneurs, qui sont les plus intéressés à prendre toutes les précautions nécessaires pour sauvegarder la vie des ouvriers qu'ils emploient, et qui ont toute l'instruction nécessaire pour diriger, exécuter et surveiller des travaux de ce genre.

« *Éclusement et déséclusement trop brusques.* — La compression, en élevant la température, détermine une vaporisation d'eau, et la dilatation, en l'abaissant, provoque la condensation partielle de la vapeur qui s'est formée.

« Ainsi le déséclusement rend l'air froid, glacial même, et nébuleux par la condensation de l'eau. C'est ce qui explique l'empressement avec lequel les ouvriers font jouer le robinet pour sortir du sas.

« L'impression que l'on ressent pendant l'éclusement varie suivant la nature des individus, l'intensité de la pression et la rapidité avec laquelle on manœuvre le robinet ; mais le malaise que l'on éprouve dure peu, surtout lorsque l'opération est faite avec la lenteur nécessaire pour que l'air qui remplit les organes puisse se mettre en équilibre avec l'air envahissant, et l'on est généralement assez d'accord sur ce point que les souffrances que l'on éprouve au début ne présentent aucun danger et que le séjour dans l'air comprimé n'a rien de malsain en lui-même.

« Mais il n'en est pas de même d'une dilatation trop brusque. Si l'entrée et le séjour dans les tubes sont le plus souvent sans danger, il ne paraît pas en être de même de la sortie ; de là ce dicton des ouvriers tubistes : *On ne paye qu'en sortant.* Sur ce point cependant, les hommes compétents sont encore partagés, et l'on peut citer des faits qui tendraient à prouver qu'un déséclusement trop lent serait dangereux, et qu'un déséclusement rapide serait sans inconvénient.

« Aux mines de Douchy, où des travaux ont été faits avec des appareils à air comprimé et où le déséclusement s'opérait d'une manière tellement lente qu'il durait jusqu'à vingt minutes, des accidents graves et nombreux se sont produits. Sur le chantier du pont du Scorff à Lorient, où le déséclusement s'opérait en 30, 20 et même 10 secondes, des milliers d'hommes ont passé par les sas, et ceux seulement ont péri ; un surveillant d'une constitution délicate et qui était descendu impunément une première fois dans les tubes est mort quelques mois après une seconde descente opérée dans de mauvaises conditions de santé.

« L'accident déplorable survenu au mois de décembre 1859 sur le chantier du pont de Bordeaux tendrait également à prouver que la décompression, même la plus instantanée, pourrait être sans aucun danger, puisque lors de la rupture par explosion de l'une des colonnes en fonte qui forment les piles, sept des ouvriers qui y travaillaient en ce moment n'ont éprouvé aucun accident.

« M. Triger affirme que les accidents disparaissent complétement lorsque le déséclusement dure sept minutes.

« Nous ne pensons pas qu'il soit possible de poser une règle uniforme et absolue. Il nous semble que ce temps doit varier avec la constitution de l'ouvrier. Il y en a qui ne peuvent pas supporter le froid qui se produit par la dilatation brusque ; pour ceux-là il faut se hâter. Il y en a d'autres au contraire, sur lesquels l'effet de ce changement subit de température est sans danger, et pour ceux-là il peut y avoir avantage à opérer une décompression lente et graduée.

« Le seul point sur lequel les hommes de l'art paraissent être d'accord, c'est que, s'il existe un danger, il est moindre avec un déséclusement lent qu'avec un déséclusement rapide.

« Ils recommandent aussi les précautions suivantes :

« Se munir de vêtements de laine que l'on quitte pour prendre ceux de travail, et les déposer dans une chambre chaude et voisine des tubes pour se changer en remontant.

« Après le travail, rester quelque temps dans les tubes pour se sécher.

« Une fois hors des tubes, se renfermer dans une salle bien chaude, se couvrir de vêtements de laine et attendre que l'effet réfrigérant de l'écluse soit effacé.

« Il semble résulter de ces prescriptions, qui sont indiquées dans une étude médicale publiée par M. Foley, docteur-médecin attaché à la compagnie des chemins de fer de l'Ouest, que ce n'est pas dans le sas même, mais après en être sortis, que les ouvriers doivent prendre leurs vêtements de laine. Nous croyons néanmoins qu'il ne peut y avoir qu'avantage pour eux à se garantir contre les effets du refroidissement auquel ils sont exposés dans le sas pendant la durée du déséclusement. Le même auteur, qui était attaché au chantier du pont d'Argenteuil, fait connaître que l'on avait disposé près des tubes un bateau sur lequel était une cabine parfaitement chauffée et que cette installation a donné les meilleurs résultats.

« Quelques médecins ont émis l'avis que la durée du déséclusement devait varier avec la profondeur des puits.

« M. le docteur Foley, dont nous venons de parler, donne les nombres suivants que l'expérience lui a fournis :

« A une profondeur correspondant à une demi-atmosphère, le déséclusement ne doit durer que 30 secondes.

« Pour une atmosphère, 1 minute ;

« Pour une atmosphère et demie, 1 minute 30 secondes :

« Pour deux atmosphères, 2 minutes ;

« Pour deux atmosphères et demie, 2 minutes 30 secondes ;

« Il ajoute que, pour des pressions plus grandes, il ne faudrait probablement pas suivre cette progression, parce que 2 minutes 1/2 sont déjà bien longues dans une écluse glaciale.

« Ces nombres sont, comme on le voit, sensiblement inférieurs à celui de 7 minutes recommandé par M. Triger.

« On ne saurait donc poser une règle uniforme et il ne semble pas qu'il y ait lieu d'en observer une autre que celle que le bon sens indique, c'est-à-dire de ne pas ouvrir le robinet trop vite, aussi bien pour l'éclusement que pour le déséclusement, afin de donner à l'organisme le temps de se mettre en équilibre avec le milieu dans lequel il se trouve plongé.

« Au surplus, quelque regrettables que soient les accidents heureusement assez rares qui sont arrivés sur les chantiers depuis que l'on y fait emploi de l'air comprimé, il est bien avéré aujourd'hui que ce mode de travail appliqué avec intelligence et discernement n'altère pas la santé d'ouvriers d'ailleurs bien portants et d'une bonne constitution, et ne saurait être par conséquent considéré comme insalubre.

« Pour ne parler que des ponts construits en France, la compagnie des chemins de fer du Midi a fait exécuter les fondations de trois ponts par ce système, celles du pont du Tech sur l'embranchement de Narbonne, celles du pont de Bordeaux et celles du pont construit à Bayonne, sur l'Adour, pour relier les lignes françaises avec les lignes espagnoles. Il y a eu quelques accidents sur chacun de ces chantiers, mais très-peu nombreux, si on les compare au nombre des ouvriers qui ont passé par les écluses, et il n'y a eu de cas de mort que sur les deux derniers chantiers, où quatre ouvriers ont péri par suite d'explosions.

« La Compagnie des chemins de fer de l'Ouest a foncé de 1861 à 1864, 33 tubes, dont 30 sur la Seine à Argenteuil, à Elbeuf et à Orival, et 8 à Briollay sur le Loir, près d'Angers, et elle n'a eu à constater que des accidents peu graves, n'ayant occasionné que des interruptions de travail momentanées.

« La compagnie d'Orléans a fait construire sur le Scorff un pont dans les travaux de fondation duquel deux ouvriers sont morts à la suite d'un déséclusement trop rapide, comme nous l'avons dit ci-dessus, et un surveillant est mort aussi au bout de quelques mois.

« La même compagnie a fait construire sur le Louet (un des bras de la Loire), à Chalonnes, un pont où il y a eu une explosion par suite de laquelle deux ouvriers ont été tués ; mais un peu plus bas, à Nantes, sur le chantier du pont construit pour livrer passage au chemin de Napoléon-Vendée, on n'a eu aucun accident grave à déplorer, bien que ce pont n'ait pas moins de seize travées, dont neuf sur le bras de la rive droite de la Loire et sept sur la rive gauche.

Indépendamment de ces ponts situés en France, il en a été construit un grand nombre à l'étranger, et notamment en Russie et en Hongrie sur la Theiss à Szegedin.

« Il résulte donc de ce qui précède :

« Que les accidents auxquels sont exposés les ouvriers qui travaillent dans l'air comprimé mettent rarement leur vie en danger, n'occasionnent que des interruptions de travail assez courtes, et sont surtout peu nombreuses si on les compare au nombre de passages par les sas sur chaque chantier ;

« Que les maladies occasionnées par ces accidents peuvent être prévenues par l'emploi des moyens indiqués dans le cours de ce rapport.

« Quant aux explosions, les circonstances dans lesquelles se sont produites celles dont nous avons eu connaissance nous portent à croire qu'elles peuvent être dues à des imprudences commises dans le cours des travaux autant qu'à l'absence d'appareils de sûreté ou de précautions prises.

« *Tension de l'air dans l'intérieur des tubes.* — Il nous reste à examiner le parti que l'on peut tirer du fait expérimental constaté par M. Triger d'une tension d'air à l'intérieur des tubes sensiblement inférieure à celle correspondante au poids de la colonne d'eau extérieure.

« Pour empêcher complétement les eaux de pénétrer dans un puits creusé à travers un terrain aquifère et perméable, il faudrait y maintenir l'air à une pression qui dépassât celle de l'atmosphère d'une quantité au moins égale à la profondeur des bancs aquifères perméables au-dessous du niveau auquel les eaux arriveraient naturellement dans le puits si l'accès de l'air extérieur était libre, et qu'on appelle niveau hydrostatique. Si l'air n'est comprimé qu'à une pression moindre, l'eau pénètre dans le puits en quantité d'autant plus considérable que la pression s'abaisse davantage, et il faut pour continuer le travail l'épuiser incessamment. A cet effet, M. Triger ménage dans le fond du puits un petit puisard où se réunissent les eaux d'infiltration, et au lieu de les épuiser avec une pompe dont l'installation offrirait quelques difficultés, il les refoule par l'action même de l'air comprimé dans un tuyau de dégagement qui descend dans le tube en traversant au besoin le sas à air, plonge par le bas dans le puisard et a son orifice de dégorgement, soit à la surface du sol, soit dans une galerie d'écoulement quand il est possible d'en établir une. Il semble que dans ce système la pression de l'air nécessaire pour opérer le refoulement de l'eau devrait être celle d'une colonne d'eau au moins égale à la hauteur de l'orifice supérieur du tuyau de dégagement au-dessus du niveau de l'eau dans le puisard, hauteur qui peut être différente de celle du niveau hydrostatique du puits et serait plus grande dans le cas général, de sorte qu'on ne trouverait pas dans ce procédé un moyen de diminuer la pression de l'air.

L'artifice indiqué par M. Triger consiste à laisser pénétrer dans le tuyau de dégagement une certaine quantité d'air qui, se mêlant à l'eau et s'écoulant avec elle, diminue la densité du fluide en mouvement, et permet ainsi d'opérer l'épuisement au moyen d'air à une pression beaucoup moindre que celle qui eût été autrement nécessaire. A cet effet, il adapte au tuyau de dégagement, à une certaine hauteur au-dessus du niveau de l'eau dans le puisard, un ajutage de petite section pourvu d'un robinet.

« Supposons que, ce robinet étant fermé, la colonne d'eau soit soutenue par la pression de l'air dans le puits à une hauteur de 20 mètres, par exemple, au-dessus du niveau de l'eau dans le puisard, tandis que l'orifice de dégorgement se trouve à 10 mètres plus haut. Les choses étant dans cet état, si l'on ouvre le robinet de l'ajutage, l'air entrera dans le tuyau de dégagement en vertu de l'excès de sa pression sur celle que la colonne d'eau exerce sur la paroi intérieure de ce tuyau au point où l'ajutage est appliqué. Une fois entré, il se dilatera en s'élevant dans l'eau qui remplit la partie du tuyau supérieure à l'ajutage et formera avec elle un mélange mousseux qui s'élèvera jusqu'à l'orifice de dégagement et se déversera par cet orifice. L'air ainsi dépensé étant remplacé à mesure par l'air injecté dans le puits par les pompes, de manière que la pression soit maintenue constante, on comprend qu'il en résultera un mouvement ascensionnel continu de l'eau du puisard dans le tuyau de dégagement, qui sera rempli d'eau dans la partie inférieure à l'ajutage, et d'eau mousseuse dans toute la partie supérieure. Etant donné la pression constante de l'air dans le puits, les hauteurs de l'orifice de dégorgement du tuyau ascentionnel et du point d'insertion de l'ajutage au-dessus du niveau de l'eau dans le puisard, on peut calculer approximativement la dépense d'air comprimé nécessaire pour l'élévation d'un volume d'eau déterminé, sauf à contrôler les résultats du calcul par l'expérience. La section la plus convenable de l'ajutage ou plutôt de l'ouverture du robinet qui donne accès à l'air est d'ailleurs à déterminer expérimentalement.

« Les faits observés par M. Triger et le parti qu'il a su en tirer dans la pratique nous paraissent mériter d'être signalés à l'attention des ingénieurs qui emploient les appareils à air comprimé pour le creusement de puits ou de travaux de fondation dans les terrains aquifères.

« *Conclusions.* — En résumé, le projet de M. Triger a déjà rendu les plus grands services en permettant, par son application aux travaux de fondations à de grandes profondeurs, de construire des ponts qu'il aurait été impossible de fonder par les moyens employés jusqu'alors.

« Il est appelé à en rendre tous les jours de nouveaux.

« Les dangers que son emploi présente peuvent être écartés par un système de précautions que M. Triger indique et que nous avons rappelées dans le cours de ce rapport, savoir :

« 1° L'essai préalable des appareils sous une pression au moins double de celle sous laquelle ils doivent fonctionner, en ayant soin de faire cet essai sur lesdits appareils montés, afin de rendre l'épreuve plus décisive.

« 2° L'application de soupapes de sûreté et de manomètres, notamment de celui qui doit faire connaître au mécanicien le degré de tension de l'air dans l'intérieur des tubes.

« 3° Les précautions à prendre pour ralentir le passage des ouvriers de l'air libre à l'air comprimé et réciproquement, ainsi que les mesures hygiéniques à prescrire sur les chantiers. »

Appareil permettant de travailler sous l'eau. — Depuis l'antiquité la plus reculée, l'homme s'est préoccupé de la solution de ce problème : « travailler sous l'eau. »

Les plongeurs peuvent le faire, mais ils n'arrivent jamais qu'à un bien mince résultat, et cela se conçoit si l'on réfléchit que les plongeurs, capables de séjourner deux ou trois minutes au fond de l'eau, sont excessivement rares. Il fallait donc recourir à des moyens artificiels permettant d'entretenir la respiration humaine à une profondeur quelconque.

Lorsqu'on renverse dans l'eau un verre vide, et qu'on cherche à l'enfoncer, l'air confiné ne peut s'échapper, il se comprime de telle sorte qu'il fasse équilibre à la pression de l'eau, et son volume varie conformément à la loi de Mariotte, c'est-à-dire que les volumes sont en raison inverse des pressions. Une atmosphère correspondant à la pression d'une colonne d'eau d'environ 10 mètres de hauteur, lorsque le verre sera descendu à 10 mètres au-dessous du niveau de l'eau il ne sera plus qu'à moitié plein d'air; à 20 mètres de profondeur, l'air n'occupera plus que le tiers de son volume primitif.

Au lieu d'un verre, supposez un grand vase, une sorte de baquet renversé, qu'un homme se met sur la tête; cet homme pourra descendre dans l'eau à une profondeur quelconque, théoriquement, pourvu que le volume du vase ainsi que sa forme soient convenablement calculés.

Substituez au baquet un appareil plus vaste et plus résistant, avec des lentilles de verre enchâssées dans ses parois pour livrer passage à la lumière, et vous aurez une chambre ou cloche, dans laquelle des ouvriers pourront séjourner et travailler.

Afin que l'ascension de l'eau à l'intérieur de la cloche soit peu considérable, on a soin de donner à l'appareil une forme évasée par le bas; de la sorte, les variations de volume sont relativement considérables pour une faible hauteur.

Tel est le principe général des cloches à plongeur de toutes dimensions; ce principe, signalé par Aristote, fut mis en pratique au moyen âge, notamment sur les côtes d'Espagne, et l'on arriva à retirer du fond de la mer des objets précieux engloutis par un naufrage. (On va tenter aujourd'hui une opération analogue pour le sauvetage de la riche cargaison des galions de Vigo, qui, depuis des années, repose au fond des eaux.)

Au xviiᵉ siècle, sur les côtes d'Ecosse, on se servit, au grand étonnement des populations, d'une cloche en bois remplie d'air sous laquelle un homme descendait au fond de la mer; cet homme pouvait à son gré rester dans la cloche, ou se couvrir la tête d'un capuchon rigide, communiquant sans cesse avec la cloche par un tube, et se promener aux environs.

Mais tous ces appareils ne permettaient point un séjour prolongé au fond des eaux; car l'air confiné devient rapidement irrespirable par suite de l'accumulation de l'acide carbonique. Dans une eau courante, une partie de ce gaz carbonique est entraînée par dissolution; néanmoins la proportion en est toujours trop forte, et il est nécessaire de renouveler l'air.

Au xviiiᵉ siècle, on imagina d'opérer ce renouvellement au moyen de barriques étanches remplies d'air pur et lestées de manière à descendre en face du bord inférieur de la cloche; le plongeur les attirait à lui avec une gaffe, et en les ouvrant, recevait une nouvelle provision d'air.

Ee 1790, Smeaton substitua à ce système primitif celui des pompes à air qui, par un tuyau flexible, envoient dans la cloche autant d'air frais qu'on le veut, et à la pression nécessaire.

Sauf des modifications de détail, la cloche de Smeaton est encore celle qu'on emploie de nos jours.

On peut voir, dans les bassins du Havre, une cloche à plongeur en fonte, montée à l'avant d'un bateau et suspendue par des chaines qui s'enroulent sur un treuil; cette cloche porte sur sa face supérieure des lentilles épaisses que la lumière traverse. Au-dessous de la cloche, près de la flottaison, est un tablier à charnière sur lequel viennent se placer les ouvriers; une fois qu'ils sont là, on descend la cloche qui vient les recouvrir, et à l'intérieur de laquelle ils peuvent s'asseoir; on laisse tomber le tablier qui devient vertical, et la cloche peut descendre librement jusqu'au fond de l'eau. La manœuvre est assez simple et réussit bien. Trois ou quatre ouvriers peuvent prendre place à l'intérieur; ils sont éclairés par les lentilles, et si cela ne suffit pas, par de la bougie ; la chandelle brûle très-vite dans l'air comprimé, et répand une odeur méphitique.

Il faut remarquer que l'effort à exercer par les chaînes de suspension varie brusquement, lorsque la cloche passe de l'air dans l'eau ; c'est un inconvénient pour la manœuvre du treuil ; on y remédie en faisant équilibre avec des contre-poids à la différence du poids de la cloche dans l'air et de son poids dans l'eau.

Quelquefois la cloche est de forme parallélipipédique, mais quelquefois elle présente à l'avant une partie arrondie, comme l'avant-bec d'une pile de pont ; cette disposition a pour but de permettre d'approcher facilement des murs de quai et de leurs angles pour les visiter. Mais il y a dans ce cas une précaution à prendre : la cloche n'a plus une forme symétrique, et lorsqu'elle pénètre dans l'eau, le centre de gravité du liquide déplacé ne coïncide pas avec le centre de gravité de la cloche ; or il faut, d'après les lois du mouvement des corps flottants, que ces deux centres de gravité se placent sur une même verticale, afin qu'il y ait équilibre ; la cloche va donc se déplacer, et, pour que son rebord inférieur soit horizontal dans l'eau, il devra avoir dans l'air une certaine inclinaison que l'on calculera et que l'on produira au moyen des chaînes de suspension.

Si l'on veut éviter cette complication, il sera beaucoup plus simple de rendre à la cloche sa forme symétrique, en reproduisant à l'arrière la partie arrondie qu'on installe à l'avant.

Bateau sous-marin de Coulomb et de M. de la Gournerie. — Pour manœuvrer une cloche à plongeur, il est nécessaire d'avoir des appontements fixes ou des bateaux qui tiennent beaucoup de place ; la cloche est du reste difficile à maintenir et même dangereuse au milieu d'un courant rapide. Elle peut prendre une inclinaison notable, et l'on s'est vu quelquefois forcé de la protéger contre la violence des eaux par des écrans métalliques.

En outre, une cloche à plongeur, à cause des apparaux qu'elle exige, ne peut jamais prendre de grandes dimensions, et ne permet point par conséquent d'aller vite en besogne.

C'est pour parer à ces inconvénients que M. de la Gournerie, ingénieur des ponts et chaussées, chargé de déraser une roche de granit qui encombrait la passe du port du Croisic, eut l'idée de construire un bateau que nous allons décrire, et qui avait été déjà proposé par Coulomb en 1773 pour l'extraction de rochers qu'on rencontrait en Seine, près de Quillebœuf.

M. de la Gournerie a fait subir au projet de Coulomb plusieurs modifications qui l'on rendu vraiment pratique, et il donne à son appareil le nom de bateau à air.

« L'appareil employé au Croisic consiste, dit-il, dans un bateau au milieu duquel se trouve une cloche ou chambre de travail, fermée dans la partie haute et ouverte dans le bas.

« On fait sortir le bateau du port au commencement du jusant, avant que le courant ait acquis une grande vitesse ; on le conduit dans la passe près des rochers à déblayer, et on le tient à l'écart de manière à ce qu'il ne gêne pas le passage des navires. Lorsque les rochers ne sont recouverts que d'une hauteur d'eau de 2ᵐ,25 à peu près, on amène le bateau à l'endroit où l'on veut travailler, on l'amarre fortement, et on le coule sur le rocher en le chargeant de lest. Les ouvriers entrent dans la chambre de travail par une ouverture qui est réservée dans le plafond et que l'on ferme ensuite avec soin. On comprime alors l'air intérieur au moyen de pompes ; on fait ainsi baisser graduellement l'eau dans la chambre, et on finit par l'en expulser entièrement.

« Les ouvriers qui s'étaient tenus jusque-là sur un grillage intermédiaire, descendent sur le rocher, battent des mines, divisent les blocs et retirent les fragments sans être gênés par l'eau. Pendant le travail les pompes continuent de fonctionner pour la rénovation de l'air intérieur. Le bateau est remis à flot et enlevé dès que la mer a recouvert les rochers de plus de deux mètres, c'est-à-dire au moment où les navires ont besoin de trouver le chenal libre pour leurs mouvements. »

La *figure* 336 donne une élévation latérale du bateau, et la *figure* 337, une coupe longitudinale.

La hauteur de la chambre de travail a été calculée (à l'aide de la formule de Laplace qui donne la variation diurne de la mer), de manière qu'on pût avoir, en morte eau comme en vive eau, des séances de travail suffisamment longues.

Cette chambre de travail est divisée en deux parties inégales par un grillage formant plafond ; ce plafond est à $2^m 15$ au-dessus du fond, et, comme on commence à travailler dans une profondeur d'eau de $2^m,25$, il en résulte que le grillage est recouvert d'une couche d'eau de $0^m,10$, qui ne gêne pas trop les ouvriers. La partie supérieure sert de chambre d'attente et est munie de siéges ; elle porte en outre des oculaires, ou lentilles en verre, enchâssés dans la calotte et destinés à laisser passer un peu de jour. La chambre d'attente sert à recevoir les ouvriers au commencement de l'opération, avant que l'eau ne soit refoulée, et à la fin, lorsqu'on laisse rentrer l'eau, elle a une hauteur de $1^m,30$.

La section horizontale du bateau est de 3 mètres sur $3^m,60$; on pourrait l'augmenter, et employer un plus grand nombre d'ouvriers, si l'on n'avait pas affaire à de violents courants, au milieu desquels il est difficile de diriger et de maintenir l'appareil.

Une machine à vapeur, donnant un effet utile de deux chevaux, était plus que suffisante pour faire mouvoir les pompes à air. Le refoulement complet de l'eau se produisait en huit minutes, ce qui est important, car il est nécessaire de travailler le plus longtemps possible à chaque marée.

Lorsque le bateau repose sur un rocher, l'évacuation de l'eau est toujours facile ; mais, lorsqu'il repose sur un fond de vase ou de sable, le rebord s'y engage, et l'eau ne peut plus sortir ; il est nécessaire, dans ce cas, de ménager de petites vannes sur les parois latérales du bateau.

Le conducteur des travaux à l'intérieur se tenait dans la chambre d'attente, et les ouvriers travaillaient au fond ; on pouvait y placer neuf hommes manœuvrant des pics, ou seize hommes creusant des mines au fleuret ; en tout, seize personnes au maximum.

Pour le travail de nuit, on employait quatre lampes à niveau constant, donnant une grande clarté.

Les ouvriers et les lampes concourent à produire de l'acide carbonique ; en prenant pour base les données expérimentales exactes, et la quantité d'air envoyée par les pompes dans l'appareil, on reconnaît que la proportion d'acide carbonique dans l'air confiné varie de 14 à 19 dix-millièmes dans les séances de jour, et de 33 à 40 dix-millièmes dans les séances de nuit. Or, la proportion de gaz carbonique que l'on trouve dans les salles de spectacles, dans les amphithéâtres, atteint quelquefois 90 à 100 dix-millièmes, et on y séjourne à la rigueur, sans être trop incommodé.

Pour échouer le bateau, et pour le maintenir dans sa position, il faut lui imposer un lest qui équilibre le poids de l'eau déplacée et la pression que l'air comprimé exerce sur le plafond de la chambre de travail, pression qui va jusqu'à 25 tonnes.

Le lest comprend deux parties : une partie fixe, nécessaire à la stabilité de l'appareil, et composée de vieux fers disposés au fond de deux renflements de chaque côté de a chambre à air; et une partie variable, que l'on obtient en introduisant plus ou moins d'eau de mer dans l'appareil.

« Il faut, dit M. de la Gournerie, que le lest variable puisse être mis et enlevé en quelques minutes, et qu'il soit facile de le répartir uniformément, de manière que le bateau s'enfonce carrément sous son poids, et vienne s'appuyer solidement sur le rocher.

« Nous avons satisfait à ces conditions en employant pour lest variable l'eau de la mer, que nous admettons par de larges soupapes quand nous voulons échouer le bateau, et que nous épuisons à la fin du travail, à l'aide de la machine à vapeur qui servait, quelques instants auparavant, à refouler de l'air. »

Il faut remarquer cependant que ce lest liquide peut avoir des inconvénients dans certains cas : si le bateau s'incline un peu, l'eau se porte du côté incliné, et tend à le déverser davantage encore. Si l'on devait opérer à une profondeur de quelques mètres, avec un appareil de grandes dimensions, il faudrait partager par des cloisons la chambre dans laquelle on introduit l'eau, et la transformer en plusieurs réservoirs indépendants.

Inutile de dire que l'appareil est construit en tôle avec cornières en fer, afin de présenter toute la résistance désirable.

Au Croisic, l'extraction de chaque mètre cube de rocher est revenue à environ 30 fr., non compris ce qu'il faut compter pour l'achat de l'amortissement et l'appareil.

Cloche à plongeur appelée Nautilus. — En 1858, on a pu voir fonctionner sur la Seine, à Paris, une cloche à plongeur d'invention nouvelle, à laquelle on avait donné, à cause de sa ressemblance avec le nautile marin, le nom de nautilus.

Le nautilus est représenté par les *figures* 338 et 338 *bis;* il a été sommairement décrit dans la chronique des *Annales des Ponts et Chaussées* du mois de février 1858 :

« Le nautilus se compose essentiellement d'une capacité plus ou moins grande dans laquelle se placent les ouvriers, entourée d'autres capacités plus petites dans lesquelles on peut, à volonté, faire pénétrer de l'eau ou de l'air. On comprend dès lors que cet appareil peut flotter à la surface de l'eau ou descendre à la profondeur nécessaire, selon que ce volume d'air est plus ou moins considérable.

« Un tuyau flexible solidement construit, comme celui des scaphandres, met l'appareil en communication avec un réservoir d'air comprimé placé à bord d'un ponton ordinaire. Une machine à vapeur de six chevaux, installée sur le même ponton, met en jeu la pompe foulante qui alimente ce réservoir d'air comprimé.

« Le mouvement de la machine est extrêmement simple. Un grand trou d'homme placé à sa partie supérieure permet d'y pénétrer facilement, comme dans la cale d'un navire ordinaire, lorsqu'elle flotte à la surface de l'eau. On ferme cette ouverture aussitôt que les hommes, les matériaux et les outils sont entrés dans la machine. A l'aide de robinets dont la disposition est facile à concevoir, le conducteur du nautilus, placé à l'intérieur, fait aussitôt pénétrer assez d'eau dans les chambres à air pour que la machine s'immerge. La marche du manomètre lui indique à chaque instant la profondeur à laquelle il se trouve et lui permet de régler la vitesse de la descente en augmentant ou en diminuant le volume d'eau des chambres à air.

« Lorsque l'appareil est arrivé au fond de l'eau, on fait pénétrer dans la chambre de travail de l'air à une pression précisément égale à celle qui répond à la profondeur à laquelle on se trouve, ce qu'un second manomètre permet facilement de reconnaître. On peut alors, sans craindre de voir l'eau pénétrer dans la cloche, enlever la partie mobile du plancher qui forme le fond de l'appareil, et travailler sur le sol comme on le ferait à la surface de la terre.

« Le nautilus n'est point suspendu à son ponton, comme les cloches à plongeur ordinaires ; il ne communique avec lui que par le tuyau flexible, tenu toujours très-long, pour laisser à la cloche toute liberté de mouvement. La rupture de ce flexible ne compromettrait en rien, d'ailleurs, la sûreté des travailleurs. En enlevant, avec une petite pompe à main, une partie de l'eau formant lest, l'appareil reviendrait de lui-même flotter à la surface.

« Le nautilus est retenu par trois ou quatre cordes fixées à de petites ancres, ou à d'autres points fixes. Ces cordes traversent des boîtes à étoupes d'une forme spéciale et viennent s'enrouler sur de petits treuils placés dans la chambre de travail, de sorte que les ouvriers peuvent eux-mêmes se transporter dans toutes les directions nécessaires.

« Une des propriétés les plus utiles du nautilus est la possibilité de l'employer comme grue pour transporter des fardeaux au fond de l'eau.

« Cette manœuvre est extrêmement facile ; on attache l'objet à une forte chaîne réunie à l'appareil ; puis on fait sortir des chambres à air un volume d'eau suffisant pour faire flotter l'ensemble du système. Une disposition fort ingénieuse permet de soulever la cloche et son fardeau seulement de la quantité voulue et de l'empêcher de remonter à la surface.

« Quand il suffit de soulever la cloche de quelques centimètres, les ouvriers marchent sur le sol et poussent facilement l'appareil dans la direction voulue. Si l'on se maintenait à une certaine hauteur au-dessus du fond, on se halerait de l'intérieur de la chambre de travail à l'aide des cordes d'amarres.

« La machine actuelle peut soulever ainsi un poids de six tonnes et demie, mais rien ne serait plus simple que de lui donner plus de puissance. A l'aide de cette machine, on peut donc exécuter à toute profondeur sous l'eau les travaux d'appareillage de maçonnerie les plus délicats. Rien ne serait plus facile, par exemple, que de faire des jetées à la mer, en blocs artificiels jointifs, maçonnés et rejointoyés entre eux, qui exigeraient un cube bien moins fort que nos jetées à blocs perdus et seraient beaucoup moins altérables qu'eux par l'action de l'eau salée.

« Un grand nombre de dispositions les plus ingénieuses sont réunies dans le même appareil pour lui permettre d'exécuter les différents travaux que réclame l'art de l'ingénieur.

« Nous n'en citerons ici qu'une seule :

« C'est une petite machine à piston et à cylindre fonctionnant à l'intérieur de la chambre de travail par l'air comprimé. Ce moteur peut être employé à tous les travaux de force à exécuter sous l'eau, et, en particulier, à forer les trous de mines qu'elle creuse avec une grande facilité.

« Le moteur du ponton, sans autre transmission de mouvement qu'un tuyau flexible, envoie ainsi, presque sans perte, une partie de sa force au fond de l'eau, comme on le ferait à terre avec la courroie d'une locomobile. »

Nous ne parlerons que pour mémoire de divers bateaux sous-marins, qui sont plutôt des engins de guerre que des appareils destinés aux travaux publics. Ils sont presque tous basés sur le même principe : avoir une capacité fermée dans laquelle on comprime de l'air ; à cette capacité sont accolés des réservoirs où l'on peut introduire à volonté l'eau extérieure, ou au contraire la refouler par l'air comprimé. On a donc un lest variable, et l'appareil devient un flotteur que l'on peut maintenir à telle profondeur que l'on voudra. Donnez-lui une forme allongée comme celle d'un poisson, munissez-le de gouvernails et d'une hélice que fait mouvoir l'air comprimé, vous aurez un engin susceptible de se mouvoir sous l'eau, et d'arriver, invisible, sous la coque d'un gros navire de guerre

Scaphandre. — L'appareil le plus simple et le plus usité pour le travail sous l'eau est le scaphandre. L'ouvrier n'a pas besoin pour séjourner et pour travailler sous l'eau d'être complétement plongé dans l'air comprimé; il suffit à la rigueur qu'il porte un masque par lequel il reçoive l'air nécessaire à la respiration, et tout le reste de son corps reste dans l'élément liquide au milieu duquel les mains et les bras peuvent exécuter leurs fonctions ordinaires.

Le scaphandre revient en somme à permettre à l'ouvrier de travailler et de se promener au milieu de l'eau, comme il le fait dans l'atmosphère, avec cette seule restriction qu'il est enveloppé d'un vêtement spécial muni d'un masque entourant la tête.

Depuis quelques années on a inventé plusieurs modèles de scaphandres.

La *figure* 339 représente le scaphandre ordinaire, que l'on emploie presque partout dans les travaux de navigation maritime et fluviale.

Il s'agissait de reprendre en sous-œuvre et de réparer les fondations des murs de quai du port de Cette, qui avaient été rongés par les eaux. M. Régy, ingénieur en chef des ponts et chaussées, a décrit dans un mémoire la méthode employée, sur laquelle nous aurons lieu de revenir; il nous suffira de dire que l'on réparait ces fondations par petites sections; on en limitait une certaine longueur au moyen de deux parois latérales formées de lames de tôle, et d'une troisième paroi placée en avant et que l'on exhaussait peu à peu au moyen de lames de tôle, glissant par deux oreilles le long de deux tiges en fer inclinées comme le parement à reconstruire. Le scaphandre recevait de petites caisses de béton qu'il vidait dans le coffre ainsi obtenu, et qu'il renvoyait une fois qu'elles étaient vides.

Le scaphandre employé avait été acheté en 1856, à M. Sièbe, fabricant à Londres et revenait à environ 4,000 fr. y compris la pompe à air, les accessoires, deux vêtements en caoutchouc, le casque en cuivre, etc.

L'appareil proprement dit se compose d'un vêtement en caoutchouc, formant veste et pantalon; il enveloppe complétement les pieds, mais les mains sont libres et les manches se trouvent serrées au poignet par des bracelets élastiques qui s'opposent à l'entrée de l'eau. Le collet de ce vêtement est en cuir et s'applique sous une cuirasse qui repose sur les épaules du plongeur par l'intermédiaire de coussins. Cette cuirasse se termine à la partie supérieure par un pas de vis, sur lequel s'assemble le casque; les pas de vis sont interrompus tous les 45° et un 1/8 de tour suffit pour l'opération; le casque s'engage dans la cuirasse par un mouvement de baïonnette, et on l'arrête au moyen d'une clavette. On comprend sans peine combien la solidité de cet assemblage est nécessaire; car, s'il venait à se défaire, le plongeur courrait grand risque de se noyer.

Le casque en cuivre enveloppe la tête; il porte en face des yeux deux oculaires ou grosses lentilles protégées par un treillis métallique; si par hasard ces lentilles venaient à se briser, l'ouvrier pourrait boucher le trou au moyen d'un secteur qui tourne à volonté, ou d'un opercule qui glisse entre deux rainures. En face de la bouche, est une sorte de volet métallique que le scaphandre peut ouvrir pour respirer lorsqu'il est hors de l'eau.

L'air nécessaire à la respiration arrive de la pompe, qui est sur un ponton, par un tuyau flexible qui débouche dans le casque en face la nuque; cet air comprimé se répand entre le corps et le vêtement, et fait équilibre à la pression extérieure. Cette couche d'air interposée est fort utile, en ce sens qu'elle protége le corps contre un refroidissement prolongé, qui peut être dangereux. D'autres appareils, beaucoup plus simples que celui qui nous occupe, ont le désavantage de permettre un refroidissement rapide de l'ouvrier.

L'air en excès s'échappe par une petite soupape, qui s'ouvre du dedans au dehors, aussitôt que la pression intérieure dépasse celle du liquide ambiant ; les bulles d'air montent à la surface, et le bouillonnement de l'eau indique la position du plongeur.

Si l'on prenait l'appareil tel que nous venons de le décrire, le plongeur aurait de la peine à se tenir sur ses pieds et il ne pourrait s'enfoncer dans l'eau à cause de la poussée produite par le volume d'eau déplacé. Aussi, lui applique-t-on sur la poitrine une grosse lame de plomb, et sous les pieds deux semelles de plomb.

Le costume que nous venons de décrire est complété par une ceinture, dans laquelle est passé un poignard, qui nous paraît un ornement peu utile. Les *figures* 339 *bis* et 339 *ter* représentent le scaphandre du système Cabirol.

Le plongeur peut correspondre avec les ouvriers qui sont sur le bateau au moyen d'une corde, qu'il tire un certain nombre de fois suivant ce qu'il désire ; on peut faire aboutir la corde au marteau d'un timbre.

Le scaphandre est attaché par la ceinture à des cordages qui servent à le faire monter ou descendre.

Au port de Cette, les plongeurs travaillaient sous l'eau pendant quatre heures consécutives, et l'ouvrier qui sortait de l'eau était employé à tenir la corde de sauvetage et la corde de signaux de celui qui prenait sa place.

Tous frais compris, le mètre cube de reconstruction de maçonnerie sous l'eau est revenu environ à 180 francs.

Aux ponts de Nantes, on avait besoin d'enlever d'énormes débris d'anciennes piles écroulées, et pour diviser les masses on plaçait sous l'eau, dans les anfractuosités des pierres, des charges de poudre de 4 kilogrammes. Ces mines en éclatant disloquaient les blocs, et on enlevait les morceaux avec des griffes en fer. Les mines et les griffes étaient mises en place par des scaphandres, qui travaillaient sous l'eau quatre heures par jour, et, le reste du temps, servaient de manœuvres. Ils gagnaient 5 francs par jour ; un ouvrier quelconque s'habituait rapidement à cette besogne spéciale, et l'on n'avait que l'embarras du choix.

Dans le chenal du port de Fécamp, on s'est livré en 1861 à une opération analogue. Les griffes, destinées à accrocher les blocs de rocher et à les tirer de l'eau, furent mises en place tantôt par des plongeurs ordinaires, tantôt par des scaphandres, et le prix d'extraction du mètre cube fut bien moins élevé avec ces derniers qu'avec les premiers.

Dans ces derniers temps on a imaginé plusieurs appareils de scaphandre plus simples que celui que nous venons de décrire : on se contente d'avoir un vêtement imperméable serré au-dessous du mollet, au poignet et au cou, de façon à empêcher l'eau de pénétrer entre le vêtement et le corps. Le nez est pincé par un ressort, et la bouche est couverte par un petit masque au milieu duquel aboutissent deux tubes, l'un pour aspirer l'air et l'autre pour le rejeter. Chaque tube se termine par une soupape ; l'une des soupapes s'ouvre vers la bouche et l'autre en sens contraire ; à l'autre bout, les tuyaux débouchent dans l'atmosphère. Quelquefois même on a supprimé les soupapes, et c'est la langue qui ferme et qui ouvre alternativement les deux tubes ; avec un peu de pratique, l'ouvrier s'habitue à cet exercice.

Mais, ces appareils sont plutôt faits pour permettre de travailler et de séjourner dans une atmosphère asphyxiante ; sous l'eau, ils ont l'inconvénient de refroidir rapidement le plongeur, et à une certaine profondeur, il faudrait avoir des tubes plus résistants que les tubes flexibles en caoutchouc, afin qu'ils pussent résister à la pression de l'eau.

Disons, à ce propos, qu'il faut se méfier des tubes en caoutchouc vulcanisé, qui quelquefois abandonnent encore du sulfure de carbone, dont la vapeur est des plus dangereuses.

La *figure* 340 représente l'appareil Galibert, qui à la rigueur peut servir à plonger, mais qui convient plutôt pour pénétrer dans un milieu irrespirable, par exemple dans une cave où a éclaté un incendie. L'ouvrier porte sur le dos une outre en peau légère, que l'on remplit d'air avec un soufflet ; deux tuyaux en partent pour arriver à la bouche ; le tuyau d'aspiration part du bas du réservoir, et le tuyau d'expiration aboutit dans le haut. Le nez est fermé par une pince. La provision d'air, qui est de 80 litres, suffit pour une demi-heure.

Citons encore l'appareil Rouquayrol, qui ressemble au précédent, mais qui est plus complexe et qui permet au plongeur de recevoir toujours de l'air à la même pression que le liquide ambiant, de sorte que la pression est la même à l'intérieur et à l'extérieur du corps. Le réservoir est en tôle, divisé en deux compartiments superposés qui communiquent par une soupape s'ouvrant de haut en bas ; dans le compartiment inférieur A on comprime de l'air à une pression supérieure à celles que le plongeur rencontrera ; le compartiment supérieur B, dans lequel le tuyau d'aspiration prend naissance, est fermé par un couvercle à soufflet, et à ce couvercle est fixée une tige qui porte la soupape des deux compartiments. Si le couvercle s'abaisse, la tige en fait autant, la soupape s'ouvre, et l'air comprimé pénètre dans le compartiment du haut. Cela posé, la succion du plongeur fait baisser la pression de B, et la pression que le liquide exerce sur le couvercle peut alors vaincre la pression que l'air confiné en A exerce sur la petite section de la soupape ; le couvercle s'abaisse donc et avec lui la soupape, qui laisse pénétrer l'air comprimé dans le compartiment supérieur, jusqu'à ce que l'équilibre s'établisse de part et d'autre du couvercle, et alors la soupape se ferme ; la pression vient-elle à baisser de nouveau en B, l'opération recommence.

CHAPITRE IV.

MORTIERS ET BÉTONS.

Les mortiers sont les gangues dont on se sert pour relier les uns aux autres es matériaux de construction. Ces gangues, employées à l'état pâteux, durcissent plus ou moins avec le temps.

L'élément essentiel des mortiers est la chaux ou protoxyde de calcium, dont nous avons étudié les propriétés chimiques.

On l'obtient par la calcination des pierres calcaires, c'est-à-dire des pierres qui renferment, dans une proportion plus ou moins grande, du carbonate de chaux (CaO,CO^2). Quelques marbres blancs donnent du carbonate de chaux presque pur; le plus souvent, ce carbonate est uni à de l'argile ou silicate d'alumine; à cela s'ajoutent quelques matières étrangères : oxydes de fer ou de manganèse, sables ou quartz, bitume, sulfure de fer, magnésie. Suivant la nature et la proportion des matières mélangées, le calcaire produit, par la calcination, des chaux de propriétés différentes.

Nous commencerons l'étude des mortiers en exposant les méthodes qui sont en usage pour la calcination des pierres calcaire.

Cuisson des calcaires. Fours à feu intermittent. Fours à feu continu. — La cuisson des calcaires a pour effet de leur enlever l'eau et l'acide carbonique qu'ils renferment; c'est une opération délicate, qui constitue l'art du chaufournier.

Il existe deux grandes classes de fours à chaux : 1° les fours à feu intermittent; 2° les fours à feu continu.

1° *Fours à feu intermittent.* — Ce sont les plus anciens et les plus simples; ils ont en général la forme ovoïde que représente la *figure* 341, et sont percés à la base d'une ouverture latérale par laquelle on introduit le combustible et on défourne la chaux quand elle est cuite; la pierre calcaire est introduite par le gueulard. Pour soutenir la masse et ménager l'emplacement du foyer, on commence par prendre les plus gros morceaux de calcaire, avec lesquels on établit une voûte; sur cette voûte on dispose les pierres calcaires en commençant par les plus grosses. La voûte s'appuie souvent sur un redan annulaire ménagé dans le massif du four comme le montre la *figure* 341; quelquefois aussi elle repose sur des piédroits formés eux-mêmes avec de grosses pierres calcaires.

On allume sur la grille un feu modéré de bois ou de tourbe; la flamme s'élève et pénètre à travers la masse; on pousse peu à peu la température jusqu'au rouge, et la transformation du calcaire en chaux s'effectue avec un grand dégagement de gaz et de vapeur. La cuisson terminée, on laisse tomber le feu, et on retire les morceaux de chaux pour les remplacer par d'autres morceaux calcaires. Il s'écoule entre les deux opérations un certain intervalle, pendant lequel le massif se refroidit, sans que la chaleur perdue soit utilisée.

Fours à feu continu. — La *figure* 342 représente un four à feu continu, qui est formé d'un double cône de 10 mètres de hauteur, chauffé par un foyer latéral dont la flamme pénètre dans la masse par trois carneaux O, situés dans un même plan horizontal à 2 mètres de la base. Le four étant chargé, on allume au centre un feu de bois de façon à porter au rouge les pierres calcaires jusqu'à la hauteur des carneaux ; on allume alors le foyer latéral, dans lequel on brûle du bois ou de la houille à longue flamme, et l'opération se poursuit, sans qu'il soit besoin de conserver le feu central. Toutes les douze heures, on retire par l'ouverture C une partie de la chaux, et on la remplace par de nouvelles pierres que l'on verse par le gueulard. La fabrication se fait alors d'une manière continue.

La *figure* 343 donne les dimensions d'un autre four à feu continu : le calcaire est supporté par une voûte en maçonnerie, cette voûte est percée d'ouvertures qui livrent passage à la flamme du foyer situé au-dessous : une porte latérale qui débouche à la hauteur de la naissance de la voûte permet d'enlever la chaux, que l'on remplace à la partie supérieure par du calcaire.

Cette forme, comme la précédente, ne peut s'employer qu'avec des combustibles à longue flamme, tels que le bois, la bruyère, les houilles sèches. En plus d'un endroit, on a voulu, par mesure d'économie, se servir de houille ordinaire ; on ne peut alors la brûler sur un foyer fixe, parce que les pierres voisines du foyer seraient trop cuites et les autres ne le seraient pas assez. Il faut, pour avoir une cuisson uniforme, que le combustible soit mélangé au calcaire ; on entasse dans le four des couches successives de calcaire et de combustible, et la masse entière repose sur la grille du cendrier ; on met le feu par en bas, la première couche de combustible s'enflamme et décompose le calcaire qui la touche, puis la seconde couche de combustible s'enflamme à son tour et le mouvement se continue ainsi de proche en proche. Les cendres du combustible traversent la grille et on les enlève par une ouverture spéciale, une autre ouverture permet de retirer successivement chaque couche de chaux, lorsque le combustible sur lequel elle repose est épuisé. A mesure que les couches descendent et disparaissent, on les remplace par de nouvelles à la partie supérieure. Toutes les couches de combustible ne sont pas en ignition ; il n'y a que celles du bas qui brûlent ; par suite elles vont sans cesse en diminuant de volume à mesure qu'elles descendent, et pour éviter une descente irrégulière, il faut rétrécir la section du four d'une manière progressive. La forme théorique du four doit donc se composer d'un cylindre surmontant un tronc de cône évasé vers le haut ; le cône doit commencer là où les couches de combustible commencent à brûler ; cette forme tronc-conique facilite beaucoup la combustion, qui est toujours plus active dans l'axe du four, puisque le courant d'air y possède sa vitesse maxima ; le combustible se rapproche peu à peu de l'axe, et les couches successives disparaissent d'une manière régulière.

Au lieu de surmonter le tronc de cône d'un cylindre, on le continue quelquefois par un autre tronc de cône évasé vers le bas ; on a pour but d'éviter ainsi une certaine déperdition de chaleur. Quoi qu'il en soit, les couches successives de combustible sont soumises à une sorte de distillation, et l'on peut chercher à recueillir les gaz qui s'échappent du gueulard pour en séparer le gaz d'éclairage.

Dans la 1re édition de son ouvrage sur les chaux et ciments, en 1828, M. Vicat s'exprimait ainsi sur les fours à feu continu : « Dans les fours à houille à feu continu, la pierre et le charbon sont mêlés ; de tous les modes de cuisson, c'est certainement le plus capricieux et le plus difficile, surtout lorsqu'on l'applique aux calcaires argileux (pour la fabrication des chaux hydrauliques et des ciments). Un simple changement dans la direction ou dans l'intensité du vent, quelques dégradations sur la paroi intérieure du four, une trop grande inégalité dans la grosseur des fragments, sont autant de causes qui retardent ou accélèrent le tirage, produisent des mouvements irréguliers dans la descente des matériaux qui s'arc-boutent, forment voûte et précipitent tantôt le charbon, tantôt la pierre, sur un même point ; de là excès ou défaut de cuisson. Quelquefois un four fonctionne parfaitement pendant plusieurs semaines, puis se dérange tout d'un coup sans qu'on puisse en déterminer la cause ; une simple altération dans les qualités du charbon suffit pour mettre en défaut le chaufournier le plus expérimenté : en un mot, la cuisson à la houille à feu continu est une affaire de tâtonnement et d'habitude. » Ces quelques lignes signalent les difficultés que l'on peut rencontrer dans la fabrication des chaux hydrauliques ; elles ont été surmontées dans quelques grandes usines bien connues en France ; ces usines donnent d'excellents produits, et elles sont arrivées à ce résultat en perfectionnant la forme des fours et la conduite de l'opération.

Quelques détails sur l'art du chaufournier. — La calcination des calcaires a pour but de leur enlever leur eau et leur acide carbonique ; le plus souvent, ils perdent dans cette opération les quatre dixièmes de leur poids. La décomposition commence à la chaleur rouge, et il est nécessaire d'élever successivement la chaleur jusqu'à ce qu'on obtienne une décomposition complète ; une température uniforme, longtemps prolongée, ne suffirait pas à la réduction du calcaire ; car, pour une température donnée, il s'établit un état d'équilibre entre la force expansive du gaz et son affinité pour la chaux.

Il est sage, surtout dans les fours à feu discontinu, d'échauffer graduellement la masse ; une chaleur trop vive au début pourrait faire éclater le calcaire et le réduire en fragments qui s'opposeraient à un cheminement régulier de la flamme.

La conductibilité des calcaires est très-faible ; dans un morceau un peu gros, la chaleur met donc beaucoup de temps à passer de la périphérie au centre, et pour réduire complétement ce morceau, il faudra surchauffer, et l'on risquera de le vitrifier à la surface lorsqu'il est argileux. C'est pour ces raisons qu'il faut placer les plus grosses pierres calcaires près du foyer, et, dans les fours à feu continu, il faut réduire les calcaires en petits fragments de grosseur uniforme ; c'est une opération qui ne laisse point que d'être dispendieuse, particulièrement pour les calcaires argileux qui donnent les chaux hydrauliques.

Quand on cuit des calcaires donnant des chaux grasses, il est indifférent de porter la masse à une température trop élevée ; du moins, on ne perd que du combustible ; mais, s'il s'agit de calcaires argileux, il faut se borner à une température indiquée par l'expérience, sans quoi on formerait des silicates fusibles, et certaines parties seraient vitrifiées.

Les pierres tendres et poreuses se cuisent plus facilement que les pierres compactes ; la chaleur pénètre plus facilement jusqu'au centre des morceaux et les gaz trouvent une issue plus facile.

Le calcaire humide et sortant de la carrière se réduit plus facilement que le calcaire sec. La présence de la vapeur d'eau accélère le dégagement de l'acide carbonique. On le démontre par une expérience de laboratoire. « Si l'on fait chauffer du calcaire dans un tube, disposé sur un fourneau, de manière à pouvoir d'un côté recueillir les produits gazeux et de l'autre introduire à volonté de la vapeur d'eau, on reconnaît que, la pierre étant portée au rouge et ne laissant pas encore échapper de gaz carbonique, commence à se décomposer avec activité dès qu'on introduit la vapeur d'eau ; la décomposition cesse aussitôt que la vapeur cesse d'arriver et recommence si de nouvelle vapeur arrive. Le résultat de cette action est un hydrate de chaux (CaO,HO) décomposable lui-même par la chaleur. Ce déplacement de l'acide carbonique par l'eau semble contradictoire avec un fait qui se passe tous les jours sous nos yeux, c'est que la chaux éteinte des mortiers absorbe l'acide carbonique de l'air et abandonne de l'eau ; mais il faut remarquer, avec M. Vicat, que l'acide carbonique ne parvient jamais à déplacer la portion d'eau qui constitue l'hydrate de chaux en proportions définies, et que, sous ce rapport, il existe une grande différence entre les carbonates naturels et les carbonates régénérés dans les mortiers, lesquels sont des hydrocarbonates de chaux. » Bien qu'il faille employer un supplément de combustible pour vaporiser l'eau et la porter au rouge, il paraît qu'il y a économie à employer une certaine proportion de vapeur pour faciliter la transformation du calcaire, et l'on a l'habitude d'arroser les pierres qui sont extraites depuis quelque temps.

Il faut que la cuisson du calcaire se fasse d'une manière progressive ; si, pendant l'opération, il y a un abaissement brusque de température dans le four, il devient pour ainsi dire impossible de chasser ensuite l'acide carbonique qui restait. C'est pourquoi l'on évite autant que possible les ouvertures multiples à la base des fours, parce qu'elles peuvent livrer passage à des courants d'air qui refroidissent la masse.

De la forme des fours. — L'axe des fours doit être vertical ; dans un four à axe incliné, débouchant dans une haute cheminée, on pourrait obtenir un tirage énergique ; mais le calcaire est peu résistant, la masse s'affaisserait sur la sole du four, et le courant de chaleur aurait une marche irrégulière.

Un four en activité est traversé par un courant gazeux de vitesse uniforme ; or, à mesure que les gaz s'éloignent du foyer, ils se refroidissent, et comme ils sont soumis à une pression constante, la pression atmosphérique, ils se contractent à mesure qu'ils s'élèvent. Si la section du four est uniforme, c'est-à-dire si le four est cylindrique ou prismatique, l'écoulement des gaz ne pourrait se faire toujours à pleine section qu'autant que la vitesse irait en diminuant d'une tranche à l'autre ; mais, ainsi que nous l'avons dit plus haut, la vitesse d'écoulement est uniforme, car le mouvement de chaque tranche est subordonné au mouvement des tranches voisines, et quand l'une avance, il faut que la suivante vienne immédiatement prendre sa place. L'écoulement gazeux ne peut donc se faire à pleine section, et, à mesure que l'on s'élève, le courant se concentre vers l'axe du four, parce que c'est là qu'il rencontre le moins de résistance. En dehors du courant, se trouvent des espaces remplis d'un air stagnant qui s'échauffe par rayonnement et conductibilité. Dans les fours cylindriques et prismatiques, on est donc très-exposé à avoir des incuits près des bords. Pour les chaux grasses, on évite cet inconvénient par un surchauffement qui correspond à une perte de combustible. Pour les chaux hydrauliques, il faut adopter un profil de four à section variable.

Les fours perfectionnés se composent le plus souvent de deux troncs de cône accolés par la base.

L'orifice du tronc de cône supérieur ne doit pas être d'une largeur trop faible, parce qu'alors il ne suffirait pas à écouler la masse d'air qui entre par le foyer avec le maximum de vitesse qu'elle peut prendre ; le courant serait brisé, la vitesse diminuée, et par suite le tirage moins actif. Un rétrécissement de l'orifice a de plus le désavantage de correspondre à une diminution de volume.

Le tronc de cône supérieur ne doit donc pas s'écarter beaucoup de la forme cylindrique. Ces fours perfectionnés formés de deux troncs de cône opposés par la base sont la forme usitée pour les fours à feu continu, dans lesquels le combustible est mélangé à la pierre ; c'est aujourd'hui le cas le plus fréquent, du moins dans les grandes exploitations. Toutefois, le four à feu discontinu, ou à feu continu avec foyer latéral, sert encore très-souvent, et c'est à lui que s'appliquent particulièrement les remarques suivantes :

Supposez un profil à renflement brusque, tel que celui de la *figure* 344, il est certain que le courant gazeux ne suivra pas les parois, mais sera limité à la ligne *ab'c*, et l'espace *bb'* ne renfermera que des incuits. Supposez maintenant un renflement produit par une courbe régulière, comme le montre la *figure* 345, la section *aa'*, plus large que la base *bb'*, reçoit des gaz moins chauds; pour la réduire complétement, il faudra donc surchauffer la base. Cette forme n'est pas encore acceptable. La forme théorique est celle que donne la *figure* 346 ; la base *bb'* est soumise au courant le plus chaud, qui commence d'abord à s'élever verticalement, puis il se refroidit, et par suite se contracte; donc la section doit diminuer; à la sortie, le gaz pénètre dans un milieu plus froid; il tend donc à se rapprocher de l'axe, et le profil peut fort bien se terminer par des éléments inclinés sur l'axe et représenté par les tangentes *oc*, *o'c'* ; la courbe de raccordement entre *oo'* et *bb'* satisfera aux conditions précédentes, si on la compose d'un arc de cercle ayant son centre sur *bb'*. Pour une section horizontale quelconque, la forme circulaire est la meilleure ; elle présente le plus de résistance ; elle renferme la plus grande surface pour un périmètre donné, et pour une surface donnée présente le moindre périmètre, ce qui diminue les pertes de calorique dues à la conductibilité des parois.

La vitesse d'échauffement, et par suite la vitesse de calcination, diminue rapidement à mesure qu'on s'élève dans un four. Le combustible est d'autant mieux utilisé que le gaz reste plus longtemps en contact avec la pierre calcaire. D'après cela, il faudrait ne pas craindre d'augmenter la hauteur de charge ; mais la calcination s'arrête à une certaine hauteur, et pour la porter plus loin, il faudrait élever la température du foyer et risquer de vitrifier le calcaire de la base. Au delà de la couche où la calcination s'arrête, le courant gazeux ne fait qu'échauffer la pierre ou lui enlever de l'humidité, ce qui est plus nuisible qu'utile. On doit donc se limiter, dans la hauteur d'un four, à la hauteur à laquelle on rencontre la dernière couche calcinée, lorsque le foyer donne le maximum de chaleur compatible avec la vitrescibilité de la chaux.

La hauteur de charge est donc d'autant moins forte que la température finale est moins élevée, c'est-à-dire d'autant moins forte que le calcaire est plus impur.

On corrige l'inégale répartition de la chaleur en plaçant à la base du four les plus gros fragments de calcaire et les plus petits au sommet, en rafraîchissant le foyer même par un peu de vapeur d'eau, et enfin, en divisant verticalement le four en plusieurs compartiments munis chacun d'un foyer. Dans ce cas, le courant gazeux qui s'échappe du four inférieur entre dans un milieu analogue à celui qu'il quitte; il ne tend plus à se concentrer vers l'axe, et les derniers éléments du profil du four doivent être verticaux (*fig.* 347). En général, on superpose un second four au premier (*fig.* 348), et l'on dispose un foyer latéral qui débouche au-dessus de la grille ou de la voûte à trous qui supporte le calcaire du second four ; ce foyer n'est allumé qu'au moment où l'on est forcé d'éteindre le foyer inférieur, parce qu'il vitrifierait les morceaux de chaux qui le touchent. Pour utiliser la chaleur du premier four, on s'arrange pour que le second foyer fasse son appel d'air par le conduit BC, à travers toute la masse échauffée du premier four ; la flamme du second foyer prend alors un accroissement de température considérable. On arrive avec cette forme à une économie de combustible d'environ 1/5 ; mais elle est surtout favorable lorsqu'on fabrique en même temps la chaux et la brique, parce qu'on cuit la brique dans le four supérieur

Les *figures* 348 *bis* et 348 *ter*, empruntées aux *Annales de la construction* de M. Oppermann, représentent un four à chaux à deux foyers et à longue flamme, à feu continu.

U est le massif du four, H la chemise, K la grille du foyer dont la flamme pénètre dans le four par des grillages J formés avec des briques posées de champ. L est le cendrier ; la porte du four étant fermée, c'est par le cendrier que se fait l'appel d'air. On voit que le foyer est annulaire, et, comme on emploie un combustible à longue flamme, la cuisson est régulière.

Au fond du four, en R, est une plaque mobile, par laquelle on enlève la pierre à mesure qu'elle est cuite. On accède à cette plaque par une voûte conique F.

Ce four, construit par M. Chanard, coûte 3,000 francs ; il fournit 10 mètres cubes en 24 heures, et le prix de revient de la chaux est de 4ᶠ,50 par mètre cube. Deux hommes suffisent pour la manœuvre et la conduite du four. Le bois est le combustible généralement employé.

Signalons encore un four inventé par M. Vicat, et destiné à corriger l'inégale répartition de la chaleur ; il a le profil d'un cône renversé ; à la base, on dispose trois foyers latéraux surmontés chacun de leur voûte, et l'on allume successivement chacun des foyers pendant un tiers du temps de la cuisson ; de la sorte, la base n'est soumise à une forte chaleur que pendant un tiers de l'opération, tandis que la partie supérieure est continuellement exposée à l'influence du courant gazeux.

Maçonnerie d'un four. — Un four se compose d'un massif extérieur de bonne maçonnerie ordinaire en briques ou en moellons, et d'une paroi intérieure formée d'un rang de briques réfractaires soutenu derrière par deux rangs de briques ordinaires ; entre la chemise et le massif, on pilonne du sable, des cendres, ou toute autre matière mauvaise conductrice de la chaleur.

Consommation de combustible. — Pour les fours à feu continu, dans lesquels calcaire et combustible sont mélangés, c'est l'expérience seule qui indique l'épaisseur relative des couches de calcaire et de combustible. Par ce procédé, suivant M. Vicat, on brûle en moyenne 1/3 de mètre cube de houille sèche ou d'anthracite pour un mètre cube de pierre.

Dans les fours à feu discontinu, on reconnaît que la calcination est terminée lorsqu'il s'est produit un certain tassement, généralement 1/5 ou 1/6, lorsque la flamme sort presque sans fumée, que la pierre est plutôt rose que rouge ; enfin, on peut le reconnaître encore en prenant quelques fragments de chaux à la partie supérieure, et essayant s'ils font encore effervescence avec les acides.

Le temps qu'exige la cuisson, dit M. Vicat, varie suivant le combustible, l'état du calcaire et les conditions atmosphériques, de 100 à 150 heures pour un four de 75 à 80 mètres cubes de capacité ; chaque mètre cube de chaux exige en moyenne 1,66 stère de bois de corde essence chêne, 22 stères de fagots ordinaires et 30 stères de paquets de genêts ou bruyère.

Prix de revient d'un mètre cube de chaux. — Pour établir ce prix de revient à chaque four, il faut additionner les nombres suivants : 1° prix de revient de 1ᵐ,25 de pierre calcaire à pied d'œuvre ; 2° prix de 2,5 hectolitres de houille ; 3° main d'œuvre payée pour cassage, enfournage, conduite du feu, défournage et triage ; 4° amortissement du capital de construction, entretien, enlèvement des détritus ; 5° ajouter un dixième pour déchet. On obtiendra ainsi le prix brut de la chaux prise sur place. On peut dire, d'une manière générale, que ce prix oscille entre 20 francs et 8 francs.

Composition des chaux grasses, maigres, hydrauliques, des ciments. — Pour exposer la classification des chaux due à Vicat, nous ne pouvons mieux faire que de reproduire ici les lignes suivantes, empruntées au mémoire de cet illustre ingénieur.

« Les diverses chaux produites par la cuisson des pierres calcaires sont classées dans l'art de bâtir en chaux grasses, chaux maigres et chaux hydrauliques.

« Les chaux grasses sont ainsi nommées parce qu'elles se résolvent par le concours d'une quantité d'eau suffisante en une pâte fine, grasse et très-foisonnante ; cette pâte reste indéfiniment molle dans les lieux humides, hors du contact de l'air, et conséquemment dans l'eau où elle se dissout peu à peu et finit par disparaître.

« Les chaux maigres sont ainsi nommées parce qu'elles se résolvent, dans les mêmes circonstances, en une pâte courte, peu foisonnante, n'ayant ni le liant ni l'onctuosité des chaux grasses ; elles sont fournies par les calcaires chargés en sable plus ou moins fin, le plus souvent uni au peroxyde ou au protosilicate de fer, et aussi par les dolomies ou calcaires magnésiens ; ces chaux se comportent d'ailleurs dans l'eau comme les chaux grasses.

« Les chaux hydrauliques sont ainsi nommées parce que la pâte qui résulte de leur extinction dans l'eau jouit de la propriété de durcir sous ce liquide, ainsi que dans les lieux humides privés ou non privés d'air, contrairement à ce qui a lieu pour les chaux grasses et les chaux maigres. Ces qualités précieuses sont dues à l'argile qui imprègne les substances calcaires en proportions variables de 12 à 20 parties pour 100. La pâte qu'elles fournissent par l'extinction ordinaire, n'est jamais aussi fine ni aussi foisonnante que celle des chaux grasses ; leur énergie, ou degré d'hydraulicité, se mesure généralement par la quantité d'argile qu'elles renferment, comparée à la chaux caustique représentée par l'unité ; on désigne conséquemment sous le nom d'indices d'hydraulicité, les fractions qui résultent de ce rapprochement, ce qui conduit à classer ces chaux en éminemment, ou moyennement, ou faiblement hydrauliques, selon que leurs indices sont compris entre 0,36 et 0,40, ou entre 0,30 ou 0,36, ou entre 0,24 et 0,30 ; chiffres qui répondent à des doses d'argile de 17 à 20, ou de 15 à 17, ou de 12 à 15 pour cent parties de calcaire argileux.

« La classification précédente suppose l'intervention d'une argile à peu près pure et d'une composition moyenne différant peu de celle du bisilicate, tenant 64 parties de silice et 36 d'alumine ; mais il n'en est pas toujours ainsi : cette composition peut varier entre des limites assez étendues. La pratique a donc besoin d'une seconde classification plus précise que celle qui résulte des indices calculés comme ci-dessus ; voici le moyen usuel qu'elle emploie depuis longtemps : la chaux récemment cuite, étant éteinte par le procédé ordinaire, en pâte ni trop ferme ni trop molle, puis logée au fond d'un vase quelconque sous une eau potable, passera graduellement de cet état pâteux à ce premier degré de cohérence qu'on appelle la prise. Cela étant, nous disons qu'une chaux est éminemment hydraulique quand la pâte, ainsi immergée, fait prise du deuxième au sixième jour, suivant la saison (car la température de l'eau exerce une influence très-marquée) ; et quand, après un mois, elle est déjà dure et superficiellement insoluble, et enfin, lorsque après six mois elle donne des éclats par le choc.

« La cohésion qui constitue la prise se mesure au moyen d'une aiguille à tricot d'un peu plus d'un millimètre de diamètre, limée carrément à l'une de ses extrémités, et engagée par l'autre dans un culot de plomb du poids de $0^k,30$; il y a prise quand la pâte, de molle qu'elle était, parvient à porter cette aiguille sans dépression sensible.

« En suivant toujours le même mode d'essai, nous disons qu'une chaux est moyennement hydraulique quand sa prise n'a lieu que du sixième au huitième ou neuvième jour, et lorsque après quatre à cinq mois sa consistance est comparable à celle que prend à l'air une pâte argileuse pétrie à bonne consistance, et qu'enfin sa surface n'abandonne plus de chaux au bain d'immersion.

« Les chaux faiblement hydrauliques, dans les mêmes circonstances, ne feront prise que du neuvième au quinzième jour ; leur consistance après six mois ne dépassera pas celle du savon sec, et l'eau d'immersion pourra se couvrir encore d'une pellicule de chaux carbonatée.

« L'insolubilité des surfaces baignées ne prouve pas qu'intérieurement, même chez les meilleures chaux hydrauliques, il n'y ait de la chaux soluble ; nous n'en avons trouvé aucune qui, prise à une certaine profondeur au-dessous de ces surfaces, n'ait pas changé l'eau distillée en eau de chaux, même après plusieurs années. Le degré d'insolubilité des parties en contact avec l'eau pourrait servir à apprécier la stabilité chimique des chaux hydrauliques, et à mesurer ainsi leur énergie par un moyen différent des moyens physiques fondés sur la dureté acquise ; il s'agirait de recueillir toute la chaux dissoute dans des bains d'eau distillée, renouvelée jusqu'au moment où elle ne se troublerait plus par l'oxalate d'ammoniaque. La totalité de cette chaux perdue, divisée par la surface mouillée exprimée en centimètres carrés, donnerait le degré de solubilité rapporté à cette unité de surface pour les chaux que l'on aurait à comparer. »

Lorsque la quantité d'argile contenue dans un calcaire est comprise entre 20 et 24 ou 25 0/0, on obtient par la calcination des produits variables, dont Vicat forme une classe : celle des chaux limites ou limites des chaux, à laquelle appartient un composé fort précieux, le ciment de Portland, dont l'usage s'étend de jour en jour.

Les calcaires à chaux limites, cuits seulement à une température suffisante pour êtres dépouillés de leur acide carbonique, sont très-difficiles à éteindre ; beaucoup de fragments ne s'éteignent même que longtemps après l'emploi, et alors disjoignent les maçonneries et rendent les mortiers pulvérulents. Si on les pulvérise après la cuisson, et qu'on les emploie après les avoir gâchés, il est clair que l'extinction est complète ; les mortiers font prise assez rapidement, mais ne tardent pas à tomber en bouillie. Les chaux limites, cuites seulement à la température qui suffit à chasser tout l'acide carbonique, doivent donc être sévèrement proscrites de toute construction.

Mais lorsque la cuisson est portée à une température assez élevée pour qu'il y ait çà et là commencement de vitrification, la chaux limite broyée et pulvérisée, puis gâchée, devient alors un produit éminemment hydraulique, qui fait prise après un temps variant d'une demi-heure à dix-huit heures. C'est ce qu'on appelle le ciment de Portland, dont la composition varie un peu suivant les usines qui le fabriquent. On l'emploie à l'état de poudre fine, que l'on gâche avec de l'eau, et auquel on peut ajouter beaucoup plus de sable qu'on n'en met dans les mortiers ordinaires. Nous reviendrons plus loin sur la fabrication du ciment de Portland.

Après les chaux limites, viennent les calcaires qui renferment plus de 25 0/0 d'argile ; ceux qui en renferment de 25 à 30 0/0 donnent ce qu'on appelle le ciment à prise rapide, par opposition au portland qui est à prise lente. Ce ciment renferme, sans qu'il soit besoin de lui ajouter aucun agrégat, toutes les substances nécessaires à un durcissement très-rapide. La qualité des ciments est très-variable avec la composition de l'argile qu'ils renferment et avec le degré de cuisson ; on peut les classer par leur indice d'hydraulicité, comme on l'a fait pour les chaux ; mais ce n'est alors qu'une classification artificielle, qui n'est pas d'accord avec le temps que chaque ciment met à faire prise.

Les calcaires qui renferment 30 à 40 0/0 d'argile donnent encore des ciments qui généralement sont médiocres. Les ciments à prise rapide ne sont pas nécessairement dépouillés de tout leur acide carbonique ; mais, lorsqu'on les traite comme les chaux limites qu'on veut transformer en portland, c'est-à-dire lorsqu'on les soumet à une vitrification partielle, ils jouissent alors de propriétés analogues à celles du portland.

Les calcaires renfermant plus de 40 0/0 d'argile ne donnent point par la calcination de produits susceptibles de durcir un mortier ; ils peuvent, lorsqu'ils ont été portés à une haute température, servir de pouzzolanes artificielles.

Principales chaux françaises. — On trouve à peu près partout des chaux plus ou moins grasses ; mais les bonnes chaux hydrauliques connues ne sont pas encore en très-grand nombre. En voici le détail, que nous empruntons au traité d'architecture de M. Reynaud, inspecteur général des ponts et chaussées :

« La chaux hydraulique du Theil, dans le département de l'Ardèche, est peut-être la meilleure de France. On l'expédie au loin, et elle convient surtout parfaitement aux travaux maritimes, parce qu'elle n'est pas décomposée par l'eau de mer, du moins dans la Méditerranée. Elle acquiert beaucoup de dureté avec le temps, mais elle ne fait prise qu'après cinq ou six jours d'immersion.

« Cette chaux est portée à sa sortie du four dans des fosses où elle s'éteint lentement et se délite ; puis elle passe dans un blutoir, d'où elle sort en poudre débarrassée de tous les incuits. Elle s'expédie ensuite dans des sacs ou des barils.

« Les chaux de Metz, d'Échoisy (Charente), des Morins (Gironde), de Doué (Maine-et-Loire), de Senonches et de la Mancelière (Eure-et-Loir), d'Antony (Seine), de Try (Marne), sont également des chaux hydrauliques naturelles de fort bonne qualité.

« Parmi les chaux hydrauliques artificielles, nous citerons celle de Chartres, qui résulte d'un mélange de quatre parties de craie marneuse et d'une partie d'argile, celle de Paris qui s'obtient en mélangeant de la craie de Meudon avec 14,3 pour 0/0 d'argile, et celle de Saint-Malo.

« L'un des meilleurs ciments de Portland se fabrique à Boulogne-sur-Mer. Il ne fait prise qu'au bout de douze ou même de dix-huit heures ; mais il l'emporte de beaucoup sur la plupart des autres ciments par sa résistance à l'écrasement et par la forte proportion de sable qu'il admet. Il a été constaté que des mortiers composés d'une partie en volume de ce ciment et de quatre parties de sable présentent autant de résistance que ceux dans la composition desquels on fait entrer un volume de ciment de Portland anglais et deux de sable, et deviennent plus durs que les ciments ordinaires employés purs. Ce portland est imperméable, s'emploie avec succès à la construction d'auges et de réservoirs et n'est point attaqué par les gelées. Il doit ces qualités aux proportions de chaux et d'argile, à la cuisson et aux soins apportés dans sa fabrication.

« Les calcaires argileux qui fournissent ce ciment contiennent de 18 à 25 pour 0/0 d'argile. On les mélange dans des proportions déterminées par des expériences de laboratoire pour chaque cuisson, de manière à obtenir une pâte contenant exactement 21 pour 100 d'argile.

« Le ciment de Moissac (Haute-Garonne), se rapproche par ses propriétés du portland de Boulogne, bien qu'il s'en éloigne beaucoup par la quantité d'argile qu'il renferme ; mais il est cuit comme ce dernier à une température très-élevée. Il devient très-dur, très-résistant, ne se fendille pas en durcissant, et très-compacte, complétement imperméable, résiste parfaitement aux gelées ; il admet une forte proportion de sable, trois fois environ son volume. Il s'emploie avantageusement en dallages.

« Le ciment de la Porte-de-France, près de Grenoble, est également très-remarquable. Il y en a de deux espèces : l'un fait prise en cinq minutes ; l'autre exige dix minutes environ. Ce dernier se mélange habituellement avec son volume de sable. Ils proviennent tous deux des mêmes fournées ; le premier se tire des fragments qui ont été simplement agglutinés pendant la cuisson, le second provient des parties scorifiées. Le ciment de la Porte-de-France ne s'utilise pas seulement dans les constructions ; il est employé à la confection de dallages, de moulages de diverses sortes et de tuyaux de conduite d'eau ou de gaz.

« Le ciment de Cahors est très-énergique, et n'est pas décomposé par l'eau de mer.

« Le ciment de Corbigny (Nièvre) fait prise en trois ou quatre minutes, et acquiert immédiatement une grande dureté. Il est imperméable, comme les précédents et peut s'appliquer aux mêmes usages.

« Les ciments naturels de Pouilly, de Vassy, de Vitry, de Roquefort, de l'île de Ré, d'Antony, de Boulogne, de la Valentine, de Gap, méritent également d'être mentionnés. Ils sont d'excellente qualité, et sont fréquemment employés dans les travaux hydrauliques et dans toutes les constructions qui exigent des mortiers susceptibles d'acquérir promptement une grande dureté.

« Le ciment de Portland anglais, que nous citons ici parce qu'il s'en fait une grande consommation sur les côtes de France, malgré la supériorité de celui de Boulogne, est un ciment artificiel ; il se fabrique avec de la craie mélangée à une certaine quantité de vase argileuse. Les deux matières sont triturées et intimement mélangées, puis elles sont cuites jusqu'à ce qu'il se manifeste un commencement de vitrification.

« On fabrique à Stettin un ciment analogue au précédent, tant par la composition que par les propriétés, qui est très-répandu en Allemagne. »

Des substances qui produisent l'hydraulicité. — Avant d'étudier cette question, réunissons dans un même tableau la composition de diverses chaux grasses, maigres et hydrauliques et de divers ciments :

I. Chaux grasses et maigres. Composition pour 100 parties.

ORIGINE DES CHAUX.	CHAUX.	MAGNÉ-SIE.	OXYDE DE FER.	AR-GILE.	SABLE.	OBSERVATIONS.
Marbre de Carrare........	100,0	»	»	»	»	Très-grasse.
Vaugirard (Seine)........	97,2	»	»	2,8	»	Très-grasse.
Lagneux (Ain)............	94,6	1,5	»	6,0	»	Grasse.
Vichy (Allier)............	86,0	9,0	»	5,0	»	Médiocrement grasse.
Calviac (Dordogne)	70,0	»	»	3,25	24,75	Très-maigre.
Villefranche (Aveyron)	60,0	26,2	13,80	»	»	Très-maigre.

II. Chaux hydrauliques. Composition pour 100 parties.

ORIGINE DES CHAUX.	CHAUX.	SILICE.	ALU-MINE.	MAGNÉ-SIE.	OXYDE DE FER.	OBSERVATIONS.
Chaux du Theil...........	68,941	26,069	4,378	0,642	»	1,71 de sable quartzeux.
— de Metz...........	68,30	24,00		2,00	5,70	1,50 d'oxyde de mangan.
— de Doué...........	75,894	11,174	3,828	0,562	2,134	5,649 d'élém. inertes.
— de Senonches	70,00	27,40	1,60	1,00	»	
— de la Mancelière....	74,90	16,73	6,89	0,24	»	1,24 de sulfate de chaux.
— artificielle de Paris (simple cuisson)..	74,60	15,86	7,93	»	1,60	

III. *Ciments. Composition pour 100 parties.*

ORIGINE DES CHAUX.	CHAUX.	SILICE.	ALU-MINE.	MAGNÉ-SIE.	OXYDE DE FER.	OBSERVATIONS.
Portland de Boulogne.....	65,13	20,42	13,87	0,58	»	Traces d'oxyde de fer et de sulfate de chaux.
Portland anglais..........	68,11	20,67	10,43	»	0,78	Composition variable.
Ciment ordin. de Boulogne.	49,99	32,78	9,09	0,69	7,44	
— de Moissac........	45,40	29,86	20,04	1,89	»	2,81 de sulfate de chaux.
— de Pouilly........	49,60	26,00	10,00	»	5,10	Le surplus se compose
— de Vassy.........	59,50	17,75	6,80	»	7,55	d'eau, d'acide carbo-
— de Vitry...	55,70	20,00	9,77	»	4,35	nique, d'acide sulfu-
— de l'île de Ré.....	54,35	26,45	13,45	»	»	rique et d'alcalis.

On voit d'après ces analyses, et Vicat l'a prouvé par l'expérience, que l'hydrauli-cité tient à la proportion d'argile que renferme la chaux. Les autres substances étrangères rendent la chaux maigre, mais ne lui donnent pas les propriétés hydrau-liques : tels sont le sable, la magnésie, le manganèse, les oxydes de fer. L'argile est un silicate d'alumine; dans les bonnes chaux hydrauliques, la silice et l'alumine doivent être en proportions telles qu'elles puissent former des combinaisons définies.

Les expériences de Vicat, et celles plus récentes de M. Frémy, ont mis en lumière le rôle que jouent séparément l'alumine et la silice; M. Frémy a pu former des alumi-nates de chaux qui, broyés et gâchés, puis immergés, ont fait prise très-rapidement. La silice gélatineuse forme aussi avec la chaux des silicates, qui font prise moins faci-lement ; mais la silice rend stable la combinaison de la chaux avec l'argile, c'est grâce à elle que la prise persiste et que les mortiers ne se délitent point à la longue. Lorsque la silice est mêlée à l'argile à l'état de grains quartzeux, elle n'influe pas sur l'hydrau-licité ; elle joue simplement le rôle du sable dans le mortier.

Fabrication des chaux artificielles et des pouzzolanes. — « Puisque les chaux hydrauliques, dit Vicat, résultent de la cuisson des subtances calcaires na-turellement mélangées d'argile, on doit pouvoir obtenir des chaux semblables en imitant artificiellement ces mélanges dans des proportions voulues, et en les soumet-tant à la cuisson : l'expérience ne laisse aucun doute à cet égard, et cette fabrication, dont l'invention nous est due, forme depuis 1820 une branche d'industrie très-utile-ment exploitée à Paris et ailleurs. »

Fabrication des chaux hydrauliques artificielles. — On les fabrique par deux procé-dés différents : 1° procédé de la simple cuisson; 2° procédé de la double cuisson :

1° *Procédé de la simple cuisson.* — On se procure des calcaires tendres et faciles à pulvériser, tels que du tuf ou de la craie; quelquefois même on prend des marnes qui ont l'avantage de se déliter facilement, et qui renferment déjà une certaine pro-portion d'argile; mais il faut prendre des marnes argileuses et non sableuses, et re-chercher par l'expérience quelle proportion d'argile elles renferment. On réduit ces calcaires à l'état de pâte fine, ou plutôt de forte bouillie. D'un autre côté, on se pro-cure de l'argile bien pure que l'on délaye aussi. On mélange le tout, et l'on soumet cette pâte liquide à une trituration énergique, afin d'obtenir un mélange aussi par-fait que possible ; pour ce travail, on emploie quelquefois les tonneaux à mortier ; mais on doit leur préférer de beaucoup les meules verticales qui font subir à la ma-tière non pas une simple agitation, mais un corroyage énergique. Au sortir du manége, la matière liquide s'écoule dans une série d'auges étagées, qui communiquent entre elles par des déversoirs. Quand la première est pleine, la pâte passe dans la seconde ; enfin, dans la dernière s'écoule une eau bourbeuse, formée de la réunion de toutes les eaux qui montent à la surface de chaque auge; elle se perd dans un puisard.

Lorsque la matière est un peu desséchée dans les auges, on la découpe en briquettes que l'on fait sécher sur une aire dallée. Quand elles sont sèches, on les cuit comme des calcaires ordinaires.

On peut simplifier l'opération précédente en comprimant la pâte qui sort du manége au moyen d'une sorte de balancier qui moule les briquettes.

Le prix de revient de ces chaux n'est pas plus difficile à établir que celui d'une chaux ordinaire.

La composition de la chaux hydraulique artificielle de Paris, dont il a été fait un grand usage dans les fortifications, est la suivante :

Chaux	Silice	Alumine	Oxyde de fer
74,60	15,86	7,93	1,60

2° *Procédé de la double cuisson.* — Lorsque l'on ne possède pas un calcaire facile à pulvériser, on ne peut faire directement le mélange de ce calcaire avec l'argile, car l'opération serait coûteuse et susceptible de mauvais résultat. On se sert de chaux grasse que l'on éteint soigneusement et dont on fait une bouillie que l'on mêle à l'argile ; on corroie le mélange, on le moule en briquettes, que l'on cuit à la manière ordinaire pour revivifier la chaux. Après la cuisson, on pulvérise.

La chaux à double cuisson, employée à Saint-Malo, avoit la composition ci-après :

Chaux	Silice	Alumine	Sable	Carbonate de chaux	Principes solubles
37.92	17,59	4,71	19,83	15	4,95

Vicat employa la chaux hydraulique artificielle pour la fondation des piles du pont de Souillac, son premier ouvrage : pour cuire les briquettes, il les disposait au-dessus de calcaire ordinaire, qui recevait le premier l'action du foyer et se trouvait transformé en chaux grasse. La chaux grasse fabriquée dans une fournée entrait dans la composition de la chaux artificielle à la fournée suivante : le produit artificiel revenait à un prix assez élevé, 41f60 le mètre cube ; mais tout le travail se faisait à bras d'hommes, et les fours étaient intermittents.

Signalons ici certaines chaux hydrauliques, cuites avec des houilles sulfureuses, qui sont d'un emploi détestable et se désagrègent sous l'eau : il semble que les sulfures s'oxydent, et donnent du sulfate de chaux qui boursoufle la masse, puis se dissout peu à peu dans l'eau.

Fabrication des ciments. — La fabrication des ciments est analogue aujourd'hui à celle des chaux artificielles; car, si l'on se sert de calcaires argileux naturels, il faut, pour obtenir des produits uniformes, analyser le calcaire employé à chaque fournée, et ajouter ce qui lui manque de manière à obtenir les proportions voulues. Quoiqu'ayant pris dans ces dernières années une extension considérable, la fabrication du ciment est encore peu connue ; elle est exposée dans divers articles de M. l'ingénieur en chef Hervé-Mangon, directeur du laboratoire de l'École des ponts et chaussées, et ce sont ces articles que nous prendrons pour guides.

Le ciment romain ou ciment de Parker, inventé à Londres en 1696, est une chaux éminemment hydraulique, qui fait prise en un quart d'heure sans éprouver aucun retrait, et qui durcit très-rapidement sous l'eau ; on l'obtient par la cuisson d'un calcaire gris bleuâtre à grain fin et très-lourd. Il faut éviter pendant la cuisson tout commencement de vitrification.

Les galets argileux, qu'on trouve dans les falaises de Boulogne, donnent ce qu'on appelle le plâtre-ciment, analogue au ciment de Parker.

Le ciment de Pouilly, donné par un calcaire naturel, est supérieur encore au ciment de Parker, mais il garde une couleur foncée qui empêche de l'employer dans les constructions en pierres de taille ; le ciment de Vassy, qui a les mêmes propriétés que le précédent, est presque blanc.

Tous ces ciments sont dits à prise rapide. Le ciment à prise lente, ou portland, est beaucoup plus récent.

Nous avons déjà vu que le portland était une chaux limite ; il est donné par tout calcaire qui renferme 22 à 23 % d'argile, et 77 à 78 % de carbonate de chaux. Si ces proportions n'existent pas, on est sûr de ne point obtenir de ciment à prise lente. On rencontre dans le portland diverses substances qui ont chacune leur influence particulière :

Le fer à l'état de peroxyde joue un rôle inerte ;

Le fer à l'état de protoxyde concourt à la solidification ;

La magnésie n'existe qu'en très-faible proportion dans les bons ciments ;

L'acide sulfurique et les sulfures sont nuisibles, surtout pour les ouvrages à la mer, lorsqu'ils dépassent une certaine proportion ;

Les alcalis sont excessivement utiles à une bonne fabrication du portland : quand la pâte en est dépourvue, on lui ajoute 1/2 à 1 % de carbonate alcalin ou de sel marin.

Toute fabrication de portland comporte donc des analyses fréquentes et complètes.

Il est rare de rencontrer un calcaire naturel renfermant exactement les proportions de 22 d'argile pour 78 de carbonate ; le plus souvent, il faut arriver à cette composition par des mélanges.

A Londres, on mélange de la craie pure à de l'argile d'alluvion des bords de la Tamise. Les mêmes conditions se rencontrent à Meudon, près de Paris.

Ailleurs, ce sont des marnes argileuses auxquelles on ajoute de la craie, ou des calcaires argileux auxquels on ajoute de l'argile ; ou bien encore c'est une marne riche en argile, que l'on mélange avec une autre marne riche en calcaire.

Les matières sont délayées dans l'eau, et pour les faire passer à l'état de poudre impalpable, on les place dans des auges annulaires que parcourent sans cesse d'énormes rateaux ou des herses en fer.

La bouillie très-claire ainsi obtenue s'écoule par un déversoir en traversant une grille à mailles serrées sur laquelle elle abandonne tous les fragments non pulvérisés ; elle passe ensuite dans des bassins où les matières solides se déposent. La couche de vase s'accroit peu à peu de manière à remplir chaque bassin ; on la brasse alors de manière à rendre le mélange homogène ; puis on la découpe en briquettes et on achève la dessiccation à l'air ou sous des hangars, suivant le climat ; quelquefois on accélère la dessiccation par une température de 80° à 100°.

« La cuisson du ciment à prise lente exerce sur sa qualité la plus grande influence ; elle peut, jusqu'à un certain point, corriger une erreur sur la composition chimique normale de la pâte, et c'est à elle, dans tous les cas, que le ciment doit la densité considérable qu'il possède lorsqu'il est de bonne qualité. La cuisson du ciment à prise lente n'a pas seulement pour but de chasser l'acide carbonique du calcaire, elle doit encore déterminer entre ses éléments une combinaison intime et produire un commencement de vitrification à la surface des fragments. Cette opération exige de la part des ouvriers une grande expérience et une extrême attention. » (Hervé-Mangon.) Les briquettes séchées sont brisées en fragments passant dans un anneau de 0^m06 à 0^m07 de diamètre, comme le caillou de route, et on les cuit dans des fours à feu intermittent, alimentés par du coke ; les bitumes et surtout les sulfures de certaines houilles sont susceptibles de nuire beaucoup au ciment. Les fours ordinaires sont formés de deux troncs de cône accolés par leur base, ils contiennent 20 à 25 tonnes de ciment ; la cuisson dure 24 à 50 heures, et le refroidissement, deux ou trois jours ; on consomme 200 à 350 kilogrammes de coke par tonne de ciment cuit obtenu. Les fours à portland, étant soumis à une chaleur beaucoup plus forte que celle qui se produit dans les fours à chaux, demandent à être construits avec une solidité toute particulière.

Au défournement, on enlève tous les morceaux de mauvaise qualité, que l'on reconnaît à leur aspect, à leur couleur, à leur faible densité. Les bons morceaux sont concassés sous des meules de granit ou à travers des cylindres broyeurs, puis ils passent dans un moulin à meules horizontales qui les pulvérise ; la poudre traverse un blutoir, et on n'a plus qu'à la loger dans les barils pour l'expédier.

Dans le commerce, on vend quelquefois sous le nom de portland des mélanges de ciment à prise lente avec des matières inertes, ou avec des chaux hydrauliques, du plâtre, des oxysulfures de calcium ; ces mélanges font prise au moment de l'emploi, mais les mortiers se décomposent rapidement.

Fabrication des pouzzolanes.— Nous avons vu que certains composés argilo-calcaires donnent par la calcination des chaux hydrauliques. On peut obtenir d'autres composés hydrauliques, c'est-à-dire susceptibles de durcir sous l'eau, en mélangeant la chaux grasse à certaines substances naturelles ou artificielles, désignées sous le nom de pouzzolanes, et essentiellement composées de silice, d'alumine et de peroxyde de fer, auxquels s'adjoignent accidentellement la magnésie, la chaux, la potasse et la soude.

Pouzzolane naturelle. — La pouzzolane naturelle est un produit volcanique, caverneux et scoriacé, qui semble être une argile portée à une haute température et ayant abandonné de nombreuses bulles gazeuses. C'est aux environs de Pouzzoles, en Italie, que se trouve, en quantité considérable, la meilleure pouzzolane ; les Romains en faisaient usage ; elle est colorée en rouge-violet par de l'oxyde de fer. On en trouve encore dans les cratères et sur les flancs des volcans éteints de l'Auvergne et du Vivarais ; la pouzzolane de Santorin, dont nous avons parlé en Géologie, a été employée aux travaux de Trieste et de l'isthme de Suez, elle offre des propriétés particulières, et elle est d'une couleur gris cendré.

Voici la composition de quelques pouzzolanes naturelles :

DÉSIGNATION des pouzzolanes.	SABLE mixte.	SILICE.	ALU-MINE.	MAGNÉ-SIE.	PER-OXYDE de fer.	CHAUX.	EAU.	PRINCIPES alcalins et volatils.
Trass de Hollande....	8,75	16,25	20,71	1,00	5,48	2,15	9,25	6,30
Pouzzolane du Vésuve. brune.....	20,00	24,50	15,75	traces	16,30	8,96	3,50	11,00
— gris foncé..	1,50	44,50	16,50	3,00	15,50	10,00	5,00	4,00
— gris clair..	2,50	42,00	15,50	4,40	12,50	9,50	33,33	10,27
— grise du Vivarais............	3,95	35,09	17,65	3,17	16,82	4,26	19,06	»
Pouzzolane brune de l'Hérault.........	4,50	38,50	18,35	»	14,90	8,70	7,75	7,30
Pouzzolane brune du Vivarais..........	7,48	30,73	11,63	2,49	24,92	3,73	19,02	»
Pouzzolane de Santorin.	»	66,80	13,17	0,83	5,24	4,03	1,50	7,32

La potasse et la soude de la pouzzolane du Vivarais, si elle en renferme, sont comprises dans le chiffre eau.

Ces analyses montrent que les pouzzolanes grises du Vésuve et le trass de Hollande renferment beaucoup plus de silice en combinaison que les pouzzolanes de l'Hérault et du Vivarais ; la plus riche en silice est celle de Santorin qui est formée de silicates acides, pendant que les autres ne renferment que des silicates basiques. La pouzzolane de Santorin se rapproche beaucoup par sa composition des roches feldspathiques.

Pour donner le meilleur résultat possible, la pouzzolane doit être parfaitement pulvérisée : il est toujours préférable de la pulvériser sur les chantiers plutôt que de la tirer toute préparée des lieux de production ; par ce moyen on n'a pas de fraude à craindre.

Au nombre des pouzzolanes naturelles ou des substances présentant des propriétés pouzzolaniques, il faut ranger :

1° Certains sables résultant de la décomposition de gneiss granitiques que l'on trouve près de Brest, en Bretagne ; ce sont des kaolins impurs ; leurs propriétés pouzzolaniques sont exaltées par la torréfaction ;

2° Certaines roches, résultant de la décomposition des diorites, et présentant l'aspect d'argiles rousses ou d'un blanc sale à texture grossière. Elles prennent, par la cuisson, une grande énergie. Elles ont été découvertes et employées au canal de Nantes à Brest, par M. Avril, inspecteur général des ponts et chaussées ;

3° La gaize, roche tendre, légère, grisâtre et devenant verdâtre par l'humidité ; elle renferme de la silice à l'état semi-gélatineux, et donne une pouzzolane médiocre que la cuisson n'améliore guère ; on la trouve à la base du terrain crétacé ;

4° Certaines craies renfermant 30 à 40 0/0 de silice gélatineuse ; mais elles ne peuvent être employées qu'à l'abri de l'eau et de l'air, parce qu'à la longue, l'acide carbonique déplace la silice gélatineuse, et l'agrégation se trouve détruite ;

5° Les sables argileux, ou arènes, formés de grains quartzeux inégaux, empâtés dans une argile brune ou chaude. Les arènes appartiennent à la formation tertiaire ; elles forment des mamelons d'une certaine élévation. La meilleure arène se trouve dans la Dordogne ;

6° Certains grès friables, à pâte argileuse, que l'on trouve aux environs de Saint-Quentin, et qui deviennent d'assez bonnes pouzzolanes lorsqu'ils sont torréfiés à l'air.

Pouzzolane artificielle. — Elle résulte de la cuisson des argiles ; elle a une composition analogue à celle de la pouzzolane naturelle, et possède les mêmes propriétés, quoique avec moins d'énergie. Nous avons vu que partout on trouvait des argiles plus ou moins pures : nous en avons exposé en minéralogie la composition variable. Elles renferment principalement de la silice, de l'alumine et de l'eau (ces trois éléments forment l'argile pure ou kaolin) ; à cela viennent accidentellement s'ajouter, en proportions variables, les oxydes de fer et de manganèse, les carbonates de chaux et de magnésie, du sulfure de fer, des sables, des débris végétaux.

Les argiles chauffées depuis le rouge sombre, vers 600°, jusqu'à la température où elles commencent à éprouver la fusion, durcissent et perdent la faculté de faire pâte avec l'eau ; elles deviennent poreuses et absorbent avidement l'humidité ; elles deviennent aussi plus facilement attaquables par les agents chimiques, et elles manifestent, pour s'unir à la chaux, une énergique affinité ; la pâte qu'elles forment avec elle durcit dans l'eau et dans les lieux humides.

« Le degré de cuisson, dit M. Vicat, qui transforme les argiles en pouzzolanes au maximum de puissance hydraulique, est en même temps celui qui suffit à la vaporisation des dernières parties d'eau combinées, de sorte [que la condition de bonne cuisson peut s'énoncer de deux manières (identiques au fond), savoir : 1° régler la durée et l'intensité du feu, de manière à rendre les argiles attaquables au plus haut point, par les acides et les alcalis ; 2° régler cette durée et cette intensité de manière à dégager les dernières parties d'eau des argiles sans dépasser 600° à 700° thermométriques. L'argile subit alors un degré d'incandescence un peu supérieur au rouge sombre, et devient indélayable dans l'eau. »

Le degré de cuisson précédent ne convient point aux argiles marneuses qui renferment plus de 15 à 20 0/0 de carbonate de chaux ; pour leur donner leur maximum d'énergie pouzzolanique, il faut décomposer entièrement le carbonate et combiner la chaux avec l'argile, sous l'influence d'une température de 700° à 800°. On supplée à l'intensité du feu par la durée.

Les argiles, destinées à donner des pouzzolanes, doivent être cuites à l'air et non en vase clos ; en vase clos, la modification moléculaire ne se produit pas, une faible quantité de silice est mise en liberté, car l'argile cuite n'abandonne que peu d'alumine aux acides bouillants ; en outre, elle garde une teinte grise et terne ; au contraire, cuite à l'air, elle prend une couleur brune ou rosée, et devient facilement attaquable par les acides.

Pour fabriquer la pouzzolane, on cuit généralement l'argile sous forme de briques ou de tuileaux, en restant au-dessous de la température qui convient à la cuisson d'une bonne brique dure et sonore ; mais la cuisson est très-inégale d'un morceau à l'autre ; et dans un même morceau, les parties centrales ne sont généralement pas assez cuites.

Il faudrait donc, pour obtenir d'excellente pouzzolane, cuire l'argile en poudre et dans un courant d'air ; on pourrait sans doute y arriver par l'emploi d'un torréfacteur à vis d'Archimède, déjà en usage dans plusieurs industries ; c'est un cylindre métallique faiblement incliné, chauffé par sa surface extérieure, et renfermant à l'intérieur une vis d'Archimède qui transporte les matières ; on pourrait diriger un courant d'air chaud à travers ce cylindre, et obtenir avec lui une fabrication continue de pouzzolane artificielle.

Les meilleures pouzzolanes sont données par les terres de pipe ou argiles réfractaires ; les argiles ocreuses et marneuses fournissent des pouzzolanes de qualité moyenne, et les terres à briques en fournissent de médiocres.

Modes divers d'extinction des chaux vives. — La chaux, au sortir du four, est à l'état de chaux caustique, CaO ; elle est très-avide d'eau ; elle absorbe l'humidité de l'atmosphère (on profite de cette propriété pour préserver de la rouille les échantillons de fer que l'on conserve dans des vitrines, en plaçant à côté d'eux une assiette remplie de chaux vive) ; la chaux vive tend à enlever l'eau même aux tissus organiques ; elle produit un effet de cautérisation ; pour l'éteindre, il faut lui donner l'eau qu'elle demande et la transformer en hydrate.

Il existe plusieurs procédés d'extinction qui produisent des résultats physiques différents.

1° *Extinction ordinaire ou à grande eau.* — Elle consiste à jeter la chaux dans un bassin plein d'eau, de manière à en faire une bouillie épaisse ; avant de tomber en bouillie, la chaux grasse éclate, se gonfle, et la combinaison chimique de l'eau et de la chaux développe une grande quantité de chaleur qui se manifeste par des vapeurs abondantes. Avec les chaux maigres et hydrauliques, le gonflement et le dégagement de chaleur sont beaucoup moindres.

La chaux étant réduite à l'état de bouillie épaisse, on peut encore l'étendre d'eau et en faire un lait de chaux destiné, par exemple, à blanchir des murailles ; pour fabriquer du mortier, il faut bien se garder d'ajouter de l'eau après coup ; cette addition peut favoriser le mélange de la chaux et du sable et épargner un peu de travail à l'ouvrier, mais elle amortit la chaux et donne un mortier détestable. La chaux grasse en pâte se conserve indéfiniment dans des fosses recouvertes de sable ; on en a mis en œuvre qui avait plusieurs années d'existence ; elle est même meilleure quand on ne l'emploie pas immédiatement, parce qu'il y a souvent dans la masse des fragments qui ne s'éteignent qu'à la longue, et dont le gonflement tardif pourrait disloquer les maçonneries. Quant aux chaux hydrauliques, elles durcissent plus ou moins rapidement, et il faut ne les préparer qu'au fur et à mesure des besoins.

Dans l'extinction à grande eau, il faut donc ne pas noyer la chaux, et cependant avoir assez d'eau pour que la masse entière soit imbibée. Certains morceaux mouillés d'une manière insuffisante, décrépitent à sec et s'échauffent outre mesure ; pour les éteindre complétement, il faut leur donner de l'eau avec ménagement, parce qu'un excès d'humidité les résout en grumeaux.

« Le foisonnement, ou volume des chaux éteintes, dit Vicat, est évidemment en raison inverse de la consistance pâteuse à laquelle on s'arrête ; mais, à égale consistance, les chaux grasses foisonnent beaucoup plus que les chaux hydrauliques ; les premières rendent, en pâte ni trop molle ni trop ferme, de deux à deux volumes et demi, pour un de chaux vive mesurée en pierres avec vides ; les dernières, dans les mêmes circonstances, ne rendent que de un volume à un volume et demi.

« En général, 100 kilogr. de chaux grasse très-pure et très-vive donnent, en fraction de mètre cube, $0^m,24$ en pâte ; mais, quand la cuisson date de plusieurs jours, et que la chaux n'est pas très pure, ce chiffre descend à $0^m,18$; entre ces limites, se trouvent toutes les variations de foisonnement propres à ces espèces de chaux.

« Les densités des chaux hydrauliques et leur composition sont trop variables pour permettre d'assigner, entre des limites aussi voisines, des rapports analogues aux précédents, entre leur poids et leur foisonnement, par l'extinction ordinaire. »

Sur les grands chantiers, l'extinction se fait dans des bassins en maçonnerie ; pour les constructions de peu d'importance, lorsqu'on n'a à préparer à la fois qu'une faible quantité de chaux, on place la chaux sur une aire bien battue, et on l'entoure par une digue circulaire formée du sable qui doit entrer dans le mortier; on verse l'eau dans ce bassin improvisé.

Une partie en poids de chaux grasse, sortant du four, s'est unie après extinction à 2,91 d'eau.

2° *Extinction sèche, par immersion ou aspersion.* — Si l'on place la chaux vive dans des paniers à claire-voie, que l'on plonge dans l'eau pendant quelques secondes, ou bien si l'on se contente d'arroser les morceaux de chaux placés sur une aire, ils éclatent avec bruit, ils sifflent en dégageant des masses de vapeur, et finalement tombent en poussière. La chaleur dégagée est assez forte pour enflammer un peu de poudre que l'on dispose dans une cavité d'un des morceaux à l'abri de l'humidité.

Il faut avoir soin d'accumuler la chaux en tas; la chaleur dégagée se perd moins facilement, et la réduction en poudre se trouve accélérée.

La poudre obtenue ne s'échauffe plus avec l'eau lorsqu'on la mouille pour la réduire en pâte.

Souvent, une fois la chaux mouillée et entassée, on la recouvre de sable; l'extinction se fait à l'abri, et la chaux se conserve, de sorte qu'elle peut fournir à la consommation de plusieurs jours.

« Si l'on réduit, dit Vicat, 100 kilog. de chaux grasse en pâte molle par l'extinction ordinaire, et la même quantité en pâte de même consistance, obtenue par le gâchage de la poudre d'extinction sèche, suffisamment refroidie, les volumes de ces pâtes seront dans le rapport de 100 à 58, d'où il suit que deux volumes égaux de pâte de chaux grasse d'égale consistance, préparés, l'un par le procédé ordinaire d'extinction, l'autre par immersion ou aspersion, contiendront des quantités de chaux dans le rapport de 100 à 161, et des quantités d'eau dans celui de 100 à 93.

« Ces différences s'observent dans le même sens chez les chaux hydrauliques, mais sont beaucoup moins tranchées et varient nécessairement avec leurs indices d'hydraulicité, c'est-à-dire avec la dose d'argile que contient chacune d'elles. Il n'en résulte pas moins que l'extinction à grande eau est celle qui divise le mieux toute espèce de chaux, et en porte le foisonnement au plus haut degré. »

La méthode que nous venons d'exposer a l'avantage de permettre de séparer les incuits et les biscuits, c'est-à-dire les fragments trop peu cuits et les fragments surchauffés; ils ne se résolvent pas en poussière, et on peut les enlever à la main.

Extinction spontanée. — « Il est un troisième mode d'extinction que nous nous bornerons à mentionner, parce qu'on n'en fait pas usage : c'est l'extinction spontanée ou naturelle, que toute chaux vive éprouve à l'air, dont elle soutire l'acide carbonique et l'humidité; par là, ces chaux tombent en poudre d'une grande finesse et se modifient essentiellement en qualité.

« Il ne faut pas moins de trois mois pour que cette extinction spontanée soit complète, sur une chaux grasse dont les pierres, à l'état de chaux vive, ont été réduites à la grosseur d'un œuf. Après ce laps de temps, les poussières, sur 100 parties, contiennent de 10 à 11 parties d'eau, et de 26 à 27 parties d'acide carbonique, ce qui constitue des espèces de sous-hydrocarbonate où la chaux caustique serait à l'acide comme 630 à 265; il y aurait un peu plus de l'acide nécessaire à la complète saturation de la chaux.

« Parvenues aux termes de cette extinction naturelle, les chaux grasses font avec le sable de bien meilleurs mortiers que lorsqu'on les éteint artificiellement; mais la lenteur avec laquelle elles arrivent à ce terme ne permet pas d'y avoir recours dans les applications.

« Les chaux hydrauliques perdent, par l'extinction spontanée, la presque totalité de leurs propriétés spéciales.

« Nous ne devons pas omettre de dire que l'extinction dont il s'agit doit, pour répondre aux observations précédentes, s'opérer à couvert. » (Vicat).

Conservation des chaux. — Il s'écoule presque toujours un certain temps entre la préparation et l'emploi des chaux. Si l'on ne prend les précautions suffisantes, on risque de perdre des masses quelquefois considérables de chaux ; ou bien, si l'on s'en sert, on exécute de détestables maçonneries. Voici comment Vicat engage à conserver les différentes espèces de chaux :

« La faculté des chaux grasses, éteintes à grande eau, de rester indéfiniment molles dans des fosses imperméables où on les recouvre de terre ou de sable frais, permet d'en approvisionner ainsi de grandes quantités ; ce moyen ne peut malheureusement convenir aux chaux hydrauliques, dont les pâtes durcissent si rapidement, qu'après quelques jours il ne serait plus possible de les broyer ; il faut donc ou employer ces dernières à mesure qu'elles arrivent sur les ateliers, ou les conserver, soit vives, en pierres, soit en poudre provenant de l'extinction sèche.

« Pour les conserver vives, il faut en éteindre en poudre une quantité suffisante pour former, sur l'étendue du sol à couvert dont on dispose, un matelas de 15 à 20 centimètres d'épaisseur ; sur ce matelas, tassé, on empile la chaux en pierres, en serrant celles-ci à coups de masse pour en diminuer les vides ; puis, quand le tas est fini, on le recouvre de toutes parts d'une couche de la même chaux en poudre dont on a formé le matelas ; cette poudre se loge en partie dans les vides et domine en sus toutes les surfaces ; on lisse, avec le dos d'une pelle, la superficie de cette espèce de manteau, qui doit avoir une quinzaine de centimètres d'épaisseur, afin d'intercepter autant que possible l'entrée de l'air humide dans l'intérieur, et on étend sur le tout de vieilles toiles, si l'on en a.

« La chaux vive, ainsi enveloppée, peut se maintenir sans altération trop sensible pendant cinq à six mois. La poudre enveloppante elle-même ne se détériore que sur une faible épaisseur, qui passe à l'état de croûte carbonatée. Ces sortes d'approvisionnements doivent reposer sur une aire très-sèche et sous des hangars bien couverts et clos de toutes parts ; une seule gouttière pourrait causer un incendie.

« Le succès serait plus certain si, indépendamment des précautions indiquées, on pouvait loger toute la masse dans des encaissements en planches bien jointives. La chaux, ainsi conservée, ne s'éteint plus, après quelques mois, avec la même promptitude et la même effervescence qu'au sortir du four ; elle devient ce qu'on appelle paresseuse et ne se résout en pâte qu'après plusieurs heures et quelquefois toute une journée.

« On conserve les chaux éteintes en poudre bien plus facilement que les chaux vives ; mais on a besoin, alors, d'emplacements très-vastes ; il n'y a pas d'autres précautions à prendre que de tasser, autant que possible, la poudre accumulée, et de la couvrir de vieilles toiles, si l'on en a. Cependant, si l'emploi n'en devait avoir lieu que très-tard, il faudrait la loger dans des futailles ou dans de vastes encaissements en planches bien jointives.

« Ce n'est que sous cette forme pulvérulente, due à l'extinction sèche, que les chaux peuvent se transporter au loin : on les expédie ainsi en futailles ou en sacs ; elles peuvent alors traverser les mers. Les grandes fabriques de chaux hydrauliques sont munies de tous les appareils nécessaires à ce mode d'exploitation ; les chaux, après leur réduction en poudre, passent par divers blutoirs qui en séparent les parties solides provenant d'un défaut de cuisson ou de la composition hétérogène de certains noyaux dont les masses calcaires sont souvent pénétrées. Les poudres tombent de ces blutoirs dans de vastes chambres bien closes, et de là par des trémies dans les sacs ou futailles à mesure qu'on les expédie. Les fabriques de Doué, de Paviers et du Theil sont parfaitement organisées sous ce rapport. »

Essai des pierres à chaux, des argiles, des chaux, des pouzzo·lanes naturelles et artificielles. — *Essai des pierres à chaux.* — Lorsqu'on est éloigné d'un laboratoire et qu'on ne peut faire exactement l'analyse chimique d'un calcaire donné, l'essai le plus simple consiste à cuire une certaine quantité de la pierre à chaux et à fabriquer avec la chaux obtenue un mortier analogue à celui qu'on se propose d'employer. Il faut opérer sur une quantité suffisante, afin d'être certain que les choses se passent dans des conditions pratiques. Ce mode d'essai est, dans tous les cas, le plus sûr parce qu'il ne demande qu'un peu de soin et d'attention ; l'analyse chimique, si elle n'est pas faite par un opérateur exercé, laisse toujours place à quelque doute.

1° *Analyse sommaire.* — Il existe un mode d'analyse sommaire qui donne des indications précieuses et qu'on peut appliquer partout.

On broie la pierre à chaux considérée, on la tamise et on prend deux grammes de la poussière que l'on place dans un verre ; on délaye avec un peu d'eau, puis on verse, goutte à goutte, de l'acide azotique ou chlorhydrique étendu ; on agite à chaque fois le vase, et on cesse d'ajouter de l'acide lorsqu'il ne se produit plus d'effervescence.

La poussière se dissout en partie dans l'acide, le carbonate de chaux est transformé en azotate de chaux ou en chlorure de calcium soluble ; le résidu marque l'impureté du calcaire. S'il n'y a pas de résidu, c'est que le calcaire est formé uniquement de carbonate de chaux, ou bien de carbonate de magnésie ; ce dernier existe rarement en forte proportion.

Au fond du verre, on trouve un dépôt boueux dont la couleur peut varier du gris au roux : ce dépôt est de l'argile, mélangée quelquefois de sable et de matière organique. On sépare ce dépôt en filtrant la liqueur, et on brûle le filtre en papier et la matière qu'il a recueillie, dans un petit creuset de porcelaine et mieux de platine : le poids du produit calciné, comparé aux deux grammes de calcaire employé, marque l'impureté de la pierre. En admettant que tout le dépôt soit argileux, on peut calculer l'indice d'hydraulicité, et voir, sans qu'il soit besoin d'aller plus loin, si le calcaire considéré est capable de fournir la chaux voulue. Cela suffit pour savoir si l'on doit poursuivre ou cesser les essais.

On peut, par des moyens simples, poursuivre plus avant cette analyse sommaire ; par exemple, séparer le sable de l'argile, et doser l'humidité du calcaire.

Pour séparer le sable de l'argile, nous remarquerons que l'argile a les propriétés de la vase et qu'elle se délaye dans l'eau (pourvu qu'on ne l'ait pas chauffée), tandis que le sable est en grains de dimensions relativement plus fortes et tombe au fond d'une eau tranquille. Prenons donc le dépôt qui tout à l'heure s'est produit au fond du verre, et plaçons-le avec de l'eau dans un verre conique comme ceux qu'on emploie en chimie : battons le liquide avec un agitateur ou baguette de verre, l'argile est enlevée par le tournoiement et reste en suspension, tandis que le sable demeure au fond du verre. On décante, et l'on recommence une ou deux fois l'opération avec de l'eau pure ; l'eau décantée, après un long repos, abandonne toute l'argile qui s'amasse au fond du vase. On a donc séparé de la sorte le sable et l'argile.

Si l'on soupçonnait dans le dépôt la présence de matières organiques, on les déterminerait de la manière suivante : on prendrait deux grammes de calcaire que l'on traiterait par l'acide chlorhydrique, on recueillerait le dépôt et on le brûlerait à l'air dans une capsule de platine. La matière organique est grillée et disparaît en produits gazeux ; comme d'autre part, on a pesé le dépôt simplement desséché sans calcination, la différence indique le poids des matières organiques.

Veut-on calculer le poids d'eau et le poids d'acide carbonique qui entrent dans deux grammes de calcaire ? On calcine ces deux grammes dans un creuset de platine bien fermé, que l'on pèse avant et après l'opération ; la différence de poids donne la somme de l'eau et de l'acide carbonique. On s'assure qu'on a bien chassé tout l'acide carbonique en regardant si, après l'opération, la matière fait encore quelque effervescence avec les acides ; si cela a lieu, il faut recommencer.

Ayant le poids total d'eau et d'acide carbonique, versons dans un petit ballon de verre quelques grammes d'acide chlorhydrique étendu et pesons le ballon avec son contenu ; le ballon est garni d'un bouchon sur le pourtour duquel on a creusé quelques rainures et qu'on a entouré de papier à filtrer. On enlève le bouchon et on laisse tomber dans le liquide deux grammes du calcaire à essayer, puis on referme vivement ; l'acide carbonique se dégage et passe dans l'atmosphère, l'effervescence terminée après agitation, on insuffle un peu d'air dans le ballon pour chasser le reste de gaz carbonique et on pèse. La perte de poids donne le poids d'acide carbonique ; mais il y a une légère correction à faire, le gaz carbonique a toujours entraîné un peu de vapeur d'eau, plus ou moins, suivant la température, et dont on peut tenir compte en consultant les tables hygrométriques.

L'opération précédente peut suffire à elle seule pour faire une analyse sommaire de calcaire, elle donne l'eau et l'acide carbonique ; du poids de ce dernier, on déduit le poids de chaux qui lui est combiné en se servant de la formule (CaO, CO^2) et des équivalents ; on a donc les poids d'eau et de carbonate, et, si l'on admet que ce qui reste, pour arriver à deux grammes, est de l'argile, on calcule immédiatement l'indice d'hydraulicité de la chaux qui résultera du calcaire.

On peut encore doser l'acide carbonique en volume dans des eudiomètres, au sein desquels on réduit le calcaire par de l'acide phosphorique ; mais c'est là une opération de laboratoire sur laquelle nous ne devons pas nous appesantir.

2° *Analyse complète.* — On prend deux grammes de calcaire que l'on traite dans une fiole à fond plat par quelques grammes d'acide chlorhydrique étendu de 5 à 6 parties d'eau. Au bout de quelques heures, tout l'acide carbonique est dégagé, on chauffe un peu en ajoutant une goutte d'acide azotique pour peroxyder le fer, s'il y en a ; on filtre et on recueille le dépôt.

Ce dépôt est calciné et pesé ; on peut en séparer le sable, comme nous l'avons vu plus haut, mais il est bien entendu que cette séparation n'est possible qu'avant la calcination.

La liqueur filtrée renferme la chaux, la magnésie, et le peroxyde de fer.

On la place dans la fiole à fond plat, et on y verse de l'acide chlorhydrique, puis un excès d'ammoniaque ; le peroxyde de fer est précipité par l'ammoniaque, mais la magnésie ne l'est pas puisque la liqueur renferme des sels ammoniacaux.

Après une courte ébullition, ou filtre ; on recueille, on calcine et on pèse le peroxyde de fer.

Restent dans la liqueur la chaux et la magnésie ; on la concentre, on y verse quelques gouttes d'ammoniaque, puis une dissolution bouillante et concentrée d'oxalate d'ammoniaque en excès. La magnésie n'est point précipitée, mais la chaux tout entière s'est précipitée à l'état d'oxalade de chaux, après une demi-heure d'ébullition. On filtre, on recueille le précipité, et on le calcine avec son filtre dans un creuset en platine, à la flamme du chalumeau à gaz, de manière à réduire l'oxalate en chaux vive. On pèse celle-ci, en opérant rapidement pour éviter qu'elle n'absorbe l'air et l'humidité. On regarde après la pesée si la chaux ne fait pas effervescence avec les acides; dans ce cas, il faut recommencer.

Dans la liqueur, il reste des sels ammoniacaux avec la magnésie; on verse dans cette liqueur du phosphate de soude, et on laisse reposer douze heures. Il se dépose de petits cristaux de phosphate ammoniaco-magnésien, que l'on recueille par filtration, et que l'on pèse après calcination. La formule de ce phosphate montre qu'il renferme les $\frac{40}{111}$ de son poids de magnésie.

« Une précaution essentielle, dit Vicat, que nous recommandons à ceux qui ont intérêt à connaître la composition homogène d'une roche argilo-calcaire en place, c'est de ne pas la juger par celle de ses affleurements; on devra l'attaquer assez profondément pour arriver aux parties que l'air, la pluie et la gelée n'ont jamais pu atteindre; les modifications chimiques produites par ces intempéries sont souvent considérables; il en résulte ordinairement un grand appauvrissement en carbonate de chaux. »

Essai des argiles, des pouzzolanes naturelles et artificielles. — Les propriétés physiques des argiles peuvent déjà donner des renseignements précieux sur leur composition. Beaucoup d'argiles sont marneuses, et, lorsque la proportion de calcaire est assez forte, on opère comme pour l'analyse d'un calcaire; le sable se sépare de l'argile par lévigation, ainsi que nous l'avons vu.

L'argile est formée par des silicates d'alumine; lorsqu'elle n'a pas été cuite, elle n'est pas attaquable par les acides en général, et en particulier par l'acide chlorhydrique qui est le réactif ordinaire; mais, après cuisson, l'argile devient plus ou moins facilement attaquable, c'est le cas des pouzzolanes. Toutefois, qu'il s'agisse d'une argile ou d'une pouzzolane, il faut au préalable lui faire subir une opération qui la rende complétement soluble dans l'acide chlorhydrique; on la soumet à une haute température, à l'influence d'un alcali qui s'empare de la silice et forme un silicate alcalin, facilement décomposable par les acides.

Les argiles renferment souvent un peu de potasse et de soude; dans une analyse ordinaire, on néglige de doser ces alcalis.

Voici en quels termes M. l'ingénieur Hervé-Mangon, directeur du laboratoire de l'école des ponts et chaussées, expose la méthode à employer pour l'essai d'une argile :

« Les composés, qu'il est nécessaire de traiter au rouge par les oxydes alcalins, doivent être, avant tout, réduits en poudre d'autant plus fine qu'ils sont plus difficiles à attaquer.

« Lorsqu'on opère sur des briques, des pouzzolanes ou d'autres substances renfermant à l'état de mélange plus ou moins intime du carbonate de chaux ou de l'oxyde de fer, on commence par les faire bouillir pendant un certain temps avec de l'acide chlorhydrique très-faible pour les débarrasser de ces matières étrangères. On filtre et on lave soigneusement la matière non attaquée. La liqueur filtrée est analysée par les procédés ordinaires. Quant au résidu insoluble, on le sèche complétement, on le pèse avec exactitude et on le soumet aux opérations suivantes :

« On opère habituellement, dans l'analyse des silicates, sur deux grammes environ de matière et on les mêle intimement, dans un petit creuset de platine, avec quatre à six fois leur poids d'un fondant composé de quatre parties de carbonate de soude et de cinq parties de carbonate de potasse, l'un et l'autre parfaitement desséchés. On chauffe alors le creuset de platine, fermé de son couvercle, pendant 8 à 10 minutes, à l'aide d'une lampe à essence ou d'un chalumeau à gaz, ou même dans un fourneau surmonté d'un cône en tôle pour activer le tirage. Il convient, dans ce dernier cas, de renfermer le creuset de platine dans un creuset de terre garni d'un couvercle. L'emploi, comme fondant d'un mélange de carbonate de soude et de carbonate de potasse n'est pas indispensable. On pourrait se servir de l'un ou de l'autre de ces carbonates ; mais leur mélange, étant plus infusible que chacun d'eux pris isolément, est généralement préféré.

« Quand le creuset a été soumis assez longtemps à l'action de la chaleur, on le laisse refroidir, et, quand sa température est retombée au rouge sombre, on plonge dans l'eau sa partie inférieure. Le refroidissement brusque ainsi produit suffit, en général, pour détacher du creuset la masse plus ou moins vitrifiée qu'il renferme. Si cet effet se produit, on jette cette masse dans une capsule de porcelaine ; dans le cas contraire, on y place le creuset lui-même avec ce qu'il renferme. On humecte la matière avec de l'eau, et, après quelques instants, on ajoute avec précaution une certaine quantité d'acide chlorhydrique. Une effervescence très-vive se manifeste, et la dissolution s'opère peu à peu. Quand l'addition d'une nouvelle quantité d'acide chlorhydrique ne produit plus aucun effet, on lave le creuset avec soin, en ajoutant les eaux de lavage au contenu de la capsule. Ce vase doit rester couvert pendant la durée de l'effervescence, pour éviter les projections.

« Lorsque l'attaque au rouge par les carbonates a été complète, toute la masse se dissout dans l'acide chlorhydrique, soit à froid, soit par une faible chaleur, ou au moins il ne reste que de la silice, en gelée ou en flocons, nageant dans la liqueur ; mais on ne trouve pas au fond de la capsule de grains durs et sableux. Quand cette dernière circonstance se manifeste, l'attaque n'a pas été complète, soit parce que la chaleur n'a pas été poussée assez loin, soit parce que la pulvérisation de la matière n'a pas été assez parfaite. Il faut alors, ou recommencer complétement l'expérience, ou reprendre les parties non attaquées, les pulvériser de nouveau et les chauffer une seconde fois avec les carbonates alcalins.

« La dissolution de la matière dans l'acide chlorhydrique est évaporée à sec une ou deux fois pour rendre la silice gélatineuse insoluble, reprise par l'eau acidulée et filtrée. La silice, parfaitement blanche, reste sur le filtre, on la lave bien, on la sèche, on la calcine et on la pèse. On s'assure de sa pureté en la chauffant au chalumeau avec de l'azotate de cobalt, qui lui donnerait une teinte bleue si elle contenait de l'alumine.

« La liqueur filtrée renferme l'alumine, que l'on précipite par l'ammoniaque ; on filtre, on calcine et on pèse.

L'eau que renferme le corps donné se dose par la perte de poids que fait subir à deux grammes de matière, une calcination au rouge vif.

Ayant ajouté les poids des éléments ci-dessus déterminés, s'il y a une perte notable, et que l'expérience ait été bien faite, c'est que le corps renfermait des alcalis, que l'on dose ainsi par différence. Si on veut les doser exactement, il faut employer d'autres fondants que les carbonates alcalins ; on a recours au carbonate de baryte.

La proportion d'alcalis que l'on trouve dans une argile peut atteindre 2 ou 3 0/0 ; les argiles plastiques des environs de Paris n'en renferment que quelques millièmes. La présence des alcalis est la cause du ramollissement que subissent certaines argiles à une haute température ; celles qui en renferment une proportion notable ne sont pas réfractaires.

Essai des chaux et ciments. — Dans les pierres à chaux, l'argile n'est pas attaquable par les acides, et il est facile, au moyen de l'acide chlorhydrique de séparer immédiatement cette argile des autres éléments ; mais, après la cuisson, l'argile est devenue attaquable par les acides, c'est ce qui modifie la méthode d'analyse.

On prend deux grammes de la chaux ou du ciment considérés, on les place dans une capsule en porcelaine, on les éteint avec 8 grammes d'eau, et on ajoute 20 grammes d'acide chlorhydrique. En chauffant un peu, toute la matière se dissout ; on évapore lentement, on reprend par l'acide chlorhydrique, puis on évapore de nouveau. On redissout dans une eau acidulée, et on filtre. La silice reste sur le filtre et on la traite comme on a fait pour l'essai d'une argile.

Dans la liqueur, restent la chaux, la magnésie, l'alumine et l'oxyde de fer. On ajoute un peu d'acide chlorhydrique, puis de l'ammoniaque en excès; la magnésie ne se précipite pas, parce qu'il y a dans le liquide un sel ammoniacal : on recueille sur le filtre un précipité brun gélatineux d'alumine et de peroxyde de fer, qu'on lave à l'eau chaude.

Le précipité, calciné et pesé, est traité au rouge dans un creuset d'argent par de la potasse pure en morceaux ; on reprend par l'eau, qui dissout l'aluminate de potasse et laisse le peroxyde de fer, que l'on recueille sur un filtre et que l'on pèse Il faut laver longtemps ce peroxyde, parce qu'il retient avec force un peu de potasse.

Dans la liqueur, il n'y a plus que de la chaux et de la magnésie, que l'on sépare comme nous l'avons indiqué dans l'essai d'un calcaire.

Emploi des liqueurs titrées. — L'emploi des liqueurs titrées, qui tend à se généraliser pour l'analyse de beaucoup de matières commerciales (potasses et soudes, chlorures de chaux, fer, sucre, etc...), repose sur le principe suivant :

On dissout dans un liquide (eau, alcool, acide) un poids p d'un réactif A, et on étend la liqueur de manière à ce qu'elle occupe, par exemple, un volume d'un litre. Dans une burette graduée, on prend, par exemple, 100 centimètres cubes de cette liqueur préparée, lesquels renferment un poids $\frac{p}{10}$ du réactif A. D'autre part, soit un corps B décomposable par A ; on calcule d'après les équivalents respectifs de A et de B, que le poids $\frac{p}{10}$ de A peut décomposer un poids p' de B, par exemple deux grammes. Supposons maintenant qu'on ait divers échantillons plus ou moins impurs du corps B, et que l'on veuille calculer la proportion exacte qu'ils renferment du composé chimique B qui leur donne son nom, on prendra deux grammes de ce corps et on verra, combien il faut verser de divisions graduées de la burette pour le décomposer complétement; il n'en faudra pas 100 puisque le corps est impur, il n'en faudra qu'un nombre n, et le corps donné ne renfermera que $\frac{n}{100}$ du composé chimique pur B.

Pour que l'expérience soit possible, il est nécessaire que le réactif employé soit sans influence sur les substances mélangées au corps considéré ; il est nécessaire en outre, que la décomposition complète de ce corps par le réactif, se manifeste par un changement physique dans l'aspect de la liqueur ; le plus souvent ce changement consiste dans une transformation de couleur.

Ainsi, pour la chaux, nous allons expliquer sommairement comment on opère :

La chaux éteinte est peu soluble dans l'eau, mais elle se dissout très-bien dans l'eau sucrée : le liquide obtenu prend le nom de saccharate de chaux, c'est un sel dans lequel le sucre joue le rôle d'acide.

D'un autre côté, versons dans un vase un peu d'acide chlorhydrique avec quelques gouttes de teinture de tournesol. On sait que cette teinture mêlée à une liqueur acide devient rouge, de bleue qu'elle était, et qu'elle revient à la couleur bleue, lorsqu'on neutralise l'acide par une base.

Cela posé, remplissons de saccharate de chaux la burette graduée, et versons-le goutte à goutte dans l'acide chlorhydrique, coloré en rose par le tournesol ; le saccharate se décompose, il se forme du chlorure de calcium, et le sucre, que l'on doit considérer comme un corps neutre, est mis en liberté. Tant qu'il existe dans la liqueur de l'acide chlorhydrique libre, elle reste rose ; mais, anssitôt qu'on a fait tomber la dernière goutte de saccharate nécessaire à la saturation complète de l'acide, on voit la liqueur virer au bleu. C'est cet instant qu'il faut saisir ; on note combien on a employé de divisions de la burette graduée, soit N ce nombre de divisions.

On sait le poids de chaux que l'on a mis dans le saccharate, et l'on emploie un volume fixe d'acide chlorhydrique étendu, de composition constante ; de l'expérience précédente, on déduit que ce volume d'acide sature N divisions de saccharate renfermant un poids P de chaux pure. Chaque division de la burette correspond donc à un poids $\frac{P}{N}$ ou p de chaux pure.

Etant donné une chaux à analyser, on en pèse un poids $P = Np$, et on le mélange peu à peu avec le volume fixe du même acide déjà employé dans la première expérience. On ajoute du tournesol ; si la chaux était pure, l'acide serait complétement saturé, et la teinture resterait bleue ; mais généralement la chaux est impure, le tournesol reste rose, et, pour le faire virer au bleu, il faut verser dans la liqueur un nombre n de divisions de saccharate. La chaux employée produit donc le même effet que $(N-n)$ divisions de la burette graduée, et par suite elle renferme un poids $p (N-n)$ de chaux pure.

On voit que l'opération est simple ; mais il faut avoir un acide et un saccharate de composition fixe : on peut se les procurer tout préparés chez les fabricants de produits chimiques.

Sables. — Les sables s'emploient à la confection des mortiers, et nous verrons plus tard quel rôle ils y jouent ; ils servent aussi dans les pavages, et quelquefois on en fait des massifs sur lesquels on asseoit des fondations ; ils sont incompressibles même sous de fortes charges.

Tous les sables proviennent de la désagrégation mécanique ou chimique de différentes roches.

Les roches entraînées par les torrents et les rivières s'usent et se brisent, et finissent par se résoudre en fragments plus ou moins gros. Les roches tendres, tels que les calcaires, sont bien vite broyées et se résolvent en vase ; les sables calcaires sont rares, et, du reste, ils seraient peu résistants. Presque tous se composent de grains de quartz, plus ou moins anguleux ; le quartz est en effet l'un des minérauxles plus durs ; certains sables renferment la plupart des éléments des granits et des gneiss.

C'est surtout dans le lit des rivières et sur le bord de la mer, que l'on trouve les sables ; ils sont fins, lorsque les grains n'ont pas plus de un millimètre de diamètre ; les sables gros atteignent jusqu'à trois millimètres de diamètre ; au delà, c'est du gravier.

On trouve aussi des couches de sable dans les formations géologiques : c'est alors du sable fossile, produit jadis par des causes mécaniques.

Viennent enfin les sables vierges, ou arènes, qui ont une origine chimique, et qui résultent de la décomposition spontanée des roches granitiques, des grès, des calcaires arénacées. Les arènes sont souvent argileuses et d'un mauvais emploi pour les mortiers ; mais elles peuvent posséder à un certain degré les propriétés pouzzolaniques.

Dans certains pays, on trouve en abondance des sables purs, et leur présence est précieuse pour le constructeur ; dans d'autres, au contraire, il faut les extraire par le lavage de terres plus ou moins sableuses. Pour opérer ce lavage, on barre un ruisseau, et dans le bassin formé à l'amont, on jette à la pelle la terre sableuse, que l'on agite avec des rateaux ; les parties argileuses et ténues restent en suspension et sont entraînées par le courant ; les grains de sable se déposent. On arrive ainsi à purger les sables complétement ; mais le procédé est coûteux, et le prix de revient peut atteindre, dans ce cas, 15 et 20 francs le mètre cube.

Dès qu'un sable est un peu argileux, un bon constructeur doit procéder à un lavage méthodique.

Le sable de mer est imprégné de sels déliquescents ; il est par suite très-hygrométrique, et ne peut convenir pour des constructions qui doivent être à l'abri de l'humidité : on l'emploie cependant pour les travaux à la mer, sans qu'il en résulte d'inconvénients sérieux. Si l'on veut le faire entrer dans des mortiers aériens, il faut au préalable l'étendre pendant longtemps en couche mince, sur un sol légèrement incliné ; peu à peu la pluie le purifie et le débarrasse des sels qu'il renferme.

A part quelques arènes, « tous les sables, dit Vicat, sont inertes et n'exercent chimiquement, du moins pendant un grand nombre d'années et sans intervention de principes étrangers, aucune action sur la chaux avec laquelle on les mélange ; mais, considérés sous le rapport de l'adhérence chimique ou enchevêtrement, c'est-à-dire de la faculté de s'attacher à la chaux par leurs aspérités, les sables anguleux exercent une action favorable à la cohésion des mortiers, propriété que ne possèdent pas à un même degré les sables à grains polis et arrondis. »

Avec un peu d'habitude, on reconnaît bien le bon sable au toucher, en cherchant à l'écraser entre les doigts ; il ne doit point tacher la peau, sans quoi il renfermerait des poussières qui sont nuisibles à la fabrication du mortier.

Composition des mortiers et bétons. — *Composition des mortiers*. — Nous considérerons successivement : 1° les mortiers à chaux grasse ; 2° les mortiers à chaux hydraulique ; 3° les ciments et mortiers de ciments ; 4° les gangues à pouzzolanes.

1° *Mortiers à chaux grasse*. — Le mélange du sable à la chaux grasse a pour but de modérer le retrait et surtout de diminuer la consommation de la chaux. A 100 volumes de chaux en pâte, on mélange 200 à 250 volumes de sable. L'usage le plus général consiste à former le mortier avec deux brouettées de sable pour une de chaux.

Pour la chaux grasse, le gros sable est préférable au fin, et dans le gros sable, il faut choisir celui qui est âpre et rude au toucher : les grains arrondis donnent moins de cohésion.

La chaux éteinte par immersion est de beaucoup préférable à celle qu'on éteint par le procédé ordinaire ; elle augmente des deux tiers la cohésion du mortier, mais il en résulte une notable augmentation de dépense, puisque le foisonnement est bien moindre.

2° *Mortiers à chaux hydraulique*. — Voici comment Vicat, l'illustre inventeur des mortiers hydrauliques, en explique la composition :

« La chaux éteinte sera broyée avec le sable, soit au pilon, soit au manége ou au rabot, et avec le moins d'eau possible ; les bonnes proportions pour tout mortier hydraulique sont, en moyenne, de 1 vol. 80 de sable pour 1 vol. 00 de chaux en pâte ; on peut s'en écarter un peu, en plus ou en moins, sans un grand inconvénient ; mais s'il s'agit de mortiers destinés à l'immersion à travers une eau profonde, il faut assurer la première liaison par un surcroît de 1/6 à 1/5 de chaux en sus de la proportion moyenne, et donner au mortier la plus forte consistance possible, ce que l'on n'obtient qu'à l'aide du pilon. S'agit-il, au contraire, de mortiers pour enduits ou crépissages destinés à braver les intempéries, il faut forcer la dose de sable et ne pas s'étonner de la maigreur du mélange ; la cohésion finale y perdra quelque chose, mais la résistance à la gelée y gagnera considérablement.

« La nature du sable n'exerce pas une influence appréciable sur la bonté du mortier hydraulique, pourvu que le grain en soit palpable, net et dur; mais il n'en est pas de même de sa grosseur; nous citerons, comme exemples de sables convenant parfaitement aux chaux hydrauliques sous ce rapport, ceux de la Garonne, de la Dordogne, de l'Allier et de la Loire, dans la partie de leur cours assez éloignée des embouchures pour qu'il ne s'y forme pas de dépôts limoneux. Leur grain a moyennement un peu moins d'un millimètre de grosseur. Les sables de la Seine dragués à Paris approchent du menu gravier et sont beaucoup trop gros; ceux que l'on désigne sous le nom de sablons, et dont l'écoulement mesure le temps dans les sabliers, seraient trop fins; malheureusement, le choix n'est presque jamais possible.

« La cohésion finale d'un mortier hydraulique à sable moyen étant représentée par 100, descendra à 70 par l'emploi d'un très-gros sable, tel que celui de la Seine, et à 50 par l'emploi du menu gravier.

« Contrairement à ce qui a lieu pour les chaux grasses, les chaux hydrauliques gagnent à être éteintes par le procédé ordinaire; il en résulte, pour l'accroissement de cohésion du mortier, une différence peu appréciable dans le cas d'exposition à l'air, mais très-sensible et de 1/5 pour le cas d'immersion constante. Il faut donc, toutes les fois que la chose est possible, préférer l'extinction à grande eau à l'extinction en poudre.

« Le mortier hydraulique doit toujours être gâché à couvert quand la saison est pluvieuse, ce qui suppose un sable mouillé; on ne prend alors que la moitié ou le tiers de la chaux en pâte ordinairement employée, et l'on remplace ce qui manque par la même chaux éteinte en poudre, afin d'absorber l'eau du sable; sans cette précaution, on n'obtiendrait qu'un mortier délavé.

« Par un temps sec et chaud, il devient, au contraire, quelquefois indispensable d'ajouter de l'eau, mais avec réserve, car il en faut très-peu pour noyer le mortier.

« On insiste sur ces précautions, parce que la consistance donnée au mortier dans le gâchage exerce une grande influence sur sa dureté future; dans aucun cas on ne doit lui donner ce degré de mollesse qui constitue les bouillies, même épaisses; il faut qu'il tienne bien sur la truelle, sans trop s'y affaisser; il y a 50 0/0 à perdre dans la bonté d'une maçonnerie exposée à l'air, par l'emploi d'un mortier noyé ou introduit sous forme de coulis entre les pierres ou moellons dont elle se compose, et 30 0/0 s'il s'agit de constructions hydrauliques destinées à une immersion constante.

« Au degré de fermeté que nous prescrivons, le mortier serait fort mal employé avec des matériaux absorbants et d'ailleurs très-secs, avec la brique surtout; il faut tenir de tels matériaux dans un état complet d'imbibition jusqu'au moment de l'emploi, en les arrosant de temps à autre, si besoin est; ils doivent, s'il est permis de s'exprimer ainsi, suer l'eau. Le secret d'une bonne maçonnerie est tout entier dans ce précepte : *mortier ferme et matériaux mouillés*. C'est, comme on le voit, le contraire de la manière des maçons, qui semblent avoir pris pour règle : *matériaux secs et mortier liquide*.

« Pour maçonner comme on l'entend ici, il faut n'avoir jamais à introduire après coup du mortier entre les pierres qui ne laissent pas un intervalle suffisant pour le recevoir en plein par le lancer de la truelle; ces joints étroits doivent se garnir dans la pose même par le refoulement latéral du mortier sur lequel on assied le moellon.

« Avec des matériaux absorbants, employés mouillés, la main du maçon ne résisterait pas longtemps au contact inévitable de la chaux, si l'on ne trouvait quelque moyen de l'en préserver, soit par des enduits tels que le goudron liquide, soit par des espèces de gants rendus imperméables par les préparations connues de caoutchouc ou de gutta-percha. L'inconvénient, au surplus, n'existe pas quand on maçonne avec des matériaux non absorbants, attendu qu'employés secs ils laissent au mortier toute sa ductilité et son eau de fabrication, en lui permettant de durcir par l'effet d'une action chimique et non par la dessiccation forcée de la chaux, qui ne produit que pulvérulence.

« Une longue expérience nous a démontré que les maçons intelligents et dociles sont rares; il en est qui préfèrent quitter le travail à se conformer aux prescriptions qui contrarient leurs habitudes; l'amour-propre se révolte contre les conseils. Une surveillance active est donc indispensable quand il s'agit de maçonneries importantes. »

3º *Ciments et mortiers de ciments.* — L'emploi du ciment romain (cette dénomination comprend tous les ciments à prise rapide) demande, pour être fait dans de bonnes conditions, beaucoup d'habitude et d'attention. Il faut le gâcher en petite quantité, afin qu'il s'écoule peu de temps entre la fabrication et l'emploi; le ciment gâché doit être consistant, on applique chaque couche sur la précédente, avant que celle-ci soit sèche, et on la presse fortement.

Les ciments bien vifs, c'est-à-dire sortant du four, font prise en quelques minutes et souvent en quelques secondes; il est impossible de s'en servir, il faut attendre qu'ils aient subi quelques mois d'embarillage. Le ciment s'évente avec grande facilité, et il faut le conserver soigneusement à l'abri de l'air et de l'humidité.

Les ciments servent à restaurer des édifices dégradés, à reprendre un travail en sous œuvre, à aveugler les sources dans des fondations, à faire des enduits de citernes, bassins et fosses de toutes espèces, à mouler des tuyaux de conduite, etc.

Un ciment retient toujours, même s'il paraît sec, une certaine quantité d'eau, 16 à 20 0/0; cette eau, qui semble combinée, s'évapore cependant lorsque la couche de ciment est soumise aux rayons du soleil, et il se produit dans les enduits et jointoiements ainsi exposés de profondes gerçures. Les gelées exercent une influence analogue. On ne peut parer à ces inconvénients qu'en ajoutant du sable au ciment; mais l'introduction du sable a le grand désavantage de diminuer la cohésion, parce que le ciment adhère mal au sable et que l'on est forcé d'ajouter une grande quantité d'eau.

En général, le ciment romain, délayé avec beaucoup d'eau ou employé à l'état de coulis, perd la moitié de sa force, et son tissu reste poreux et perméable.

Quoi qu'il en soit, le ciment s'emploie rarement pur; la quantité de sable à ajouter pour avoir le mortier le plus cohérent, ne peut être fixée à l'avance, il faut, dans chaque cas, la déterminer par l'expérience.

De 1852 à 1857, les ingénieurs du service municipal de Paris se sont servis, pour la construction des égouts, de mortier de ciment romain dans la proportion de 1 de ciment pour 3 de sable en volume. Les égouts étaient moulés dans un coffrage très-léger en bois, et le ciment formait parement; on arrivait de la sorte à rendre l'exécution plus rapide et à diminuer l'encombrement de la voie publique.

« Les ciments, dit Vicat, n'offrent, généralement, des garanties de durée bien certaines que sous l'eau ou sous une terre fraîche ou enfin dans des lieux constamment humides; à cette condition, ils arrivent en quelques mois à une dureté que les meilleurs mortiers hydrauliques n'atteignent dans les mêmes circonstances qu'après un an ou dix-huit mois. »

Le ciment éventé ne fait plus prise seul, mais il donne un bon mortier hydraulique lorsqu'on le mélange à de la chaux grasse. Le ciment vif forme aussi avec la chaux grasse un mortier hydraulique, mais d'une force bien moindre que le précédent ; le ciment éventé semble jouer le rôle de pouzzolane, tandis que le ciment vif paraît ne constituer avec la chaux grasse qu'un simple mélange.

Emploi du ciment de Portland. — Le portland a aujourd'hui des applications très-nombreuses et très-variées, en plus d'un cas on l'a substitué au ciment romain.

L'introduction du ciment de Portland dans les maçonneries a eu pour promoteurs à Paris MM. les ingénieurs Darcel et Vaudrey, attachés au service municipal. M. Vaudrey l'a employé à la reconstruction du pont Saint-Michel, nous lui empruntons la note suivante, extraite des *Annales des ponts et chaussées :*

« La substitution du ciment de Portland au ciment romain réalise, sous le rapport du prix et de la résistance, des avantages qu'il est utile de signaler.

« Les ingénieurs ont journellement occasion d'employer du ciment romain ; ils reconnaissent tous, les graves inconvénients qui résultent de la prise beaucoup trop rapide du mortier et de la nécessité de ne le fabriquer que par très-petites quantités à la fois ; la proportion de ciment employé rend, en général, ces mortiers très-dispendieux.

« Avec le ciment de Portland, le mortier peut être fabriqué par grandes masses et au moyen des procédés les plus économiques, la prise ne commence qu'au bout de huit heures ; par suite, les ouvriers ont tout le temps nécessaire pour faire l'emploi du mortier, qui n'exige pas d'autres précautions que le mortier à la chaux ; en outre, à dose beaucoup moins forte, le ciment de Portland produit un mortier plus résistant que le ciment romain.

« Je vais indiquer les résultats obtenus dans les travaux de reconstruction du pont Saint-Michel.

« Le nouveau pont, qui a dû être décintré immédiatement, repose sur des culées formées en partie de vieilles maçonneries, dont quelques-unes sont deux fois séculaires, en partie de maçonneries neuves. Il était donc nécessaire qu'elles acquissent immédiatement une très-grande résistance ; et dès lors l'emploi de mortier de ciment était obligatoire.

« Pour ces parties en maçonnerie neuve dans les culées, le mortier a été composé d'un mètre cube de sable de rivière et de 250 kilog. de ciment de Portland ; pour le fabriquer, le sable et le ciment sont d'abord mêlés sans addition d'eau, ce n'est que quand ce mélange est bien fait que l'on ajoute l'eau ; la proportion varie nécessairement avec l'état d'humidité du sable, elle est en moyenne de 125 litres par mètre cube de sable ; le mortier ainsi obtenu est bien pris au bout de douze heures.

« Il est fabriqué au rabot, parce que l'espace a manqué pendant une partie des travaux pour installer des broyeurs. Le prix de revient de ces mortiers est de :

« 1 mètre cube de sable à . . . . 3 fr. 20 . . . . . 3 fr. 20
« 250 kilog. ciment de Portland à . . 0 08 . . . . . 20 00
« Fabrication 2 50

« Prix du mètre cube de mortier . . . . 25 fr. 70 »

Dans une autre note, publiée en 1858 dans les *Annales des ponts et chaussées*. M. Darcel cite des expériences faites sur la résistance comparative des mortiers de ciment romain et de portland, et il arrive aux conclusions suivantes :

« De ces expériences, il semble résulter un fait assez remarquable, c'est que la cohésion d'un bon ciment ne serait pas changée, qu'il soit gâché pur ou avec un volume égal de sable, et qu'un mortier composé de 1 mètre de sable et 350 kilog. de ciment de Portland est aussi résistant qu'un mortier du meilleur ciment romain gâché par parties égales de sable et de ciment, et employant par mètre cube de mortier 660 kilog. de ciment.

« Outre sa prise lente, qui est un grand avantage dans un grand nombre de cas, le ciment de Portland jouit d'une propriété très-importante, c'est celle de rejeter une grande partie de l'eau en excès, lorsqu'il est employé en coulis ou en injection. Quelque liquide qu'il ait été gâché, on trouve par la suite une masse résistante sur tous ses points, seulement moindre à la partie supérieure qu'à la partie inférieure. Les ciments romains, au contraire, presque impossibles à employer dans de pareilles circonstances, laissent à la partie supérieure déposer, sur une assez grande hauteur, une matière inerte, tandis que la partie inférieure n'acquiert qu'une résistance relativement médiocre. Les parties ayant reflué en dehors des trous dans les injections faites par M. l'ingénieur en chef Chatoney, en ciment de Portland, sous le radier de l'écluse de *la Floride*, au Havre, ont donné comme résistance à la traction et par centimètre carré 9 kilog. après quinze jours d'immersion, 14ᵏ,5 après un mois et demi, et 19ᵏ,5 après trois mois. Au pont de l'Alma, les injections faites au ciment de Portland mélangé de chaux (par économie, la résistance n'ayant pas besoin d'être énorme) ont présenté également une dureté considérable, quoique les injections aient traversé une hauteur d'eau de quatre mètres. Ces coulis s'étendent très-loin jusque dans les moindres vides. M. Chatoney a trouvé au Havre que, sous une charge de 5 mètres, dans dans un tube de 0ᵐ,04 de diamètre, le ciment injecté dans une couche de galet de 0ᵐ,10 d'épaisseur, l'a transformé en béton compacte jusqu'à 2 mètres de l'orifice. A Paris, à travers des enrochements, une pression presque nulle de quelques centimètres faisait refluer le mortier à quelques mètres de distance. »

Dans les massifs de béton pour fondation, on a obtenu plusieurs fois de bons résultats en ajoutant au mortier de chaux ordinaire 1/10 de son volume de ciment de Portland; le mélange est très-hydraulique, sans coûter un grand prix. Il est préférable au mélange analogue, dans lequel on se sert de ciment romain, parce que ce dernier fait prise beaucoup plus rapidement, avant que la chaux ait seulement commencé à se dessécher, et l'on risque de voir le mortier se désagréger.

C'est ainsi qu'au viaduc de Coursan (ligne du Midi), on ajoutait à un mètre cube de mortier de chaux grasse, 100 à 180 kilog. de ciment Gariel en poudre; le système a bien réussi. Au viaduc d'Orsay, M. l'ingénieur Malibran a ajouté 100 kilog. de portland par mètre cube de mortier, soit 50 kilog. par mètre cube de béton, et il en a obtenu d'excellents résultats.

Le tableau qui suit, que nous trouvons dans le cours de M. l'ingénieur en chef Morandière, indique les proportions de portland qui ont été employées dans diverses constructions.

A l'origine de la fabrication, les ciments de Portland ne pesaient que 1,100 kilog. à 1,200 kilog. le mètre cube : ce sont ceux que cite M. Vaudrey dans la note dont nous avons donné un extrait. Depuis, M. Leblanc, ingénieur chargé de la construction du bassin à flot de Boulogne, a montré que le ciment lourd, c'est-à-dire pesant au moins 1,350 kilog. par mètre cube, donne des mortiers beaucoup plus cohérents que ceux qu'on obtient avec le ciment léger. Il montre aussi que, plongé dans l'eau chargée de nitrate d'ammoniaque, le ciment léger abandonne à cette eau beaucoup plus de chaux que le ciment lourd.

DÉSIGNATION DES CONSTRUCTIONS.	QUANTITÉ de sable mesuré en volume.	QUANTITÉ de ciment en poids.	OBSERVATIONS.
1o Ponts de Paris (M. Romany).	m.c.	kil.	Quantités comptées pour 1 mètre cube de mortier.
Maçonnerie des voûtes	0,90	450	
Massifs.......................	0,90	350	
2o Travaux à la mer à Honfleur (M. Leferme).			On admettait 1/5 de retrait sur le cube total des matières mélangées.
Joints et enduits.................	1,00	520	
Maçonnerie de briques en parement.	1,00	433	
Maçonneries ordinaires	1,00	325	
3o Grands viaducs du chemin de fer de Nantes à Châteaulin.			Pour 1 mètre cube de mortier.
Maçonnerie exposée à la mer.......	0,90	450	Plus 0m,30 de chaux hydraul.
Maçonnerie des piles.............	0,90	200	Plus 0m,34 de chaux hydraul.
Maçonnerie des voûtes...........	0,90	150	

De ce qui précède, on doit conclure qu'il faut substituer dans les devis le dosage en poids au dosage en volume, de sorte que l'entrepreneur n'ait pas avantage à fournir du ciment léger. Le ciment lourd est celui dont le poids, déterminé au moyen d'une boîte de 100 litres que l'on remplit de manière à éviter le plus possible le tassement, ne descend pas au-dessous de 1,350 kilog.

M. Leblanc parle en outre, dans son mémoire inséré aux *Annales des ponts et chaussées*, de 1865, de la consistance à donner au mortier de Portland pour l'exécution des maçonneries de remplissage.

« Nous croyons de bonne pratique, dit-il, d'employer le mortier de Portland un peu mou, de manière qu'il se prête bien à former des bains suffisants sous les moellons, sinon, on s'exposerait à avoir beaucoup de vides dans les massifs ; car le mortier de Portland roide s'égrène comme de la terre franche, quand on le jette à la truelle. Mou, il prend au contraire de la mine, devient plus onctueux et s'étale plus facilement en lits. Toutefois, il ne faut point lui donner un excès d'eau, ce qui nuirait à la qualité du mortier.

« Sous les pierres de taille mises en parement, le mortier de Portland, qui ne les happe point (les pierres de taille employées au bassin à flot de Boulogne sont des marbres très-lisses), tend, en rejetant son eau et en durcissant, à laisser se former sous les lits, par l'effet du retrait, des espaces vides, dont l'existence est mise en évidence en temps de pluie. Voici comment : par suite de la porosité du mortier, l'eau de pluie, chassée violemment par le vent, arrive à remplir ces espaces vides qui, lorsque la pluie a cessé, sont accusés par de légers suintements.

« Il faut les soins les plus minutieux et beaucoup d'habileté de la part des poseurs, pour obtenir des lits entièrement pleins.

« Voici, à notre avis, la meilleure pratique à suivre pour cela. On commence par étaler soigneusement sur les lits une couche (deux à trois centimètres d'épaisseur) de matière assez roide ; on place vers les angles du parement de la pierre deux cales en bois tendre, enfoncées jusqu'à la tête, et l'on cale fortement en queue avec un gros éclat de pierre; puis on retire peu à peu les cales du parement et l'éclat de pierre de la queue, faisant descendre à coups de maillet la pierre à sa vraie place.

« Les cales en bois ne servent plus alors qu'à empêcher la pierre de flotter sur son lit de mortier. Elles empêchent ainsi l'assise d'onduler ; on les enlève facilement à la main, dès que le lit a un peu durci.

« Le portland pur éprouve un retrait considérable et se fendille à l'air ; il faut donc employer pour rejointoiements un mortier maigre, obtenu par le mélange de 700 kilog. de ciment avec un mètre cube de sable. Pour diminuer, du reste, autant que possible, la porosité du joint, il importe de prescrire un lissage très-énergique avec la dague ou tire-joints.

« Au nombre des propriétés remarquables des mortiers de Portland, il faut citer celle de n'être pas détruits par la gelée. Les mortiers de Portland ne gèlent pas, disent nos maçons, c'est ce qui permet l'exécution de maçonneries de portland dans l'arrière-saison, et même en hiver dans les cas urgents.

« Il faut proscrire, d'une manière générale, l'emploi des sables fins dans la confection des mortiers maigres. Pour les mortiers gras, le choix semble presque indifférent, quoiqu'il y ait toujours un certain avantage pour le gros sable. »

Si nous résumons les notions précédentes, nous pouvons réunir dans le tableau ci-dessous la composition à donner aux divers mortiers :

DÉSIGNATION DU MORTIER.	QUANTITÉ de sable.	QUANTITÉ de chaux ou ciment.	OBSERVATIONS.
	m.c.	m.c.	
Mortier ordinaire de chaux grasse..	2,00	1,00	Prendre du gros sable.
Idem pour murs de clôture..... ...	0,95	0,37	
Chaux grasse et pouzzolane.	0,94	0,25	0,20 de pouzzolane (un peu hydraulique).
— — —	1,00	0,36	0,40 de pouzzolane (très-hydraulique).
Chaux hydraulique ordinaire.......	1,02	0.333	
— très-hydraulique............	1,00	0,40	Égouts de Paris.
— hydraulique pour enduits....	1,00	0,44	Chaux éteinte par immersion.
— du Theil (Méditerranée)....	1,00	0,48	Idem, ports de Marseille, Toulon, etc.
Mortier type de Vicat (hors de l'eau).	1,00	0,55	Chaux en pâte.
— — (sous l'eau)...	1,00	0,65	Idem.
Ciment romain pur..............	»	1,00	Étanchement des sources et fuites.
Mortier de ciment romain..........	1,00	2,00	Enduits de citernes et de fosses.
— —	2,00	1,00	Hourdis de maçonneries, chapes, enduits.
— —	3,00	1,00	Massifs non immédiatement chargés.
		kil.	
Mortier de Portland à la mer.......	0,90	450	Donne 1 mètre cube de mortier.
Maçonnerie de remplissage à la mer.	1,00	325	
Enduits à la mer.................	1,00	520	
Maçonnerie de voûtes............	0,90	450	
— de remplissage........	0,90	350	

Composition des bétons. — Le béton est un agrégat de cailloux dont la gangue est du mortier. A vrai dire, cet agrégat ne diffère d'une maçonnerie ordinaire que par la dimension des matériaux ; au lieu de moellons, on emploie des cailloux de la grosseur du caillou de route, c'est-à-dire pouvant passer dans un anneau de $0^m,06$ de diamètre ; et au lieu de placer ces cailloux un à un dans un bain de mortier, on fait le mélange à l'avance, soit à bras d'hommes, soit au moyen d'appareils simples que nous décrirons plus tard. Au moyen de caisses, on vient ensuite verser le béton à l'emplacement des massifs à construire ; on le comprime, et l'on arrive à faire, avec des couches successives qui se soudent l'une à l'autre, une manière de monolithe sur lequel on peut asseoir de lourds ouvrages ; ces massifs peuvent même être élevés sous l'eau ; grâce à eux, on a mené à bonne fin des constructions qu'il n'eût pas été possible d'entreprendre autrement.

C'est ainsi qu'on a fondé tant de grands ponts, tant de quais, d'écluses et de barrages.

Là ne s'est point borné l'emploi du béton : on l'a moulé dans des caisses légères, d'où l'on a retiré après la prise de gros blocs de rochers artificiels ; avec ces blocs, en a fait des enrochements, des constructions à pierres sèches assez puissantes pour s'opposer à la violence de la mer et pour protéger les digues de nos ports, les phares et les redoutes construites sur des îlots submersibles. Par le moulage, on a obtenu aussi d'une seule pièce des monuments divers, des voûtes, etc.

La dimension des pierres cassées est ordinairement, avons-nous dit, de $0^m,06$ de diamètre ; toutefois, pour des constructions peu épaisses, on recourt à des cailloux passant dans un anneau de $0^m,05$, et pour les voûtes et chapes, on se sert d'un gros gravier passant à l'anneau de $0^m,03$ de diamètre.

Pour du béton posé à sec, les doses ordinaires sont, si l'on veut obtenir 1 mètre cube de béton, de $0^m,50$ de mortier et $0^m,75$ de cailloux, soit 2 brouettées de mortier pour 3 de cailloux.

Pour du béton immergé, il est nécessaire de forcer la proportion de mortier, parce qu'il se trouve toujours un peu délavé, et perd une partie de sa chaux ; on mélange donc $0^m,60$ de mortier à $0^m,80$ de cailloux, soit 3 brouettées de mortier pour 4 de cailloux. Souvent même on va plus loin, lorsqu'il s'agit de couler du béton dans une eau courante ; par exemple, pour la fondation d'une écluse, on mélangera une brouettée de pierre cassée à 2 brouettées de mortier, soit pour un mètre cube de béton, $0^{mc},45$ de cailloux et $0^{mc},90$ de mortier.

Au canal du Centre, où les fondations se faisaient en eau calme, on mélangeait à parties égales le caillou et le mortier, soit pour un mètre cube de béton $0^m,63$ de caillou et $0^m,64$ de mortier.

Le dosage des quantités demande beaucoup d'attention, et il ne faut le confier qu'à un employé sérieux.

On ne doit employer que des cailloux bien égaux et à arêtes vives, autant que possible : on sent que le caillou roulé doit donner moins de cohésion. Il faut que le caillou soit purgé de toutes les poussières qui l'encrassent, et c'est pour avoir négligé cette précaution, qu'on a fabriqué quelquefois des bétons détestables ; pour nettoyer le caillou, on le place dans des brouettes, dont le fond est à claire-voie, et alors on l'arrose à grande eau ; c'est lorsqu'il est ainsi bien humecté qu'on le mélange au mortier.

Nous avons parlé, dans un autre chapitre, des précautions à prendre pour l'immersion des bétons, et de la gêne qu'apporte à cette opération la formation de la laitance. Rappelons ici les causes qui donnent naissance à cette bouillie claire appelée laitance : elle est due à une partie de la chaux qui se sépare du mortier, et aussi au soulèvement des vases fluides qui recouvrent le fond sur lequel on bétonne ; en eau de mer, il se précipite en outre de la magnésie et du sulfate de chaux gélatineux ; les poussières mêlées à un caillou mal lavé, la combinaison immédiate des parties ténues de pouzzolane avec la chaux, viennent encore accroître ce précipité, dont on ne peut combattre la funeste influence que par une bonne méthode d'immersion.

Il va sans dire que c'est du mortier de chaux hydraulique qui entre dans les bétons.

Depuis quelques années, on a beaucoup employé, pour les travaux à faire dans les eaux de l'Océan et de la Manche, des bétons à mortier de portland ; on en a même construit des tourelles balises, qui jusqu'à présent ont en général bien résisté à des courants et à des lames d'une violence inouïe.

M. l'ingénieur Leblanc, dont nous avons déjà cité le mémoire, nous donne les renseignements suivants sur l'emploi du béton de portland dans l'eau de mer :

« Les bétons de portland, immergés dans l'eau, y éprouvent un délavement énergique, qui tient à ce que toute pierraille qui touche l'eau est immédiatement dépouillée du mortier qui l'enveloppe, n'en garde plus trace à vrai dire. Le mortier de Portland n'est pas, en effet, gras et savonneux à la façon des mortiers de chaux proprement dits. Il ne happe pas à la truelle. Il ressemble à du verre pilé mouillé, tant il a mauvaise mine, quand il est un peu roide.

« Délayé dans l'eau de mer, ce mortier se partage en trois couches. La couche supérieure A n'est qu'une laitance épaissie ; elle ne fait plus prise et reste indéfiniment savonneuse, à moins d'être séchée.

« La partie médiane B se comporte comme ferait un mortier maigre. Le culot C paraît seul avoir conservé quelque qualité ; mais, composé de grains les plus pesants, et partant les plus cuits du ciment, il fait prise avec une extrême lenteur. Il est d'ailleurs appauvri par le mélange de la plus grande partie du gravier entrant dans la composition du mortier qui tombe avec lui au fond des interstices que laissent entre elles les pierrailles.

« Ces résultats physiques ont été vérifiés par l'analyse chimique. Cela posé, examinons les deux cas de coulage du béton à fleur d'eau et sous l'eau.

« *Premier cas.* — La pratique ordinaire, consistant à verser le béton frais un peu en arrière de la rive du massif déjà coulé et à l'y damer, de manière à faire gonfler le talus mouillé qui marche alors en avant, en présentant toujours à l'eau la même surface, n'est pas possible avec le portland : le mortier n'est pas assez gras, assez savonneux pour cela. Les longs glissements qui, déterminés par l'aplatissement du massif coulé qui s'étale, font cheminer le béton au mortier de chaux d'un mouvement lent et avec un délavement insensible, ne se produisent que très-rarement avec un béton au mortier de portland. Maintenir des talus doux est à peu près impossible avec ce béton. Or, dès que les talus sont un peu roides, les pierrailles roulent à leur surface et le délavement se produit.

« Aussi sur toute la hauteur baignée des massifs, mais principalement vers le niveau de l'eau où s'exercent des actions de clapotage, voit-on au travers des pierrailles délavées des cavernes imparfaitement remplies de gravier et des grains les plus gros et les plus lourds de ciment, constituant un mortier extrêmement maigre, que recouvre le surplus du ciment, plus ou moins mêlé de laitance.

« Au-dessus de l'eau, au contraire, le béton est excellent.

« Passons maintenant au cas où l'on coule le béton sous l'eau au moyen de boîtes d'une capacité qu'il est avantageux (on le verra plus bas) de faire aussi grande que possible.

« Les tas sont sous l'eau disposés côte à côte, mais ils ont nécessairement leurs talus très-roides, pour les motifs détaillés ci-dessus. Dans chaque tas le cœur seul peut ainsi être sain, de sorte que, si l'on a des sources de fond, il n'est pas douteux qu'elles n'apparaissent à la surface de la nappe coulée, quand on épuisera les fouilles, en suivant les canaux laissés ouverts par les surfaces délavées.

« A la vérité des effets analogues tendent à se produire avec des mortiers de chaux; mais nous croyons pouvoir affirmer, sans crainte d'être démenti par les faits, que par l'emploi des mortiers de ciment de portland, ces effets sont singulièrement exagérés.

« Les tas de béton de mortier de chaux s'aplatissent davantage; on a presque une couche au lieu d'avoir des tas juxtaposés.

« A sec, le béton au mortier de Portland reprend l'avantage sur le béton au mortier de chaux.

« Ainsi nous avons maintes fois constaté qu'une source de fond faisait, au travers d'une nappe de béton de portland, un véritable trou de balle; l'eau passe, mais le béton ne lui livre que le passage dont elle a besoin. Tout autour du trou, du haut en bas de la nappe, le mortier de ciment ne se laisse pas détériorer. Le béton est percé comme d'une cheminée dont le diamètre est réduit, autant que faire se peut, au strict nécessaire.

« De même sur le béton frais, l'eau court sans faire grand mal, sauf le cas de très-grandes vitesses et de chutes. Pour remplir à l'écluse à sas du bassin à flot de Boulogne une rigole que suivait un courant d'eau, nous avons, avec un succès complet, formé sur l'une des moitiés de la largeur de la rigole un premier lit de béton, l'eau coulant alors sur l'autre moitié; puis nous avons fait passer sur le lit frais le courant contenu par un bourrelet, et nous avons rempli la moitié restée vide et ainsi de suite.

« Nous estimons que cette stabilité, si l'on peut dire ainsi, du mortier de portland, tient au grand poids du ciment, dont la densité est plus de moitié plus considérable que celle de la chaux. En résumé, si le béton de ciment se coule mal dans l'eau, il est possible de le couler à sec dans les terrains sourceux sans trop de désavantage.

« Que si l'on était obligé absolument de le mettre en œuvre dans l'eau, nous recommanderions l'emploi d'apparaux du genre des *trémies*, de préférence à tous autres, car les deux faits que nous venons de rapporter montrent qu'une couche de béton de portland peut être étalée sous l'eau avec moins d'altération que n'en subirait une couche de béton au mortier de chaux, pourvu que l'on évite les talus roides et le roulement des pierres à leur surface; ce qui est assez facile avec des trémies.

« Nous conseillerons en même temps de confectionner les bétons avec des galets aux formes arrondies au lieu de pierres cassées, toujours plus ou moins anguleuses, car il est extrêmement important de faciliter le glissement des matériaux les uns sur les autres pour suppléer à ce qui manque d'onctueux au mortier de Portland.

« Disons ici qu'un galet rond de nos plages nous a paru aussi difficile à détacher d'une gangue de mortier de portland qu'une pierre cassée. »

Béton de sable. — On désigne sous le nom de béton de sable un mortier très-maigre, formé ordinairement d'un mètre cube de sable mélangé à $0^m,15$ de chaux hydraulique : ce composé durcit avec le temps, et il est possible d'en faire des massifs pourvu qu'ils ne soient pas exposés à subir des délavages ni à supporter de fortes charges.

On se sert souvent du béton de sable pour le remplissage des voûtes, la petite quantité de chaux introduite suffit pour agréger le sable et détruire les poussées qu'i exerce en tous sens ; on n'a plus qu'un monolithe qui n'agit que par son poids.

En mélangeant 0,10 de chaux à 0,45 de sable et 0,45 d'argile on obtient un béton, qui ne résiste guère à l'eau, mais qui cependant est bien préférable au pisé (terre argileuse corroyée).

Béton Coignet. — Il a été fait sur le béton Coignet un rapport favorable par une commission d'ingénieurs dont M. Hervé-Mangon fut le secrétaire.

« Le procédé de M. Coignet, dit ce rapport, consiste en principe à tasser fortement dans des moules analogues à ceux employés pour faire le pisé, un mortier très-maigre, désigné à tort sous le nom de béton, malaxé avec beaucoup de soin, composé de matières diverses appropriées au résultat à obtenir dans chaque genre d'application, mais toujours choisies de manière à composer une masse parfaitement compacte et sans vides appréciables.

« Voici quelques exemples des mélanges indiqués par M. Coignet :

Pour murs ordinaires.		Pour dallages.		Pour moulures, jambages de maisons.	
Sable de rivière........	8	Cendr. de houilles entières.	5	Cendres de houilles pilées.	1
Argile cuite et pilée......	1	— pilées ..	1	Terre argileuse cuite. ...	1
Cendres de houilles pilées.	1	Terre argileuse cuite. ...	1	Sable de mine..........	3
Chaux hydraulique natu-		Sable de mine..........	1	Chaux hydraulique natu-	
relle	1	**Chaux hydraulique**......	1 1/2	relle...............	1
	11		9 1/2		6

« Le mélange des matières est soigneusement exécuté au tonneau malaxeur. La construction des caves, des murs de fondation, etc., ne présente aucune difficulté. On découpe dans le sol un vide de la forme des murs et des voûtes à construire et on y pilonne soigneusement le mélange par petites couches de 5 centimètres chacune environ. Au bout de quelques jours, s'il s'agit de caves, on enlève la terre laissée pour servir de cintres et les voûtes se supportent d'elles-mêmes.

« La matière durcit en cinq ou six jours. Après un an, elle présente une très-grande résistance. On peut ainsi construire d'une seule pièce des maisons entières, des égouts, des fondations, etc...., avec une économie qu'on peut évaluer, à Paris, à 50 0/0. »

Aujourd'hui, M. Coignet fabrique des bétons ou agglomérés, dont la gangue comprend du mortier de portland; ils sont très-faciles à mouler. On en fait une grande consommation dans les travaux de Paris; c'est avec eux qu'on a établi le grand aqueduc de dérivation des eaux de la Marne.

Mortiers magnésiens et autres mortiers peu employés. — Dans certains calcaires, le carbonate de chaux est remplacé dans une proportion plus ou moins forte par du carbonate de magnésie; lorsqu'il y a 20 à 25 0/0 de ce dernier, avec 10 à 14 0/0 d'argile et 65 à 66 de carbonate de chaux, on obtient par la cuisson d'excellentes chaux hydrauliques que l'on appelle chaux magnésiennes.

La dolomie, ou carbonate de magnésie, peut donner par la cuisson un composé analogue à la chaux grasse, mais elle ne donne pas de composé hydraulique.

Après extinction, on trouve toujours dans la pâte ou dans la chaux en poudre, des fragments solides qui sont tantôt des incuits, tantôt des biscuits ou grappiers; quand il s'agit de chaux hydrauliques, les grappiers jouissent en général, lorsqu'on les a pulvérisés, de la propriété des ciments; les incuits ressemblent aux chaux limites, d'une extinction très-lente. Quelquefois les fragments sont inactifs. L'expérience montre qu'un bon fabricant doit toujours enlever tous ces fragments, et non pas les broyer pour les mélanger à la chaux; ils peuvent être nuisibles et, en tout cas, ils amaigrissent la chaux.

« Peut-être, pourrait-on tirer parti dans les arts, dit Vicat, d'un fait assez remarquable que présente la chaux grasse très-pure, lorsqu'on l'éteint du premier coup en pâte forte, avec la plus petite quantité d'eau possible : si l'on forme, en effet, avec une telle pâte et immédiatement, de petites boules de 5 à 6 centimètres de diamètre, et qu'on les expose à une dessiccation rapide, même à un soleil d'été, on les voit prendre sur elles-mêmes un retrait considérable, en abandonnant une foule de parcelles superficielles qui n'ont pas pu suivre le mouvement de retrait de la masse ; à la suite de ce retrait, il s'opère une cohésion qui engendre une texture compacte susceptible d'un beau poli ; ce sont alors de véritables hydrates de chaux qui passent avec le temps à l'état de carbonates neutres, et deviennent ainsi insolubles ; en colorant diversement les pâtes avec des ocres et autres couleurs solides, on pourrait essayer de fabriquer à bas prix de petites pièces pour mosaïques. »

En mêlant au mortier de chaux grasse un peu de chaux vive pulvérisée ou de chaux à moitié éteinte, on obtient un produit qui fait prise en quelques minutes avec un échauffement notable ; la prise tient à ce que la chaux s'éteint complètement en soutirant l'eau du mortier. Un pareil mortier a peu de cohérence et tend à devenir pulvérulent. Ce procédé doit être absolument rejeté.

Citons encore le procédé de silicatisation des matières, inventé par M. Kuhlmann. On peut faire un composé hydraulique en arrosant la chaux avec 11 pour 0/0 d'une dissolution de silicate de potasse.

Fabrication des mortiers et bétons à bras d'hommes et au moyen de diverses machines. — Sur un chantier important, il est pour ainsi dire indispensable, si l'on veut arriver à de bons résultats, de fabriquer à couvert les mortiers et les bétons. En effet, la pluie noie le mortier et délave le béton ; le soleil enlève au mortier l'eau qui lui est nécessaire et le rend pulvérulent.

La fabrication du mortier ne se faisait autrefois qu'à bras d'hommes ; c'est ainsi qu'elle se fait encore aujourd'hui sur les petits chantiers ; mais le plus souvent, on a recours à des procédés mécaniques beaucoup moins coûteux.

Pour confectionner le mortier à bras d'hommes, on dispose sur une aire dure et bien dressée la couche de sable nécessaire, et on la relève en bourrelets sur les bords ; dans le bassin ainsi formé on verse la chaux en pâte ; les ouvriers se placent autour du bassin avec des rabots à longs manches qu'ils manœuvrent d'abord de la circonférence au centre en appuyant sur le plat du rabot de manière à écraser le mélange, puis du centre à la circonférence en relevant les parties comprimées ; ils se déplacent peu à peu en tournant uniformément, de sorte que toutes les parties du mortier sont bien mélangées et bien corroyées. Les rabots dont on se sert sont en bois ou en fer ; quelquefois même on se sert de longs morceaux de bois aplatis par le bout.

Dans les temps chauds, la chaux en pâte se dessèche vite, et, au premier abord, elle semble quelquefois trop ferme ; les maçons et même les entrepreneurs non surveillés ne trouvent rien de mieux alors que d'ajouter de l'eau, c'est une opération détestable, qui diminue toujours les qualités du mortier. Si la chaux est par trop ferme, il faut la rejeter ; mais, en général, on peut amollir la pâte par un corroyage énergique ou en la pilonnant fortement avec des pilons en bois et mieux en fonte ; c'est un travail supplémentaire, mais grâce à lui, on obtient de bon mortier. Dans certains cas, lorsque le sable est trop sec, on peut l'arroser légèrement.

Dans les grands chantiers, on substitua d'abord le manége au rabot : dans une auge annulaire en bois ou en pierre, analogue à celle qui sert à broyer le plâtre, et aussi les pommes avant de les mettre sous le pressoir, on place le mélange de chaux et de sable. Dans l'auge tournent deux ou plusieurs roues, les unes rasant le bord extérieur, les autres le bord intérieur ; elles compriment le mélange et le font refluer de chaque côté. Le rayon sur lequel est fixée chaque roue tire derrière lui une racloire qui traîne au fond de l'auge et soulève le mortier comprimé. On voit qu'en somme, on arrive à un corroyage analogue à celui du rabot.

Beaucoup de constructeurs estiment que ce mode de fabrication donne le meilleur mortier, et que le mélange de la chaux au sable y est parfait à cause de la compression.

Enfin, la méthode généralement en usage aujourd'hui est celle du tonneau à mortier : l'axe vertical du tonneau porte à différentes hauteurs des rayons garnis de dents ; aux parois sont fixés d'autres rayons à dents ; ceux-ci sont fixes, les premiers sont mobiles et suivent le mouvement de rotation de l'axe ; les dents d'un rayon mobile sont disposées de manière à passer dans les intervalles des dents d'un rayon fixe. A la partie supérieure, on verse le sable et la chaux qui se trouvent malaxés en descendant dans l'appareil ; à la base, on recueille le mortier. Ce tonneau a été inventé par M. Bernard, inspecteur général des ponts et chaussées ; il a été modifié heureusement par M. Roger, architecte, qui au malaxage de la matière a ajouté une certaine compression, ainsi que nous le verrons plus loin, quand nous donnerons le détail de ces appareils.

L'axe du tonneau est mis en mouvement par des hommes ou par des chevaux, ou mieux encore par une machine à vapeur.

La fabrication du béton s'effectue à bras d'hommes, en substituant des griffes à deux branches aux rabots.

La première machine en usage pour la confection du béton était composée d'une douzaine de boîtes basculantes, étagées les unes au-dessus des autres. Dans la première, on plaçait le caillou et le mortier, que l'on déversait dans la seconde, de celle-ci dans la troisième et ainsi de suite.

Cette méthode, plus coûteuse que celle des couloirs à béton, est aujourd'hui abandonnée. Un couloir à béton est un coffre prismatique : sur une paroi, on dispose une série de plans inclinés, dirigés dans le même sens et qui ne s'étendent que sur une partie de la largeur du coffre ; sur la paroi opposée, on dispose une série de plans semblables inclinés en sens contraire et situés au milieu des intervalles qui séparent les premiers. A la partie supérieure, on verse le caillou et le mortier qui descendent et se mélangent, pour sortir en bas à l'état de béton.

Le couloir à béton est généralement vertical ; on pourrait, peut-être avec avantage, lui donner une certaine inclinaison.

Citons encore un autre couloir : c'est un tube en tôle à section cylindrique, dans lequel on a fixé une quantité de diamètres en fer, situés dans des méridiens différents. Le caillou et le mortier se mélangent en descendant ; mais le résultat est moins satisfaisant qu'avec le couloir ordinaire.

Quelle que soit la méthode employée, on reconnaît que le béton est bien fabriqué, lorsque chaque caillou est complétement entouré d'une couche de mortier présentant une certaine adhérence.

Nous venons de résumer les divers moyens usités pour la confection des mortiers et bétons ; nous allons maintenant décrire les appareils adoptés dans quelques grandes entreprises.

Les *figures* 349, 350 et 351 représentent le tonneau employé à Toulon par M. Bernard ; il est composé de deux croisillons en fonte fixés au tonneau, et de deux autres semblables, fixés à l'axe, Une petite porte, munie d'une vanne, livre passage au mortier à la partie inférieure : l'axe traverse un plancher et se prolonge dans une chambre supérieure où se trouvent les bras de levier sur lesquels des hommes agissent. Chaque tonneau fabriquait 15 mètres cubes de mortier par jour, et occupait huit hommes qui se relayaient quatre par quatre, toutes les demi-heures, pour agir sur les bras de levier.

Ce tonneau, ainsi que nous l'avons dit, a été modifié par M. Roger; l'appareil Roger fut employé en grand pour la première fois, aux travaux du port d'Alger, où l'on faisait un grand usage des blocs artificiels en béton. C'est là que M. l'ingénieur Krantz, qui depuis dirigea tant de travaux importants, inventa le couloir à béton ; les chantiers de fabrication du mortier et du béton étaient si bien disposés, que nous nous faisons un devoir de reproduire ici un long extrait du mémoire dans lequel M. Krantz les explique :

« *Situation des lieux et ancien mode de fabrication.* — Les chantiers de fabrication des blocs sont établis sur des quais dont la largeur varie de 20 à 50 mètres, et qui ont une pente en travers de 3 centimètres par mètre. Ces quais sont au pied du rempart qui forme l'enceinte d'Alger du côté de la mer, et qui n'a pas moins de 14 à 17 mètres d'escarpe verticale. Les rues qui débouchent sur le rempart servent au transport des matières premières. La pouzzolane seule arrive par mer, et on l'emmagasine sur les chantiers à cause de l'intermittence de son arrivage.

« Jusque vers la fin de 1842, la chaux, le sable, la pierraille, amenés sur le bord du rempart, étaient précipités sur le quai. La chaux, le sable et la pouzzolane, étaient ensuite chargés dans des brouettes, et transportés au pied d'un tonneau à mortier, du genre de ceux que M. Bernard a employés au port de Toulon. Ces matières premières, ainsi amenées à pied d'œuvre, étaient reprises dans des paniers en osier et vidées, au fur et à mesure de la fabrication du mortier, par-dessus le bord supérieur du tonneau à 1^m,50 au-dessus du sol.

« Le mortier fait était chargé à la pelle dans des brouettes d'une forme spéciale, transporté au pied des caisses-moules, puis mélangé avec la pierraille que l'on avait amenée de même, à la brouette; le mélange était lancé par-dessus les bords de la caisse-moule, c'est-à-dire à plus de 1^m,50 au-dessus du sol.

« Les inconvénients principaux de ce système de fabrication étaient :

« 1° La nécessité d'élever à plusieurs reprises les matières, après les avoir laissé descendre d'une hauteur considérable ;

« 2° La nécessité de les charger fréquemment, opération dispendieuse en elle-même, et nuisible à l'économie des matières;

« 3° L'emploi d'un très-grand nombre de brouettes se croisant dans tous les sens sur un terrain assez étroit, se gênant l'une l'autre et retardant le travail.

« Au rebours de toute fabrication bien organisée, le nombre des ouvriers croissait, à partir d'une certaine limite, beaucoup plus vite que le travail effectué.

« Dans le nouveau système de fabrication, on dut se proposer de ne pas laisser descendre les matières au-dessous du plan des bords supérieurs de la caisse ; de profiter de leur chute forcée pour éviter de les élever de nouveau, et surtout pour faciliter leur chargement et leurs diverses manipulations. On dut enfin songer à effectuer autant que possible tous les transports sur des chemins de fer.

« *Description générale de l'atelier.* — Pour satisfaire à ces diverses exigences, l'atelier dut présenter en élévation les dispositions suivantes :

« En commençant par le bas, un premier étage destiné à recevoir le béton tout fait : le plancher de cet étage doit être au-dessus des wagons qui transportent le béton dans les caisses-moules.

« Si on ajoute à la hauteur des caisses-moules (1^m,50) l'épaisseur du chemin de fer, la hauteur des wagons et l'épaisseur du plancher, on reconnaît que l'élévation du premier étage doit être fixée à 3^m,80 au-dessus du sol.

« Le second étage doit recevoir le mortier tout fait, la pierraille purgée et lavée, et servir à leur mélange en proportions convenables. On ne pouvait lui donner moins de 2ᵐ,25 au-dessus du premier.

« Au troisième étage on fait le mortier, on passe la pierraille à la claie, on la lave et on la charge dans les wagons. Cet étage est également à 2ᵐ,25 au-dessus du précédent.

« Le seul appareil convenable pour la fabrication du mortier était évidemment, eu égard à la disposition des lieux, un tonneau à mortier du genre de ceux que M. Bernard a employés au port de Toulon. Pour permettre de faire la charge de ces tonneaux sans troubler les hommes attachés à la manivelle, il devint nécessaire de faire un quatrième étage destiné aux transports de chaux, de sable et de pouzzolane. La pierraille, reçue également sur cet étage, était passée à la claie, en descendant les 2ᵐ,50 qui le séparaient du troisième.

« Ainsi en élévation (fig. 352), l'atelier dut présenter quatre étages élevés aux hauteurs suivantes, au-dessus du sol :

« 1ᵉʳ étage (charge du béton)................... 3,80
« 2ᵉ   —   (fabrication du béton).............. 5,05
« 3ᵉ   —   (fabrication du mortier)........... 7,30
« 4ᵉ   —   (apport des matières)............. 9,80

« En plan (fig. 353), l'atelier fut ainsi établi.

« Un corps de bâtiment central, destiné à la fabrication du mortier et du béton.

« Une aile droite, destinée à l'apport, au passage à la claie et au mouillage de la pierraille.

« Une aile gauche, destinée à l'apport de la chaux, du sable et à l'élévation de la pouzzolane.

« Chacune des ailes fut placée en face de l'une des rues qui débouchent de l'intérieur de la ville sur le rempart.

« Il est à peine besoin de dire que l'atelier adossé au rempart faisait face à la mer.

« Avant d'aller plus loin, je dois faire observer que, dans ce système de fabrication, on élève la pouzzolane beaucoup plus haut qu'il ne serait nécessaire, et que l'on retombe ainsi dans l'inconvénient que l'on a voulu éviter pour le reste des matières. Mais cette objection n'est pas aussi grave qu'elle le paraît au premier abord.

« En effet, la pouzzolane ne forme que le 1/18 environ du poids total des matières qui entrent dans la composition du béton.

« Elle est maintenant emmagasinée dans la partie basse de l'atelier, tandis qu'elle l'était autrefois à une assez grande distance du lieu où on l'employait.

« Elle était en outre, par suite de son passage au magasin, au tonneau à mortier, et de son jet dans la caisse-moule, élevée successivement à diverses hauteurs, dont le chiffre total n'était pas au-dessous de 5 mètres. Ce montage se faisait au moyen d'appareils peu commodes, tels que la brouette, le panier et la pelle.

« On concevra, d'après cela, que l'élévation de 10 mètres environ, à laquelle on monte actuellement la pouzzolane, ne coûte pas plus que les diverses charges et décharges, transports à la brouette, jets de pelle et jets au panier, ne coûtaient auparavant.

« Cela dit, je vais décrire avec quelques détails les diverses parties de l'atelier, dont j'ai esquissé rapidement la disposition.

« *Aile gauche*. — L'aile gauche sert, comme il a été dit, au transport de la chaux, du sable et à l'élévation de la pouzzolane.

« Le sable et la chaux, éteinte en poudre, arrivent par le haut du rempart à

5 mètres environ au-dessus du dernier plancher. Une aire inclinée et bétonnée (*fig.* 356) les reçoit à leur sortie du tombereau et les conduit, sans grand travail des ouvriers, jusqu'au niveau de la partie supérieure des wagons destinés à les transporter au tonneau à mortier. La fabrication du mortier pouvant consommer, par jour, environ 60 mètres de chaque espèce de ces matériaux, les deux emplacements de la chaux et du sable ont dû avoir chacun une capacité de 120 mètres cubes pour contenir la provision de deux jours de travail. Les deux voies de fer sur lesquelles se transportent la chaux et le sable se réunissent en une seule près du tonneau. Cette disposition permet de faire passer alternativement et selon les besoins du service, les wagons chargés de sable et ceux qui sont chargés de chaux.

« Nous avons dit que la pouzzolane était emmagasinée dans la partie basse de l'atelier. Il faut donc l'élever jusqu'à la hauteur du quatrième étage pour pouvoir la jeter dans les tonneaux à mortier. Parmi les divers modes d'élévation simples et peu dispendieux en usage dans les constructions, on a choisi le bourriquet.

« *Aile droite.* — L'aile droite (*fig.* 354) est destinée à la réception, au passage à la claie, à l'arrosage et au transport de la pierraille. Elle se compose d'un plancher supérieur, au niveau du quatrième étage. Ce plancher reçoit la pierraille que l'on décharge du haut du rempart. Il est assez grand pour contenir la provision de pierraille d'une journée. Il est terminé du côté de la mer par un plan incliné à trois de base pour deux de hauteur. Ce plan qui rachète la hauteur de l'étage où se trouvent les tonneaux, est formé d'une grille en bois, à barreaux espacés de 0^m,01 de bord en bord. Ces barreaux ont 0^m,03 de large, sont inclinés, suivant la ligne de plus grande pente du plan, et reposent sur des traverses auxquelles ils sont fixés au moyen de vis à bois. Les matériaux versés à la brouette sur la partie supérieure de cette grille descendent en bas en laissant tamiser la poussière qu'ils contiennent. Au bas de la grille se trouvent, également espacées entre elles, six caisses à fond mobile, d'une capacité de 1/2 mètre (*fig.* 357). La pierraille est dirigée dans ces caisses, dont le fond est d'abord fermé. Les wagons viennent à l'étage inférieur se placer chacun au-dessous de la caisse qui lui correspond ; les fonds s'ouvrent au moyen de déclics, et dans un instant très-court la charge passe de la caisse dans le wagon. Cette disposition permet, avec une seule ligne de chemin de fer, d'obtenir un service aussi actif qu'avec deux, puisque la charge du wagon se parfait dans la caisse pendant qu'il est en marche, et qu'il ne faut pas plus de temps pour la traverser qu'il n'en faudrait pour mettre en place, sur l'une des voies, les wagons vides, et reprendre sur l'autre les wagons chargés.

« La poussière, à sa sortie de la grille, tombe sur un plancher établi au niveau du premier étage ; une cloison en planches l'empêche de pénétrer dans la partie du second étage, où se fait la charge de la pierraille. Au-dessous du troisième étage, et parallèlement à l'axe du bâtiment, court une conduite d'eau alimentée par un réservoir placé à l'étage supérieur ; au droit de chacune des caisses, un tuyau s'embranche sur la conduite principale, se relève à 0^m,25 au-dessus du plancher et s'avance jusqu'à l'aplomb du vide de la caisse. Ce tuyau est terminé par une tête d'arrosoir et interrompu par un robinet qui permet de rendre le jet intermittent. Aussitôt qu'une caisse est remplie de pierraille, on ouvre le robinet, pour le fermer à l'arrivée des wagons.

« Nous avons vu comment les matières premières arrivent des ailes au centre de l'atelier ; il nous reste maintenant à décrire leur mode d'emploi.

« *Partie centrale de l'atelier* (*fig.* 355). — Le chantier du quai sud peut contenir 900 blocs environ. L'intervalle compris entre la fabrication et le lançage de chaque bloc est de 35 jours environ. Pour que la fabrication soit continue, il faut que l'on remplace les blocs au fur et à mesure de leur enlèvement, et partant que l'on en face chaque jour $\frac{900}{35}$, soit de 25 à 26. Pour ce travail, cinq tonneaux à mortier ont été jugés nécessaires ; ils reposent sur le plancher du troisième étage.

« Au niveau du plancher supérieur, et à l'aplomb de chacun des tonneaux, se trouve une grille formée de lames de fer posées de champ et espacées de 0ᵐ,02 de bord en bord. La chaux éteinte en poudre, le sable et la pouzzolane sont jetés tour à tour, et par mesures égales, sur cette grille. Les incuits et les pierres que la chaux et le sable contiennent restent sur la grille et sont mis en tas, à côté, pour être enlevés à la fin de la journée.

« Au-dessous de la grille se trouve un coffrage en bois qui dirige les matières et les empêche de tomber à côté du tonneau. Ce coffrage s'arrête nécessairement à quelques centimètres au-dessus du plan décrit par la rotation des manivelles.

« Les tonneaux à mortier ne diffèrent de ceux que M. Bernard a employés au port de Toulon, que par quelques légères modifications. Nous les décrirons plus loin avec détail.

« Les tonneaux sont alimentés d'eau au moyen de deux réservoirs situés au-dessus du rempart. Un tube en plomb, de 0ᵐ,06 de diamètre, descend de ce réservoir et court sous le plancher du premier étage, parallèlement à l'axe du manège. Au droit de chaque tonneau, un petit tube de 0ᵐ,02 de diamètre, muni d'un robinet et d'une tête d'arrosoir, s'embranche sur la conduite principale, pénètre le coffrage et répand dans le tonneau une rosée dont l'abondance est graduée suivant le plus ou le moins de sécheresse des matières.

« Le mortier s'échappe par le bas du tonneau, tombe dans un chenal en planches incliné à 3ᵐ,50 de base pour 1ᵐ,50 de hauteur. Ce chenal a 0ᵐ,80 de large, et des bords d'une hauteur moyenne de 0ᵐ,50. A son extrémité, se trouvent deux vannes espacées de 1 mètre environ, et comprenant entre elles un espace de 1/4 de mètre cube. Par cette disposition, le dosage des matières est extrêmement facile. Au moment où le wagon vient déposer près du couloir un demi-mètre de pierraille, l'ouvrier chargé de la fabrication du béton ferme la vanne extrême, lève l'autre, et laisse pénétrer, dans l'intervalle qu'elles comprennent, 1/4 de mètre de mortier. Une ligne tracée sur les parois intérieures du chenal détermine exactement cette mesure ; lorsqu'elle est remplie, l'ouvrier ferme la vanne supérieure, lève l'autre de manière à lâcher le mortier par petites parties, au fur et à mesure du lançage de la pierraille dans le couloir.

« *Fabrication du béton.* — A l'aplomb de l'extrémité inférieure du chenal à mortier, se trouve une caisse verticale (*fig.* 358 et 359), ouverte à ses deux extrémités, et descendant du deuxième au premier étage. Sa section rectangulaire a 1 mètre de large sur 0ᵐ,80 de long. Ses parois sont formées de madriers assemblés à rainure et languette. Trois des faces de la caisse sont complètement fermées ; la face antérieure seule est échancrée à sa base, de manière à présenter, pour le passage du béton, une ouverture de 1 mètre de large sur 0ᵐ,60 de hauteur. A l'intérieur, et sur les larges faces de la caisse, sont placés trois plans inclinés également, faits en madriers. Ces plans, étagés à des hauteurs différentes, sont inclinés en sens contraires, et se renvoient de l'un à l'autre la matière que l'on a jetée par l'ouverture supérieure du couloir. Ces renvois successifs bouleversent les matières et opèrent leur mélange. Pour que le béton soit convenablement fait, il faut que le couloir soit toujours aux trois quarts rempli. En cet état, on jette constamment par le haut la pierraille et le mortier en proportions convenables ; chaque charge descend à mesure que la vidange s'opère, se bouleverse à son tour, puis, arrivée au bas du couloir, sort sous la pression du mélange semi-fluide qui la surmonte.

« En inclinant un peu les couloirs à béton, leur donnant, par exemple, un de base pour trois de hauteur, on augmenterait le parcours des matières et on améliorerait, je crois, leur mélange.

« Au sortir du couloir, le béton est reçu sur une aire dallée en laves du Vésuve, et placée au niveau du premier étage. Quatre ouvriers le distribuent dans les wagons qui stationnent au-dessous et de chaque côté de cette aire.

« Après avoir rapidement indiqué les dispositions principales de l'atelier de fabrication du béton, il reste à décrire plus en détail quelques-uns des appareils qui y sont employés.

« Nous commencerons par les machines à mortier.

« On emploie simultanément aux travaux du port d'Alger, les tonneaux à mortier de M. l'inspecteur général Bernard et ceux de M. Roger, architecte. Ces derniers, postérieurs aux autres, s'en distinguent par quelques modifications, pour lesquelles M. Roger a pris un brevet d'invention.

« Les tonneaux employés pour la première fois par M. Bernard, au port de Toulon, se composent essentiellement d'un tonneau en bois, légèrement évasé par le haut, fermé par le fond, et percé latéralement à sa partie inférieure d'une ouverture que l'on ferme à volonté, au moyen d'une porte à coulisse.

« Aux parois du tonneau, et à des hauteurs différentes, sont fixés des croisillons en fonte, à branches armées de dents en fer.

« Un arbre vertical, mis en mouvement par une manivelle, porte trois croisillons également armés de dents. Les dents des branches mobiles et celles des branches fixes sont disposées de manière à s'entre-croiser.

« La hauteur du tonneau est habituellement de 1^m,30, sa largeur de 1^m,10. La manivelle, l'arbre, les dents et le pivot, sont en fer forgé, les croisillons en fonte, et les bordages du tonneau en chêne.

« Le sous-détail suivant détermine le prix de revient de cet appareil, à Alger :

« Bois de chêne, 0^m,52 à 150 francs le mètre.....................	78^{f}00
« Façon du tonneau.......................................	50 00
« Fer forgé, 542 kilog. à 1^{f}80...............................	975 60
« Fonte de fer, 326^k,75 à 0^{f}80..........................	261 40
« Bricoles, 8 à 2 fr. l'une.................................	16 00
« Ajustage des dents et mise en place de l'arbre et du tonneau.....	49 40
« Total.............	1,430^{f}40
« 10 0/0 de frais d'outils et bénéfice........................	143 04
« Prix total..........	1,573^{f}44

« Un tonneau semblable fournit ordinairement 4 mètres de mortier par heure, soit 40 mètres dans une journée de 10 heures, soit 32 mètres dans la journée de 8 heures que l'on fait plus habituellement sur les chantiers du port. La manivelle est tournée par dix hommes ou par deux chevaux. Dans ce dernier cas, il faut en outre un manœuvre pour dégorger la porte et surveiller à chaque instant l'écoulement des matières. Un chef d'atelier surveille à la fois le dosage, l'apport des matières et la fabrication. Il ne consacre à ce dernier travail, que la moitié de son temps.

« Avec deux cents journées de travail dans l'année, un semblable tonneau peut donner 8,000 mètres de mortier.

« Avec 300 francs de réparations annuelles, il peut ainsi durer dix ans, et, au bout de ce temps, être vendu au moins 173^{f}44. La moins value de 1,400 fr., répartie sur les dix années, donne une perte annuelle de 140 francs. Enfin, à ces deux chiffres, nous devons ajouter les 78ᶠ67 d'intérêt du prix d'achat, pour avoir la somme des frais annuels d'outils. Cette somme est de 518ᶠ67.

« Pour la fabrication seule, non compris le dosage et l'apport des matières, le prix de revient d'un mètre cube de mortier sera donc le suivant :

Avec des hommes.

« 1/4 de journée de manœuvre à 2 francs......................	0ᶠ 50
« 1/80 de journée de chef d'atelier, à 3 francs................	0 037
« Frais d'outils : $\frac{518.67}{8000}$.....................................	0 065
« Total..............	0ᶠ 602

Avec des chevaux.

« 1/20 de journée de cheval à 5 francs......................	0ᶠ 25
« 1/80 de journée de chef d'atelier à 3 francs................	0 037
« Frais d'outils : $\frac{518.67}{8000}$..................................	0 065
« 1/40 de journée d'ouvrier, à 2 francs......................	0 050
« Total..............	0ᶠ 402

« Deux modifications principales distinguent le tonneau à mortier de M. Roger (*figures* 360 à 364) de celui de M. Bernard. La première consiste en ce que le mortier s'écoule, non-seulement par une porte latérale, mais encore par des ouvertures pratiquées au fond du tonneau. La seconde, en ce que l'arbre vertical porte à sa partie inférieure des disques en fonte qui écrasent le mortier contre le fond du tonneau.

« Dans le tonneau de M. Bernard, les matières n'ayant qu'une issue assez étroite, et étant d'une fluidité fort imparfaite, se compriment dans la partie opposée à la porte, et acquièrent une compacité telle qu'il faut un très-grand effort pour tourner la manivelle.

« Il arrive même quelquefois que l'arbre vertical, sollicité au delà de ses forces, se tord sous la résistance énergique qu'il rencontre.

« Dans le tonneau de M. Roger, cette compression de matières, dont nous venons d'indiquer les effets, ne saurait exister.

« Le vide formé à chaque instant en divers points de la surface du disque inférieur, facilite le passage des dents. Il doit donc en résulter, et il en résulte effectivement, une notable diminution dans la dépense en main-d'œuvre. On peut craindre, il est vrai, que le mortier ne s'échappe incomplétement mélangé ; mais habituellement cet effet ne se produit qu'au moment de la mise en train de l'appareil. Aussi, est-on obligé de fermer les ouvertures et de suspendre l'écoulement jusqu'à ce que les couches inférieures du mortier soient suffisamment mélangées.

« Dans le tonneau de M. Bernard, il y a simplement mélange des matières. Dans celui de M. Roger, il y a mélange et broiement. Avec les matières pulvérulentes que l'on emploie habituellement sur les chantiers du port pour la fabrication des mortiers, le résultat est à peu près le même de part et d'autre. Mais lorsqu'on emploie des sables argileux, de la terre rouge, par exemple, le mortier fait par les tonneaux de M. Roger est d'une qualité supérieure au mortier produit par les autres. M. Roger a construit sa machine à mortier sur des modèles de diverses grandeurs. Il a des tonneaux qui se manœuvrent au moyen d'un seul homme ; il en a d'autres qui exigent deux hommes, d'autres quatre, d'autres un cheval, et même deux.

« Celui auquel s'applique le sous-détail suivant se manœuvre au moyen de quatre hommes. Il n'utiliserait pas tout à fait la force d'un cheval. Il a $0^m,76$ de diamètre et 1 mètre de hauteur. Il est surmonté d'une sorte d'évasement de $0^m,20$ de hauteur, destiné à faciliter l'entrée des matières dans le tonneau.

Sous-détail du prix de revient d'un tonneau à mortier manœuvré par quatre hommes.

« Bois de chêne, $0^m,34$ à 150 francs....................	51^f »
« Façon du tonneau................................	50 »
« Fer forgé, 326 kilogrammes à $1^f,80$..................	586 80
« Fonte de fer, 220 kilogrammes à $0^f,80$..............	176 »
« Ajustage des dents, de l'arbre, et mise en place... ...	50 »
« 10 0/0 de frais d'outils et bénéfice..................	91 38
« Prix de revient........	$1,005^f 18$

« Quatre hommes produisent avec ce tonneau 3 mètres de mortier par heure, soit 30 mètres dans une journée de dix heures ; avec 200 jours de travail dans l'année, le produit annuel serait de 6,000 mètres. Les frais annuels de réparations ne dépassent pas 200 francs. L'intérêt du prix d'achat du tonneau est de $50^f,26$; en admettant que le tonneau dure dix ans, et qu'au bout de ce temps ses débris ne vaillent plus que $105^f,18$, la perte annuelle sera de 90 francs. Jointe aux deux sommes que nous avons déjà mentionnées, elle donne une total de $346^f,26$ pour les frais d'outils.

Avec des hommes.

« 2/15 de journée à 2 francs........................	$0^f 266$
« 1/60 de journée de surveillant à 3 francs............	0 050
« Frais d'outils $\frac{346,26}{6,000}$...............................	0 057
« Total....................	$0^f 373$

Avec un cheval.

« 1/30 de journée de cheval à 5 francs.	$0^f 166$
« 1/30 de journée d'homme à 2 francs................	0 066
« 1/60 de journée de surveillant à 3 francs............	0 050
« Frais d'outils $\frac{346,26}{6,000}$..............................	0 057
« Total....................	$0^f 339$

« Pour se rendre compte de la valeur des tonneaux, comme machines à mortier, il convient de les comparer aux autres machines destinées au même travail.

« Parmi ces machines nous ne citerons pas le pilon, qui est excellent en théorie, mais trop dispendieux pour la pratique.

« Il ne reste donc que le rabot et le manége à roues.

« Le rabot coûte environ 5 francs, et peut servir dans l'année à confectionner 250 mètres de mortier. En portant à 5 francs ses frais de réparations d'usure annuelle, et d'intérêt de prix d'achat, nous ne sommes pas au-dessous de la vérité. Un chef d'atelier payé à 3 francs surveille facilement cinq gâcheurs de mortier et les ouvriers qui leur apportent l'eau et les matières premières. Le sous-détail de la fabrication du mortier par ce procédé peut donc être ainsi établi :

« Une journée d'ouvrier à 2 francs...................   2 ꝝ
« 1/10 de journée de surveillant à 3 francs.............   0 30
« Frais d'outils.................................../......   0 02

                          « Total.................   2ᶠ 32

« Le manège a roues coûte environ 550 francs ainsi répartis :
    « Maçonnerie.. 150ᶠ »
    « Charronnage .... 400 »

                          « Total................. 550 »

« Il peut donner 20 mètres de mortier par jour, soit 4,000 mètres par année de 200 jours de travail. Son entretien annuel ne dépasse pas 50 francs. L'intérêt de son prix d'achat est de 27ᶠ,50 ; enfin, si l'on admet que malgré ces réparations, il ne dure pas plus de dix ans, et qu'à cette époque la valeur des matériaux qui le composent soit encore de 100 francs, il faudra ajouter aux frais que nous venons de mentionner une moins value annuelle de 45 francs, ce qui la portera à 122ᶠ,50. Pour déterminer le prix de revient du mètre cube de mortier, nous considérons ici, comme précédemment, les deux cas de l'emploi des chevaux et de l'emploi des hommes comme force motrice.

Avec des hommes.

« 10/20 de journée de manœuvre à 2 francs............   1ᶠ »
« 1/40 de journée de surveillant à 3 francs.............   0 075
« Frais d'outils $\frac{122.50}{4,000}$ 0 030

                          « Total 1ᶠ 105

Avec des chevaux.

« 1/10 de journée de cheval à 5 francs.................   0ᶠ 500
« 1/20 de journée de manœuvre à 2 francs.............   0 100
« 1/40 de journée de surveillant à 3 francs.............   0 075
« Frais d'outils $\frac{122.50}{4,000}$ 0 030

                          « Total.....................   0ᶠ 605

« Avec le manège à roues on se sert presque toujours de chevaux.
« Le tableau suivant met en regard les prix de mélange d'un mètre cube de mortier, avec chacun des appareils que nous avons décrits.

	Avec des chevaux.		Avec des hommes.
« Rabot...	0ᶠ »	....	2ᶠ 320
« Manège à roues	0 605	....	1 105
« Tonneau de M. Bernard...	0 403	....	0 602
« Id. de M. Roger......	0 339	....	0 373

« Ce tableau met en évidence la supériorité des tonneaux, et spécialement de celui de M. Roger, sur les autres appareils à fabriquer le mortier.
« *Machines à béton.* — Au moyen des couloirs que nous avons décrits, la fabri-

cation du béton n'exige que la charge, en proportions convenables, des matières premières ; le mélange se fait par la chute même.

« Le béton est généralement destiné à des constructions hydrauliques, et on l'emploie presque toujours au-dessous du plan d'apport des matières dont il provient. On peut disposer pour sa fabrication, de cette différence de niveau.

« Souvent elle ne sera pas suffisante, mais en supposant même qu'on la crée tout entière au moyen d'un léger échafaudage ou d'une rampe, il n'en résultera qu'une augmentation de travail, correspondante à une surélévation de 3 mètres des matières premières employées. Cette élévation équivaut à un transport horizontal à deux relais de distance, soit 0^f,30 environ. Un couloir à béton peut fournir 60 à 80 mètres de béton, dans une journée de dix heures de travail.

« Le prix de revient d'un couloir à béton peut être ainsi établi :

« 12^m,80 de madriers à 4 francs le mètre quarré........	51^{f}20
« Fourniture de clous et main-d'œuvre................	20 »
« 6 kilogrammes de tôle à 2 francs....................	12 »
« 10 0/0 de frais d'outils et de bénéfices............ ..	8 30
« Échafaudage en rampe et mise en place.............	58 50
« Total.............	150^f »

« En supposant que cet appareil fonctionne pendant 200 jours dans l'année, il fournira 16,000 mètres de béton. Si on admet qu'à la fin de la campagne il ait éprouvé une moins value de 100 francs (*réparations comprises*), et qu'on joigne à cette somme 7^f,50 d'intérêt annuel de ses frais de construction, on aura une somme de 107^f,50 pour la dépense en outils ; répartie sur les 16,000 mètres, cette somme donnera par mètre 0^f,007. Comme la surveillance ne s'applique qu'au dosage des matières, nous aurons, pour le prix de revient du mélange d'un mètre cube de béton, le chiffre, certainement très-modique, de 0^f,307.

« On opère fréquemment le mélange du mortier et de la pierraille au moyen de rabots et de grilles en fer. Par ce procédé, le mélange de chaque mètre de béton coûte 0,40 de journée, soit 0^f,80. Les frais d'outils s'élèvent comme pour la fabrication du mortier au rabot, à 0^f,02. Un chef d'atelier peut surveiller six mélangeurs de béton, en même temps que les ouvriers qui apportent et dosent le mortier et la pierraille. Les frais de surveillance pour le mélange seulement seront donc de 1/30 de journée à 3 francs ou 0^f,10. La dépense totale, pour ce travail, sera donc de 0^f,92.

« Les tonneaux horizontaux à base circulaire ou elliptique que l'on a employés en divers points, et notamment aux gares de Saint-Ouen et à la Chambre des députés, n'ont donné que de faibles quantités de béton, avec des frais de premier établissement assez considérables. Ceux que nous avons essayés à Alger n'ont pas non plus donné de résultats avantageux. Nous n'en ferons donc aucune mention.

« La machine à coffres peut fournir avec six ouvriers 30 mètres de béton dans la journée.

« Elle coûte environ 500 francs de premier établissement. Avec 50 francs de réparations annuelles, on peut admettre qu'elle durerait au moins cinq ans, et qu'au bout de ce temps, elle aurait conservé une valeur de 50 francs. La perte définitive de 450 francs, répartie sur les cinq années de travail donnerait une moins value annuelle de 90 francs. Cette somme, jointe aux 25 francs d'intérêt du prix d'achat de la machine et aux 50 francs de réparations, porte à 165 francs les frais d'outils pendant une année.

« A 200 jours de travail dans l'année, cette machine peut produire annuellement 6,000 mètres de béton.

« Un chef d'atelier peut surveiller à la fois le dosage et le mélange des matières. Il ne donne à ce dernier travail que la moitié de son temps.

« Ces bases ainsi posées, voici quel serait le prix de revient du mélange d'un mètre cube de béton, avec l'appareil à coffres.

« 1/5 de journée d'ouvrier à 2 francs................... 0ᶠ 40
« 1/60 de journée de surveillant à 3 francs............. 0 05
« Frais d'outils $\frac{165}{6000}$............................... 0 027
                        « Prix total................... 0ᶠ 477

« Les divers modes de fabrication du béton classés en raison de l'économie des matières se présentent donc ainsi :

« Grille ou rabot..................................... 0ᶠ 920
« Machine à coffres................................... 0 477
« Couloir... 0 307

« Ces chiffres ne comprennent que les dépenses du mélange, et non celles de l'apport et du dosage des matières. »

La *figure* 365 représente une machine, employée à Gorée par le capitaine du génie Poulain ; elle fabrique le béton et le mortier ensemble ou séparément : c'est une machine à deux couloirs ; dans celui d'en haut on fait le mortier, dans celui d'en bas le béton.

Voici comment M. Poulain conduisait l'opération : le réservoir A est rempli d'eau, que l'on montait par un bourriquet ; le récipient B étant fermé au moyen de la palette mobile C que manœuvre un bras de levier, on le remplit de couches alternatives de sable et de chaux dans des proportions voulues, ce sont des enfants munis de calebasses qui apportent ces matériaux, et l'on verse périodiquement une calebasse de chaux et deux de sable. Le récipient B une fois rempli, on abaisse la palette, le mélange tombe et forme une série de cascades ; les plans inclinés D sont disposés en gouttières, et les plans E en dos d'âne, de sorte que les parties de matière réunies par les uns sont disjointes par les autres, et le mélange se fait parfaitement. — Lorsqu'il faut faire du béton, on met les pierrailles en F, elles descendent par le plan H en traversant un orifice que l'on ouvre plus ou moins, grâce à la palette à levier G ; le caillou rencontre le mortier, et le béton se fabrique en descendant le couloir du bas.

La *figure* 368 représente un couloir à béton très-simple et donnant de bons résultats, qui a été employé par M. l'ingénieur Paul Regnauld, à la construction du pont de Saint-Pierre de Gaubert, sur la Garonne.

Les *figures* 366 et 367 donnent le dessin de tonneaux broyeurs, qui ont servi à la construction du même pont. Dans ce qui précède, nous avions vu jusqu'ici que les tonneaux à mortier étaient mis en mouvement soit par des hommes soit par des chevaux ; aujourd'hui, sur un chantier important, tous les travaux exigeant de la force doivent nécessairement s'effectuer par la machine à vapeur ; les locomobiles rendent ainsi de précieux services, pour le montage et le bardage des matériaux, pour les épuisements, et enfin pour la fabrication du mortier. — Le dessin montre deux tonneaux jumeaux mis en mouvement par une poulie à courroie qui, par engrenages coniques, transmet sa force à l'axe des appareils. Des appareils d'embrayage permettent d'arrêter à volonté l'un ou l'autre des tonneaux. L'orifice de sortie du mortier est latéral, et l'arbre porte à sa base deux racloires qu'il entraîne avec lui et qui ramènent le mortier vers l'orifice; c'est ainsi que se trouve corrigé le vice des tonneaux Bernard.

Comme exemple de bonne disposition d'un grand atelier de fabrication de mortier et de béton, nous citerons, pour terminer, l'atelier du pont de Dirschau, construit par M. Hornbostel, ingénieur autrichien. Il est analogue à l'atelier d'Alger ; les matières premières arrivent au second étage d'un édifice adossé à un remblai; le mortier et le béton se fabriquent en descendant, et sont recueillis dans des wagons qui les portent au lieu d'emploi.

Notions sur la solidification des mortiers et bétons. — *Solidification des chaux aériennes.* — La solidification des chaux aériennes (grasses ou maigres) est due à l'action lente de l'acide carbonique de l'air, qui, peu à peu, pénètre la masse et transforme lentement la chaux en carbonate insoluble, dont les cristaux enchevêtrés et confus se déposent sur les grains de sable auxquels ils adhèrent.

Ce travail moléculaire ne peut avoir de résultats bien appréciables qu'après plusieurs siècles et se propage avec une extrême lenteur de la surface au centre du mur; il peut arriver que du mortier, enfoui dans des murs très-épais et protégé du contact de l'air par la couche de carbonate formée à la surface, reste indéfiniment à l'état de bouillie épaisse, parce qu'il ne peut durcir en absorbant l'acide carbonique, ni se dessécher et se pulvériser en abandonnant son eau. C'est ainsi qu'à Strasbourg, en 1822, on a trouvé le mortier tel qu'il avait été posé en 1666 au centre du soubassement d'un bastion.

La chaux, en se desséchant, subit un retrait considérable; c'est pour combattre l'effet de ce retrait qu'on l'amaigrit, en lui mélangeant une substance inerte comme le sable. Ce retrait est funeste aux maçonneries exposées à l'air et à la chaleur; la dessiccation se fait trop vite, avant que la cristallisation par l'acide carbonique ait pu commencer, la chaux se contracte, le sable, au contraire, ne se contracte pas et ne peut pas suivre le mouvement, il en résulte que tous les éléments se disjoignent et le mortier tombe en poussière : la chaux en poudre absorbe ensuite peu à peu l'acide carbonique, mais sans retrouver sa cohésion.

Ce qui précède explique pourquoi le mortier de chaux grasse et de sable réussit mieux dans les parties un peu humides, tels que fondations et soubassements, que dans les parties en élévation où la dessiccation est beaucoup plus rapide. « Tout procédé, dit Vicat, qui tendra à diminuer le retrait de la chaux améliorera donc la qualité du mortier, et ce sera le cas de l'extinction sèche et d'un gâchage à bonne consistance, c'est-à-dire avec le moins d'eau possible. »

Vicat signale un fait curieux de durcissement pour des mortiers de chaux grasse : on a trouvé quelques-uns de ces mortiers aussi durs que des mortiers hydrauliques, et cela dans des fondations, dans des caves, dans des souterrains; il semble que la silice du sable employé ait été attaquée à la longue, et se soit combinée à la chaux. On explique ce phénomène par la présence d'un peu de potasse, qui à la longue a pu se combiner à la silice et la transformer en silice gélatineuse susceptible d'entrer en combinaison.

Solidification des chaux hydrauliques. — Les chaux hydrauliques, avons nous dit, sont obtenues par un mélange de chaux et d'argile ou silicate d'alumine; elles sont d'autant meilleures, toutes choses égales d'ailleurs, que le mélange de la chaux à l'argile est plus intime. La calcination a pour effet de produire des silicates et des aluminates de chaux, lesquels mis en contact avec l'eau s'hydratent lentement et durcissent en formant une masse compacte, pourvu que le mortier ne se dessèche pas trop vite, et conserve son état mou pendant tout le temps nécessaire à l'hydratation. La formule du silicate hydraté est ($3\,CaO, SiO^3 + 6\,HO$), celle de l'aluminate n'est pas bien connue ; au reste, l'alumine n'est pas indispensable dans un mortier hydraulique, elle facilite la prise, mais c'est la silice qui assure le durcissement final. Nous en avons pour preuve le mortier silicatisé de M. Kuhlmann, et la chaux hydraulique de Senonches, qui ne renferme pas d'alumine.

Dans une chaux hydraulique, toute la chaux ne paraît pas entrer en combinaison avec la silice et l'alumine ; il en reste une partie à l'état libre, que l'acide carbonique pénètre peu à peu et transforme en carbonate, ce qui augmente le durcissement ; cette pénétration est très lente, car tout mortier hydraulique, quelque âgé qu'il soit, renferme de la chaux libre puisqu'il transforme toujours de l'eau pure en eau de chaux.

Les mélanges de chaux et de pouzzolane (18 kilog. de chaux grasse pour 100 kilog. de bonne pouzzolane, ou bien 36 kilog. de chaux hydraulique pour 100 kilog. de pouzzolane) durcissent par les mêmes causes qui agissent sur les chaux hydrauliques. Les réactions sont les mêmes, et l'on arrive à de bons résultats en observant les précautions suivantes, recommandées par Vicat :

« La cohésion de toute gangue à pouzzolane, quelle qu'en soit la chaux, étant le résultat d'une combinaison, il est évident qu'elle sera puissamment favorisée : 1° par la division physique des parties, poussée mécaniquement aussi loin que possible ; 2° par le rapprochement de ces parties, suite d'une bonne manipulation ; 3° et enfin, par la présence continuelle de l'humidité, sans laquelle les affinités ne peuvent agir.

« Conséquemment la chaux éteinte par le procédé ordinaire sera préférable à la chaux en poudre, et la pouzzolane en poudre impalpable à la pouzzolane à l'état de sable. On se fera une idée de l'influence du degré de finesse des pouzzolanes par les faits suivants, savoir : que les cohésions finales des gangues répondent à 90, à 60, où à 40, selon que cette finesse répond elle-même à celle d'une poudre impalpable ou du gros sable, ou de la poudre à canon. »

Les mortiers de chaux grasse, isolés dans un massif, ne durcissent jamais : « A cent ans, le mortier n'est encore qu'un enfant, » suivant un vieux dicton, et nous en avons cité une preuve trouvée aux fortifications de Strasbourg,

Les bons mortiers hydrauliques, immergés en eau douce ou en eau de mer, si celle-ci ne les attaque pas, atteignent toute leur cohésion après trois ans. C'est surtout dans les six premiers mois que la cohésion fait des progrès.

Les mélanges de chaux et de pouzzolane atteignent, après deux mois, la moitié de leur cohésion, qui est totale du douzième au seizième mois.

Action de l'eau de mer sur les mortiers. — La question des mortiers à la mer est des plus intéressantes, mais aussi des plus délicates. Elle est bien loin d'être théoriquement résolue. On conçoit, en effet, que les mortiers, composés chimiques déjà complexes par eux-mêmes, sont soumis à des actions multiples de la part des composés nombreux que renferme l'eau de mer.

Vicat admettait que, parmi ces composés, les seuls qui pouvaient avoir une influence considérable, étaient les sels de magnésie. Partant de cette idée, voici comment il faisait dans son laboratoire l'essai d'un mortier ou d'un ciment donné :

Il plaçait par exemple, un mortier hydraulique dans un verre rempli d'eau douce, et le laissait durcir un temps suffisant ; puis il le plongeait dans de l'eau contenant 4 à 5 millièmes de sulfate de magnésie. La chaux décompose les sels de magnésie (sulfate et chlorure) et prend la place de cette base ; on peut constater la présence de la chaux dissoute dans la liqueur en y versant de l'oxalate d'ammoniaque qui produit un précipité blanc d'oxalate de chaux. On renouvelle la liqueur magnésienne jusqu'à ce qu'elle n'enlève plus de chaux. Si l'échantillon de mortier résiste un certain temps à un pareil traitement, par exemple, deux ans, il y a de grandes chances pour qu'il résiste à l'eau de mer; cependant, il ne faudrait pas ajouter à l'essai une trop grande confiance.

D'autre part, des composés, que détruit en peu de temps l'eau magnésienne, ont donné néanmoins dans la pratique de bons résultats.

Il est certain que les chaux ou ciments, dans lesquels la silice domine aux dépens de l'alumine, se conservent beaucoup mieux dans l'eau de mer; il semble que l'hydrosilicate de chaux soit moins facilement décomposable que l'aluminate par les sels de magnésie; c'est ainsi que les chaux siliceuses du Theil se conduisent bien dans la Méditerranée.

Mais, nous le répétons, les influences sont trop complexes, pour qu'on puisse se fier à autre chose qu'à l'expérience pratique longtemps continuée : si vous voulez essayer un mortier, faites en un bloc de béton que vous coulerez à l'entrée d'un port et que vous visiterez de temps en temps en le soulevant au moyen d'une chaîne de bouée à laquelle il sera fixé.

Les influences chimiques ne sont pas les seules à considérer; l'action mécanique des vagues vient quelquefois aider à la destruction; la température moyenne, qui est beaucoup plus élevée dans la Méditerranée (15° à 18°) que dans l'Océan et la Manche (10° à 12°), modifie la prise du mortier; la prise se fait plus vite par une température élevée.

Les arêtes vives sont bien plus rapidement attaquées que les parties arrondies.

Enfin, les mortiers qui sont toujours immergés, comme dans la Méditerranée, se conduisent beaucoup mieux que ceux qui sont alternativement mouillés et exposés à l'air, par le jeu des marées, comme dans l'Océan.

Autrefois, beaucoup de travaux à la mer se faisaient en charpente et en maçonnerie à pierres sèches; dans l'antiquité et jusqu'au commencement du siècle actuel, on employa à la mer des mortiers de chaux grasse et de pouzzolane naturelle, et les maçonneries ainsi construites purent résister; mais il faut remarquer que l'on se servait surtout de pierres de taille, notamment en parement; il y avait peu de joints, et par suite peu de prise à l'action saline. La chaux des joints durcissait peu à peu par l'absorption de l'acide carbonique, ou bien encore le parement se revêtait de coquillages ou d'une végétation marine, formant un manteau protecteur.

Le massif intérieur était à l'abri des influences externes, et cela est si vrai qu'on a trouvé au Havre, dans le massif d'un mur de bassin, un mortier de chaux grasse et de sable siliceux, bien conservé, parce qu'il était couvert par un parement de pierres de taille rejointoyé en ciment.

Avant 1786, on employait des mortiers à pouzzolane d'Italie ou à trass de Hollande; à cette époque, l'accès de l'étranger nous étant fermé, Chaptal conseilla l'usage de pouzzolanes artificielles, qui réussirent à peu près à Cette, mais qui depuis n'ont généralement pas donné de bons résultats.

La cause des insuccès, qui se sont produits de nos jours, tient à l'emploi de matériaux de petite dimension, et surtout à l'usage des blocs artificiels en béton; en effet, dans ces blocs, le mortier se trouve exposé à découvert aux attaques physiques et chimiques de l'eau salée, et il est rare qu'il ne subisse point quelque altération, du moins à la surface.

Dans la Méditerranée, le mortier à chaux grasse et à pouzzolane naturelle d'Italie donne à Alger et à Toulon de bons résultats, les blocs artificiels ne furent point cependant exempts de toute altération.

Depuis vingt ans, on substitua à la gangue à pouzzolane la chaux du Theil qui a bien résisté.

Dans l'Océan, elle n'a pas réussi partout; et c'est le bon ciment de Portland que l'on consomme dans la Manche et dans l'Océan; lorsqu'il est pur et bien préparé, il donne d'excellents résultats. Nous en avons déjà parlé, en traitant de la composition des ciments.

Nous n'avons montré jusqu'ici que l'effet des sels de magnésie sur les mortiers à la mer; il nous semble impossible que les sels alcalins n'aient point quelque influence sur l'alumine. Dans certains cas, les eaux de la mer, chargées d'acide sulfhydrique, attaquent les sels de chaux et forment par oxydation du sulfate de chaux soluble, d'où résulte une désagrégation des mortiers. Quelquefois, on a employé des pouzzolanes artificielles renfermant de la chaux qui s'éteignait après l'emploi, et qui, en changeant de volume, soulevait les maçonneries.

Le ciment de Portland renferme souvent un peu de sulfate de chaux, produit par la cuisson; tant que la proportion de sulfate n'atteint pas 5 0/0, elle est inoffensive; au delà, elle détermine la ruine des mortiers, comme cela est arrivé à Cherbourg.

Terminons cette énumération de faits en disant que Vicat pensa à substituer la magnésie à la chaux et mit en œuvre des mortiers magnésiens; évidemment ils ne furent pas attaqués par les sels de magnésie, mais ils sont coûteux et peu cohérents, ils ne font prise que lentement, et on les a abandonnés.

Ce qui précède peut se résumer en ceci : tous les mortiers sont attaqués par l'eau de mer, dans une proportion plus ou moins grande, et il en résulte une modification dans leur constitution chimique. Quelquefois, cette modification ne détruit pas la cohésion du composé qui, alors, résiste à l'eau de mer, sans être protégé par un enduit; d'autres fois, la présence d'un enduit est nécessaire à la conservation; souvent aussi, il arrive que l'enduit ne peut se produire, ou qu'il est lui-même entraîné par les eaux, et la maçonnerie s'affaisse.

L'expérience faite, non dans un laboratoire, mais en pleine mer et pendant des années, peut seule fixer le constructeur sur la valeur d'un mortier.

Résultats d'expérience sur la résistance à l'écrasement et sur l'adhérence des mortiers. — L'essai de la résistance et de l'adhérence d'un mortier est facile à faire partout; on moule le mortier sous la forme de prismes de dimensions fixes et on cherche à les rompre, soit par compression, soit par extension; le poids de rupture divisé par la section donne la charge de rupture par centimètre carré. Pour mesurer l'adhérence, on fait un prisme de briques séparées par du mortier, et on le soumet à l'extension jusqu'à ce que rupture s'ensuive. Lorsqu'on a une série d'expériences à exécuter, on peut installer une machine basée sur le principe de la balance romaine ou levier du premier genre. A l'extrémité du petit bras est fixé le prisme sur lequel s'exerce une traction variable produite par un poids mobile sur le grand bras de levier; les échantillons de mortier sont moulés en forme de double T; les branches horizontales servent à le fixer d'un côté au sol, de l'autre au bras de levier, la traction s'exerce et la rupture a lieu suivant l'âme. Sans entrer dans le détail de ces machines que tout le monde peut installer, nous résumerons dans le tableau suivant les résultats d'expérience :

Cohésion ou résistance à l'arrachement (par centimètre carré).

Cohésion maxima que puisse atteindre un mortier de chaux grasse.	3 kilog. (Vicat).	
Cohésion maxima que puisse atteindre un mortier de chaux moyennement hydraulique......................................	9 —	—
Cohésion maxima que puisse atteindre un mortier de chaux éminemment hydraulique, argileuse..............................	15 —	—
Cohésion maxima que puisse atteindre un mortier de chaux éminemment siliceuse..	17 —	—

On arrive à ces chiffres pour des mortiers employés à l'air et soumis à la pluie, à la rosée ; dans une terre humide, la cohésion des mortiers hydrauliques perd 30 0/0 et 40 0/0 dans l'eau.

La cohésion d'un mortier hydraulique, étant de 100 avec du sable moyen, est de 70 avec du gros sable de Seine, et 50 avec du menu gravier.

La cohésion du mortier de chaux grasse, pour les parties élevées au-dessus du sol, varie de $1^k,25$ à 2 kilogrammes.

Mortier de 1 de portland de Boulogne et 1 de sable (après six mois), $32^k,44$ (Bonnin à Cherbourg).

Mortier de 1 de portland de Boulogne et 2 de sable, $21^k 05$ (Bonnin à Cherbourg).

Tableau d'expériences comparatives faites par M. Darcel sur les ciments romain et de Portland.

PROPORTION de sable pour 1 de ciment.	RÉSISTANCE correspondante par centimètre carré.		POIDS DU CIMENT en poudre par mètre cube de mortier.		OBSERVATIONS.
	CIMENT de Portland.	CIMENT romain.	CIMENT de Portland d'une densité de 1,4.	CIMENT romain d'une densité de 1,1.	
	kil.	kil.	kil.	kil.	La cohésion d'un bon ci-ment, gâché pur ou avec un volume de sable, ne change pas. Un mortier composé de 1 mètre de sable et 350 kil. de portland est aussi ré-sistant qu'un mortier com-posé de 1 mètre de sable et 660 kil. de ciment ro-main.
0	20	10	1400	1100	
1	20	10	830	660	
2	14	8	565	446	
3	11,5	6,5	456	355	
4	10,0	5,6	350	275	
5	9,0	4,7	280	220	
6	8,2	4,0	233	183	
7	7,5	3,0	200	157	
8	7,0	2,5	175	139	
9	6,5	1,8	156	122	
10	6,0	»	140	110	

Le tableau suivant résume d'autres expériences faites à Boulogne par M. Leblanc sur la cohésion des mortiers de portland :

ÉTAT DU MORTIER.	COMPOSITION.	RÉSISTANCE A L'ARRACHEMENT, APRÈS		
		5 jours.	15 jours.	1 mois.
	litr.	kil.	kil.	kil.
Mortier roide (il s'égrenait quand on le prenait à la truelle)....	2,50 portland. 10,00 gravier. 2,30 eau.	30,50	49,67	68,33
Mortier mou (onctueux)	2,50 portland. 10,00 gravier. 2,70 eau.	41,67	70,00	83,33
Mortier très-mouillé (crème épaisse)...................	2,50 portland. 10,00 gravier. 3,30 eau.	19,83	33,33	57,83

Un excès d'eau est très-nuisible, et un mortier roide est préférable à un mortier noyé; mais le mortier gâché mou est le meilleur.

Autre série d'expériences de M. Leblanc :

COMPOSITION des briquettes de mortier essayées.	CHARGE AYANT PRODUIT LA RUPTURE PAR ARRACHEMENT, APRÈS					
	5 jours.	1 mois.	3 mois.	6 mois.	1 an.	2 ans.
1 vol. portland 2 vol. gravier	kil. 46,67	kil. 90,00	kil. 120,83	kil. 167,50	kil. 183,33	kil. 196,67
1 vol. portland 2 vol. sable fin des dunes.	43,00	96,67	104,50	146,66	155,00	190,00
1 vol. portland 4 vol. gravier	5,50	26,67	»	63,40	81,25	»
1 vol. portland 4 vol. sable des dunes....	2,50	10,67	»	30,20	38,50	»

Le gravier doit donc être employé de préférence au sable fin.

Résistance à l'écrasement (par centimètre carré).

Mortier de chaux grasse et sable, de 18 mois (densité 1,63) .... 30 kilog. (Rondelet)
   —   —   battu,   —   — 1,89..... 41 —   —

Mortier de chaux grasse et ciment de tuileaux, de 18 mois.................... — 1,46..... 47 —   —

Mortier de chaux grasse et ciment battu, de 18 mois................................ — 1,66..... 65 —   —

Mortier de chaux et de pouzzolane d'Italie, de 18 mois.......................... — 1,46..... 37 —   —

Enduit en ciment provenant de la démolition de la Bastille........................... — 1,49..... 54 —   —

    Mortier de chaux grasse et sable.................. 19 kilog. (Vicat.)
    Mortier de chaux hydraulique ordinaire.......... 74 —   —
    Mortier de chaux éminemment hydraulique........ 144 —   —
    Mortier de ciment de Vassy et sable (parties égales).. 136 — (Couche.)

On est donc certain, avec les chaux hydrauliques et les ciments, de ne jamais approcher de la limite d'écrasement.

Les mortiers, soumis à des charges, éprouvent, comme les pierres, une contraction, dont il faut tenir compte, dans les projets de viaducs d'une grande hauteur; voici, sur ce sujet, le résultat de quelques expériences de Vicat :

INDICATION DES CORPS.	RÉSISTANCES par centimètre carré.	TASSEMENTS pour 1 mètre de hauteur.
	kil.	m
Mortier de chaux grasse et sable ordinaire..........	23,5	0,004 26
Autre mortier de chaux grasse et sable ordinaire....	19,0	0,004 97
Mortier de chaux hydraulique......................	74,6	0,006 07
— — éminemment hydraulique..........	145,7	0,007 10
Grès de rémouleurs...............................	170,7	0,006 05
Calcaire oolitique..	177,7	0,006 05
Calcaire arénacé.................................	99,5	0,003 55

Plâtre; cuisson; broyage; emploi. — *Pierre à plâtre.* — La pierre à plâtre se trouve en grande abondance dans le terrain tertiaire, au-dessus du calcaire grossier; elle forme aux environs de Paris une série d'assises puissantes exploitées dans de nombreuses carrières.

Quelquefois, on trouve le sulfate de chaux à l'état anhydre (CaO,SO^3); il constitue alors le minéral appelé anhydrite.

Le sulfate hydraté ou gypse ($CaO,SO^3 + 2HO$) cristallise en une infinité de petits cristaux, dont se compose la pierre à plâtre qui, en outre, renferme souvent quelques impuretés : de l'argile, du sable, du calcaire. Ainsi, le gypse de Montmartre renferme 12 à 13 0/0 de carbonate de chaux avec un peu de silice.

Le gypse se présente aussi en gros cristaux hémitropes, dits fers de lance, à cause de leur forme, qui se clivent en lamelles minces et friables; il est facile de détacher ces plaquettes avec un canif, et elles se rayent à l'ongle. Ces cristaux sont très-purs et on peut, en les chauffant, en obtenir un très-beau plâtre pour la statuaire.

Enfin, on trouve encore un sulfate de chaux transparent, qui constitue un faux albâtre, moins dur que le véritable qui est du carbonate de chaux : ce dernier fait effervescence avec les acides.

La pierre à plâtre est soluble dans l'eau et lui communique de fâcheuses propriétés. Certains puits de Paris (rive gauche) fournissent des eaux qui ont traversé les couches de gypse; ces eaux, dites séléniteuses, sont indigestes, impropres au savonnage et à la cuisson des aliments, parce que les acides organiques forment avec la chaux des sels insolubles; elles sont, en outre, très-incrustantes et complétement impropres à l'alimentation des chaudières à vapeur.

La solubilité du sulfate de chaux ne croit pas sans cesse avec la température; à 12°, un litre d'eau dissout 2^g,33 de gypse; à 35°, 2^g,54, c'est le maximum, et à 100°, 2^g,17. Une eau séléniteuse que l'on fait bouillir se trouble, parce qu'à 100° elle ne peut tenir en dissolution tout le plâtre qu'elle renfermait à la température ordinaire.

Cuisson du plâtre. — Le gypse perd son eau à la température de 130°; refroidi, il tend à la reprendre, même en empruntant l'humidité de l'air; la poudre de plâtre mêlée à l'eau s'hydrate de nouveau, se gonfle et se durcit; il se forme un enchevêtrement et comme un feutrage d'une masse de petits cristaux.

Il est urgent, dans la cuisson, de ne pas dépasser 130°, parce que le plâtre trop cuit ne reprend plus son eau qu'avec une extrême lenteur, et même, s'il a été porté au rouge, il est devenu semblable à l'anhydrite et ne s'hydrate plus. Au rouge vif, le plâtre fond sans se décomposer.

La cuisson du plâtre s'effectue sous des hangars, comme le représente la *figure*

369. Ce hangar est fermé sur trois côtés seulement, le quatrième est libre. On construit avec les plus grosses pierres de petites voûtes sur lesquelles on dispose ensuite les morceaux plus petits par ordre de décroissance ; à la partie supérieure, se trouvent les petits fragments, la poussière. Sous les voûtes, on entasse des bourrées, des fagots, auxquels on met le feu ; la flamme traverse la masse qui s'échauffe peu à peu et qui perd environ le quart de son poids en laissant échapper son eau de carrière et son eau combinée. La toiture en tuiles est légère et à claire-voie, ou bien elle est simplement ouverte à la partie supérieure ; la fumée et la vapeur d'eau se dégagent en nuages.

L'opération dure de dix à quinze heures suivant l'état atmosphérique, suivant les qualités de la pierre et du combustible employé. L'ouvrier exercé reconnaît que l'opération est terminée à l'aspect de la pierre et de la fumée, et il est important de saisir ce moment précis.

Un mètre cube de plâtre demande pour sa cuisson 210 kilog. de fagots de chêne, 190 kilog. de bouleau et châtaignier mélangés, et 135 kilog. de chêne et de charme mélangés.

La forme de four décrite plus haut est la plus commune ; mais on se sert aussi de fours à foyer latéral, semblables à ceux que nous avons décrits pour la chaux (*fig.* 369 *bis*) ; on brûle alors de la houille à longue flamme.

Dans certains cas, lorsqu'on prépare du plâtre pour l'agriculture et qu'on ne tient pas à l'obtenir blanc, on a recours au four à feu continu, dans lequel les couches de pierre et de combustible sont alternantes.

La charge d'un four à plâtre doit être composée, ainsi que l'expérience l'indique pour chaque carrière, afin d'obtenir un produit uniforme. Tel banc ne donne que de la poussière, tel autre fournit un plâtre très-actif, celui-ci donne un plâtre médiocre : du mélange de ces divers échantillons on compose un plâtre convenable.

Broyage. — Le plâtre, une fois cuit, est retiré du four. Autrefois, on le cassait en fragments que l'on expédiait en sacs : le manœuvre, qui sert le maçon, cassait ces fragments avec une batte et passait la poudre dans un tamis en crin. Aujourd'hui, on broie le plâtre sous des meules en pierre, dans des manéges analogues aux manéges à mortier, mais d'un plus petit diamètre. La poudre est ensachée et expédiée dans de petits sacs, d'un maniement facile, contenant 25 litres.

Emploi. — Le plâtre en poudre, mêlé avec l'eau et réduit à l'état de bouillie, fait prise au bout de quelques instants et cristallise en masse. Pour obtenir un bon résultat, il faut donner au plâtre un volume d'eau égal au sien : le servant verse d'abord son eau dans l'auge, puis il ajoute le plâtre, qu'il gâche avec la truelle. Avec cette proportion d'eau, on dit que le plâtre est gâché serré, il fait prise assez vite et il faut l'employer immédiatement.

Si l'on augmente la proportion d'eau, la prise est moins rapide, mais la résistance finale est diminuée : on dit que le plâtre est gâché clair.

Quelquefois on se sert de plâtre en coulis ; mais c'est une mauvaise opération, et le plâtre noyé n'est guère résistant.

Depuis qu'on a l'habitude de transporter le plâtre en poudre, il arrive de temps en temps qu'il s'est éventé, c'est-à-dire qu'il a absorbé l'humidité ; par le gâchage, on obtient une masse pulvérulente qui ne fait point prise. Le bon plâtre donne une pâte onctueuse, qui ne s'égrène pas sous les doigts ; c'est par l'expérience du gâchage que l'on peut essayer une livraison de plâtre.

On peut le conserver dans des tonneaux hermétiquement fermés, ou sous forme de tas placés sur une aire sèche et arrosés à la surface de manière à se couvrir d'une couche solide qui protége la masse contre l'humidité.

Nous ne décrirons pas ici les usages bien connus du plâtre; nous rappellerons seulement qu'en faisant prise il augmente de volume dans une proportion assez forte, environ 1/5; lorsque cette dilatation est gênée pour de grandes couches de plâtre, celles-ci se fendillent, il faut donc avoir soin de ne pas remplir le cadre du premier coup.

Le plâtre adhère fort bien aux pierres, aux briques et au fer, mais il n'adhère pas aux bois; lorsqu'on l'étend sur du bois, il faut larder celui-ci de petits clous saillants. Pour le gâchage, on doit rejeter les truelles en fer, qui s'oxydent rapidement et auxquelles le plâtre adhère.

Le plâtre de Montmartre est des meilleurs; il renferme 12 à 13 0/0 de carbonate de chaux qui n'est pas réduit, et un peu de silice semi-gélatineuse qui pourrait bien être la cause de la dureté particulière qu'atteint cet échantillon de plâtre.

Le plâtre gâché avec la chaux s'améliore.

Le plâtre reste toujours soluble dans l'eau, il faut donc bien se garder de l'employer en fondations et dans toutes les parties humides.

Voici les poids que le plâtre peut supporter sans s'écraser :

Plâtre gâché à l'eau........... 50 kilog. par centimètre carré (Rondelet).
Plâtre gâché au lait de chaux.. 72 — — —
Plâtre gâché ferme............ 90 kilog. (Vicat).
Plâtre gâché clair............. 42 — —

Voici maintenant les tractions que le plâtre peut subir sans se rompre :

Plâtre gâché serré................ 11^k,7 par centimètre carré (Rondelet).
Plâtre gâché à la manière ordinaire. 4 kilog. — —

Suivant Vicat, le plâtre, gâché seul, ne cède qu'à une tension de 15 kilog. par centimètre carré; se rompt sous 6 kilog. avec un volume et demi de sable ordinaire, sous 4 kilog. si le sable est gros et sous 3 kilog. s'il approche du menu gravier.

On fabrique avec le plâtre de grands carreaux ou plâtras dont on compose les cloisons dans les maisons de Paris.

Mélangé à la colle forte, le plâtre fait prise un peu moins vite, mais il acquiert plus de dureté et est susceptible d'un certain poli. En introduisant dans la pâte des couleurs solides, on obtient des stucs, qui simulent le marbre, et qui s'emploient avantageusement pour les ornements d'intérieur; ces stucs ne résistent pas à l'humidité. On les aplanit avec de la pierre ponce, on les recouvre au pinceau d'une couche de plâtre gâché avec la gélatine, et on les polit avec du tripoli délayé dans l'huile.

On obtient un autre stuc d'intérieur, plus dur et plus fin, en mélangeant le plâtre et l'alun.

Ces stucs se distinguent facilement du marbre, parce qu'ils ne produisent pas une sensation de froid sur la main qui les touche.

Le plâtre bien fin sert en sculpture pour le moulage; la propriété qu'il possède de se dilater en se durcissant, favorise l'opération et force la matière à pénétrer dans tous les creux du moule.

Mastics bitumineux; roche asphaltique et goudron minéral. Préparation et emploi pour chapes et pour trottoirs. — L'antiquité la plus reculée avait employé le bitume dans ses constructions. Les livres saints nous apprennent que la tour de Babel fut construite avec du bitume, servant à cimenter les pierres.

Cela n'étonne pas quand on songe que l'Asie mineure et particulièrement la Judée est riche en bitume : sur le lac Asphaltite ou mer Morte, le bitume surnage et on le recueille.

L'asphalte, qui est un calcaire chargé de bitume, se rencontre aussi dans bien des édifices de l'antiquité.

Ces deux produits, longtemps méconnus et négligés, ont reparu depuis trente ans environ ; accueillis avec engouement, ils ont été conservés et rendent aujourd'hui de précieux services à l'art du constructeur.

Leur composition et leur préparation sont connues de peu de monde ; nous prendrons pour guides, dans cette étude, les mémoires publiés par M. de Coulaine en 1850, et par M. Léon Malo, ingénieur des chemins du Midi, en 1861.

Bitume. — Le bitume comprend une classe de composés, qui semblent formés, comme les corps gras, de la réunion de deux corps : un carbure C^mH^n et un carbure oxygéné $C^pH^qO^r$. Suivant la composition de ces carbures, on a des bitumes de nature différente, que M. Léon Malo réunit dans le tableau suivant :

BITUME.
- 1° A l'état libre.
  - 1° Pur (liquide ou visqueux). Huile de naphte, pétrole, malthe de la mer Morte, fontaine de Poix d'Auvergne.
  - 2° Impur (solide)........... Diverses espèces de houille.
- 2° Mélangé à une gangue terreuse..... Bitume terreux du Mexique, de Cuba, de l'île de la Trinidad.
- 3° Mélangé à une gangue quartzeuse... Sables bitumineux de Pyrimont-Seyssel, de Clermont, de Bastennes, etc.
- 4° Imprégnant des schistes........... Schistes bitumineux d'Autun, de Buxières-la-Grue (Allier), du Dauphiné, etc.
- 5° Imprégnant des calcaires (asphalte).. Asphalte de Seyssel, du Val-de-Travers, de Lobsann, de Chavaroche, de Clermont, etc.

« Les bitumes, dit M. de Coulaine, appartiennent à la classe des combustibles minéraux. A la température ordinaire, ils sont tantôt secs et cassants, tantôt mous, poisseux et même liquides. Dans l'état intermédiaire, ils s'étendent et coulent lentement ; on les voit aussi céder progressivement sous le poids du corps le plus léger, tandis qu'un corps beaucoup plus lourd, lancé sur leur surface, rebondit sans laisser de trace sensible.

Ils éprouvent par le froid une très-forte contraction.

Ils fondent complétement un peu au-dessus de 100°. De 120° à 140°, ils répandent des fumées très-épaisses et entrent en ébullition. Le produit de la distillation est une huile dont les propriétés varient suivant la nature du goudron.

A mesure que cette distillation s'avance, la liquidité et la souplesse du bitume diminuent de plus en plus. Lorsqu'enfin les vapeurs ont presque entièrement cessé, il ne reste plus qu'une substance noire, brillante, très-cassante à la température ordinaire, et qui, par un feu très-prolongé, se décompose avec la plus grande facilité.

En mettant en contact les deux éléments qui ont été séparés par la chaleur, ils se réunissent de nouveau et reproduisent le bitume soumis primitivement à l'expérience.

Les bitumes minéraux présentent donc une composition semblable à celle des corps gras, et contiennent deux principes analogues à la stéarine et à l'oléine. C'est de cette composition, qui jusqu'ici ne nous semble pas avoir été remarquée, que découlent toutes les propriétés des bitumes, ainsi que celles des mastics dont ils forment la base principale.

On n'avait pas encore assigné la cause des différences qu'on observe dans leur

qualité ; elle paraît résider entièrement dans la nature de l'huile qu'ils renferment.

Ainsi, l'huile que contient le bitume appelé goudron de houille ou coltar, répand
une odeur très-désagréable semblable à celle du goudron lui-même ; parfaitement
limpide et incolore lorsqu'elle vient d'être distillée, elle se colore et se charbonne au
contact de l'air. Elle est très-volatile, même à la température ordinaire. Aussi le
goudron de houille se dessèche-t-il avec la plus grande rapidité, et ne produit-
il (par son mélange au calcaire) que des mastics cassants. Vainement, en
ménageant le feu, obtient-on une consistance convenable ; cette consistance
s'altère promptement par l'évaporation spontanée de l'huile dont il vient d'être
question.

Le bitume de Bastennes, au contraire, fournit une huile beaucoup plus fixe, beaucoup plus consistante, qui ne s'évapore pas sensiblement à l'air libre. Aussi, compose-
t-on avec ce bitume des mastics excellents. »

Les lignes précédentes nous apprennent qu'il faut éviter l'emploi du goudron de
gaz, que l'on a cherché souvent à substituer au bitume naturel, par raison d'économie. C'est à lui que l'on doit de nombreux insuccès, qui avaient rendu le public
très-méfiant à l'égard des mastics bitumineux.

Toutefois, en distillant convenablement le goudron de gaz, et en remplaçant
l'huile volatile qui se dégage par une huile fixe, on fabrique ce qu'on appelle la lave
fusible, qui dans certains cas est susceptible d'un bon emploi ; mais la réduction du
goudron n'est jamais complète, parce qu'en voulant chasser toute l'huile volatile, on
décompose la matière ; de sorte que ces produits artificiels ne peuvent jamais égaler
les mastics à base de bitume naturel.

De l'asphalte. — Le second élément qui entre dans un mastic bitumineux, c'est le
calcaire.

Dans les mastics artificiels, on se sert de calcaire pur et pulvérulent, par exemple
la craie blanche de Meudon, réduite en poudre fine. Il faut que le calcaire soit exempt
de soufre, si l'on ne veut obtenir un mastic cassant.

Mais, le seul calcaire à employer pour former un bon mastic, est le calcaire bitumineux naturel, auquel il faut conserver le nom d'asphalte. Les molécules de ce
calcaire ont été imprégnées de bitume, probablement sous l'influence d'une pression considérable, lors d'une des révolutions du globe; et la pénétration des deux
éléments a atteint une perfection que les moyens mécaniques n'ont pu obtenir
jusqu'à présent.

Le bitume libre est très-répandu (mer Morte, fontaine de Poix) ; il imprègne souvent des sables quartzeux, comme à Pyrimont-Seyssel dans l'Ain, et à Bastennes
dans les Landes ; ce dernier gisement est épuisé depuis quelques années. On le
trouve aussi mélangé à des schistes (Autun, Dauphiné, etc...), d'où l'on extrait
par distillation une huile minérale, employée à l'éclairage sous le nom de
schiste.

« Quant au calcaire bitumineux ou asphalte proprement dit, la plus rare des
manifestations du bitume, c'est, dit M. Malo, une roche formée de 90 à 94 0/0 de
carbonate de chaux pur et de 10 à 6 0/0 de bitume. Son aspect est celui de la
pierre à plâtre, sa couleur celle du chocolat foncé; lorsqu'on la coupe, la surface
entamée présente cette apparence blanchâtre que le couteau laisse aussi sur le chocolat ; le grain est fin, et, lorsqu'on en examine attentivement la structure, on
reconnaît que chaque molécule de calcaire est environnée d'une couche presque
atomique de bitume ; tout grain est ainsi isolé de son voisin par un vernis qui ser
en même temps à les coller l'un à l'autre. Pendant les chaleurs, ce vernis devien

visqueux et souvent le poids seul d'un bloc suffit pour le rompre en deux ou plusieurs fragments; dans l'hiver au contraire le bitume devient sec et la roche prend une dureté remarquable. »

On connaît en Europe un très-petit nombre de gisements d'asphalte, appartenant à la partie supérieure du terrain jurassique, et situés sur une ligne parallèle au Jura ; si l'on se reporte à ce que nous avons dit en géologie sur sur les systèmes de montagnes, on admettra comme probable que la formation de l'asphalte est un phénomène corrélatif de l'apparition du massif du Jura, et produit sans doute par la même cause violente.

Cette ligne, qui va de Wissembourg à Chambéry, rencontre les quatre mines qui nous fournissent d'asphalte : Lobsann, le Val-de-Travers, Seyssel et Volant, enfin Chavaroche.

L'exploitation de l'asphalte se fait dans des carrières à ciel ouvert ou à galeries, et on se sert pour cela de la mine comme on fait pour les roches tendres. A l'air libre, l'exploitation est difficile en été, car la masse se ramollit et les mines sont inefficaces.

La roche est cassée en fragments de la grosseur du caillou de route : cette opération facile en hiver, devient très-difficile en été, parce que le marteau ne peut que ramollir la masse.

Après le cassage, vient la pulvérisation, qui peut se faire à chaud ou à froid.

Pour la pulvérisation à froid, on a recours au manége analogue au manége à mortier, ou au moulin à noix, sorte de moulin à café de grandes dimensions. La poudre recueillie est blutée et livrée au commerce.

On fait aussi la pulvérisation à chaud, qui consiste à placer les morceaux d'asphalte dans des caisses en tôle que l'on met au four; le bitume se ramollit, les molécules calcaires ne sont plus cimentées et se séparent. On passe la poussière au tamis pour en séparer les incuits, appelés grabons.

Le mastic bitumineux est vendu dans le commerce sous forme de pains cylindriques aplatis ; voici comme il se prépare :

On a de grandes chaudières cylindriques à retour de flamme, dont l'axe est mobile et porte une série de palettes formant agitateur ; dans ces chaudières on fait fondre d'abord 100 kilog. de bitume, puis on projette, pelletée par pelletée, la poudre d'asphalte qui s'incorpore au bitume. La pâte s'épaissit peu à peu, et il arrive un moment où elle s'attache au fond de la chaudière et aux palettes de l'agitateur ; on s'arrête alors, et l'on reconnaît qu'on a ajouté aux 100 kilog. de bitume, 1,400 kilog. d'asphalte pulvérisé.

Le mastic est coulé dans des moules, d'où il sort avec une couleur noir à reflets rougeâtres ; c'est un corps élastique et infusible au soleil le plus ardent.

Le mastic est d'autant meilleur que le bitume employé pour faciliter la fusion de l'asphalte ressemble davantage au bitume dont est composé cet asphalte lui-même.

On obtient ce bitume par divers procédés : 1° on le trouve à l'état natif et très-pur, comme à la fontaine de Poix en Auvergne ; 2° on l'extrait de la molasse qui en est imprégnée ; cette roche est jetée dans des chaudières pleines d'eau bouillante, elle se désagrège, le sable tombe au fond et s'amasse sous forme de grains blancs, le bitume surnage et on l'enlève avec des cuillers. On le purifie par un second traitement à l'eau bouillante. Toutefois, le bitume, extrait du sable quartzeux à grain fin, en retient toujours une certaine quantité ; 3° le bitume terreux de la Trinité a perdu une partie de son huile volatile ; on lui en ajoute, et on fond le mélange ; la terre tombe au fond de la chaudière ; le bitume surnage et on le sépare par décantation ; 4° viennent ensuite le bitume ou goudron de houille, et le bitume de suif qui renferme toujours des éléments graisseux ; ce dernier surtout est à proscrire dans une bonne construction.

Emplois de l'asphalte et des mastics bitumineux. — La roche asphaltique comprimée est employée pure à la confection des chaussées dans les grandes villes ; nous aurons à traiter ce sujet dans le cours de routes.

Le mastic d'asphalte, dont nous avons surtout à nous occuper, sert à la confection de trottoirs, de chapes et d'enduits pour réservoirs, couvertures, terrasses, dallage, tuyaux de conduite, etc.

Trottoirs en mastic d'asphalte. — Il y a longtemps déjà que ces trottoirs ont pris naissance, et ils ont été accueillis, on le comprend, avec la plus grande faveur. Voici comment M. Léon Malo en explique la confection :

« Un trottoir se compose de :

« Une couche de béton de $0^m,05$ à $0^m,10$;

« Une couche de mastic de $0^m,015$ à $0^m,020$;

« Lorsqu'on veut construire un trottoir, on commence par s'assurer que le terrain sur lequel il reposera est ferme et sans germe de tassement ; le tassement est la mort des trottoirs en asphalte. Après avoir damé fortement le sol, on coule le béton.

« Le béton doit être fabriqué avec de la chaux parfaitement éteinte, dans la proportion ordinaire ; si la chaux renferme des parties encore vives, il arrive souvent que ces parties s'éteignent, soit au moment où la couche d'asphalte vient d'être posée, soit longtemps après ; dans les deux cas, des soufflures se forment dans l'asphalte, et le trottoir périt s'il n'est pas immédiatement réparé.

« Lorsque le béton régalé et pilonné est parfaitement sec, on procède à la coulée du mastic.

« Le mastic avant d'être coulé est mélangé de gravier en proportion variable, selon l'épaisseur de la couche, la circulation probable et la température maxima de la localité ; le gravier est non-seulement utile comme matière inerte chargée de diminuer la quantité de mastic employée, c'est un élément indispensable destiné à atténuer l'action de la chaleur ambiante et des rayons du soleil ; plus le mastic renferme de gravier, moins le dallage est fusible.

« Le mastic qui sert au dallage des trottoirs de Paris est ainsi composé :
« Par mètre :

« Mastic d'asphalte de Seyssel.............	23^k
« Gravier...........................	1
« Bitume libre pour aider à la fusion.....	**1,5**

« L'opération est conduite de la manière suivante :

« Dans une chaudière construite spécialement pour ce genre d'ouvrage et placée à côté du travail à exécuter, on met d'abord une certaine quantité de bitume destiné à aider à la fusion du mastic et à remplacer les huiles perdues par l'évaporation ; pour les chaudières ordinaires contenant la valeur de 9 mètres carrés de dallage, la quantité de bitume est à peu près de 12 à 15 kilogrammes.

« Le bitume fondu, on jette dedans les pains de mastic brisés en huit ou dix morceaux et on laisse chauffer. Lorsque la liquéfaction est complète, on verse le gravier et on brasse le mélange jusqu'à ce qu'il soit bien liquide et que tous les grains de gravier soient imprégnés ; alors on procède à la coulée. Un manœuvre verse avec un pochon sur la couche de béton la matière qu'un autre ouvrier, *l'applicateur*, étend avec une spatule, lisse d'une manière uniforme et saupoudre de sable fin. Le rôle de l'applicateur est très-délicat, et ce n'est qu'après une longue expérience qu'un ouvrier parvient à bien saisir le moment où le mélange est bon à couler, à l'étendre sur le béton avec assez de précision pour rendre la couche uniforme et à opérer assez rapidement pour que le mastic ne se refroidisse pas avant d'être réduit à l'épaisseur voulue ; le choix des ouvriers applicateurs est donc d'une grande importance pour l'exécution des travaux d'asphalte, et c'est par leur inhabileté que souvent des trottoirs, même construits avec de bons matériaux, ont péri.

« La durée des trottoirs en asphalte établis dans de bonnes conditions n'est pas encore connue ; des trottoirs construits dès l'origine de la découverte, c'est-à-dire en 1838, 1839 et 1840, existent encore ; en 1860, on en voyait à Lyon, place des Célestins, place des Terreaux et sur le quai de l'Hôpital, qui, depuis vingt-deux ans, avaient été à peine réparés. En supposant une épaisseur de 0ᵐ,022, on peut fixer à vingt-cinq ans la durée maxima, mais on doit limiter la durée moyenne à vingt ans. Un trottoir bien fait doit s'user, pour ainsi dire, jusqu'à la corde avant de se détruire ; on admettra donc qu'un trottoir établi soigneusement avec des matières authentiques perdra tous les ans 1/25 de son épaisseur, et ne succombera que lorsque cette épaisseur ne sera plus que de 0ᵐ,003 à 0ᵐ,004.

« Le prix des trottoirs en asphalte est à Paris, en y comprenant une forme de 0ᵐ,10 de béton, de 6 francs par mètre carré. »

Chapes en mastic d'asphalte. — Le mastic fondu, comme on le fait pour les trottoirs, est étendu sur la chape à recouvrir, qu'il s'agisse d'un voûte, d'une fosse ou d'un réservoir. Il faut avoir soin que les maçonneries soient bien sèches, parce que le mastic chaud peut vaporiser l'eau contenue dans une maçonnerie humide, et il en résulte des boursouflements, ou, tout au moins, l'adhérence du mastic et de la maçonnerie est très-médiocre.

Une précaution capitale à prendre lorsqu'on construit une chape, c'est d'en disposer les bords de telle sorte que l'humidité ne puisse les contourner et passer sous le mastic. Aussi les bords doivent-ils être redressés et engagés fortement, par exemple dans un refouillement de la pierre. Lorsqu'il s'agit de recouvrir une terrasse, il est bon de prolonger la chape verticalement sur toute la hauteur des petits murs ou parapets, ou bien d'établir ces murs sur la chape elle-même. Cette remarque suffira pour attirer l'attention sur les dispositions les plus convenables à adopter dans les divers cas.

Aujourd'hui, les voûtes de pont sont en général protégées par une chape en mastic d'asphalte ; il est plus économique de reporter la chape au-dessus de la voûte et d'adopter tout simplement, sur toute la longueur du pont, une chaussée en mastic ou en asphalte comprimé. On a de la sorte une bonne chape et une bonne chaussée que l'eau ne traverse pas.

On a voulu appliquer l'asphalte aux constructions à la mer ; il n'est pas attaquable à l'eau de mer comme le mortier ; on a protégé les blocs artificiels par une paroi formée d'un béton à base d'asphalte. Nous ne pensons pas que les essais tentés il y a quelques années, à la pointe de Grave et au fort Boyard, aient parfaitement réussi, car ils n'ont pas été suivis d'expérience en grand.

Parmi les produits artificiels fabriqués avec de mauvais goudrons, nous ne citerons que la lave fusible, obtenue en mélangeant à chaud 75 parties de craie avec 25 parties de brai ; ce mastic, bien moins coûteux que le mastic naturel, a été employé avec succès à l'étanchement du fond des lacs du bois de Boulogne. Il s'améliore et devient plus résistant par l'addition de gutta-percha ou de caoutchouc.

On fabrique encore avec le bitume, naturel ou artificiel, divers enduits hydrofuges qu'on applique, par exemple, sur des boiseries (bitume de Judée, mastic machabée.)

Voici les prix des ouvrages fabriqués à Paris avec l'asphalte ou les mastics du Val-de-Travers :

Asphalte en roche..........................	7 fr.	le quintal métrique.
Asphalte en poudre.........................	8 fr.	— —
Mastic bitumineux en pains.................	11 fr.	— —
Bitume raffiné.............................	40 fr.	— —
Dallage pour trottoirs, places publiques, casernes, usines, etc..............................	4f 25	le mètre carré.
Dallage en pente...........................	6 50	—
Chapes de voûtes...........................	5 50	—

CHAPITRE V.

MAÇONNERIE.

DESCRIPTION DES PIERRES DE DIVERSES NATURES.

Nous n'avons à traiter ici que des pierres naturelles, puisque, dans le chapitre précédent, nous venons de passer en revue les pierres artificielles, telles que mortiers, bétons, ciments et plâtre.

En minéralogie, nous avons étudié les pierres naturelles au point de vue des formes cristallines et de la composition chimique ; ces notions vont se compléter maintenant par la description des propriétés physiques, qui sont les plus intéressantes pour le constructeur.

Les pierres naturelles se divisent en trois grandes classes :

A. Pierres silicatées.

B. Pierres quartzeuses.

C. Pierres calcaires.

Nous allons étudier successivement chacune d'elles.

A. Pierres silicatées. — Les pierres silicatées, usitées dans la construction, se rangent en trois classes : 1° pierres feldspathiques; 2° ardoises ; 3° serpentines.

1° *Pierres feldspathiques.* — La principale est le granit. Viennent ensuite les trachytes, les porphyres, les laves, le kersanton.

Granits. — Le granit est formé de l'agrégation de cristaux de feldspath, de quartz et de mica, mélangés dans des proportions très-variables ; à chaque combinaison correspond une variété de granit.

Les couleurs du granit sont variables, suivant qu'il renferme une plus ou moins grande proportion de tel ou tel oxyde métallique en dissolution dans la pâte.

Le granit est une pierre très-dure et presque inaltérable : elle est précieuse pour les travaux à la mer (jetées, phares, etc.), pour l'exécution du soubassement des grands édifices ; mais elle est lourde, et surtout elle est, vu sa dureté, très-difficile à tailler, et par suite très-coûteuse.

C'est un inconvénient sérieux ; mais, nous le répétons, il se trouve compensé, et au delà, par la durée et l'inaltérabilité des monuments de granit, qui résistent à tous les chocs et à toutes les intempéries.

La nature **arrive** cependant à décomposer certains granits et à les transformer en kaolins; mais il faut pour cela une suite d'années que nous ne pouvons calculer.

A part quelques pays où l'on ne trouve que du granit, et où l'on est bien forcé de l'employer pour les constructions ordinaires, on le réserve pour les monuments qui ne doivent point périr ; les phares de nos côtes, particulièrement en Bretagne, sont remarquables sous ce rapport.

Le granit est susceptible de recevoir un beau poli ; c'est donc une pierre décorative. L'antiquité l'a prodigué dans ses monuments : l'Égypte était couverte d'obélisques, de sphinx et de temples en granit, que nous admirons encore.

A l'invasion des barbares, on oublia le granit, qui ne reparut plus qu'au moyen âge : en Toscane, au seizième siècle, et en Suède, au dix-huitième, on créa des manufactures nationales qui avaient le monopole de tailler et de polir le granit.

La manufacture royale de Toscane est encore aujourd'hui le premier établissement du monde pour la fabrication des pierres dures polies, dont elle compose d'admirables mosaïques. Malheureusement, tout cela est très-coûteux, et dans le siècle actuel on n'emploie guère ces belles mosaïques.

Cependant il est plus facile aujourd'hui de tailler les pierres dures et de leur donner un poli parfait. M. Delesse, ingénieur des mines, dans son rapport sur l'exposition de 1855, signale ce progrès dans les lignes suivantes :

« Jusque dans ces derniers temps, le travail sur le tour des pierres dures de grandes dimensions présentait beaucoup de difficultés, et l'on était obligé, pour leur donner le poli, d'avoir recours à l'emploi très-prolongé du grès pulvérisé. Une découverte heureuse, due à M. Bigot-Dumaine, permet maintenant de tourner le granit et les pierres les plus dures avec la même netteté et la même facilité que le bois.

« Il y a quelques années, on découvrait, près de Bahia, au Brésil, parmi des cailloux roulés, une variété de diamant qu'on a nommée le diamant noir : ce diamant a, en effet, une couleur foncée, le plus souvent noire, quelquefois aussi verte ou brune. Il est d'ailleurs opaque, et tout à fait impropre à la bijouterie ; mais il a cependant la structure cristalline et la dureté du diamant ordinaire ; aussi les arts n'ont-ils pas tardé à s'en emparer, et ils viennent d'en faire une application très-utile.

« M. Bigot-Dumaine, qui depuis vingt ans s'occupait à polir les pierres précieuses, songea à recourir au diamant noir pour tourner le granit et les pierres dures. Après quelques essais infructueux, il réussit parfaitement en employant un diamant noir ayant 1 ou 2 centimètres de longueur, qu'il enchâssa à l'extrémité d'un burin de laiton. A cause de la grande rareté du diamant, on n'avait pas encore songé à l'employer dans l'industrie en fragments aussi gros, et, bien que de temps immémorial il servit à polir et à buriner les pierres précieuses, il ne fallait rien moins que la découverte du diamant noir pour que l'idée vînt de s'en servir pour tourner des meules, des vasques ou des colonnes. Cette idée a été couronnée de succès ; car, lorsqu'on met sur un tour une pièce de granit, de porphyre ou de silex, quelque grandes que soient d'ailleurs ses dimensions, et qu'on en approche le diamant, il enlève, en vertu de sa grande dureté, toutes les aspérités de la pierre qui lui est présentée ; et quelque dure qu'elle soit, cette pierre se laisse tourner avec la plus grande facilité.

« Pour que le procédé réussisse, il est nécessaire cependant que le diamant noir soit enchâssé très-solidement dans une tige de laiton, de fer ou d'acier. A cet effet, on creuse dans cette tige un trou dans lequel on introduit le diamant ; puis on ramène contre le diamant les bords de la tige. Avant de placer la pièce à travailler sur le tour, on la dégrossit d'abord avec la pointerolle, et on lui donne autant que possible la forme qu'elle doit conserver.

« Le procédé que nous venons de faire connaître présente plusieurs avantages. Il donne d'abord des surfaces d'une netteté beaucoup plus grande que celle qu'on pouvait obtenir jusqu'à présent. Lorsque la pièce sort du tour, il reste très-peu de chose à faire pour qu'elle prenne un poli parfait; il y a donc une économie de temps et de main-d'œuvre considérable. De plus, on n'a pas à craindre qu'il se détache de petites écailles de la surface polie, comme cela a lieu quelquefois quand on emploie la pointerolle et le grès. Enfin, il n'y a pas non plus d'usure d'outils, car l'expérience a démontré que le diamant noir ne se brise pas sous les chocs auxquels il est exposé, et qu'après une année d'usage il a perdu seulement quelques milligrammes de son poids.

« Des meules en silex, des cylindres broyeurs en granit ont été tournés par ce nouveau procédé, et ils témoignent de la grande perfection avec laquelle le travail s'exécute. Des colonnes, des vasques, des pièces de toutes dimensions, pourraient être travaillées de la même manière. »

La France est riche en granits, qui servent de pierres de taille pour l'architecture; la taille du granit se fait par les procédés ordinaires, sur les chantiers des carrières.

Dans l'ouest de la France, on trouve à Vire et à Saint-Brieuc un granit gris, à grain fin, très-riche en mica; à Flamanville, un granit porphyroïde et à gros grain; à Saint-Sever (Calvados), un granit blanc à petit grain.

On les exploite avec des coins, et on les taille au pic, à la pointerolle et au marteau. C'est des côtes de Normandie que l'on expédie les dalles et les bordures de trottoirs employées à Paris, et qui reviennent à 150 francs le mètre cube, en moyenne.

A Vire, la taille des parties planes coûte 25 francs le mètre carré, et les moulures 20 à 30 francs le mètre courant; un mètre cube, transporté de la carrière à Vire, revient à 70 francs.

Les variétés du granit se rencontrent aussi en Bretagne, aux Pyrénées, dans le massif central de la France, dans les Alpes; mais il est surtout employé sur les lieux mêmes, particulièrement aux travaux publics. Quelquefois, on dispose dans le même pays de granits diversement colorés, et c'est le cas alors de s'en servir pour faire de l'architecture polychrome; nous avons vu tirer très-bon parti d'un mélange de granit gris bleuâtre et de granit rouge.

Le granit brut n'a par lui-même aucune valeur : c'est l'extraction, la taille et le transport qui en font le prix.

Trachyte. — Les trachytes sont composés d'une pâte poreuse, généralement feldspathique, très-rude au toucher; on reconnaît à la loupe que cette pâte est constituée par une masse de petits cristaux.

Le trachyte est d'origine volcanique; il renferme souvent de gros **cristaux de feldspath**, qui lui donnent un aspect porphyroïde.

Dans la Haute-Loire, on emploie certains trachytes comme pierre à bâtir; ces trachytes pèsent 2,600 kilog. le mètre cube, et coûtent environ 30 francs pris à la carrière.

A Philippeville, en Algérie, on trouve un trachyte porphyroïde qui se travaille facilement, et qu'on emploie pour les constructions.

Au Mexique et dans plusieurs parties de l'Amérique, on se sert aussi des trachytes porphyroïdes comme pierres d'appareil.

Porphyre. — Le porphyre a même composition chimique que le trachyte; mais ce n'est point une roche volcanique; il est essentiellement composé d'une pâte feldspathique enchâssant des cristaux de feldspath; c'est là ce qui caractérise la structure porphyroïde.

Le porphyre est encore plus dur que le granit; lorsqu'il est poli, c'est **une pierre** précieuse, qui, par sa constitution physique, est d'un excellent effet décoratif, lorsque les cristaux disséminés sont d'une certaine grosseur.

Le porphyre commun sert depuis quelques années au pavage des rues, notamment à Paris ; il est très-dur et ne s'use guère, mais il se polit à la longue, et la chaussée devient glissante et dangereuse ; on remédie en partie à cet inconvénient en n'employant que des pavés de petites dimensions ; les joints se trouvent très-rapprochés et retiennent les pieds des chevaux lorsqu'ils glissent.

Les carrières de Lessines, en Belgique, fournissent plus de 7,000,000 de pavés par an, et celles de Quenast, plus de 10,000,000.

Les pavés non retaillés coûtent depuis 60 francs le mille ($0^m,12$ sur $0^m,14$) jusqu'à 100 francs ($0^m,21$ sur $0^m,18$).

Les pavés retaillés coûtent 140 francs le mille, pour les dimensions ordinaires, pris à la carrière.

Le porphyre brisé en fragments donne un excellent caillou pour les chaussées d'empierrement.

Lave. — La lave est une pierre volcanique qui provient de la solidification des coulées minérales sorties du cratère à l'état liquide. Elle est poreuse, très-résistante, relativement facile à tailler et à refouiller ; par sa nature, elle se rapproche beaucoup de la pouzzolane, et contracte pour le mortier une grande adhérence, due en partie à la combinaison chimique.

Par sa couleur gris sale, la lave donne malheureusement un aspect sombre et triste aux monuments.

Les laves les plus connues sont celles d'Agde, de Volvic et d'Andernach.

A côté des laves, il faut placer les tufs volcaniques, pierres légères et résistantes, dont on fait un grand usage à Rome et à Naples ; ce sont des fragments de lave agglutinés par un ciment.

Kersanton. — Le kersanton est une pierre très-rare que l'on rencontre en Bretagne, où elle a servi à construire plusieurs églises gothiques.

C'est une roche feldspathique, très-riche en mica ; elle joint à une durée séculaire une assez grande facilité de taille ; mais la présence des nombreuses paillettes de mica ne permet guère de polir les surfaces du kersanton.

Le kersanton est peut-être la meilleure pierre de construction ; il est malheureux qu'elle ne soit pas plus répandue.

Le mètre cube de kersanton coûte à Brest environ 25 francs. On le rencontre à chaque pas en Bretagne, sous forme de croix et de calvaires.

2° *Ardoises.* — L'ardoise est une roche schisteuse, que l'on rencontre dans les terrains paléozoïques, et qui s'exploite en France dans deux grands centres : l'Anjou (société des ardoisières d'Angers) et les Ardennes (ardoisières de Rimogne, de Fumay et de Deville).

La production annuelle est de 142,000,000 d'ardoises en Anjou et de 124,000,000 dans les Ardennes.

« L'ardoise de l'Anjou, dit M. l'ingénieur Delesse, s'exploite depuis un temps immémorial. Elle a une couleur noire ou noire bleuâtre. Elle est très-schisteuse et peu compacte ; cependant elle résiste assez bien à l'action mécanique ou chimique des agents atmosphériques. Diverses expériences ont été faites par M. A. Blavier, sur les propriétés de l'ardoise de l'Anjou. Elle renferme seulement quelques millièmes de pyrite de fer qui n'est pas intimement disséminé dans sa pâte, mais qui y forme de petits nodules isolés, ce qui permet de rejeter les échantillons qui en renferment trop. Lorsqu'elle est immergée, elle s'imbibe d'une quantité d'eau qui va en croissant avec son épaisseur. Cette quantité d'eau est plus grande que celle qui est prise dans les mêmes circonstances par l'ardoise anglaise ; car, tandis que cette dernière n'absorbe que 0,0002 de son poids pour une épaisseur de 3 millimètres, l'ardoise de l'Anjou en absorbe 0,0005, c'est-à-dire plus du double, pour une épaisseur qui est seulement de 2 millimètres. M. Blavier a cherché ensuite la résistance à la rupture d'ardoises ayant différentes épaisseurs. Il a opéré sur des ardoises carrées de 0ᵐ,25, reposant par leurs quatre côtés sur un cadre bien dressé et chargées directement sur une surface de 1 décimètre carré. Les charges nécessaires pour la rupture sont données par le tableau ci-dessous.

Épaisseur de l'ardoise.	*Charge.*
millimètres.	kilogrammes.
1	8
2	35
3	50
4	90
5	120
6	150
7	170

« On voit que la résistance de l'ardoise à la rupture augmente rapidement avec son épaisseur. Il y a donc avantage à employer des ardoises épaisses, et l'expérience a montré, en effet, que l'ardoise d'Angers ne peut durer que vingt-cinq ans lorsqu'elle est très-fine, tandis qu'elle dure plus d'un siècle lorsque son épaisseur est convenable.

Le tableau suivant donne les dimensions, ainsi que les poids et les prix, des ardoises d'Angers, tant pour les modèles français que pour les modèles anglais. Ces données sont rapportées à 1040 ardoises :

NOMS DES ARDOISES.	DIMENSIONS.		ÉPAISSEUR.	POIDS du mille.	PRIX du mille.
	Longueur.	Largeur.			
Modèles français.	centimètres.	centimètres.	millimètres.	kilogrammes.	fr. c.
1ʳᵉ carrée (grand modèle)...	32,5	22,2	3 à 4	530	23 50
— (forte)...........	29,8	21,7	4	550	22 »
— (demi-forte).....	29,8	21,7	2,5 à 3	430	21 »
2ᵉ carrée.................	29,8	19,6	2,5 à 3	400	17 50
3ᵉ carrée.................	24,0	17,6	2,5 à 3	300	10 »
3ᵉ carrée (flamande).......	25,4	16,0	3	320	10 »
4ᵉ carrée................	21,7	16,2	2,5 à 3	260	8 »
Poil taché...............	29,8	16,2	3,5	500	15 50
Poil roux................	24,4	13,5	2 à 4	330	7 50
Hérisselle................	38,0	10,8	2 à 4	500	7 »
Écaille..................	25,0	13,5	2,5 à 3	200	12 »
Modèles anglais.					
1ᵉʳ échantillon...........	64	36		3870	160 »
2ᵉ —	60	36		3630	150 »
3ᵉ —	60	31	5 à 6	3130	140 »
4ᵉ —	54	31		2810	125 »
5ᵉ —	54	27	(en moyenne.	2450	113 »
6ᵉ —	46	27		2090	95 »
7ᵉ —	46	24		1620	80 »

« Le prix des dallages en ardoise est de 7 francs le mètre carré à Angers, et de 10 francs à Paris. Une table de billard d'un seul morceau revient à 25 francs le mètre carré. »

L'adoption des modèles anglais, qui sont plus grands que ceux qu'on avait l'habitude d'employer en France, a été un grand progrès réalisé par les ardoisières de l'Anjou; ces modèles présentent plus de résistance aux chocs, aux vents et à l'humidité; aussi les constructeurs sérieux les préfèrent-ils, malgré leur prix plus élevé.

L'ardoise de Sainte-Anne, à Fumay, passe généralement pour la meilleure des Ardennes. « C'est une ardoise très-fissile, susceptible de se diviser en un grand nombre de feuillets larges et minces d'une épaisseur bien égale. Elle a une couleur bleue, rouge, verte ou violette. Elle est dure, sonore et peu fragile. Elle se laisse tailler et percer facilement. D'après Gilet de Laumont, elle est supérieure à l'ardoise d'Angers; car elle est plus dense, elle absorbe moins d'eau, la force nécessaire pour la briser est plus grande, et enfin elle a plus de durée. »

L'ardoise de Rimogne est très-flexible, ce qui est précieux pour la pose; par suite, elle résiste mieux aux chocs. Elle est du reste de très-bonne qualité, et quelques architectes la mettent au-dessus de la précédente. Les échantillons sont souvent de qualité variable, et l'ardoise est d'autant meilleure qu'elle provient d'une couche plus profonde. L'ardoise de Rimogne fournit de bons tableaux pour écrire.

L'ardoise grande carrée de $0^m,30$ sur $0^m,22$ coûte à Sainte-Anne 23 francs le mille, et 20 francs à Rimogne.

L'ardoise commune de $0^m,26$ sur $0^m,14$ coûte à Sainte-Anne 14 francs, et $6^f,50$ à Rimogne.

Les crayons et les ardoises noires polies, sur lesquelles on écrit, sont fabriqués particulièrement à Monthermé, dans les Ardennes.

En 1853, une société des ardoisières de Sarthe et Mayenne s'est formée pour exploiter une ardoise qui se rapproche de celle d'Angers, qui se scie et se polit parfaitement, et convient bien à la fabrication des dalles.

L'ardoise est encore exploitée à Port-Launay dans le Finistère, à Caumont près Bayeux (Calvados), à Brives dans la Corrèze, et à Saint-Martin des Landes.

Le Luxembourg belge renferme aussi des ardoisières, qui fournissent à peu près la moitié de la consommation de la Belgique.

L'ardoise s'exploite soit à ciel ouvert, soit par mines. L'exploitation à ciel ouvert a lieu dans une immense excavation appelée perrière, que l'on descend par gradins droits. Dans l'Anjou, les couches schisteuses sont verticales, ou font avec l'horizon un angle d'au moins 75°. On attaque les gradins successifs de manière à détacher avec des coins en fer des blocs empruntés aux parois verticales. Les blocs sont amenés dans des bennes à la surface du sol, et là on les débite, sur les tas de déblais; on en détache d'abord les répartons qui ont $0^m,02$ à $0^m,03$ d'épaisseur, et que l'on divise ensuite en ardoises brutes en se servant d'un ciseau plat et d'un maillet; enfin, on donne à l'ardoise la forme voulue en la taillant sur un billot de bois.

On a inventé, il y a quelques années, un petit métier simple et peu coûteux pour la taille des ardoises.

L'exploitation par mines se fait au moyen de puits inclinés, aboutissant à des galeries que l'on exploite à peu près comme on fait à ciel ouvert, si ce n'est qu'on laisse des piliers de place en place.

Nous ne quitterons point ce sujet sans dire quelques mots de l'ardoise émaillée.

inventée par un Anglais, M. Magnus, et qui est employée en Angleterre sur une très-vaste échelle, pour la décoration intérieure des édifices publics et privés.

L'ardoise soumise à une chaleur graduée, dans un four, ne s'altère pas, mais devient dure et résistante. L'ardoise émaillée se fabrique par la cuisson de l'ardoise ordinaire qu'on a préalablement recouverte d'un vernis coloré. Le vernis tenant les couleurs en suspension est versé sur un bain d'eau, et il surnage ; on applique la surface de l'ardoise sur le bain et elle prend la couleur ; on la porte ensuite dans des fours chauffés à 200°, où elle reste pendant huit jours.

En en sortant, elle possède une grande résistance, bien supérieure à celle du marbre ; le vernis s'est vitrifié, et pour le rendre brillant on le polit avec de la potée d'étain ou du tripoli.

En variant les couleurs, on imite de la sorte toutes les espèces de marbres, des mosaïques, des dessins de toutes espèces, et cela, à un prix bien inférieur à celui du marbre, par exemple.

On fabrique avec l'ardoise émaillée de très-belles baignoires, des poêles, des cheminées qui ne reviennent pas à plus de 20 francs ou 25 francs.

3° *Serpentines.* — La serpentine (hydrosilicate de magnésie) ne s'emploie qu'à la décoration intérieure des édifices. C'est une roche, tendre comme le calcaire, à nuances très-variées, le plus souvent verte, quelquefois bigarrée comme la peau d'un serpent, très-brillante lorsqu'elle est polie, s'altérant moins vite à l'air que le marbre ; elle est très-fragile et se rencontre rarement en gros blocs.

La serpentine du Bivinco, en Corse, ou vert de mer, est veinée par du carbonate de chaux, et coûte à Paris 900 francs le mètre cube.

On trouve aussi dans les Hautes-Alpes et dans le Lot plusieurs gisements de belle serpentine.

Les serpentines d'Italie, particulièrement de Sardaigne et de Toscane, sont très-recherchées comme pierres d'ornement.

A la serpentine se rattachent d'autres roches silicatées, entre autres la chlorite et le talc, qui donnent les pierres ollaires dont nous avons parlé en géologie.

B. Pierres quartzeuses. — Les pierres quartzeuses ont pour base le quartz ou silice, à l'état libre ou mélangée avec un ciment, mais non combinée à des oxydes comme dans les roches silicatées.

Certaines pierres quartzeuses sont très-précieuses : tels sont le quartz hyalin, la calcédoine, l'agate, le jaspe, dont on fait de superbes mosaïques ou des objets d'ornement.

La taille de ces pierres est devenue relativement facile, depuis qu'on a eu recours au diamant noir.

C'est avec ce diamant noir que l'on tourne des meules en silex, qui sont moins coûteuses que certaines meulières, tout en donnant une meilleure besogne.

Dans les travaux publics, on n'emploie, en fait de roches quartzeuses que les meulières et les grès.

Meulières. — « Les meulières sont exploitées ordinairement dans les terrains tertiaires. Le bassin de Paris en offre à deux étages distincts. Le premier, associé au calcaire d'eau douce de la Brie, constitue des couches régulières au-dessus du terrain de pierre à plâtre ; cette variété de meulière est la dernière assise de l'étage inférieur du terrain tertiaire. Cette meulière, désignée spécialement par les géologues sous le nom de meulière sans coquilles, fournit les meules si estimées de la Ferté-sous-Jouarre et de Montmirail, qui s'exportent dans presque toute l'Europe et même aux États-Unis.

« Le second étage de meulières constitue des masses irrégulières qui ont généralement peu de suite : celles-ci sont disséminées dans une argile grossière, qui forme
l'assise supérieure des terrains de Paris, et correspond à l'étage moyen des terrains
tertiaires ; cette meulière, distincte de la précédente par son tissu lâche et l'absence du
calcaire , l'est encore par la fréquence des fossiles qu'elle renferme ; ces différences
l'ont fait désigner par M. Brongniart sous le nom de meulière coquillière. Les bois de
Meudon, les hauteurs de Montmorency, près Paris, en offrent de nombreuses exploitations ; leurs produits sont presque uniquement destinés aux constructions.

« Malgré l'abondance de la meulière dans les terrains tertiaires, elle ne leur est cependant pas exclusivement réservée ; on en exploite dans la partie inférieure du calcaire du Jura, à Meillant près Saint-Amand, dans le Cher, ainsi que dans plusieurs
autres localités du Berri et du Poitou. » (Dufrénoy.)

La meulière compacte, quand elle ne sert point à faire des meules, doit être rejetée
pour la maçonnerie, parce qu'elle ne contracte point d'adhérence avec le mortier.
On l'appelle caillasse, et elle sert efficacement à l'entretien des chaussées d'empierrement.

La meulière lâche et poreuse, très-résistante, adhère parfaitement au mortier ;
mais on ne la rencontre généralement qu'en petits morceaux, dont on fait des
moellons ; vu sa constitution, elle ne peut avoir d'arêtes vives et ne convient pas pour
la pierre de taille ; mais elle convient admirablement pour la maçonnerie ordinaire
des travaux d'art, et on l'a utilisée sur une vaste échelle pour la construction des
ponts de Paris, des aqueducs, des égouts, etc.

La meulière résiste bien aux intempéries et supporte de grandes charges sans s'é-
craser ; il faut, lorsqu'on le peut, la prescrire pour les fondations hydrauliques.

La maçonnerie de meulière est presque incompressible, et on peut la substituer
partout aux pierres de taille, excepté sur les surfaces vues, comme les têtes de pont,
parce que la meulière dure ne peut qu'être smillée, mais ne se taille point.

On rencontre quelques couches de meulière plus tendre, sur laquelle on peut faire
apparaître des surfaces planes ; on s'en est servi dans plus d'une construction pour
les parements des maçonneries de remplissage, par exemple sur les reins des voûtes
de pont ; on a même employé cette meulière pour la douelle d'intrados de plusieurs
ponts, par exemple les ponts d'Austerlitz et de l'Alma. Par sa couleur rougeâtre
qu'elle doit à de l'oxyde de fer, la meulière se marie bien avec une pierre de taille
blanche ou grise, et produit un bon effet architectural.

Elle est encore d'un bon effet lorsqu'on l'emploie en *opus incertum* (maçonnerie à
joints irréguliers) et aussi en rocaillage.

Les principales carrières de meulière des environs de Paris sont à Corbeil, Ris,
Montgeron, Villeneuve-Saint-Georges, Triel, Brunoy, etc.

Grès. — Les grès sont formés d'une multitude de grains quartzeux, agglutinés par
un ciment, tantôt quartzeux, tantôt calcaire.

Le grès à ciment quartzeux est plus dur et plus résistant que le grès à ciment calcaire ; en outre, il résiste mieux aux intempéries de l'atmosphère.

Dans certains grès, on trouve des feuillets d'argile, qui facilitent la taille mais qui
rendent la pierre friable.

En France, le grès ne s'emploie pas beaucoup en maçonnerie ; lorsqu'il est bien
compacte et fortement cimenté, on en fait des pavés que l'on extrait surtout des terrains secondaires. Nous traiterons en détails la question des pavés dans la section des
routes.

Certains grès sont colorés en rouge, en gris, en brun, par des oxydes métalliques ;
ils prennent le nom de grès bigarrés et donnent une bonne pierre à bâtir, qui a

peut-être le défaut de ne pas adhérer beaucoup au mortier, mais qui ne s'altère point, et par sa couleur fait bon effet en architecture.

On trouve sur les bords du Rhin plus d'un monument construit en grès rouge; la cathédrale de Cologne est en grès gris; le soubassement du Palais de l'Industrie, aux Champs-Elysées, est en grès bigarré de Phalsbourg, qui revint dans le pays à 68 francs le mètre cube, tout équarri.

La lave de Voivres dans les Vosges est un grès bigarré qui se débite en feuilles plus épaisses que les ardoises; on s'en sert pour couvrir les édifices; mais c'est une couverture lourde et cassante.

Les sables de Beauchamp et les grès de Fontainebleau moyennement durs fournissent une assez bonne pierre à bâtir, non gélive, résistante et durable, mais difficile à tailler.

Certains grès servent à faire des meules, par exemple en Algérie et dans la Forêt-Noire.

En Toscane, on dalle les rues, à Florence et à Pise, avec de grandes dalles de grès à ciment calcaire, qui est, en même temps, une bonne pierre à bâtir.

Le grès d'Aix-la-Chapelle est employé dans la statuaire.

Le grès du Keuper supérieur, dans le Wurtemberg, est réfractaire, et peut servir dans la construction des fourneaux.

Dans l'Inde, les parois des édifices sont formées de grès percés à jour, qui entretiennent la fraîcheur; les dessins des découpures sont très-complexes et très-nets, et comme la pierre est très-dure, on ne peut mener ce travail à bonne fin que par une dépense de temps considérable.

C. Pierres calcaires. — Les pierres calcaires sont de deux sortes : chaux sulfatée et chaux carbonatée.

Chaux sulfatée. — La chaux sulfatée peut être anhydre, et c'est alors l'anhydrite; ou hydratée, et c'est alors le gypse ou pierre à plâtre. Ce ne sont point des pierres à bâtir; dans certains cas, elles servent à l'ornementation.

L'anhydrite est d'un blanc plus ou moins grisâtre, opaque, grenue ou lamelleuse; elle prend bien le poli, et peut remplacer le marbre statuaire, mais elle est moins dure et s'altère facilement parce qu'elle s'hydrate à l'humidité. On l'exploite près de Vizille, dans l'Isère, et elle peut être livrée à Paris à 500 francs le mètre cube.

Le gypse est souvent salé; lorsqu'il est blanc et de texture saccharoïde, comme à Vizille, il peut remplacer le marbre statuaire.

Quelquefois il est translucide, et c'est alors l'albâtre gypseux, que l'on tourne et que l'on sculpte facilement; mais il est fragile et s'altère à l'air, aussi faut-il toujours lui préférer le véritable albâtre ou albâtre calcaire.

Chaux carbonatée. — La chaux carbonatée, qui est l'élément essentiel des constructions, s'appelle marbre lorsqu'elle est polie, et pierre calcaire lorsqu'elle est à l'état brut.

On comprend sans peine que beaucoup d'échantillons de chaux carbonatée peuvent s'exploiter à la fois comme marbre et comme pierre ordinaire.

Marbres. — Le marbre est avant tout une pierre d'ornement; on l'obtient en polissant les calcaires compacts. Comme on le trouve dans la plupart des constructions, et qu'il est fort intéressant par le grand nombre de variétés qu'il présente, nous en parlerons avec quelques détails, en prenant pour guide M. l'ingénieur Delesse.

Commençons par les marbres français : « La France, dit M. Delesse, est l'un des pays les plus riches en marbres. De nombreuses carrières disséminées sur tous les points de son territoire fournissent des marbres aux couleurs vives et variées; plusieurs d'entre eux sont même tout à fait spéciaux à notre pays et ne sont connus qu'en France.

« L'Italie seule a été mieux dotée, et elle doit sa supériorité à ce qu'elle possède en grande abondance le marbre dont l'usage est de beaucoup le plus répandu, le marbre blanc.

L'exploitation des carrières de marbre de l'ancienne Gaule date de l'époque de la domination romaine. Dans les ruines des villes gallo-romaines, on trouve, en effet, les débris de marbres qui ont été exploités à une petite distance. Les Romains se sont même servis de plusieurs marbres de la Gaule pour décorer les monuments de Rome.

« Abandonnée à l'époque de l'invasion des Barbares, l'exploitation des marbres de la France est restée interrompue pendant presque tout le moyen âge. Quelques carrières cependant étaient exploitées, à de rares intervalles, pour orner les églises gothiques qui datent de cette époque.

« A la Renaissance, François Ier donna une première impulsion à l'exploitation des marbres de France, qu'il prescrivit d'employer à la décoration de ses châteaux. Henri IV continua à développer l'industrie des marbres en France, et Louis XIV la porta à son apogée. C'est en effet sous son règne que furent découverts ces beaux marbres des Pyrénées et des Alpes, qui sont si propres à la décoration monumentale; ils ont servi à orner le palais de Versailles, le Louvre, les Tuileries, les résidences royales, l'église des Invalides et tous les monuments qui datent du règne du grand roi.

« L'exploitation de ces marbres ne fut pas abandonnée à l'industrie privée; elle eut lieu, au contraire, sous la direction de l'Etat. Elle atteignit, d'ailleurs, des proportions si colossales, que les immenses dépôts de marbres, accumulés dans le garde-meuble par Louis XIV, ont suffi à la décoration des monuments élevés sous tous les règnes suivants, jusqu'à celui de Napoléon Ier. Ainsi, les colonnes de marbre rouge incarnat de l'arc de triomphe du Carrousel, provenaient encore des dépôts de Louis XIV.

« Quoique l'exploitation des plus beaux marbres de France ait été interrompue après le règne de Louis XIV, il ne faut pas croire cependant que cette industrie ait été complétement détruite à partir de cette époque. Le goût des marbres s'était répandu dans toutes les classes de la population, et leur emploi était devenu un luxe nécessaire. Aussi, sous l'Empire, sous la Restauration, l'exploitation des marbres a-t-elle suivi les progrès de toutes les autres industries. De nos jours, la quantité de marbres livrée à la consommation est même beaucoup plus grande qu'elle ne l'était sous Louis XIV.

« Jusque vers le commencement de ce siècle, l'exploitation des marbres de France avait lieu sous la direction de l'Etat, et les marbriers se contentaient d'acheter au garde-meuble les marbres qui leur étaient nécessaires. C'est seulement de nos jours que leur exploitation a été entreprise par des particuliers.

« Plusieurs causes expliquent d'ailleurs pourquoi l'industrie des marbres est encore si arriérée. Cette industrie supporte, en effet, des charges très-lourdes; elle demande des capitaux considérables, et ces capitaux doivent rester longtemps improductifs. Plusieurs années s'écoulent toujours avant que le bloc de marbre, extrait de la carrière, soit scié, taillé, poli et livré au commerce. D'un autre côté, elle peut craindre les caprices de la mode et l'effet des révolutions. En outre, l'exploitation est le plus souvent très-irrégulière, et elle donne lieu à beaucoup de déchet. Enfin, quoique le marbre forme souvent des couches entières ou des amas considérables, son transport et son travail présentent de grandes difficultés. Si donc la matière même du marbre a peu de valeur par elle-même, la main-d'œuvre, dépensée avant qu'elle soit livrée au commerce, lui donne un prix très-élevé et en fait nécessairement un objet de luxe. Il ne faut pas s'étonner, d'après cela, que l'État ait dû prendre l'initiative et entreprendre lui-même l'exploitation de nos carrières de marbres ; car le développement de l'esprit d'association, le perfectionnement des voies de communication, les progrès du luxe et des arts mécaniques, commencent seulement à rendre le commerce des marbres avantageux pour l'industrie privée. Toutefois, cette industrie recherche moins les marbres les plus beaux, que ceux dont l'extraction est la plus lucrative ; aussi, plusieurs carrières, exploitées autrefois, donnant des marbres rares et des plus remarquables, sont-elles encore complétement abandonnées.

« Les principaux marbres que l'on exploite en France sont, en partie, consommés à Paris. Il y a donc un intérêt tout spécial à faire connaître ces marbres et à comparer leur prix, non-seulement sur la carrière, mais encore lorsqu'ils sont transportés à Paris. Le tableau suivant indique le département et l'endroit dans lequel se trouve chaque carrière ; il indique aussi, d'après M. Deroillé, le prix du mètre cube brut sur la carrière et à Paris. Ce prix varie nécessairement beaucoup avec l'abondance des matériaux mis en vente et avec les prix des transports ; il varie surtout avec la qualité et avec les dimensions des blocs.

« En outre, il nous a paru utile de faire connaître, dans ce tableau, le nom commercial de chaque marbre ; car, bien que ce nom soit souvent barbare et qu'il donne une sorte de consécration à des erreurs grossières de géologie et de géographie, il est admis dans le commerce et il peut être utile pour désigner certaines variétés de marbres. D'ailleurs, la grossièreté même des erreurs que quelques-uns de ces noms tendraient à accréditer est une sorte de préservatif qui corrige l'inconvénient de leur emploi.

Marbres principaux exploités en France.

DÉPARTEMENTS ET ENDROITS dans lesquels se trouvent les carrières.	NOM COMMERCIAL des marbres.	PRIX du mètre cube sur la carrière.	PRIX du mètre cube à Paris.
		fr.	fr.
ALPES (HAUTES). Saint-Crépin..........	Brèche portor.............	300	600
ARIÉGE .... Aubert près Saint-Girons.	Grand antique.............	300	765
Félines d'Hautpoul......	Griotte...................	400	1050
Caunes	Id. œil de perdrix.	500	1150
Id...................	Id. fleurie..........	500	1150
Id...................	Id. panachée...........	350	950
Id...................	Rouge incarnat............	300	775
Id...................	Incarnat turquin..........	300	775
AUDE.......... Id...................	Cervelas (rosé vif)........	300	775
Id...................	Gris agatisé............	280	685
Id...................	Id. (Californie).........	280	685
Entre Villartel et Caunes.	Vert moulin	375	900
Id...................	Rouge français............	600	1250
Id...................	Indienne	350	800
Id...................	Isabelle	275	710
Montagne de Ste-Victoire.	Brèche Sainte-Victoire (grand mélange)...............	250	800
Id...................	Id. (rouge)...........	250	800
BOUCHES-DU- Id...................	Brèche dite de Memphis......	300	875
RHONE.... Alet...................	Brèche dite d'Alep..........	275	825
Aix...................	Poudingue.................	250	800
Tholonet	Brèche Galifet.............	250	800

DÉPARTEMENTS ET ENDROITS dans lesquels se trouvent les carrières.	NOM COMMERCIAL des marbres.	PRIX du mètre cube sur la carrière.	PRIX du mètre cube à Paris.
		fr.	fr.
COTE-D'OR..... La Doix près Beaune....	Rouge joyeux	150	425
Saint-Béat............	Blanc statuaire............	405	900
GARONNE (HAU- Id............	Id. ordinaire...........	225	575
TE-)........ Mentious.............	Nankin coquillier..........	200	635
Hers.............	Jaune uni des Pyrénées......	190	575
Cierp.............	Brèche de Cierp...........	200	610
Molinges.............	Brocatelle jaune foncé.......	260	725
Id.............	Id. jaune clair.........	240	700
Id.............	Id. violette...........	290	725
Id.............	Id. rosée............	270	710
JURA .... Pratz.............	Jaune fleuri............	300	800
Vaux.............	Jaune Lamartine	275	700
Saint-Gérard............	Jaune rosé.............	200	610
Id............	Ronceux	400	950
Saint-Amour............	Granit rouge (de St-Amour)..	225	560
Id............	Granit gris (de Saint-Amour)..	225	560
Bauère.............	Sarrancolin de l'Ouest.......	250	475
MAYENNE ..... Id.............	Rose enjugeraie............	225	450
Id.............	Rosé fleuri.............	250	475
Id.............	Gris panaché...........	200	425
MEUSE........ Forêt d'Argonne.......	Marbre d'Argonne (racine de buis ou lumachelle).......	225	485
NIÈVRE .... Corbigny.............	Bourbonnais	200	550
Clamecy..........	Jaune de la Nièvre..........	250	630
Cousolre	Cousolre	125	310
Id.............	Rouge foncé............	200	400
Id.............	Sainte-Anne français........	150	350
Hergies	Id. (Hergies)	125	330
Hurtebise...........	Sainte-Anne Hurtebise	225	425
Glageon............	Glageon.............	150	375
Id.............	Saint-Gillon...........	150	350
NORD......... Houdain.............	Noir boules de neiges.......	120	325
Id.............	Id. à amandes...........	120	325
Bellignies	Id. à pois (poité)	100	300
Id.............	Id. uni.............	175	425
Boussois.............	Id. coquillier	125	325
Rocq	Rocq...............	130	325
Hestrud	Rouge	200	400
Id.............	Rouge dozoir............	150	350
Marquise et environs....	Lunel blanc............	100	300
Id.............	Id. fleuri............	175	375
Id.............	Napoléon rosé...........	250	450
Id.............	Id. fleuri............	250	450
Id.............	Id. gris	250	450
Id.............	Notre-Dame............	175	475
PAS-DE-CALAIS. Id.............	Joinville	175	375
Id.............	Caroline rubanée	210	410
Id.............	Caroline	200	400
Id.............	Henriette blonde...........	250	450
Id.............	Id. brune...........	225	425
Id.............	Stinkal doré............	175	375
Id.............	Stinkal	150	350
Vallée d'Ossau entre Oloron et Arudy...	Sainte-Anne des Pyrénées.....	175	425
PYRÉNÉES (BAS- Id.............	Brèche grise	200	475
SES)........ Id.............	Gris perlé	200	475
Id.............	Solitaire.............	150	400
Louvié-Soubiron........	Bleu tigré.............	225	525
Id.............	Bleu de ciel............	225	525

DÉPARTEMENTS ET ENDROITS dans lesquels se trouvent les carrières.	NOM COMMERCIAL des marbres.	PRIX du mètre cube sur la carrière.	PRIX du mètre cube à Paris.
		fr.	fr.
PYRÉNÉES (HAUTES-) — Hechet	Noir veiné	225	600
Lourdes	Lumachelle claire	200	575
Montagne de la Barousse	Rosé clair	275	660
Communes d'Esbareich et Sost	Héréchide	225	625
Id	Griotte des Pyrénées	225	650
Id	Id. de Sost	215	625
Id	Vert rubané	250	660
Campan	Campan vert clair	275	725
Id	Id. isabelle	300	760
Id	Id. hortensia mélangé	325	785
Id	Id. rouge	300	760
Id	Id. mélangé	300	760
Id	Id. vert foncé	325	785
Ilhet	Sarrancolin doré	325	800
Id	Id. couleur clair, à flamme	350	825
Id	Id. foncé	325	800
Id	Id. clair	325	800
Beyrède	Beyrède sanguin	350	825
Id	Id. brèche	350	825
Bagnères-de-Bigorre	Brèche Caroline	600	750
Troubat	Id. portor	275	725
Aspin et Osseu	Aspin foncé	200	575
Id	Id. clair	175	550
PYRÉN.-ORIENT. — Mauléon	Brèche infernale	250	625
Baixas	Brèche dite de Portugal	225	625
SARTHE. — Juigne	Noir de Port-Etroit	153	400
VAR — Ampus	Jaune d'Ampus	300	675
Montagne de Ste-Baume	Brèche jaune de Ste-Baume	325	725
VOSGES — Schirmeck	Napoléon des Vosges	275	675
Id	Brèche Napoléon	275	675
Framont	Id. Framont	250	650
Russ	Russ brun	225	625
Id	Id. vert	225	625
Chippal	Chippal	275	700
Laveline	Laveline	275	700
Framont	Framont	225	625
Mirecourt	Acajou rubané	250	650

Nous voyons, par ce tableau, que les principaux marbres de France, et spécialement ceux qui se consomment à Paris, proviennent surtout des départements du Nord, du Pas-de-Calais, du Jura, de la Mayenne, ainsi que des montagnes des Pyrénées, des Vosges et des Alpes.

Les marbres des Pyrénées sont les plus beaux de France; leur exploitation a pris un grand développement depuis 1830, et c'est peut-être la mieux conduite. L'Adour, rivière torrentielle, fournit la force nécessaire pour mettre en œuvre les immenses scies qui coupent les blocs en tranches, les machines à faire les moulures, les machines à percer, les scies circulaires pour les marbres durs, etc... Parmi les marbres des Pyrénées, il faut remarquer le campan rouge, le vert, le campan isabelle; le sarrancolin qui possède un dessin bizarre et une couleur variée où dominent le gris, le rouge et le jaune; le portor, ou brèche portor, très-beau marbre noir, veiné en jaune vif (rappelons ici qu'on appelle brèche calcaire une roche formée de fragments de marbres de formes, de couleurs et de dimensions variées, réunis par un ciment calcaire); le marbre blanc statuaire de Saint-Béat; la griotte, improprement appelée griotte d'Italie, qui est d'un rouge vif parsemé de taches blanches produites par de la chaux carbonatée spathique qui s'est infiltrée dans l'intérieur de coquilles de céphalopodes, on exploite cette griotte à Caunes; on trouve aussi à Caunes le rouge turquin, incarnat avec parties grises, le rouge antique.

Dans les Alpes, on exploite le marbre portor de Chorges, le marbre noir antique de Saint-Crépin, le marbre rose de Chorges et la brèche violacée de Guillestre; le marbre noir à grain très-fin et de couleur uniforme, dont on a fait le tombeau de Napoléon aux Invalides et qu'on trouve à Sainte-Luce, près de Corps.

Dans les Vosges, citons les marbres blancs de Chippal et de Laveline, le marbre brun rougeâtre de Framont, et le marbre brun et vert de Russ.

Dans le nord, on trouve le marbre de Franchimont, dont on se sert à Paris pour décorer les magasins; il est rouge mêlé de gris et de blanc; le marbre de Boulogne, gris, plus ou moins brun; sa couleur sombre convient bien pour les tombeaux; le marbre rouge marron avec veines blanches, de Merles-le-Château, en Hainaut; les marbres noirs et blancs des Ardennes, près de Givet, connus sous les noms de Florence, de Sainte-Anne et de Braël. Ajoutons à cela les lumachelles de l'Argonne et de Maubeuge; la lumachelle est formée de coquilles de céphalopodes remplies par un calcaire blanc et disséminées dans une pâte grise plus ou moins foncée.

Dans les départements de l'ouest on exploite des marbres dans lesquels le gris domine, et dont quelques-uns proviennent du terrain anthraxifère.

Dans le centre, signalons les marbres de Tournon, d'une belle couleur jaune teintée de rose ou de violet, que l'on trouve à l'état de brèches dans plusieurs carrières, ces marbres sont à un prix relativement faible, et cependant d'un bel aspect; les marbres rouges et les marbres jaunes du Lot; le marbre de la Doix, près de Beaune, blanc rosé avec taches régulières de rose violacé; le marbre blanc de Champ-Robert (Nièvre), qu'on peut à la rigueur employer en statuaire.

La Corse est très-riche en beaux marbres, parmi lesquels on remarque deux marbres antiques : le bleu turquin, le cipolin, qui est veiné de blanc, de jaune et de vert avec une pâte blanche. (On appelle marbres antiques ceux dont se servait l'antiquité.) C'est aussi en Corse que l'on exploite le marbre mosaïque, qui est une brèche multicolore, d'un grand effet décoratif.

L'Algérie, elle aussi, est très-riche en marbres que les Romains exploitèrent : au premier rang se place l'albâtre algérien, c'est un calcaire fibreux et translucide, à structure rubanée; il est plus translucide que l'albâtre ordinaire concrétionné, et renferme un peu de carbonate de fer, d'où lui vient sa couleur verdâtre, qui quelquefois est pâle, quelquefois, au contraire, tourne au vert émeraude et même au vert pomme. Il y en a aussi des échantillons d'un blanc laiteux, d'un jaune d'or, d'un rouge vif. Viennent ensuite le marbre statuaire des monts Filfila, et le superbe marbre jaune de Philippeville, qui doit se confondre avec le marbre de Numidie des Romains.

La France est tributaire de l'Italie pour la plupart des marbres statuaires : c'est à Carrare que l'on trouve les principales carrières, elles donnent trois qualités qui sont : le crestola, le betogli, le ravaccione de Cararre; le prix de la première qualité est de 1,200 francs le mètre cube; la troisième qualité, qui est surtout employée en France, est un marbre veiné de gris, qui coûte à Carrare de 200 francs à 300 francs. Les marbres de Sienne sont des plus renommés; parmi eux on remarque le marbre rouge, qui diffère peu du rouge antique, le portor, le jaune de Sienne et la brocatelle de Sienne, qui est à fond jaune avec de nombreuses veines violet foncé qui s'entrelacent dans tous les sens.

C'est en Grèce que l'on trouve les plus beaux marbres antiques : le paros, blanc, lamelleux et à gros grain, légèrement translucide ; le pentélique, semblable au précédent, avec une teinte grise, tournant quelquefois au cipolin ; c'est avec lui que sont construits la plupart des monuments de l'acropole d'Athènes ; le rouge antique, que l'on croyait issu d'Egypte, parce que les Romains l'appelaient Ægyptum ; enfin de nombreux marbres blancs que l'on exploite dans les îles de l'Archipel.

Dans presque toutes les contrées du globe on exploite le marbre ; nous avons cité les gisements des échantillons, qui seuls nous intéressent.

Pierre calcaire. — En tous pays, la principale pierre à bâtir est le calcaire ordinaire. Certaines pierres calcaires compactes servent à la fois de marbre commun et de pierre à bâtir, suivant qu'on les polit ou qu'on se contente de les tailler ; la distinction entre les deux genres n'est pas absolue.

Nous ne pouvons guère décrire toutes les pierres calcaires dont on se sert en France ; « presque toutes les grandes villes, dit M. Reynaud, sont établies à proximité de puissants dépôts calcaires et sont construites avec les pierres qui en proviennent. On conçoit, en effet, que les ressources offertes par une localité à l'établissement des constructions ont dû entrer pour beaucoup dans les motifs qui ont déterminé la formation d'un grand centre de population en cet endroit. Paris est une ville admirablement placée sous ce rapport. Les pierres calcaires présentent des degrés de dureté fort différents. Il en est de trop dures pour être avantageusement employées dans nos constructions ordinaires, et qu'on réserve pour les monuments publics. Il en est de trop tendres pour être utilisées en qualité de pierres ; tels sont plusieurs craies et quelques calcaires terreux. »

Citons les pierres calcaires les plus remarquables en dehors du bassin de Paris, qui, du reste, commence à s'épuiser, en fait de pierres dures ; les chemins de fer ont tellement facilité les transports qu'on n'hésite pas aujourd'hui à aller chercher au loin les bonnes pierres de construction.

Dans le midi de la France, on extrait des terrains crétacés, de bonnes pierres de taille ; la plupart des départements du sud-ouest sont alimentés par les carrières de Saint-Savinien (Charente), d'Angoulême et de Périgueux.

Le tufau de la Touraine jouit aussi d'une grande réputation ; mais c'est surtout dans le terrain jurassique que l'on va chercher les meilleurs matériaux de construction ; on en tire des pierres non gélives, à grain fin et régulier, se débitant en blocs aussi gros qu'on le veut, et se prêtant facilement à recevoir des moulures délicates.

Au terrain jurassique appartient la pierre de Tonnerre, exploitée dans l'Yonne, que l'on débite par des scieries mécaniques. C'est un calcaire blanc jaunâtre ou grisâtre, compact et homogène, dont on fait de belles dalles que l'on associe souvent à des carreaux de marbre noir de Belgique. On en fait des marches d'escalier, des mangeoires et des auges pour les chevaux ; elle se sculpte facilement.

En Bourgogne, on exploite aussi les carrières importantes de Montbard, de Châtillon-sur-Seine ; c'est de là qu'on a tiré les voussoirs de tête des ponts d'Austerlitz, de l'Alma et des Invalides.

La Lorraine envoie à Paris le calcaire à entroques des environs de Commercy, qu'on a mis en œuvre pour la construction du viaduc de Nogent-sur-Marne et de plusieurs grands monuments de Paris.

La pierre de Saint-Ylie (Jura) sert à faire des balustrades et des parapets de pont (pont Saint-Michel et pont Saint-Louis) ; elle a une couleur rougeâtre et prend assez bien le poli.

A l'étage oolithique appartiennent les pierres de Caen et de Poitiers, et celles de Bath et de Portland en Angleterre. Ces pierres jouissent d'une vieille réputation en

Angleterre comme en France; elles sont inaltérables, d'un grain fin et uniforme, et faciles à tailler; plusieurs monuments anglais sont en pierre de Caen, que l'on exporte jusqu'aux États-Unis. La meilleure variété de pierre de Caen provient de la carrière d'Aubigny; c'est un calcaire presque pur, qui renferme moins de 2 0/0 d'argile et de sable, et qui, vu sa compacité, absorbe beaucoup moins d'eau que les meilleures pierres des environs de Paris. La variété de Ranville est la moins coûteuse et résiste le mieux à l'humidité.

La pierre d'Aubigny coûte, rendue à Caen, 60 francs à 70 francs le mètre cube, et celle de Ranville et d'Allemagne, environ 20 francs.

A Valognes et à Osmanville, en Normandie, on trouve une pierre appartenant à l'oolithe, et qui fut regardée, par une commission anglaise, comme supérieure à la pierre de Caen, plus résistante et de plus longue durée; le calcaire d'Osmanville présente beaucoup d'analogie avec les dolomies ou calcaires magnésiens.

Passons maintenant à l'étude des pierres calcaires du bassin de Paris, qui, depuis des siècles, ont servi à la construction de tous les édifices de la capitale de la France, et qu'on a même plus d'une fois exportées au loin.

M. Michelot, ingénieur en chef des ponts et chaussées, chargé depuis vingt ans des recherches statistiques sur les matériaux de construction de la France, a publié une monographie complète des pierres à bâtir; nous empruntons à son travail tout ce qui est relatif aux pierres calcaires.

« Les pierres de taille du bassin de Paris sont fournies en presque totalité par le calcaire grossier. On en tire en outre dans quelques endroits des calcaires lacustres de Saint-Ouen, de la Brie et de la Beauce. Les constructeurs distinguent ces pierres en huit natures principales, eu égard aux emplois qui peuvent en être faits, d'après leur dureté, la finesse de leur grain, leur manière de se tailler, ainsi que la résistance qu'elles présentent à la gelée et aux influences atmosphériques; ces divisions sont en rapport avec la structure et les caractères minéralogiques des bancs exploités. Nous les ferons connaître succinctement.

« 1° *Liais, cliquarts et faux liais.* — Les liais sont des calcaires d'un grain très-fin, très-plein, homogène et sans empreinte de coquilles, dont la cassure rappelle celle des calcaires lithographiques oxfordiens; ils rendent sous le marteau un son très-clair, un son de cloche, suivant l'expression des ouvriers. Leur dureté est variable, mais leur résistance à l'écrasement est considérable; ils absorbent beaucoup d'eau et gèlent lorsqu'ils sont tirés en mauvaise saison.

« Les liais s'emploient particulièrement pour marches, dalles, carreaux et monuments funéraires.

« A peu d'exceptions près, les liais proviennent du banc du calcaire grossier supérieur, placé immédiatement au-dessus du banc Vert; tels sont ceux de Senlis, de Bagneux et de Créteil.

« Les cliquarts et faux liais sont des calcaires, moins fins et présentant quelques empreintes de coquilles, qui ressemblent le plus au liais. On nomme cliquarts, ce qui indique une pierre à la cassure nette et au son métallique, ceux qui sont plus durs et souvent à demi compacts; ils se rapprochent par là des roches, et leurs emplois sont les mêmes.

« Les faux liais ou petits liais, moins résistants et plus traitables, s'emploient aux mêmes usages que les liais dans les constructions moins soignées. Les uns et les autres proviennent en général de la même couche qui fournit le liais de Senlis.

« 2° *Roches.* — Les roches proprement dites sont des calcaires durs et coquilliers, d'un grain serré, demi-compacts, par conséquent très-denses et très-résistants, et particulièrement propres à la construction des soubassements et des travaux hydrauliques.

« Dans la plaine de Montrouge, au sud de Paris, la roche est fournie par le banc le plus élevé du calcaire grossier supérieur ; elle est souvent plus coquillière au lit de dessus et plus douce au lit de dessous qu'au cœur de l'assise.

« Dans les plateaux de l'Aisne, qui en produisent beaucoup aujourd'hui, la roche, généralement plus fine et plus homogène dans la hauteur, est donnée par deux bancs semblables par leur structure et par leurs fossiles, mais distincts par leur position géologique, l'un inférieur au banc Vert, qui se trouve aux carrières de Saint-Nom, et l'autre supérieur, que j'ai déjà signalé comme donnant les liais et cliquarts.

« Les pierres provenant de ces trois bancs du calcaire grossier supérieur, qui ont des caractères communs et bien définis, devraient seules recevoir le nom de *roche* ; mais on le donne encore aux bancs francs durs de la plaine qui s'en rapprochent le plus, aux diverses couches du calcaire grossier inférieur qui deviennent en certains endroits très-résistantes, et généralement aux bancs les plus durs que l'on exploite dans chaque localité.

« 3° *Bancs francs.* — Les bancs francs, c'est-à-dire d'un grain égal, assez plein et peu coquillier, se taillant bien et se sciant à la scie à grès, présentent de grandes variétés d'aspect, de qualités et d'emplois. Si le banc franc est dur, il sera livré dans les travaux comme roche ; s'il est fin, comme le faux liais, s'il est très-coquillier, il prend le nom de *grignard*, et de *rustique* s'il a des parties dures qui en rendent la taille difficile.

« Les bancs francs, qui ne s'exploitent guère que dans le département de la Seine, sont pris dans les couches assez nombreuses de calcaire grossier supérieur qui séparent la roche du liais ou cliquart.

« On appelle, dans la vallée de l'Oise, bancs francs certains *vergelés* plus pleins et plus fermes qui, par leur consistance, rappellent les bancs précédents. Les uns et les autres sont la plupart sujets, soit à geler, soit à se désagréger avec le temps, sous l'influence des agents atmosphériques.

« 4° *Bancs royaux.* — Les bancs royaux sont des couches plus tendres, mais plus homogènes et d'une plus grande hauteur d'assise que les bancs francs ; ils se scient encore à la scie à grès, mais il ne supportent plus la boucharde et se taillent à la laye.

« *Le royal de Conflans* en est le type ; c'est une pierre ferme, très-fine, sans coquilles, et tellement pleine sans être grasse, que la texture grenue y est à peine apparente ; elle est très-propre à la sculpture et à la décoration monumentale.

« Les bancs royaux ne sont d'ailleurs pas moins variables de qualité et de structure minéralogique ; les uns se rapprochent des bancs francs, les autres ne sont que des vergelés ou des lambourdes fermes d'un grain homogène.

« On en trouve dans toute la série du calcaire grossier, moyen et supérieur ; leur position géologique, ordinairement facile à reconnaître par leurs fossiles, est souvent un indice probable de leur qualité. Les plus beaux proviennent du banc supérieur du calcaire grossier moyen ; ceux qui se trouvent à la place du liais ou du Saint-Nom, quelquefois un peu grossiers, sont en général plus fermes et moins accessibles à l'action atmosphérique que ceux qu'on trouve parmi les vergelés et les bancs francs : ces derniers sont souvent sujets à geler et à se désagréger avec le temps.

« 5° *Vergelés et lambourde.* — Les vergelés sont des pierres maigres, poreuses, plus ou moins fines, résultant de l'agrégation d'un sable calcaire, qui souvent paraît entièrement composé de miliolithes. Ces pierres, qui s'exploitent en quantités immenses dans la vallée de l'Oise et sur les plateaux du Clermontois, sont fréquemment rubanées de veines ocreuses, d'une teinte grise et quelquefois mêlées de débris de moules coquilliers, qui en rendent la texture grossière.

« Les vergelés s'équarrissent à la laye et se scient à la scie à dents avec tant de facilité, qu'on ne les taille pas autrement.

« Les lambourdes des environs de Paris proviennent des mêmes bancs que les vergelés ; leur nature est pareille, mais elles sont généralement plus tendres, et souvent grasses ou marneuses, en sorte que le mot de lambourde s'emploie volontiers pour désigner un vergelé de qualité inférieure, tandis qu'une lambourde de bonne nature peut avec raison être qualifiée de vergelé.

« Les vergelés et lambourdes, qui s'exploitent en bancs puissants et étendus, forment la masse du calcaire grossier moyen ; c'est de toutes les subdivisions du calcaire grossier la plus constante dans son épaisseur et dans sa structure minéralogique, et en même temps celle qui se distingue le plus nettement des autres par la nature des matériaux qu'elle fournit. Les couches plus fermes et plus fines qui donnent le banc royal de Conflans ou le liais de Carrières-Saint-Denis, ont toujours, à un certain degré, l'aspect spécial du calcaire à miliolithes, qui se reconnaît également dans les bancs résistants de Saint-Maximin, appelés roche de Vergelé.

« 6° *Saint-Leu, pierres grasses et pierres tendres*. — Les pierres de Saint-Leu, ou pierres grasses, se distinguent des vergelés en ce que le sable calcaire qui en est l'élément principal est formé de débris de coquilles, brisés, pilés et tellement fondus dans la masse, qu'ils ne se distinguent pas du ciment également calcaire qui les agrége ; de là cette faculté de s'écraser sous le marteau et de s'attacher aux outils, que les carriers expriment par le mot de pierre grasse.

« Le type de cette nature se voit dans les carrières de Troshy et de Saint-Leu, dont la pierre, d'une teinte jaunâtre, très-tendre au moment de l'extraction et à laquelle on doit laisser jeter son eau de carrière, durcit à la surface et se conserve parfaitement en élévation. Mais, exposée à l'humidité, elle gèle et se détruit rapidement, où le vergelé aurait bien résisté. D'ailleurs le Saint-Leu se débite et se scie comme le vergelé.

« J'ai établi, par des coupes nombreuses, que le Saint-Leu forme la partie moyenne du calcaire grossier inférieur entre les couches à verrains (*Cerithium giganteum*) et les couches à nummulithes.

« Ces deux dernières subdivisions donnent, la première dans le Valois et la seconde dans le Laonnais, des pierres appelées tendres, douces ou fines, d'une teinte blanche, qui sont en général plus sableuses et moins consistantes que le Saint-Leu ; bien que leur structure minéralogique soit analogue, elles ne paraissent plus uniquement formées de débris coquilliers, mais aussi de sable calcaire fin, provenant de la destruction des bancs plus anciens.

« Les bancs à verrains et à nummulithes s'exploitent en étanfiche et se débitent le plus souvent en parpaings, tranchés et taillés à la laye.

« 7° *Chérence et Saillancourt*. — Les pierres de Chérence, de Saillancourt, de Tessancourt et autres localités voisines sont de véritables grès calcaires, d'une teinte grise ou rougeâtre, plus ou moins agglutinés par un ciment calcaire, et composés d'éléments très-divers ; on y voit, avec du sable calcaire et du sable siliceux, des coquilles entières ou brisées, des oursins, des polypiers, des grains de quartz translucides et de nombreux grains verts de glauconie.

« La consistance de ces couches varie beaucoup dans l'épaisseur de la masse et d'une carrière à l'autre ; on y trouve cependant d'excellentes pierres, les unes franches, les autres très-dures, rarement gélives, se conservant bien dans l'eau, mais s'usant au frottement. Le banc le plus dur et le plus fin de Chérence s'emploie aux sculptures monumentales, telles que les groupes de l'Arc de l'Étoile.

« Les bancs dont il s'agit forment la masse du calcaire grossier inférieur dans le golfe tertiaire, entouré de falaises de craie, dont les limites sont celles du Vexin Français ; et les caractères minéralogiques que ces bancs présentent seuls dans le bassin de Paris, résultent des circonstances géologiques particulières dans lesquelles leur dépôt s'est effectué.

« 8° *Château-Landon.* — Le château-landon est un calcaire compact, très-dense et très-résistant, se sciant et se taillant parfaitement, et susceptible de poli, ce qui l'a fait quelquefois appeler marbre.

« Celui qu'on tire des carrières situées en amont de Nemours, sur les deux rives du Loing, est peut être la plus belle et la meilleure pierre de taille du bassin de Paris.

« Les environs de Briare, d'Orléans et de Chartres fournissent des matériaux analogues, mais de moins belle qualité, souvent remplis de poches et difficiles à tailler.

« Les bancs exploités dans ces diverses localités présentent exactement les mêmes caractères minéralogiques ; mais ils appartiennent à deux époques géologiques différentes, les uns étant supérieurs et les autres inférieurs aux sables de Fontainebleau.

Tableau des pierres à bâtir que l'on trouve aux divers étages du calcaire grossier du bassin de Paris.

		HAUTEUR D'ASSISE.		
		m.		m.
Marnes ou caillasses de 3 à 6 mètres...	Caillasses sans coquilles (Tripoli)........	3	à	6
	Caillasses coquillières (rochette).........	0	à	2
Calcaire grossier supérieur à cérithes : 2 à 12 mètres..................	Roche (de Paris)....................	0,25	à	1
	Bancs francs....................	1	à	2
	Liais et cliquart (*Turitella fasciata*).....	0,60	à	4
	Banc vert (fossiles d'eau douce)........	1	à	6
	Saint-Nom (*Turitella fasciata*)..........	0,50	à	1
Calcaire grossier moyen à miliolithes : 3 à 12 mètres..................	Banc royal (Orbitolithes)..............	0,60	à	2,50
	Vergelés et lambourdes..............	1	à	10
	Vergelé de fond (coquillier)............	2	à	4
Calcaire grossier inférieur (glaucouieux) : 3 à 18 mètres..........	Bancs à verrains (*Cerithium giganteum*)..	0	à	6
	Saint-Leu (pierre grasse)..............	2	à	10
	Bancs à nummulithes................	1	à	12

Pierres d'appareil ; tailles diverses des parements, lits et joints ; ravalements ; moellons ; libages. — *Pierres d'appareil.* — On nomme pierres d'appareil, celles qui ont une forme spéciale, nécessitant la construction d'une épure en vraie grandeur et de panneaux qui reproduisent les diverses faces du solide cherché et permettent de l'extraire d'un bloc de rocher. Nous avons défini en stéréotomie ce qu'on appelle l'appareil ; c'est la disposition relative ou l'assemblage des pierres qui constituent un édifice ou une partie d'édifice ; l'appareilleur est le contre-maître chargé de tracer les épures et les panneaux, de choisir les blocs de pierre et d'en vérifier la taille et la mise en place.

Suivant la hauteur des bancs de carrière auxquels on emprunte les pierres, celles-ci sont dites de haut ou de bas appareil.

Une question dont il faut se préoccuper, lorsqu'on projette un ouvrage avec des matériaux de telle ou telle carrière, c'est de connaître la hauteur des bancs de roche, afin de ne point la dépasser pour les hauteurs des assises de la construction.

Les voussoirs d'un pont sont des pierres d'appareil. Quelquefois on donne simplement le nom de pierres de sujétion à de petites pierres d'appareil, toutes égales en dimension ; lorsque dans un mur, on veut des pierres toutes de même largeur et de même hauteur, on a des pierres de sujétion. C'est en général une mesure coûteuse et inutile, car elle est insignifiante pour l'effet architectural.

Pierres de taille et moellons. — Les pierres de taille sont des pierres de grosses dimensions, débitées en formes plus ou moins régulières, avec des surfaces à peu près dressées.

On donne le nom de libages à des pierres de grandes dimensions, grossièrement taillées, qui ne sont pas destinées à être vues et que l'on emploie généralement dans les fondations.

Enfin on appelle moellons les pierres plus petites, qu'un homme seul peut manier et mettre en place.

Tailles diverses des parements, lits et joints. — Les parements vus d'une pierre de taille sont toujours piqués. Les parements des moellons peuvent être piqués comme ceux de la pierre de taille lorsqu'on veut avoir des surfaces bien dressées, avec des arêtes vives.

Les moellons smillés se taillent comme les précédents, mais avec un peu moins de perfection dans le dressage des faces et la rectitude des arêtes.

Les moellons tétués ou ébousinés sont ceux dont on a à peu près dressé les faces des lits et des joints, la tête restant à l'état brut ; on les emploie surtout dans les parties cachées. On appelle bousin la partie tendre qui limite les lits de carrière des roches calcaires ; nous avons déjà dit plus haut que la masse d'une carrière était divisée en assises plus ou moins hautes, que séparent des feuillets argileux ou sableux sans consistance ; les parties qui avoisinent ces feuillets sont elles-mêmes peu cohérentes.

Viennent enfin les moellons bruts ou de remplissage, que l'on emploie tels qu'ils sortent de la carrière, et avec lesquels on constitue les massifs de maçonnerie.

Les surfaces de lit sont généralement assez planes pour qu'il n'y ait pas besoin de les tailler de nouveau ; les surfaces de joint qui, elles, ne sont pas parallèles aux plans de clivage de la roche, doivent être taillées avec une précision plus ou moins grande suivant le genre de maçonnerie dont il s'agit ; une maçonnerie est d'autant plus soignée que les joints sont moins larges : or, la largeur du joint dépend évidemment, non-seulement de l'épaisseur du mortier interposé, mais encore des saillies que l'on a laissées sur la face de joint de la pierre. Il est bon, dans les devis, de limiter la hauteur des saillies que l'on pourra conserver sur les joints.

Ravalements. — On appelle ravalement la taille qui se fait sur le tas, c'est-à-dire lorsque les pierres sont en place ; elle a pour but de régulariser les surfaces, de corriger les erreurs de pose ; par exemple, les diverses pierres d'un pilastre n'ont pas leur parement dans un même plan, l'opération du ravalement a pour but de corriger ce défaut. Le plus souvent, pour éviter un travail qui pourrait être inutile et pour éviter aussi les accidents dus aux chocs de toute nature, on ne taille point les parements des pierres de taille, on se contente de les dégrossir et on en fait le ravalement lorsque le gros œuvre est achevé. On procède au ravalement en même temps qu'au rejointoiement.

En architecture ordinaire, on désigne encore sous le nom de ravalement l'action de crépir ou de revêtir d'un enduit les murs et pans de bois d'un édifice, tant à l'intérieur qu'à l'extérieur; c'est une extension qui a été donnée au mot ravalement, qui s'applique plutôt à l'action d'enduire les surfaces extérieures des vieux murs.

Outils du tailleur de pierre. — Les outils du tailleur de pierre sont représentés par les *figures* 370 à 380.

On peut les ranger en trois catégories qui sont :

1° Les outils destinés à la taille des pierres dures. La *figure* 370 représente le têtu, terminé d'un côté par une tête de marteau, de l'autre par une pointe ; la figure ne représente pas le têtu le plus ordinaire, la pointe n'est pas d'ordinaire aussi effilée, elle est remplacée par une petite face carrée. On commence la taille avec le têtu, qui permet d'enlever les plus grosses aspérités, et on la poursuit avec la pointerolle (*fig.* 372) ; on l'achève avec la boucharde (*fig.* 374). La pointerolle sert le plus souvent à fendre les blocs de pierres ; on en enfonce plusieurs à grands coups de marteau dans le bloc, sur la ligne suivant laquelle on veut produire la rupture, et le bloc finit par tomber en deux morceaux. La *figure* 371 représente une double trousse de pointerolles.

Sur la *figure* 373, on voit la massette, ou marteau à deux têtes, qui peut enlever les grosses aspérités, et la *figure* 374 *bis* représente la pioche à granit, terminée par deux pointes.

2° Les outils destinés à la taille des pierres moyennement dures. Ils se composent d'une hachette représentée par la *figure* 376, et qui est plus ou moins lourde (on l'appelle marteau à smiller ou marteau à ébousiner), et d'un marteau bretté ou layé, terminé par deux tranchants, dont un à dents (*fig.* 375) ; on se sert aussi du rustique, qui ressemble au marteau bretté, sauf que ses deux tranchants sont armés de dents.

3° Les outils destinés à la taille des pierres tendres. Les *figures* 377 et 378 représentent le gros marteau à deux tranchants, qui est l'outil le plus usité pour la pierre tendre ; on voit sur la *figure* 379 le ciseau, qui se tient à la main, et sur la tête duquel on frappe avec un maillet ; tout le monde en connaît l'usage ; enfin, la *figure* 380 représente en perspective l'outil appelé ripe, qui se manœuvre à la main, et qui ressemble à un S, dont les branches horizontales sont deux lames armées de dents ; avec cet outil, on ripe la pierre, et en le manœuvrant dans plusieurs directions, on finit par en dresser parfaitement les faces.

On distingue plusieurs sortes de tailles : la taille préparatoire, qui a pour but d'obtenir les faux parements nécessaires à l'application des panneaux de taille, ou ceux que l'on substitue d'abord aux douelles courbes et aux moulures ; la taille rustiquée, qui s'obtient en dégrossissant les surfaces à la pointe ou au rustique (les pierres rustiquées sont d'un bon effet, surtout lorsqu'on les entoure d'une bordure ciselée, c'est-à-dire produite au ciseau, comme on le fait à toutes les pierres soignées) ; la taille bouchardée, qui consiste à régulariser avec la boucharde et à entourer d'une ciselure les surfaces dégrossies à la pointe ; enfin, la taille layée, qui a pour but de rendre un parement parfaitement uni.

Sciage de la pierre. — Les pierres très-dures ne peuvent point être sciées, on les fend à la pointerolle et à la mine, on les dégrossit à la masse, et on en dresse les surfaces à la pointe. Lorsqu'on veut les limiter par des faces bien planes, il faut les polir, et nous avons vu comment on procédait maintenant à cette opération.

On ne scie guère que les pierres calcaires, et pour cela on emploie deux genres de scie, suivant qu'il s'agit d'un calcaire dur ou d'un calcaire tendre.

Pour le calcaire dur, notamment pour le marbre, on emploie une scie formée d'une lame d'acier sans dents, que représente la *figure* 381 ; dans les grandes exploitations, le mouvement alternatif est communiqué aux châssis qui portent les lames de scie, par des machines hydrauliques ou par des machines à vapeur. Dans les petits chantiers, les scies sont manœuvrées par un ou deux ouvriers qui sont assis au bout de la scie, et qui lui impriment un mouvement de va-et-vient ; il faut avoir soin d'arroser la fente de la pierre, d'abord pour enlever les détritus et faciliter la désagrégation, et en outre pour empêcher la désaciération de la lame.

Pour les calcaires tendres, on emploie la scie à dents que l'on voit sur la *figure* 382 ; on va beaucoup plus vite en besogne ; avec une pierre dure, on casserait à chaque instant les dents de la scie.

Défauts des pierres.—Nous allons passer en revue les divers défauts qu'on peut rencontrer dans les pierres.

Les pierres gélives sont celles qui s'écaillent à la surface et qui, quelquefois, se fendent en plusieurs morceaux par l'action de la gelée. Nous avons déjà parlé de ce phénomène ; il tient à ce que ces pierres sont poreuses ; elles absorbent l'humidité qui se condense dans leurs pores ; l'eau confinée peut se transformer en glace, s'il arrive une forte gelée ; or, l'eau augmente de $1/20$ de son volume en se solidifiant, et rien ne résiste à sa force d'expansion ; la pierre est donc désagrégée, et, au dégel, elle s'écaille à la surface. M. Brard a proposé de reconnaître les pierres gélives par le procédé suivant : on prend un morceau du bloc à essayer, on le trempe dans une dissolution saturée et bouillante de sulfate de soude, et on l'y laisse séjourner assez longtemps pour que l'imbibition soit parfaite ; puis, on le place dans un courant d'air, au milieu d'une chambre à 15° ; il y a évaporation, le sel vient effleurir à la surface du morceau de pierre, en petits cristaux microscopiques, dont on le débarrasse par des lavages. Si ces petits cristaux laissent un résidu dans l'eau qui a servi à les dissoudre, c'est qu'ils ont entraîné de petits fragments de la pierre, et que, par suite, celle-ci a été désagrégée ; c'est donc une pierre gélive, et on peut, à la rigueur, mesurer son degré de gélivité en cherchant combien elle a perdu de son poids.

En réalité, ce procédé ne donne point de résultats certains, et c'est surtout par l'expérience directe et longtemps prolongée que l'on pourra savoir si tel ou tel banc d'une carrière fournit des pierres gélives.

On dit qu'une pierre a des fils lorsqu'elle présente des solutions de continuité suivant des surfaces plus ou moins irrégulières ; c'est une pierre filandreuse.

Une moye est une partie terreuse que l'on trouve dans une pierre ; la terre peut occuper un trou ou un fil. La pierre est dite moyée : on la rejette, à moins que l'on ne puisse, par la taille, faire disparaître la moye si elle n'est pas profonde.

Le bousin est la partie tendre qui limite le lit de carrière ; une pierre doit toujours être ébousinée à vif.

Rappelons ici que l'on doit toujours placer les pierres horizontalement, suivant leur lit de carrière. En effet, c'est dans cette direction qu'elles ont le plus de résistance ; une pierre qui s'est formée au sein des eaux est toujours constituée d'une série de feuillets horizontaux, plus ou moins faciles à détacher ; il est clair que si ces feuillets sont verticaux et supportent une lourde charge, ils tendront à se séparer comme les feuillets d'un livre sur la tranche duquel on appuie.

Les pierres moulinées ou pouffes sont les parties graveleuses des roches tendres ; elles s'égrènent à l'humidité.

Les pierres fières sont des pierres dures, mais cassantes et difficiles à travailler.

Aux pierres fières se rattachent ce que les ouvriers appellent les pierres ferrées, qui renferment des veines ou des bandes très-dures, qui ébrèchent les outils.

Les ouvriers désignent sous le nom de poils, des fissures qui s'agrandissent avec le temps; il arrive un jour où la pierre se fend et peut compromettre la solidité de l'édifice.

Il faut éviter aussi d'employer des pierres traversées par des veines de minerais métalliques, qui se délitent à l'air comme les pyrites, et en somme, produisent des moyes.

Presque toujours on met en œuvre des pierres bien connues, dont on connaît les qualités physiques et la résistance. Si l'on veut recourir à une carrière nouvelle, il faut soumettre la pierre à de nombreuses expériences; nous rappelons que le laboratoire de l'École des ponts et chaussées se charge gratis de l'essai des matériaux qu'on lui adresse.

Les pierres lourdes, à texture compacte, à grains serrés, sont ordinairement les plus dures; il en est de même des pierres de couleur foncée; les pierres tendres sont blanches et se rapprochent de la craie. Celles qui rendent sous le choc un son clair, sont résistantes et ne renferment point de fissures ni de trous à l'intérieur.

La position géologique des pierres peut fournir d'utiles renseignements sur leur qualité; mais, il ne faut point oublier que, dans cette question importante du choix des pierres, il faut surtout allier la science à la pratique et à l'expérience.

DES BRIQUES.

Argiles. — La substance principale qui entre dans la composition des briques, c'est l'argile.

Nous avons étudié les argiles en minéralogie, nous en reproduirons ici une description sommaire à titre d'introduction à l'étude de la brique.

En langage vulgaire, on appelle argile une masse terreuse plus ou moins dure, onctueuse au toucher, absorbant l'eau et susceptible de former une pâte avec elle, laquelle pâte se durcit par la cuisson; les argiles desséchées happent à la langue, parce que, vu leur constitution poreuse, elles tendent à absorber l'humidité; elles sont douées d'une odeur amère, que l'on qualifie du nom d'odeur argileuse.

L'argile la plus pure physiquement, est le kaolin ou hydrosilicate d'alumine, ou encore feldspath terreux, parce qu'il semble résulter d'une décomposition lente des roches feldspathiques. Le kaolin est réservé à la fabrication de la porcelaine.

La composition des argiles communes est très-variable; ce sont des combinaisons de silice, d'alumine et d'eau, auxquelles s'ajoutent une ou plusieurs des matières suivantes : calcaire, sable, carbonate de magnésie, silicate de chaux, marne, oxyde de fer.

Les argiles se distinguent en trois classes :

La première classe, qui comprend les argiles dites ordinaires et argiles à poterie, contient comme élément principal le silicate d'alumine, avec 10 à 12 0/0 d'eau. Inattaquables aux acides, ces terres, délayées, forment une pâte ductile, facile à façonner; l'eau doit y exister plutôt à l'état hygrométrique qu'à l'état de combinaison, car presque tous les hydrates sont solubles dans les acides.

La troisième classe comprend les argiles qui renferment 20 à 25 0/0 d'eau; elles forment avec l'eau une pâte peu liante, qui se déchire, se gerce, et fond facilement au feu; en revanche, elles ont la propriété d'absorber les graisses, avec lesquelles

elles forment un savon terreux. Ce sont les terres à foulon ou argiles smectiques ; elles fournissent, par la cuisson, les pouzzolanes artificielles les plus énergiques.

La deuxième classe comprend toutes les argiles intermédiaires entre la première et la troisième classes, qui renferment des quantités d'eau variant de 12 à 20 0/0. Ce sont des argiles mixtes, formées de l'union en proportion variable d'une argile ordinaire avec une terre à foulon.

En pratique, on appelle argiles les terres qui servent à la fabrication des poteries et des diverses espèces de briques. Ce sont des silicates d'alumine contenant 10 à 12 0/0 d'eau, et presque toujours additionnés d'oxyde de fer, de sable, de bitume ou de calcaire qui en modifient la nature et l'usage.

L'argile plastique est la plus pure, et fournit la terre à faïence fine ; elle contient quelquefois du bitume, mais cela est sans inconvénient, parce que le bitume se volatilise pendant la cuisson. L'argile plastique est infusible ; sa couleur est le blanc sale ; par la chaleur, elle devient plus attaquable par les acides ; il semble que la cuisson décompose en partie le silicate d'alumine, et c'est ainsi qu'on s'explique l'emploi de l'argile calcinée comme pouzzolane ; les éléments se trouvant séparés s'unissent facilement à la chaux. A l'argile plastique se rattache la terre de pipe, ou argile blanche.

Vient ensuite l'argile figuline, qui sert à la fabrication des faïences communes, des briques et des terres cuites en général; on l'emploie aussi pour dégraisser les pâtes d'argile plastique.

Par la cuisson, l'argile se contracte et se gerce ; elle éprouve un retrait d'autant plus considérable qu'elle est plus pure ; pour combattre ce retrait, on l'additionne d'un peu de sable, qui est un dégraisseur. Cette opération s'appelle dégraisser la pâte, qui devient beaucoup moins ductile.

L'argile figuline est liante, moins tenace que l'argile plastique ; elle contient toujours 5 à 6 0/0 de chaux carbonatée ou silicatée, et renferme aussi un peu de fer, qui, par la cuisson, lui donne une couleur rouge ou jaune ; elle se ramollit à une haute température.

Lorsque la proportion de chaux augmente, on passe de l'argile figuline à l'argile calcaire et à la marne; on n'emploie, dans les arts céramiques, que des marnes renfermant 20 à 25 0/0 de calcaire au plus, et elles jouent le rôle de dégraisseurs pour empêcher la fente.

Citons encore les argiles légères, qui sont des silicates de magnésie alumineux, et qui fournissent des briques d'une grande légèreté; les argiles bitumineuses ou argiles plombagines, qui, lorsqu'elles sont infusibles, servent à fabriquer des creusets pour l'acier fondu : le charbon qu'elles renferment brûle à une haute température et laisse une pâte poreuse qui peut, sans se rompre, se réchauffer et se refroidir à volonté.

Choix de la terre à briques. — La terre dont on doit faire usage pour fabriquer de la brique, est en général une argile grasse, de la classe des argiles figulines, plus ou moins colorée en rouge ou en jaune par de l'oxyde de fer. Elle doit être plutôt grasse que trop sablonneuse; il faut qu'elle ait assez de ductilité pour se pétrir bien sous la main qui la comprime, qu'elle soit savonneuse, un peu rude au toucher, et happant à la langue; qu'elle soit surtout dépouillée de matières salines ou terreuses étrangères à celles qui constituent son essence, de matières métalliques, végétales et animales ; et enfin qu'elle renferme le moins possible de cailloux roulés, ou autres corps plus ou moins volumineux et abondants.

Les argiles que nous venons de décrire sont en général désignées sous le nom de terres fortes.

Nous avons dit qu'il fallait préférer une argile grasse à une autre trop sablonneuse ; il est toujours nécessaire d'avoir du sable dans la terre à briques, afin de combattre le retrait ; mais il est toujours facile d'en ajouter, et il est rare de rencontrer une bonne argile ductile.

Une terre trop sablonneuse est rude au toucher et s'émiette facilement sous les doigts ; elle ne vaut absolument rien et se trouve mêlée de beaucoup de matières étrangères, dont il est impossible de la dépouiller en entier par les procédés ordinaires, et qui peuvent la faire entrer en fusion pendant la cuisson.

Une argile, très-pure sous certains rapports, qui contiendrait une trop grande quantité de substances siliceuses, présenterait au moulage de grandes difficultés, et subirait à la cuisson une vitrification qui ferait adhérer les briques les unes aux autres.

Les briquetiers intelligents et expérimentés reconnaissent au tact la qualité d'une terre à briques, et ne s'y trompent guère. Lorsqu'il leur reste quelques doutes, ils façonnent avec la terre des briquettes d'essai qu'ils font cuire dans un four à chaux par exemple, et ils jugent, d'après l'effet produit par là cuisson, s'il y a lieu d'amaigrir ou d'engraisser la terre, c'est-à-dire s'il faut lui ajouter du sable ou de l'argile grasse.

Pour une argile et un sable donnés, il y a une combinaison mécanique de ces deux substances qui donne une brique meilleure que celles qui résultent des autres combinaisons. Comme les argiles sont rarement semblables les unes aux autres, comme elles sont même rarement homogènes, on ne peut rien préciser à ce sujet ; c'est à l'expérience de décider, pour ainsi dire à chaque fournée, quelle proportion de sable on doit introduire dans l'argile, et on ne peut y arriver que par des briquettes d'essai. Malheureusement, la plupart des fabricants se contentent d'obéir à la routine, et il leur arrivera souvent d'obtenir une fournée bien inférieure aux précédentes. Dans un grand établissement, qui voudrait conserver une réputation méritée, il faudrait adopter cette méthode des essais fréquemment renouvelés.

Il est inutile de rechercher une terre dont la pâte soit extrêmement fine, parce que la brique qui en sortira n'en sera pas pour cela plus solide ni plus propre aux usages pour lesquels on la destine. On réserve ces belles variétés d'argile pour les carreaux, briquettes, tuiles, poteries et autres menus ouvrages d'apparence un peu plus soignée ; au total, on s'attache moins au brillant extérieur qu'au solide, lorsqu'il s'agit de la confection de ces matériaux si utiles, et, sous ce point de vue, l'on peut avancer hardiment que les terres qui procurent les meilleures briques ne pourraient être employées à la fabrication d'aucun autre objet d'art ; *et vice versâ*, que les terres les plus fines et les plus pures ne seraient point propres, pour la plupart, à être soumises, dans leur état naturel, au travail commun, mais profitable du briquetier.

Nous avons dit que lorsqu'une argile n'était pas assez ductile, on lui ajoutait de l'argile plastique pour l'engraisser. Souvent on n'a point de l'argile plastique sous la main, et elle reviendrait trop cher s'il fallait la tirer de loin ; on se contente d'ajouter à la pâte du calcaire ou de la marne, qui lui donnent un peu de fusibilité.

En Angleterre, on force même la dose de marne afin d'obtenir un produit plus fusible, dont la surface éprouve un commencement de vitrification, ce qui la rend plus résistante à l'influence de l'humidité et des agents atmosphériques ; mais aussi elle contracte moins d'adhérence avec le mortier.

Quelquefois encore, on mélange à la pâte des escarbilles ou du mâchefer, qui servent de dégraisseurs, et fournissent une brique plus fusible, mais sonore et peu attaquable à l'humidité ; la cuisson se trouve être régularisée, parce que ces escarbilles sont très-bonnes conductrices de la chaleur; tandis que l'argile ne l'est point; la chaleur se répartit donc dans toute la masse.

Lorsqu'on veut obtenir une argile réfractaire, destinée par exemple à la fabrication des cornues à gaz ou des briques qui forment les parements intérieurs des fours et fourneaux, on prend une argile pure, et par suite infusible, que l'on dégraisse en lui ajoutant un ou deux volumes de la même argile cuite, puis pulvérisée. On obtient ainsi la brique réfractaire de premier choix; elle est coûteuse à cause des préparations qu'il faut faire subir à la matière dégraissante. On se sert aussi de briques réfractaires de second choix, que fournit une pâte d'argile pure dégraissée tout simplement par du sable siliceux bien fin.

De la fabrication des briques. — La plupart des briques sont, aujourd'hui encore, fabriquées à la main dans des usines peu importantes et disséminées sur toute la surface du pays. Le mode primitif de fabrication est donc le plus répandu, et subsistera probablement longtemps encore, parce qu'il n'exige pas des frais considérables de premier établissement, et qu'il permet de limiter la production aux exigences de la consommation locale. Ce n'est guère qu'aux environs des grandes villes que l'on a installé les usines qui produisent mécaniquement la brique ; comme elles peuvent avoir un débouché considérable, elles ne craignent point l'élévation des frais généraux ; mais, en général, à moins de posséder des qualités particulières, la brique ne se transporte pas au loin, parce que les frais de transport en augmentent le prix dans une grande proportion, et elle se consomme dans un rayon limité.

Ces considérations expliquent la permanence des vieux procédés que nous allons décrire d'abord, nous réservant de donner à la suite, des notions sur la fabrication mécanique.

On distingue les briques employées dans les constructions ordinaires en deux espèces : la brique crue et la brique cuite. La première tend à disparaître de jour en jour ; comme on la rencontre encore quelquefois en architecture ordinaire, nous la décrirons sommairement.

Brique crue. — « L'origine des briques remonte à une si haute antiquité, dit M. Reynaud dans son cours d'architecture, qu'elle se perd dans la nuit des temps ; cependant on peut affirmer qu'elles ont dû être employées postérieurement à la pierre ; et que c'est par suite des difficultés éprouvées dans quelques contrées pour se procurer ou tailler celle-ci qu'on dut songer à fabriquer d'autres matériaux propres au même usage. On n'a pu recourir aux pierres artificielles qu'après avoir reconnu l'utilité des pierres naturelles.

« Les plus anciennes formes de brique que nous connaissions témoignent bien, en effet, de cette marche de l'industrie humaine, car elles se rapprochent beaucoup de celles que recevaient les pierres à bâtir.

« Les Grecs employaient trois sortes de brique, qui étaient désignées par les noms de didoron, tetradoron et pentadoron. Les premières, qui étaient également employées chez les Romains, avaient suivant Vitruve, un pied antique ou $0^m,296$ de côté sur un demi-pied d'épaisseur. Celles des deux autres espèces étaient cubiques, et devaient avoir, les plus petites $0^m,592$ et les plus grandes $0^m,740$ de côté. Toutes ces briques et la majeure partie de celles qui ont été employées dans l'antiquité, tant en Asie-Mineure qu'en Egypte, étaient formées d'argile corroyée avec de la paille hachée, puis simplement séchée au soleil. Leur dessiccation exigeait un long espace de temps pour être complète. Vitruve recommande d'y consacrer deux années au moins, et il approuve les magistrats d'Utique en ce qu'ils ne permettaient d'employer les briques crues que cinq années après leur fabrication. Ces briques présentaient d'ailleurs cet autre inconvénient, qu'elles ne pouvaient résister à l'action délétère des longues pluies et des gelées. Aussi tous les édifices construits en Europe avec de tels matériaux ont-ils complétement disparu, et ceux des contrées méridionales elles-mêmes ne présentent-ils plus que des ruines. »

Les lignes précédentes renferment à peu près tout ce que nous avons à dire des briques crues, qui sont encore assez répandues dans les régions du midi de l'Europe, mais avec des dimensions analogues à celles de la brique cuite.

Pour fabriquer la brique crue, on se sert d'une terre forte, que l'on corroie et que l'on mélange à des débris de paille ou de foin, destinés à lui donner de la cohésion. Quelquefois, au lieu de corroyer la terre, on se contente de ramasser la boue des chemins qui a subi une certaine trituration.

La brique crue, pour être économique, doit être fabriquée pour ainsi dire sur le lieu d'emploi; on défonce la terre jusqu'à un pied de profondeur, puis, dans la cuvette ainsi formée, on verse de l'eau sur le sol qu'on a remué à la bêche; pour former la pâte, on fait piétiner l'emplacement soit par des hommes, soit par des animaux. Quand la boue est épaisse, on ajoute la paille hachée, et le corroyage recommence pendant deux ou trois jours; l'opération est terminée, lorsque la masse commence à fermenter et à dégager une odeur de pourriture.

On forme la brique avec des moules en bois, et on la dépose sur le sol, en la retournant de temps en temps, pour lui donner un commencement de dessiccation; on l'empile ensuite, et on la laisse exposée à l'air et au soleil jusqu'à complète dessiccation. En employant la brique encore humide, on s'expose à la voir éclater par l'effet des gelées.

Le mortier, qui sert à agréger les briques crues les unes aux autres, est une terre argileuse dégraissée et mélangée de bouse de vache, de crottin de cheval ou de débris de paille réduits à de petites dimensions.

La maçonnerie de brique crue ne résiste bien aux intempéries, que si on a le soin de la protéger par un enduit qui peut être, soit un lait de chaux, soit une couche de goudron ou de peinture, soit un crépi d'argile et de paille hachée, que l'on lisse et que l'on comprime avec une planche de bois.

Brique cuite. — « La cuisson de la brique, dit M. Reynaud, était connue des anciens peuples de l'Orient; car la tour de Babel était construite en briques cuites, ainsi que cela résulte du passage suivant de la Genèse : « Et ils se dirent l'un à l'autre : Allons, « faisons des briques et cuisons-les au feu. Ils se servirent donc de briques comme « de pierres, et de bitume comme ciment. » Mais il paraît que les Romains n'y recoururent qu'à une époque assez rapprochée de nous; Vitruve en parle à peine, et l'on n'en a trouvé de témoignage dans aucun de leurs monuments qu'on puisse affirmer être antérieur au panthéon d'Agrippa, lequel a été élevé sous Auguste. A partir de cette époque, les briques cuites formèrent la majeure partie de la plupart des édifices que les Romains construisirent dans les diverses parties de leur vaste empire. Les murailles exécutées en briques étaient ordinairement revêtues d'un enduit en stuc; quelquefois elles étaient recouvertes de dalles de marbre; en quelques circonstances elles étaient apparentes. Les briques cuites des Romains étaient de diverses dimensions; quelques-unes étaient fort grandes, mais toujours de faible épaisseur, ainsi qu'il convient pour obtenir une bonne cuisson. »

De nos jours, la brique est beaucoup plus employée que la pierre en Belgique et en Angleterre; elle produit un bon effet décoratif dans l'architecture du temps de Louis XIII. La brique de bonne qualité donne une maçonnerie légère, d'exécution facile, très-résistante. Il faut donc la ranger parmi les excellents matériaux de construction.

La fabrication de la brique cuite comprend plusieurs séries d'opérations : le choix des terres dont nous avons parlé, la préparation des terres, le moulage, le séchage et la cuisson.

Préparation des terres. — C'est peut-être l'opération la plus importante pour une bonne fabrication, puisqu'elle a pour but de donner à la matière tout le liant nécessaire, et de la débarrasser de tous les corps étrangers qui rendraient la brique défectueuse.

La préparation de la terre comprend deux parties : 1° l'exploitation de la terre ; 2° le foulage.

Le moulage de la brique ne devant se faire que pendant la belle saison, il faut que la quantité de terre à employer se trouve préparée au commencement du mois d'avril. D'autre part, il est indispensable d'exposer cette argile brute aux actions réitérées de l'atmosphère et des pluies pendant toute la durée de la morte-saison afin de la purger de toutes les substances nuisibles, organiques ou autres, qu'elle contiendrait et qui seraient susceptibles d'être détruites par les intempéries de l'hiver.

C'est donc à l'automne que l'on exploite la terre ; on enlève à la bêche la couche d'humus que l'on met de côté, et on tire ensuite la terre glaise au moyen de la bêche ordinaire, en ayant bien soin de la prendre à une assez grande profondeur, pour qu'elle ne renferme pas de résidus animaux ou végétaux, ou des racines et des cailloux. Comme il arrive souvent qu'au-dessous d'un banc de glaise est un banc de sable, il faut prendre garde aussi de ne point descendre trop profondément, afin de ne pas attaquer les couches sablonneuses, qui gâteraient la pâte.

L'exploitation se conduit de la manière suivante : on ouvre une première tranchée d'un mètre de large, d'un mètre de profondeur et d'une longueur variable, on enlève l'humus que l'on rejette au dehors, et l'on dépose la glaise sur le bord de la tranchée ; à côté de cette première tranchée, on en ouvre une seconde pareille, sans conserver entre elles aucun intervalle plein, et on remplit la première avec la glaise de la seconde ; de même, on dépose dans la seconde tranchée la glaise de la troisième, et ainsi de suite. On donne à la dernière tranchée une plus grande largeur ; elle se trouve vide et servira plus tard au foulage.

Généralement, le banc de glaise n'est pas bien épais, et l'exploitation par bassins, comme nous venons de la décrire, est suffisante : lorsque la couche argileuse est plus épaisse, on l'exploite par gradins.

Les excavations de la glaise doivent toujours être conduites de manière à ce que les tranches soient verticales et non en talus, afin que les eaux ne délayent pas la terre qui reste à exploiter, et n'y déposent pas des matières de transport.

La terre préparée doit passer l'hiver ; on la remue à la pioche aussi souvent que possible, pour renouveler les surfaces et éviter un tassement qui soustrairait les parties inférieures aux influences atmosphériques. Cette exposition préliminaire de la terre extraite en automne est essentielle et ne doit pas être négligée dans la pratique.

Après l'hivernage, au mois d'avril, on pétrit la terre afin de la mettre en œuvre ; c'est ce qui constitue l'opération du foulage.

L'opération du foulage exige beaucoup d'adresse et d'attention : elle se commence dans le dernier bassin resté vide, on l'arrose et on y apporte une partie de la terre de l'avant dernière tranchée, que l'on répand, en ayant soin d'écraser avec la houe les mottes et les grumeaux que l'on rencontre. Puis les ouvriers se mettent à marcher sur cette terre avec les pieds nus, et à la fouler méthodiquement, en ajoutant tantôt de l'eau au moyen de seaux et d'écopes, tantôt de la glaise, jusqu'à ce que la couche de boue atteigne une hauteur de $0^m,30$ à $0^m,40$.

Chaque fouleur ou marcheur pétrit un gâteau d'environ trois mètres de diamètre, qu'il parcourt sans cesse en suivant une ligne spirale comprise entre le centre et la périphérie; de la sorte, tous les points de la masse se trouvent également malaxés.

Toutes les fois que le marcheur aperçoit ou sent sous son pied un grumeau, une impureté quelconque, il les fait disparaître, et il continue son opération jusqu'à ce que le corroyage soit complet; pendant ce temps-là un homme, armé d'une pelle en bois, va d'un tas à l'autre et relève la pâte qui s'étale sur les bords.

Dans quelques pays, on a recours à des animaux pour l'opération du marchage; mais les animaux ne peuvent remplir une des fonctions les plus importantes de l'ouvrier, qui consiste à éplucher la terre, c'est-à-dire à lui enlever toutes les impuretés qu'elle renferme.

l faut éviter que la terre s'attache aux outils de l'ouvrier, parce qu'alors elle se dessèche et se change en grumeaux qui se mélangent à la pâte; ces outils doivent donc être souvent ratissés et plongés dans un seau d'eau.

On ne peut rien fixer au sujet de la quantité d'eau qu'il faut ajouter à la terre; cela dépend de la qualité de celle-ci. On doit amener la pâte à la consistance d'une pâte de farine, que l'on porte au moulage le plus tôt possible. Il serait dangereux de laisser la pâte exposée à l'air par la chaleur et le vent, car elle sécherait et serait perdue; pour empêcher un dessèchement rapide, on lisse la surface de la masse pâteuse avec le dos d'une pelle en bois, et on recouvre d'un paillasson, qui s'oppose aussi bien à l'action de la chaleur qu'à celle de la pluie.

Pour les poteries, on se sert d'argile à peu près pure, ne contenant point de matières étrangères; on n'a pas besoin de l'exposer aux intempéries de l'hiver; au contraire, les alternatives de sécheresse et d'humidité lui seraient nuisibles, la fendilleraient, la durciraient, et il faudrait un certain travail pour la ramener à l'état malléable. On la conserve donc en grosses mottes, que l'on dépose dans des caves humides, et qui restent imprégnées d'eau et ductiles.

C'est ainsi qu'il faudrait agir, si l'on employait à la fabrication des briques une bonne argile grasse; mais généralement, on se sert d'une glaise plus ou moins impure.

Moulage. — La terre apprêtée, comme nous venons de le dire, est transportée par petites portions sur des brouettes, du lieu de préparation à l'atelier de moulage, qui est en plein air à peu de distance, et qui comprend d'abord des mouleurs, puis des porteurs chargés de transporter les briques sous les hangars de dessiccation, et enfin des apprentis chargés de préparer et de nettoyer les moules et de servir les mouleurs.

Les outils consistent, pour chaque mouleur, en un établi, appelé selle, en plusieurs moules et en un instrument très-simple, appelé plane, lequel sert à racler le dessus des moules lorsque la pâte est dedans, pour égaliser la surface des briques et faire disparaître les bavures et les grumeaux qui surgissent encore. La plane est une simple règle en bois, à section de forme variable, et que l'on pose, après s'en être servi, dans un seau plein d'eau, pour la débarrasser des terres adhérentes. Ajoutez aux moules et à la plane une ratissette pour nettoyer les moules et une caisse pleine de sable sec, vous aurez tous les outils nécessaires au moulage.

Le moule est un prisme en bois ou en tôle dépourvu de ses bases; lorsqu'il est en bois, on garnit quelquefois avec un peu de tôle les huit arêtes des bases. Les dimensions du moule sont toujours supérieures à celles de la brique, pour compenser le retrait de la cuisson; cependant, ces dimensions dépendent aussi des ouvriers mouleurs : quelques-uns emploient la pâte à l'état compacte, d'autres à l'état demi-fluide ; il vaut toujours mieux se servir d'une pâte épaisse, si l'on veut avoir une brique solide et tenace ; mais il est vrai que l'opération, pour être bien faite, devient plus pénible. Lorsque les ouvriers sont à la tâche, il faut donc veiller à ce qu'ils ne fabriquent pas la brique avec une pâte trop légère.

Lorsque la brique est cuite, sa longueur doit être le double de sa largeur, et celle-ci le double de son épaisseur. Des dimensions usuelles sont $0^m,22$, $0^m,11$ et $0^m,055$.

La pâte est donc apportée près de la selle, dont on saupoudre la surface avec du sable sec ; un apprenti jette la pâte à mesure sur la table, et un autre apprenti présente au mouleur un moule préalablement lavé, puis plongé dans le sable sec. Le mouleur remplit le moule de pâte, enlève l'excédant avec la main et dresse la surface avec sa plane ; pendant ce temps, le second apprenti prépare un nouveau moule ; un porteur s'empare du moule plein, le tire à lui jusqu'au bord de la table, puis le relève de 90° pour l'emporter sans que la brique tombe : il le porte sur une aire et le pose de champ, puis le renverse par une secousse brusque, de manière à placer la brique sur sa grande face. Il peut alors enlever le moule bien verticalement sans déformer la brique, et le reporte à l'établi.

Chacun continue ainsi indéfiniment sa besogne spéciale.

Un ouvrier mouleur de force ordinaire, convenablement servi, peut fabriquer six milliers de briques à sa journée ; mais il vaut mieux ne pas s'attacher à un rendement considérable et obtenir par journée de mouleur deux ou trois mille briques, façonnées avec une pâte ferme.

Dessiccation. — La dessiccation a pour but de donner à la brique une certaine solidité en lui enlevant la plus grande partie de son humidité ; elle permet de procéder plus tard à une cuisson régulière. Si la dessiccation préalable n'était pas convenable, on serait certain d'obtenir par la cuisson une brique poreuse, fendillée et peu solide.

On procède d'abord à une dessiccation préparatoire : en sortant des mains du mouleur, elle est encore trop molle pour être placée de champ, et il faut lui laisser perdre une partie de son eau en la posant à plat sur une aire.

Cette aire a été préparée à l'avance ; l'emplacement choisi, on commence par enlever toutes les herbes à la bêche, après quoi on dresse le terrain pour le transformer en une aire ferme et unie, que l'on saupoudre de sable fin et sec. Pour obtenir des briques bien régulières, non gondolées, il est nécessaire d'avoir une aire qui ne se déforme pas ; c'est une excellente précaution de comprimer fortement cette aire en lui faisant subir un battage à la hie.

Il sera bon de recommencer le battage après chaque opération pour corriger les déformations ; on peut même assécher cette aire et la débarrasser des eaux que rendent les briques humides, en l'entourant d'une rigole.

L'aire de dessiccation doit être aussi rapprochée que possible de l'atelier de moulage, afin d'éviter des transports inutiles, et aussi afin d'éviter les déformations qui se manifestent quelquefois pendant le transport de la brique fraîche. Le terrain, sur lequel est établie cette aire, ne doit pas être humide ni trop abrité du soleil. L'action du soleil est très-irrégulière ; un coup de soleil amène quelquefois une brusque dessiccation qui se manifeste par des crevasses et des gerçures. Dans le midi, on peut obtenir d'excellentes briques en les desséchant tout simplement au soleil ; mais, dans le nord, la dessiccation à l'air ne saurait être qu'une opération préalable, destinée à régulariser et à rendre efficace l'action du feu.

Il vaut donc mieux choisir un endroit bien sec, un peu à l'abri du soleil, pour y établir l'air de dessication : lorsque la chaleur s'élève trop rapidement, le briquetier intelligent met ses briques à l'abri d'une transmission trop brusque, soit en les saupoudrant de sable, soit en les recouvrant de paillassons élevés sur des piquets, de manière à permettre à l'air de circuler.

Le porteur dépose donc la brique molle sur l'aire, en prenant toutes les précautions possibles pour ne pas la détériorer; l'ensemble des briques qu'il dépose ainsi représente un carrelage parfaitement régulier, et, en les arrangeant ainsi sur le terrain, on doit les saupoudrer de sable fin et pur, ce qui prévient les gerçures et les crevasses. On peut cependant renoncer à cette précaution lorsque la terre employée est déjà sablonneuse par elle-même.

On laisse les briques posées à plat tout le temps qui leur est nécessaire pour qu'elles acquièrent une certaine consistance sur la face exposée à l'influence atmosphérique. On conçoit parfaitement qu'il n'y a pas de temps déterminé à cet égard et que cela dépend absolument de l'état plus ou moins sec de l'air ambiant, ainsi que de son état hygrométrique. Quelquefois cela peut aller jusqu'à vingt-quatre heures.

Quoi qu'il en soit, lorsqu'on s'est assuré que la brique s'est suffisamment affermie, ce qu'on reconnaît dès qu'elle oppose quelque résistance à la pression du doigt, qu'elle est déjà un peu sonore, que sa couleur est bien uniforme, et qu'elle peut se soutenir sur l'un de ses longs côtés sans se briser ni se voiler, on la relève pour la placer de champ, toujours à la même place, où on la laisse encore un certain temps avant de la mettre en haie pour la dessiccation définitive.

Lorsque le temps menace de se mettre à la pluie, on ne se hâte point trop de placer les briques de champ, parce qu'une forte pluie les délaverait et les perdrait toutes.

Avant de placer les briques en haie pour la dessiccation définitive, on procède au parage qui consiste à prendre chaque brique séparément et à enlever avec un couteau ordinaire toutes les bavures qui existent sur les bords, afin d'obtenir des arêtes vives et nettes.

Pour les briques destinées à être mises en parement, on procède quelquefois à un battage, qui consiste à frapper la brique sur chacune de ses faces avec une batte en bois; c'est une bonne opération, puisqu'elle augmente la compacité de la matière, et par suite la rend plus résistante et plus dure.

La seconde partie de la desssication s'opère pendant que les briques sont en haie : cela consiste à empiler les briques de manière que l'air puisse circuler librement autour de chacune d'elles pour leur enlever la plus grande partie de l'humidité qu'elles contiennent encore, et de manière aussi que la muraille ainsi formée possède assez de stabilité pour rester sur pied pendant le temps nécessaire à la dessiccation.

La disposition d'une haie est la suivante :

On indique par un cordeau (ab) la direction longitudinale de la haie, et l'on dispose le long du cordeau une ligne de briques de champ faisant un angle aigu avec la direction (ab); au-dessus de cette première ligne, on en dispose une seconde symétrique de la première par rapport à la perpendiculaire à (ab), c'est-à-dire que cette deuxième ligne fait un angle aigu avec la direction (ba). Au-dessus de la deuxième ligne, on en place une troisième parallèle à la première, puis une quatrième parallèle à la deuxième, et ainsi de suite. On laisse entre deux briques successives d'un même rang un vide égal à l'épaisseur du doigt.

On accole plusieurs tranches verticales composées comme la précédente, et on les consolide aux extrémités par des piliers en briques posées à angle droit; les différentes tranches ne sont pas élevées à la même hauteur, parce qu'il faut que la muraille se termine par un plan incliné que l'on recouvre d'un paillasson.

On comprend que l'air circule facilement dans la masse et que la dessiccation s'opère avec assez de facilité.

Le sol sur lequel on établit la haie doit être parfaitement sec et on le recouvre encore d'une couche de paille neuve couchée en long, qui a pour objet d'empêcher les dernières rangées de briques d'attirer l'humidité de la terre et en même temps de faciliter la circulation de l'air.

Quelquefois on établit les haies sous des hangars construits exprès, il est évident qu'alors on n'a pas besoin de recourir aux paillassons ni de terminer la muraille par un plan incliné.

Les briques restent en haie pendant un temps plus ou moins long qui dépend de la nature de l'argile employée et surtout de l'état hygrométrique et thermométrique de l'air. Il est des endroits où l'on conserve la haie 25 à 30 jours au plus, et d'autres où on la conserve plus longtemps ; en thèse générale, il faut observer que plus on laisse dessécher les briques, plus elles sont propres à recevoir une excellente cuisson ; lorsqu'elles sont convenablement sèches, elles ne doivent pas conserver l'empreinte du doigt qu'on appuie fortement dessus ; elles doivent rendre un son clair lorsqu'on les frappe avec un corps dur, présenter une cassure nette, et enfin avoir acquis assez de solidité pour pouvoir entrer dans la composition des maçonneries intérieures d'un édifice.

Cuisson de la brique. — Les manipulations qui précèdent, si elles sont exécutées avec soin et avec intelligence, donneront une brique qui sera belle et solide ; c'est la cuisson qui, seule, peut la rendre inaltérable et en faire une pierre artificielle parfaite.

La cuisson devra être poussée assez loin, pour atteindre le degré où commence la vitrification, sans toutefois le dépasser. Cela veut dire que la brique sera assez cuite dès l'instant où sa surface commencera à se couvrir d'une espèce de fritte légère, dont l'effet sera plus tard de la préserver des actions de la gelée. Si la brique était vitrifiée, elle n'adhérerait point au ciment et les maçonneries ne seraient point assez liées ; une brique qui n'est pas assez cuite manque de résistance et peut s'écraser sous le poids de la superstructure.

On voit qu'en somme il y a là un degré difficile à atteindre, qu'il est cependant essentiel d'obtenir.

Autrefois la cuisson s'opérait à l'air, dans des fours dont les parois étaient formées par les briques elles-mêmes, et qui disparaissaient tout entiers après l'opération. Un four en plein air ne peut recevoir des dimensions illimitées, car la cuisson devient plus difficile et moins uniforme que dans une fournée moyenne ; l'expérience a montré que les meilleures briques sont celles qui ont été cuites dans un four dont la contenance ne dépasse pas quatre à cinq cents milliers.

Avant de construire le massif, on égalise préalablement le sol, et on l'aplanit, en l'entourant de fossés s'il est exposé à être inondé. On trace ensuite avec des cordeaux le rectangle du four, en donnant au grand côté trois fois et demie la hauteur à donner au massif, et au petit côté trois fois cette même hauteur. Les briques étant posées de champ, le carré semblerait avoir moins de solidité que le rectangle ; cependant, il est des briqueteurs qui adoptent un carré dont le côté est quatre fois la hauteur du massif.

Le massif se construit en deux fois : on élève d'abord la base qui renfermera sept lits de briques à partir du sol, puis on élève le reste de l'édifice lorsque le feu est en pleine activité et que la chaleur commence à gagner le septième rang.

Voici comment on dispose la base : sur le grand côté, on place une ligne de briques panneresses, c'est-à-dire, qui sont accolées de champ en présentant leur grande face à l'extérieur, et l'on remplit la base avec des lignes parallèles à celles-ci, sauf sur les côtés que l'on ferme aussi par des briques panneresses. Sur cette première ligne, on place des briques dites boutisses, c'est-à-dire, dont les grandes faces sont normales au grand côté du four. Ces boutisses placées de champ constituent la seconde ligne; on met seulement deux de ces briques sur une brique du premier rang, de sorte qu'il reste dans la seconde ligne autant de plein que de vide.

Les briques de la première ligne, dont le rang est multiple de cinq, ne portent rien ; elles correspondent à la base des foyers; au-dessus de la deuxième ligne, on en place une troisième parallèle à la première, mais interrompue au-dessus de la base des foyers. Vient ensuite une quatrième ligne formée de deux rangs de briques posées à plat; ils font saillie sur le côté vertical de l'ouverture des foyers, et cette ouverture se trouve fermée à la partie supérieure par deux briques posées à plat, qui appartiennent à la cinquième ligne. Le reste du massif s'achève au moyen d'assises de briques posées de champ, en sens alternativement inverse.

Nous avons voulu expliquer simplement qu'aux briques nᵒˢ 5, 10, 15..... de la base correspondaient des foyers allant en se rétrécissant jusqu'à la sixième assise qui les termine, et traversant le massif de part en part. On réserve partout des vides qui serviront de canaux aux produits de la combustion et répartiront la chaleur dans toute la masse.

Pour allumer le feu, on met d'abord dans les foyers de la paille qu'on enflamme, en commençant par la gueule du four qui se trouve faire face au vent, on ajoute ensuite des fagots et des bûches, puis de la tourbe ou de la houille. L'emploi de la houille est plus économique évidemment, mais on ne la trouve pas partout, et il est souvent facile d'avoir du bois à bon marché en s'établissant près d'une forêt.

Au commencement du feu, si le vent est violent, on risque de porter brusquement les briques à une haute température, parce que la combustion se trouve très-activée; cette circonstance amènerait de fâcheux résultats si on n'avait soin de protéger les gueules du four par des paillassons mobiles que placent les ouvriers.

C'est généralement le soir qu'on allume, parce que l'on juge mieux de la marche du feu : au bout de vingt heures, on achève d'exhausser le massif. On garnit les parois latérales du massif avec de la paille placée debout, contre laquelle on applique ensuite une muraille de terre, qui s'oppose à la déperdition de la chaleur. Lorsque l'on élève la deuxième partie du four, on remplit de charbon les cheminées verticales qu'on a ménagées, et on en remplit aussi tous les vides de la septième assise, puis les vides de la neuvième, ceux de la onzième, et ainsi de suite; mais on ne procède à la pose d'une nouvelle assise que lorsque le feu a déjà gagné la précédente, sans cela on s'exposerait à étouffer la combustion.

La surface supérieure du tas est recouverte de houille menue ; s'il y a des endroits où le briqueteur trouve la combustion trop active, il y jette un peu de sable.

Lorsque le temps se met à la pluie d'une façon continue, on protége la fournée par des paillassons transversaux que soutiennent de longues perches.

Quelquefois on cuit, en même temps que la brique, des tuiles ou des pierres à chaux; c'est presque toujours une mauvaise opération, qui ne réussit que par hasard, car la température qui convient à l'une des matières ne convient pas à l'autre.

Il faut au moins huit à dix jours pour monter complétement un four de 200,000 briques. L'opération complète dure de douze à quinze jours.

Le procédé que nous venons de décrire en détail est simple et peut s'appliquer partout; il a l'avantage sur le procédé des fours fixes, que l'on établit le massif à l'endroit le plus convenable pour les transports, et qu'il n'y a point de dépenses de premier établissement. Mais il est certain que l'on obtiendra une fabrication plus régulière et une notable économie de combustible en se servant de fours construits une fois pour toutes.

Les fours à briques ressemblent beaucoup aux fours à plâtre ; ils sont de section rectangulaire et formés de murs assez épais pour empêcher la déperdition de la chaleur; il n'est pas rare que ces fours soient enterrés sur une certaine hauteur.

Généralement, les fours ne restent pas à découvert; on les protége par une toiture en tuiles, qui laissent une issue aux gaz de la combustion et favorisent le tirage, ou bien encore par une voûte percée de nombreuses ouvertures. On brûle le combustible sur des grilles, et les foyers sont recouverts d'une voûte réfractaire offrant de nombreux carneaux à la flamme ou à l'air chaud, qui doit pénétrer la masse.

Le four une fois rempli, on mure la porte par où l'on a fait le chargement, et l'on allume sur les grilles un feu de bois, de tourbe ou de charbon; on commence par un feu doux et l'on élève graduellement la température, sans arriver cependant jusqu'à la vitrification des briques voisines du foyer.

Les briques sont tassées dans le foyer, d'une manière analogue à celle que nous avons décrite pour la cuisson en plein air; l'opération marche d'autant plus vite que l'espacement des briques entre elles est plus grand, parce que l'air chaud circule mieux; d'un autre côté, il faut modérer l'espacement si l'on veut cuire un nombre considérable de pièces à la fois.

Les dimensions de la section des foyers doivent être plus considérables lorsqu'on se sert de bois, que lorsqu'on se sert de tourbe ou de houille. La tourbe convient bien à la fabrication de la brique.

La durée de la cuisson est beaucoup plus faible dans les fours fixes, parce qu'en général le massif est moins étendu et les briques plus espacées.

On ne doit point enlever les briques aussitôt que la cuisson est terminée; il faut attendre que le refroidissement de la masse se fasse graduellement, et éviter tout changement brusque de température.

Dans un four fixe bien construit, avec un chauffeur bien habitué à la bonne manière de conduire le feu, on obtient un produit de qualité constante, ni trop peu cuit, ni trop cuit. La brique à moitié cuite s'attendrit à l'air, s'exfolie et se réduit en poudre; la brique trop cuite ou vitrifiée est spongieuse, noire, boursouflée, bulleuse et semblable à du mâchefer; elle est fragile et n'adhère point au mortier.

En résumé, une brique est bonne lorsqu'elle peut donner un son clair et net dès qu'on la frappe avec un corps dur, qu'elle est compacte, exempte de gerçures, cavités, boursouflures et fentes, nullement déformée; qu'elle conserve toujours la couleur qui lui est naturelle, laquelle, en général, est d'un brun prononcé, mais uniforme; enfin qu'elle a une dureté suffisante pour laisser quelquefois échapper des étincelles au choc du briquet. La cassure doit laisser voir un grain fin, homogène et luisant, et être parsemée d'une multitude de petits points brillants, grisâtres et vitreux, qui sont des molécules de quartz vitrifiées.

Parmi les procédés de fabrication de la brique, il est urgent de choisir celui qui, toutes choses égales d'ailleurs, revient le moins cher; c'est donc en chaque lieu une étude à faire. Le combustible doit être employé de telle sorte que le calorique puisse se propager uniformément dans toutes les parties de la fournée sans qu'aucune d'elles soit exposée à être vitrifiée. Dans un four fermé, à foyer latéral ou à foyer intérieur, il est préférable d'avoir un combustible à longue flamme, tel que le bois, la tourbe ou la houille sèche; la tourbe, par son bon marché, est celui qui convient le mieux, mais on ne l'a pas toujours sous la main à côté de l'argile.

La houille est économique aussi; mais, lorsqu'on n'a pas de la houille grasse, ou à courte flamme, on obtient de meilleurs résultats par le procédé de la cuisson à l'air, dans lequel le combustible se trouve mélangé à la brique. Si l'on se sert de fours fermés avec de la houille sans flamme, on ne peut les choisir de grandes dimensions.

sans quoi la quantité de chaleur reçue en un point serait très-variable avec la distance au foyer.

La cuisson en four fermé donne une brique beaucoup plus belle et qui convient bien pour être employée en parement dans les maçonneries ; la cuisson à l'air, bien conduite, donne une brique très-solide, mais un peu rugueuse, ce qui la rend moins belle, mais ce qui lui permet, en revanche, de contracter pour le mortier une grande adhérence.

Nous pouvons résumer les notions précédentes en disant que, pour obtenir une bonne brique avec une bonne terre, il y a quatre opérations principales également importantes : 1° le démêlage, auquel on ne saurait apporter trop de soin ; 2° le moulage, pour lequel il faut employer une pâte ferme et compacte ; 3° la dessiccation, qu'il faut pousser aussi loin que possible ; 4° la cuisson, qui doit être dirigée par un homme actif, intelligent et expérimenté.

Avec un four au bois bien conduit, la cuisson d'une fournée de 80,000 briques dure un mois et revient à 18 francs le mille, aux environs de Paris.

Avec un four fermé, alimenté à la houille, la cuisson de la même fournée ne revient qu'à 5 francs le mille.

On comprend sans peine que tous les produits d'une même fournée dans un four fermé ne sont pas d'égale qualité ; celles qui occupent la partie intermédiaire du massif sont généralement les meilleures.

On connaît la forme ordinaire des briques, dont les dimensions diffèrent peu de $0^m,22$, $0^m,11$ et $0^m,055$; on fabrique en outre, notamment dans le midi, de grandes briques d'environ $0^m,40$ de long, des briques dites circulaires, ayant la forme d'un secteur d'anneau plat, et destinées aux parements cylindriques, tels que ceux d'un conduit ou d'une cheminée, et enfin des briques réfractaires, dont nous avons déjà parlé.

Fabrication mécanique de la brique. — En ce qui concerne la préparation des terres, la fabrication mécanique substitue aux marcheurs animés un tonneau malaxeur analogue au tonneau à mortier, ou bien des cylindres broyeurs. Ce procédé ne se prête point à l'épluchage de la terre et suppose que celle-ci est purgée de racines et de cailloux.

La terre une fois préparée, on la moule en briques au moyen de divers appareils :

L'appareil construit par M. Tenaud se compose d'un bâtis en charpente, soutenant à un bout un moule vertical, que remplit en partie un piston en bois A que l'on peut soulever par un levier. Ce piston ne va pas jusqu'en haut du moule, il laisse vide une partie prismatique ayant le volume de la brique que l'on veut produire.

Dans le vide ainsi réservé, un enfant place un bloc de terre préparée, le briquetier soulève une pièce de bois mobile autour d'une charnière horizontale et formant comme un battoir, qui retombe sur la terre et la comprime dans le moule. Le battoir est ensuite relevé, et, par le levier dont nous avons parlé, on fait monter le piston en bois qui repousse la brique hors du trou, de manière qu'on peut la saisir et la porter au séchoir.

Cette machine simple, qui coûte 500 francs, n'est pas plus rapide ni plus économique que le procédé à la main ; mais elle donne des briques mieux moulées, plus compactes et déjà séparées d'une partie de leur humidité.

On s'est servi aussi d'une machine portative, analogue à la précédente, coûtant le même prix, mais plus économique, parce qu'elle transforme directement en briques la terre naturelle. C'est un bâtis solide en fonte, avec table horizontale percée d'un moule prismatique, que ferment en haut et en bas deux couvercles ou pistons fixés à des leviers articulés sur un autre grand levier. On remplit le moule avec de la terre franche, on place le couvercle supérieur; on donne au grand levier une forte impulsion qui se transmet de haut en bas sur le piston supérieur, et de bas en haut sur le piston inférieur. La compression est énergique, mais c'est un travail des plus fatigants.

On peut encore avoir un couvercle supérieur fixe que l'on couvre par un contrepoids, et la compression se transmet au moyen d'un piston inférieur qui reçoit son mouvement de va-et-vient par un excentrique monté sur l'arbre d'un moteur.

La machine Clayton, qui coûte 3,600 francs et donne 600 à 1,000 briques à l'heure, est bien supérieure aux précédentes et beaucoup plus économique.

On verse les terres non préparées dans une trémie, qui les conduit entre deux cylindres broyeurs à axe horizontal; en en sortant, elles rencontrent un malaxeur qui se compose d'une vis d'Archimède horizontale, tournant dans une boîte cylindrique fermée aux deux bouts. Cette vis saisit la pâte, la comprime et lui donne un mouvement de progression; lorsque la pâte est arrivée au bout du cylindre, elle rencontre deux ouvertures latérales, qui sont verticales, et d'où elle sort sous forme d'un large parallélipipède horizontal, ayant pour hauteur celle de la brique. A intervalles réguliers, le briquetier fait basculer sur ce parallélipipède un châssis dont les mailles sont égales au contour des briques. Ce châssis découpe le parallélipipède en une série de briques, que l'on enlève de la table horizontale à rouleaux sur laquelle elles reposent.

La grande machine Kreutzer, qui coûte 13,000 francs, donne jusqu'à 3,000 briques à l'heure. La terre naturelle passe d'abord dans un malaxeur, d'où elle tombe sur une toile sans fin qui l'amène aux moules. L'appareil mouleur ne peut mieux se comparer qu'à une noria horizontale; les godets sont remplacés par des moules à briques ouverts à la partie externe. En passant sous la toile sans fin, ces moules se remplissent de terre, puis ils avancent et passent sous un cylindre compresseur qui force la terre à remplir la cavité; de là, ils sont entraînés et se déversent peu à peu en arrivant à l'extrémité de la noria, la brique se détache et tombe sur des planches qu'entraînent des rouleaux sans fin. Le moule, pendant qu'il parcourt à vide la partie inférieure de la noria, est huilé pour une nouvelle opération.

Briques légères. — Ce sont des briques, connues même de l'antiquité, assez légères pour surnager sur l'eau, et fabriquées soit avec des tufs siliceux mêlés à une petite proportion d'argile grasse, soit avec une terre spéciale, poreuse et légère, appelée magnésite. Ces briques sont très-résistantes et conviennent pour leur légèreté, par exemple, à la confection de voûtes et de cloisons peu épaisses.

Briques creuses ou tubulaires. — « On éprouvait depuis longtemps, dit le rapporteur du jury de la quatorzième classe de l'exposition de 1855, le besoin de matériaux en même temps solides, légers et susceptibles, par leur forme et par la disposition de leurs pleins et de leurs vides, de se juxtaposer et de se superposer convenablement et facilement, de se lier avec le moins possible de mortier ou de plâtre, de s'opposer à la propagation de l'humidité du sol, du froid ou du chaud extérieurs, des sons d'une localité à une autre; c'est à quoi satisfont parfaitement et complétement les matériaux tubulaires ou briques creuses de M. Borie. Leurs dimensions variées sont convenablement appropriées aux différents besoins des constructions et judicieusement déterminées en fractions du système décimal. La terre en est bien choisie et habilement mise en œuvre à l'aide d'une machine ingénieuse et susceptible d'être appliquée à la fabrication de tuyaux de drainage et d'un grand nombre d'autres produits.

« Les briques creuses sont donc des matériaux en même temps nouveaux, habilement établis, parfaitement appropriés aux besoins des constructions de toutes sortes : ils sont, de plus, favorables à la solidité, à la commodité, à la salubrité des habitations; enfin ils donnent lieu à des exportations assez considérables en divers pays. »

Les *figures* 383, 384, 385 représentent trois modèles de briques creuses; la *figure* 383 montre quatre briques accolées, dont les dimensions sont à peu près celles des briques ordinaires, mais qui sont perforées par deux trous à section rectangulaire; sur leurs grandes faces ces briques portent deux rainures, de sorte que, lorsqu'elles sont accolées et réunies par le mortier, le mortier projette comme deux tenons dans chacune des deux briques voisines, et celles-ci ne peuvent glisser l'une sur l'autre. Ces briques conviennent bien à la construction de petites voûtes très-surbaissées pour planchers.

La *figure* 384 montre trois rangs de briques superposées, destinées à former la maçonnerie de remplissage pour cloisons et murs de refend. Ces briques à section carrée sont perforées par quatre trous qui sont, eux aussi, à section carrée.

La *figure* 385 fait voir une brique de grandes dimensions, percée de six trous rectangulaires; sa largeur est double de son épaisseur, et sa longueur double de sa largeur, de sorte que, pour faire une cloison d'une épaisseur égale à la longueur de ces briques, on peut disposer celles-ci alternativement en parpaings et en boutisses.

Voici quelques notions techniques sur les briques creuses, que nous trouvons dans le remarquable ouvrage de M. Ch. Eck, ingénieur civil:

1° Une brique creuse de $0^m,33$ sur $0^m,15$ et $0^m,04$ à $0^m,05$, perforée ordinairement de deux trous, pèse $2^k,13$; il en faut 31 par mètre superficiel; elles coûtent 65 francs le mille (tarif des travaux de la ville de Paris en 1867), et le prix de la main-d'œuvre de 1 mètre superficiel de construction formée avec ces briques est de 2 francs.

2° Une brique creuse de $0^m,22$ sur $0^m,11$, et $0^m,065$ à $0^m,07$, percée de six à huit trous, pèse $0^k,80$, coûte 52 francs le mille; il en faut 55 par mètre superficiel, et la main-d'œuvre du mètre s'élève à $3^f,15$.

3° Une brique creuse de $0^m,21$ à $0^m,22$, sur $0^m,10$ à $0^m,11$ (section carrée), percée de quatre trous, pèse $0^k,92$. Il en faut 50 au mètre superficiel, et la main-d'œuvre coûte $4^f,15$. Elle coûte 80 francs le mille.

4° Une brique creuse de mêmes dimensions que la précédente, mais percée de six trous, coûte aussi 80 francs le mille. Même nombre au mètre superficiel, et même main-d'œuvre.

Les briques creuses sont très-résistantes; l'expérience a montré d'une manière générale que, pour une quantité donnée de matière, les formes tubulaires sont toujours beaucoup plus solides que les formes pleines (à preuve, les colonnes en fonte); il faut remarquer en outre que la cuisson des briques perforées est beaucoup plus parfaite, puisque les tranches pleines sont très-minces, et que l'air chaud pénètre la masse entière. Généralement, on a reconnu qu'il valait mieux avoir de nombreuses cavités de petite section que deux grandes cavités; les briques se trouvent mieux cuites et plus résistantes, et de plus, on perd moins de mortier, car le mortier pénètre toujours d'une certaine quantité à chaque bout des cavités.

La supériorité des briques creuses est aujourd'hui parfaitement démontrée; les architectes et les entrepreneurs recherchent en tous pays ce genre de matériaux, à cause de ses propriétés spéciales que nous avons signalées en tête du paragraphe.

La fabrication des briques creuses demande beaucoup plus de soin que celle des briques ordinaires; il faut une pâte de composition plus constante, et c'est par des essais répétés que l'on détermine la proportion convenable.

Une machine spéciale sert au moulage: imaginez un piston horizontal à section rectangulaire, pénétrant dans une gaîne en fonte, qui est prolongée par une filière dont les parties pleines ont pour section celle qu'on veut donner aux trous de la brique; on met au-devant de la gaîne un bloc d'argile de grosseur suffisante; le piston l'enfonce, le comprime, et le force à traverser la filière, d'où il sort à l'état de gâteau perforé: on abaisse un treillis de fils de fer, qui coupe ce gâteau longitudinalement et transversalement, de manière à le diviser en plusieurs briques. Pendant ce temps-là, le piston est revenu en arrière et l'opération recommence. Une machine à mouler, mue par la vapeur, produit 6,000 à 7,000 briques par jour.

Les machines à fabriquer les tuyaux de drainage sont analogues à celles dont nous venons de donner une idée.

Les briques creuses reviennent bien moins cher que les briques pleines; on peut compter 50 0/0 d'économie sur la matière première, car la somme des vides est à peu près égale à celle des pleins, 10 0/0 sur la main-d'œuvre du moulage, parce qu'elle se fait à la machine, 25 0/0 sur le combustible, parce que la cuisson est beaucoup plus facile, vu la moindre épaisseur, et 40 0/0 sur le transport, car le poids des briques d'un volume donné se trouve diminué de près de moitié.

Tout cela réuni fait une économie moyenne d'environ 25 0/0.

Fabrication des tuiles. — « Les tuiles exigent, dit M. Debette, ingénieur des mines, pour présenter la durée et la solidité nécessaires, une argile meilleure et préparée avec plus de soin que pour les briques ; aussi la prépare-t-on presque toujours à l'aide d'un tonneau corroyeur. Leur moulage n'offre rien de particulier. On les cuit ordinairement dans les fours, concurremment avec des briques, en plaçant les briques à la partie inférieure, et les tuiles à la partie supérieure, parce que, par suite de leur moindre épaisseur, elles n'ont pas besoin d'être soumises à une chaleur aussi intense.

« Lorsqu'on veut donner à la masse des tuiles une couleur grisâtre, on charge sur la grille, aussitôt que la cuisson est terminée et lorsque les briques sont encore bien rouges, des branches d'aune ou de tout autre bois avec leurs feuilles, puis on ferme aussi complétement que possible toutes les ouvertures du fourneau. La fumée qui en résulte forme dans la masse poreuse des briques un dépôt de charbon très-divisé, qui la colore en gris.

« On recouvrait autrefois souvent les tuiles d'une couverte plombeuse fortement colorée, qui leur donnait un aspect très-agréable, et qui les rendait plus susceptibles de résister à l'influence des agents atmosphériques. A cet effet, on formait un mélange de 20 parties d'alquifoux (plomb sulfuré) et 3 parties de peroxyde de manganèse, que l'on pulvérisait finement sous des meules verticales, et auquel on ajoutait une quantité suffisante d'argile obtenue par lévigation, et un peu d'eau, de manière à en former une bouillie moyennement épaisse, dans laquelle on plongeait les tuiles séchées à l'air avant de les porter dans le four, où on avait soin de les disposer de telle sorte qu'elles eussent entre elles aussi peu de contact que possible. Ces tuiles ne se fabriquent plus guère aujourd'hui que sur commande, parce que leur prix est notablement plus élevé que celui des tuiles ordinaires. »

Usage des poteries dans les constructions. — L'usage des poteries, dans les constructions que l'on veut rendre à la fois légères et résistantes, remonte jusqu'à l'antiquité; il s'est beaucoup développé, dans ces derniers temps, en architecture, et l'on a fort intelligemment associé la maçonnerie de poteries à la charpente en fer. M. Ch. Eck, que nous avons déjà cité, est considéré à juste titre comme le promoteur le plus distingué de ce mode de construction.

On l'a retrouvé dans les ruines d'Herculanum et de Pompéi, dans les temples des Indes, dans plusieurs châteaux du moyen âge, en Allemagne ; il fut employé en 1720 au château des Condé, en 1786 aux voûtes et plafonds du Théâtre-Français et du Palais-Royal, et au commencement de ce siècle, pour les voûtes de la Chambre des députés.

Les poteries conviennent bien pour les planchers de toutes espèces, pour les trémies et les âtres des cheminées, pour les voûtes en général, pour les cloisons de toutes espèces; elles ressemblent beaucoup aux briques perforées, mais sont encore plus légères qu'elles, et on les fabrique avec une pâte plus soignée, qui est la même que celle des poteries communes.

Le grand avantage de l'usage des poteries dans les cloisons est le peu de conductibilité qu'elles présentent pour les sons, et l'on peut dire que ce système est indispensable dans la construction des salles de spectacle, comme garantie de solidité et d'incombustibilité.

On cite, comme exemple de solidité, un mur de 21 mètres de hauteur, de 11 mètres de largeur, percé de nombreuses baies, et qui résiste depuis 1830, sans le plus léger déchirement; ce mur est formé de pots cylindriques horizontaux, empilés au-dessus les uns des autres, et réunis par du mortier; on cite encore un four de la manutention, dont la voûte est en poteries et plâtre, et qui résista fort longtemps, malgré les variations considérables de température qu'il eut à subir.

Expliquons rapidement, d'après M. Eck, la fabrication d'un pot cylindrique :

Ce pot se fabrique au moyen d'un tour horizontal dont l'arbre C tourne sur la cradine G (fig. 386); l'ouvrier met le tour en mouvement en agissant avec le pied sur le plateau circulaire D; et, sur le plateau en bois A, il place le cylindre de terre glaise pétrie que lui apporte son aide : en appuyant d'abord un doigt, puis la main sur l'axe du cylindre de terre, il le creuse à l'intérieur et l'élargit; puis, en présentant la main de champ à l'intérieur, il l'allonge et lui fait dépasser un peu l'index Q en baleine flexible; cet index est soutenu par une tige verticale O, fixée à un vase N, plein d'eau, dans laquelle le mouleur plonge de temps en temps la main pour qu'elle n'adhère point à la pâte. Le cylindre ayant le diamètre voulu, le mouleur le ferme par en haut, en rabaissant tout ce qui dépasse l'index Q, et appuyant sur le fond ainsi formé, soit une raclette, soit la paume de la main ; puis il détache le pot de sa base en coupant la pâte avec un fil de fer, et il obtient le cylindre creux que représente la *figure* 387; avant de l'enlever du tour, on a présenté à la surface extérieure une lame de tôle taillée en dents de scie, et la surface s'est recouverte de stries destinées à faciliter l'adhérence du mortier. Après coup, on perce la paroi et le fond du pot de trois petits trous qui permettent à l'air de circuler pendant la dessiccation et la cuisson.

Le millier de poteries de 0ᵐ,325 de hauteur et 0ᵐ,136 de diamètre revient, à Paris, à 505 francs ; le millier de poteries de 0ᵐ,275 de hauteur sur 0ᵐ,136 de diamètre revient à 379 francs, et le millier de poteries de 0ᵐ,245 de hauteur sur 0ᵐ,136 de diamètre revient à 202 francs.

On comprend bien qu'en accolant ces pots et les reliant par un mortier de plâtre ou de chaux, il est facile de construire des murailles et des voûtes.

Faïences et verres. — Citons, pour terminer, une classe de matériaux artificiels, dont l'usage s'est bien développé, et se développera encore, il faut l'espérer; nous voulons parler des faïences et des verres, qui fournissent de précieux moyens d'ornementation, mais qu'il nous est impossible d'étudier ici, sans sortir du cadre de notre ouvrage.

Résultats d'expériences sur la résistance des pierres et des briques à la rupture et à l'écrasement. — Les architectes des siècles derniers ont eux-mêmes senti le besoin de se rendre compte de la charge maxima que pouvaient supporter les pierres qu'ils employaient, et de reconnaître le poids qui déterminait la rupture; ils ont eu recours, pour cela, à des appareils plus ou moins exacts.

Parmi ces expérimentateurs, il faut citer Rondelet, qui étendit ses recherches sur de nombreuses matières, Gauthey, Soufflot et Perronnet.

Depuis vingt ans, on a créé un service pour les recherches statistiques relatives aux matériaux de la France ; et M. Paul Michelot, ingénieur en chef des ponts et chaussées, mis à la tête de ce service, a bien mérité de tous les constructeurs, à qui il a fourni tant de précieux renseignements sur le gisement, les qualités et la résistance d'une infinité de matériaux.

Il a publié le résultat de ses expériences dans plusieurs mémoires insérés aux *Annales des ponts et chaussées* (2ᵉ semestre 1855, 1ᵉʳ semestre 1863, 2ᵉ semestre 1868) ; nous en extrairons les principaux chiffres.

Il eut l'idée d'abord, pour déterminer la rupture des prismes d'essai, de recourir à une petite presse hydraulique ; mais il reconnut bien vite qu'il était très-difficile de mesurer exactement à chaque instant les pressions exercées. Il fit construire alors une machine qui lui permit d'écraser les pierres dures en cubes de $0^m,05$ de côté et les pierres tendres en cubes de $0^m,10$ de côté.

Cette machine est tout simplement un levier du second genre ; d'un bout il repose, par un couteau analogue à celui d'une balance, sur un pilier en fonte ; de l'autre bout il s'appuie sur le cube à écraser, lequel est placé sur un support en fonte ; dans l'intervalle se promène sur le levier une poulie, à la chape de laquelle est suspendu un plateau chargé de poids. En faisant varier la position de cette poulie, on augmente ou on diminue son bras de levier par rapport au cube d'essai, par suite on diminue ou on augmente dans le même rapport la pression exercée sur le cube. Au moment où celui-ci s'écrase, la position de la poulie indique quelle est la charge supportée.

L'expérience a montré que les cubes de pierre semblable résistent proportionnellement à leur section.

Avant de donner les principaux résultats obtenus, rappelons ici que l'habitude des constructeurs, la règle dont il est dangereux de s'écarter, à moins d'avoir des matériaux de qualité exceptionnelle, est de ne jamais soumettre une pierre à une pression supérieure au dixième de la charge de rupture.

Tableau de la résistance des principales pierres du bassin de Paris.

DÉSIGNATION des matériaux.	POIDS du mètre cube.	RÉSISTANCE par centimètre carré.	DÉSIGNATION des matériaux.	POIDS du mètre cube.	RÉSISTANCE par centimètre carré.
				kilogr.	kilogr.
A. *Marbres, liais, cliquards, pierres dures, fines et compactes.*			Liais de Bagneux.... Haut..	2246	322
			Id............. Milieu.	2318	333
			Id............. Bas...	2087	293
	kilogr.	kilogr.	Roche de Nanterre ... Haut..	2651	157
Château-Landon ..... Haut..	2570	376	Id............. Milieu.	2120	168
Id............. Bas...	2420	703	Id............. Bas...	2052	142
Comᵉ de Souppes (quais de Paris)................	2602	593	Liais de Conflans...... Haut..	2126	570
Id................ Haut..	2604	916	Id............. Bas...	2045	249
Méreville (Seine-et-Oise).....	2503	913	Liais de Senlis........ Haut..	2272	352
Liais de Créteil...... Haut..	2366	517	Id............. Bas...	2258	264
Id............. Bas...	2131	237	Pierre de Vendresse (Aisne). H.	2372	853
Cliquard de Créteil... Haut..	2462	428	Id............. Bas...	2223	640
Id............. Bas...	2235	179	Banc royal dur (Méry-sur-Oise)............. Haut..	2122	232
Liais de Maisons..... Haut..	2156	237	Id............. Bas...	1620	64
Faux liais de Charenton. Haut..	2370	280	Id............. Milieu.	1770	135

DÉSIGNATION des matériaux.	POIDS du mètre cube.	RÉSISTANCE par centimètre carré.	DÉSIGNATION des matériaux.	POIDS du mètre cube.	RÉSISTANCE par centimètre carré.
B. *Roches, bancs francs, pierres dures plus ou moins grossières et coquillères.*			**C.** *Bancs royaux tendres, lambourdes, vergelés, pierres demi-dures et tendres, fines maigres ou grasses.*		
	kilogr.	kilogr.		kilogr.	kilogr.
			Banc royal du Moulin. Haut..	1734	77
Banc franc de S.-Maur. Haut..	2128	131	Id............. Bas...	1536	48
Id............. Bas...	2107	103	Lambourde blanche de Créteil.	1609	52
Banc franc de Charenton.. H.	2021	238	Lambourde grise de S.-Maur.	1525	53
— S.-Maurice. B.	2070	133	Banc royal de Saint-Maur....	1646	73
Roche de la croix d'Arcueil. H.	2497	418	Lambourde blanche de Vitry..	1644	48
Id................. B.	2433	234	Banc royal de Montrouge.....	1897	109
Banc franc de Châtillon. Haut.	2230	186	Lambourde grise d'Arcueil....	1504	48
Id............... Mil..	2225	260	Banc royal de la Baraque (Châtillon).................	1781	100
Id............... Bas..	2061	168	Lambourde verte de Bagneux.	1765	65
Roche de Fleury..... Haut..	2171	265	Faux liais de Châtillon.......	2071	126
Roche de Meudon.... Bas...	2268	337	Banc royal de Fleury........	1985	77
Id............ Milieu.	2318	474	Banc royal de Conflans.......	1647	121
Roche blanche de Conflans. H.	2031	203	Banc franc de Conflans.......	1913	115
Id............... B.	2038	218	Petite roche de Conflans.....	2053	85
Roche de Saint-Leu.. Haut..	2016	265	Vergelé de Conflans.........	1870	78
Id............... Milieu.	2174	401	Vergelé de Méry...........	1679	49
Id............... Bas..	1728	113	Verg. fin de Nucourt (S.-et-O.).	1615	54
Pierre de Tessancourt. 1ᵉʳ banc.	2101	254	Vergelé fin de Magny (S.-et-O.).	1486	35
Carr. Quesnel id... 2ᵉ banc.	2378	471	Verg. fin de St-Gervais (S.-et-O.).	1383	25
Id. id... 3ᵉ banc.	2317	319	Vergelé de Parmain.........	1600	46
Id. id... 4ᵉ banc.	2319	410	Vergelé demi-roche de Saint-Maximin (Oise)..........	1671	99
Id. id... 7ᵉ banc.	2133	213	Vergelé de Laigneville (Oise)...	1729	93
Pierre de Saillancourt. Haut..	2158	252	Vergelé de Pont-Ste-Maxence..	1887	137
Pierre de Chérence, 1ᵉʳ bloc...	2427	565	Pierre douce de Pont-Sainte-Maxence..............	1685	71
Roche de Montainville. Haut..	2256	350	Pierre tendre de Longpont (Aisne).................	1527	57
Id., 1ᵉʳ banc.... Bas...	2277	472			
Pierre de Damply (S.-et-O.). H.	2398	365			
Id.............. B.	2391	359			

Il est regrettable que les expériences de M. Michelot ne se rapportent, jusqu'à présent, qu'aux matériaux du bassin de Paris ; nous sommes réduit à n'indiquer à la suite que quelques nombres empruntés à divers expérimentateurs, et relatifs à la résistance des pierres les plus connues :

DÉSIGNATION des matériaux.	POIDS du mètre cube.	RÉSISTANCE par centimètre carré.	DÉSIGNATION des matériaux.	POIDS du mètre cube.	RÉSISTANCE par centimètre carré.
A. *Pierres volcaniques.*			**B.** *Pierres granitiques et siliceuses.*		
	kilogr.	kilogr.			
Basalte d'Auvergne.........	2950	2000		kilogr.	kilogr.
Basalte de Suède...........	3060	1912	Porphyre...............	2870	2470
Lave dure du Vésuve.......	2600	592	Granit vert des Vosges......	2850	619
Lave tendre de Naples......	1970	230	Granit gris de Bretagne......	2740	654
Lave grise de Rome........	1970	228	Granit de Normandie.......	2660	702
Tuf de Rome..............	1220	57	Granit gris des Vosges......	2640	423
Pierre ponce.............	600	34	Granit bleu d'Aberdeen......	2620	761

DÉSIGNATION des matériaux.	POIDS du mètre cube.	RÉSISTANCE par centimètre carré.	DÉSIGNATION des matériaux.	POIDS du mètre cube.	RÉSISTANCE par centimètre carré.
	kilogr.	kilogr.		kilogr.	kilogr.
Granit de Cornouailles........	2660	443	Pierre noire de Saint-Fortunat		
Granit très-dur, roussâtre.....	2520	812	(près Lyon)..............	2650	627
Granit très-dur, blanc........	2480	923	Pierre blanche de Tonnerre...	2100	103
Grès tendre.................	2490	4	Calcaire oolithique de Jaumont		
Pierre siliceuse de Dundee....	2530	740	(près Metz)........ N° 1.	2200	180
Pierre siliceuse de Derby.....	2320	223	Id............. N° 2.	2000	120
Grès de Florence............	2560	420	Calcaire jaune oolithique d'A-		
			mauvillers	2000	110
C. *Pierres calcaires , autres que celles du bassin de Paris.*			Pierre à plâtre de Montmartre.	1920	71
			D. *Briques.*		
Marbre blanc, veiné, statuaire et turquin................	2690	310	Brique dure très-cuite........	1560	150
Marbre noir de Flandres.....	2720	788	Brique de Hammerschmith...	»	71
Marbre blanc veiné d'Italie....	2720	686	Brique de Hammerschmith brû-		
Marbre blanc de Brabant......	2700	654	lée	»	102
Marbre rouge du Devonshire..	»	528	Brique rouge	2170	56
Marbre de Portland.........	2430	324	Brique rouge pâle...........	2080	36
Pierre de Caserte (près de Na-			Brique crue	»	33
ples)...................	2720	594	Brique jaune cuite à la houille.	»	39
Travertin de Rome..........	2360	297	Brique jaune vitrifiée........	»	99

M. Vicat a montré que la résistance diminuait, lorsqu'au lieu de prendre pour l'essai un cube, on prenait une prisme de hauteur variable ; la charge d'écrasement décroît avec la hauteur, et, si l'on représente la hauteur du prisme par h, $2\,h$, $3\,h$, les charges de rupture décroîtront comme 0,93, 0,86, 0,83. Il serait utile de faire à ce sujet des expériences plus étendues, car qn ne sait pas bien ce que devient la résistance lorsqu'on emploie les matériaux sous forme de piliers ou de colonnes.

Il est bien rare que des pierres aient à résister à des forces de traction ; cependant, on les place quelquefois en porte-à-faux et, dans ce cas, c'est la charge de rupture par traction qu'il est utile de connaître :

Le basalte d'Auvergne se rompt sous une traction de 77 kilog. par cent. carré.
Le calcaire de Portland........................ 60 —   — —
Le calcaire compacte,........................ 32 —   — —
Le calcaire arénacé.......................... 23 —   — —
Le calcaire oolithique........................ 14 —   — —
La brique de bonne qualité................. 18 à 20   — —

Il est très-rare aussi que des pierres soient soumises à des efforts transverses ; cependant, cela peut arriver ; dans ce cas, la charge de rupture est à peu près la même que pour l'écrasement.

La dureté des pierres est dans bien des cas, les dallages par exemple, aussi importante que la résistance à l'écrasement ; Rondelet a mesuré la dureté d'une pierre par l'usure qu'elle subit lorsqu'on la frotte avec du grès pendant un temps donné, ou par la profondeur du trait qu'on obtient au bout d'un certain temps avec une scie donnée. Voici quelques résultats que nous trouvons dans le cours d'architecture de M. Reynaud :

DÉSIGNATION DES MATÉRIAUX.	DURETÉ comparative.	DÉSIGNATION DES MATÉRIAUX.	DURETÉ comparative.
Marbre blanc veiné............	1,00	Granit gris de Bretagne........	8,56
Granit antique rose (syénite)....	10,08	Granit gris de Normandie.......	7,00
Granit vert.................	9,70	Marbre bleu turquin...........	1,28
Granit feuille morte	9,30	Pierre de liais................	0,88
Granit gris des Vosges........	8,92		

Exécution des maçonneries en pierres de taille, en moellons, en briques, en béton. — *Maçonnerie en pierres de taille.* — Il nous reste peu de chose à dire sur l'exécution des maçonneries. Toutes les opérations accessoires, appareil, taille, sciage, bardage, montage, ont été décrites en détail ; il ne nous reste à expliquer que la manière dont on procède à la pose.

Autrefois, on s'est servi de blocs irréguliers présentant en parement des surfaces polygonales, on y a renoncé aujourd'hui, du moins pour la maçonnerie de pierres de taille, et l'on élève ce genre de maçonnerie par assises horizontales ; les lits de la pierre sont les faces horizontales. On appelle joint l'intervalle qui sépare deux pièces voisines, cet intervalle est d'autant moindre que la taille est plus parfaite et que la couche de mortier interposée a moins d'épaisseur.

Les Grecs et les Romains distinguaient deux genres de maçonnerie à assises horizontales : celui où toutes les pierres ont les mêmes dimensions, spécialement en hauteur, et celui où les pierres ont des dimensions variables et, par suite les assises des hauteurs variables aussi.

C'est un grand tort, notamment en travaux publics, d'exiger la régularité dans les dimensions des pierres de taille ; en effet, ces travaux ont pour but d'être solides, et la plus ou moins grande régularité de largeur ou de hauteur importe peu pour cela ; ajoutons que ces travaux sont généralement destinés à être vus à grande distance, et que l'œil embrasse l'ensemble et les grandes lignes sans regarder si les joints sont équidistants ou non.

Il est de principe dans toute maçonnerie que les pierres doivent, autant que possible, s'enchevêtrer les unes dans les autres, afin de mieux résister à tous les efforts de disjonction, et de ne point présenter des plans de clivage, c'est-à-dire des plans suivant lesquels la rupture exige pour se produire la force minima.

Aussi, 1° les assises doivent se découper, c'est-à-dire qu'un joint d'une assise doit être compris entre deux joints des assises supérieure et inférieure ; 2° il faut, pour cela, placer le plus grand côté des pierres en parement ou dans l'intérieur du mur, alternativement ; quand le grand côté est en parement, la pierre prend le nom de carreau ; quand c'est au contraire le petit côté que l'on aperçoit, la pierre prend le nom de boutisse ; 3° enfin, de place en place, on pose des pierres oblongues qui traversent toute l'épaisseur du mur, et que l'on appelle des parpaings : les parpaings sont en parement à leurs deux bouts.

La quantité dont une pierre pénètre dans la construction, c'est-à-dire sa dimension normalement à la surface vue, s'appelle queue ; il est évident que les carreaux ont une queue bien moins longue que celle des boutisses.

On doit employer des blocs aussi gros que possible, il est évident que la solidité ne peut qu'y gagner ; mais on est forcément limité, d'abord par les moyens de transport, de bardage et de montage, et surtout par la nature de la pierre que l'on met en œuvre. Nous avons déjà dit que la hauteur des bancs de roche était limitée et très-variable suivant les carrières ; il y a de très-bonnes pierres dont la couche n'a pas plus de $0^m,50$ d'épaisseur, et qui de plus sont fissurées ou peu homogènes, de sorte qu'on ne peut pas davantage leur donner de grandes dimensions horizontales. D'autre part, il y a à observer un certain rapport entre la hauteur et la largeur d'une pierre, et ce rapport varie suivant la dureté, sans que jamais la largeur soit supérieure à cinq fois la hauteur (c'est la proportion limite pour les pierres très-dures comme les granits) ; pour des pierres tendres, le rapport sera au plus de 2,5, et pour les bonnes pierres de dureté moyenne, il ne dépassera pas 3,5 à 4.

Quelle que soit la pierre employée, la découpe, c'est-à-dire la distance horizontale qui sépare un joint du joint le plus voisin, sera d'au moins $0^m,15$.

Il va sans dire que les pierres d'angle doivent être d'un seul morceau et qu'il faut bien se garder de placer un joint dans un angle ; les pierres d'angle sont en parement sur la façade et sur la face en retour.

Il est convenable aussi, mais on ne le fait point toujours, par raison d'économie, il est convenable, lorsqu'un mur présente à la base un socle qui se raccorde au parement par une retraite horizontale, de ne pas mettre un lit au niveau de cette retraite, parce que les eaux pourront y séjourner et dégrader les mortiers ; le plus souvent, on remédie à cet inconvénient en formant la retraite d'un plan incliné qui rejette les eaux à l'extérieur.

La mise en place d'une pierre de taille exige des précautions nombreuses et doit être dirigée par un appareilleur intelligent. Il s'agit d'abord de soulever le bloc à la place qu'il doit occuper ; dans les travaux d'art on se sert généralement de l'appareil appelé louve que nous avons décrit au chapitre II. Dans les maçonneries ordinaires, on se sert plus souvent d'une corde solide qui entoure la pierre de taille à chaque bout ; c'est une corde sans fin, dont les bouts sont réunis par une épissure, et on l'attache au crochet de la poulie mobile d'un moufle. Cette corde s'appelle braye. Dans ce cas, il est toujours à craindre que la corde, par sa pression, ne détériore les arêtes vives de la pierre ; on doit les protéger par des bouchons de paille ; il vaut mieux encore entourer toute la corde d'une gaîne dont on remplit le vide avec des étoupes.

La pierre est donc soulevée et présentée à la place qu'elle doit occuper ; on la fait reposer sur l'assise inférieure par l'intermédiaire de cales ou de règles en bois, dont la hauteur est égale à celle d'un joint ($0^m,004$ à $0^m,010$ suivant le soin qu'on apporte à la maçonnerie). Deux méthodes sont en œuvre pour achever l'opération :

1° On peut se contenter, la position de la pierre ayant été vérifiée par l'appareilleur, de couler du mortier sous la pierre afin de remplir le vide. Lorsqu'on se sert de plâtre, comme à Paris, l'opération est facile, car on peut gâcher le plâtre assez clair pour en faire un coulis ; lorsqu'au contraire la pâte du mortier est un peu ferme, il faut se servir de la fiche à dents que représente la *figure* 388 ; c'est une lame de tôle avec manche en bois, elle est taillée à redans successifs et en l'introduisant dans le joint, on fait pénétrer jusqu'au fond le mortier que l'on a déposé sur les bords.

On comprend sans peine que ce procédé est vicieux et doit être proscrit dans les travaux publics ; en effet, la pierre ne s'appuie sur l'assise inférieure que par l'intermédiaire de ses cales, c'est-à-dire seulement par quelques points ; la pression est donc très-inégalement répartie, et il en résulte soit des ruptures, soit des tassements inégaux. Toutefois, il faut dire que lorsqu'on se sert de plâtre, on est presque forcé d'employer cette mauvaise méthode, parce que le plâtre, par sa prise rapide, ne donne pas le temps d'employer la seconde méthode.

2° Celle-ci consiste à présenter la pierre, comme tout à l'heure, à l'emplacement qu'elle doit occuper, en la faisant reposer par des cales sur l'assise inférieure ; on vérifie la position, et on regarde si le lit de pose ne présente point encore de trop fortes aspérités ; puis, on soulève la pierre, ou bien on lui donne quartier, on enlève les cales, et on recouvre le lit d'une couche de mortier deux fois plus haute que le joint qui doit rester ; on ramène la pierre, qui repose sur le bain de mortier, et en frappant sur la face supérieure, soit avec une masse, soit avec une hie de paveur, on fait refluer le mortier de toutes parts pour le réduire à l'épaisseur voulue. On est assuré par là que tous les vides sont bien remplis et les pressions également réparties, puisque par tous les points de son lit la pierre agit sur l'assise inférieure. On remplit les joints montants avec la fiche à dents ; la perfection du remplissage n'est point aussi désirable pour les joints que pour les lits, puisque les joints n'ont pas à transmettre les efforts de pesanteur.

Une fois qu'une assise est terminée, il est rare que sa face supérieure soit parfaitement horizontale ; l'appareilleur la vérifie, et indique les pierres qu'il faut un peu démaigrir afin de préparer à l'assise suivante un lit d'une horizontalité parfaite.

Les pierres de taille isolées sont posées par les maçons aidés de leurs garçons ; pour a maçonnerie homogène en pierres de taille, et pour toutes les pierres qui exigent des précautions particulières, la pose est faite par une équipe de quatre hommes, composée de : un poseur, un contreposeur, et deux garçons pour servir et pour ficher les pierres. Voici, d'après MM. Claudel et Laroque (*Pratique de l'art de bâtir*), le temps nécessaire à une pareille équipe pour poser un mètre cube des diverses maçonneries de pierres de taille :

Ouvrages ordinaires, parements de mur, chaînes, parpaings, parapets cordons, etc..   4ʰ
Assises en reprises, plates-bandes droites, voûtes en berceau........   5,00
Assises en reprises par petites parties, dans l'embarras des étais......   7,05
Voûtes en arc de cloître, voûtes d'arêtes, voûtes sphériques.........   10,00
Morceaux posés par incrustement.....................................   15,00

Un maçon avec son garçon met les temps ci-après pour la pose des pierres de taille communes :

Libages, auges, bornes et autres ouvrages semblables.............   11ʰ,00
Seuils, marches, appuis, caniveaux.   27,00
Dalles de 0ᵐ,08 à 0ᵐ,10 d'épaisseur, par mètre superficiel...........   1,25

Maçonnerie de moellons. — La maçonnerie de moellons peut être homogène ou mixte ; la maçonnerie mixte est celle qu'on rencontre le plus souvent.

La maçonnerie homogène de moellons peut s'exécuter en moellons piqués ou smillés qui sont de petites pierres de taille, que l'on pose à la main ; les joints et les lits sont seulement un peu moins soignés ; vu la petite dimension des matériaux, il est nécessaire de les relier les uns aux autres avec un bon mortier, et de veiller à ce que la découpe et l'enchevêtrement soient bien combinés ; pour la pose, on n'a pas besoin de recourir à des cales, les moellons sont posés à bain de mortier, et on fait refluer celui-ci en frappant le moellon avec un marteau.

Quelquefois c'est le maçon qui taille lui-même le moellon dont il se sert ; mais, pour une construction importante, il vaut mieux avoir recours à des ouvriers spéciaux, que l'on appelle piqueurs de moellons.

La maçonnerie homogène de moellons bruts se rencontre rarement ; il est rare qu'on n'associe pas ces matériaux à d'autres plus résistants, des pierres de taille par exemple, destinés à former les socles, les angles de la construction et les principales lignes. Le moellon brut ne sert guère que pour remplissage. Cependant on peut avoir à l'employer en parement ; alors, le maçon choisit, dans le tas de pierres qu'il a à côté de lui sur l'échafaud, les plus belles, dont il dresse la tête aussi bien que possible avec sa hachette : le manœuvre arrose ces moellons avant l'emploi, afin qu'ils ne dessèchent pas trop vite ; le maçon étend à la truelle, sur l'assise déjà existante, un lit de mortier de $0^m,02$ à $0^m,03$ d'épaisseur, puis il met le moellon en place, et fait refluer le mortier en frappant avec la tête de sa hachette ; il peut aussi, en frappant latéralement, corriger la position de la pierre et faire en sorte que le parement soit bien parallèle au cordeau directeur.

Pour accoler un second moellon au premier, on commence par plaquer du mortier sur le joint de celui-ci, puis on approche la seconde pierre en la frappant latéralement avec la hachette, afin de réduire l'épaisseur du joint et de rendre la masse plus compacte. Nous n'avons pas besoin de répéter que les moellons ont des queues inégales, et que les joints se découpent d'une assise à l'autre. La plupart du temps, ces pierres se trouvent démaigries en queue, et alors elles ne reposent sur l'assise inférieure que par la partie antérieure de leur lit ; on remédie à cet inconvénient, en plaçant sous la queue des éclats de pierre, qui forment cale, et que l'on engage solidement dans le mortier en les frappant d'un coup de hachette.

Reste à faire le remplissage : pour cela, on pose un bon bain de mortier sur la surface de l'assise, et on prend les moellons bruts que l'on met en place en les enchevêtrant le plus possible, et en les enfonçant avec le marteau ; quelquefois, le maçon ne trouve point dans le tas une pierre convenable, alors il en fend une et la taille en la forme voulue avec le tranchant de sa hachette ; les éclats sont enfoncés à coups de marteau dans les joints nécessairement irréguliers qui séparent tous les moellons, et il faut que le mortier reflue bien de toutes parts, afin que l'on soit certain qu'il ne reste pas de vide.

Le maçon prend à la main le mortier qui a reflué et le répand uniformément sur la surface de l'assise ; il doit bien se garder de lisser cette surface avec la truelle, parce que la compression qu'il fait subir au mortier le dessèche et le fait durcir, et il conserve sa surface lisse lorsqu'on vient appliquer le bain de mortier destiné à recevoir l'assise supérieure ; l'adhérence se fait mal et la maçonnerie est mauvaise.

On a vu des maçons placer à sec les moellons qui remplissent une assise, puis verser dessus un mortier de chaux ou de plâtre, plus ou moins fluide, qui est censé devoir remplir tous les vides. C'est une opération déplorable, de laquelle résulte une maçonnerie creuse de qualité détestable.

Maçonnerie de briques. — La brique, par sa forme régulière et par sa constitution physique qui lui permet d'adhérer fortement aux mortiers, est susceptible de fournir des maçonneries d'une solidité et d'une durée considérables. Comme ce sont en somme de petits moellons bien réguliers, on les pose de même et avec beaucoup plus de facilité ; il faut seulement une certaine habitude pour donner aux joints une épaisseur bien régulière.

Dans les angles, on est forcé souvent de tailler la brique, par exemple de la couper en deux, d'en abattre un angle ou même de la tailler obliquement : la bonne brique se prête facilement à cette opération, que le maçon exécute d'un seul coup de sa hachette ; il est rare qu'un ouvrier adroit n'obtienne pas exactement la section qu'il désire.

La règle de la découpe doit être fidèlement observée dans la maçonnerie de briques.

Dans un mur d'une certaine épaisseur, il est nécessaire à la solidité de produire un enchevêtrement aussi parfait que possible ; deux joints d'assises voisines ne doivent jamais se trouver sur la même verticale : cette sujétion exige que, pour une épaisseur de mur donnée, on dispose les briques suivant un dessin régulier que l'on reproduit sans cesse. La *figure* 389 donne un dessin que l'on emploie pour les murs qui ont en épaisseur la longueur d'une brique ; ces murs portent le nom de cloisons en briques boutisses. On fait aussi des cloisons minces qui n'ont que l'épaisseur d'une brique ; les briques sont posées de champ, et l'on a une cloison de briques panneresses.

Sur la *figure* 390, on voit le dessin en usage pour les murs qui ont en épaisseur une fois et demie la longueur d'une brique ; et la *figure* 391 s'applique à ceux qui ont deux fois la longueur d'une brique. Il est facile du reste de trouver les diverses combinaisons que l'on peut employer pour une épaisseur donnée.

La brique se pose toujours à bain de mortier ; mais il faut avoir soin d'arrêter le bain à quelques centimètres du parement, afin que, lorsqu'on frappera la brique, le mortier en refluant arrive jusqu'au parement sans le dépasser ; s'il allait plus loin, il coulerait sur le parement qui prendrait un aspect malpropre.

Les joints d'une maçonnerie de briques très-soignée doivent être de 0ᵐ,005 ; **on ne doit guère dépasser 0ᵐ,01 pour une construction ordinaire.**

Terminons ce sujet en regrettant, avec M. Reynaud, qu'on ait abandonné la pratique suivie par les Romains, qui admettaient deux sortes de briques. Il serait bien d'établir, à leur exemple, la majeure partie d'un ouvrage en briques de dimensions ordinaires, et d'en avoir d'autres, plus longues et plus larges, mais de même épaisseur, qu'on placerait dans les angles et de distance en distance en guise de parpaings.

Avec les briques creuses, que nous avons décrites, et qui s'emploient comme les briques ordinaires, les maçonneries sont mieux reliées, parce que les bouchons de mortier qui pénètrent dans les trous des briques, forment comme autant d'assemblages à tenon et mortaise.

La brique pleine ou creuse, et les terres cuites en général, sont très-poreuses ; elles dessécheraient rapidement le mortier qui les entoure, si on n'avait soin de les arroser avant l'emploi.

Maçonneries mixtes. — Les maçonneries mixtes sont aujourd'hui les plus fréquentes, et ce sont en effet les plus rationnelles ; elles sont formées de l'alliance de la pierre de taille avec les petits matériaux : moellons ou briques. On place les pierres de taille à toutes les parties qui ont à supporter des efforts plus considérables ou qui sont soumises à des causes de dégradation plus puissantes : les socles, les angles, les parties qui, sur la façade, correspondent aux murs de refend de l'intérieur, tout cela appelle l'emploi de matériaux solides, parce que c'est pour ainsi dire l'ossature de l'édifice. Il ne reste plus que des panneaux que l'on remplit avec du moellon ou de la brique.

Sans doute, en agissant ainsi, on a un peu moins de solidité qu'avec une construction toute de pierre de taille ; mais la solidité est encore bien suffisante, et on a l'immense avantage d'une disposition très-économique et très-judicieuse. On peut même tirer un excellent parti de la maçonnerie mixte au point de vue de l'effet architectural.

Les anciens distinguaient plusieurs genres de maçonnerie mixte : 1° le système qui consistait à faire tous les parements en pierres de taille et le remplissage en moellon brut ; 2° ce qu'ils appelaient l'*opus incertum* (*figure* 392), composé de chaînes de pierres de taille formant des cadres dont l'intérieur est rempli par des moellons à tête irrégulière, accolés les uns aux autres, et taillés de manière à ne présenter que des joints assez minces ; cette maçonnerie est d'un bon effet, et elle résiste bien pourvu qu'on ait la précaution de la rejointoyer en ciment ; 3° l'*opus reticulatum* (*figure* 393, empruntée comme la précédente à l'atlas de M. Reynaud), qui ne diffère du précédent que par la forme régulière des moellons de parement, ces moellons sont à tête carrée, mais posés de manière que la diagonale du carré soit verticale. 4° Enfin les Romains employaient encore la brique en parement de remplissage ; quelquefois même ils faisaient alterner des assises de moellons et des assises de briques. Au moyen âge, on a exécuté, en Normandie, des maçonneries ayant l'aspect d'un damier, dont une moitié des carreaux était en briques, et l'autre moitié en petits moellons de silex bien taillés.

Tous ces systèmes, sauf le dernier, sont aujourd'hui employés d'une manière générale ; les panneaux sont le plus souvent exécutés en maçonnerie de moellons bruts que l'on cache par un enduit.

On a obtenu d'excellents résultats, que l'on peut reconnaître sur la plupart de nos lignes de chemins de fer, de l'alliance des chaînes et des cordons de pierres de taille avec la maçonnerie de briques. On arrive même, en employant des briques jaunes et des briques rouges, à produire des dessins réguliers d'un effet agréable.

Les chaînes sont formées de pierres de taille qui n'ont pas même longueur, afin qu'elles se lient mieux à la maçonnerie de remplissage ; c'est une sorte de découpe. La pierre de la base doit évidemment être longue, elle forme ce qu'on appelle harpe sur la seconde assise ; le déharpement, c'est-à-dire la saillie d'une grande pierre sur une petite, doit être d'au moins 0m,20.

Ce qui est à craindre, dans l'association de ces matériaux de hauteur différente, ce sont les tassements inégaux ; remarquez en effet que les joints sont beaucoup plus nombreux et beaucoup plus larges dans la maçonnerie de remplissage que dans la maçonnerie de pierre de taille, et, comme le mortier est sensiblement compressible, il y a une réduction inégale dans les hauteurs, et les deux genres de maçonnerie tendent à se disloquer ; il en résulte souvent des crevasses qui prennent toute la hauteur. Le même effet se produit par exemple, lorsqu'on élève un mur de soutènement dont le parement est en pierre de taille et la massif non apparent en moellons bruts ; il peut se faire que le parement se détache du massif et que le tout s'écroule.

On peut s'opposer efficacement à cette dislocation, en diminuant autant que possible, par une compression énergique, les joints de la maçonnerie de remplissage ; en faisant pénétrer quelques-unes des pierres de parement très-profondément dans la maçonnerie de remplissage : ces longues boutisses établissent une certaine solidarité entre les deux genres de matériaux ; en établissant de place en place des cordons horizontaux de pierres à longue queue. Malgré toutes ces précautions, il ne sera pas rare de voir les joints s'ouvrir le long des harpes, au raccordement des chaînes et du remplissage ; on remédiera à ce défaut par un rejointoiement bien soigné.

Maçonnerie de béton. Rocaillages. — Nous avons suffisamment traité, dans les chapitres 3 et 4, tout ce qui se rapporte à la maçonnerie du béton, sans qu'il soit besoin de revenir sur ce sujet.

On peut rapprocher du béton la maçonnerie dite de rocaillages : elle s'exécute presque exclusivement avec de la meulière. Ce système consiste à former le parement d'un mur avec des moellons quelconques, plus ou moins irréguliers, qui laissent entre eux des vides et par suite des joints de dimensions très-variables ; on implante dans ces joints de petits éclats de pierre qui font refluer le mortier, et l'on obtient ainsi une surface raboteuse d'un aspect rustique.

Ce système est assez usité dans les constructions du génie, et il produit un bon effet.

Citons pour mémoire un système de rocaillage d'ornement, qui consiste à recouvrir d'un enduit de mortier le parement de maçonnerie brute, et à implanter dans cet enduit une masse de petites pierrailles et de coquilles : beaucoup de maisons de campagne ont leur soubassement recouvert de ce genre de rocaillage, qui, sans doute, introduit de la variété dans la construction, mais n'est généralement pas bien solide.

Maçonnerie en pierres sèches. — La maçonnerie en pierres sèches est bien délaissée aujourd'hui, et cela se comprend si l'on réfléchit à la facilité et à l'économie avec laquelle on produit les mortiers et les ciments, qui permettent de former de gros blocs solides avec les matériaux les plus petits.

Aux premiers temps de la civilisation, en Égypte, en Grèce, à Rome, les monuments destinés à vivre indéfiniment, étaient construits en pierres de taille assemblées sans mortier. On en retrouve des exemples dans lesquels les joints sont presque imperceptibles ; il semble que les pierres aient été usées les unes contre les autres par un frottement prolongé, afin de mieux s'assembler. Quelquefois, on les réunissait entre elles par des crampons en fer ou en bronze, ou par des queues d'hironde en bois dur, qui s'engageaient dans des refouillements ménagés tout exprès.

On rencontre encore sur les côtes de Bretagne quelques jetées en pierres sèches ; ainsi la jetée de Roscoff, qui a 13ᵐ,50 de large sur 11 mètres de haut, est formée de deux parements en gros blocs juxtaposés sans mortier qui comprennent entre eux un remplissage. Les blocs assemblés étaient, paraît-il, coincés avec des cales en bois qui, en absorbant de l'eau, se gonflaient et déterminaient un serrage énergique. A Folkestone, on a construit une grande jetée formée de pierres inclinées à 60° sur l'horizon vers l'intérieur du massif.

Quoi qu'il en soit, nous le répétons, ce mode de construction n'est plus guère usité, excepté pour les enrochements et les perrés, dont nous avons déjà donné les détails de construction.

Le tableau suivant résume quelques notions relatives à l'exécution des maçonneries, empruntées à plusieurs auteurs, notamment à MM. Claudel et Laroque, qui connaissent si bien la pratique de la construction à Paris :

Nombre d'heures que passe un maçon à exécuter un mètre cube de l'une des maçonneries ci-après :

Massifs, blocages et remplissages des reins de voûtes, sans aucun ébousinage de moellons..	3ʰ,00
Murs de fondation, au-dessus de 0ᵐ,30 d'épaisseur, sans aucun parement...	4,00
Les mêmes, au-dessous de 0ᵐ,30 d'épaisseur.....................	5,00
Voûtes en berceau et murs de cave ou de clôture, au-dessus de 0ᵐ,40 d'épaisseur, à deux parements, les moellons étant smillés proprement avant l'emploi......	5,00
Les mêmes, au-dessous de 0ᵐ,40 d'épaisseur	6,00
Parements de voûtes d'arêtes ou en arc de cloître.................	11,00
Murs en élévation, de 0ᵐ,40 d'épaisseur au moins, construits entre deux lignes, les moellons étant ébousinés et les parements devant être recouverts d'un enduit, jusqu'à 3 mètres de hauteur........	6,00

De 3 à 8 mètres de hauteur..	8ʰ,50
Les mêmes, sur plan circulaire, élevés au plomb, jusqu'à 3 mètres...	9,00
Les mêmes, sur plan circulaire, élevés au plomb, de 3 à 8 mètres...	12,00
Maçonnerie de moellons piqués, exécutée avec soin, pour parements de murs de caves, de clôtures ou de terrasses, les moellons étant servis tout piqués au maçon............................	11,00
Maçonnerie de moellons posés à sec pour perrés.................	4,00
Rocaillage fait au fur et à mesure de l'exécution des maçonneries, sur parement de meulière brute ou smillée grossièrement, posée par assises à peu près régulières ou dans tous sens, un maçon et son aide, par mètre carré.............................	1,30
Rocaillage d'ornementation posé à bain de mortier, pour soubassement ....•.........	3,00

Briques modèle de Bourgogne (0ᵐ,055 sur 0ᵐ,107 et 0ᵐ,22) :

Un mètre carré de cloison de 0ᵐ,055 d'épaisseur, un maçon et son aide	0,80
— 0ᵐ,107 —	1,80
— 0ᵐ,22 —	3,80
Un mètre cube de maçonnerie, de plus de 0ᵐ,22 d'épaisseur, y compris l'échafaudage et le montage des matériaux à 7 ou 8 mètres de hauteur, un maçon et son aide...........................	15,00
Un mètre cube de même maçonnerie pour voûtes...............	16,00

Quantité de mortier employé par mètre cube de différentes maçonneries :

Pierres de taille, en assises réglées, libages, plates-bandes... 0ᵐᶜ,08 à	0ᵐᶜ,10
Voûtes en berceau et en arc de cloître.;.................	0,10
Voûtes d'arêtes et sphériques.........................	0,105
Marches, seuils et appuis...........................	0,175
Maçonnerie de blocage en moellons irréguliers...........	0,40
Maçonnerie de moellons ébousinés et équarris...........	0,32
— — smillés et d'appareil.............	0,25
Maçonnerie de blocage en meulière................. ...	0,45
Maçonnerie de meulière piquée ou smillée pour parements.	0,33
Pour un mètre cube de maçonnerie de briques (modèle de Bourgogne) 635 briques et un volume de mortier de.....	0,20

Extrait du cahier des charges imposé aux entrepreneurs de la ville de Paris, en ce qui touche l'éxécution des maçonneries :

Taille de la pierre et du granit. — Les lits des assises des pierres de taille seront parfaitement dressés dans toute leur étendue. Les joints montants seront taillés avec soin, et retournés sur 0ᵐ,10 parfaitement d'équerre au parement. Les arêtes des parements seront bien vives, sans écornures ni épaufrures, les parements layés avec soin. Les bossages seront travaillés à la boucharde et entourés d'une ciselure.

Pose de la pierre et du granit. — Les pierres seront posées sur mortier sans aucune espèce de cales; elles seront assurées à coups de masse de bois et parfaitement garnies dans toute la partie engagée dans la maçonnerie; les lits auront au plus un centimètre et au moins 8 millimètres. Les joints montants ne pourront varier que dans les limites de 5 à 10 millimètres. Ils seront garnis en mortier ferme, enfoncé avec une fiche à dents, et non remplis en coulis, dont l'emploi est formellement interdit. Lorsque le temps sera très-sec, les pierres, avant leur pose, seront arrosées avec un arrosoir à pomme.

Maçonnerie de pierre de taille. — La maçonnerie de pierre de taille sera comptée pour le cube réellement mis en place ; dans les prix de la série il a été tenu compte d'un déchet de 1/5 pour la mise en œuvre.

Ce n'est que dans le cas d'évidement entre deux ou plusieurs faces conservées, que l'on appliquera dans la taille un prix d'abatage et que l'on comptera pour fourniture le cube réel de la pierre abattue, augmentée de 1/5 pour déchet.

Dallages en granit. — Les dallages seront exécutés avec soin ; les dalles auront 0ᵐ,10 d'épaisseur et seront posées sur une couche de mortier hydraulique de 0ᵐ,05 d'épaisseur ; la surface de ces dallages sera parfaitement plane, le jointoiement se fera en ciment hydraulique pur.

Par dallage réglé d'appareil, on entend que les dalles seront échantillonnées sur leur largeur ou leur longueur.

Parements en moellons et meulières. — Il ne sera employé dans les parements vus de maçonnerie en moellons ou en meulières, que des pierres de fortes dimensions, ayant au moins 25 centimètres de queue. Il est expressément défendu d'y placer des garnis ou pierres de petit échantillon. Les joints seront dressés d'équerre sur 0ᵐ,10 au moins de longeur.

Moellons piqués. — Les moellons piqués devront être soigneusement équarris et tous de même hauteur, de manière que les diverses assises soient égales entre elles ; leur tête sera piquée et taillée au marteau de tailleur de pierre.

Moellons smillés. — Les moellons smillés seront seulement équarris et placés par assises de niveau, sans que ces assises soient égales entre elles ; leur tête sera grossièrement taillée comme leurs joints.

Exécution de la maçonnerie de moellons et meulières. — Les meulières et moellons qui seront employés à la confection de la maçonnerie, seront bien gisants sur leurs lits et posés à bain de mortier. Si l'ingénieur s'aperçoit qu'il y a des vides non remplis de mortier, il aura le droit de faire démolir autour de l'endroit où cette malfaçon existera, pour chercher si plus loin la maçonnerie est faite. Il s'assurera spécialement si les joints contigus à la paroi de la fouille sont bien remplis en mortier. L'entrepreneur n'aura aucune indemnité à réclamer à cet égard.

Briques. — La maçonnerie en briques, soit de pays, soit de Bourgogne, sera faite en briques de même échantillon et entières ; elles seront trempées dans l'eau et, au fur et à mesure qu'on les mettra en œuvre, posées alternativement en panneresses et boutisses à liaison suffisante, à bain de plâtre ou de mortier soufflant de toutes parts.

Restauration des anciennes constructions. — Rejointoiements. —

Certaines parties d'une construction, soumises à des efforts plus considérables que ceux qu'ont à supporter les parties voisines, ou exposées à des influences physiques particulières, ou bien encore construites en matériaux tendres ou défectueux, se détériorent avant le reste ; il est convenable, dans ce cas, de consolider ou de réparer ces parties mauvaises, sans détruire la construction tout entière.

L'invention des ciments, qui atteignent une dureté souvent supérieure à celle de la pierre, a rendu relativement facile la restauration des anciens édifices.

Nous décrirons ici quelques procédés curieux de restauration, dont on pourra se servir dans des circonstances analogues.

Les *figures* 394 et 395 indiquent le procédé mis en œuvre pour la restauration des voussoirs du pont de Blackfriars, par l'ingénieur James Cooper.

Ces voussoirs étaient en pierre tendre, et plusieurs d'entre eux s'étaient écaillés et creusés à la longue. Voici comment on s'y prit pour remplacer les parties défectueuses par des morceaux de pierres dures.

La partie à restaurer est d'abord taillée dans toute la longueur de l'assise, jusqu'à la profondeur de $0^m,375$ généralement, quelquefois de $0^m,60$ dans les endrois fort endommagés; jamais, à moins de $0^m,30$ de long. Les lits et les côtés de l'ouverture étant bien dressés, on y adapte une espèce de moule, afin d'en avoir la forme exacte pour le nouvel ouvrage.

Chaque portion de voussoir est remplacée par deux pièces d'épaisseur différente : l'inférieure a a plus de coupe que le voussoir primitif; la supérieure b est légèrement amincie en coin, pour qu'on puisse la pousser; les dimensions des deux parties réunies équivalent à la capacité de la cavité. Des trous circulaires sont creusés vis-à-vis l'un de l'autre dans les lits des deux pièces qui doivent être jointes par la clef C ; le trou de la partie inférieure a a en profondeur la moitié de la longueur de cette clef, tandis que le trou correspondant dans la partie b est assez profond pour la recevoir complétement, de manière à ce que, lorsqu'elle sera placée dans ce trou, elle ne présente pas d'obstacle à l'entrée de la pierre ; enfin, des ouvertures d'environ $0^m,016$ de diamètre sont percées du fond de ces trous aux chanfreins, sur la face des joints.

La pierre en queue d'aronde a est placée d'abord sur un lit de mortier et est maintenue par de petits étrésillons appliqués à la place qui doit être ensuite occupée par l'autre moitié b, laquelle est presque entièrement recouverte de mortier sur les lits et les joints, et est enfoncée par des masses en bois jusqu'à ce que les trous circulaires creusés dans les lits soient vis-à-vis l'un de l'autre; alors la corde d étant détachée, la clef c (qu'elle retenait dans le trou creusé dans le lit de la pierre supérieure b) est attirée ou poussée dans le vide correspondant de la pierre. Si la nouvelle pierre est suffisamment en contact avec l'ancien ouvrage, ce qu'indique aisément le son produit par la masse, et qu'elle soit d'ailleurs convenablement placée, on bourre le trou d de mortier de manière à entourer la clef et à la maintenir dans la place qui lui est assignée. La corde e, destinée à attirer la clef, passe dans un conduit percé dans la pierre a du trou de la clef au parement du voussoir; quelquefois, lorsque cette corde n'est pas mise en action, la clef est poussée au moyen de fils de fer enfoncés dans l'ouverture d de la pierre supérieure.

Les pierres en forme de coin b ont ordinairement $0^m,30$ d'épaisseur sur leur face; elles s'amincissent de $0^m,012$ à la profondeur de $0^m,375$ et ont de $0^m,30$ à $0^m,75$ de long, point qu'elles dépassent rarement, attendu que lorsqu'elles sont plus épaisses ou plus longues, elles sont très-difficiles à enfoncer. Ces limites ne sont cependant pas applicables à la pierre en queue d'aronde a, que l'on dispose avec toute la longueur nécessaire, et dont l'épaisseur est réglée sur la cavité à remplir; l'autre pierre b a généralement une dimension uniforme, ainsi que nous venons de l'établir. Les clefs qui sont de la pierre de Craigleith ont $0^m,125$ de long et $0^m,075$ de diamètre au milieu, et vont en diminuant aux extrémités où elles ont $0^m,060$.

Quand la nouvelle pierre est placée de la manière qu'on l'a décrit, et que la clef est assurée à sa place, il est évident que ni l'une ni l'autre moitié ne peut s'échapper, et que, par le durcissement du mortier, cette pierre, quoiqu'en deux parties, devient réellement un seul voussoir. Mais pendant la confection de l'ouvrage, et avant que la pierre b ne soit placée, la pierre en queue d'aronde a a une tendance à glisser, inconvénient qu'on prévient quelquefois en la soutenant au moyen de l'échafaudage, ou en laissant sur le côté inférieur de la nouvelle pierre, un tenon s'adaptant à une mortaise pratiquée au-dessous dans la maçonnerie; mais, dans l'espace de cinq ou six assises de chaque côté de la couronne de l'arche, et dans d'autres places, lorsqu'on a enlevé une longueur considérable, on insère à chaque extrémité de pierre incrustée, ou à une extrémité seulement, si la pierre était très-courte, une clef carrée *f* de 0ᵐ,10 de long sur 0ᵐ,06 de large, qui s'étend diagonalement du lit supérieur de la pierre *a* dans le joint vertical entre l'ancienne et la nouvelle maçonnerie, de sorte qu'une moitié est dans la pierre vieille, et l'autre moitié dans la pierre neuve.

Les nouvelles pierres remplissent ainsi complétement les vides laissés par les anciennes qu'on a extraites, ce qu'elles ne pourraient faire si elles étaient en une seule pièce, à cause de la radiation des joints dans une arche ; et, par ce moyen, elles établissent une parfaite solidarité entre la voûte ancienne et les ouvrages neufs.

Il est évident que le procédé se simplifie lorsqu'on a affaire à une maçonnerie formée d'assises horizontales régulières ; avec un bon mortier de ciment, on peut se contenter de boucher le trou par un prisme rectangulaire en pierre dure, que l'on enduit de mortier sur la face supérieure, et qu'on fait entrer à coups de masse dans la cavité, dont on a enduit de mortier le fond, la face inférieure et les faces latérales.

Restauration du pont de Tours. — Vers 1835, M. l'ingénieur en chef Beaudemoulin mit en œuvre, pour la réparation des fondations du pont de Tours, un procédé d'injection analogue à celui que nous avons décrit au chapitre 3, lorsque nous indiquions le moyen d'étouffer les sources.

En janvier 1835, on avait remarqué un affaissement notable du parapet et de la chaussée au-dessus de quelques arches. Des sondages exécutés le long des enceintes des piles montrèrent que ce n'était point à des affouillements extérieurs qu'il fallait attribuer le tassement ; on reconnut qu'il était le résultat de l'enfoncement des piles, et que celles-ci devaient présenter des vides sous les plates-formes des caissons. M. Beaudemoulin eut l'idée de combler ces vides par des injections de mortier hydraulique.

La première opération à exécuter était le forage de la pile par des trous verticaux, qui serviront d'abord à reconnaître l'état des fondations, et ensuite à injecter le mortier.

La sonde employée au forage des maçonneries est représentée en entier sur la *figure* 396, et les détails de la mèche sont donnés par la *figure* 397. La tige de sonde est en fer carré, et on ajoute un contre-poids pour augmenter la masse ; on voit comment la sonde est soulevée par un levier à tiraudes ; elle est suspendue à une corde qui s'enroule sur un treuil et qui s'allonge à volonté, et la suspension est disposée de manière à ce que la tige et, par suite, la mèche puissent tourner d'une petite quantité après chaque volée ; cet appareil a donné de bons résultats ; on peut avancer d'environ 0ᵐ,50 par jour.

Outre les forages verticaux exécutés dans le corps de la pile, on en exécuta d'autres latéralement, à travers les enrochements et la plate-forme en charpente qui recouvrait la tête des pilots de fondation.

Ces forages latéraux avaient pour but : 1° de donner une issue à l'eau que venait remplacer le mortier qui descendait par les orifices centraux ; 2° de servir, pour ainsi dire, de tuyaux d'aspiration au mortier qui, après avoir rempli le vide, refluait, remplissait les conduits et débordait à la surface des enrochements ; 3° de servir à comprimer le mortier injecté lorsqu'à la fin de l'opération on bouchait tous les trous avec des pistons sur lesquels on exerçait une pression.

Pour injecter le mortier hydraulique un peu ferme, renfermant une partie de bonne chaux hydraulique et deux parties de sable, on faisait entrer à frottement dur, dans les trous du centre de la pile, des tubes en bois que terminait un entonnoir, et l'on forçait la pâte à descendre en appuyant dessus un piston de bois qui descendait dans les tuyaux.

Mais à peine avait-on employé un demi-mètre cube de mortier dans chaque trou, que les plus grands efforts de percussion n'arrivaient pas à faire descendre le piston, et les tuyaux en bois éclataient sous le choc du mouton. On reconnut en débouchant les trous que le mortier se décomposait sous le choc et se délavait en tombant dans le vide.

On résolut alors de substituer de la chaux pure au mortier. On l'employait aussitôt après l'extinction, à la consistance de bouillie claire et presque liquide. En outre, on remplaça le piston en bois, dont l'action était sans force au delà de 2 mètres, par un refouloir en fer creux, à clapet ((*fig.* 398), qui agissait dans l'intérieur même de la plate-forme, ainsi qu'on le voit sur la *figure* 396.

Ce refouloir était fixé à l'extrémité d'une barre de sonde pesant 180 kilog. et enfilant par son axe un mouton en bois ferré du poids de 150 kilog. L'extrémité supérieure de cette barre était liée à un levier mis en mouvement, avec toute sa charge, par sept hommes, et donnant à chaque coup une chute de $0^m,30$ à $0^m,40$, de manière que le piston ne sortît pas de l'épaisseur de la plate-forme. Les clapets du piston s'ouvrent de haut en bas, de sorte que la chaux à l'état de bouillie peut le traverser sans difficulté pendant qu'on le soulève. On continue ainsi jusqu'à ce que le piston ne s'enfonce plus du tout, et jusqu'à ce que la chaux reflue par une des ouvertures latérales, ce qui n'arrive pas toujours, parce que la chaux peut avoir le temps de faire prise au commencement de son ascension, et l'orifice se trouve bouché.

L'opération réussit bien, malgré toutes les objections qu'elle avait soulevées, et de nouveaux sondages montrèrent que la chaux injectée avait rempli jusqu'aux moindres vides qui se trouvaient sous la plate-forme, et qu'elle avait durci sous la pression centrale, entre le gravier et le bois dont elle avait pris l'empreinte.

« Ce qu'il faudrait trouver pour arriver à la perfection du système, dit M. Beaudemoulin, c'est une matière grasse ne se combinant pas avec l'eau, fluide à froid, adhérant bien à la pierre même mouillée, susceptible de peu de retrait, et de nature à ne se solidifier qu'après être restée molle pendant plusieurs jours.

« Cette dernière propriété, qu'a la chaux, est très-importante pour une injection à grand volume, en ce qu'elle permet de couler, comme d'un seul jet, par un petit nombre de tuyaux, et de faire agir la compression sur toute la masse.

« Les ciments de Pouilly et de Vassy se dissolvent moins facilement dans l'eau que la chaux, et sont très-bons dans les injections qu'on peut achever en une heure ou deux. On s'en est servi pour injecter les voussoirs rompus et les vides qui se trouvaient dans les reins d'une autre arche du pont de Tours. Mais ces matières prennent trop vite pour être utilisées dans les injections de grand volume, qui exigent quelquefois huit à dix jours de travail.

« Une précaution capitale à observer est de combiner les tuyaux de dégorgement avec ceux d'injection; sans cela, l'eau et les matières avariées résistent au refoulement; le remplissage n'est alors ni exact, ni de bonne qualité.

« Une autre règle, c'est que la pesanteur est l'agent le plus puissant et le plus rapide des injections : elle agit sur la masse entière, tandis que le refoulement par percussion, qui est infiniment plus long, n'introduit que par faibles portions des matières inégalement solidifiées dans les tuyaux, et se désagrégeant quand elles débouchent dans les vides.

« Il est donc très-important de donner aux tuyaux d'injection la plus grande hauteur possible. On introduit ainsi avec une grande promptitude toutes les matières que les vides peuvent contenir. Elles sont alors dans un état de mollesse qui permet à la percussion d'agir sur toute la masse. »

Injections sous une pression permanente. — Le défaut de la méthode suivie par M. Beaudemoulin, comme par ses prédécesseurs : M. Bérigny aux écluses de Dieppe en 1802, M. Brière de Mondétour à l'écluse de Royaumont sur l'Oise en 1832,

M. Marie à l'écluse de Saint-Simon sur le canal de la Somme en 1820, c'est d'opérer l'injection au moyen du choc.

Les cavités qu'il s'agit de remplir sont généralement tortueuses, de forme irrégulière, et les pressions ne s'y transmettent pas bien loin lorsqu'il s'agit surtout, non pas d'un liquide, mais d'une bouillie plus ou moins claire. D'autre part, pour que le mortier pénètre, il faut que l'eau sorte, et elle doit le faire par des conduits de petite section ; comme elle n'est point compressible, et que les conduits ne peuvent lui livrer passage instantanément, la force employée au choc est perdue et ne sert qu'à dégrader les parois de la cavité.

De là résulte la nécessité de substituer au choc une pression continue ; on réussirait certainement si l'on plaçait sur un corps de pompe rempli de mortier, un piston qui s'enfoncerait lentement par le moyen d'une presse à vis. Un appareil de ce genre s'établirait, à notre avis, avec facilité et économie.

Vers 1840, M. l'ingénieur Colin eut à réparer une crevasse considérable qui s'était produite sur le parement d'amont du barrage qui limite le réservoir de Grosbois (canal de Bourgogne). La crevasse était apparente sur 22 mètres de hauteur, elle suivait les joints des moellons et formait une ligne brisée de 45 mètres de développement ; certains moellons s'étaient même fendus ; on en enleva les morceaux et on les remplaça par des moellons neufs posés au mortier de ciment ; puis, on nettoya les joints ouverts, et on les remplit aussi profondément que possible avec du bon mortier hydraulique, en laissant de place en place de petits orifices destinés à recevoir les tuyaux d'injection, ou à servir d'évent pour la sortie de l'air intérieur qu'il s'agissait de remplacer par du mortier.

On se servit d'abord d'une pompe dont le piston agissait par chocs successifs ; le résultat fut négatif, ce qui n'a rien d'étonnant, si l'on réfléchit qu'une fente mince et contournée ne peut guère se prêter à la transmission des pressions. C'est alors que M. Colin mit en œuvre la pompe représentée en coupe par la *figure* 399 : c'est un cylindre en fonte alésé, avec piston hermétique ; ce cylindre se termine par un ajutage que l'on introduit dans les orifices d'injection, et que l'on ferme avec un petit bouchon de bois, pendant que l'on remplit de mortier le corps de pompe. Le balancier à long manche agit sur la tige en crémaillère qui prolonge le piston par l'intermédiaire d'un doigt (c) s'engageant dans les dents de la crémaillère ; supposez qu'on donne un coup de balancier, le doigt (c) fait descendre le piston, par exemple, d'un cran ; mais, par suite du choc, le piston tend à remonter instantanément, et le travail serait perdu, s'il n'y avait un doigt fixe (d), ou cliquet à ressort, qui permet bien à la crémaillère de descendre, mais qui l'empêche de remonter. La pression produite par le choc persiste donc et se transmet à la bouillie de mortier qui s'étend à l'intérieur de la crevasse.

Le procédé réussit ; mais, nous le répétons, on se servirait plutôt aujourd'hui d'une presse à vis dont l'action serait beaucoup plus régulière.

A propos du travail que nous venons de citer, M. Colin émit les réflexions suivantes, qui nous semblent bonnes à rappeler ici :

« Les ouvrages hydrauliques sont exposés, de la part des eaux mortes ou courantes, à de fréquentes causes d'accident. Les édifices ordinaires, qui ne sont point soumis à l'action destructive des eaux, sont sujets, comme les édifices hydrauliques eux-mêmes, à d'autres perturbations : celles qui proviennent, soit des tremblements de terre, soit du tassement du sol qui les supporte, soit enfin du tassement, de l'écrasement ou du dérangement des parties de ces édifices, résultant d'un défaut de construction ou d'un équilibre mal calculé entre les forces conservatrices et les forces destructives de la stabilité.

« Ainsi, il n'est pas rare de rencontrer tel ou tel édifice dont une partie a subi un tassement par suite de la compression du sol qui le supporte, ou du tassement de la matière qui le constitue, de la poussée d'une voûte ou d'une charpente, ou par telle ou telle autre raison. Le résultat général de ces perturbations est une fracture ou lézarde, dont l'ouverture dépend de l'amplitude du mouvement qui s'est réalisé.

« On trouve fréquemment ces traces de perturbation dans les édifices de l'époque du moyen âge. Tous les vieux manoirs féodaux, toutes les anciennes murailles, les tours, les édifices civils ou militaires, sont sillonnés de lézardes plus ou moins apparentes, et qui ont concouru puissamment à leur destruction.

« Quand le tassement du sol s'est opéré sous le poids d'une construction neuve, le mouvement ne s'arrête pas nécessairement après l'achèvement. Souvent, et le plus souvent même, il continue jusqu'à ce qu'un nouvel équilibre soit rétabli ou que l'édifice s'écroule. Ces mouvements, d'ailleurs, ne se réalisent pas nécessairement aussitôt que la construction est achevée. Quelquefois, c'est pendant la construction, souvent immédiatement après l'achèvement, le plus souvent après un temps plus ou moins long.

« Les ruptures ou lézardes des massifs de maçonnerie contribuent donc à la destruction des édifices par les ébranlements dont elles sont les résultats, par la diminution d'adhérence des matériaux et de la solidité des parties de l'édifice dont elles sont aussi les conséquences. Ces lézardes une fois produites, doit-on les laisser subsister ? doit-on les fermer avec soin ? Je vais essayer de démontrer, en deux mots, la nécessité presque générale de les fermer.

« Supposons qu'il s'agisse d'un édifice hydraulique, d'un pont, d'une écluse, d'un mur de quai, etc.; une lézarde y est formée, j'admets qu'elle ait atteint son dernier période et son maximum d'amplitude. Cette lézarde donne lieu à des voies d'eau ou simplement à des suintements, ou bien elle n'offre ni l'une ni l'autre de ces circonstances. Si elle donne lieu à des voies d'eau ou à des suintements, il est incontestable que cet écoulement permanent ou périodique entraînera les mortiers, surtout s'ils ne sont pas hydrauliques, s'ils le sont légèrement, ou enfin si, étant ou devant être hydrauliques, la manipulation ou l'emploi en avait été vicieux. Le premier résultat de cet écoulement sera donc une augmentation du mal qui ira incessamment en s'aggravant. Le second résultat sera tout aussi fâcheux. Aux époques des gelées, les eaux de filtration, se cristallisant dans cette lézarde, tendront à l'agrandir par l'expansion de la glace qui engendre une force à laquelle, comme on le sait, il est difficile de résister efficacement. Ainsi, dans le premier cas, destruction et entraînement des mortiers et dislocation simultanée des parois de la lézarde par l'action de la gelée, et dans le second cas, réalisation de cette dernière circonstance : telles sont les conséquences générales auxquelles on est irrésistiblement amené.

« Supposons qu'il s'agisse d'un édifice civil, public ou particulier; l'existence d'une lézarde donnera rarement lieu à des voies d'eau proprement dites, dont les effets soient bien redoutables ; mais les eaux pluviales s'écoulent dans les lézardes, s'y congèlent, les plantes croissent dans ces fractures et causent un inconvénient analogue à celui de la gelée, quoique cependant moins énergique.

« Enfin, les lézardes et fractures détruisent la solidarité des parties de l'édifice en reportant sur quelques-unes de ces parties seulement les charges et pressions qui étaient primitivement destinées à agir contre l'ensemble de l'ouvrage; sous ce dernier rapport, il serait encore nécessaire de les faire disparaître autrement qu'en masquant l'orifice par un replâtrage, comme cela se pratique habituellement.

« Si on a soin de bien nettoyer l'intérieur des lézardes par des injections préalables d'eau claire, et de se servir, selon les cas, de mastics énergiques à l'état liquide, de coulis de ciments calcaires ou simplement de chaux hydrauliques, dans lesquels on pourrait, au besoin, et si l'ouverture des lézardes le permettait, mélanger quelques sables fins, on restituera à l'édifice sa forme et sa destination primitives, et on rétablira l'adhérence entre les deux parois des fractures en reconstituant ainsi plus ou moins complétement la solidarité des diverses parties de l'ouvrage que des accidents auraient détruite.

« Toutefois, cette opération, comme on le comprend aisément, ne devra être pratiquée que lorsque la lézarde aura acquis un état définitivement normal et qu'il n'y aura plus à craindre d'accroissement dans son ouverture et ses dimensions. »

A l'injection de mortier, on a quelquefois substitué l'injection de terre glaise. M. l'ingénieur Plocq a employé ce système à l'écluse de l'arrière-port à Dunkerque, écluse dont la fondation du radier était criblée de vides considérables. On creusa le radier aux deux bouts, et les trous furent remplis par des massifs de béton formant des batardeaux étanches ; le sous-radier était donc transformé en une sorte de tube de section irrégulière, fermé aux deux bouts ; on pratiqua alors dans l'épaisseur du radier une série de trous de $0^m,12$ de diamètre, par lesquels on fit des injections de terre glaise, dont il entra au moins 200 mètres cubes. On alla même jusqu'à percer le long des bajoyers des trous d'injection inclinés à 45°, parce que l'on craignait que les trous verticaux du radier ne fussent pas suffisants pour envoyer la matière jusqu'au-dessous de la partie la plus reculée des bajoyers. Depuis 1852, l'écluse ainsi réparée a parfaitement fonctionné sans aucune trace de filtrations.

Rejointoiements. — Généralement, le mortier qu'on emploie à la confection des massifs de maçonnerie, quoique d'une qualité suffisante, se dégraderait à l'air si on ne garnissait les joints, du moins dans la partie voisine du parement. Aussi, est-il d'usage, dans une construction soignée, de dégrader, après coup, les joints apparents en mortier ordinaire, et de substituer à celui-ci un mortier plus compacte et résistant mieux aux influences atmosphériques.

Avant que l'emploi de la chaux hydraulique se fût généralisé comme il l'est aujourd'hui, le rejointoiement en ciment était presque nécessaire. Dans bien des cas, on peut maintenant rejointoyer avec le mortier dont on s'est servi pour le massif, en ayant soin de comprimer fortement le joint avec une tige en fer ou dague.

Le mortier déjà hydraulique, qui se trouve ainsi comprimé, n'absorbe plus l'humidité et résiste longtemps à la gelée.

Cependant, dans les constructions ordinaires, pour lesquelles le mortier intérieur est souvent d'une hydraulicité assez faible, le rejointoiement est forcé ; on dégrade donc le joint avec une sorte de crochet en fer que l'on tient par un manche de bois, et l'on remplit la partie dégradée en fichant le joint à la truelle avec du mortier de bonne chaux hydraulique ou mieux de ciment.

Nous avons longuement expliqué la préparation et l'emploi des divers ciments, nous ne reviendrons donc pas sur ce sujet.

La compression du joint par une tige en fer doit toujours être exigée.

Dans la maçonnerie de pierre de taille, le joint est de faible épaisseur et on le termine en parement par une face plane. Pour une maçonnerie de moellons à joints plus larges, on donne quelquefois aux joints une forme concave ou convexe, qui a pour effet de mieux accuser les arêtes de la pierre, et de donner à l'édifice un aspect de solidité analogue à celui que l'on produit avec les refends et les bossages.

Un maçon et son aide mettent, d'après MM. Claudel et Laroque, le nombre d'heures suivant pour exécuter 1 mètre courant de rejointoiement :

Sur une maçonnerie neuve de pierre de taille...................... $0^h,2$

Sur une vieille maçonnerie, jusqu'à $0^m,04$ de largeur de joint....... 0 3

Sur une vieille maçonnerie, de 0^m,04 à 0^m,08 de largeur de joint..... 0^h 7
Pour 1 mètre carré de maçonnerie neuve en moellons piqués, joint
    soigné et comprimé.. 1 5
Pour 1 mètre carré de parement en briques, joint soigné............ 1 8

Mastics — Les constructeurs se servent encore quelquefois de différents mastics, qu'il est utile de connaître, bien qu'on leur ait en bien des cas substitué les ciments calcaires.

Mastic Dihl. — « Le mastic Dihl se vend au prix de 30 francs le quintal lorsqu'il est jaune, et de 55 francs lorsqu'il est blanc.

Il est imperméable et acquiert rapidement une grande dureté. Il est formé de neuf parties de brique pilée et d'une partie de litharge (oxyde de plomb). On l'emploie surtout pour faire les rejointoiements dans les ouvrages en pierre, en mortier, en plâtre, en briques. A cet effet, on le gâche avec de l'huile de lin ou avec de l'huile de noix : dans cette opération, il faut environ 25 litres d'huile pour 1 quintal de mastic. On a d'ailleurs le soin d'enduire avec une huile grasse les parties sur lesquelles le mastic doit être appliqué, afin d'empêcher que l'huile de lin, qui entre en combinaison dans le mastic, ne soit absorbée par les parois.

« On emploie aussi le mastic Dihl pour la peinture conservatrice. Dans ce cas, on commence par le broyer à l'huile, comme le blanc de céruse, et on l'applique ensuite avec le pinceau. Il peut servir à enduire le fer, le bois, et surtout le plâtre, ainsi que la pierre; il adhère fortement à tous ces matériaux qu'il préserve très-bien de l'action de l'air.

« *Ciment d'oxychlorure de zinc.* — Pour obtenir ce ciment, on délaye de l'oxyde de zinc dans un chlorure liquide de la même base. Le chlorure doit marquer 50° à l'aréomètre de Baumé, et, afin que le ciment prenne moins rapidement, il est bon d'y introduire 3 0/0 de borax. Lorsque le mélange est fluide, il peut être coulé dans des moules, et en durcissant, il reproduit leur forme avec une netteté remarquable.

« Le ciment d'oxychlorure basique de zinc possède une qualité précieuse, une grande dureté; il est, en effet, plus dur que la chaux carbonatée. En outre, il résiste au froid, à la chaleur et à l'humidité. Les acides eux-mêmes l'attaquent assez lentement.

« Pour diminuer son prix de revient, on peut y mélanger des matières étrangères, telles que du sable ou de la limaille de fer.

« M. Sorel emploie son ciment à sceller le fer dans les constructions, à faire des dallages en mosaïques, à mouler très-exactement des statuettes ainsi que des médaillons. Lorsqu'il l'emploie à sceller le fer dans les constructions, il le mélange avec de la limaille de fer, et le composé qui en résulte est assez dur pour être difficilement attaqué par la lime. Les dallages en mosaïques peuvent, d'ailleurs, recevoir les couleurs les plus vives et les plus variées : un essai de ce genre, fait dans l'église de Saint-Etienne-du-Mont, a donné des résultats satisfaisants.

« Ce ciment pourrait encore trouver une application très-importante et remplacer la peinture à l'huile. On opère en délayant dans de l'eau et un peu de colle, l'oxyde de zinc pur ou coloré. On applique ce mélange comme les peintures ordinaires à la colle; puis, quand il y en a une couche suffisante, on passe par-dessus avec une brosse, un peu de chlorure de zinc à 25° de Baumé. Il se forme immédiatement de l'oxychlorure de zinc, qui est une peinture très-solide, sans odeur, séchant instantanément. Cette peinture peut d'ailleurs être poncée ou recevoir un vernis.

« Les peintures, employées pour la conservation des bâtiments, présentent toutes des inconvénients; aussi, le moindre progrès, qui serait réalisé dans cet art, **aurait-il** une très-grande importance. Les essais entrepris jusqu'à présent par M. Sorel sont donc dignes, au plus haut degré, de l'attention et de l'intérêt des constructeurs. » (Delesse.)

Mastic Machabée. — Ce mastic comprend pour 100 parties : 60 de poix grasse de Bordeaux à 35 francs le quintal, 2 de gallipot à 40 francs le quintal, 19 de bitume de Bastennes à 40 francs, 4 de cire vierge à 400 francs, 3 de suif de Russie à 180 francs, 6 de chaux hydraulique fusée à l'air à 5 francs, et 6 de ciment romain à 5 francs. Son prix de revient est donc de 51ᶠ,40 le quintal; on le vend 120 francs. On l'applique sur les plâtres, sur les parties humides des murs, sur tous les bois exposés à l'humidité ; il préserve le fer, la fonte et la tôle de la rouille; il convient pour scellement des grilles, des anneaux et des tuyaux en fonte.

Les expériences ont montré que ce composé pouvait rendre d'excellents services.

CHAPITRE VI.

BOIS ET MÉTAUX.

I. — BOIS.

Notions de physiologie végétale. — Le tissu végétal est, en dernière analyse, formé de cellules indépendantes accolées les unes aux autres, et de forme variable. Ces cellules, dans les végétaux à fleurs, s'allongent et deviennent des vaisseaux ; le végétal résulte dans ce cas de la réunion d'une multitude de petits canaux
cylindriques plus ou moins larges, plus ou moins rapprochés, suivant que le bois
est plus ou moins dur.

Les cellules peuvent contenir des matières organiques de composition et de nature
variables ; mais il y a une chose qui ne change pas, c'est la matière constitutive de
leurs parois. On l'appelle la cellulose, substance oxygénée et dépourvue d'azote
($C^{12}H^{10}O^{10}$), blanche, solide, diaphane, insoluble dans l'eau, l'alcool, l'éther, les matières grasses, les acides et les alcalis étendus. Il est facile de l'obtenir en soumettant
un tissu végétal à l'action des divers réactifs que nous venons de citer : les matières
étrangères disparaissent et la cellulose reste seule.

Parmi les végétaux, nous n'avons à parler que des arbres. Ils se composent de la
racine, de la tige, des feuilles et des organes de reproduction.

La racine est la partie de l'arbre qui, ordinairement enfouie dans le sol, y puise
les éléments nutritifs que la sève entraîne et qui viennent jusqu'aux feuilles, pour
s'y transformer par la respiration avant que l'arbre ne se les assimile. La racine ne
s'allonge que par le bout, par les radicelles qui sont spongieuses et absorbantes.

La longueur des racines est très-variable ; un petit végétal comme la luzerne peut
avoir des racines beaucoup plus longues que celles d'un gros arbre. Suivant leur
forme, les racines sont désignées par les noms suivants : pivotante, fibreuse, bulbi-
fère, rameuse, fasciculée.

La tige s'allonge en sens inverse de la racine, à laquelle elle est réunie par le
collet. En descendant du sommet à la base de la tige, on rencontre ses organes extérieurs dans l'ordre suivant : bourgeons, rameaux, branches, tronc. La tige, qui a
commencé par être un simple bourgeon, augmente sans cesse en largeur et en hauteur.

Les arbres sont classés dans deux des trois grandes familles végétales : les monocotylédones et les dicotylédones, que nous apprendrons à distinguer dans un instant.

Les arbres monocotylédones n'existent point dans nos climats. Le type du monocotylédone est le palmier des tropiques. Si l'on fait une section transversale de la tige du palmier, on voit qu'au centre elle est formée d'une masse de fibres ligneuses plus ou moins réunies par un tissu cellulaire sans consistance ; à la périphérie, les fibres se rapprochent et finissent par former un composé très-dur ; la section s'accroît par la surface extérieure, car les feuilles se prolongent tout autour de l'écorce en l'entourant d'une gaîne qui persiste même après la chute des feuilles ; mais il arrive au bout d'un certain temps que l'écorce est trop dure pour pouvoir s'étendre, le palmier ne grossit plus et il prend une forme cylindrique, au lieu que nos arbres ont toujours une tige conique.

La tige des arbres dicotylédones est beaucoup plus complexe : au centre, on trouve la moelle, qui se prolonge depuis le pivot de la racine jusqu'au sommet de la tige, et qui est molle dans le jeune sujet, mais semble avoir disparu dans le vieil arbre, parce qu'elle s'est desséchée.

Entre la moelle et l'écorce, s'étend le corps ligneux formé de deux parties : le cœur de bois ou bon bois et l'aubier ou bois tendre. Le corps ligneux est formé d'anneaux concentriques qui, dans nos climats où la végétation se trouve suspendue pendant l'hiver, correspondent chacun à une année d'existence de l'individu. C'est là un moyen commode de reconnaître l'âge d'un arbre qu'on vient d'abattre. Nous reviendrons sur ce sujet.

Après l'aubier vient l'écorce, qui comprend à l'intérieur le liber, à l'extérieur l'épiderme. Le liber est formé d'une série de feuillets analogues à ceux d'un livre ; tous les ans, il s'ajoute à l'intérieur un nouveau feuillet, de sorte que le liber et l'aubier vont s'accroissant en sens inverse ; un objet, par exemple un morceau de métal, enfoncé dans l'aubier, disparaîtra avec les années sous les couches ligneuses et semblera se rapprocher du centre : au contraire, placé dans le liber, il semblera se rapprocher de l'écorce.

La tige porte les branches et les rameaux qui ont la même constitution qu'elle : ceux-ci portent les bourgeons, d'où les feuilles s'échappent au printemps.

Dans les feuilles, on distingue le pétiole ou la queue, qui se prolonge sur toute la surface de la feuille en côtes et en nervures : celles-ci sont réunies par un tissu analogue à la moelle (le parenchyme), lequel est parsemé, surtout à la partie inférieure, de petites bouches ou stomates qui servent à la respiration. La respiration s'opère par les feuilles et par toutes les parties vertes : la séve qui arrive jusque-là se modifie, et il en résulte des produits gazeux comme dans la respiration animale. Mais la réaction chimique est inverse ; l'acide carbonique de l'air est absorbé et décomposé, le carbone est fixé par l'arbre, et l'oxygène rendu à l'atmosphère qu'il purifie et renouvelle. C'est surtout par ce mécanisme que les molécules animales et végétales se transforment les unes dans les autres, en parcourant éternellement le même cercle. Ce qui précède nous montre aussi l'influence que les forêts exercent sur la salubrité de l'atmosphère en absorbant d'immenses quantités d'acide carbonique.

Les arbres se nourrissent en partie dans le sol, en partie dans l'atmosphère. Les radicelles spongieuses enlèvent au sol l'eau, les substances minérales, telles que phosphore et soufre, phosphates, silicates, bases alcalines et sels alcalins, matières azotées, etc.; les feuilles soutirent à l'atmosphère les gaz qu'elle renferme, tels que l'acide carbonique, l'hydrogène sulfuré, l'ammoniaque.

Quand la végétation renaît, le liquide absorbé par les racines commence à monter; il s'élève dans les couches d'aubier les plus récentes et prend le nom de séve montante; ce mouvement ascensionnel est produit par la capillarité des vaisseaux, et aussi par le vide partiel que l'évaporation à la surface des feuilles produit dans les vaisseaux de l'aubier, qui tous se prolongent dans le pétiole et dans les nervures d'une feuille.

La séve montante, arrivée dans la feuille, se transforme par la respiration : elle abandonne surtout une grande partie de son humidité, elle absorbe l'acide carbonique dont elle fixe le carbone et rejette l'oxygène ; pendant la nuit, la respiration des feuilles est bien moins active, mais elle est inverse de la respiration diurne, c'est-à-dire identique à la respiration animale : il y a absorption d'oxygène et dégagement d'acide carbonique. C'est sous l'influence de la lumière seule que le carbone peut être fixé.

La séve modifiée recommence à descendre, elle est plus épaisse et porte le nom de cambium ; elle descend dans les couches internes du liber, et entre le liber et l'aubier, et elle ajoute à l'aubier une nouvelle couche, au liber un nouveau feuillet.

Tel est le mécanisme de la nutrition. Les végétaux vasculaires ou phanérogames, c'est-à-dire à organes de reproduction apparents (ce qui les distingue des végétaux cellulaires cryptogames qui se développent, comme les ferments, par de simples cellules sur lesquelles d'autres cellules naissent par une sorte de bourgeonnement), les végétaux phanérogames, disons-nous, comprennent les deux grandes classes : les monocotylédones, végétaux dont la graine forme une amande à un seul lobe ou cotylédon, dont la tige a la structure de celle du palmier, et les dicotylédones, végétaux dont la graine forme une amande à deux ou plusieurs lobes, et dont la tige est formée de couches concentriques comme celle des arbres de nos climats.

L'organe de reproduction des phanérogames est la fleur qui comprend, lorsqu'elle est complète : 1° une enveloppe verte, le calice ; 2° une enveloppe colorée, la corolle ; 3° un rang d'organes filiformes terminés par une petite bourse, les étamines ; 4° un ou plusieurs organes, contenant les graines dans un ovaire situé à leur base, ce sont les pistils.

L'étamine est l'organe mâle ; le pistil est l'organe femelle. Arrivé à un âge, variable suivant les espèces, l'arbre commence à fleurir. Les fleurs s'ouvrent, les étamines se gonflent, et de leur tête, ou anthène, s'échappe le pollen, petites vésicules remplies de semence ; le pollen tombe sur la partie supérieure du pistil, ou stigmate qui est recouvert d'une matière gommeuse ; le pollen pénètre dans les conduits, qui du stigmate mènent à l'ovaire, la vésicule s'allonge dans ces conduits et vient crever au-dessus de l'ovaire que féconde la semence.

La plupart des fleurs sont hermaphrodites, c'est-à-dire qu'elles possèdent à la fois pistil et étamines ; toutefois, pour beaucoup d'espèces, il y a des fleurs mâles et des fleurs femelles réunies sur le même individu, ou séparées sur des individus différents ; les fleurs femelles sont seules à produire des fruits. Le pollen de la fleur mâle va féconder la fleur femelle, quelquefois à des distances considérables ; ce sont les oiseaux ou les vents qui se chargent de le transporter.

Revenons à la section transversale des arbres de nos climats : au centre, nous avons trouvé la moelle, qui se durcit avec le temps et ne se distingue plus du bois ; des rayons, dits médullaires, réunissent la moelle à la périphérie de l'aubier.

Tous les ans, le liber et l'aubier s'enrichissent d'une nouvelle couche ; l'aubier comprend toujours plusieurs couches, qui se transforment successivement en bois dur. L'âge d'un arbre s'évalue par le nombre de couches concentriques que présente le corps ligneux. C'est aujourd'hui un fait indiscutable, du moins pour nos climats où la végétation s'arrête complétement en hiver. On peut le vérifier sans peine en glissant sous l'écorce d'un arbre un morceau de métal que l'on enfonce dans la première couche de l'aubier : si on scie l'arbre au bout de vingt ans, on retrouve le morceau de métal recouvert par vingt anneaux concentriques.

L'épaisseur des anneaux va en diminuant du centre à la circonférence ; on reconnaît les couches qui correspondent aux années rigoureuses, en ce qu'elles sont moins développées que les autres. Il est facile de reconnaître aussi, que, du côté qui regarde les vents froids et violents, les couches de bois sont bien plus minces.

En charpente, on n'emploie que les arbres assez gros, pour fournir des pièces de bois parallélipipédiques d'une certaine dimension ; dans nos climats, le diamètre des plus gros arbres ne dépasse guère 1 mètre, et les plus petits, qu'on mette en œuvre, ont au moins $0^m,15$ de diamètre.

La hauteur d'un arbre est généralement en rapport avec son diamètre, car la tige conique est formée d'une série de troncs de cône qui sont comme emboîtés les uns dans les autres, et dont le nombre va en diminuant à mesure que l'on s'élève. Chez nous, la hauteur des plus beaux arbres, chênes ou sapins, est rarement supérieure à 40 ou 45 mètres.

Dans les pays chauds, les dimensions des arbres sont bien plus considérables ; tout le monde a lu, dans les récits des voyageurs, la description de ces arbres géants, dont la naissance remonte aux époques les plus reculées.

Abatage des bois. — *Époque de l'abatage.* C'est une question des plus importantes et longtemps controversée, que de savoir à quelle époque on doit abattre les arbres.

Suivant qu'on les abat dans une saison ou dans l'autre, on peut en tirer un bois qui se pourrit plus ou moins vite et qui se montre plus ou moins résistant.

Certains forestiers ont recommandé d'abattre les arbres au printemps, nous ne sommes pas de leur avis, car c'est précisément au printemps que la sève se met en mouvement et imprègne les fibres ligneuses, qui par suite sont exposées à une fermentation rapide.

D'autres prétendent avoir reconnu par l'expérience que les bois abattus en été, au moment où la végétation est arrivée à son développement maximum, sont toujours les meilleurs. Pour les mêmes raisons que plus haut, nous ne partageons point cette manière de voir.

C'est une pratique généralement répandue chez nous, que d'abattre les arbres lorsque la végétation semble s'endormir, après la chute des feuilles, à la tombée de l'hiver. On s'en est toujours bien trouvé, et des constructions élevées avec des bois abattus à la fin de l'année ont résisté fort longtemps à toutes les causes de destruction. Conservons donc cette vieille habitude, sanctionnée par l'expérience, et qui de plus a l'avantage de donner de l'ouvrage aux bûcherons, à l'époque où les travaux de la terre ne réclament pas de bras.

On a quelquefois préconisé une méthode qui consiste à écorcer les bois une année avant de les abattre ; ils se débarrassent ainsi, disait-on, de tous les liquides qu'ils contiennent, ils durcissent et deviennent inaltérables. On n'a jamais tiré de bons résultats de cette manière de faire, et cela se conçoit si l'on réfléchit qu'elle revient en somme à laisser mourir les arbres sur pied ; or le bois mort doit être absolument proscrit des édifices même les plus simples.

Procédé d'abatage. — Il y a trois modes d'exploitation des bois : 1° par coupes réglées, c'est le plus commun : le propriétaire aménage sa forêt, et la distribue par lots dont il abat chaque année ceux qui sont arrivés à terme ; on a soin de laisser les souches en terre afin qu'elles produisent des rejetons. La surface totale de la forêt se trouve donc périodiquement dépouillée ; la période est d'un certain nombre d'années, généralement comprise entre sept et vingt-cinq, suivant les essences, suivant les pays et suivant le sol. Souvent on réserve dans la coupe quelques sujets bien venants, ce qu'on appelle des baliveaux qui, convenablement espacés, ont de l'air à discrétion, se développent rapidement, et plus tard donneront de beaux arbres ; 2° par éclaircies, celui-ci consiste à choisir les sujets arrivés à maturité pour les abattre ; leurs voisins plus petits se développent, pour être abattus à leur tour ; 3° par coupes générales, c'est le mode le plus rare, on l'emploie particulièrement lorsqu'on veut défricher une forêt pour la livrer à l'agriculture ; l'habitude de ces défrichements est encore, malheureusement, beaucoup trop répandue. Dans ce cas, on ne doit point laisser les souches en terre, il faut les arracher soigneusement pour rendre le sol facilement attaquable par les outils de l'agriculture.

Lorsqu'on laisse la souche en terre, il pousse de nombreux rejetons tout autour du collet de l'arbre, entre l'aubier et l'écorce, et ces rejetons produisent un taillis que l'on dépouille encore quelques années plus tard, en ménageant toutefois des baliveaux.

Il peut arriver que l'on défonce un bois et qu'on en enlève les souches, pour le renouveler par des semis ; il faut alors enfouir la graine à une profondeur et dans un sol convenables. Mais, pour créer un bois, on procède généralement par le repiquage de jeunes sujets, élevés dans une pépinière, et destinés à produire une futaie.

Certaines essences se reproduisent par plançons ; ainsi, une branche de peuplier ou de saule, plantée en terre, se recouvre de chevelu dans la partie plongée, et devient un arbre à son tour.

Mais revenons à l'abatage : on voit qu'il y a deux manières de l'opérer : 1° couper le tronc immédiatement au-dessus du collet, et laisser en terre la souche destinée à reproduire des tiges ; c'est ce qu'on appelle abattre en blanc ; 2° arracher l'arbre avec toutes ses racines ; c'est une opération plus longue et plus difficile.

La première manière est la plus simple : le bûcheron juge d'après l'aspect des lieux de quel côté il doit faire tomber l'arbre pour qu'il soit commode de le débiter et de le transporter et pour qu'il fasse le moins de dégâts possible. Alors, il exécute avec la cognée une entaille profonde de plus de la moitié du diamètre et qui regarde le sens de la chute ; puis, il attaque le tronc du côté opposé par une seconde entaille, qu'il approfondit peu à peu, jusqu'à ce que l'arbre tombe.

Deux choses sont à observer : couper l'arbre aussi près que possible du collet, afin de ne point perdre de bois ; on en perd toujours, parce que l'entaille faite à la hache a forcément une certaine hauteur ; éviter de creuser la surface de la souche, et lui donner plutôt un certain bombement ou une certaine inclinaison, de telle sorte que les eaux pluviales s'écoulent et ne fassent point pourrir la souche, qui alors ne donnerait plus que de mauvais rejetons.

L'abatage à la hache tend à disparaître : on se sert plutôt de la scie, qui est plus expéditive, et qui de plus permet de ne point perdre de bois, puisqu'on peut faire le trait juste au-dessus du collet. Pour manœuvrer une scie ordinaire, on creuse de chaque côté de l'arbre un trou dans lequel se place un ouvrier ; les deux ouvriers communiquent à la scie son mouvement de va-et-vient. On a inventé dans ces derniers temps des scies circulaires horizontales montées sur un bâtis et manœuvrées par une manivelle ; c'est un procédé encore plus économique et plus rapide que le précédent.

Lorsqu'on veut, non plus abattre, mais arracher un arbre, on creuse au pied de façon à dégager le pivot, puis on fait des tranchées pour suivre chaque grosse racine que l'on soulève avec des cordages et des leviers ; l'arbre est maintenu vertical par trois cordages au moins que l'on amarre à d'autres troncs, et en lâchant l'un ou l'autre de ces cordages, on détermine la chute dans le sens voulu.

Quelquefois, on se contente de dégager le pivot de l'arbre, et l'on coupe, soit à la hache, soit à la scie, toutes les racines qui s'en détachent et qu'on déterrera plus tard ; l'arbre, ainsi isolé, finit par tomber sur le sol.

Quelques bûcherons ont recours à des charges de poudre, qu'ils placent sous le pivot de l'arbre et sous les principales racines, et qu'ils allument comme des mines ; il ne reste plus, après l'explosion, que peu d'efforts à faire pour renverser l'arbre.

Quand un arbre est à terre, on le dépouille de ses rameaux, de ses petites branches et des branches qui ne conviendraient pas à la charpente, et de tout cela on fait des fagots et du bois de corde. Il reste les grosses branches que l'on détache de la tige, et la tige elle-même qui a une forme tronc-conique.

Bois en grume. — Dans cet état, quand l'arbre est encore pourvu de son écorce, on a ce qu'on appelle le bois en grume.

On étend quelquefois le nom de bois en grume à tous les bois qui n'ont pas été travaillés, qu'ils soient ou non pourvus de leur écorce ; tels sont les bois ronds dont on fait les pilots. Les bois écorcés prennent plus régulièrement le nom de bois pelard.

Bois équarris. — La forme ordinaire des bois marchands est la pièce équarrie. Nous avons expliqué en stéréotomie la manière dont les bûcherons procédaient à l'équarrissage pour enlever le plus grand cube de bois possible, sans conserver aucune trace d'aubier. C'est une règle absolue, jamais on ne doit admettre d'aubier dans une construction destinée à durer ; on réserve les dosses ou parties détachées de l'arbre, comprenant l'écorce et l'aubier, pour s'en servir dans les travaux provisoires.

Des diverses espèces de bois. — Leurs qualités et leurs défauts. —

« J'ay voulu quelques fois, dit Bernard de Palissy, mettre par estat les arts qui cesseraient alors qu'il n'y aurait plus de bois ; mais, quand j'en eus escript un plus grand nombre, je n'en sceus jamais trouver la fin à mon escript, et, ayant tout considéré, je trouvay qu'il n'y en avait pas un seul qui se peust exercer sans bois. »

Ces paroles, reproduites par M. E. Fournier, en tête de son rapport sur les bois à l'Exposition de 1867, sont toujours vraies, malgré la prodigieuse consommation de métal qui se fait de toutes parts. Si, au xviᵉ siècle, Bernard de Palissy craignait déjà de voir les forêts s'épuiser, que dirions-nous aujourd'hui ? Les plus industrieuses des contrées de l'Europe se déboisent de jour en jour, et la richesse forestière des peuples civilisés va sans cesse diminuant à mesure que ces peuples avancent en âge.

Toutefois, il ne faut pas désespérer et craindre une disette prochaine : si nos forêts ont cédé la place à des cultures florissantes, certaines parties de l'Europe, l'Afrique et le Nouveau Monde nous offrent d'immenses richesses forestières, qui sont bien loin de s'épuiser.

Outre les anciens bois de construction, nous avons appris à connaître plusieurs espèces exotiques, très-dures, très-résistantes, dont l'emploi s'est rapidement propagé, surtout dans les constructions navales.

Nous allons présenter une description rapide des diverses espèces de bois, que nous diviserons en deux classes : I. Bois d'Europe, II. Bois exotiques.

I. Bois d'Europe. — On les distingue en trois classes : 1° Bois durs ; 2° Bois blancs ; 3° Bois résineux.

1° *Bois durs.* — Voici les principales espèces :

1. Le *chêne*, qui est le meilleur de nos bois, se rencontre partout dans l'Europe centrale. La qualité en est variable suivant le sol qui l'a nourri ; dans un terrain marécageux, la croissance est plus rapide ; mais le bois est mou, peu résistant et peu durable.

Le bois de chêne est à fibres droites et serrées, sa section est d'une couleur jaune-brun, de teinte uniforme. Submergé pendant quelques années, il perd sa sève et prend, après sa dessiccation à l'air, un grain fin. Il vit très- longtemps, et est encore bien vigoureux à 200 ans ; généralement, on n'attend pas cet âge pour l'abattre ; dans le chêne jeune, la proportion d'aubier, toujours facile à distinguer, est considérable ; le bois d'un chêne trop vieux noircit à l'air (développement d'acide gallique) et est sujet à la vermoulure.

Tout le monde connaît le gland du chêne, et sa feuille terminée sur les bords par des échancrures arrondies.

Il y a bien en Europe soixante espèces de chêne, dont les principales sont : le *chêne rouvre* (chêne ordinaire de France, dont l'écorce sert au tannage des peaux), il est très-résistant, et c'est de là que lui vient son nom (du latin *robur*, force) ; le *chêne à grappes*, assez commun chez nous ; le *chêne yeuse*, à feuilles persistantes, toujours vertes ; il vit très-longtemps ; on le trouve dans le midi de l'Europe ; en France, il s'arrête à la Loire ; son bois tortueux ne peut servir qu'à la charpenterie de machines, parce qu'il est dur et résistant ; le *chêne-liége*, dont l'écorce fournit les bouchons, c'est un bois de construction médiocre qui n'endure pas l'humidité ; le *chêne des Pyrénées* ou *chêne doux* d'Angers, mauvais bois de charpente, parsemé de nœuds, difficile à travailler, garni de beaucoup d'aubier ; le *chêne chevelu*, très-beau et très-résistant, on le trouve au midi de l'Europe, en Provence, en Poitou, en Franche-Comté ; l *chêne de Hollande*, mou, gras, facile à couper, s'emploie en menuiserie.

2. *Le châtaignier*, arbre à longues feuilles, garnies de dents aiguës, il donne un fruit précieux ; il arrive à un âge et à des dimensions considérables. Fibreux et résistant, comme le chêne, mais plus léger, il est sujet à la vermoulure intérieure, et ne saurait convenir à des constructions durables ; plongé dans l'eau, il durcit, et l'on peut s'en servir pour faire des pilots. On a prétendu à tort que l'on avait employé le châtaignier à la charpente de combles du moyen âge, qui existent encore aujourd'hui ; on l'a confondu avec une espèce de chêne aujourd'hui disparue. Le châtaignier n'est pas, comme le chêne, susceptible de recevoir le poli.

3. L'*orme*, bois dur, presque aussi résistant que le chêne ; il n'éclate pas comme lui, et convient très-bien à la confection des pièces destinées à recevoir beaucoup d'assemblages, comme les moyeux de roues ; il résiste à peu près aussi bien dans tous les sens, et c'est pour cela qu'on en fait des vis, et qu'on l'emploie sur une vaste échelle au charronnage.

Il ne convient pas en charpente parce qu'il est sujet à être piqué des vers. Bois rougeâtre, fibreux et souple. L'orme dépérit quand il dépasse cent ans.

On distingue l'orme *tortillard*, à forme très-irrégulière comme l'indique son nom, rempli de nœuds et de bosses, mais très-résistant, et employé en ébénisterie.

4. Le *noyer*, qui ne sert guère qu'en menuiserie et ébénisterie, est brun, légèrement veiné, d'un bois serré qui se travaille bien, mais que les vers attaquent aisément. Se polit très-bien.

5. Le *hêtre*, dont le grain, sans fibres apparentes, se rapproche de celui du noyer, est un beau bois, moins résistant que le chêne, peu élastique, qui ne sert guère que pour les charpentes de second ordre ; il fournit des traverses de chemin de fer, et convient à la menuiserie parce qu'il se découpe bien dans tous les sens. Exposé à une flamme vive, il durcit beaucoup.

Le hêtre est un bois fauve clair, à écorce grisâtre, souvent recouverte par des plaquettes de végétaux parasites ; il est facilement piqué des vers.

Le fruit du hêtre, la faîne, est huileux et peut servir à l'alimentation.

6. Le *frêne*, bois blanc, veiné en jaune, assez souple, dur et pesant, mais attaquable par les vers. Son élasticité en fait un bois précieux pour la confection des échelles, des brancards, des rames, des leviers. Les fabricants de voiture en font une

grande consommation. Les loupes du frêne, comme celles de l'orme, donnent des morceaux variés pour placages.

2° *Bois blancs.* — Les principales espèces sont :

1. Le *peuplier*, arbre élancé, à feuilles luisantes dont les bords sont unis et qui s'attachent aux rameaux par un long pétiole. C'est un bois tendre, léger, blanchâtre qui ne convient que pour les ouvrages provisoires ou les emballages ; il est peu résistant et s'altère très-vite. Le peuplier se convient partout, mais particulièrement dans les terrains humides. Il y en a plusieurs variétés assez répandues, savoir : le *peuplier blanc* (ypréau) dont le tronc et les branches sont gris, le dessous des feuilles cotonneux et blanc, et le dessus des feuilles vert sombre, il est très-élancé et peut vivre 200 ans ; le *peuplier noir* ou franc, à feuilles unies dont les deux faces sont d'un vert brun ; le *peuplier argenté* dont les feuilles sont recouvertes sur chaque face d'un duvet blanc ; le *peuplier d'Italie*, ou *pyramidal*, qui ne diffère que par la forme du peuplier noir ; le *peuplier de Caroline* à pousses quadrangulaires ; etc...

2. Le *tremble* est une espèce de peuplier qu'on trouve en forêt ; il a une écorce lisse et blanche, des feuilles montées sur un long pétiole et agitées par le moindre souffle. Bois très-mou.

3. L'*aulne*, bois semblable au peuplier, de couleur roussie, facilement corruptible à l'air, se conserve bien dans l'eau, et peut fournir de très-bons pieux et des corps de pompe. Croît très-vite dans les terrains humides.

4. Le *bouleau*, bois blanc et léger, trop mou pour supporter les assemblages ; il a de petites feuilles triangulaires, dentelées et lisses ; son écorce s'enlève facilement par feuillets qui s'enroulent, elle sert en Russie à tanner le cuir, dit cuir de Russie. Il se courbe assez facilement et donne des cercles ou des jantes.

Le bouleau résiste très-bien au froid ; dans la Russie, on en tire une boisson fermentescible.

En France, le bouleau blanc domine ; le bouleau du Canada fournit un bois plus dur et plus compacte.

5. Le *charme*, bois blanc à grain très-fin, se contracte beaucoup et durcit en se séchant. Convient à la charpenterie de machines et au charronnage ; écorce blanche à taches grises ; tête touffue ; feuilles ovales, terminées en pointe, d'un beau vert en dessus, d'un vert pâle en dessous. Ne se travaille bien qu'au tour.

6. L'*érable*, dont les feuilles caractéristiques sont découpées en cinq lobes pointus, a, comme le frêne, des graines ailées. On connaît surtout l'*érable commun*, bois blanchâtre, à grain très-serré, dont les menuisiers font des manches d'outils ; l'*érable sycomore* ; l'*érable à feuilles de frêne*, très-dur et recherché des ébénistes ; l'*érable moucheté*.

7. Le *tilleul*, bois léger, doux et soyeux, facile à couper dans tous les sens, convient bien à la sculpture, à la fabrication des jouets. Son écorce est fibreuse et textile, on en fait des cordages communs.

8. Le *platane*, qui s'est beaucoup développé en France depuis le xviiiᵉ siècle, est un bois semblable à celui du hêtre, tendre, léger, à grain très-fin ; ne se travaille bien qu'autant qu'il n'est pas sec ; il se coupe et se polit très-bien, convient parfaitement pour les moulures fines.

9. Le *saule*, bois tendre, blanc à teinte rouge ou jaune ; il n'a qu'une qualité : sa souplesse. L'osier est une variété de saule.

10. L'*acacia*, ou robinier faux acacia, d'un aspect caractéristique, est un bois d'une couleur jaune tendre, veiné, qui résiste à l'humidité, est d'un bon emploi, quoiqu'un peu cassant ; nerveux, résistant et flexible, il se travaille bien au tour. On en tire d'excellentes chevilles.

3°. *Bois résineux.* — Nous citerons :

1. Le *pin*, bois blanc, léger, peu employé dans l'industrie, on s'en sert en constructions navales ; se pourrit et se pique vite à l'air, à moins qu'il ne provienne d'arbres très-âgés, auquel cas il est brun et imprégné de résine qui le conserve. Les rameaux des pins s'échappent du tronc par étages, et ses feuilles linéaires sont disposées en hélice régulière autour des rameaux. On distingue : le *pin sauvage* que l'on trouve au nord de l'Europe et dans les pays de montagnes ; le *pin rouge* ou *pin d'Écosse* dont les fruits ou cônes sont rectangulaires ; le *pin d'Alep* ou de *Jérusalem* qu'on rencontre en Provence ; le *pin maritime* qui peuple les plages sableuses du midi de l'Europe (Landes, Sologne, etc...) et qui fournit un cône peu allongé, la pomme de pin ; le *pin pignon*, dont les étages de branches forment comme des parasols, et dont le cône est ovoïde ; le *pin cembro*, à croissance très-lente (Alpes du Dauphiné) ; le *pin de la Caroline* ou de *Californie*, dont la hauteur est énorme et qui peut fournir de grosses poutres de près de 50 mètres de longueur.

2. Le *sapin*, bois uni, léger, homogène, se rabote bien, très-élastique et sonore, se conserve bien à cause de la résine qu'il renferme ; on en fait une consommation considérable dans la menuiserie de bâtiment et dans l'art naval. On distingue le *sapin commun* ou *argenté*, le *sapin élevé*, le *sapin blanc*, l'*épicéa*.

3. Le *mélèze* est de la famille du sapin ; il est à feuilles caduques, c'est-à-dire qui tombent à l'hiver ; on le trouve chez nous dans les montagnes des Alpes. C'est un bois dur, qui convient bien pour la mâture et pour la grosse charpenterie en général. Il paraît qu'il durcit indéfiniment sous l'eau. Le bois du mélèze est rouge à veines foncées.

4. Le *cèdre*, bois célèbre dans l'antiquité (l'arche des juifs était en bois de cèdre), originaire de l'Asie Mineure où il atteint des proportions gigantesques, il est d'un grain très-fin mais trop tendre pour recevoir un beau poli ; c'est un bois odorant, que les insectes évitent, et qui par suite est très-durable. Il convient bien pour l'intérieur des meubles de luxe, et peut servir en charpente, lorsqu'on en a à sa disposition.

5. Le *cyprès* est le plus durable des bois, il est dur, compacte, pâle veiné de rouge, et possède une odeur suave. Mais il se développe avec une extrême lenteur, et, pour cette raison, n'est guère répandu.

6. L'*if* est un très-beau bois, d'une couleur rouge veinée susceptible de recevoir un poli parfait ; l'if, qui a poussé dans un sol humide, est gras et s'effeuille facilement ; celui qui est venu dans les rochers, est noueux et très-recherché pour l'ornementation. L'if croît avec une extrême lenteur et arrive, après des siècles, à de grandes dimensions.

Nous n'avons pas cité, dans les trois classes qui précèdent, plusieurs bois utiles, mais peu employés en construction, tels sont : le *poirier*, qui se contracte beaucoup en se desséchant, et qui, lorsqu'il est bien sec, présente une contexture serrée, très-résistante et très-facile à polir ; le *pommier* s'en rapproche, mais il est moins dur : tous deux peuvent servir pour la charpenterie de machines ; le *néflier*, le *cerisier* et le *merisier* sont très-durs aussi et sont consommés par l'ébénisterie ; le *cornouiller*, le *buis* sont encore des bois durs, le buis surtout convient très-bien pour faire des coussinets aux axes métalliques.

II. Bois exotiques. — Comme nous le disions en tête de cette classification, l'usage des bois exotiques se propage de jour en jour ; réservés d'abord à la fabrication des meubles de luxe, ils sont aujourd'hui mis en œuvre dans les constructions. Voici les principaux :

1. L'*acajou*, qui peuple les forêts de l'Amérique du Sud, est un arbre de grande taille ; son bois est solide, inaltérable, d'un bel aspect, susceptible de recevoir un poli parfait, et de plus il se développe rapidement. Il s'expédie en Europe sous forme de billes ou rondelles, et l'on en distingue plusieurs variétés : l'acajou uni, l'acajou moucheté, moiré, qui est plus estimé que l'autre et que l'on emploie plus souvent à l'état massif.

2. Le *palissandre* (Brésil et Guyane) est un bois dur, sec, résineux, d'une odeur suave, facile à polir et à vernir ; il est formé de fibres noires séparées par des parties plus tendres et moins sombres. Associé à du bois blanc, le palissandre est d'un excellent effet.

3. L'*ébène* est le cœur des ébéniers ; il est d'un beau noir, dur, pesant, prend un vif éclat par le poli. Associé à l'ivoire, il constitue les meubles les plus riches.

4. Le *thuya* ressemble au sapin, mais est plus dur que celui-ci ; lorsqu'il est noueux, il prend un aspect moucheté du plus bel effet.

5. Le *teak* est un bois de construction que les Anglais emploient beaucoup ; on en fait notamment des portes d'écluses. C'est un chêne du Malabar, solide et inaltérable, susceptible d'un beau poli, d'un grain serré comme l'acajou et de la couleur du noyer.

6. Le *gaïac*, bois à fibres croisées, qui provient de l'Amérique et des Antilles ; il ne s'use pour ainsi dire pas par un frottement prolongé, tant il est dur ; aussi en fait-on des poulies et des coussinets inusables.

Nous aurons l'occasion de signaler au paragraphe suivant quelques bois exotiques plus récemment connus.

Production des bois dans les divers pays. — La *France* compte 9 millions d'hectares de forêts, qui produisent annuellement 36 millions de stères ; la consommation est de 55 millions de stères. L'importation nous fournit donc un appoint considérable.

L'*Autriche* est très-riche en bois d'espèces et de qualités très-différentes, dont elle exporte environ 1,100,000 stères d'une valeur de 75 millions de francs. Les principaux bois exportés sont le chêne blanc et noir, le sapin, le mélèze, le pin d'Autriche, le pin sylvestre, le hêtre et le frêne.

L'*Espagne* possède encore de grandes richesses forestières, quoiqu'on les ait bien maltraitées ; sa production s'élève annuellement à une valeur d'environ 15 millions de francs et tend à s'accroître sous une direction intelligente.

Le *Portugal* exploite surtout le chêne liége qui s'exporte, et le pin maritime dont sont plantées les dunes de la côte, analogues aux dunes des Landes.

L'*Italie* voit ses ressources forestières, très-importantes encore, aller en diminuant. L'île de Sardaigne fournit à la marine de gros chênes qui sont une précieuse ressource.

La *Grande-Bretagne*, autrefois couverte entièrement de forêts, s'est dégarnie peu à peu ; on s'occupe du reboisement ; ses forêts fournissent encore à la marine quelques vieux chênes que l'on emploie concurremment avec les bois exotiques.

La *Roumanie* exporte une certaine quantité de bois d'excellente qualité, notamment en Turquie.

La *Russie* offrait à l'Exposition de 1867 une collection de bois des plus curieuses et des plus remarquables. Les arbres du nord croissent avec une lenteur qu'explique la rigueur du climat, mais ils sont généralement d'excellente qualité. Les chênes, les pins et les sapins de Russie sont fort estimés. Les forêts de l'État, presque intactes, renferment des trésors inépuisables. Les forêts sont très-inégalement réparties sur la surface de ce vaste empire; à Moscou, par exemple, le bois est aussi cher qu'à Paris.

La *Suède et la Norvége* doivent leur richesse et leur développement à l'exploitation de leurs forêts, qui fournissent à toute l'Europe occidentale des bois excellents et peu coûteux. La Suède a livré à l'exportation, en 1867, 1,800,000 stères de planches et de madriers et 1,100,000 stères d'autres bois de construction, le tout représentant une valeur de 42 millions; en Norvége, la même année, la valeur des bois exportés s'élevait à plus de 45 millions de francs. Toutefois, une exploitation mal conduite de ces immenses forêts qui recouvrent le tiers du pays, menaçait de faire baisser les produits; le gouvernement a promulgué dans ces derniers temps des lois sévères qui règlent l'exportation.

Les bois doivent être dans l'avenir une source considérable de richesses pour l'*Algérie*. On remarque le thuya, le chêne yeuse, le caroubier, le pin d'Alep, l'eucalyptus, le liége. Le chêne vert vaut 55 francs le mètre cube, le cèdre et le pin 20 francs, le caroubier 25 francs, le thuya 90 francs.

Une autre de nos colonies, la *Guyane française*, est riche en bois de qualités exceptionnelles, comme dureté et résistance, qui sont destinés à fournir de précieuses ressources à l'art du constructeur. Nous citerons les palmiers, le bois de lettre moucheté pour la marqueterie; le bois de rose mâle et le bois cannelle qui sont incorruptibles et inattaquables aux tarets; le cèdre noir qui est commun, mais qui attaque le fer; le palétuvier blanc pour la mâture; l'ébène verte ou greenhart des Anglais, très-recherché pour les constructions; le balata rouge ou balata saignant qui produit une sorte de gutta-percha et que la Compagnie de l'Ouest a employé en traverses; le carapa rouge ou crabwood des Anglais qui se fend avec la plus grande facilité; l'acajou; l'hévé ou arbre à caoutchouc; le cèdre blanc; le couaïe, bois commun pour mâture; le palétuvier rouge; le bois dit marmite de singe, utile à l'ébénisterie et à la tonnellerie; le coupi de Surinam, très-propre à la confection des traverses et à la charpente, mais d'une odeur désagréable; le gaïac de Cayenne ou févier de Touka; le courbaril, un des plus grands arbres, employé pour les constructions navales; le bois violet ou purple hart des Anglais, d'une durée, d'une élasticité et d'une solidité à toute épreuve; le wacapou, très-dur, incorruptible, inattaquable; le bois de fer, iron wood, noir et compacte, excellent pour l'ébénisterie. Malheureusement, tous ces bois si précieux coûtent déjà 50 francs de transport de Cayenne en **France**; ajoutez les frais d'exploitation, le prix de revient sera bien élevé.

Nos autres colonies, notamment le Sénégal, sont aussi très-riches en bois.

Les *colonies anglaises* sont à la hauteur des nôtres comme végétation, mais les bois y sont beaucoup mieux exploités; la Nouvelle-Galles du Sud est couverte d'arbres gigantesques, dont le plus remarquable est l'eucalyptus ou bois de fer, que l'on exporte aux Indes pour en faire des traverses de chemin de fer. L'Australie présente aussi plusieurs espèces d'eucalyptus. Les Indes anglaises étaient, à l'époque de la conquête, recouvertes de forêts qu'on a dévastées par une exploitation barbare, et qu'on regardait plutôt comme un embarras que comme une richesse; aujourd'hui la pénurie s'est fait vivement sentir et l'on a dû recourir à des lois sévères pour arrêter le mal. Le Canada exporte chaque année, spécialement pour sa métropole, une quantité d'excellents bois (pin, chêne, noyer, cèdre, érable, frêne) dont la valeur atteint en moyenne 70 millions de francs; la consommation intérieure représente 30 millions.

Les colonies hollandaises de l'Océan indien nous offrent pour l'avenir de précieuses réserves des bois les plus durs et les plus résistants, d'espèces analogues à celles que nous avons déjà citées.

Enfin, le Brésil, où la végétation tropicale offre un développement que nous ne pouvons soupçonner, est recouvert d'arbres géants, aux espèces variées, qui peuvent être mis en œuvre par les arts les plus divers. La grandiose vallée des Amazones, dont Humboldt a dit qu'elle serait un jour le centre de l'activité humaine, est une voie naturelle qui semble engager l'homme à l'exploitation de toutes ces richesses. Beaucoup des bois du Brésil sont communs à la Guyane française, et nous n'en donnerons point le catalogue, car tous ces noms étrangers n'apprendraient rien au lecteur.

Les États-Unis d'Amérique exploitent une quantité de bois immense; on en jugera, si nous disons que le chiffre de l'impôt payé par les bois en 1865 s'est élevé à 56 millions de dollars.

Résultats d'expérience sur la densité et la résistance des bois.

Ces résultats d'expérience, fournis par divers auteurs, ont été réunis par nous dans les tableaux suivants :

Densité des bois, ou poids du mètre cube massif.

	kilogr.		kilogr.		kilogr.
Chêne	905	Charme	759	Bois de rose mâle	1108
Châtaignier	685	Érable	755	Bois cannelle	801
Orme	700	Tilleul	549	Cèdre noir	648
Noyer	656	Platane	537	Ébène verte	1211
Hêtre	720	Saule	448	Balata rouge	1109
Frêne	787	Acacia	676	Acajou femelle	349
Pin	569	Laurier	695	Coupi	819
Sapin	486	Marronnier d'Inde	657	Gaïac	1153
Mélèze	656	Sorbier	910	Courbaril	904
Cèdre	603	Poirier	705	Bois de fer	1181
Cyprès	655	Pommier	735	Tulipier du Canada	50
If	778	Alisier	879	Érable dur du Canada	750
Peuplier	629	Merisier	714	Frêne, orme du Canada	600
Tremble	526	Prunier	761	Chêne blanc du Canada	800
Aulne	654	Buis	949	Peuplier du Canada	500
Bouleau	701	Bois de lettre moucheté	1049	Cèdre blanc du Canada	350

Résistance à l'écrasement par centimètre carré.

Chêne de France	380 à 460 kilogr.	Hêtre	543 à 658 kilogr.
Sapin	460 à 538 —	Orme	726 —
Chêne anglais	455 à 706 —	Peuplier	218 à 360 —
Sapin de Prusse	456 à 479 —	Noyer	426 à 507 —
Pin rouge	379 à 528 —		

Résistance à la traction par centimètre carré.

1° TRACTION PARALLÈLE AUX FIBRES.

Chêne	600 à 800 kilogr.	Teak	1100 kilogr.
Sapin	800 à 900 —	Buis	1400 —
Tremble	600 à 700 —	Poirier	690 —
Frêne	1200 —	Acajou	560 —
Orme	1040 —		
Hêtre	800 —		

2° TRACTION PERPENDICULAIRE AUX FIBRES.

Chêne	160 kilogr.
Peuplier	125 —

Comparaison des bois français et des bois de la Guyane.

NOMS des essences.	ÉLASTICITÉ proportionnelle.	RÉSISTANCE proportionnelle.	PERTE DE FORCE après six mois en terre.	NOMS des essences.	ÉLASTICITÉ proportionnelle.	RÉSISTANCE proportionnelle.	PERTE DE FORCE après six mois en terre.
Chêne de forêt.....	1	1	30 0/0	Balata (Guyane)...	3,32	3,15	10 0/0
Teck supérieur.....	2	1,92	16 0/0	Courbaril id.....	4	2,82	12 0/0
Teck tendre........	1	1,33	25 0/0	Taoub id.....	2	2	31 0/0
Angélique (Guyane).	2,25	1,83	5 0/0	St-Martin id.....	2	2,32	14 0/0
Coupi id....	1,76	1,66	»	Cèdre noir id.....	1,82	2,32	22 0/0
Bois violet id....	2,25	2,65	»	Hêtre injecté.......	1,42	1,10	30 0/0
Wacapou id....	2,00	2,00	»	Peuplier injecté	0,67	0,83	10 0/0

Défauts et maladies des bois. — Les arbres, comme les animaux, sont sujets aux maladies et à la mort.

Lorsqu'un arbre meurt sur pied, son cadavre ne possède plus ni résistance, ni flexibilité, il se dessèche et tombe en putréfaction, il est attaqué et dévoré par les vers ; sa substance se transforme en terreau et n'est plus susceptible de donner ni flamme ni chaleur.

Il faut, en charpente, proscrire le *bois mort* d'une façon absolue.

Les maladies des arbres sont nombreuses et se développent rapidement dans une forêt lorsque celle-ci n'est pas soignée; par une chirurgie bien entendue, qui consiste à panser en temps opportun les parties malades et à couper les membres gangrenés, on arrive à préserver d'une perdition complète les arbres attaqués. Il est regrettable que la majorité des propriétaires ne s'occupe aucunement de ces questions, et ne comprenne point qu'une forêt demande à être cultivée tout comme un champ de blé. Mais nous ne pouvons nous étendre davantage sur ce sujet : on trouve d'utiles préceptes dans un petit livre de M. le comte des Carts sur l'élagage des arbres.

Les maladies des arbres ont des causes multiples : 1° La mauvaise constitution de l'individu, qui ne se développe pas d'une façon régulière et homogène, de sorte que certaines parties tombent en souffrance ; 2° les intempéries des saisons, telles que la gelée, le vent, la foudre; 3° les chocs reçus d'une manière ou de l'autre ; 4° les morsures des animaux domestiques et celles, beaucoup plus dangereuses, de petits insectes appartenant à diverses familles qui toutes pullulent d'une manière effrayante.

Voici, dans l'ordre adopté par le colonel Emy, l'énumération des divers défauts ou maladies qui résultent des causes précédentes :

1° Les *ulcères* et les *chancres*, qui sont en général produits par un afflux trop considérable de la séve en un point donné : une suppuration s'établit, la séve se décompose et la gangrène s'étend peu à peu. Cette inégale répartition de la séve a souvent pour cause le développement exagéré de certaines racines qui se trouvent dans un sol plus humide et plus riche; comme à chaque racine correspondent une ou plusieurs branches, celles-ci se développent aussi avec une intensité exagérée.

2° La *carie*, corruption de la séve et pourriture de l'arbre dont le bois se change en terreau. Elle a quelquefois pour cause les infiltrations de la pluie qui pénètre à la jonction des branches et du tronc, lorsque les branches ont éclaté sous l'effort des animaux ou du vent.

3° Les *gerçures*, que le hâle produit sur l'écorce, et qui souvent se prolongent jusqu'au liber et jusqu'à l'aubier; la partie découverte ne se nourrit plus, se dessèche, et l'accroissement de l'arbre est irrégulier.

4° Le *cadran* ou *cadranure*, gerçure circulaire accompagnée d'autres gerçures plus petites formant les rayons de la première. Il semble qu'il faille attribuer cette maladie à un insecte.

5° Les *gelivures* que l'on remarque dans l'écorce et dans l'aubier proviennent de gelées tardives qui surprennent la séve en mouvement et solidifient l'eau qu'elle renferme; la dilatation de celle-ci brise les fibres et désorganise les tissus qui meurent au dégel.

6° La *roulure* est produite par un hiver très-rigoureux; le liber est désorganisé et ne se transforme pas en aubier; à la place de la couche concentrique correspondant à l'anée dont il s'agit, on rencontre une solution de continuité, si bien qu'on trouve certains arbres roulés formés de deux cylindres concentriques, emboîtés l'un dans l'autre. En cherchant sur une section transversale l'âge des roulures, on reconnaît qu'elles correspondent bien aux hivers rigoureux.

7° La *torsion* est produite par l'action continue d'un vent violent sur la tête irrégulière d'un jeune arbre; le bois tors est souvent très-résistant, mais il n'est plus susceptible d'être équarri, car il est de principe qu'on ne doit jamais couper les fibres du bois, si on ne veut lui enlever une grande partie de sa résistance.

8° L'*exfoliation*, maladie de l'écorce qui se détache par feuillets, les *tumeurs*, les *loupes*, les *dépôts*, les *abcés* doivent être attribués à l'action d'insectes parasites.

9° La *champlure* est le résultat de la gelée des jeunes pousses.

10° La *défoliation*, ou chute des feuilles avant l'époque ordinaire, provient d'une maladie du liber, que l'on reconnaît à l'aspect de la couche correspondant à l'année considérée.

11° La *jaunisse* et la *rouille* des feuilles, les *mousses*, les *lichens*, les *champignons*, les *moisissures* sont le fait des parasites, animaux ou végétaux.

12° Les *galles* sont des excroissances que des insectes produisent pour s'y loger, sur le bois vert et sur les feuilles. La galle du chêne est bien connue, c'est une boule que l'on aperçoit sur les feuilles. La noix de galle provient d'un chêne d'Asie Mineure.

13° Le *dépouillement* complet des feuilles est produit par les chenilles; l'arbre ne respire plus et bien souvent il en meurt. En tout cas, il en souffre beaucoup, et voit sa croissance arrêtée.

14° La *vermination*, ou développement des larves déposées dans ou sous l'écorce par des insectes; ces larves donnent des vers, quelquefois très-gros, qui se creusent des galeries de toutes parts, et qui finissent par faire mourir un arbre. Ce fléau se propage avec rapidité, et c'est un des plus terribles pour une forêt.

15° Le *retour*, c'est la décrépitude des arbres qui sont arrivés à leur fin, et qui ne tarderont pas à se décomposer, si on ne les abat pas. On reconnaît les arbres sur le retour à ce qu'on appelle le couronnement de la cime, qui s'arrondit, perd sa flèche, et dont les menus branchages se dessèchent.

Le forestier intelligent doit abattre un arbre dès que le couronnement commence, car on est certain que cet arbre ne croîtra plus et qu'il ne fera que perdre. Que de propriétaires ne peuvent se résoudre à abattre leurs beaux arbres au moment opportun, et perdent ainsi des bois précieux !

Les arbres sur le retour donnent un bois qui ne vaut guère mieux que le bois mort.

Nous ne pouvons entrer dans des détails circonstanciés sur les soins à donner aux arbres et sur les remèdes à opposer aux diverses maladies. Dans le cours de Routes, nous aurons lieu d'aborder cette question, du moins en ce qui touche les arbres d'alignement.

Causes de destruction des bois abattus. — Le paragraphe précédent traite des maladies qui attaquent les arbres sur pied. Elles ne laissent point toutes des traces apparentes sur la surface des arbres : cependant, lorsqu'on achète des bois en grume ou des bois ronds, il est facile de reconnaître la plupart des défauts.

Un bois rond bien régulier, d'une forme conique régulièrement décroissante, d'une écorce fine et uniforme, est généralement bon.

On doit sonder attentivement, avant de procéder à l'équarrissage, les bois qui présentent des traces de *nœuds*, de *boursouflures*, de *chancres*, de *fentes* et ceux sur lesquels poussent les *champignons*, lorsque l'arbre est fraîchement abattu ; toutes ces circonstances indiquent presque toujours un défaut caché.

On doit rejeter des constructions l'*aubier*, les bois *noueux, rabougris, tordus, roulés, fendus, gercés, piqués, vermoulus, cariés, pourris*, les bois *sur le retour* et les *bois morts*.

Il faut se méfier du *double aubier* ; certains troncs possèdent deux anneaux d'aubier, séparés par une ou plusieurs couches de bois dur. Le double aubier, comme l'aubier simple, fermente rapidement, tombe en poussière, la fermentation se propage et l'on risque de voir s'écrouler une importante construction pour avoir voulu économiser un peu de bois.

On appelle *bois échauffé, brûlé*, un bois qui, après avoir été abattu, a été placé dans un endroit humide, mal aéré ; la séve ne s'est point évaporée, et la fermentation sera rapide lorsque l'arbre sera débité et mis en œuvre.

La *vermoulure* est la maladie du bois abattu qui tombe en poussière, par suite du travail d'un insecte parasite spécial; elle ne s'attaque guère qu'aux bois vieux et vicieux. Toute pièce qui présente une trace de vermoulure doit être rejetée.

La *carie séche* est une sorte de lèpre, qui se manifeste à la surface des bois en magasin par des champignons de toutes espèces. Elle se communique rapidement; il semble prouvé qu'elle s'attaque aux bois légèrement échauffés, et de mauvaise nature.

Toutes ces maladies peuvent se développer sur les bois mis en place; on conçoit donc combien il est important d'en reconnaître et d'en rechercher activement les symptômes avant l'emploi des bois.

Moyens de reconnaître un bon bois. — On y arrive par l'examen des propriétés physiques :

La régularité de la forme et de l'écorce est un bon signe, comme nous l'avons déjà dit. La section transversale d'un bon bois doit présenter une couleur uniforme et foncée; il faut que la transition de la teinte foncée du bois dur à la teinte pâle de l'aubier se fasse par gradation et non point brusquement. Lorsque la transition est brusque, on peut affirmer que l'arbre a souffert de quelque maladie.

Un bois de bonne qualité ne doit pas se recouvrir de champignons, et ne doit présenter ni boursuflures, ni fentes, ni loupes. L'odeur doit en être fraîche et agréable; un arbre échauffé ou tendant à la vermoulure prend une odeur de moisi plus ou moins accusée que l'on reconnaît toujours. Un vieux bois n'a plus qu'une odeur insensible, on la ravive en enlevant de la surface quelques copeaux.

Le son que rend un bois par la percussion est un indice précieux; un bon bois, placé sur deux chantiers et frappé avec une masse, doit être parfaitement sonore; s'il n'en est pas ainsi, c'est que la pièce est altérée ou qu'elle renferme des cavités; il est même possible pour une oreille exercée de reconnaître les points défectueux.

Un bois, qui montre un ou plusieurs nœuds, peut n'être pas mauvais; mais il faut, avant de le tailler, sonder les nœuds avec une tarière, et si le défaut ne s'étend pas trop loin, que la substance soit saine, on enlève le bois vicié et on fait entrer dans le trou un bouchon de bois dur que l'on enduit de goudron.

Le point capital qu'il faut toujours avoir dans l'esprit, c'est que la charpente d'un édifice est chose importante ; il faut se garder d'en compromettre la durée et la solidité pour la satisfaction de faire une légère économie et d'employer une pièce douteuse.

Le bois de charpente doit être bien sec, parfaitement sain, abattu au moins depuis trois ans, provenant d'un bon sol, point trop humide, et d'arbres coupés en bonne saison. Il doit être naturellement de droit fil et ne présente aucun des vices que nous avons décrits plus haut.

Causes de destruction des bois mis en œuvre. — Quelque excellent qu'il soit, le bois mis en œuvre ne peut durer éternellement, et, dans certaines conditions, il est bien vite détruit.

Le bois qui entre dans la composition des combles d'un édifice se trouve naturellement abrité par la couverture ; il est toujours au sec, et, s'il est sain et de bonne essence, il dure des siècles.

La plupart des bois, plongés dans l'eau ordinaire d'une manière absolument continue, et privés de tout contact avec l'air, durcissent plutôt qu'ils ne se détériorent et se conservent fort longtemps, à moins qu'ils ne soient dévorés par des parasites spéciaux que nous décrirons plus loin. C'est là un fait admis par tous les constructeurs et qui pourtant est loin de se réaliser toujours, ainsi que le prouvent les lignes suivantes :

Ayant à exécuter les fondations d'un pont destiné à en remplacer un autre trop vieux, établi sur la Gelise, M. Fargue, ingénieur des ponts et chaussées, remarqua que les pieux anciens avaient subi, non-seulement une putréfaction, mais une destruction complète de la matière ligneuse ; celle-ci s'était transformée en une matière spongieuse, sans aucune consistance, que les ouvriers coupaient à la pelle.

Or, ces pieux en chêne avaient toujours été absolument à l'abri de l'air ; ce n'est donc point à des alternatives de sécheresse et d'humidité qu'il faut en attribuer la décomposition. Les eaux qui s'échappaient des trous de pieux étaient chargées d'une substance jaunâtre pulvérulente, semblable à un précipité chimique, et d'une odeur infecte. L'analyse a montré que c'était là des eaux d'infiltration, appartenant non pas à la rivière, mais aux marais des Landes ; certaines eaux stagnantes renferment une espèce de ferment qui détruit rapidement la substance ligneuse. C'est là sans doute l'origine du fait signalé par M. Fargue.

M. l'ingénieur de Fontanges, ayant à construire un pont sur la rivière d'Epte à Gisors, a trouvé dans les vieilles fondations qui reposaient sur une couche de tourbe des pieux, absolument noyés et que l'on pouvait couper à la bêche, bien qu'ils eussent conservé leur forme et leur aspect naturels. Les sulfures de la tourbe étaient sans doute la cause de cette décomposition.

Ajoutons, pour terminer cette digression, qu'on a vu des eaux chargées de sulfate de chaux se décomposer au contact de la matière organique du bois ; le sulfate est réduit à l'état de sulfure, et la matière organique, s'emparant de l'oxygène, se trouve lentement brûlée par suite de cette réaction.

La conservation indéfinie des bois sous l'eau n'est donc pas un fait toujours vrai ; dans certains cas, le sol, par sa composition chimique, peut devenir un agent puissant de destruction.

Le bois enfoui en terre, ou plongé alternativement dans l'air et dans l'eau, perd ses qualités en quelques années, et doit être remplacé. Nous en faisons l'expérience journalière avec les traverses de chemins de fer, qu'il faut remplacer bien souvent. Voici quelques chiffres qui nous éclaireront à ce sujet :

Le chêne, sorti d'un bon terrain, entouré d'un ballast bien perméable et d'un égout facile, dure environ 14 ans; dans des conditions exceptionnelles, il atteindra une vingtaine d'années.

Le sapin, dans bien des cas, n'a pas duré plus de 3 ou 4 ans; il ne dépasse jamais 7 à 8 ans.

Le hêtre est plus mauvais encore; une durée de 3 ans est sa limite extrême.

Le pin va de 2 ans au minimum jusqu'à 6 ans au maximum. Enfin le mélèze ou larix dure 6 à 8 ans, s'il provient des vallées, et peut aller jusqu'à 15 ans, s'il a poussé sur les montagnes.

Remarquez que les chiffres précédents s'appliquent à notre latitude; mais, si vous descendez dans le midi, notamment dans les régions qui se trouvent à une faible hauteur au-dessus du niveau de la mer, la décomposition est bien plus rapide. Ainsi en Espagne et en Italie, la durée des traverses est beaucoup moindre qu'en France, et sous la zone torride, dans l'Inde anglaise, les bois les plus durs, tels que le teak, le bois de fer et le jarrah, se détruisent avec une extrême rapidité.

De tout cela résulte que les bois à l'état naturel, enfouis dans le sol, ne durent au plus que quelques années, et la durée va très-vite en décroissant lorsqu'à l'humidité se joint une température élevée.

A cette cause de destruction qui provient du sol et de l'humidité, il faut en ajouter une autre qui est due à l'action de certains animaux parasites.

Les bois conservés dans des magasins ou employés en charpentes aériennes sont attaqués par des insectes qui les rongent et amènent la vermoulure; ces insectes sont les poux de bois, les vrillettes, les termites, etc. Les bois employés sous l'eau ont deux ennemis, les tarets et les pholades.

Les pholades sont des mollusques bivalves qui se creusent des refuges dans les bois, dans les rochers et dans les maçonneries; ils sont peu développés sur nos côtes. Mais les tarets causent des ravages incalculables, et peuvent dévorer en deux ou trois ans des charpentes énormes. Un autre ver, qui se rapproche du taret, mais qui est beaucoup plus rare et moins dangereux, c'est la *limnoria terebrans*, que l'on trouve au Havre.

Taret. « Le taret, dit M. l'ingénieur en chef Forestier dans son mémoire sur la conservation des bois à la mer, est un mollusque acéphale appartenant à la même classe que l'huître, les moules, etc., auxquelles il ne ressemble pourtant en rien quant à l'apparence extérieure. La *figure* 400 représente un taret en vraie grandeur, et la *figure* 401 représente un morceau de bois que rongent des tarets.

« Le taret a la forme d'un ver blanc grisâtre, ayant jusqu'à $0^m,30$ de longueur et $0^m,02$ de diamètre, terminé d'un côté par une coquille ronde formée par deux valves égales assez semblables aux deux extrémités de la coque d'une noisette qu'on aurait profondément échancrées, et de l'autre par une espèce de queue bifurquée formant deux siphons qu'il peut allonger et raccourcir à volonté et qui sont, dans leur état naturel, renfermés entre deux palettes calcaires mobiles.

« L'un de ces siphons lui sert à aller chercher, à l'ouverture souvent microscopique par laquelle il a pénétré dans le bois à l'état de larve, l'eau aérée qui va baigner ses branchies et porter à sa bouche les molécules organiques nécessaires à sa nutrition; l'autre reporte de la même manière au dehors cette eau épuisée qui entraîne en passant les résidus de la digestion.

« Les larves du taret commencent à pénétrer dans les bois vers la fin de juin. La fin d'août ou les premiers jours de septembre paraissent être, dans nos climats, la dernière période pendant laquelle elles parviennent à s'y loger.

« Les naturalistes ne sont pas d'accord sur la manière dont le taret effectue la perforation des bois.

« Deshayes explique le creusement des galeries par la présence d'une sécrétion ayant la propriété de dissoudre la matière ligneuse ; Hancook regarde le pied charnu de l'animal comme l'instrument térébrant; de Quatrefages attribue ce rôle à une partie du manteau ou capuchon céphalique du mollusque, et Caillaut considère la coquille comme l'instrument perforateur, en s'appuyant sur ce qu'en fixant, à l'aide d'un peu de gomme-laque, la coquille d'un taret à l'extrémité d'une petite tige en bois et faisant tourner celle-ci entre le pouce et l'index, on parvient, en quatre heures et demie de temps, à forer dans le bois un trou de 30 millimètres de profondeur.

« Cette dernière opinion a été admise par M. Harting, membre de l'Académie des sciences des Pays-Bas, qui est arrivé à la même conclusion par un examen microscopique et minutieux de la coquille et de l'appareil musculaire du taret.

« M. Harting nous paraît fondé à conclure qu'il serait difficile d'imaginer un instrument plus propre que cette coquille à perforer le bois, chaque valve présentant en effet la réunion d'une lime avec une gouge ou mèche à cuiller.

« La direction flexueuse des galeries, dans lesquelles il n'est pas rare de rencontrer des angles droits ou même aigus, bien que le taret ait une propension à suivre les fibres du bois, le défaut de cylindricité des galeries, qui sont composées d'anneaux successifs juxtaposés qui n'ont pas toujours le même diamètre, et enfin la forme qu'affecte le fond, qu'on trouve toujours lisse et hémisphérique, sans la moindre saillie au milieu, démontrent, selon M. Harting, que l'action mécanique du taret sur le bois ne doit pas être attribuée à celle d'une tarière agissant par rotation, mais bien plutôt à celle d'une râpe.

« M. Kater, de Nieuwendam, qui a fait de longues et minutieuses études sur la manière de vivre du taret, a pu constater de visu le bien fondé de l'opinion de M. Harting, en parvenant à mettre à nu une portion d'un taret qu'il a pu voir à l'œuvre, exécutant la perforation du bois à l'aide de sa coquille.

« Nous admettons d'autant plus volontiers cette hypothèse que si nous n'avons pas vu, nous avons souvent entendu le taret travailler à son œuvre de destruction dans une pièce de bois remplie de tarets et longtemps conservée dans un vase rempli d'eau de mer qu'on avait soin de renouveler.

« Un bruit très-perceptible, et tout à fait analogue à celui d'une râpe agissant sur le bois, est pour nous la preuve de l'action mécanique de la coquille, qui doit, du reste, être facilitée : d'une part, parce que les parois des galeries, toujours remplies d'eau, se trouvent soumises à une macération constante qui ne peut qu'en ramollir la surface; d'autre part, par la présence d'une sécrétion du mollusque qui peut avoir la propriété de dissoudre la matière ligneuse, sécrétion qu'on ne peut contester, puisqu'au fur et à mesure que le taret avance dans sa galerie il se forme autour de lui un étui calcaire qui en tapisse exactement les parois et dans lequel il se trouve enfermé, en y conservant toutefois la liberté de ses mouvements.

« Jamais un taret ne pénètre dans la galerie d'un autre, tous ceux qui sont dans une même pièce de bois cheminent à côté les uns des autres et se croisent en tous sens; mais quelque vermoulu que soit le bois, il reste toujours entre les galeries une cloison dont l'épaisseur est souvent infiniment mince.

« Le bois et l'eau de mer sont indispensables à l'existence de ce mollusque, qui ne peut vivre ni dans l'eau de mer seule, ni dans le bois hors de l'eau. Il a de plus besoin d'une eau claire et ayant un certain degré de salure, ce qui explique comment, dans un même port, les bois placés dans des parties où l'eau est trouble et sale sont souvent préservés et toujours beaucoup moins attaqués que ceux placés à côté, là où l'eau est plus pure, et aussi comment, sur un même littoral, ce térébrant fait moins de ravages à l'embouchure des fleuves qui apportent assez d'eau douce pour diminuer sensiblement la salure des eaux de la mer.

« Le taret peut hiverner dans les bois, et ce sont les individus ainsi conservés qui, suivant les naturalistes, donnent lieu au printemps à tous les phénomènes de la reproduction.

« Ce mollusque ne jouit pas toujours paisiblement de la demeure qu'il s'est construite, il y est souvent poursuivi par un annélide désigné sous le nom de *Lycoris fucata*, qui vient l'y dévorer ; cet annélide ne cause, du reste, aucun dommage au bois, il rend au contraire un véritable service en détruisant le taret, dont il est très-friand, et au lieu de chercher à détruire cet annélide qu'on trouve presque partout où est le taret, on devrait le protéger et en favoriser le développement, puisque son rôle est de poursuivre et de détruire ce térébrant ; mais le seul moyen d'en préserver les bois, c'est de les rendre inaccessibles à ses larves. »

Procédés de conservation des bois. — Les procédés de conservation des bois peuvent se classer en trois systèmes : 1° les enduits ; 2° l'injection dans la masse entière de substances antiseptiques ; 3° la carbonisation superficielle ou flambage.

1° *Enduits.* — Les enduits ne s'appliquent guère qu'aux bois aériens ; les peintures sont généralement appliquées sur les bois de charpente et surtout de menuiserie, elles ne les protégent point complétement de la piqûre des insectes. Pour arriver à une protection parfaite, il serait nécessaire de plonger les bois dans une substance vénéneuse ; mais le mal est trop faible pour qu'on ait recours à ce procédé, qui pourrait amener plus d'un désagrément.

Souvent on recouvre les bois de plusieurs couches de goudron ; celui-ci agit à la fois comme une peinture sur laquelle glisse l'humidité et comme un antiseptique.

Voici une composition qui, appliquée à chaud avec un pinceau, pénètre le bois et donne un vernis noir assez agréable : 60 0/0 de goudron végétal liquide, à 15 francs le quintal ; 20 0/0 de coaltar, à 10 francs, et 20 0/0 d'asphalte liquide de Bastennes, à 15 francs. Cet enduit revient à 0f,10 le mètre carré.

Il y a quelques années, on a préconisé pour la conservation des bois l'enduit de glu marine, que l'on obtient en dissolvant du caoutchouc et de la laque dans l'huile provenant de la distillation du goudron de gaz ; il ne semble pas avoir mieux réussi que la peinture ordinaire.

Les enduits ne conviennent qu'à des bois parfaitement secs et absolument sains. C'est une erreur de croire que la peinture peut prolonger la durée d'un mauvais bois, humide ou échauffé ; elle ne fera que l'abréger. Peindre un mauvais bois, c'est, comme on dit, enfermer le loup dans la bergerie ; la fermentation se propage beaucoup plus rapidement ; il faut donc éviter soigneusement de le faire ; c'est malheureusement un conseil qui n'est pas assez suivi.

Des enduits nous rapprocherons le mailletage, destiné à protéger les bois contre les tarets. Le mailletage consiste à larder toute la surface des bois avec des clous à large tête ; l'ennemi ne peut alors pénétrer à l'intérieur ; en Angleterre, on a reconnu qu'il était nécessaire, pour arriver à une préservation certaine, de substituer aux clous à tête ronde des clous à tête carrée, de manière à recouvrir absolument toute la surface ; le mailletage doit être constamment surveillé et réparé. Les bois qui servent à la confection des portes d'écluses à la mer sont presque toujours mailletés ; les poteaux busqués qui doivent s'accoler hermétiquement sont mailletés avec des pointes de Paris, dont la tête ne reste point saillante.

Les blindages en tôle, en ciment, en cuir, dont on a essayé de recouvrir les bois à la mer, n'ont pas réussi.

2° *Injections de substances antiseptiques.* — Le cœur de chêne, aussi bien que le cœur des bois même moyennement durs, est difficilement injecté par les procédés industriels. L'injection ne se fait bien que dans l'aubier et dans les bois tendres.

Lorsqu'une pièce est injectée, elle doit être homogène, c'est-à-dire que, si c'est un aubier, elle ne doit pas renfermer de bois dur; en effet, l'aubier seul s'injecte et devient plus durable que le cœur; celui-ci se trouve attaqué le premier, la décomposition se propage et la pièce est perdue, tandis qu'elle durera plus longtemps si elle n'est qu'en bois tendre.

La cause de la destruction du bois est une combustion lente, qui se produit sous l'influence de l'air et de l'eau combinés; le corps ligneux est formé de cellulose et de ligneux, substances non azotées, mais imprégnées de sève, dont les éléments principaux sont la fibrine et l'albumine végétales, substances azotées et éminemment putrescibles. La putréfaction demande pour se produire de l'oxygène et de l'humidité; les bois enfouis dans le sol, ou même exposés à l'air libre, sont précisément dans ce cas; aussi les voit-on rapidement attaqués.

Les substances antiseptiques préservent le bois pour plusieurs causes : il y a d'abord dans le fait de l'injection une action mécanique qui chasse la sève en plus ou moins grande proportion; en outre, les antiseptiques ont généralement la propriété de coaguler les matières azotées, telles que l'albumine, ou bien de se combiner avec elles, et dans les deux cas elles les rendent imputrescibles; les ferments, qui sont des êtres organisés, ne sauraient vivre au milieu des substances plus ou moins vénéneuses qui servent à l'injection.

Les principaux antiseptiques en usage sont : le sulfate de cuivre, le sublimé corrosif ou bichlorure de mercure, le chlorure de zinc, et surtout la créosote.

L'injection se fait de plusieurs manières, soit par simple immersion des pièces dans des cuves pleines de liquide, soit par l'effet de la capillarité et d'une faible pression dans les bois récemment abattus et garnis de leur écorce, soit enfin par une pression considérable dans des réservoirs fermés. Nous allons donner des détails sur ces divers procédés.

Injection par immersion simple. — Elle est très-économique, mais ne donne malheureusement que de médiocres résultats. On la trouve exposée complétement, par M. Couche, inspecteur général des mines, dans son traité récent sur les chemins de fer; nous lui empruntons les lignes suivantes :

« *Immersion simple à froid.* — Elle est en général peu efficace; son action, dans laquelle la cause fort obscure désignée sous le nom d'endosmose paraît jouer un certain rôle, est fort lente; c'est seulement au bout de deux ou trois jours et souvent plus, que l'immersion atteint à peu près sa limite. Un énorme matériel de récipients est donc nécessaire pour une production journalière un peu considérable. Aussi cette méthode, appliquée, par exemple, aux traverses en chêne demi-rond du chemin d'Amiens à Boulogne, y a-t-elle été bientôt abandonnée; l'antiseptique était le sulfate de cuivre.

« Le procédé est cependant encore appliqué au pin et au sapin sur les chemins de Berlin-Anhalt, Ouest saxon, Est saxon; sur ce dernier, l'immersion est prolongée pendant huit jours.

« Aujourd'hui comme autrefois, c'est par l'immersion à froid qu'on procède, dans le duché de Bade, pour l'application du sublimé corrosif. Les traverses restent pendant dix jours dans le bain, qui est au titre de $\frac{1}{150}$. Les récipients sont des auges en sapin, de 6 mètres de longueur, 2ᵐ,55 de largeur et 1ᵐ,50 de profondeur, revêtues intérieurement d'un enduit composé d'huile de lin (1 part.), de cire (1 part.), de gomme (2 part.) et d'étoupe hachée. Cet enduit est posé à chaud. Il sert également à mastiquer les joints lorsque des fuites se déclarent. Des ferrures extérieures et de longs boulons à écrous noyés dans l'épaisseur des madriers permettent d'ailleurs de serrer les joints et de les rendre étanches.

« La dissolution se fait à chaud, dans un vase spécial, sur $0^k,5$ de sel et 3 litres d'eau seulement à la fois. Cette dissolution concentrée est amenée au titre de $\frac{1}{150}$ par l'addition d'eau froide.

« La préparation coûte $11^f,48$ par mètre cube.

« Les ouvriers doivent s'astreindre à diverses précautions, dont ils payeraient chèrement l'oubli. Ils doivent éviter soigneusement tout contact, soit avec la liqueur, soit avec le bois préparé, et se défier surtout de l'introduction des moindres parcelles de sel dans les organes de la digestion et de la respiration. La dissolution s'opère au moyen d'un agitateur, dans un vase fermé, qu'idoit recevoir d'abord l'eau bouillante, et ensuite le sel. Si l'on faisait l'inverse, la vapeur entraînerai toes particules salines. L'ouvrier a d'ailleurs un tampon sur la bouche.

« Avant d'enlever les traverses, on fait passer, au moyen de pompes en bois, la liqueur dans une auge voisine. Les hommes qui extraient le bois portent des gants, et un sarrau par-dessus leurs vêtements. Ils doivent d'ailleurs se laver avec beaucoup de soin, surtout avant leur repas.

« Diverses industries exigent des précautions de ce genre. Dans une usine permanente, avec un personnel spécial, l'exécution des mesures de prudence s'obtient assez facilement. Il n'en est pas de même d'un chantier temporaire, dont le personnel se recrute en partie sur les lieux, parmi des hommes qui ne comprennent guère que leur existence puisse dépendre de l'exécution fatigante et minutieuse de ces recommandations. C'est une objection sérieuse contre l'application d'un procédé qui a d'ailleurs contre lui son extrême lenteur.

« *Immersion à chaud.* — On a constaté, sur la ligne d'Amiens à Boulogne, qu'en portant le bain de sulfate de cuivre à la température de 60° environ, on obtenait, en une demi-heure, un résultat au moins égal à celui que donnait, toutes choses égales d'ailleurs, l'immersion à froid pendant deux jours et même plus ; aussi s'empressa-t-on d'adopter cette méthode, expéditive et économique ($0^f,35$ à $0^f,40$ par traverse). Le résultat a été satisfaisant, l'aubier ayant atteint à très-peu près la durée du cœur ; c'est évidemment tout ce qu'on pouvait désirer. La liqueur contenait $\frac{1}{50}$ de sel ; on opérait dans une chaudière en plomb. Ce procédé sommaire, appliqué plus tard, mais avec peu de succès, sur le chemin de l'Est français (sulfate de cuivre, prix : $0^f,50$), est à peu près délaissé aujourd'hui ; peut-être cependant est-il, tout compte fait, le mieux approprié au chêne demi-rond, avec lequel la durée de la traverse a pour limite nécessaire la durée du cœur, qui forme une trop grande partie de la masse pour que la traverse lui survive.

« Le chemin d'Orléans applique ce procédé, aujourd'hui encore, et au chêne équarri. Le bain de sulfate de cuivre, au titre de $\frac{1}{50}$, est porté à la température de 60 degrés. La pénétration est très-superficielle, mais elle coûte fort peu, et comme l'altération du bois commence par la surface, cette action si limitée de la matière préservatrice est regardée comme très-utile. L'application ne remonte pas assez haut pour que l'efficacité de l'opération soit constatée encore, mais les résultats, d'après M. Sévène, ingénieur en chef de la voie, s'annoncent bien.

« *Immersion dans le bain porté à l'ébullition.* — Ce procédé a été appliqué en Allemagne, notamment en Bavière, où il était en faveur il y a plusieurs années. Les traverses, en sapin équarri, étaient placées verticalement dans une grande cuve en sapin ; on les fixait par le haut pour les empêcher de flotter ; la liqueur (sulfate de cuivre) était introduite et portée à la température de l'ébullition au moyen d'un jet de vapeur emprunté à une petite chaudière. L'injection de la vapeur cessait au bout de 45 minutes environ ; on laissait le tout se refroidir lentement, et c'est surtout pendant cette période que l'absorption s'effectuait.

« Cette méthode a donné généralement des résultats médiocres. Une élévation modérée de la température favorise l'absorption, mais ici le but est sans doute dépassé. Si d'une part on introduit à plus haute dose la substance préservatrice, de l'autre la dissolution trop chaude altère la constitution du bois en lui enlevant des principes essentiels à sa conservation.

« En Prusse, le reproche qu'on adresse à ce procédé est de ne donner qu'une pénétration superficielle ; peut-être les traverses étaient-elles extraites trop tôt du bain.

« Ce mode est toutefois appliqué encore sur l'Est saxon ; il l'a été également aux traverses à hêtre et à une faible partie des traverses en chêne des nouvelles lignes du Holstein, mais en élevant la température à 84 degrés au plus (chlorure de zinc).

« *Immersion dans un bain chaud après chauffage du bois à l'étuve.* — A l'exception du procédé Boucherie, qui est à cet égard dans des conditions toutes particulières, il faut en général, pour disposer le bois à absorber la liqueur antiseptique, le purger, aussi complétement que possible, de l'eau et de l'air qu'il contient. Une exposition prolongée à l'air atteint assez bien le premier but, surtout si elle a pu être précédée d'une immersion prolongée dans l'eau. Celle-ci a pour effet d'opérer un échange entre l'eau et la séve, d'enlever au bois des matières hygrométriques (et en même temps putrescibles), et de faciliter ainsi la dessiccation par l'exposition ultérieure à l'air. Le chauffage à l'étuve vaporise l'eau, et de plus, en dilatant l'air, il l'expulse en grande partie des méats. Le bois, plongé chaud lui-même dans le bain chaud, se sature beaucoup plus rapidement, tout en absorbant beaucoup plus ; mais la chaleur doit être appliquée avec mesure dans l'étuve, pour éviter de faire fendre le bois.

« Le chauffage à l'étuve et l'immersion dans le bain chaud, appliqués surtout avec l'huile de goudron, constituent un des procédés Bethell, fort usité en Angleterre ; il est employé aussi en Allemagne, sur le chemin d'Aix à Dusseldorf, par exemple. Les traverses, demi-rondes et écorcées, sont chauffées à l'étuve pendant 24 heures au moins et 48 heures au plus, et à 100 degrés. L'immersion dans le bain d'huile dure 24 heures. Prix : 1ᶠ,12 par traverse.

« M. Bethell procède aussi comme il suit : les traverses sont placées dans un séchoir où sont dirigés les produits de la combustion. Le bois, en même temps qu'il se dessèche, s'imprègne des produits empyreumatiques dégagés par le combustible. Il est ensuite plongé dans l'huile bouillante. Ce procédé, mal appliqué du reste, a donné de mauvais résultats sur l'Est français. »

Injection par le procédé Boucherie. — Le procédé inventé par le docteur Boucherie, vers 1835, est ingénieux et rationnel ; il consiste à injecter, dans tous les canaux séveux du bois, un liquide qui ait la propriété de convertir en matières insolubles, inattaquables aux insectes, toutes les substances solubles, alimentaires et putrescibles qui entrent dans la composition physique et chimique des bois.

Le moyen, la puissance d'introduction, c'est la succion même résultant du mouvement séveux. Ce n'est donc que sur les arbres sur pied ou récemment abattus que l'on doit opérer.

Le système en usage à l'origine était très-simple : on entourait le pied de l'arbre d'un réservoir annulaire, un sac imperméable par exemple ; dans ce réservoir, l'écorce était enlevée et l'on faisait même un trait de scie tout autour de l'arbre dans l'aubier ; le liquide monte peu à peu comme le ferait la séve, et pénètre non-seulement le tronc, mais encore les branches et même les feuilles, jusqu'à une hauteur de 30 mètres ; l'ascension est produite par la capillarité des tubes et surtout par l'effet d'aspiration que produit la respiration des feuilles et des parties vertes en général.

M. Gueymard, ingénieur en chef des mines, ayant reconnu que, par le procédé précédent, l'injection était loin d'être complète, le perfectionna en creusant dans la partie annulaire écorcée plusieurs trous de tarière, inclinés à 45° de haut en bas et se réunissant au centre de l'arbre ; le liquide pénétrait beaucoup mieux, et la petite pression qu'il exerçait au cœur de l'arbre facilitait l'injection.

L'invention du docteur Boucherie resta stagnante jusque vers 1846, où l'on changea en même temps le mode d'injection et la nature du liquide injecté.

Le mode perfectionné d'injection peut s'étudier en détail sur les *figures* 402 à 415 qui représentent un chantier de préparation établi en 1847 dans la forêt de Compiègne par M. Boucherie, qui devait livrer à la ligne du Nord une quantité considérable de traverses et de poteaux :

« Des billes de hêtre ou de charme propres à faire de deux à quatre traverses étant posées horizontalement sur trois coins placés, l'un au milieu, les deux autres près des extrémités, *figures* 402, 403, 404 et 408, on donne sur le point milieu de la division à opérer, un trait de scie pénétrant jusqu'aux 9/10 de la section. La pièce ainsi préparée, on enfonce le coin placé au milieu de sa longueur, de manière à faire ouvrir le trait de scie et à permettre d'y enfoncer jusque sur la partie non sciée une corde détordue dont on relève ensuite les deux extrémités que l'on croise à la partie supérieure de la section, en ayant soin de faire tenir la corde dans le trait de scie à quelques millimètres de la surface extérieure de la pièce. Il suffit alors de chasser le coin placé au milieu de la bille pour qu'elle plie et que le joint, en se fermant sur la corde disposée comme on vient de le dire, se trouve calfaté sur tout son périmètre.

« Si on imagine maintenant qu'un trou de tarière a été percé obliquement du dessus de la pièce jusque dans le trait de scie, *figures* 404, 405, 406 et 407, et que l'on y a introduit un ajutage en bois ou en métal sur lequel est fixé un tuyau en toile imperméable adapté par son autre bout au fond d'une gouttière disposée au-dessus du chantier, on voit comment il a été facile de faire arriver le liquide dans le vide du trait de scie, et par là dans les deux parties de la pièce qui y aboutissent.

« D'autres gouttières placées sous les abouts des pièces rangées parallèlement et sous les traits de scie (*fig.* 403 et 404) recevaient le liquide qui les avait traversées et celui qui s'échappait par quelques joints mal faits, et le ramenaient par une pente contraire à celle de la gouttière supérieure, de manière qu'avec une pompe placée dans le réservoir on relevait la liqueur pour la faire servir de nouveau, en ayant soin de la maintenir au degré de concentration voulu pour la conservation du bois.

« Pour arrêter l'écoulement du liquide dans une pièce dont la préparation était terminée, on pinçait le tuyau avec un morceau de bois fendu par un bout, et dont les deux parties étaient rapprochées et liées avec une ficelle ; on pouvait ainsi, sans perdre de liqueur et sans arrêter l'opération sur les autres points du chantier, enlever la pièce préparée et la remplacer par une autre.

« M. Boucherie a appliqué le procédé que nous venons de décrire à la préparation de 23,000 traverses en hêtre et en charme, employées en 1847 sur la partie du chemin de Saint-Quentin comprise entre Creil et Compiègne ; mais, quoiqu'il ait obtenu de bons résultats, il n'a pu, faute de temps, préparer toutes celles pour lesquelles il avait traité.

« Quand, en 1849, il a été chargé d'une nouvelle fourniture pour la section de

Chauny à Saint-Quentin, il a donc cherché à améliorer ce procédé, et il y est parvenu en substituant à la gouttière supérieure fournissant le liquide un tuyau fermé enterré dans le sol au-dessous du milieu des pièces, et alimenté par un réservoir convenablement élevé pour entretenir la pression voulue et faire arriver la liqueur dans les traits de scie au moyen de tuyaux flexibles en toile ou en caoutchouc, fixés au tuyau alimentaire (*fig.* 408). Malheureusement les spéculations faites sur les bois de hêtre, par suite des succès de M. Boucherie, ne lui ont pas permis d'acheter des bois de cette essence, et il a dû fournir des traverses de chêne quoique payées moins cher que celles en hêtre et en charme injectées de sulfate de cuivre.

« La suppression de la gouttière, en rendant libre l'espace au-dessus des traverses, aurait permis de mettre plus facilement et plus rapidement les billes en place en les enlevant, au moyen d'une grue, de dessus le chariot qui aurait servi à leur transport, après que l'on aurait donné le trait de scie et préparé le joint en corde, de manière qu'on n'eût plus eu qu'à les déposer sur les cales des extrémités pour que le joint fût fait et que l'injection pût commencer.

« Le procédé que nous venons de décrire ne pouvait s'appliquer à l'injection des arbres qui devaient être conservés dans toute leur longueur, et jusqu'à ces derniers temps M. Boucherie était obligé de recourir aux calottes de plomb que représentent les *figures* 410 et 411. Amené, par la nécessité de préparer un grand nombre d'arbres, à chercher un moyen plus pratique, il est encore parvenu à trouver des procédés d'injection qui paraissent ne rien laisser à désirer, mais qui diffèrent suivant la grosseur des bois.

« Pour opérer sur les gros arbres, que nous supposerons coupés carrément à leur base, il donne un trait de scie à quelques centimètres de leur base, mais en ayant soin, comme pour les traverses, de réserver un dixième environ du bois, *figure* 412. Il fait pénétrer un trou de tarière dirigé obliquement de la paroi de la pièce dans le trait de scie, qu'il garnit d'un bout de corde. Ces dispositions faites, il applique sur la base de la pièce un fort plateau en bois recouvert d'une couche de 0ᵐ,02 d'épaisseur d'argile plastique corroyée, et fixe ce plateau au moyen d'une vis qui le traverse à son centre et pénètre de quelques centimètres dans la pièce, au-delà du trait de scie. La pression comprime la corde, et en étanchant le joint, empêche la liqueur introduite dans le trait de scie de s'échapper par le gros bout de l'arbre. On opère isolément sur chaque pièce.

« Lorsque M. Boucherie a eu à préparer des milliers de perches, soit pour faire des piquets de barrières, soit pour tout autre usage, il a dû opérer à la fois sur un grand nombre de pièces, et par conséquent imaginer un autre procédé. Voici en quoi il consiste :

« A la hauteur des chantiers sur lesquels reposent les pièces à injecter, il a placé un coffre en planches de 0ᵐ,16 environ de largeur sur 0ᵐ,25 de hauteur, hermétiquement fermé et calfaté, ou un tuyau en bois, *figures* 413, 414 et 415. Les faces latérales de ce coffre étaient percées de trous ronds d'un diamètre un peu plus faible que celui des perches à injecter. Les rondelles enlevées pour percer ces trous étaient détachées avec soin, au moyen d'un trépan, et conservées de manière que, quand on avait un peu évasé le trou avec une râpe du côté extérieur, on pouvait, après y avoir introduit l'extrémité d'un bout de tuyau en caoutchouc de 12 à 15 centimètres, se servir de la rondelle en provenant, pour fixer le tuyau au coffre en l'enfonçant dans l'intérieur du tuyau flexible pour la remettre en place, en comprimant l'étoffe élastique entre l'orifice du trou et le pourtour de la rondelle, percée d'un petit orifice en son milieu.

« On a ainsi adapté sur les **deux faces latérales** des coffres autant de bouts de tuyaux en caoutchouc que l'on devait préparer de perches à la fois. Ces perches étaient dépouillées de leur écorce et arrondies à leur gros bout, au moyen d'une plane avec laquelle on creusait près du bout une ou deux stries annulaires de quelques millimètres de profondeur. On faisait pénétrer chaque perche ainsi préparée dans un des tuyaux, puis, après l'avoir calée sur le chantier, on la fixait au tuyau par une ligature en ficelle que l'on avait soin d'enrouler dans les stries.

« Lorsque toutes les perches étaient ainsi rattachées au coffre par les tuyaux en caoutchouc, on remplissait ce coffre de la liqueur conservatrice, et on lui donnait la pression nécessaire au moyen d'un réservoir supérieur constamment alimenté, et dans lequel on remontait la liqueur reçue par les gouttières placées sous l'about des perches.

« Ce procédé, quoique fort simple, a été encore perfectionné. Au lieu de fixer les bouts de tuyaux directement sur le coffre, M. Boucherie a interposé entre eux un petit tuyau de plusieurs décimètres de long et de $0^m,01$ de diamètre, terminé par de petits ajutages en bois ou en cuivre. L'un de ces ajutages pénétrait dans le coffre, et l'autre dans un disque en bois sur lequel était fixé le gros tuyau destiné à envelopper l'about des perches. Par ce moyen, le coffre a pu rester constamment plein et l'opération se faire d'une manière continue, en arrêtant l'écoulement du liquide isolément dans les perches en pinçant les tuyaux alimentaires comme on l'a indiqué précédemment. »

Les dispositions précédentes sont encore en usage aujourd'hui ; il faut remarquer seulement que, sur les dessins, le réservoir est placé à une hauteur beaucoup trop faible au-dessus du sol. M. Boucherie reconnut bien vite qu'une pression hydrostatique notable était nécessaire pour obtenir une injection rapide et complète ; aussi le réservoir est-il porté à 10 ou 12 mètres au-dessus du sol et soutenu par un échafaudage ; une pompe foulante y fait monter le liquide. Cette installation est peu coûteuse et s'établit sans peine dans n'importe quel pays, au milieu d'une forêt.

La nature du liquide injecté a beaucoup varié, avons-nous dit : à l'origine, en 1835, le liquide choisi par M. Boucherie pour la conservation des bois était le pyrolignite de fer, substance peu coûteuse que l'on obtient en faisant macérer de vieilles ferrailles avec du vinaigre de bois (acide acétique ou pyroligneux). Le pyrolignite de fer a pour effet de changer les sels solubles en sels insolubles ; pour en démontrer l'efficacité, M. Boucherie prenait deux côtes de melon, dont une était abandonnée à elle-même, et l'autre trempée dans le pyrolignite ; celle-ci, au bout de quelques jours, était encore entière avec toutes ses chairs, bien que noircies, tandis que la première était tombée en pourriture.

On eut à ce moment l'idée de se servir de l'injection pour produire des bois colorés : on injectait ainsi, par exemple, du sulfate de fer, puis du cyanure de potassium, et le corps ligneux se trouvait, par suite de la double décomposition, teint en bleu de Prusse (cyanure de fer) ; le pyrolignite de fer a lui-même la propriété de colorer les bois en gris, et il est facile de reconnaître par là qu'il ne pénètre point le bois dur ; les chlorures de calcium et de magnésium, qui sont déliquescents, empêchent le bois de se dessécher absolument, lui conservent une certaine élasticité et par suite beaucoup de flexibilité ; les teintures végétales, garance et autres, sont facilement absorbées par les bois tendres à qui elles communiquent leur couleur.

On ne tarda pas à reconnaître que le pyrolignite de fer, le sulfate de soude et le chlorure de calcium (ces deux derniers présentant l'avantage de rendre le bois difficilement combustible) n'empêchaient point la pourriture, et que le meilleur antiseptique était le sulfate de cuivre (ou vitriol). Ce fait est mis en évidence par les expériences suivantes :

NOMBRE ET ESSENCE des bois enterrés.	NATURE DES LIQUIDES injectés.	ÉTAT DU BOIS APRÈS SEPT ANS.
1 bille de hêtre....	Enterrée dans son état naturel...	Entièrement pourri.
Id..............	Sulfate de soude..............	Conservé par places, général^t pourri.
Id....	Id.....................	Entièrement pourri.
Id..............	Pyrolignite de fer concentré....	A peu près conservé; sent la créosote.
5 billes de hêtre....	Pyrolignite de fer peu concentré.	Complétement pourri; sans odeur.
1 bille de charme...	Id.....................	Complétement pourri.
1 bille de hêtre.....	Chlorure de calcium..........	Conservé à l'air; pourri dans le sol.
Id..............	Chlorure de mercure..........	Idem.
Id..............	Pyrolignite de plomb..........	Complétement pourri.
5 billes de hêtre....	Sulfate de cuivre.............	Parfaitement conservé; deux billes sciées en travers ont présenté la partie centrale atteinte de pourriture sèche sur 0,02 à 0,03 de diamètre. La dissolution n'avait pas pénétré dans cette partie centrale. L'écorce est également conservée, ainsi que les lichens qui y étaient fixés.

La constatation de ces faits et de beaucoup d'autres du même genre ne peut laisser aucun doute sur l'efficacité du sulfate de cuivre, pour conserver les bois dans le tissu desquels il est possible de le faire pénétrer.

La compagnie des chemins de fer du Nord, en particulier, fait l'emploi de ce vitriol sur une très-vaste échelle, pour la préparation de ses traverses, préparation qui revient à 1 franc ou 1^f,10 par le procédé simple décrit précédemment (une traverse cube environ $\frac{1}{10}$ de mètre cube).

Par une longue expérience, M. Boucherie a pu constater les faits suivants :

1° Toutes les essences ne se pénètrent pas également.

2° La marche de la liqueur est plus rapide dans l'aubier que dans la partie la plus rapprochée du cœur.

3° La quantité de liqueur introduite dans le bois égale la moitié de son cube au minimum.

4° Lorsque cette liqueur, qui contient 1^k,5 de sulfate de cuivre par hectolitre, a traversé une pièce, on constate, en tenant compte du sulfate entraîné par la séve, que chaque stère de bois en a retenu entre 5 et 6 kilogrammes.

5° La pénétration, pour une longueur de bille égale à 2^m,60, dure deux jours lorsque le bois est récemment coupé et que le réservoir est élevé d'un mètre; si le bois a trois mois d'abattage, il faut trois jours; s'il a quatre mois, il faut quatre jours pour effectuer cette pénétration.

6° L'élévation du réservoir qui fournit la liqueur rend la pénétration plus rapide et aussi plus complète.

7° Cette influence de la pression ne se fait sentir que dans les bois pénétrables comme le hêtre, le charme, le bouleau, le pin, etc.; les essais faits pour produire la pénétration au moyen de la pression, dans les bois impénétrables dans les conditions ordinaires, sont restés tout à fait sans résultat.

8° L'augmentation de poids que présente le bois après sa pénétration varie selon les essences, et dépend de la quantité d'air qu'il contenait et qui a été remplacé par la liqueur. Voici les résultats :

Le hêtre augmente de 95 kilog. par stère; l'aubier de chêne de 25 kilog.; l'aubier de charme de 21 kilog.; celui de bouleau de 1ᵏ,2; celui de peuplier d'Italie de 31ᵏ,5; l'aubier de grisard de 22ᵏ,7; l'aubier d'aune de 70ᵏ,7; celui de frêne de 22ᵏ,8; celui de pin de 57ᵏ,5, et celui de sapin de 24 kilog.

9° La pénétration est possible toute l'année, excepté au moment de la gelée qui solidifie, soit la liqueur à injecter, soit la sève qui s'écoule.

10° Les essences les plus humides, ou, dans une même essence, les arbres qui ont poussé dans les sols les plus humides, se pénètrent le mieux. Il en résulte que ce sont les arbres réputés les moins bons, et par suite les moins chers, qui donnent les meilleurs résultats lorsqu'ils sont pénétrés de sulfate de cuivre.

L'injection au sulfate de cuivre a donné des résultats très-inégaux; c'est, du reste, ce qui s'est produit pour la plupart des procédés de conservation des bois. Plusieurs compagnies de chemins de fer qui l'avaient adoptée pour leurs traverses l'ont abandonnée; la Compagnie du Nord, cependant, continue à l'employer exclusivement, et elle s'en trouve bien. Ce procédé a un désavantage, c'est qu'il ne s'applique qu'aux bois en grume, et que, par suite, on injecte des parties qu'on enlèvera plus tard sous forme de dosses; c'est avec le hêtre qu'il paraît réussir le mieux; on ne doit donc pas hésiter à l'employer sur place, lorsque l'on exploite de grandes forêts de hêtres.

Comme exemple d'insuccès de l'injection des bois au sulfate de cuivre par le procédé Boucherie, M. l'ingénieur Frémaux a cité l'exemple des ponts en charpente établis sur la rivière d'Authie. Ces ponts étaient en hêtre injecté qui, en moins de dix ans, tomba en pourriture, tandis que des pièces de chêne naturel, placées dans les mêmes conditions, résistaient parfaitement. Cela tient-il à ce que des pièces débitées, exposées à l'air, perdent leur sulfate de cuivre? On ne le saurait dire. On a vu des platanes injectés sous une pression de dix mètres se pourrir presque instantanément, tandis que d'autres platanes de même origine, injectés sous une faible pression, se conservaient bien.

Ce sont les assemblages qui résistent le moins; cela se comprend, si l'on réfléchit que la liqueur injectée chemine parallèlement aux fibres qu'elle entoure sans les pénétrer; dans les assemblages, le bois est coupé obliquement, et l'on met à nu toutes les sections des fibres que le liquide n'imprègne pas.

Les procédés d'injection ont, en général, l'inconvénient de désagréger plus ou moins les fibres du bois, et par suite d'en diminuer la résistance; c'est une chose à considérer dans la construction des charpentes qui, comme celles des ponts, ont à résister à des efforts considérables.

Le système du docteur Boucherie devait, croyait-on, produire d'excellents résultats dans les travaux à la mer; le sulfate de cuivre est un poison violent, qui fait périr les animaux et les ferments; on espérait donc pouvoir avec lui détruire les tarets; il n'en est rien, car le sulfate de cuivre ne forme qu'une combinaison chimique très-faible avec les substances albumineuses du bois; il est pour ainsi dire à l'état libre, et comme il est soluble, l'eau de mer l'entraîne, ce qui permet au taret de travailler à son aise.

Injection des bois par la pression ou par le vide. — C'est en 1831 que M. Bréant eut l'idée d'imprégner les pièces de bois immergées dans des cylindres à l'aide d'une forte pression exercée sur le liquide.

La pénétration est telle, que des solutions même huileuses arrivent jusque dans l'intérieur des cellules végétales. Toutefois, les nœuds et le cœur des bois durs résistent encore à ce procédé énergique.

C'est avec un grand cylindre et une pompe foulante qu'opérait M. Bréant, et il traitait des pièces de bois équarries et façonnées pour la construction où elles devaient entrer.

Le procédé de M. Bréant a été modifié successivement par plusieurs constructeurs. Ainsi MM. Legé et Fleury traitaient les bois dans un cylindre où ils amenaient d'abord de la vapeur, puis du sulfate de cuivre ; la vapeur humecte le bois, chasse la sève, dissout beaucoup de matières putrescibles ; puis, lorsqu'on fait communiquer le récipient avec un condenseur, il se produit un vide partiel qui dépouille le bois de la plus grande partie de l'eau et de l'air qu'il renferme ; dans cet état, la matière ligneuse est devenue facilement pénétrable au sulfate de cuivre, que l'on introduit dans le cylindre et sur lequel on exerce des pressions qui atteignent jusqu'à 6 ou 8 atmosphères. Il est certain que de la sorte la pénétration est complète ; mais cette méthode nous semble entraîner avec elle de graves inconvénients : 1° le cylindre doit être en cuivre ou protégé à l'intérieur par un mastic ; car, s'il était en tôle sans enduit, le sulfate de cuivre décomposerait les parois ; 2° pour opérer sur de grandes quantités de bois, il faut une installation coûteuse et encombrante ; les wagons tout chargés de pièces de bois doivent pénétrer à l'intérieur du cylindre où se fait la réaction : cela nécessite un matériel considérable ; 3° l'action de la vapeur d'eau, puis celle du vide, et enfin la pression élevée, désorganisent le tissu du bois qui perd beaucoup de sa résistance.

De sorte qu'en somme on obtient encore avec ce système des résultats très-variables. Quoi qu'on fasse, le sulfate de cuivre ne se combine pas avec la totalité des substances azotées, pour lesquelles il a peu d'affinité, et, d'un autre côté, le bois fait l'effet de filtre sur la dissolution saline, et le vitriol se trouve retenu en grande partie par les premières parties de bois traversées ; l'injection n'est jamais bien accusée au centre des pièces. Toutefois, le résultat est d'autant meilleur qu'on prolonge davantage les diverses phases de l'opération.

C'est avec la créosote qu'on est arrivé à la protection la plus efficace, notamment en ce qui touche les bois à la mer, qu'il faut mettre à l'abri des ravages du taret. M. l'ingénieur en chef Forestier, dans son rapport que nous avons déjà cité, décrit tout au long les procédés de créosotage employés aux Sables-d'Olonne : nous engageons le lecteur curieux à lire ce rapport en entier.

La créosote est une huile lourde, d'un jaune verdâtre, d'une densité un peu supérieure à celle de l'eau, soluble dans l'alcool et l'éther, brûlant avec une flamme fuligineuse, comme tous les corps riches en carbone ; on l'obtient en recueillant les produits de la distillation du goudron de gaz, qui se dégagent entre 160° et 260° ; au-dessous de 160°, on recueille des sels ammoniacaux et des huiles légères qui renferment la benzine, si utile dans l'industrie, notamment pour la préparation des couleurs d'aniline.

La créosote est un composé complexe, dans lequel on a bien distingué une vingtaine de substances différentes ; les plus connues sont la créosote véritable $C^{14}H^8O^2$, et l'acide phénique $C^{12}H^6O^2$. C'est à ce dernier, qui est un excellent antiseptique, que l'on attribue les propriétés énergiques de la créosote.

« L'appareil d'injection du port des Sables-d'Olonne se compose, dit M. Forestier :

« 1° D'un cylindre à injection (*fig.* 416, 417 et 418) en forte tôle B, de $13^m,50$ de longueur et de $1^m,25$ de diamètre, qu'on peut fermer hermétiquement au moyen d'un obturateur S, et dans lequel on peut successivement faire le vide et exercer une pression de 10 atmosphères, en y maintenant la température à 80° ou 100° à l'aide de quatre tubes intérieurs J, accolés aux parois et dans lesquels peut circuler un courant de vapeur ;

« 2° D'un réservoir P, placé sous le cylindre et dans lequel on peut, à l'aide d'un courant de vapeur circulant dans un serpentin disposé à cet effet, élever et maintenir à une température de 55 à 60° la créosote qui y arrive par un petit canal R, partant du milieu de chaque rangée des tains Q, sur lesquels se vident les fûts et se recueille tout ce qui peut couler de ceux qu'on y conserve ;

« 3° D'une pompe pneumatique C, pouvant faire le vide jusqu'à $0^m,15$ de mercure ;

« 4°.De deux pompes foulantes E, capables de refouler la créosote dans le cylindre, sous une pression de 10 atmosphères ;

« 5° D'une machine locomobile A, de six chevaux, destinée à fournir la vapeur nécessaire pour maintenir dans le cylindre et le réservoir les températures voulues, et à faire mouvoir les pompes établies de chaque côté, qui sont disposées de manière à pouvoir être embrayées et désembrayées à volonté.

« Le cylindre à injection, qui a été éprouvé sous une pression de 12 atmosphères, est muni :

« 1° A l'une de ses extrémités, d'un obturateur mobile en fonte de fer S, avec presses et serrage à vis ;

« 2° De deux indicateurs du vide et de deux manomètres de pression L, les uns à cadrans, les autres à colonnes de mercure ;

« 3° D'une soupape à levier N ;

« 4° D'un tube indicateur de la hauteur de la créosote dans le cylindre R' ;

« 5° Des tubulures nécessaires pour introduire ou retirer la créosote, pour produire et indiquer le vide ou la pression, pour laisser la créosote s'écouler quand le cylindre est plein, pour la soupape de sûreté, pour le tube indicateur de la hauteur de la créosote dans le cylindre, et enfin pour le serpentin destiné à échauffer le cylindre ;

« 6° De deux rails *rr*, placés à sa partie inférieure, et sur lesquels roulent les wagonnets U, servant à y introduire les bois à créosoter.

« L'injection s'opère de la manière suivante :

« On charge d'abord les bois dans des wagonnets en fer U, dont le dessin indique suffisamment la construction pour qu'il soit inutile d'en donner une description détaillée ; les armatures courbes mobiles sont, comme il est facile de s'en rendre compte, destinées à retenir les bois et à prévenir ainsi tous chocs contre le cylindre.

« Lorsque les wagonnets sont chargés, on les fixe l'un à l'autre, et on les introduit dans le cylindre à l'aide d'un treuil Z, manœuvré par quatre hommes, et d'une poulie de renvoi placée à l'extrémité de la partie fixe du chemin de fer X ; on le pousse jusqu'au fond du cylindre à l'aide d'un chariot-bélier V, qu'on ramène à la main sur le chemin de fer, après l'introduction des bois.

« Après avoir fermé l'obturateur et tous les robinets, à l'exception de ceux des serpentins, on soumet pendant une demi-heure environ les bois à une température de 60 à 110 degrés, suivant leur nature, en même temps qu'on élève dans le réservoir P celle de la créosote à 60 degrés, à l'aide des serpentins J et I.

« On ouvre alors le robinet du tuyau d'aspiration de la pompe pneumatique C, et tout en maintenant la température aux degrés ci-dessus, on fait fonctionner cette pompe.

« Lorsqu'on a poussé le vide jusqu'à $0^m,25$ de mercure, on ouvre le robinet d'introduction M de la créosote, qui monte d'elle-même dans le cylindre ; on continue de faire le vide, et lorsque le mouvement ascensionnel de la créosote tend à s'arrêter, on ferme le robinet M, on désembraye la pompe pneumatique, on ferme le robinet de son tuyau d'aspiration, on ouvre celui du trop-plein pour mettre l'intérieur du cylindre en communication avec l'air extérieur, et l'on achève de remplir le cylindre en mettant en mouvement les pompes foulantes E, après avoir ouvert les robinets de leurs tuyaux d'aspiration et de refoulement.

« Le tube indicateur R' permet de suivre le mouvement ascensionnel de la créosote dans le cylindre, et lorsqu'il est plein, elle s'échappe par le tuyau de décharge O ; on la laisse couler pendant quelques minutes pour bien chasser tout l'air contenu dans le cylindre, et l'on ferme le robinet dudit tuyau.

« On continue à faire fonctionner les pompes foulantes de manière à agir sur le liquide par pression, et le forcer ainsi à pénétrer jusqu'au cœur du bois. On pousse cette pression jusqu'à 10 atmosphères, et on la maintient telle un temps plus ou moins long, variant d'une à quatre heures, suivant l'essence du bois, jusqu'à ce que celui-ci ait absorbé la quantité voulue de créosote, ce qui est constaté par une échelle graduée placée dans le réservoir P, et le long de laquelle se meut un flotteur.

« On arrête alors les pompes foulantes, et l'on ouvre le robinet M pour faire couler dans le réservoir la créosote non absorbée.

« On retire les bois du cylindre par le même procédé qu'on les y a introduits ; mais seulement après qu'ils ont réagi contre la pression à laquelle ils ont été soumis, parce que, dans cette réaction, ils rejettent une petite quantité de créosote qui serait perdue si on les retirait trop tôt du cylindre. »

À la suite de nombreuses expériences, M. Forestier conclut que, pour les bois enfouis en terre ou exposés à l'air, il suffit d'injecter environ 150 kilog. de créosote par mètre cube ; pour les bois que l'on veut préserver du taret, il faut au moins une absorption de 300 kilog. par mètre cube.

L'injection est loin d'être homogène ; les parties dures sont peu imprégnées, tandis que les autres le sont beaucoup.

Si l'on ne doit point fournir au bois la quantité de créosote nécessaire, il vaut autant s'abstenir, parce que les tarets ne tardent pas à l'attaquer, et semblent, au bout de peu de temps, se faire à leur nouvelle habitation.

Les bois créosotés se travaillent très-bien ; l'expérience apprend qu'ils gagnent plutôt qu'ils ne perdent en flexibilité et en résistance.

La créosote coûtant à Paris 65 francs la tonne, la préparation d'un mètre cube de bois contenant 150 kilog. de créosote est revenue, tous frais compris, à 20 francs environ aux Sables, et la préparation d'un mètre cube de bois contenant 300 kilog. de créosote est revenue à 34 francs.

3° *Carbonisation superficielle ou flambage.* — Il semble que depuis bien longtemps on ait reconnu l'heureuse influence de la carbonisation sur la conservation des bois ; car il est d'usage, même dans les campagnes, de carboniser l'extrémité des pieux qu'on plante en terre pour faire des poteaux de portes ou de clôtures.

Cet usage s'est généralisé et se pratique maintenant d'une manière courante dans les constructions navales ; les ingénieurs de la marine carbonisent toute la superficie de la coque d'un navire, et ils emploient pour cela le jet enflammé d'un chalumeau à gaz, que l'on promène et que l'on dirige à son gré. M. de Lapparent, directeur des constructions navales, a propagé le procédé employé, en montrant l'intérêt qu'il y avait à l'appliquer aux traverses de chemins de fer et au pied des poteaux de télégraphes.

Le jet du chalumeau à gaz est à une température de 1,000° à 1,200° ; on conçoit donc que le bois éprouve une dessiccation, une carbonisation complète sur une certaine profondeur, et même une distillation sur une profondeur beaucoup plus grande. De là plusieurs effets.

1° La surface du bois augmente de dureté et de compacité ; elle devient donc moins sensible aux agents atmosphériques ;

2° La distillation qui se produit dans les couches plus profondes produit une sorte de goudron végétal, doué, comme la créosote, de propriétés antiseptiques ;

3° Les ferments sont détruits par la température élevée à laquelle se trouve portée la masse entière du bois ;

4° La carbonisation joue un rôle analogue à celui des enduits ; mais il faut remarquer que si un enduit appliqué sur un bois humide peut être funeste, cela n'arrivera pas avec la carbonisation, car le bois ne saurait, par ce procédé, conserver son humidité.

L'appareil primitif supposait que l'on avait à sa disposition une distribution de gaz ; cela est rare sur les chantiers. Aussi l'appareil inventé par M. Hugon, directeur d'usine à gaz, à Paris, a-t-il rendu de grands services.

Il est représenté par la *figure* 419, et se compose de :

Un soufflet S, manœuvré par une tige verticale fixée à un levier ; ce soufflet envoie de l'air dans le réservoir R, et celui-ci se rend ensuite, par le tuyau T, dans le fourneau F, rempli de houille incandescente ; le jet de flamme sort par l'orifice A et carbonise la pièce de bois (*t*), déposée sur des rouleaux (*r*) que supportent le bâtis (*s*). Un réservoir d'eau envoie dans l'ajutage (*a*) quelques gouttes d'eau qui se trouvent décomposées par la houille lorsque celle-ci ne donne plus de flamme ; il en résulte de l'hydrogène et de l'oxyde de carbone qui entretiennent une flamme de grande dimension. Le fourneau F a une porte P pour l'introduction du combustible, et il est soutenu sur une colonne C, embrassée par un levier L qu'équilibrent des contrepoids, et qui permet d'élever et de faire tourner à volonté le fourneau, et par suite le jet de flamme.

Le flambage d'une traverse revient ainsi à environ $0^f,15$, les frais généraux non compris.

Au procédé de carbonisation s'en rattache un autre plus complexe, présenté en 1848 par MM. Hutin et Boutigny, mais dont l'usage ne s'est pas propagé ; nous ne le citerons donc qu'à titre de curiosité :

Les bois, disent MM. Hutin et Boutigny, se détruisent par l'action incessante de l'humidité et de l'oxygène de l'air atmosphérique. Ces principes de destruction les pénètrent jusqu'au cœur par voie d'absorption et d'infiltration. Par leur présence dans le bois et leur action continue sur la fibre élémentaire, ils y développent une combustion lente et spontanée, que M. Liebig a qualifiée du nom d'*érémacausie*. Cette pénétration des éléments destructeurs s'opère exclusivement par les extrémités du bois et dans le sens naturel de la circulation physiologique.

Il résulte de ces divers faits incontestables que si l'on parvenait à soustraire les bois à l'action désorganisatrice des causes que nous venons de signaler, on les conserverait indéfiniment. Il en résulte encore évidemment qu'en oblitérant hermétiquement les extrémités absorbantes des bois, on fait pour la conservation ce qui se déduit naturellement des données de la science, de l'observation et de l'expérience.

Passant ensuite en revue les procédés employés ou conseillés dans ce but, les auteurs trouvent qu'aucun ne remplit cette indication d'une manière suffisante ; puis ils exposent le procédé qu'ils ont imaginé.

Notre procédé, disent-ils, consiste à sécher les extrémités du bois, à neutraliser leurs propriétés hygrométriques par un commencement de combustion, et à les sceller hermétiquement au moyen d'un mastic qui pénètre entre les fibres, s'y incorpore et les soustrait à l'action destructive du milieu dans lequel on les place. Ce procédé est simple, expéditif, peu dispendieux, praticable par la personne la moins intelligente ; il s'exécute et n'exige ni appareils ni ateliers. Voici à quoi l'opération se réduit :

1° Immerger les extrémités de la pièce de bois à conserver, dans un carbure d'hydrogène quelconque, l'huile de schiste, par exemple, qui pénètre fort avant avec rapidité ; — 2° y mettre le feu et, au moment où la flamme s'éteint, plonger le bois à la hauteur de quelques centimètres dans un mélange chaud de poix noire, de goudron et de gomme laque, qui est légèrement aspiré entre les fibres et qui forme à chaque extrémité du bois une sorte de cachet hermétique et relativement inaltérable ; — 3° le bois est ensuite goudronné dans toute son étendue par les procédés ordinaires.

En somme, quelle est l'influence conservatrice de tous ces procédés que nous venons de décrire? Voici sur ce point l'opinion des ingénieurs allemands réunis à Dresde : le tableau suivant donne la durée comparative des bois *bien préparés* et des bois *non préparés*.

ESSENCE DES ARBRES.	DURÉE MOYENNE DES TRAVERSES	
	non préparées.	préparées.
Chêne................	14 à 16 ans	20 à 25 ans
Sapin................	7 à 8 ans	12 à 14 ans
Pin..................	4 à 5 ans	9 à 10 ans
Hêtre...............	2 1/2 à 3 ans	9 à 10 ans

En ce qui concerne la défense des bois contre le taret, nous avons vu que jusqu'à présent la créosote paraissait seule efficace, et encore pourvu qu'il en entrât 300 kilog. par mètre cube de bois; on a en effet constaté que les pieux injectés à 300 kilog. ne présentaient au bout de trois ou quatre ans que quelques trous de taret ; les pieux injectés à moins de 300 kilog. duraient un plus long temps que les bois naturels, mais finissaient cependant par être dévorés ; quant aux bois naturels, ils sont complètement dévorés en un an ou deux.

En résumé, les procédés d'injection, convenablement appliqués, prolongent beaucoup la durée des bois; ils ne sont pas bien coûteux et procurent des économies considérables. On ne saurait trop les recommander.

Taille ou sciage et mise en œuvre des bois. — *Equarrissement.* — Les bois en grume et les bois ronds ne servent guère qu'à faire des pieux. Toutes les pièces qui sont destinées à recevoir des asemblages doivent être équarries.

Nous avons donné en stéréotomie toutes les explications nécessaires pour faire comprendre la méthode géométrique à suivre pour l'équarrissement. Cette opération consiste à tirer d'un bois rond un parallélipède rectangulaire droit, dont la section, ne comprenant absolument que du bois dur, soit cependant aussi grande que possible. Nous n'avons pas à revenir là-dessus.

Débit des bois. — Mais on n'a pas toujours besoin d'avoir des grosses pièces à section presque carrée. Le plus souvent, il est nécessaire de diviser ces grosses pièces en un certain nombre d'autres de formes et de dimensions régulières ; cela s'appelle les débiter.

Cette opération demande à être conduite avec soin et intelligence, de manière à tirer le rendement maximum d'une bille de bois donnée.

Plusieurs méthodes sont en usage pour diviser une bille en madriers, plateaux ou planches.

La première est représentée sur la *figure* 420 ; elle utilise toute la section, mais elle a l'inconvénient de donner des planches de largeur inégale, ce qui ne convient pas dans le commerce, où toutes les planches ont des dimensions conformes à un type consacré. Les planches inégales ne sont pas équarries sur les bords, on les empile en plaçant les bords d'un même côté, les uns au-dessus des autres, et on tranche tous les biseaux par un seul trait de scie.

La seconde méthode est donnée sur la *figure* 421 ; on retranche de la bille deux dosses A A et l'on divise la partie centrale en une série de planches égales que limitent deux petites dosses. Dans toutes ces opérations, il faut tracer les divisions avec le fil à plomb et le cordeau, de manière que les divisions correspondantes de chaque bout soient bien parallèles entre elles; entre deux divisions de même numéro d'ordre on bat le cordeau, afin de marquer sur la longueur de l'arbre la trace des faces de la planche. Ces traces servent à guider la scie; elles sont indispensables lorsqu'on a recours au vieux procédé du sciage de long.

La *figure* 422 représente une troisième méthode de débit qui s'applique aux gros arbres ; on voit qu'elle utilise non-seulement la partie centrale, mais aussi les dosses qui fournissent un certain nombre de planches. Les petits secteurs E peuvent eux-mêmes fournir quelques bois utiles.

Il y a, dans ce cas, à rechercher les dimensions qui donneront le plus grand nombre de planches ; on y arrive par tâtonnement en quadrillant la section de l'arbre comme on le voit sur la *figure* 423, et cherchant la combinaison de rectangles qui comprend le plus grand nombre de carrés élémentaires.

Le débit par la méthode hollandaise (*fig.* 424) consiste à diviser la bille en quatre secteurs que l'on divise par des plans obliques ; on obtient des planches de largeur inégale, mais elles ont l'avantage de présenter des faces à peu près parallèles aux mailles du bois; on appelle mailles les plans qui passent par l'axe de l'arbre et par les rayons médullaires (*fig.* 425); la portion du corps ligneux qui est voisine des mailles est plus poreuse et plus hygrométrique que le reste ; lorsqu'elle est comprise dans le corps de la planche, elle a donc pour effet d'y attirer l'humidité : mieux vaut la placer à la surface. Quand une pièce de bois se fend par la dessiccation, c'est toujours suivant les mailles que les fentes se produisent; par suite, il est convenable de prendre ces mailles comme faces de débit.

Quelques charpentiers, pénétrés de l'importance de ce fait, avaient même l'habitude de débiter les billes exactement suivant des rayons ; ils obtenaient ainsi des planches d'une épaisseur variable, qu'ils régularisaient avec l'herminette.

Lorsqu'on a besoin à la fois de planches et de madriers, on adopte pour le débit un système mixte ; on tire de la bille un grand madrier, deux plus petits, et il reste quatre secteurs dont on fait des planches.

Sciage des bois. — Le débit des bois se fait à la scie, mais d'une manière plus ou moins perfectionnée.

Nous avons décrit en stéréotomie la vieille manière de procéder des scieurs de long ; elle est encore d'un usage général, parce qu'elle ne demande aucun frais d'installation, qu'elle permet de passer facilement d'un chantier à l'autre ; enfin, lorsqu'on n'a besoin que de peu de bois, il est évident qu'elle est plus économique.

Mais on ne saurait admettre qu'on la conserve lorsqu'il s'agit d'une exploitation de quelque importance.

Il arrive souvent que l'on rencontre dans une forêt un cours d'eau assez puissant pour mettre en mouvement une scierie mécanique ; s'il est impossible de créer une chute, on installe sous un hangar une locomobile que l'on chauffe avec des copeaux et des dosses. On évite par là de transporter une grande quantité de bois inutile, et l'extraction est de beaucoup simplifiée.

Plusieurs genres de scie sont en usage : les scies à lame droite, les scies circulaires et les scies sans fin.

Les scies à lame droite sont montées sur un châssis solide; généralement les lames sont multiples, de façon à débiter, par exemple, huit ou dix planches à la fois. A l'ori gine, on s'était contenté de placer le châssis entre deux rainures verticales et de lui communiquer un mouvement de va-et-vient. L'appareil ne fonctionnait pas bien ; on eut alors l'idée d'imiter ce qui se passe dans le mouvement de la scie à main, l'oscillation dans le sens vertical se complique d'une oscillation dans le sens horizontal, de telle sorte que l'arbre n'est pas attaqué en même temps sur toute la hauteur de la section, mais seulement sur une partie; la ligne de sciage n'est pas une droite verticale, mais une courbe convexe. Toutefois, en perfectionnant les scies et en augmentant la force motrice, on est arrivé à vaincre les difficultés qui s'étaient présentées à l'origine, et l'on se sert maintenant de lames animées d'un mouvement de va-et-vient dans un châssis vertical fixe. La pièce de bois reçoit un mouvement de progression parallèle à son axe, et on règle la vitesse de ce mouvement suivant le degré de résistance que rencontre la scie.

On a monté de ces appareils sur des chariots qui les transportent au milieu d'une forêt ; l'impulsion est donnée par une locomobile.

Les scies circulaires sont encore d'une installation plus simple. Les *figures* 427 et 428 en représentent une de petite dimension : elle est montée sur un bâtis en fonte et son plan est vertical ; sur son arbre horizontal est monté un tambour qui, par l'intermédiaire d'une courroie, reçoit le mouvement d'une locomobile ; la table porte quatre rouleaux sur lesquels un ouvrier pousse la pièce qu'il s'agit de débiter. Une cornière en fonte, dont une des branches est verticale, sert à diriger le madrier qui s'appuie contre elle ; la branche verticale de cette cornière étant parallèle au plan de la scie, il en résulte que la face de sciage est parfaitement parallèle à la face externe du madrier et que l'épaisseur des planches obtenues est bien uniforme. La cornière en fonte se meut parallèlement à elle-même, et par suite, parallèlement à la scie, au moyen de deux tiges parallèles égales, articulées à une extrémité avec la cornière et fixées à l'autre extrémité. Quand la cornière est à la distance voulue de la scie, on la fixe solidement au moyen d'une vis de pression qui la traverse et qui la suit dans son mouvement en parcourant en même temps une rainure circulaire. Cet appareil est ingénieux et fonctionne avec une grande rapidité.

L'inconvénient le plus sérieux des scies circulaires, c'est que l'épaisseur des pièces qu'elles peuvent scier est limitée, et ne saurait atteindre le rayon de la scie.

Les deux genres d'appareil que nous venons de décrire ne fournissent que des bois droits ; il est impossible de s'en servir pour le découpage et le chantournage des bois, par exemple, pour découper tous ces bois minces qui entrent dans la construction des chalets. La scie Périn, à lame sans fin, que l'on a vue fonctionner à l'Exposition de 1867, résout parfaitement le problème : imaginez deux poulies à axe horizontal, montées sur un bâtis solide en fonte, et situées l'une au-dessus de l'autre dans un même plan vertical ; sur ces poulies s'enroule un ruban d'acier formant une scie mince et étroite ; on communique à l'une des poulies la force produite par une locomobile, et la scie à lame sans fin prend une grande vitesse ; à 1 mètre au-dessus du sol, elle traverse une table fixée au bâtis et placée entre les deux poulies ; sur cette table on place les lames de bois à découper, sur lesquelles on a marqué à l'avance le dessin que l'on désire ; un ouvrier manœuvre ces lames de bois et les présente à la scie de manière qu'elle suive les contours du dessin ; par ce procédé, on exécute en un instant, avec une grande perfection, les dessins les plus complexes, et c'est merveille de voir fonctionner cet outil. Les premiers essais n'avaient pas réussi parce qu'on avait pris des lames de scie beaucoup trop fortes et beaucoup trop larges ; le ruban mince et étroit qu'emploie M. Périn a donné d'excellents résultats.

Outils du charpentier. — La scie est suffisante pour débiter les arbres, mais l'exécution des divers assemblages exige un certain nombre d'outils, dont il suffira de donner une énumération, car ces outils sont connus de tout le monde,

1. La *jauge*, règle graduée de 1/3 de mètre de longueur, que les charpentiers portent toujours dans une poche de côté et qui dépasse pour être sous la main. Prix : 0^f,75.

2. Le *traceret*, espèce de clou à pointe acérée pour tracer les assemblages sur le bois.

3. Le *cordeau* ou *ligne*.

4. Le *fil à plomb*. Prix : 3 francs.

5. *Compas de charpentier* en fer, et *grand compas* pour épures.

6. Les *équerres* qui servent à déterminer les angles de toutes espèces : il y a l'équerre à angle droit (prix : 10 francs) ; l'*équerre à épaulement*, dont une des branches est plus épaisse que l'autre ; la fausse équerre ou *sauterelle*, qu'on ne peut mieux comparer qu'à un couteau dont la lame en s'ouvrant peut s'arrêter dans toutes les positions, de manière à donner tous les angles de 0° à 180° (Prix : 3 fr.).

7. Le *niveau de maçon*, qui peut être carré ou triangulaire, et le niveau de pente. (Prix du niveau triangulaire : 5 francs.)

8. La *hache* (*fig.* 429), dont le manche, comme celui de tous les outils de charpentier et de forgeron, doit être en bois dur et fibreux, comme le frêne, avec une c t ion ovale pour qu'il ne tourne pas dans la main. La cognée est de moindres dimensions que la hache. (Prix : 7 francs.)

9. La *doloire* ou épaule de mouton (*fig.* 430), grand couperet à lame courbe, quoique le tranchant soit plan ; elle sert à l'équarrissement des bois, pour dresser les faces, c'est là ce qui explique sa forme ; mais c'est en somme un outil peu commode, qui tend à disparaître.

10. L'*herminette* ou *essette* (*fig.* 431), qui est d'un usage très-répandu pour planer, pour unir, pour creuser les bois et faire apparaître les faces courbes ; on s'en sert beaucoup en construction navale. Elle peut remplacer la doloire avec un avantage (Prix : 4^f,75.)

11. Le *ciseau*, lame de fer emmanchée dans un bois rond (*fig.* 432) ; on s'en sert en présentant la lame au bois, et la faisant entrer à coups de marteau que l'on applique sur le bout du manche. Le ciseau prend diverses formes de lame ; il sert à creuser les mortaises et toutes les cavités. (Prix : 1^f,25.)

12. La *bisaiguë* (*fig.* 433), l'outil favori des charpentiers, est en somme un composé de deux ciseaux perpendiculaires entre eux, un large et l'autre étroit ; la masse de l'outil, que l'on manœuvre par la douille, suffit pour faire pénétrer le ciseau dans le bois. (Prix : 7 francs.)

13. La *gouge*, ciseau à lame dont la section est à demi annulaire (*fig.* 434) ; sert à faire des trous de peu de profondeur. (Prix : 1^f,75.)

14. Le *ciseau à froid* (*fig.* 435), pour couper les clous et le fer. (Prix : 1^f,50.)

15. Le *pied de biche* (*fig.* 436), pour arracher les vieux clous. (Prix : 1^f,50.)

16. Les tenailles, que tout le monde connaît.

17. A la rigueur, les outils précédents suffisent pour tailler une charpente ; mais, dans les constructions soignées, le charpentier emprunte au menuisier quelques-uns de ses outils destinés à polir le bois. Ce sont les rabots en général.

Le *grand rabot* ou *varlope* (*fig.* 437) se compose d'un fût (*a*) en bois dur, dont la base est parfaitement dressée et normale aux faces latérales. Dans cette base est ménagée une fente transversale ou lumière, qu'une lame d'acier (*f*), taillée en biseau, occupe sur toute sa longueur et sur le tiers de la largeur ; les deux autres tiers de la largeur servent au passage des copeaux. La lame (*f*) est maintenue par le coin (*g*), que l'on enfonce au marteau et qui s'appuie d'une part sur la lame, de l'autre sur deux saillies que l'on voit sur les faces latérales de la mortaise ; la partie antérieure de celle-ci est donc libre pour le passage des copeaux. Les oreilles (*b*) et (*c*) servent à manœuvrer l'appareil ; on lui donne un mouvement de va-et-vient, mais il est évident qu'il n'attaque le bois que pendant la première partie du mouvement, c'est-à-dire quand le bras s'allonge. (Prix de la varlope : 6 francs.)

Avant d'employer la varlope, on emploie la *galère* pour dégrossir les surfaces. (Prix de la galère : 5 francs.)

18. Le *rabot* ordinaire (*fig.* 438), que l'on manœuvre en appuyant les deux mains sur les extrémités, convient pour achever un travail ou pour raboter des pièces de petites dimensions. (Prix : 3 francs.)

19. On distingue encore les rabots à base cintrée pour surfaces courbes, le *guillaume* qui sert à raboter les faces des angles rentrants, le *bouvet à languettes* (*fig.* 439), et le *bouvet à rainures*, qui est l'inverse du précédent. (Prix : 3 francs ou 3ᶠ,50.)

20. Arrivent maintenant les outils à percer. La *tarière* (*fig.* 440) est une gouge, qui coupe par le bout au moyen d'une cuiller en spirale, limitée par un biseau. Pour que la tarière creuse un trou, celui-ci doit être d'abord amorcé avec une gouge ordinaire. On a un jeu de tarières de diverses dimensions. (Prix : 2 à 8 francs.)

21. La *mèche à trépan* (*fig.* 441) sert à forer les grands trous, c'est une petite vis qui se prolonge par deux ailes recourbées en sens contraire, et aiguisées sur les bords.

22. La *tarière anglaise* (*fig.* 442) est une spirale qui commence par une vis de vrille ; elle donne des trous bien cylindriques et se débarrasse elle-même de ses copeaux, ce que ne fait pas la tarière ordinaire. (Prix : 3ᶠ,50 à 12 francs.)

23. La *vrille*, petite gouge terminée par une vis qui creuse le trou que la gouge élargit.

24. Le *vilebrequin* (*fig.* 443). C'est une manivelle qui communique son mouvement à une mèche de tarière ordinaire, ou bien à une *mèche anglaise* (*fig.* 444), qui donne un trou plus régulier.

Machines-outils. — Bien que le travail du bois ait fait moins de progrès que le travail du fer, ce qui tient à ce que le bois est le plus souvent mis en œuvre sur place dans le moindre village, il existe cependant quelques grandes usines où les bois sont préparés et façonnés avec une étonnante précision et une grande rapidité par des machines-outils, simples et puissantes.

C'est, à coup sûr, une des plus belles conquêtes de la science que l'invention de ces machines-outils, qui ne demandent plus à l'ouvrier ni force ni fatigue, et qui ne mettent en œuvre que son attention et son intelligence.

Elles ont en outre l'immense avantage d'exécuter vite et bien des opérations difficiles, quelquefois même impossibles, pour l'homme réduit à sa force musculaire.

Nous ne pouvons ici décrire ces appareils ; mais il est facile d'en faire comprendre le principe.

Une machine à percer le bois se compose d'une tarière ou d'une mèche anglaise, verticale, montée dans une gaine en fonte, qui se termine par une roue conique horizontale ; celle-ci est mise en mouvement par une autre roue conique verticale, terminant un arbre horizontal qui porte deux poulies, l'une motrice et l'autre folle ; un levier p'embrayage permet de mettre la courroie de transmission sur l'une ou sur l'autre poulie, de sorte que la tarière tourne ou s'arrête à volonté. Il faut aussi que la mèche descende peu à peu ; ce mouvement est laissé à la disposition de l'ouvrier, et cela se conçoit, car il doit varier de vitesse suivant l'essence du bois et les dimensions du trou : la gaîne verticale qui porte l'outil, traverse à languette et à rainure la poulie horizontale qui lui communique le mouvement, de sorte qu'elle peut monter ou descendre sans que la rotation s'arrête ; elle est supportée par des manchons qu'elle traverse à frottement doux et dans lesquels elle est emboîtée par un renflement ; ces manchons sont réunis à une tige à crémaillère verticale qui engrène avec un pignon dont l'axe porte une roue à manettes ; l'ouvrier tourne cette roue dans un sens, la crémaillère s'abaisse, et avec elle les manchons, et par suite la tige de l'outil et l'outil lui-même. Lorsqu'un trou est achevé, l'ouvrier n'a qu'à tourner sa roue en sens inverse pour faire remonter la mèche et recommencer une nouvelle opération.

Une machine à mortaiser se compose d'un ciseau vertical monté sur un porte-outil en fonte ; celui-ci, par le moyen d'une bielle mise en mouvement par la poulie motrice, prend un mouvement d'oscillation qui fait pénétrer le ciseau dans le bois ; le ciseau enlève un copeau à chaque fois, et l'ouvrier règle à volonté la profondeur du trou et la marche de la pièce de bois.

Une machine à raboter se compose d'un bâtis en fonte, sur la table horizontale duquel on dépose la pièce de bois ; cette table reçoit un mouvement de progression par une crémaillère qu'elle porte au-dessous et qui engrène avec un système de pignons et roues dentées qui reçoivent l'impulsion de la poulie motrice. La pièce de bois, en s'avançant avec une grande rapidité, passe sous un ou plusieurs ciseaux enchâssés dans une gaîne en fonte bien massive, qui assure l'immobilité de l'outil.

On comprend, d'après ces quelques mots, qu'il est facile de construire bien d'autres machines-outils, telles que machines à faire les tenons, à faire les moulures, etc.

Les constructeurs anglais sont arrivés plus vite que les nôtres à de bonnes dispositions pour leurs outils ; l'important est d'avoir un bâtis massif, lourd, inébranlable, afin d'éviter toute vibration et tout dérangement. Car il faut remarquer que, dans toutes ces opérations, on est exposé à des chocs provenant du défaut d'homogénéité des substances à travailler, et il est urgent d'amortir et d'annihiler l'effet de ces chocs en donnant à l'outil une masse considérable ; c'est l'histoire du clou qu'on enfonce facilement avec un marteau pesant, et que l'on brise ou que l'on courbe si l'on se sert d'un marteau trop petit.

Est-il besoin d'ajouter que, pour être véritablement économiques, toutes ces machines-outils doivent se trouver réunies dans un même atelier, le long duquel règne un arbre de couche qui, par des courroies, donne à chaque appareil la force qui lui est nécessaire.

Courbure et pliage des bois. — Lorsqu'on veut établir un cintre, un comble courbe, ou bien encore quand il s'agit de constructions navales, de pièces en encorbellement, on a besoin de pièces de bois courbes.

On rencontre quelquefois des pièces naturellement courbes, mais le fait est rare ; et, comme il est de principe que l'on ne doit point couper les fibres du bois, comme d'autre part la section transversale des arbres n'est pas assez forte pour qu'on en puisse extraire de longues pièces limitées parallèlement aux fibres, ainsi qu'on le fait pour un limon d'escalier, il faut trouver un moyen de courber les bois droits.

Aujourd'hui que l'emploi du fer est général, on a, pour ainsi dire, renoncé aux bois courbes ; nous n'insisterons donc pas sur cette question.

On peut se préparer, pour l'avenir, des bois courbes en pliant de jeunes arbres au moyen de cordages ou de harts fixés à des pieux dans le sol.

Mais il est évident que ce procédé n'est guère pratique.

Pour courber une pièce droite, on profite de la propriété qu'ont les bois de se ramollir sous l'influence de la chaleur et de la vapeur d'eau ; dans cet état, on peut comme pétrir les bois et leur donner telle forme que l'on veut, forme que la pièce conservera après dessiccation.

Pour les pièces minces, on n'a recours qu'à l'intervention de la chaleur ; on se contente de flamber les pièces au-dessus d'un feu de bois, et l'on détermine la courbure par des poids qui forcent le bois à s'incliner.

C'est le procédé qu'emploient les tonneliers pour faire une barrique ; ils assemblent les douves dans le cercle de base, puis ils allument à l'intérieur un feu de copeaux, qui donne aux douves de la flexibilité ; on peut alors les rapprocher par en haut et placer le second cercle de base.

Pour des pièces un peu fortes, il faut combiner la chaleur et la vapeur, et l'on soumet les bois à ces deux influences en les plaçant dans des étuves.

Les Hollandais se sont servis d'étuves dès le xviiᵉ siècle pour plier les bordages des vaisseaux ; mais, comme ces étuves étaient en bois, il était impossible de les maintenir étanches à toutes les températures, et l'opération n'était pas bien commode. Toutefois on y tenait, parce que l'économie de bois était notable, et, bien que le procédé ait pour effet d'enlever aux bois une partie de leur résistance, on reconnut qu'il y avait encore avantage à y recourir plutôt que de couper les fibres des pièces droites pour les transformer en pièces cintrées.

La figure 445 représente l'étuve qui était en usage en 1830 au port de Lorient : elle se compose d'un cylindre, formé de madriers de sapin assemblés comme les voussoirs d'une voûte ; le cylindre est renflé vers le milieu, afin de permettre un cerclage énergique ; les orifices sont fermés par des couvercles bien dressés, que l'on serre contre les bords au moyen d'une vis ; une chaudière à foyer intérieur donnait la vapeur. Les bois placés à l'intérieur reposaient sur la grille (*m*).

La caisse était parfaitement étanche, et les ingénieurs de la marine signalent comme un avantage le fait que cet appareil était locomobile.

Il est bien évident qu'aujourd'hui on ne trouverait pas la moindre difficulté à construire une étuve de ce genre ; on la ferait en tôle capable de résister à telle pression que l'on voudrait.

D'autres constructeurs, trouvant l'emploi de la vapeur peu commode (les chaudières à vapeur n'étaient point communes alors), se servaient d'une longue auge métallique, remplie d'eau et chauffée par dessous ; les bois étaient déposés dans cette auge. Mais on reconnut que l'eau changeait de couleur et se chargeait de substances organiques enlevées au bois ; alors on ne voulut plus employer l'eau, que l'on remplaça à l'intérieur de l'auge par du sable que l'on arrosait de temps en temps. Les madriers étaient enfouis dans ce sable.

Au sortir de l'étuve, les bois sont donc susceptibles d'être facilement courbés. Cette opération s'effectue comme on le voit sur la *figure* 446. La pièce de bois est saisie entre deux pieux verticaux (*a*) et (*d*), à l'endroit où l'on veut que commence la courbure, et, avec un palan, on la courbe de façon qu'elle vienne s'appuyer sur les pieux (*b*), qui sont des points du gabarit cherché ; quand la pièce arrive à toucher un pieu (*b*), on l'empêche de revenir en arrière par un piquet (*e*). Quand la courbure est achevée, on laisse la pièce en place pendant quelques jours pour qu'elle se dessèche et prenne définitivement sa forme nouvelle ; elle revient toujours un peu sur elle-même lorsqu'on l'enlève de ses étaux.

Avec ce système, il arrive souvent que la courbe présente des jarrets aux points de contact avec les pieux ; aussi doit-on préférer l'appareil de la *figure* 447, qui est une poutre composée (*m*) formant un cintre continu, sur lequel on applique la pièce qu'il s'agit de courber.

En somme, il est toujours très-difficile de courber des bois d'une dimension notable ; mais en revanche, les planches minces, de 0ᵐ,05 à 0ᵐ,08 d'épaisseur, se courbent facilement avec ou sans le secours du feu. La *figure 448* montre comment on opère lorsqu'on veut plier des bordages par le secours du feu. Avec plusieurs bordages de cette espèce, solidement accolés par des moises en bois et des étriers en fer, on arrive à composer des poutres suffisamment épaisses, d'une grande résistance et d'une courbure voulue, comme on le voit sur la *figure 440*.

Cette figure représente le cintre dont se servit en 1830 M. Eustache, inspecteur des ponts et chaussées, qui s'occupait de la restauration du Pont-aux-Fruits à Melun.

C'est, du reste, le système appliqué par le colonel Emy à la construction des combles cintrés qu'il fit établir, par exemple, pour le manége de Libourne. Il est certain qu'avec une série de petites pièces ainsi accolées, on ne peut espérer une résistance comparable à celle d'une pièce pleine qu'autant qu'on a recours à un serrage énergique, capable de produire une adhérence invincible entre deux pièces voisines.

II. MÉTAUX.

Fer, Fonte, Acier. — *Rappel des notions données en chimie sur le fer, la fonte et l'acier.* — Nous avons traité tout au long dans le cours de chimie les questions qui se rapportent à la métallurgie du fer, ainsi que les réactions par lesquelles on passe d'un terme à l'autre de la série : fonte, acier, fer.

Nous ne pouvons revenir sur tous ces détails, auxquels nous engageons le lecteur à se reporter, et nous ne donnerons ici qu'un résumé succinct des principales propriétés chimiques du fer, et des alliages de fer et de carbone connus sous le nom de fonte et d'acier.

Le fer est un métal malléable, ductile, tenace, d'un gris bleuâtre à l'état pur, il ne fond pas, du moins par les procédés industriels, mais il partage, avec le platine seul, la propriété de se ramollir à une température relativement peu élevée et de se souder à lui-même, circonstance précieuse pour les divers arts de la construction.

Au rouge, le fer absorbe rapidement l'oxygène de l'air et se couvre d'une poussière ou de plaquettes noirâtres, appelées battitures ; ces écailles d'oxyde se détachent sous le marteau. A l'air humide, le fer s'oxyde assez rapidement et se recouvre de rouille, hydrate de sesquioxyde de fer avec un peu d'ammoniaque, résultant de la combinaison de l'azote de l'air avec l'hydrogène naissant qu'abandonne l'eau décomposée.

Le fer du commerce renferme toujours un peu de carbone, mais la proportion ne dépasse pas 1/2 0/0. Lorsque le fer ne renferme pas trace de carbone, c'est du fer doux, précieux en électricité.

Lorsque la proportion de carbone est comprise entre 1/2 et 1 0/0, on a des fers très-aciéreux, et si elle varie de 1 à 2 0/0, on obtient l'acier.

Enfin, la proportion varie-t-elle entre 2 et 5 0/0, on a la fonte ou fer fondu, fer coulé.

Nous avons décrit les divers composés chimiques du fer ; ce métal est très-répandu dans la nature ; ses minerais sont : le fer natif ou fer météorique (très-rare), le peroxyde et l'oxyde magnétique, les pyrites jaunes et blanches, les phosphates, arséniures et arséniates, les silicates, les carbonates et oxalates.

Les oxydes et les carbonates sont les seuls bons minerais, aussi sont-ils exploités en tous pays.

Les minerais sulfurés ou phosphorés ne donnent que de mauvais fers, tout en exigeant un traitement long et dispendieux.

Les minerais usuels, oxydes et carbonates, sont mêlés à une gangue terreuse, généralement c'est de l'argile, matière éminemment infusible; si on ajoute au minerai une pierre calcaire, et que l'on porte le mélange à une température très-élevée, dans un haut fourneau où les couches de minerai et de chaux alternent avec les couches de charbon, il se forme un silicate double d'alumine et de chaux relativement fusible, qui s'écoule sous forme de scories ou de laitier, et l'on recueille du fer fondu résultant de la réduction de l'oxyde par le charbon.

Ce fer fondu ou fonte entraine du charbon; on le recueille dans des moules en sable, il se solidifie et forme ce qu'on appelle les gueuses de fonte de première fusion.

La fonte est donc le produit initial que l'on tire du minerai; c'est elle qui maintenant va nous donner le fer et l'acier.

On distingue deux types de fonte : 1° la fonte blanche, qui possède un éclat métallique, presque argentin; elle est dure, inattaquable à la lime, se brise et se pulvérise sous le choc; elle sert à fabriquer le fer doux en barres; sa texture est uniforme, tout le charbon qu'elle renferme est à l'état de combinaison; on l'obtient par un refroidissement brusque de la fonte liquide; le carbone que celle-ci contient n'a pas le temps de cristalliser et il reste dans la combinaison; 2° la fonte grise, qui varie du noir au gris clair; elle est douce, se laisse limer et marteler sans se rompre sous les chocs; en examinant sa cassure à la loupe, on reconnait que sa couleur est due à une multitude de paillettes noires englobées dans la masse; ces paillettes sont du graphite ou carbone cristallisé, que la fonte liquide a abandonné par un refroidissement lent. La fonte grise sert à mouler les pièces de toutes espèces; souvent on moule les objets avec de la fonte de première fusion, c'est-à-dire que l'on conduit dans les moules le liquide qui sort du haut fourneau; c'est ainsi qu'on opère pour les grandes plaques et les roues dentées qui servent au constructeur de machines; pour les objets qui demandent plus de soin et plus de fini, on emploie la fonte de seconde fusion, c'est-à-dire que l'on soumet les gueuses de fonte provenant du haut fourneau à une nouvelle fusion dans un four spécial.

Ce n'est qu'avec les fontes pures qu'on obtient à volonté la variété grise ou la variété blanche; les minerais sulfurés et phosphorés ne donnent souvent que de la fonte blanche.

La fonte au charbon de bois est toujours la meilleure, lorsqu'on se sert d'un minerai pur; la fonte au coke est de qualité inférieure, et cela se conçoit si l'on réfléchit que le charbon de bois est du carbone à peu près pur, tandis que le coke, si bien préparé qu'il soit, renferme toujours des matières étrangères, telles que des terres et des pyrites.

En général, la présence d'une troisième substance dans les alliages de fer et de carbone nuit à la ténacité du produit; c'est ainsi qu'agit le silicium lorsqu'il existe dans la fonte en qualité notable; mais en général le silicium disparait dans le laitier si les proportions de minerai et de fondant sont bien calculées, ou bien il s'en va à l'état de silicate de fer lorsque les proportions sont mal calculées, et dans ce cas il y a un déchet dans le rendement.

Un peu de phosphore ralentit le refroidissement de la fonte et par suite produit un bon effet ; mais lorsque la proportion augmente, la fonte devient cassante et impropre à beaucoup d'usages.

Le soufre en petite proportion exalte le pouvoir rayonnant de la fonte et accélère le refroidissement; en toute proportion, il la rend cassante. Sa présence est toujours funeste.

Le cuivre, dans un minerai, est nuisible à la fabrication du fer, parce que le fer cuivreux se gerce; mais il communique à la fonte de moulage une dureté plus grande. L'arsenic joue le même rôle.

L'affinage de la fonte, c'est-à-dire sa transformation en fer forgé ou laminé, se fait par deux procédés : 1º le vieux procédé de l'affinage au petit foyer ; 2º le procédé anglais ou affinage dans le four à réverbère.

1º L'affinage au petit foyer consiste à remplir de charbon de bois un foyer de dimensions moyennes, analogue au foyer catalan : c'est une sorte de cuve, à la partie supérieure de laquelle débouche une tuyère qui lance de l'air comprimé. Le combustible étant incandescent, on présente en face de la tuyère une gueuse de fonte, qui ne tarde pas à tomber en gouttelettes au milieu du charbon ; le courant d'air brûle le silicium et le carbone, il se forme de l'acide carbonique, aussitôt réduit en oxyde de carbone, et du silicate de fer, qui surnage à la surface du métal fondu. Lorsque la masse de fer est assez considérable, elle forme une loupe, que l'on présente à la tuyère pour la purifier complétement, que l'on porte sous un gros marteau, et que l'on divise ensuite en lopins que l'on réchauffe et que l'on forge en barres. Avec le charbon de bois, on obtient par ce procédé un fer très-doux, d'excellente qualité, mais qui revient très-cher.

2º Le procédé anglais comprend deux opérations : le finage et le puddlage. Le finage s'opère dans un four à réverbère, ce qui est le mieux, et le plus souvent dans un foyer à tuyères appelé finerie : ce foyer est rempli de coke incandescent, et plusieurs tuyères y débouchent ; on leur présente les gueuses de fonte, qui tombent en gouttelettes, et perdent la plus grande partie de leur silicium et de leur carbone ; la masse fondue est coulée dans un creuset, où on la refroidit brusquement avec de l'eau. On obtient alors ce qu'on appelle le fine metal. Mais ce produit est impur, parce qu'il a été en contact avec le coke et les substances étrangères qu'il renferme ; il est beaucoup plus impur que la loupe qu'on obtient au petit foyer, et que l'on purifie au dernier moment en la présentant au vent de la tuyère. Il est nécessaire de soumettre le fine metal pendant quelque temps à une action oxydante énergique ; cela se fait dans le four à puddler. C'est un four à réverbère, que traverse la flamme du foyer dans lequel on brûle de la houille ; il se produit un appel d'air considérable, grâce à une cheminée assez haute ; sur la sole du four, on place le fine metal, sur lequel passe la flamme et le courant d'air encore chargé d'oxygène ; le charbon, le soufre, le phosphore sont brûlés et les produits de la combustion sont entraînés.

On est certain que la flamme est réellement oxydante, tant que le courant d'air brûle à la sortie de la cheminée ; cela indique qu'il renferme de l'oxyde de carbone et n'est point saturé d'oxygène. Avec un ringard, un ouvrier remue la masse métallique afin que tous les points soient soumis à l'action oxydante ; il reconnaît à la couleur du métal le moment où l'opération est achevée, et il ferme aussitôt le registre de tirage, afin de ne point perdre le fer qui s'oxyderait. La loupe pâteuse est portée sous le martinet qui en fait un parallélipipède, et de là elle passe entre les cylindres préparateurs et les cylindres lamineurs. On arrive de la sorte à obtenir de bon fer à des prix modérés, mais le procédé du petit foyer donne toujours des produits supérieurs; le forgeage a pour effet de communiquer au fer une homogénéité à laquelle on n'arrive pas avec le laminage. Le procédé anglais n'en est pas moins précieux par son économie et sa rapidité ; il permet en outre de se servir du charbon de terre, ce qui est en bien des pays un point capital.

L'acier est le composé intermédiaire entre le fer et la fonte. Il se fabriquait autrefois uniquement avec des fontes pures, non chargées de soufre et de phosphore, parce que pour enlever ces deux corps il eût fallu enlever aussi beaucoup trop de carbone et l'on eût obtenu du fer ; les nouveaux procédés, dont le plus connu est le procédé Bessemer, permettent de tirer de l'acier de fontes présentant quelque impureté.

Nous avons distingué d'après le mode de fabrication quatre espèces d'acier : l'acier de cémentation, l'acier fondu, l'acier Bessemer ou métal homogène.

L'acier naturel s'obtient au petit foyer ; au lieu de porter l'affinage de la fonte jusqu'au point où elle se transforme en fer doux, on l'arrête au moment où elle renferme la proportion de carbone qui convient à l'acier. Il est évident qu'il faut pour cela beaucoup d'expérience, car le moment opportun ne se reconnaît qu'à l'aspect physique de la loupe ; on obtient des résultats dépourvus d'homogénéité, certaines barres sont de l'acier, d'autres sont du fer, on les distingue par la trempe ; les premières se cassent après la trempe sous le choc du marteau.

L'acier de cémentation se produit en entassant dans un four spécial des couches alternatives de charbon de bois bien fin et de fer doux ; on allume le tout, et on continue le feu pendant une quinzaine de jours. La carburation s'effectue de l'extérieur à l'intérieur ; on juge du moment où elle est assez avancée, en essayant une barre de temps en temps.

L'acier fondu s'obtient en plaçant dans des creusets réfractaires de l'acier de cémentation que l'on recouvre de charbon pour le préserver du contact de l'air ; les creusets sont placés dans un four à réverbère, et l'on trouve à l'intérieur un culot d'acier fondu, métal homogène, malléable et ductile, qui convient fort bien aux ouvrages de coutellerie et de bijouterie.

L'acier Bessemer se fabrique par une méthode d'affinage spéciale, qui consiste à faire passer à travers la fonte liquide des courants d'air à haute pression. Ces courants brassent la masse entière, et vont brûler jusque dans la dernière molécule de fonte, le carbone, le soufre, le silicium. La masse reste liquide, grâce à la chaleur que lui fournissent les réactions chimiques, et, en arrêtant l'opération au moment convenable, on obtient un métal homogène, étirable, qui se travaille comme l'acier fondu. Avec des minerais même médiocres, on arrive par ce procédé à obtenir des fers aciéreux, qui rendent de très-grands services, bien qu'ils soient loin d'égaler, par exemple, les aciers de Sheffield, préparés par les vieilles méthodes.

Le métal Bessemer et ses similaires ne possèdent les caractères essentiels de l'ancien acier que d'une manière plus ou moins complète et plus ou moins stable.

Voici comment il faut aujourd'hui comprendre la classification du fer et de ses produits carburés :

« On peut appeler fonte, dit M. Grüner, inspecteur général des mines, le produit fondu brut de la réduction des minerais de fer. C'est un fer impur qui n'est pas malléable, au moins à chaud, mais peut se tremper par refroidissement brusque.

On donne le nom de fer doux au métal plus ou moins épuré, extrait de la fonte ou directement des minerais de fer, malléable à chaud et à froid, mais non susceptible de prendre la trempe.

Et le praticien appellera acier tout produit intermédiaire, pouvant subir la trempe, mais restant malléable à chaud et à froid, s'il n'est pas trempé ; et ce métal sera l'acier, quelle que soit d'ailleurs la méthode suivie pour l'obtenir, extraction directe du minerai, affinage partiel de la fonte, ou recarburation du fer doux. D'après cela, par ses propriétés comme par sa fabrication, l'acier est compris entre la fonte et le fer doux. On ne peut même pas dire où commence, où finit l'acier. C'est une série continue qui part de la fonte noire la plus impure et aboutit au fer doux le plus mou et le plus pur.

Nous n'irons pas plus loin dans la théorie de la production des fers, fontes et aciers, renvoyant, comme nous l'avons dit, à notre cours de chimie ; nous allons étudier maintenant le fer et ses composées carburés au point de vue de leurs propriétés physiques, et de la manière dont on les met en œuvre dans les constructions.

Qualités physiques du fer. — On distingue plusieurs espèces de fer :

1° Le fer doux est le plus pur, il est très-ductile, très-malléable, mais aussi très-oxydable ; il est mou et plie facilement à toutes les températures. A la forge, il se brûle assez facilement. Il est précieux dans les appareils télégraphiques, parce qu'il a la propriété de perdre instantanément les propriétés magnétiques lorsqu'on éloigne de lui l'aimant ou le courant qui les lui avait communiquées. Le fer pur est naturellement grenu, et d'autant meilleur que son grain est plus fin et plus serré ; par le corroyage, l'écrouissage et le martelage, il devient nerveux, c'est-à-dire qu'il prend une texture fibreuse ; le fer à grains est plus dur, le fer à nerfs est plus résistant.

2° Le fer fort dur, ou fer aciéreux, qui rend le plus de services, est le bon fer du commerce ; il est très-dur, moins élastique que le fer doux ; il sert à fabriquer toutes les pièces qui réclament une grande résistance.

3° Le fer fort mou est moins résistant et moins dur que le précédent, mais il est plus ductile et on l'obtient facilement : il se travaille à chaud comme à froid, et convient à la fabrication des pièces résistantes à forme courbe, comme les fers à cheval.

4° Le fer demi-fort, qui participe des propriétés du fer fort dur et du fer fort mou, plus dur que celui-ci et plus ductile que celui-là : on en fabrique le fil de fer. Il ne casse ni à chaud ni à froid.

5° Le fer rouverin ou cassant à chaud (on l'appelle encore fer métis) : il se soude difficilement, et par suite présente de grandes difficultés à la forge ; le fer rouverin a une cassure terne et foncée ; lorsqu'il est nerveux, ses fibres sont grosses et non adhérentes. C'est à la présence de quelques millièmes de soufre ou d'arsenic qu'il faut attribuer les propriétés du fer rouverin.

6° Le fer aigre ou cassant à froid (le précédent se courbait bien à froid) ; celui-ci se travaille bien à chaud, et on l'emploie à la fabrication des clous. Il est lamelleux et présente à la cassure une série de grains aplatis et brillants. C'est à la présence du phosphore qu'il faut attribuer ces propriétés.

7° En faisant chauffer un bon fer à grains, et le soumettant au martelage ou au corroyage, on lui enlève une partie de son carbone, il se transforme en fer à nerfs, si on réchauffe ce fer et qu'on recommence plusieurs fois le martelage, la nervosité augmente, mais on risque d'obtenir un fer brûlé, c'est-à-dire renfermant peu de carbone avec de l'oxyde de fer. Le fer brûlé est cassant à froid ; il présente une structure cristalline et lamelleuse.

8° Il y a des fers rouverins qui sont cassants à froid comme à chaud ; ce sont ceux qui proviennent de minerais renfermant à la fois du soufre et du phosphore.

9° On appelle fer cendreux, celui qui présente à la surface de petites taches grises, qui apparaissent surtout lorsqu'on cherche à le polir. Ce n'est là qu'un accident qu'il faut attribuer à un martelage ou à un corroyage insuffisant ; on n'a pas expulsé de la massse tout le fer oxydé et toutes les scories.

10° Le fer pailleux présente des pailles ou filaments, produits par la même cause que les cendrures ; ces pailles font casser le fer, lorsqu'on cherche à le plier.

Fer forgé. Outils du forgeron. — Le fer se travaille facilement à chaud, par suite de la propriété qu'il a de se souder avec lui-même à la température rouge. On peut donc recourber, replier sur elle-même une barre de fer portée au rouge, puis, par le choc d'un marteau, souder les deux morceaux ensemble ; comme le fer est ductile, il s'allonge sous le choc ; de sorte qu'en combinant la soudure et l'étirage, on peut donner à un morceau de fer telle forme qu'on voudra, c'est une manière de pâte qui se pétrit à volonté.

Ce pétrissage et ce corroyage du fer constituent ce qu'on appelle le forgeage.

Pour les petites pièces courantes, dont le poids ne dépasse pas quelques kilogrammes, ou bien encore lorsque l'on est éloigné d'un grand centre et que l'on n'a à satisfaire qu'à une faible consommation, il est plus économique et plus simple de forger le fer à bras d'hommes avec les outils du forgeron.

Mais s'il s'agit de pièces pesantes, ou si l'on doit servir une consommation considérable, il faut recourir aux machines-outils, dont nous avons déjà signalé les avantages immenses, non-seulement au point de vue économique, mais encore au point de vue du progrès intellectuel de l'ouvrier.

Décrivons donc d'abord le travail ordinaire du forgeron qui manœuvre ses outils à la main.

Travail et outils du forgeron. — Le travail du fer à chaud et par percussion constitue l'art du forgeron.

Le forgeage à la main s'exécute avec les petites forges dites *forges maréchales* ; le forgeage au martinet et au marteau-pilon s'exécute dans les grosses forges.

Voici le matériel nécessaire pour une forge maréchale.

1. La forge, qui peut être fixe ou mobile. On y distingue quatre parties : la paillasse ou massif en briques qui supporte le fourneau ; le contre-cœur, ou paroi verticale qui limite le foyer et dans laquelle débouche la tuyère ; au-dessus du foyer est la hotte, qui donne passage aux produits de la combustion. A côté ou derrière le contre-cœur est le soufflet, que le forgeron manœuvre de la main gauche au moyen d'une chaîne agissant sur un levier, tandis que de l'autre main il jette de la houille dans le foyer, ou manipule la pièce à forger, qu'il tient avec un pince.

C'est là la forge ordinaire que l'on rencontre dans toutes les campagnes, dans tous les petits ateliers ; pour le travail des petites pièces sur les chantiers, pour le réchauffage des rivets, on a recours à de petites forges rondes ou carrées, dépourvues de hotte, portant un soufflet à l'intérieur de leur caisse en tôle, qui supporte le fourneau et la tuyère. Dans quelques-unes, on a substitué au soufflet un ventilateur.

2. Les *pinces* et *tenailles*, qui servent à saisir et à transporter les pièces.

3. Les *enclumes*, qui sont de diverses formes, en fer ou en fonte, et qui reposent sur des billots de bois bien solides, qu'on appelle *chabottes*.

L'*enclume ordinaire* est une masse de fer ou de fonte, présentant au milieu une partie plane horizontale, la table, sur laquelle on forge et on pétrit le fer ; elle se termine à un bout par une pyramide, à l'autre par un cône, et c'est sur les bouts que l'on modèle les objets. La table porte plusieurs trous destinés à recevoir la queue des outils appelés tranchets, étampes, qui servent à couper et à modeler le fer. La *figure* 450 représente une petite enclume ordinaire sur laquelle est implanté un tranchet.

La bigorne (*fig.* 451) est une enclume plus allongée, et dont la queue est encastrée dans la chabotte, tandis que l'enclume ordinaire est simplement posée sur celle-ci.

Le tas est une petite enclume portative, à surface dure et fortement aciérée, qui sert à finir les objets délicats.

Les enclumes sont en fer ou en fonte ; en fonte, elles coûtent moins cher, mais elles cassent assez souvent et il faut être à portée de les réparer ; en fer, elles coûtent plus cher, mais durent plus longtemps; la surface de percussion doit être aciérée.

4. Les *marteaux*, qui servent à forger et à modeler le fer pendant qu'il est sur l'enclume. C'est une masse de fer assemblée au bout d'un manche; le manche doit être en bois fibreux et dur, et de section ovale, comme nous l'avons déjà dit en parlant des outils du charpentier.

Le marteau agit en somme comme un levier ; supposez-le manié à bout de bras, le point fixe sera l'articulation de l'épaule, l'effort sera exercé par la main et transmis par le fer ; l'effort transmis sera donc d'autant plus considérable que le manche du marteau sera plus long, et que la masse de fer sera plus lourde. Mais la force musculaire du forgeron indique une limite qu'on ne pourrait dépasser.

Il y a plusieurs espèces de marteaux :

Les *marteaux à devant* sont les plus lourds, et sont munis d'un long manche. Les ouvriers frappeurs les manœuvrent à tour de bras; ils servent à dégrossir les pièces de fer.

Les *marteaux à main* servent au maître forgeron qui dirige le travail; la panne, c'est-à-dire la face qui donne le choc, est plane ou arrondie, suivant qu'il s'agit de forger un fer plat ou un fer rond.

Les *chasses* servent à finir, à aviver les arêtes, à trancher, etc., il y en a de plusieurs formes : chasse à parer, chasse carrée, chasse à biseau, suivant la forme de la panne. Il y en a dont la panne est terminée en lame ou en pointe ; ce sont des *tranches* ou des *poinçons* qui servent à couper ou à percer la pièce : on s'en sert en les plaçant à l'endroit voulu, un ouvrier les tient par le manche et les dirige, pendant qu'un autre avec un marteau leur frappe sur la tête afin de les enfoncer dans le métal. Le poinçon peut être à section carrée, ronde, ovale.

L'*étampe* est une autre espèce de chasse, qui sert à faire apparaître sur la pièce à forger des nervures ou des saillies quelconques : la panne est, par exemple, creusée d'une rainure à section carrée, on la place sur le fer chaud, et en frappant avec un marteau sur la tête de l'étampe, on force le fer à pénétrer dans la rainure.

L'étampe, comme le tranchet ou le casse-fer, lorsqu'ils sont de petites dimensions, ne portent point de manche ; ils se prolongent par une queue en fer, que l'on place dans les trous de l'enclume.

Ayant à forger un morceau de fer, on le place dans le charbon incandescent, on donne le vent, et quand le fer est à la température ou à la *chaude* voulue, on le saisit avec les tenailles ou les pinces, on le porte sur l'enclume, où les frappeurs le martèlent avec les marteaux à devant, tandis que le maître forgeron se sert du marteau à main. Si le fer se refroidit avant que l'opération soit achevée, on le reporte à la forge et on le soumet à une seconde chaude, puis à un second martelage, et ainsi de suite ; on lui donne la forme voulue en ayant recours aux divers outils que nous avons décrits.

Suivant la température à laquelle on porte le fer dans le fourneau, et suivant la couleur que prend ce fer incandescent, on distingue plusieurs genres de chaudes :

1. La chaude suante ou au blanc soudant (1,500°) : le fer à cette température se soude à lui-même et se corroye facilement.

2. La chaude rouge-blanc (1,300°) ; le fer se laisse étirer et façonner.

3. La chaude rouge cerise (950°) ; le fer peut alors être paré, on corrige les défauts de la pièce.

4. La chaude rouge-brun (700°) est la limite inférieure à laquelle on puisse convenablement forger le fer ; elle convient pour le recuit que l'on fait subir aux pièces façonnées, afin de leur enlever leur aigreur.

Le déchet sur le fer forgé est assez notable, et peut même être considérable lorsqu'on a affaire à des ouvriers peu habiles.

Forgeage mécanique. Il n'y a pas bien des années qu'on a commencé à forger ces pièces de fer dont le poids atteint plusieurs milliers de kilogrammes. Il ne fallait pas songer à les couler en fonte, si on ne voulait les voir se briser sous les chocs ; l'emploi du fer forgé et corroyé était donc nécessaire.

C'était jadis une grosse affaire que de forger un essieu de grosse voiture ; on commençait par forger une âme dont on augmentait peu à peu la section par des chaudes et des additions de fer successives ; mais on n'obtenait pas toujours une adhérence parfaite entre les diverses mises, et l'homogénéité de la pièce était loin d'être assurée.

Aujourd'hui les pièces sont manœuvrées par des treuils et des chariots roulants qui les portent en un moment d'un endroit à l'autre avec la plus grande facilité : le forgeage s'exécute sous des marteaux pesants que manœuvre la vapeur ; la pression de cette vapeur vient souvent s'ajouter à la masse du marteau pour augmenter l'effet de percussion.

La machine-outil qui fait à elle seule le forgeage mécanique, c'est le marteau-pilon.

Il est seul nécessaire ; quelquefois cependant on lui ajoute les marteaux à soulèvement et les martinets à bascule : le marteau à soulèvement est en fonte avec un manche mobile autour d'une charnière ; le manche se prolonge en avant du marteau par une saillie que soulèvent à chaque instant les cames d'un arbre mu par la vapeur ou par une roue hydraulique. Le martinet à bascule est un levier du premier genre : à un bout le marteau, au milieu le point fixe à charnière, au bout un arbre à cames qui abaissent le bout du manche et par suite soulèvent le marteau.

Le principe du marteau-pilon est facile à saisir : c'est le même que nous avons indiqué pour la sonnette Nasmyth, avec laquelle on bat les pieux à la vapeur.

Un lourd marteau est suspendu à une tige verticale, qui se termine par le piston horizontal d'un cylindre à vapeur. En manœuvrant convenablement le tiroir du cylindre au moyen d'un levier à main, on fait communiquer le dessous du piston soit avec la chaudière, soit avec l'atmosphère, on laisse tomber le piston, on l'arrête où l'on veut, et on le laisse tomber de la hauteur que l'on veut, ce qui permet de proportionner l'effort de percussion aux dimensions de la pièce et au degré d'avancement du forgeage.

On comprend sans peine qu'avec le marteau-pilon on ne peut réchauffer les pièces dans des forges ordinaires ; on se sert pour cela de fours à réverbère capables de donner une température élevée et persistante.

Du fer laminé. — Dans la méthode anglaise, lorsque les loupes ou balles de fer sortent du four à puddler, on commence par les porter sous un marteau à soulèvement ou sous un marteau-pilon pour les cingler et pour en exprimer ce qu'elles renferment de scories et d'oxyde.

Le morceau de fer, légèrement étiré après cette opération, est porté aux laminoirs d'ébauchage.

Un train de laminoir se compose de deux cylindres placés verticalement l'un au-dessus de l'autre ; ces cylindres portent des cannelures à section carrée ou ronde, suivant a forme de fer que l'on veut obtenir ; ils tournent en sens contraire afin d'attirer sans cesse la barre de métal qui se trouve engagée entre eux ; ils sont montés sur des bâtis en fonte excessivement solides ; ils sont invariablement maintenus dans leur position ; toutefois, des vis de pression permettent de les rapprocher ou de les éloigner. Le mouvement est communiqué à ces cylindres par deux pignons montés sur leurs axes ; c'est le pignon inférieur qui reçoit l'action du moteur et qui communique au pignon supérieur avec lequel il engrène ; l'effort se partage entre ces deux pignons, et comme ils se communiquent le mouvement l'un à l'autre, ils tournent en sens contraire.

En avant du laminoir est une table sur laquelle le lamineur pose la barre de fer ; il la présente aux cylindres ; elle se trouve comprimée et réduite, et s'écoule sur une autre table en treillis qu'elle rencontre derrière les cylindres ; sans cette précaution, elle s'enroulerait sur le cylindre inférieur.

On n'arrive pas du premier coup à la dimension voulue ; il faut échauffer la barre et la présenter à un train de dimensions plus petites qui la réduit encore, et ainsi de suite. On distingue les trains de laminoirs en dégrossisseurs et finisseurs.

Pour obtenir du fer corroyé, on le débite en lames que l'on coupe ensuite par morceaux, et que l'on réunit par paquets ; on les réchauffe au four à réverbère jusqu'au blanc soudant, et on les passe à nouveau dans les laminoirs.

Les barres encore chaudes, qui sortent du laminoir, sont étendues sur une table en fonte, où on les dresse à coups de maillets en bois.

Les rails, les fers à T, les fers à double T, les fers en U, etc., sont fabriqués avec des laminoirs dont les cannelures ont des sections spéciales.

La tôle s'obtient avec un train de deux équipages de laminoir, un pour dégrossir et l'autre pour finir.

Les cylindres sont évidemment sans cannelure ; ils sont en fonte moulée en coquille, c'est-à-dire dans un moule de fonte ; le moulage en coquille a pour effet de tremper la surface et d'en augmenter la dureté. Les cylindres moulés sont ensuite exactement tournés, afin que l'on puisse obtenir une tôle d'épaisseur uniforme ; ils ont de $0^m,40$ à $0^m,50$ de diamètre, et font de 25 à 40 tours à la minute.

Le déchet dans la fabrication de la tôle est assez considérable et varie de 15 à 30 0/0.

Lorsque le laminage se poursuit sur une tôle qui n'est pas assez chaude, ce qui arrive pour les tôles minces qui se refroidissent vite en passant entre les cylindres, la tôle s'écrouit et devient cassante. Il faut alors la recuire.

Les tôles sont dressées avec des maillets en bois sur des surfaces bien planes.

Nous aurons lieu de revenir sur les diverses natures de tôle et sur le travail qu'on lui fait subir.

Les tôles minces, destinées à la fabrication du fer-blanc, demandent à être fabriquées avec du fer de première qualité, sans quoi elles se déchireraient pendant le laminage.

Le fil de fer qui, comme la tôle, s'obtient par étirage et compression, se fabrique à froid dans les tréfileries au moyen de la filière. La filière est un cadre en acier très-dur percé de trous coniques de diamètre décroissant ; les petites barres de fer laminé sont engagées par la grande base du plus large trou conique ; on saisit le bout de l'autre côté, et, en exerçant une traction, on force la lame de fer à se comprimer et à s'amincir de manière à donner un gros fil. En passant successivement dans les divers trous de la filière, ce fil s'amincit de plus en plus, et finit par arriver au diamètre voulu. On obtient l'effort de traction en roulant le fil sur des cylindres que fait tourner le moteur de l'usine. On emploie pour cette fabrication de bon fer provenant de fonte au bois; il faut que ce fer soit résistant et doux pour ne point se déchirer à la filière. Il s'écrouit cependant après plusieurs étirages, et il est nécessaire de le recuire au rouge-brun; pour faciliter le passage dans les trous de la filière, on a soin d'enduire ceux-ci d'une matière grasse.

Des fers du commerce suivant leur forme, leurs dimensions, leur composition, leur usage. — Il est bon de connaître les différents termes usités par les constructeurs et par les marchands pour désigner les différents fers.

Le fer *aciéré* est celui auquel on a communiqué les propriétés de l'acier par le réchauffage et par la trempe : on en garnit certaines parties des outils qui demandent à être très-dures, comme les extrémités des marteaux et des outils de taillandier. C'est, en général, avec un fer particulier, de très-bonne qualité, que l'on exécute ces parties dures; on le soude au fer commun dont est faite la masse de l'outil.

Le fer *ambouti* est de la tôle plus ou moins épaisse, que l'on relève en bosse à coups de marteau, de manière à figurer en relief des dessins variés. Aujourd'hui, on produit en général tous ces ornements en saillie, au moyen de matrices en creux dans lesquelles on fait pénétrer une tôle plate que l'on soumet à la pression d'un balancier ou d'une presse hydraulique. Ainsi on fabrique les assiettes, les plats en tôle au moyen de presses hydrauliques puissantes, qui, dans une journée, fournissent des milliers de ces objets, que l'on étame ensuite : on voit que l'on peut les obtenir à un prix excessivement faible.

Nous n'avons pas à dire ce que l'on entend par fer de menus ouvrages (serrurerie), fer de pieu, fer de pique.

Le *fer creux*, ou fer Gandillot, du nom de son inventeur, est un fer laminé, creux à l'intérieur; il est, à poids égal, beaucoup plus résistant qu'un fer plein, à cause d'une meilleure distribution de la matière; à résistance égale, il est donc beaucoup plus léger et beaucoup plus économique.

Les petits fers martinés se distinguent en : 1° *carillon*, ou fer carré de 6 millimètres de côté au minimum; 2° *bandelette*, fer plat de 3 millimètres sur 4 millimètres au maximum; 4° *verge ronde*, fer rond de 7 millimètres de diamètre au maximum; 4° *verge crénelée*, de 8 millimètres au maximum.

Les petits fers laminés se distinguent en : 1° *fer feuillard* de 1 à 4 millimètres sur 30 à 80 millimètre au maximum; 2° *ruban*, fer plat de 1/2 à 1 millimètre sur 10 à 30 millimètres au maximum; 3° *carillon*, fer carré de 10 millimètres à 30 au maximum; 4° *bandelette*, fer plat de 2 à 6 millimètres sur 30 à 40 millimètres au maximum; 5° *verge ronde*, de 6 millimètres au maximum.

Les gros fers forgés, ou *fers forgés de gros ouvrages*, sont de dimensions variables, suivant chaque cas particulier : on s'en sert en construction, par exemple, pour relier les diverses parties d'une charpente; il sont encore un moyen de consolidation qui sert à réunir deux murs de face opposés, ou un mur de face avec un massif intérieur, ou une cheminée avec la charpente du toit. On distingue le *tirant*, barre de fer qui a d'ordinaire 15 millimètres d'épaisseur sur 60 de largeur, et qui se termine à une extrémité par un œil dans lequel s'engage une *ancre*, fer rond ou carré que l'on maintient droit ou que l'on courbe en S. Nous avons déjà parlé en stéréotomie des *brides* et des *étriers*; la *plate-bande* est une barre de fer plat, dont l'épaisseur est le quart de la largeur.

Dans les fers laminés en usage pour la construction, on ne distingue que : 1° les *fers ordinaires* à double T, à petites ailes, que toutes les usines fabriquent; 2° les *gros fers symétriques* à double T, à larges ailes; 3° les *fers non symétriques* à ailes inégales, qui ne servent point souvent; 4° les fers *à triple T*, qui portent au milieu de leur hauteur une nervure sur chaque face ; cette forme empêche le flambage de l'âme de la pièce, mais elle n'est point favorable à la résistance ; 5° les *fers zorés* ou fers en U renversés, qui sont commodes dans certains cas, mais qui offrent des difficultés de fabrication lorsqu'on veut avoir une bonne répartition de la matière ; 6° les *fers cornières*, que l'on retrouve dans tous les assemblages ; 7° les *fers à simple* T, qui servent aussi en assemblage, mais dont la forme n'est pas toujours favorable à la résistance ; 8° les *tôles* de toutes dimensions.

Les usines réunissent dans un atlas les dessins de tous les fers et tôles qu'elles fabriquent ; il faut donc, lorsqu'on dresse un projet, adopter pour les pièces dont on prévoit l'emploi, les dimensions courantes du commerce, ou même les dimensions de l'usine qui doit exécuter le travail.

C'est, du reste, quelque chose d'assez facile, car les dimensions de chaque classe de fers vont en décroissant d'une manière à peu près continue ; les variations sont peu considérables, et il est rare que l'on ne trouve pas le type que l'on désire.

Pour terminer, nous dirons quelques mots du fer fendu et du fer de riblons.

Le *fer fendu* se fabrique au moyen de deux équipages de laminoirs ; dans .e premier, la masse de fer passe entre deux cylindres à cannelure très-large ; elle sort à l'état de large barre ; on l'engage entre deux cylindres qui portent des couteaux annulaires en acier trempé, espacés à la largeur voulue ; ces couteaux divisent la lame en une série de barres. En travaillant, ils s'échauffent considérablement et se détremperaient très-vite si on n'avait soin de les arroser d'un jet d'eau continu. On facilite le frottement en interposant une matière grasse.

Le *fer de riblons* se fabrique avec les vieilles ferrailles et avec tous les déchets qui se forment dans les usines (bouts de pièces coupées, bouts de rails, etc.) ; on forme des paquets de tout cela, on les porte aux fours à réchauffer, puis on les cingle au martinet et on les fait passer aux laminoirs. Ce fer se corroye parfaitement, et on peut composer les paquets de manière à placer, par exemple, à la surface les fers les plus durs, et les fers les plus nerveux dans les parties qui sont exposées aux plus grands efforts.

De la tôle. — La tôle, considérée au point de vue de l'épaisseur, se classe en quatre groupes : 1° plaques de blindage destinées à cuirasser nos navires et nos forts ; elles sont en tôle dont l'épaisseur atteint $0^m,15$ à $0^m,20$, et qui est formée d'un fer fin, soigneusement fabriqué, bien trempé, puis recuit ; elles n'intéressent que les constructions navales ;

2° Tôle forte, dont l'épaisseur est de 0^m006 au minimum, et qui sert à la construction des chaudières à vapeur, des poutres de viaduc, etc. ; elle est d'un emploi général.

3° Tôle moyenne dont l'épaisseur est comprise entre $0^m,006$ et 0^m0015 ;

4° Tôle fine (fer battu, fer-blanc), dont l'épaisseur est inférieure à $0^m,0015$.

Mais cette classification d'après l'épaisseur ne suffit pas : car, dans chaque classe, il existe des tôles de toutes les qualités. On distingue quatre qualités différentes de tôle qui sont : la tôle au bois, la tôle fer fort ou mixte, la tôle demi-fer fort, et la tôle ordinaire.

1° *Tôle au bois.* — On la compose avec des fers d'excellente qualité, très-propres et sans pailles, martelés et laminés ; les barres en sont coupées à la longueur voulue et réunies en un paquet.

Le paquet est formé d'une douzaine d'assises : dans l'une, les barres sont en long ; dans la suivante, elles sont en large ; cette disposition a pour objet d'obtenir une soudure parfaite.

Le paquet est porté au four à réchauffer, dans lequel on le pousse jusqu'au blanc soudant, en ayant soin d'élever graduellement la température; de là il passe sous le marteau, où il est soudé et corroyé. On le réchauffe et on procède à un second martelage.

A ce moment, le paquet prend le nom de *massiot*; on le réchauffe près des trains de laminoirs, et ce chauffage demande aussi à être régulièrement et soigneusement conduit. Quand le massiot a été soumis au laminoir dégrossisseur, puis au finisseur, on a obtenu la tôle que l'on recuit au rouge-brun avant de la livrer au constructeur.

Le paquet est composé, avons-nous dit, de manière à obtenir une soudure complète de toutes les barres entre elles; quelquefois, lorsque l'opération n'est pas parfaitement conduite, il reste des parties où les fibres ne se sont point accolées; cela forme un vide, et lorsqu'on porte la pièce au réchauffage, il y a dilatation, le vide augmente, il se produit une gonfle ou cavité intérieure. Le contrôleur essaye toutes les pièces terminées en les frappant avec un marteau aux divers points de leur surface; lorsqu'il rencontre un défaut de sonorité, c'est qu'il existe une cavité intérieure; la pièce doit être rejetée.

La tôle au bois ne sert que pour les chaudières à vapeur, et, le plus souvent, on ne l'emploie que pour les parties dont la courbure est très-accusée et très-compliquée. Il faut qu'elle puisse être pliée dans tous les sens et sous tous les angles, puis redressée, sans se déchirer ni se rompre.

On fabrique une tôle de qualité supérieure encore à celle que nous venons de décrire, en terminant le paquet en haut et en bas par des plaques de tôle au bois, qui remplacent les dernières assises de barres; on fait subir au paquet trois fois l'action du marteau-pilon, au lieu de deux, et deux fois l'action des laminoirs au lieu d'une; il y a donc deux chaudes de plus, et l'on arrive à un corroyage parfait.

2° *Tôle fer fort ou mixte*. — Le paquet qui doit donner cette tôle se compose avec des assises de fer riblon et de fer fin alternantes, recouvertes de deux plaques de fer fin du Berry, fer très-doux qui se lamine et se soude dans la perfection. Ces deux couvertes, en fer pur, ont déjà reçu un laminage à deux chaudes bien soigné.

Le paquet ainsi composé est soumis aux mêmes opérations que celui qui, plus haut, nous a donné la tôle au bois.

La tôle fer fort, moins coûteuse que la tôle au bois, est cependant employée aux mêmes usages; aussi rend-elle de grands services.

Beaucoup de chaudronniers s'en servent pour les parties courbes des chaudières et de leurs accessoires. Un ouvrier habile fait avec cette tôle tout ce qu'il veut.

3° *Tôle demi-fer fort*. — Le paquet qui donne la tôle demi-fer fort se compose à l'intérieur de barres, dont la moitié est en fer riblon du commerce et la moitié en fer ordinaire à la houille; les deux couvertes sont des plaques de fer du Berry, doux et ductile.

Cette tôle, bien fabriquée, et composée comme nous venons de le dire, peut faire un bon service; lorsqu'on doit courber la tôle à angle droit, la redresser dans un sens quelconque, c'est au moins de la tôle demi-fer fort que l'on doit demander. Ce serait vouloir faire de détestable besogne que d'employer une qualité inférieure à celle-ci.

4° *Tôle ordinaire pour chaudières*. — Le paquet qui la donne est composé comme il suit : deux couvertes en fer ordinaire, comprenant entre elles des assises croisées, formées de barres de fer ordinaire et de vieilles tôles ou de rognures de tôle bien nettoyées. Il est nécessaire que les rognures soient de toute la longueur du paquet, bien croisées d'une assise à l'autre, sans quoi il se manifesterait des défauts et des gonfles. Le paquet est porté dans les fours, près du marteau-pilon, martelé à deux chaudes : puis il passe au laminoir où il subit encore une ou deux chaudes.

La qualité de ce fer est très-variable, suivant les soins que l'on accorde à la fabrication, et surtout à la préparation du paquet ; la propreté des vieilles tôles que l'on y introduit doit être exactement vérifiée, ce qui n'est pas toujours facile quand elles sont très-rouillées ; le fer ordinaire ne doit pas renfermer de soufre ; il faut qu'il soit d'un beau grain, facile à laminer.

En prenant toutes ces précautions, on arrive à produire à bon marché un fer de bonne qualité, qui convient à la fabrication du corps des chaudières à vapeur et à celle de toutes les pièces à courbure simple et peu considérable.

Ce que nous venons de décrire, c'est la première qualité de tôle ordinaire ; toutes les feuilles ne sont pas également bonnes. On distingue donc une seconde qualité, composée comme la précédente, mais d'une fabrication moins réussie ; quelquefois même il y entre des fers de qualité moyenne.

Ces tôles conviennent pour tous les ouvrages où l'on n'a besoin que de feuilles planes, comme dans les travaux publics, ou de feuilles à grand rayon de courbure, comme pour les gazomètres.

Lorsqu'on veut les fabriquer directement, sans recourir aux vieilles tôles, ou place entre deux couvertes de fer ordinaire, premier choix, des assises de barreaux croisés en fer ordinaire. Le paquet ne passe pas au martelage, mais va directement aux fours de laminoir ; on lui fait subir deux chaudes et un double laminage. La soudure peut se bien faire, mais il y a absence de corroyage.

Cette tôle ordinaire est celle que l'ingénieur des ponts et chaussées rencontre le plus souvent ; elle est très-peu coûteuse, bien fabriquée et bien composée ; elle suffit en général pour le service qu'on lui demande.

Cahier des charges d'une entreprise — Qualités des fers et tôles. — M. Paul Regnauld, l'ingénieur en chef des lignes du Midi, qui a dirigé tant de travaux considérables, rédige comme il suit l'article du devis qui a trait aux qualités des fers et tôles :

« Tous les fers seront corroyés, doux et non cassants, malléables à chaud et à froid ; leur cassure présentera une texture à nerf ou à grain fin et homogène.

« Ils seront parfaitement laminés, sans pailles, criques ou autres défauts ; leurs surfaces seront nettes et sans traces d'oxyde. Tous ces fers devront pouvoir supporter, à la traction, une charge de 15 kilogrammes par millimètre carré de section, sans éprouver d'altération, et de 30 kilogr. sans se rompre.

« Les tôles devront être d'une qualité au moins égale ou supérieure à celles employées généralement dans la fabrication des chaudières de machines à vapeur ; celles de qualités inférieures seront refusées. Elles seront parfaitement laminées et très-bien soudées, sans pailles, stries, gerçures ou manque de matière.

« Les tôles aigres, à nerf fouillé, qui se fendraient ou s'ouvriraient sous le poinçon, ou qui se déchireraient quand on voudrait les courber, infléchir ou cisailler, seront également refusées. Dans le travail à la machine à percer, à la machine à raboter ou à la cisaille, la tôle devra présenter, dans sa tranche, une coupe grasse.

« Les feuilles devront être planes ; à cet effet, elles seront dressées au tas avec des marteaux. Leur exactitude, sous ce rapport, sera l'objet d'une vérification rigoureuse.

« Les fers cornières, à T, ou de toute autre forme, employés dans la construction, seront de qualités bonnes, susceptibles de se plier à froid comme à chaud, et d'être facilement travaillés à la forge, au poinçon et à la machine à percer, le tout sans gerçure ni altération.

« Ils seront laminés parfaitement droits et réguliers et seront dressés sur des tas en fonte ayant en creux la forme des fers.

« Les fers pour garde-corps et main-courante pourront être de seconde qualité, non cassants à froid. Ces fers seront parfaitement dressés après le laminage.

« Les rivets seront en fer de même qualité que celui employé pour les rivets des chaudières de locomotives. Ce fer sera ductile et tenace, et présentera, sous le rapport du nerf, de la finesse et de la propreté, toutes les apparences du fer le plus résistant.

« Les rivets doivent être obtenus en un seul coup de la machine à étamper, sans que le fer ait été surchauffé ou brûlé.

« Les formes et les dimensions de rivets seront exactement conformes aux dessins qui seront remis aux fournisseurs.

« Les têtes seront bien centrées et d'équerre à la tige; celle-ci sera droite et d'un diamètre uniforme, avec une tolérance de 1 millimètre au plus sous la tête.

« En conséquence les matrices, étampes et bouterolles servant à la fabrication et à la pose des rivets, des boulons, etc., seront renouvelées aussi souvent qu'il sera nécessaire.

« Les fers pour rivets et boulons seront capables de supporter les épreuves suivantes, auxquelles ils seront soumis.

« 1º Pour s'assurer de la résistance transversale, des bouts seront ployés sous un angle de 45º, et ces fers, redressés à froid, ne devront présenter ni cassure, ni criques, ni aucune détérioration.

« 2º Pour constater la résistance à la rivure, on rivera à chaud, et le fer devra s'étaler uniformément, sans se fendiller, et sans qu'aucune parcelle s'en détache. La rivure faite, les têtes ne devront jamais se détacher, quels que soient les chocs auxquels on soumettra les tôles autour des rivets.

« Les boulons seront en fer laminé de première qualité.

« Les fers pour boulons devront pouvoir supporter deux séries d'épreuves :

« 1º On éprouvera la résistance transversale des fers, comme il a été dit plus haut pour les fers des rivets.

2º Dans la seconde épreuve qui sera faite sur les boulons fabriqués, on courbera le boulon à froid sur une enclume, jusqu'à rupture, pour s'assurer que le fer n'est pas cassant et qu'il présente une contexture convenable. »

Travail du fer à froid. — Le fer est fabriqué à chaud ; mais c'est surtout à froid qu'on le travaille pour le mettre en œuvre, et pour construire les pièces composées d'un plus ou moins grand nombre de parties, qu'il s'agit d'ajuster et de réunir les unes aux autres.

Les opérations à exécuter sont des plus variées; on peut les ranger en trois classes :

1º Celles qui consistent à couper le métal pour lui donner le profil voulu ;

2º Celles qui ont pour but de donner à la surface tel ou tel aspect, et qui consistent à buriner, à limer, à tourner, à raboter, à dresser ou planer, à émoudre, à roder, à polir ;

3º Celles qui consistent à creuser la surface, à exécuter ce qu'on appelle : perçage ou poinçonnage, forage, alésage, mortaisage, filetage et taraudage.

Nous en donnerons une explication succincte, en nous attachant surtout au travail de la tôle ; c'est celui qui nous intéresse le plus.

1º *Couper le fer.* — Nous avons vu que l'on coupait le fer à chaud avec des tranches ou tranchets, que l'on appliquait sur le métal et que l'on enfonçait à coups de marteau. On peut en faire autant à froid; mais il est rare que l'on ait des outils assez tranchants et qu'on exerce un effort assez considérable pour ne point refouler un peu le métal au lieu de le couper bien franchement.

Pour des feuilles minces comme le fer-blanc, on a quelquefois recours à de grands ciseaux bien solides et bien trempés que l'on manœuvre à la main comme des ciseaux ordinaires.

Mais, en général, cela ne suffit pas, et il faut se servir de grandes cisailles droites ou circulaires :

La cisaille droite se compose de deux lames : l'une fixe et inébranlable ; l'autre, qui est au-dessus, est mobile autour d'un axe, et elle prend un mouvement circulaire alternatif, comme une branche de ciseau ordinaire, mouvement que lui communique un excentrique auquel elle est réunie par un collier. Ce genre de cisaille est employé surtout pour couper les masses de fer qui sortent du four à puddler, et qu'il faut partager en plusieurs lopins.

La cisaille circulaire est formée par deux cylindres voisins, tournant en sens contraire, et portant à leur surface des couteaux annulaires ; elle convient bien pour les métaux laminés.

La *figure* 452 représente un modèle de cisaille pour tôle ordinaire, destinée à la confection des chaudières ou des poutres : elle comprend un bâtis en fonte très-solide et reposant, comme toutes les machines-outils, sur une fondation inébranlable ; on voit sur la droite de la *figure* deux poulies, l'une est la poulie motrice sur laquelle agit la courroie motrice, l'autre est une poulie folle qui reçoit la courroie quand l'outil ne fonctionne pas ; l'axe de la poulie porte d'abord un volant très-lourd destiné à régulariser le mouvement (presque toutes les machines-outils doivent être munies d'un volant pareil, parce qu'elles n'ont à vaincre que des résistances intermittentes), puis une roue dentée, dont l'axe traverse le massif de fonte et se termine par un excentrique ; cet excentrique est entouré par le collier d'une bielle verticale qui, à la partie inférieure, supporte la masse de fonte à laquelle est fixé le couteau mobile, taillé en biseau, et à lame inclinée. L'excentrique communique à la bielle verticale et par suite au couteau un mouvement de va-et-vient vertical ; le couteau inférieur est une lame à biseau horizontal sur laquelle on appuie la tôle à découper ; la lame mobile en descendant produit le cisaillement suivant les lignes marquées à l'avance par l'appareilleur. Un levier, qui se trouve sous la main de l'ouvrier chargé de diriger l'opération, permet de soutenir en l'air la masse qui porte le couteau, et de limiter la course de celui-ci à une hauteur suffisante pour qu'il n'entame pas la tôle avant qu'on l'ait exactement mise en place ; pendant ce temps, la bielle et la manivelle tournent à vide.

Lorsqu'on a à cisailler des fers cornières, on change le profil des couteaux : le couteau inférieur présente un angle rentrant dans lequel s'applique la cornière, et le couteau supérieur a le profil inverse, il présente un angle saillant.

Un autre moyen de trancher les métaux est de se servir d'une scie à main pour les petites pièces, ou d'une scie circulaire fortement trempée pour les pièces de grandes dimensions. Toutefois, la fonte blanche et l'acier trempé ne se laissent pas attaquer par la scie.

2° *Modifier la surface du fer.* — On modifie la surface du fer de diverses manières, que nous allons passer en revue :

Buriner le fer, ou le *ciseler*, se dit de l'opération qui consiste à en attaquer la surface avec un ciseau ou burin bien trempé, que l'on incline à 45° et que l'on frappe sur la tête avec un marteau, pour que la lame pénètre dans le métal.

Limer le fer, c'est en attaquer la surface avec l'outil appelé lime, sorte de tige en acier trempé recouverte de stries faisant l'effet d'une râpe. Suivant leur forme, les limes prennent des noms divers : carrées, rondes, demi-rondes, plates, trois quarts, tiers-points, queues de rat. L'objet à limer est solidement fixé entre les mâchoires d'un étau monté sur un établi.

Tourner le fer, c'est le travailler sur le tour, comme on fait de beaucoup de matières solides. Le principe du tour est de communiquer à la pièce dont il s'agit un mouvement rapide de rotation autour de la ligne qui doit être son axe définitif, et à présenter à la surface un couteau à lame étroite, qui enlève de la matière et fait apparaître une petite surface cylindrique si l'on a soin de maintenir le couteau à une distance constante de l'axe.

Dans les anciens appareils, le tourneur communiquait le mouvement de rotation à l'objet avec une pédale, et présentait lui-même l'outil qu'il tenait à la main en l'appuyant contre son épaule. On comprend que de la sorte il fallait une grande habileté pour arriver à un travail régulier.

On n'obtenait du reste que des surfaces de révolution ; aujourd'hui on est parvenu à produire, par exemple, des surfaces elliptiques ; il suffit pour cela, tout en maintenant fixe le couteau, de monter l'objet sur un arbre de rotation monté lui-même sur un excentrique, lequel est calculé de manière que les distances de l'arbre de rotation à la lame de couteau, qui lui est parallèle, varient comme les rayons de l'ellipse.

Mais le plus souvent ce sont des surfaces de révolution que l'on veut obtenir. La *figure* 453 représente un tour perfectionné, qu'une courroie met en mouvement : on voit à gauche du dessin une poulie à plusieurs diamètres qui permet de varier à volonté la vitesse de rotation suivant la dureté de l'objet à travailler ; à droite est montée dans un bâtis en fonte une tige à vis que l'on manœuvre par une manivelle, de manière à rapprocher plus ou moins la pointe de droite de celle de gauche qui termine l'arbre de la poulie ; l'objet est saisi et maintenu entre ces deux pointes. Entre elles on aperçoit l'outil, qui, par des vis de pression, est fixé à la distance voulue ; il peut se mouvoir parallèlement et perpendiculairement à l'axe de rotation, et, grâce à ce système de coordonnées rectangulaires, il se transporte sur toute la longueur de la pièce et lui donne en chaque point le profil déterminé.

Au lieu du tour à pointes dont l'axe de rotation est horizontal, on se sert souvent du tour en l'air, dont l'axe est vertical ; le mouvement de rotation est communiqué à une plaque horizontale munie de taquets, sur laquelle on fixe la pièce à travailler.

Raboter, planer ou *dresser* le fer et la fonte se dit de l'opération qui consiste à enlever toutes les saillies et aspérités d'une surface et à la rendre parfaitement plane. Autrefois, c'était à la lime et au burin que l'on dressait les surfaces ; aujourd'hui, on a des machines d'une puissance et d'une précision extraordinaires qui en peu de temps rabotent une surface de plusieurs mètres carrés.

Imaginez une pièce de fonte posée sur un chariot susceptible de recevoir un mouvement de va-et-vient ; la pièce est fixée invariablement au chariot par un système de taquets ; le bâtis qui supporte le chariot se prolonge par des piliers qui se recourbent et portent un outil, sorte de doigt qui se termine par un couteau solide ; ce couteau a le bord de sa lame dans le plan que l'on veut faire apparaître à la surface de la pièce ; celle-ci, dans la première partie de son oscillation, se présente à la lame qui enlève un long ruban de métal ; dans la seconde partie de l'oscillation, le couteau n'attaque pas la surface, mais il s'avance transversalement d'une quantité un peu moindre que son épaisseur, et il se trouve en place pour enlever un nouveau ruban de métal lorsque le mouvement de la pièce se renverse. Tel est le principe des machines à raboter, que tout le monde a pu admirer aux dernières expositions.

Dans les travaux publics, on a l'occasion de se servir de la machine à raboter pour dresser les surfaces de joint des voussoirs d'un viaduc en fonte, ou pour rendre bien plane la surface des plaques de friction qui servent à transmettre aux culées d'un pont la pression des poutres métalliques.

En ce qui concerne les tôles, on les dresse au marteau ; c'est même une opération capitale à laquelle on ne saurait apporter trop de soin, car les conditions de résistance d'une tôle gondolée se trouvent complétement modifiées, et l'adhérence que la rivure doit produire entre les diverses feuilles reste imparfaite. Il est facile, avec une règle bien droite, de reconnaître les aspérités que présente une feuille de tôle : pour la dresser, on la place sur un tas ou surface en fonte, et les ouvriers frappent avec des marteaux aux endroits que le contre-maître leur indique. Pour les pièces un peu longues, on les fait glisser sur des rouleaux qui se trouvent de chaque côté du tas, à sa hauteur. Les cornières sont dressées sur un tas qui porte une rainure dans laquelle glissent les cornières ; au milieu du tas est un vide, c'est là qu'on vérifie les cornières et qu'on les redresse s'il en est besoin.

Emoudre la surface d'un métal, c'est l'user au moyen de la poussière humide d'un corps dur ; généralement on se sert du grès ; c'est sur des meules en grès que l'on aiguise les outils tranchants. Nous avons indiqué plus haut les moyens employés pour émoudre et tailler les pierres dures.

Roder deux surfaces, c'est user l'une contre l'autre par un mouvement de va-et-vient deux surfaces qui sont destinées à se pénétrer ou à s'accoler. On interpose entre les deux surfaces soit du sable mouillé, soit de l'émeri mélangé d'huile.

Polir un métal, c'est exécuter une opération analogue aux deux précédentes, mais plus parfaite. Les polissoirs sont des meules en bois, auxquelles on présente le métal, et qui sont recouvertes avec de la poudre d'émeri ou de pierre ponce, du colcothar, de la potée d'étain, que l'on fixe avec une substance grasse.

3° *Creuser le fer.* — Cela se subdivise en plusieurs opérations distinctes : on peut, avec la machine à raboter, faire apparaître dans une plaque métallique des rainures ou cannelures à section rectangulaire, triangulaire ou demi-circulaire ; il suffit pour cela de donner au couteau le profil et la pénétration voulus, et de régler convenablement son mouvement transversal après chaque oscillation de la pièce.

L'opération que l'ingénieur des ponts et chaussées rencontre le plus fréquemment est le *perçage* ou *poinçonnage* des fontes et des tôles.

Le *perçage* s'exécute en entamant successivement le métal avec une mèche très-dure, qui creuse son trou d'une manière progressive, comme le fait une tarière qui pénètre dans une pièce de bois. La mèche reçoit son mouvement de rotation de la main de l'homme, lorsqu'on ne peut pas recourir à l'emploi d'une machine. La *figure* 454 représente une grande machine à percer que supporte un solide bâtis en fonte (remarquez la forme d'un solide d'égale résistance donnée à ce bâtis, c'est un point qu'il faut chercher à atteindre pour tous les éléments des machines-outils). A droite de la figure est une poulie à plusieurs diamètres, on engage la courroie sur l'un ou l'autre suivant la grandeur du trou et suivant la dureté de la pièce à percer.

Le mouvement de rotation de l'axe horizontal se communique par deux roues coniques à l'axe vertical qui porte la mèche. La roue qui met en mouvement cet axe vertical lui est réunie par un assemblage à rainures et à languettes, de sorte que la mèche peut monter ou descendre sans cesser de tourner ; le mouvement de descente est réglé par l'ouvrier lui-même qui, en tournant la roue que l'on voit à la partie supérieure, fait tourner la vis et produit un mouvement de progression ; l'ouvrier a constamment la main gauche sur cette roue pendant que la mèche tourne, et il serre la vis petit à petit lorsqu'il peut le faire sans grande résistance. On voit sur l'arbre horizontal un verrou qui sert à débrayer l'arbre horizontal et les poulies ; on débraye lorsque le trou est achevé, et en agissant sur la roue de la vis, on remonte rapidement la mèche, on présente à cet outil l'emplacement d'un nouveau trou, puis on embraye de nouveau. Lorsque l'on perce le fer, on arrose l'outil avec de l'huile ou de l'eau de savon.

Le *poinçonnage* est beaucoup plus expéditif, mais il ne s'applique qu'aux métaux en feuilles d'une épaisseur modérée. La poinçonneuse est analogue à la cisaille; il suffit de remplacer dans cette dernière la lame dormante par une matrice ou cylindre d'acier plein, et la lame mobile par un poinçon ou emporte-pièce légèrement conique. La *figure* 455 représente une poinçonneuse à vapeur, qui comprend deux poulies, l'une fixe, l'autre folle, dont l'axe porte un pignon qui engrène avec une roue dentée; l'arbre de cette roue traverse le bâtis et se termine par un excentrique auquel est suspendu le poinçon et la masse de fer qui l'entoure; la matrice est au-dessous. L'excentrique donne à l'outil un mouvement de va-et-vient, que l'on peut limiter ou auquel on peut donner toute son amplitude en agissant sur un levier. L'ouvrier présente la feuille de métal sous le poinçon et place exactement le centre du trou projeté à l'aplomb de l'axe du poinçon; quand il bien sûr de la position, il appuie sur le levier, l'emporte-pièce descend, et enlève de la plaque de métal un bouchon légèrement conique qui se détache de lui-même.

En dix heures de travail, on perce 30 trous avec un vilebrequin à mèche, 75 trous avec une machine à percer, et 900 avec une poinçonneuse.

Forer une pièce se dit de l'opération qui consiste à creuser un trou cylindrique profond dans une pièce de métal. Elle s'exécute avec un foret à longue tige; c'est ainsi que l'on fore les canons de fusil.

L'*alésage* consiste à faire apparaître une surface cylindrique parfaite dans le creux des pièces métalliques. C'est ainsi qu'on alèse les corps de pompe, les cylindres des machines à vapeur, l'intérieur des coussinets.

Pour aléser un trou de faible diamètre, on introduit dans ce trou préalablement dégrossi par la machine à percer, ou obtenu par le moulage, une tige d'acier ayant, par exemple, la section d'un triangle équilatéral, qui, par ses trois arêtes, use le métal en excès et polit la surface résultante; il est évident que la section du trou dégrossi et moulé doit être partout inférieure en diamètre à celle que l'on veut produire.

Pour aléser un trou de grand diamètre, on se sert de couteaux montés sur une plaque horizontale qui tourne autour d'un axe vertical; les couteaux sont minces, et n'attaquent le métal que sur une zone peu étendue; la plaque qui les porte reçoit un mouvement lent et uniforme de progression dans le sens de l'axe, de sorte que l'outil passe le même nombre de fois en tous les points du cylindre.

Le *mortaisage* consiste à creuser dans une pièce métallique un trou de section et de profondeur déterminées; le ciseau chargé de l'opération a un mouvement de va-et-vient dans le sens de la profondeur, et un mouvement de translation, afin d'enlever à chaque oscillation un copeau de métal. La pièce est, au contraire, solidement fixée sur le bâtis.

Le *filetage* et le *taraudage* ont pour effet de faire apparaître soit les vis en saillie que l'on trouve sur les boulons, soit les vis en creux qui existent dans les boulons. Autrefois ce travail s'exécutait à la main, et il fallait une grande habileté pour obtenir une vis bien régulière; aujourd'hui, il est facile de donner à un ciseau un mouvement mathématiquement hélicoïdal, et le travail est simple et rapide.

Des machines à fileter, il faut rapprocher les machines à diviser, qui servent à graduer toutes les mesures de longueur et beaucoup d'appareils de physique; on sait que chaque spire d'une hélice a ses extrémités sur une génératrice du cylindre correspondant à cette hélice, et le pas, c'est-à-dire la longueur interceptée par une spire sur la génératrice qui joint ses extrémités, est une quantité constante; toutes les fois qu'ayant une vis, on lui fera faire un nombre de tours constant, il résultera de la relation précédente, que l'écrou avancera, lui aussi, d'une longueur constante;

fixez à cet écrou une pointe, un traceret, et vous pourrez facilement diviser une ligne en longueurs mathématiquement égales. On peut recourir aux machines à diviser pour marquer sur des tôles des trous de boulons et de rivets.

Emploi de la tôle pour les pièces composées. — Pour exécuter une chaudière, une poutre de pont, et en général toutes pièces composées de tôles et de cornières plates ou cintrées, il faut passer par une série d'opérations que nous allons rapidement décrire.

Les tôles, au sortir du laminoir, sont portées aux ateliers de construction; on commence par les planer, c'est-à-dire par faire disparaître, comme nous l'avons dit, toutes les traces de gondolement. La même opération est faite pour les cornières.

Un appareilleur dresse sous un hangar spécial et sur une aire en tôle l'épure en vraie grandeur et mathématiquement exacte des pièces à exécuter.

Pour chaque élément, plan ou courbe, on taille sur l'épure un gabarit en zinc sur lequel on marque les lignes passant par l'axe des rivets, de sorte que l'intersection de toutes ces lignes donne le centre de tous les rivets. En chaque centre, on perce avec un poinçon un trou d'un millimètre de diamètre.

Le gabarit en zinc est appliqué sur une feuille de tôle solide, et on reproduit sur celle-ci le profil de la pièce en suivant les bords de la lame de zinc avec un traceret; les centres de rivets sont marqués au moyen d'un poinçon que l'on place dans les trous de la feuille de zinc, et que l'on enfonce dans la tôle par un léger coup de marteau. La feuille de tôle est portée à la cisaille qui découpe le profil, puis à la poinçonneuse qui perce les trous du diamètre voulu, et finalement on obtient un gabarit solide, qui peut servir à confectionner une grande quantité de pièces semblables.

Le gabarit ou calibre est appliqué sur les feuilles de tôle que l'on a dressées, on marque le profil sur celles-ci, on les découpe, et on les rapporte sous le calibre pour marquer les trous de rivets et leur centre. Dans cette opération, il faut à la fois ménager la tôle pour avoir le moins de rognures possible et faire en sorte que le découpage soit facile.

Pour tracer les cornières, on fait le traçage de chaque aile séparément; on se contente d'un gabarit donnant la coupe de l'aile sur laquelle on indique les lignes de boulons; ces lignes sont parallèles au bord de l'aile; avec un compas à branches courbes, on suit d'une pointe le bord de la cornière, de l'autre on trace les lignes de rivets en prenant des ouvertures convenables. Sur les lignes ainsi obtenues on détermine chaque rivet en prenant des distances égales soit au moyen d'un compas, soit au moyen d'une règle graduée.

Toutes les pièces étant préparées, on procède à un montage provisoire, pour reconnaître si tout est bien en place et si les trous de rivets se correspondent; les assemblages se font au moyen de quelques boulons fortement serrés. La vérification faite, on démonte non pas tous les éléments, mais seulement les pièces composées qui peuvent se transporter complètes; ainsi, dans un pont, on séparera les poutres des entretoises, mais on ne séparera pas les feuilles de tôle et les cornières qui composent chaque poutre et chaque entretoise. Ces pièces composées sont portées, au moyen de treuils et de grues roulantes, jusqu'à la machine à river.

On pose à la machine tous les rivets qui n'appartiennent qu'à une pièce, et on réserve pour poser à la main, lorsque le pont sera mis en place, tous les rivets qui servent à assembler les pièces voisines. Ainsi une entretoise sera complétement rivée, sauf à ses extrémités, là où on doit la rattacher aux poutres.

Comme la rivure déforme toujours un peu les pièces, on procède à un second montage d'essai, et l'on rectifie l'ajustage en limant et en burinant les parties qui ne se raccordent pas convenablement.

On démonte de nouveau, on transporte le tout au chantier, et on met toutes les pièces en place, en les réunissant par des boulons ; le montage terminé, on achève la rivure à la main.

De la rivure. — La rivure s'exécute à la main ou à la machine ; le dernier procédé est de beaucoup le plus rapide et le plus économique, mais il n'est pas possible de l'employer pour la rivure des pièces mises en place, ou de certaines parties, de formes contournées.

Ce n'est que dans le cas où il y a impossibilité matérielle, que l'on peut recourir à la rivure à la main.

Elle s'exécute de la manière suivante : les rivets sont réchauffés dans une petite forge, ou, ce qui est bien préférable, dans un four portatif : le rivet au rouge-blanc est saisi au moyen d'une pince par un enfant, qui le jette au riveur, ou qui le lui fait parvenir dans une gouttière inclinée ; le riveur est assisté d'un frappeur. Celui-ci prend le rivet, le fait entrer dans son trou, et en maintient la tête en appuyant fortement contre celle-ci une bouterolle que maintient un levier d'abattage ou une pièce de bois formant étai. La tige du rivet ressort de l'autre côté ; le riveur et le frappeur saisissent leurs marteaux et écrasent la tige, il se forme un bouton que l'on façonne en demi-sphère en appliquant dessus une bouterolle, ou un marteau dont la panne porte un creux égal au relief définitif des rivets ; le riveur manœuvre la bouterolle, sur la tête de laquelle frappe son compagnon. Au commencement de l'opération, les deux ouvriers appliquent quelques coups de marteau sur la tôle, aux environs du rivet, afin que les feuilles soient parfaitement adhérentes. Le rivet, en se refroidissant, se raccourcit et produit un serrage énergique. Pour obtenir à la main un serrage parfait, il faut avoir soin que la bouterolle qui supporte la première tête du levier soit bien étayée et appuyée contre la tôle d'une façon inébranlable.

Nous ne décrirons point la machine à river ; elle est fondée absolument sur le même principe que la machine à poinçonner, et cela se conçoit puisqu'il suffit de remplacer la matrice par une bouterolle. Souvent la même machine sert alternativement de poinçonneuse et de riveuse ; il suffit de changer d'outil. Un ouvrier tient le levier de la machine et permet à la bouterolle de s'abaisser lorsqu'il a bien vérifié la position ; deux ou plusieurs ouvriers manœuvrent la pièce, quelquefois très-lourde, qui est suspendue au treuil de la grue roulante.

Le four à rivets est tout auprès de la machine ; un aide y prend les rivets avec une pince et les jette aux riveurs.

La tête d'un rivet bien posé ne doit présenter ni fentes, ni gerçures ; il faut que sa base soit partout adhérente à la surface de la tôle, et que la tête soit pleine et hémisphérique, pour témoigner que la matière n'a pas manqué.

Nous empruntons encore à M. l'ingénieur en chef Paul Regnauld, les articles suivants de son devis type pour les viaducs métalliques, articles qui se rapportent au travail des fers, au perçage et à la rivure, au montage et à la pose :

« *Travail des fers, tôles et fontes.* — L'ajustage sera fait de la manière suivante :

« Les tôles et fers spéciaux seront parfaitement dressés et coupés carrément.

« Les tranches des côtés découverts des tôles et couvre-joints seront dressées de manière à présenter des lignes régulières.

« Les rencontres de cornières suivant des angles déterminés devront être parfaitement régulières, et le travail rogné au burin après l'assemblage.

« Les tranches seront franches sur toute l'épaisseur et ne devront présenter aucune déchirure, ni manque de matière.

« Les tranches de toutes les pièces, tôles, fers, cornières, etc., dans les parties où les jonctions bout à bout devront avoir lieu, seront dressées à la machine à raboter de manière à assurer sur toute la surface du joint un contact parfait. Aucun dressage, aucun travail au burin ne pourra tenir lieu du rabotage. On devra adoucir à la lime les arêtes des feuilles de tôle, après l'affranchissement par cisaille, afin qu'aucune irrégularité n'empêche la parfaite juxtaposition des couvre-joints.

« Des axes mathématiques déterminés par des coups de pointeau seront établis au milieu de chaque feuille de tôle, et serviront à repérer exactement les lignes de rabotage et les alignements des trous.

« Les cornières, fers à T, et autres seront pliés sur des calibres en fonte ; pour éviter de brûler les fers, on devra les chauffer autant que possible au four et non à la forge.

« Les pièces de fonte formant les glissières et coins placés sur les maçonneries seront exactement rabotées pour assurer un contact parfait sur toute l'étendue des joints ; celles servant de simple support seront seulement dressées et ébarbées avec soin.

« Les boulons seront fabriqués avec le plus grand soin et parfaitement calibrés et tournés.

« Le filetage des boulons et le taraudage des écrous devront être nets, soignés et bien uniformes. Les boulons dont le filet serait engrené seront refusés. Les pas de vis seront conformes aux modèles agréés par la compagnie.

« Les boulons servant à l'assemblage des métaux entre eux seront exactement cylindriques sur toute leur étendue. Les têtes et les écrous seront à six pans. Les boulons servant à assembler les charpentes sur les pièces en fer ou en fonte des tabliers, seront à tête carrée et les écrous à six pans.

« Les fers pour garde-corps seront parfaitement dressés et auront exactement les formes prescrites.

« Les divers assemblages seront faits avec le plus grand soin et aussi solidement que possible.

« Les garde-corps, une fois posés, devront être rigides.

« *Perçage et rivure.* — L'entrepreneur devra, pour le diamètre et l'espacement des rivets, se conformer exactement aux dessins d'exécution.

« Le perçage de toutes les pièces devra être fait d'une manière régulière. Les fers percés seront complètement ébarbés de deux côtés, de façon à ce qu'ils puissent s'appliquer parfaitement les uns sur les autres.

« Le perçage des tôles cornières, fers spéciaux, couvre-joints, fontes et en général toutes les pièces répétées plusieurs fois dans la construction du pont, sera fait, autant que possible, mécaniquement.

« Pour vérifier la dimension des tôles, l'alignement des trous de rivets et leur diamètre, il sera fait, toutes les fois que cela aura été reconnu nécessaire par l'ingénieur de la compagnie, des calibres ayant exactement la forme des tôles à examiner.

« Les rivets près des joints devront être disposés de façon à provoquer le serrage des tôles en contact. Le contact des branches devra être parfait, sinon la rivure et les tôles seront refusées.

« Les cornières, doublures et couvre-joints devront, dans l'intervalle des rivets, être parfaitement appliqués sur les tôles et fers qu'ils recouvrent, même dans les parties où se présenteront des changements d'épaisseur, et ce, de façon à épouser exactement toutes les irrégularités de la superficie. Dans le cas où ce résultat ne serait pas obtenu, les pièces seront refusées.

« Les trous relatifs à un même rivet, dans des tôles et fers superposés, devront correspondre exactement d'une pièce à l'autre. Il sera néanmoins accordé une tolérance de $0^m,001$ au plus d'excentricité, à la condition de faire disparaître cette différence à l'équarrissoir.

« La rivure devra être précédée du serrage des tôles et des fers superposés ; la compagnie se réserve toute son action pour exiger que le nombre des boulons ou serre-joints à employer soit suffisant, elle devra en outre être opérée de manière à ce qu'aucun déversement ne se produise dans le corps ni dans la tête du rivet.

« Les trous devront être percés avec un poinçon dont le diamètre ne pourra dépasser celui fixé pour les rivets de plus de un vingtième.

« Les rivets seront chauffés au rouge-blanc, ils seront appliqués à cette température et travaillés de manière à serrer fortement les fers et les tôles à assembler.

« Les têtes devront être bien cintrées, celle obtenue par la rivure sera nourrie à la naissance et ébarbée ; elle ne sera ni criquée ni fendue. Les rivets seront chauffés au four. Les fours seront placés près des ouvriers pour éviter le refroidissement des rivets dans le transport.

« Le constructeur sera tenu de se munir, pour les travaux sur le lieu du dépôt, de fours portatifs. Le chauffage à la forge ne sera jamais admis dans l'atelier du constructeur et sur les chantiers de pose. On ne pourra y recourir que pour des travaux partiels et sur les points où les rivets des fours ne pourraient arriver suffisamment chauds.

« Les rivures se feront à la machine à river. Cette machine devra opérer par pression le serrage des tôles, avant d'écraser la tête du rivet. Seulement dans les parties inaccessibles à la machine à river les rivures se feront à la main, à l'aide de la bouterolle et du marteau à devant.

« Il ne sera autorisé aucune rivure par le petit marteau de chaudronnier, ni aucun écrasement direct des rivets à l'aide du marteau à devant ou avec une chasse-plate. Les rivets et les formes de la bouterolle devront être approuvés par l'ingénieur de la compagnie.

« Les marteaux à main pèseront 4 kilog., et ceux à frapper par devant sur la bouterolle, 9 kilog. au moins.

« Le maintien de la tête du rivet aura lieu au moyen de tas en fonte, autant que possible maintenus par des vis de pression dites turcs. On ne tolérera des leviers que dans le cas où l'emploi des turcs ne serait pas possible. Toutes les précautions seront prises pour que ces leviers soient organisés de manière à tenir le coup le mieux possible.

« *Montage et pose.* — Pour faciliter la pose et le levage des poutres, on pourra river par partie.

« Les dimensions et les dispositions de ces parties seront fixées par l'ingénieur de la compagnie.

« Les poutres ou parties de poutres seront construites à plat sur des chantiers solidement établis, de manière à ne pas être dérangés par le mouvement des masses qu'ils supportent.

« Les chantiers seront élevés de $0^m,80$ environ au-dessus du niveau du sol, pour qu'on puisse passer dessous.

« Ce travail de la rivure sur les pièces montées sera suivi de façon à n'entraîner aucun gondolage ou déformation dans l'ensemble des parois, afin que les lignes et surfaces présentent exactement la forme et la continuité définies aux dessins des ouvrages.

« Si l'entrepreneur adopte un système de levage sans pont de service et qui nécessite par conséquent l'assemblage de deux parties importantes des poutres, il devra monter la jonction à l'atelier avec des soins particuliers; on alésera un certain nombre de trous de rivets dans les pièces assemblées, de manière qu'il soit possible plus tard, au levage, de reconnaître si les pièces sont bien présentées dans la même position respective qu'au montage de l'atelier.

Les trous alésés seront brochés spécialement au levage avec des broches tournées et calibrées, afin d'assurer le maintien parfait de la construction dans sa position normale.

« Aucune pièce de fer et de fonte ne sortira de l'atelier du constructeur sans avoir été préalablement assemblée avec celles qui précèdent et qui suivent et avec les pièces latérales en contact.

« Cet assemblage provisoire devra être fait de manière à présenter un ensemble régulier sans gauchissement et en tout conforme à l'épure.

« L'ajustage et la pose de toutes les pièces de fer et de fonte devront d'ailleurs être faits avec la plus grande exactitude. L'entrepreneur sera responsable de tous les vices de la pose, de même qu'il est chargé de tous les détails de son exécution. »

C'est un spectacle des plus instructifs et des plus intéressants que celui d'une grande usine où l'on travaille le fer. Des moteurs puissants, machines hydrauliques ou machines à vapeur, agissent sur de longs arbres de couche, qui s'étendent sur toute la longueur des ateliers. Au moyen de poulies espacées, on emprunte à ces arbres la force nécessaire à toutes les machines-outils, qui se trouvent placées de manière que le métal parcoure le moins de chemin possible, depuis son entrée à l'état brut jusqu'à sa sortie à l'état de pièce confectionnée. A chaque machine, un ou deux ouvriers suffisent pour produire un travail considérable, rapide, économique, qui jadis aurait exigé le concours prolongé d'un grand nombre d'ouvriers habiles; toutes les opérations qui n'exigent que la force brutale sont réservées aux moteurs inanimés; l'homme n'a plus qu'à surveiller le travail et à diriger dans leur marche les pièces et les machines. Tous les transports se font par voie ferrée; quelquefois même, le moteur est une locomotive de plus ou moins grande dimension. Une grue roulante parcourt tout l'atelier, et, grâce à ses deux déplacements rectangulaires, transporte rapidement d'un point à l'autre les objets les plus lourds. Si le lecteur veut se familiariser avec les notions que nous venons de traiter, nous l'engageons à visiter une de ces grandes usines, qui sont, à notre sens, une des plus belles manifestations de l'activité et de l'intelligence humaines.

Détermination de la rivure. — C'est une question que l'on se pose forcément, lorsqu'on a à assembler des pièces de tôle, de savoir par quel nombre de rivets on doit les réunir pour que la pièce composée ait même résistance que si elle était massive.

Ainsi, étant donné une poutre dont la semelle est formée de trois feuilles de tôle rivées ensemble, quel nombre de rivets faudra-t-il employer, pour que les trois feuilles forment un système parfaitement rigide, c'est-à-dire un système qui résiste comme si les trois feuilles étaient réunies en une?

Remarquez que le rivet agit de deux manières : 1° il produit une résistance de frottement entre les feuilles de tôle qu'il serre les unes contre les autres (le serrage est même assez énergique quelquefois pour faire sauter la tête des rivets); 2° il résiste encore au cisaillement que les feuilles de tôle exercent sur sa section transversale.

Certains constructeurs ne tiennent pas compte du cisaillement, parce que, disent-ils, il y a toujours un certain jeu entre le rivet et son trou ; d'autres, au contraire, admettent que le serrage diminue à la longue, et qu'il ne faut compter que sur la résistance au cisaillement. Nous pensons qu'il faut chercher la vérité entre ces deux opinions.

Nous reviendrons sur cette question lorsque nous traiterons des ponts métalliques ; pour le moment, il nous suffira de dire que l'expérience a montré que le frottement des tôles réunies par des rivets était en moyenne de 15 kilog. environ par millimètre carré de section transversale des rivets.

La résistance au cisaillement par millimètre carré de section transversale d'un rivet varie des $\frac{2}{3}$ au $\frac{3}{4}$ de la résistance que présente le fer du rivet à la traction longitudinale.

L'expérience apprend en outre que la résistance est proportionnelle au nombre de sections que les feuilles de tôle tendent à cisailler dans le rivet ; mais il ne faut considérer comme sections transversales exposées au cisaillement, que celles qui correspondent à la surface de séparation de deux feuilles dont une se trouve coupée ou interrompue à une faible distance du rivet.

Quoi qu'il en soit, en pratique on calcule le nombre des rivets en admettant que leur résistance transversale par millimètre carré est seulement le quart de l'adhérence que la rivure produit dans chaque joint de contact : cette adhérence variant de 12 à 16 kilog. par millimètre carré, on prendra seulement 3 kilog. pour résistance des rivets par millimètre carré de section transversale, et on en calculera le nombre d'après cette condition.

De la fonte. — Dans les travaux publics, on rencontre plus souvent la tôle que la fonte ; cependant, on a exécuté en fonte des ponts et viaducs de grandes et petites dimensions, et on s'en sert dans les travaux accessoires des constructions en tôle ; on en fait aussi des tuyaux de conduite, des plaques d'égout, etc.

Nous avons distingué deux espèces de fonte : la fonte grise et la fonte blanche ; nous avons vu que celle-ci se produisait par un refroidissement brusque du métal en fusion, qu'elle avait subi la trempe et ne convenait guère qu'à la fabrication du fer. Nous avons dit aussi ce qu'il fallait entendre par fonte de première ou de seconde fusion.

La fonte de première fusion convient à la fabrication des grosses pièces qui ne nécessitent point d'assemblage, et qui doivent plutôt agir par leur masse que par leur ténacité.

La fonte de seconde fusion est plus homogène et plus tenace, et sert à fabriquer les éléments de machines.

La fonte au bois s'emploie presque toujours à la première fusion, la fonte au coke ne devient parfaite qu'à la seconde fusion.

C'est par le moulage que l'on obtient les objets en fonte ; le cuivre et la fonte sont les deux métaux usuels qui se prêtent le mieux au moulage.

Une bonne fonte grise doit pouvoir prendre assez de fluidité pour bien remplir le moule dans lequel on la verse ; il faut qu'elle ne subisse point un retrait trop considérable, qu'on puisse facilement la travailler à froid, qu'elle soit tenace sans être trop cassante. C'est à la température d'environ 1200° que s'opère la fusion.

Les fontes, suivant leur provenance, présentent telles ou telles qualités ; en les mélangeant, on se procure le métal qui convient pour le but que l'on se propose.

La fonte de première fusion se rend dans les moules dès qu'elle s'échappe du haut fourneau.

La fonte de seconde fusion s'obtient en fondant les gueuses résultant de la permière fusion, soit dans des fours à réverbère, soit dans des fourneaux ou cylindres verticaux qui prennent le nom de cubilots.

A l'orifice de coulée, on reçoit la fonte dans des poches métalliques de petites dimensions, qui sont fixées à des brancards et que les ouvriers vont vider dans les moules, ou bien dans de grandes poches, susceptibles de contenir plusieurs tonnes de fonte, et suspendues à des grues tournantes qui vont en verser le contenu dans les moules.

Les moules sont formés de châssis en fonte, au milieu desquels on place le modèle; autour du modèle, on tasse un bon sable doux et moelleux qui prend exactement l'empreinte, puis on enlève le modèle et on verse la fonte.

Les modèles doivent toujours être de formes évasées, afin de pouvoir s'enlever sans démolir le moule, et afin que l'objet moulé, lui aussi, soit facile à retirer. Il faut ménager dans la masse plusieurs évents.

La fonte subissant un retrait par le refroidissement, il faut avoir soin d'augmenter un peu les dimensions du modèle; ordinairement, le retrait est d'environ $\frac{1}{100}$, et pour en combattre l'effet, on se sert, en établissant le modèle, d'un prétendu mètre, qui a 101 centimètres de longueur, bien qu'il ne soit divisé qu'en 100 parties.

Le moulage s'effectue soit au sable vert, soit au sable étuvé; dans le premier cas on coule la fonte dans le moule encore frais; dans le second cas, le moule est porté à l'étuve, pour le débarrasser de l'eau et des gaz qu'il renferme.

Dans les pièces creuses, il faut ménager dans le moule des pleins correspondant aux creux; ces parties pleines sont formées par des boîtes dont les morceaux sont disposés de manière que l'on puisse les enlever sans les briser; au centre est un noyau vide, ordinairement un tube en tôle percé de petits trous par où les gaz s'échappent. Les boîtes à noyaux doivent être très-solides, on les construit souvent en briques réunies par des armatures en fer.

Les parois du moule doivent être lissées avec du poussier de charbon, ou recouvertes au pinceau d'un enduit composé de poussier de charbon et d'argile délayés.

Pour les pièces grossières, on a recours simplement à de bonnes terres grasses et liantes, qui cependant ne soient pas susceptibles d'un retrait considérable; on ajoute à ces terres un peu de bourre ou de crottin de cheval, qui donnent à la masse la porosité nécessaire au passage des gaz, en même temps qu'ils l'empêchent de se crevasser.

Le moulage en coquille consiste à introduire la fonte liquide dans un moule en fonte; ce sont généralement des cylindres de laminoirs que l'on coule ainsi, l'épaisseur de la coquille doit être le tiers du diamètre du cylindre à produire. La surface de la fonte est soumise à une trempe, qui lui communique une dureté considérable.

Les défauts que l'on peut relever dans une pièce fondue sont : les *bosses* qui proviennent d'un tassement insuffisant du sable; les *dartres* qui proviennent d'un défaut de lissage de la surface du moule, ou d'un léger éboulement du sable; les *soufflures* qui sont produites par des bulles d'air, qui, ne trouvant pas d'issue, se logent à la surface du métal; le *gauchissement* qui résulte de moules mal combinés (par exemple, lorsque les épaisseurs de métal sont très-différentes en deux parties voisines, il peut se produire une rupture par suite de l'inégalité du refroidissement et du retrait). Les assemblages de pièces en fonte se font toujours au moyen de boulons, que l'on serre plus ou moins par leur écrou (*fig.* 456, 457, 458).

Dans le siècle actuel, on est arrivé à produire ce qu'on appelle la *fonte malléable:* on moule les objets avec une fonte blanche, aciéreuse, et l'on obtient des pièces très-dures, mais aussi très-cassantes. On les décarbure, du moins à la surface, en les chauffant au milieu d'une matière oxydante qui brûle leur carbone ; la matière oxydante ordinairement employée est la mine de fer ou hématite rouge (peroxyde de fer). Au bout de quelques jours, le métal a passé à l'état de fer sur une assez grande profondeur, et l'on peut facilement tailler, limer, buriner la surface. On obtient ainsi un produit précieux pour la reproduction des œuvres d'art, auxquelles on peut donner tout le fini désirable. La fonte malléable se polit aussi bien que l'acier. On reconnaît au rabotage que la décarburation ne pénètre guère à plus de cinq millimètres d'épaisseur à partir de la surface.

La fonte malléable rend de grands services notamment en serrurerie, où elle permet de fondre des pièces, comme les clefs, qu'il fallait autrefois forger à grands frais.

Voici l'article du devis type de M. Paul Regnauld, relatif à la qualité de la fonte qu'il faut employer pour les travaux publics :

« La fonte devra être de la meilleure qualité, elle présentera dans sa cassure un grain gris, serré et régulier et avec arrachement; elle sera exempte de gerçures, gravelures, soufflures, gouttes froides et autres défauts susceptibles d'altérer sa résistance et la netteté des formes des pièces. Elle devra être à la fois douce et tenace, facile à entamer au burin et à la lime, susceptible d'être refoulée au marteau; elle devra prendre peu de retrait au moulage, et pour la résistance, comme sous tous les autres rapports, être égale aux meilleures fontes de moulage anglaises.

« Elle ne devra pas rompre à l'écrasement sous une charge de 65 kilog. par millimètre carré de section, et devra pouvoir, sans altération aucune, résister à une charge de 16 kilog. également par millimètre carré de section.

« La fonte devra, à la flexion, résister à un effort de 26 kilog. par millimètre carré.

« La compagnie aura le droit de faire par pression ou par traction directe, ou par flexion, avec poids morts, ou par chocs, toutes les épreuves qu'elle jugera convenables, sur des barreaux ou pièces fondues à chaque coulée, de manière à apprécier, sous tous les rapports, la qualité des fontes. »

Voici d'un autre côté les qualités exigées pour la fonte par le devis général de la ville de Paris :

« La fonte sera de la meilleure qualité, point aigre, bien homogène, susceptible d'être travaillée à la lime, sans aucune fente ni écornure.

« Les pièces auront exactement les formes et les dimensions prescrites.

« Pour chaque série de pièces de fonte, telles que tuyaux, châssis de regards, bornes-fontaines, gargouilles, etc., etc., il sera exécuté un modèle à Paris aux frais de l'adjudicataire, sous la surveillance des ingénieurs.

« Ces modèles seront disposés dans la prévision du retrait de la fonte, de telle sorte que les pièces moulées présentent les dimensions exactes exprimées aux dessins officiels remis par l'ingénieur à l'entrepreneur.

« Les seuls modèles pour la fonte des bornes-fontaines seront fournis par la ville.

« Le moulage des tuyaux devra être fait avec des précautions telles qu'il ne se trouve point de bavures à la paroi intérieure de l'emboîtement, ni à la paroi extérieure du bout mâle, ni à celle des brides ; toute bavure sera en conséquence burinée avec soin et aux frais de l'adjudicataire.

« Pour avoir la certitude que toutes les brides de même diamètre pourront se raccorder, les fournisseurs feront couper des patrons en zinc de toutes les brides qu'ils auront à faire, sur les modèles-étalons déposés à Chaillot.

« Si les trous des brides sont plus petits qu'ils ne doivent être, le fournisseur les agrandira au burin et à ses frais; s'ils ne sont pas entre eux à des distances égales, il les rectifiera aussi au burin.

« Si les trous ou entailles des bornes-fontaines étaient plus petits qu'ils ne doivent être, ou s'ils n'étaient pas exécutés à la place qui leur est assignée, ils seront refaits au burin aux frais du fournisseur; si ces trous étaient plus grands que dans le modèle, les pièces pourront être rebutées.

« Afin de faire reconnaître que les trous des brides des bornes-fontaines se correspondent, le fournisseur assemblera chaque cippe avec sa plaque au moyen des boulons qui lui seront remis par la ville.

« Le coulage des bornes-fontaines se fera dans des moules séchés à l'étuve, pendant 24 heures au moins, et disposés dans des châssis en fer. »

De l'acier. — Nous avons fait en chimie une étude détaillée de l'acier au point de vue de sa composition, de sa fabrication et de ses propriétés physiques; nous n'aurons donc pas à revenir sur ce sujet.

L'acier fondu coûtait jadis très-cher et n'était guère répandu dans les travaux publics; aujourd'hui, le nouveau métal fusible inventé par M. Bessemer, l'acier qui porte son nom, ou métal homogène, rend déjà de grands services à l'industrie et semble appelé à lui en rendre de plus grands encore.

C'est avec l'acier fondu que l'on fabrique les roues et les essieux de machines, les rails de croisement et les rails de passage à niveau, les roues dentées, des laminoirs, des cylindres, des bielles, des canons, etc. On commence même à l'employer sur plusieurs lignes pour les rails ordinaires, et l'on espère compenser l'accroissement de dépense par un accroissement de durée. On en fait des feuilles de tôle de grandes et petites dimensions, qui remplacent avantageusement la tôle de fer sous le rapport de la résistance; pour un viaduc, par exemple, on peut, à égalité de résistance, obtenir avec l'acier un travail beaucoup plus léger et beaucoup plus élégant. Les ponts et viaducs en acier sont encore peu nombreux; il y en avait un à l'Exposition de 1867 sur le passage qui faisait communiquer le parc avec la berge de la Seine.

L'acier fondu est recueilli sous forme de lingots ayant au moins $0^m,70$ sur $0^m,70$ et $0^m,20$ à $0^m,25$ d'épaisseur. On chauffe ces lingots dans un four près du marteau-pilon, mais il faut chauffer avec la plus grande précaution pour ne point dénaturer le métal en brûlant une partie du charbon; on ne dépasse point le rouge cerise. Quand on est arrivé à cette température, on porte le lingot sous le pilon et on le martèle; puis on le réchauffe de nouveau pour le marteler une seconde fois.

Cette double opération donne de la malléabilité à l'acier; on le place alors dans les fours du laminoir, entre les cylindres duquel on le fait ensuite passer; il faut éviter une pression trop considérable des cylindres sur la plaque d'acier, pour ne point s'exposer à une rupture du laminoir ou de son bâtis.

La tôle, au sortir du laminoir, se refroidit sur la plaque à dresser, puis on la porte au four dormant, où on la réchauffe très-lentement.

Cette opération, sagement conduite, lui fait perdre les défauts que la trempe lui avait communiqués; elle devient douce et brillante, tout en conservant sa ténacité.

La tôle recuite est dressée soigneusement sur la plaque de dressage, puis découpée par les cisailles.

La tôle d'acier est un métal précieux : on l'emploie dans les pièces de chaudronnerie qui exigent le plus de résistance, telles que les parties des chaudières exposées à des coups de feu, partout en un mot où l'on ne craint pas de payer un peu plus cher pour avoir une absolue sécurité.

Dans ces derniers temps, on est arrivé à livrer les tôles d'acier fondu à un prix raisonnable, et il est devenu possible de s'en servir pour les ponts et viaducs, partout où l'on veut allier la résistance et la légèreté.

Résultats d'expériences sur la résistance du fer, de la fonte et de l'acier, dans leurs divers modes d'emploi. — *Tôle de fer.* — La tôle de fer se rompt, en moyenne, lorsqu'elle est soumise à une tension de 35 kilog. par millimètre carré. Sa limite d'élasticité est atteinte lorsque la tension est de 12 kilog. par millimètre carré, c'est-à-dire qu'à partir de cette charge, la tôle, délivrée de l'effort qui la sollicite, ne revient pas à sa position initiale.

Le fer forgé, ou d'une manière générale, les prismes de fer dont la hauteur est faible par rapport aux dimensions de la section, ne se rompent que sous une compression de 40 kilog. par millimètre carré, ou par l'effet d'une traction de 36 kilog.

Mais, lorsque la hauteur d'une tôle est plus grande que ses dimensions transversales, il ne faut pas compter sur une résistance à la compression supérieure à 25 kilog. par millimètre carré, et encore en admettant que la tôle ne flambe pas.

Le coefficient de sécurité appliqué par les constructeurs est généralement une quantité fixe de 6 kilog. par millimètre carré ; c'est en admettant ce nombre que l'on calcule tous les fers : cela correspond à peu près au sixième de la charge de rupture par traction de la tôle et du fer.

Dans ces derniers temps, on s'est enhardi, et on a eu raison de le faire lorsqu'on était bien assuré de la qualité du métal et de la bonne exécution de l'ouvrage.

On a admis, comme coefficient de sécurité pour la tôle, la traction de 7 kilog. par millimètre carré, et on l'applique, par exemple, à toute la section d'une poutre, bien que certaines parties travaillent par extension et d'autres par compression.

Pour le fer forgé, on peut sans crainte prendre pour coefficient de sécurité, 8, ou au moins 7 kilog. par millimètre carré.

Dans des constructions provisoires, on peut même aller jusqu'à 10 ou 12 kilog. par millimètre carré.

Le coefficient de sécurité imposé par le ministère des travaux publics est, toujours, pour la tôle et le fer, de 6 kilog. par millimètre carré.

Fonte. — Il a été fait de nombreuses expériences sur la fonte ; celles de M. Hodgkinson sont les plus complètes. (Traduction de M. Pirel, ingénieur des ponts et chaussées.)

La résistance de la fonte à l'extension ne peut pas être portée à plus de 1,200 kilog. par centimètre carré, ou 12 kilog. par millimètre carré. En adoptant le quart de cette charge de rupture pour coefficient de sécurité, il en résulte que l'on ne devra point imposer à la fonte une tension supérieure à 3 kilog. par millimètre carré. La circulaire du 15 juin 1869 prescrit aux ingénieurs des ponts et chaussées de prendre pour base de leurs calculs une résistance de 1 kilog. lorsque la fonte travaille à l'extension.

Suivant la nature de la fonte, le poids nécessaire pour rompre une pièce par compression varie entre quatre et neuf fois le poids qui briserait la même pièce par extension, et la moyenne de ce rapport est comprise entre 6 et 7. La fonte résiste donc six à sept fois plus à la compression qu'à l'extension.

On peut dire que la fonte se rompt, en moyenne, sous une charge d'environ 70 kilog. par millimètre carré ; pour tenir compte des qualités variables, il faut adopter un coefficient de sécurité qui ne dépasse pas 13 kilog. par millimètre carré ; le plus souvent on se borne même à une tension de 7ᵏ,5 par millimètre carré. La circulaire du 15 juin 1869 prescrit aux ingénieurs des ponts et chaussées d'adopter comme base de leurs calculs une compression de 5 kilog. seulement par millimètre carré.

Voici, d'après M. l'ingénieur Pirel, les principaux résultats des expériences de M. Hodgkinson :

1° Pour tous les longs piliers de mêmes dimensions (piliers dont la longueur est de 25 à 30 fois le diamètre), la résistance à la rupture par pression est environ trois fois plus grande quand les extrémités sont plates et solidement assises, que quand elles sont arrondies et capables de tourner.

2° Un long pilier uniforme ayant des extrémités solidement fixées, soit par des disques, soit autrement, a la même puissance pour résister à la rupture qu'un pilier de même diamètre et d'une longueur moitié qui aurait ses extrémités arrondies ou tournées en cône, de telle sorte que la force de compression passe par l'axe. Ces résultats s'appliquent aussi aux colonnes longues en acier ou fer forgé, et en bois.

3° En augmentant le diamètre d'un pilier, au milieu de sa longueur, on augmente sensiblement sa résistance à la rupture; cependant l'accroissement de la force ne paraît pas dépasser plus d'un septième ou d'un huitième du poids déterminant la rupture.

4° Dans les piliers semblables, c'est-à-dire qui ont toutes leurs dimensions proportionnelles, les résistances sont sensiblement proportionnelles aux carrés d'une des dimensions latérales, le diamètre, par exemple ; les résistances de deux piliers semblables sont donc entre elles comme les aires de leurs sections transversales. Euler avait déjà remarqué, en 1757, qu'un pilier ayant toutes ses dimensions doubles de celles d'un pilier voisin, ne possède qu'une résistance quadruple, bien qu'il renferme huit fois plus de matière.

5° Un pilier cylindrique résiste moins qu'un pilier ayant la forme d'un tronc de cône et renfermant la même quantité de matière que le premier.

6° Un pilier sur lequel la pression s'exerce suivant la diagonale, a trois fois moins de résistance que si la pression s'exerçait suivant l'axe. Il faut donc apporter le plus grand soin à la pose des piliers.

7° De tous les piliers en bois à section rectangulaire constante, et par suite renfermant la même quantité de matières, c'est le pilier à section carrée qui est le plus résistant.

8° Il semble résulter de l'expérience que la température de la fonte peut atteindre celle du plomb fondu (335°), sans qu'elle perde de sa résistance.

9° Une pièce de fonte soumise à un effort transversal, si faible qu'il soit, conserve une flexion permanente, proportionnelle au carré des poids dont elle est chargée; il y a donc toujours perte d'élasticité.

10° La résistance d'une colonne creuse est égale à la différence des résistances de deux colonnes pleines ayant pour diamètre, l'une le diamètre extérieur, l'autre le diamètre intérieur.

11° La charge par millimètre carré de section transversale, est plus grande pour les colonnes creuses que pour les colonnes pleines. A égalité de matière, les colonnes creuses sont donc plus résistantes. Cette remarque s'applique à tous les solides métalliques évidés, qu'ils soient soumis à la compression ou à la flexion.

12° Les colonnes en fonte sont plus résistantes que les colonnes en fer, tant que la hauteur est inférieure à 28 fois le diamètre. Si la hauteur dépasse 28 fois le diamètre, la colonne en fer est plus résistante.

13° Une barre de fer est d'autant plus résistante que le rapport du périmètre à la section est plus considérable.

14° La résistance élémentaire de la fonte diminue à mesure que la section augmente. Cela explique encore l'excès de résistance que présentent les colonnes creuses.

La cause de ce fait doit être attribuée au retrait de la fonte ; la surface est solidifiée quand la partie centrale est encore liquide ou pâteuse ; celle-ci, forcée de remplir le vide, ne peut se contracter librement ; elle reste plus poreuse, moins condensée, et par suite moins résistante que le métal de la surface.

15° Les variations de volume, qui résultent des variations de température, donnent lieu à des efforts souvent considérables, qu'il ne faut point perdre de vue. Toutes les fois que cela est possible, on doit disposer la construction de manière à laisser toute liberté au jeu de la dilatation : ainsi les abouts des poutres ou des grilles qui sont encadrées entre deux pilastres en maçonnerie, doivent être prolongés par un espace libre où ils peuvent se dilater sans disloquer leurs supports.

Sur un tirant en fer ou en fonte d'une assez grande longueur, l'effort de la dilatation peut être supérieur au coefficient de sécurité ; il faut donc se réserver les moyens d'allonger ou de raccourcir cette pièce à volonté, ou bien il faut que les surfaces qu'elle réunit soient légèrement mobiles.

Acier. — L'acier est encore plus résistant que le fer forgé, aussi est-il appelé à rendre de grands services.

L'acier résiste à un effort de plus de 70 kilog. par millimètre carré, et l'on peut admettre pour son coefficient de sécurité, 15 kilog. par millimètre carré. Il ne perd son élasticité que sous une charge de 30 kilog.

Il n'a pas encore été assez employé dans les travaux publics pour que le ministère ait cru devoir fixer le coefficient de sécurité qu'il convenait d'adopter dans les calculs.

Tableau des résistances du fer, de la fonte et de l'acier.

DÉSIGNATION du métal.	CHARGE de rupture par millimètre carré.		CHARGE imposée par l'Administration comme base des calculs.		CHARGE maxima que l'on puisse appliquer dans les constructions.		CHARGE correspondant à la limite d'élasticité.	
	à l'extension.	à la compression.	Extension.	Compression.	Extension.	Compression.	Extension.	Compression.
	kil.	kil.	kil.	kil.	kil.	kil.	kil.	kil.
Fer forgé....	36	40	6	6	7	8	15	12
Tôle........	35	25	6	6	7	6	12	»
Fonte.......	12	60 à 70	1	5	3	13	6	13
Acier.......	70	70	»	»	15	15	30	»

Emplois, défauts et qualités du cuivre. — Les propriétés chimiques du cuivre, sa métallurgie et ses principaux alliages, ont été décrits dans le cours de chimie. Comme c'est un métal peu employé dans les constructions, nous n'aurons que quelques mots à en dire.

C'est un métal brun rouge, d'odeur et de saveur faibles et désagréables, densité 8,8 très-ductile, très-malléable, se réduit en feuilles minces ; vient après le fer comme ténacité, se rompt sous un effort de 34 kilog. par millimètre carré, donne à une haute température des vapeurs vertes ; il ne fond qu'à 23° du pyromètre de Wedgwood.

A l'air humide, le cuivre s'oxyde et se recouvre de vert-de-gris (hydrocarbonate de cuivre) ; à une température élevée, il s'oxyde aussi et se recouvre d'une poussière de protoxyde ou de sous-oxyde, poussière noire ou rouge.

Il est susceptible d'absorber un peu de charbon, et alors devient aigre ; mélangé d'un peu de phosphore, il devient très-dur, et on peut alors en fabriquer des outils tranchants.

On lamine le cuivre, comme on fait pour le fer ; il est nécessaire de le réchauffer souvent pour éviter que les feuilles se déchirent.

Le cuivre pur peut être fondu et moulé ; mais ce métal est excessivement malléable ; il se travaille bien à chaud et à froid ; il vaut toujours mieux le forger, on lui donne ainsi plus de ténacité.

Le bronze et le laiton (alliages du cuivre avec l'étain ou avec le zinc) se fondent très-bien ; on les moule dans du sable étuvé.

Le bronze est beaucoup plus dur que le cuivre ; le bronze pour canons et statues renferme environ 9 de cuivre pour 1 d'étain : presque toujours il y a un peu de plomb ou de zinc.

Le métal des cloches renferme 22 d'étain et 78 de cuivre. Les tam-tams ont même composition ; c'est par la trempe qu'on les rend élastiques et sonores.

Le laiton ou cuivre jaune, alliage de cuivre et de zinc, est ductile et malléable à froid, facilement fusible et se moulant aisément ; à chaud, il est cassant.

Le laiton que l'on doit travailler au tour ne doit pas graisser la lime ; il doit être plus riche en zinc ; dans le fil de laiton, la proportion du cuivre doit être augmentée afin d'avoir plus de ténacité ; le laiton bien malléable renferme 70 de cuivre pour 30 de zinc ; dans les autres laitons, la proportion de cuivre est moins forte.

On distingue encore le similor (80 de cuivre et 20 de zinc), métal tendre ; le tombac ou cuivre blanc (97 de cuivre, 2 de zinc, 1 d'arsenic), le chrysocale (88 de cuivre, 6 de zinc et 6 d'étain).

Le laiton et le cuivre sont employés pour former des éléments de machines ; on s'en sert pour remplacer le fer dans les constructions à la mer ; le cuivre résiste, tandis que le fer est rapidement détruit.

Le cuivre laminé a donné des plaques de doublage pour les vaisseaux ; il résiste toujours bien, quand il est pur.

Il faut toujours éviter d'accoler le fer et le cuivre, car il se produit rapidement une action galvanique qui oxyde les deux métaux et les ronge.

Du plomb. — Métal blanc bleuâtre, dont la surface, très-brillante lorsqu'elle vient d'être grattée, ne tarde pas à s'obscurcir et à se recouvrir d'une pellicule d'oxyde ; odeur très-prononcée, très-mou, tache le papier, malléable et ductile ; il fournit des feuilles très-minces, mais il n'a guère de ténacité et se rompt sous une charge de $2^k,85$ par centimètre carré. Densité, 11,4. Il fond vers 330°. A une température élevée, il brûle à l'air.

Le plomb, avons-nous dit, s'oxyde à l'air ; l'hydrate d'oxyde de plomb se dissout assez bien dans l'eau pure, telle que l'eau de pluie, et il la rend légèrement laiteuse ; dans l'eau ordinaire, qui est toujours impure, il ne se dissout pas.

Le plomb rendu aigre par l'addition d'un peu d'arsenic sert à fabriquer le plomb de chasse ; le métal fondu est jeté dans des passoires, et tombe d'une grande hauteur dans des réservoirs pleins d'eau ; les grains sont ensuite lissés par une rotation dans une tonne garnie de plombagine.

Le plomb laminé s'obtient par le coulage sur des tables bien dressées ; on peut aussi le laminer à froid. Le plomb doit être coulé à une température très-basse et telle qu'une feuille de papier placée à la surface ne s'enflamme pas et ne fasse que se charbonner.

C'est surtout pour la composition des soudures que le plomb est utile : une soudure est un alliage fusible. Lorsqu'on veut réunir deux plaques d'un métal qui ne se soude pas a lui-même, ou qui ne le fait qu'à une température trop élevée, ou bien encore s'il faut joindre deux feuilles de métaux différents, on interpose entre elles un peu de soudure, sur laquelle l'ouvrier vient appliquer le fer à souder; le fer à souder est un morceau de fer ou de cuivre, porté par un long manche et taillé en biseau ; l'ouvrier le fait chauffer dans un petit fourneau portatif et l'applique sur la soudure qui fond et colle ensemble les deux feuilles.

Aujourd'hui on est arrivé, en employant le dard du chalumeau à gaz, à remplacer la soudure au moyen d'un alliage fusible, par la soudure autogène; c'est-à-dire que, grâce à une température considérable, on ramollit suffisamment le métal pour le souder à lui-même. C'est ainsi qu'on peut produire sur place la soudure autogène du plomb.

L'alliage de 1 partie d'étain et 2 de plomb, est la soudure des plombiers.

L'alliage à parties égales de plomb et d'étain est la soudure des ferblantiers. Chauffé au rouge, cet alliage s'enflamme et se change en un mélange d'oxydes de plomb et d'étain, qu'on appelle la potée d'étain, et dont on se sert pour polir les métaux.

Darcet a inventé les alliages fusibles (mélange de bismuth, plomb et étain) dont quelques-uns fondent au-dessous de 100°. On en a fait pour les machines à vapeur des rondelles fusibles dites de sûreté, qui n'ont pas réussi.

« Le plomb employé pour scellement pourra être vieux ; il sera bien épuré, ni graveleux, ni terreux.

« Le plomb laminé sera de la meilleure qualité, bien épuré, uni et doux, sans cassure ni gerçure. » (Devis type de la Compagnie du Midi).

Du zinc. — Métal blanc bleuâtre, texture cristalline et lamelleuse, se gerce et s'aplatit à froid sous le choc du marteau; très-malléable entre 120° et 150°, il s'étire et se lamine facilement à cette température; à 250°, au contraire, il se pulvérise sous le pilon; se rompt sous une charge de 4 kilog. par centimètre carré ; il est moins mou que l'étain et le plomb ; il graisse la lime. Densité, 7 ; il fond à 360°, et brûle à l'air au rouge.

A l'air sec, il ne s'altère pas ; à l'air humide, il s'oxyde, et la couche d'oxyde formé le protége ensuite, car elle est adhérente et non soluble.

Le zinc laminé sert à recouvrir les toitures et les terrasses ; mais il rend peut-être plus de services encore pour la galvanisation du fer.

Le zinc fondu se moule depuis quelques années ; on le bronze ensuite à l'aide de la galvanoplastie, et on produit des objets d'art à bon marché, qui ne laissent point que de faire assez bon effet.

La galvanisation du fer consiste à le recouvrir d'une couche de zinc, qui le protége de la rouille. Cette invention remonte à 1742, et fut remise au jour en 1836 ; le nom de galvanisation provient de ce que le zinc forme avec le fer un couple électrique, dans lequel le fer est l'élément électro-négatif.

L'objet à galvaniser est d'abord décapé dans une cuve remplie d'eau acidulée à l'acide sulfurique, où il reste plusieurs heures; lorsque le fer est enduit de substances grasses, on chauffe à la vapeur l'eau de la cuve, afin de faire monter ces substances à la surface.

Le fer est ensuite bien lavé, puis gratté avec des outils d'acier et frotté avec des brosses très-dures. On le traite alors par l'acide chlorhydrique qui enlève les dernières traces de rouille ; on le sèche à l'étuve; on peut alors le plonger dans le bain de zinc fondu. Ce bain est recouvert de chlorhydrate d'ammoniaque, qui fond et qui décape une dernière fois la pièce de fer.

En quelques secondes, le zingage s'opère, on retire l'objet lentement pour laisser égoutter le zinc en excès, puis on le dépose dans un endroit sec où il se refroidit lentement. La pièce galvanisée est frottée avec du sable et brossée dans des bains d'eau, afin de la débarrasser des dernières traces de sel ammoniac.

Les objets galvanisés exposés à l'air humide se ternissent et se recouvrent d'une efflorescence blanchâtre très-adhérente, qui devient bientôt une couche continue de carbonate de zinc, et préserve le métal de toute altération ultérieure.

La galvanisation conserve bien les morceaux de fer exposés à l'air de la mer.

La galvanisation augmente de beaucoup la durée des seaux en tôle, des couvertures en tôle, des clous, des gouttières et tuyaux de poêle en tôle, des châssis en fer, des fils de fer, des chaînes, des organeaux, des serrures, de tous les fers en un mot qui sont exposés à l'air humide,

Peinture sur bois et sur fer. — La peinture est un enduit que l'on pose à l'état liquide; la partie liquide s'évapore, et il ne reste que la substance solide tenue en suspension, qui forme une croûte plus ou moins adhérente à la surface qu'elle doit protéger.

On peut protéger le bois et le fer en en badigeonnant la surface avec du goudron minéral. Lorsque l'on goudronne des bois, il faut user de précaution, parce que le goudron est assez inflammable et ne s'éteint point facilement ; il est arrivé à des constructeurs maladroits de brûler en peu d'instants des constructions en charpente fort importantes.

Un bon mastic qui protége bien le bois est le suivant : on recouvre le bois d'une peinture commune à l'huile, puis on la saupoudre de sable et on enlève avec une brosse l'excès de ce sable qui doit être siliceux et sec. On applique alors une seconde couche de peinture que l'on saupoudre de sable, et l'on termine par une troisième couche d'huile et de sable. Cette peinture grenue n'est pas belle, elle consomme beaucoup d'huile, et demande beaucoup de temps ; aussi est-elle coûteuse et peu usitée.

Ce qui convient le mieux en somme pour une charpente, c'est une bonne peinture à l'huile faite avec des couleurs soigneusement broyées ; on réserve les tons foncés, olive, brun et jaune pour l'extérieur et les tons clairs, comme le vert clair, pour l'intérieur. On applique une nouvelle couche dès que l'ancienne se gerce et se détériore. La surface d'application doit être bien rabotée et bien polie, afin que la couche de peinture soit uniforme et qu'on ne soit point forcé d'en employer un excès.

Rappelons ici qu'on ne doit peindre que des bois absolument secs; peindre un bois humide, c'est, comme nous l'avons déjà dit, enfermer le loup dans la bergerie ; la pourriture est rapide.

On néglige trop souvent de peindre les surfaces en contact et les assemblages ; c'est pourtant quelque chose de capital, car l'humidité pénètre dans les joints et assemblages et y séjourne toujours, quoi qu'on ait fait pour lui ménager un écoulement rapide.

Lorsque le bois n'est pas sec, il faut le flamber préalablement avec des brandons de paille.

Si l'on applique de la peinture sur un enduit, il faut gratter avec soin toutes les écailles et parties non adhérentes.

Les nœuds doivent être nettoyés avec soin et lavés à l'essence qui les débarrasse de leur résine.

Il y a deux genres de peintures en bâtiments : la peinture en détrempe et la peinture à l'huile.

Peinture en détrempe. — On délaye les couleurs avec de la colle de peau ou colle au baquet, qui se présente sous la forme de gelée tremblante. Il est évident que cette peinture ne convient que pour les enduits à l'intérieur dans des endroits secs, car la colle ou gélatine est soluble dans l'eau.

On applique d'abord les encollages, qui sont un mélange de colle et blanc d'Espagne ou blanc de Bougival bien pulvérisé; on les emploie à une température de 35° à 40°, pour qu'ils pénètrent le bois.

Les teintes ne s'appliquent qu'après les encollages, la température des enduits va sans cesse en diminuant afin de ne pas détremper ceux qu'on a déjà posés.

Avant d'appliquer la peinture il faut gratter les taches et les écailles du bois, et le laver à l'eau de potasse pour enlever toutes les matières grasses.

Peinture à l'huile. — Elle ne se pénètre point par l'humidité, et par suite conserve bien les objets qu'elle recouvre.

On délaye les couleurs finement broyées avec des huiles siccatives. Les huiles d'œillette et de noix, qui sont blanches, conviennent pour les couleurs claires.

Pour les couleurs foncées, il faut préférer l'huile de lin.

Les couleurs sont broyées généralement dans un moulin spécial, quelquefois sur une pierre avec une molette.

On applique les couleurs avec des pinceaux de forme et de nature diverses.

Pour les peintures de bois de menuiserie, on applique d'abord plusieurs couches de céruse (carbonate de plomb) ou de blanc de zinc (oxyde de zinc). Autrefois, on n'employait que la céruse, corps très-vénéneux, qui chaque année détruisait la santé d'un grand nombre d'ouvriers; la céruse a du reste le désavantage de noicir sous l'influence des émanations sulfhydriques. Le blanc de zinc est bien moins coûteux, et ne se ternit pas ; enfin, point capital, il est inoffensif, et on doit en prescrire l'emploi à l'exclusion de la céruse.

Après les couches de céruse ou de blanc de zinc purs, on en applique d'autres dans lesquelles on ajoute à l'un ou à l'autre de ces corps la couleur voulue.

Les peintres en bâtiment ont l'habitude d'ajouter à l'huile de l'essence qui rend la couleur plus liquide et plus facile à appliquer; mais l'essence est très-volatile et la peinture sèche rapidement. Pour des charpentes ou pour des fers exposés à l'air, comme cela arrive dans les travaux publics, une dessiccation trop rapide est d'un mauvais effet, parce que la peinture n'a pas le temps de pénétrer la matière et de contracter avec elle une solide adhérence. Il faut donc absolument proscrire le mélange de l'essence avec l'huile.

Avant d'appliquer la première couche de peinture, il faut boucher avec du mastic (pâte d'huile et de blanc d'Espagne) toutes les cavités, toutes les fissures que peut présenter la surface à recouvrir.

Les peintures appliquées sur des boiseries sont recouvertes d'un vernis.

Pour peindre les fers, on les recouvre d'abord d'une ou deux couches de minium (oxyde salin de plomb d'un beau rouge); le minium est quelquefois falsifié avec de la brique pilée, ou avec du colcothar (oxyde rouge de fer) et du verre pilé : la fraude est facile à reconnaître par une analyse qualitative.

Dans ces derniers temps on a substitué au minium une autre couleur que l'on a appelée à tort minium de fer, et qui est d'un *rouge* beaucoup moins beau que le vrai minium. La base du minium de fer est le colcothar ou peroxyde rouge de fer, qui a sur l'oxyde de plomb l'immense avantage de se fabriquer sans offrir aucun danger pour la santé des ouvriers.

Les constructeurs se mettent presque tous à employer le minium de fer qui est beaucoup moins cher que l'ancien, et qui, paraît-il, présente sur lui quelques avantages.

On a remarqué en Angleterre que les coques de navires en fer, peintes au minium de plomb, se rongeaient rapidement, et l'on a attribué ce fait au rapprochement des deux métaux : fer et plomb ; ils forment un couple électrique, une véritable pile dont le liquide est l'eau de mer avec ses chlorures en dissolution, et la décomposition du fer résulterait précisément de la présence de l'enduit destiné à le protéger. Cette assertion semble s'être vérifiée, car on trouve dans les ampoules, qui se forment sur la coque des navires, un liquide renfermant du chlorure de fer en dissolution.

Avec le minium de fer, cette action galvanique n'est aucunement à craindre. En Angleterre, on a peint au minium de fer des bateaux à vapeur, des bacs à sucre, etc., et l'on a reconnu que cette peinture durait deux fois plus que la peinture au minium de plomb.

D'autre part le minium de fer est beaucoup moins lourd que le minium de plomb, et il coûte moins cher le kilogramme ; il garnit donc beaucoup plus à poids égal. On estime que la peinture à deux couches revient quatre fois plus cher avec le minium de plomb qu'avec le minium de fer.

Quoi qu'il en soit, le minium de plomb est encore beaucoup employé dans la peinture ; il est d'un très-beau rouge, et en outre il semble plus fin et plus adhérent, moins susceptible de s'écailler que le minium de fer. Pour trancher définitivement la question entre les deux miniums, nous pensons qu'il faudrait une série d'expériences bien suivies.

Quand on a appliqué deux couches de minium sur le fer et la fonte, on ajoute la teinte.

La teinte noire doit être rejetée, car elle absorbe très-facilement la chaleur et produirait une dilatation considérable des fers exposés au soleil.

La teinte grise, obtenue en ajoutant un peu de noir d'ivoire au blanc de zinc, est d'un bon usage, car elle indique immédiatement les taches de rouille.

La teinte vert bronze est peut-être d'un meilleur aspect. Quelquefois encore, on a recours aux couleurs fournies par l'ocre jaune et l'ocre rouge.

Les peintures sont payées au mètre superficiel, généralement au prix de 1 franc les quatre couches, pour bois de charpente, fers et fontes.

Voici, d'après M. Oppermann, le prix du mètre carré d'une couche de diverses peintures :

Minium de fer. 0^f,19	Minium de plomb. 0^f,39	Tête morte..... 0^f,27
Ocre brun..... 0^f,29	Céruse .... 0^f,59	Noir de fumée.. 0^f,22

On peut relever sur les peintures divers défauts, qui sont :

1° Les cloques ou boursouflures; la peinture se soulève en cloque au-dessus de la surface qu'elle recouvrait, c'est que celle-ci n'était pas bien sèche, et l'humidité qu'elle renfermait n'a pu s'échapper par les pores, elle a été forcée de soulever la peinture pour trouver un logement.

2° Lorsqu'on recouvre une couche de peinture renfermant une huile grasse par une ou plusieurs autres couches renfermant des huiles siccatives, celles-ci se solidifient rapidement et recouvrent la première qui reste molle, il en résulte encore des cloques, des déchirures, des fissures, et la surface s'écaille. On a ce qu'on appelle le faïençage, le gerçage ou ridage.

3° Ce faïençage se produit encore lorsqu'on expose à l'air une peinture trop siccative, elle ne pénètre point le bois, ni surtout le métal, se contracte rapidement, se fendille et se pulvérise.

On augmente la rapidité de dessiccation des peintures en faisant bouillir les huiles avec une certaine proportion de litharge. On a quelquefois recours à ce procédé pour les premières couches, afin de ne point attendre trop longtemps le moment où l'on doit appliquer les dernières.

M. Chevreul, l'éminent chimiste, dans un mémoire sur les couleurs et peintures, a très-nettement démontré les causes pour lesquelles les peintures se solidifiaient à l'air avec une rapidité plus ou moins grande.

« Expliquons, dit-il, ce qu'est la peinture considérée de la manière la plus générale, conformément à nos expériences.

« La peinture est employée à deux fins, soit pour donner à la surface des objets une couleur différente de celle qu'elle a, soit pour conserver cet objet en rendant sa surface moins susceptible d'être altérée par l'air, la pluie, ou salie par la poussière, par des corps huileux, etc., auxquels cette surface pourrait être exposée.

« Trois conditions sont essentielles à remplir.

« La première, c'est que la peinture ait assez de liquidité pour s'étendre à la brosse avec assez de viscosité cependant pour adhérer aux surfaces, de manière à ne pas couler lorsque les surfaces sont inclinées ou mêmes verticales, et à conserver l'égalité d'épaisseur qu'elle a dû recevoir du peintre.

« La seconde, c'est qu'après l'application elle devienne solide.

« La troisième, c'est qu'après être devenue solide, elle adhère fortement à la surface sur laquelle elle se trouve.

« J'ai prouvé que la solidification de la peinture, soit à la céruse, soit au blanc de zinc, est due à l'absorption de l'oxygène atmosphérique. Mais, puisqu'il est reconnu que l'huile pure se solidifie, on voit que la solidification est l'effet d'une cause première, indépendante du siccatif, et de la céruse ou du blanc de zinc.

« Mes expériences montrent, en outre, que la céruse et le blanc de zinc manifestent la propriété siccative dans beaucoup de cas, et que cette propriété existe dans certains corps que l'on peint, particulièrement dans le plomb.

« Dès lors, le peintre, intéressé à savoir, du moins approximativement, le temps que sa peinture mettra à sécher, doit prendre en considération tous les principes qui concourent à cet effet ; conséquemment, un siccatif ne doit plus être considéré comme la cause unique du phénomène que présente la peinture lorsqu'elle se sèche, puisqu'à ce phénomène concourt un ensemble de corps qui ont la propriété de sécher dans des circonstances déterminées. En outre, il existe un fait remarquable : c'est que la résultante des activités de chaque espèce de corps entrant dans la constitution d'une peinture ne peut s'évaluer par la somme des activités spéciales de chaque corps ; ainsi de l'huile de lin pure, dont l'activité est représentée par 1985 et de l'huile manganésée, qui l'est par 4719, étant mélangées, en ont une qui l'est par 30,826.

« S'il est des corps qui augmentent la propriété siccative de l'huile de lin pure, il en est d'autres qui semblent doués de la propriété contraire.

« Exemple :

« L'huile de lin appliquée en première couche sur verre, a séché en dix-sept jours.

« La même huile, mêlée d'oxyde d'antimoine, 26 jours.

« Dans cette circonstance, l'oxyde d'antimoine a donc été antisiccatif.

« L'huile de lin, mêlée d'oxyde d'antimoine, appliquée en première couche sur toile peinte à la céruse, a séché en 14 jours.

« L'huile de lin, mêlée d'arséniate de protoxyde d'étain, appliquée sur la même toile, n'était pas même prise en 60 jours.

« Le bois de chêne paraît bien avoir la propriété antisiccative à un haut degré, car :

« Dans l'expérience du 23 décembre 1849, trois couches d'huile de lin ont mis à sécher 159 jours.

« Dans l'expérience du 10 mai 1850, une première couche d'huile de lin a mis à sécher à la surface seulement, 32 jours.

« Le peuplier paraît avoir la propriété antisiccative à un degré moindre que le chêne, et le sapin du nord semble l'avoir à un degré moindre que le peuplier.

« Dans l'expérience du 10 mai 1850, trois couches d'huile de lin ont mis à sécher :

« Sur le peuplier, 27 jours.

« Sur le sapin du nord, 23 jours.

« S'il existe une activité siccative et une activité contraire ou antisiccative dans les corps, il ne paraît pas douteux qu'il doive y avoir des circonstances où des corps ayant été couverts d'huile de lin, celle-ci n'éprouvera aucune influence de la part de la surface sur laquelle elle aurait été étendue. Les expériences du 10 mai 1850, où une première couche d'huile de lin a été donnée au cuivre, au laiton, au zinc, au fer, à la porcelaine et au verre, me sembleraient indiquer, sinon, dans tous ces corps, du moins dans quelques-uns, l'indifférence dont je parle. La première couche était sèche sur toutes ces surfaces après quarante-huit heures.

« Je me hâte de dire que je ne prétends pas distinguer les corps mis en contact avec de l'huile de lin, ou plus généralement avec une huile siccative quelconque, en siccatifs, en antisiccatifs et en indifférents ou neutres, parce qu'il est entendu que, ne séparant pas les circonstances dans lesquelles les corps sont placés des propriétés qu'ils manifestent, ces circonstances variant, les propriétés observées dans les premières circonstances pourront varier dans les circonstances suivantes. Dès lors, il y aurait erreur, selon moi, à envisager la propriété dont je parle comme étant absolue dans les corps. J'ai tout lieu de penser qu'un corps peut être siccatif et antisiccatif dans des circonstances différentes, soit que la différence porte sur la température, ou sur la présence ou l'absence d'un autre corps, etc. Par exemple, le plomb est siccatif, relativement à l'huile de lin pure, tandis que la céruse, à laquelle nous avons reconnu la propriété siccative, est antisiccative par rapport à l'huile appliquée sur le plomb métallique.

« Si les peintres veulent se rendre compte des opérations qu'ils exécutent, il faut nécessairement qu'ils se placent au point de vue où je viens de considérer la dessication de la peinture ; c'est ainsi que dans des cas déterminés, et différents les uns des autres, ils pourront modifier leurs procédés habituels avec quelque chance de les perfectionner. L'huile de lin est siccative : cette propriété augmente presque toujours par son mélange avec la céruse, et, dans beaucoup de cas, avec le blanc de zinc même. Si le mélange n'est pas assez siccatif, il faut le rendre tel par un complément qui peut être de l'huile lithargérée ou manganésée ; il est entendu que l'on doit tenir compte de la nature de la surface que l'on peint, du cas où la peinture est appliquée en première couche, en deuxième ou en troisième couche, et enfin de la température de l'air et de la lumière.

« Au point de vue où nous nous plaçons, le siccatif, restreint à l'huile lithargérée ou manganésée, perd beaucoup de son importance, puisqu'on pourra s'en passer en deuxième et en troisième couche, et même en première, si la température de l'air concourt efficacement à l'effet.

« D'un autre côté, il pourra être avantageusement remplacé pour toutes les couleurs claires, dans lesquelles la couleur jaune ou brune est nuisible, si l'esprit du peintre est bien pénétré des applications qu'il peut faire de quelques-unes des observations consignées dans ce mémoire.

« Ainsi, l'huile de lin, exposée à la lumière au milieu de l'air atmosphérique, perd sa couleur et devient siccative. On peut donc, dès lors, l'employer avec la céruse ou le blanc de zinc, sans altérer la blancheur de ces corps.

« Puisqu'en associant le blanc de zinc au sous-carbonate de zinc, on peut à la rigueur se passer de siccatif, c'est encore un moyen de se soustraire aux inconvénients des siccatifs colorés, en même temps qu'il donne l'espérance de trouver des associations de corps incolores qui pourront encore présenter plus d'avantage que celles dont je viens de parler.

« Mes expériences démontrent que les procédés généralement pratiqués par les marchands de couleurs, pour rendre les huiles siccatives en les faisant chauffer avec des oxydes métalliques, laissent à désirer sous le double rapport de l'économie du combustible, et sous celui de la coloration du produit.

« Puisqu'en effet j'ai démontré :

« 1° Qu'une exposition de l'huile à une température de 70 degrés, pendant huit heures, en augmente très-sensiblement la propriété siccative.

« 2° Qu'en ajoutant le peroxyde de manganèse à cette même huile chauffée de la même manière, on la rend assez siccative pour s'en servir.

« 3° Qu'il suffit de chauffer une huile de lin pendant trois heures à la température où l'on opère généralement dans les laboratoires des marchands de couleurs, avec 15 d'oxyde métallique pour 100 lorsqu'on veut obtenir une huile très-siccative.

« Mes expériences expliquent parfaitement le rôle de l'huile de lin, ou plus généralement celui d'une huile siccative dans la peinture. Effectivement, lorsqu'on mêle de l'acide oléique à des oxydes capables de la solidifier, l'acide passant presque instantanément de l'état liquide à l'état solide, ne peut rien présenter d'uniforme dans l'ensemble des molécules de l'oléate produit. Il en est tout autrement d'une huile siccative passant progressivement à l'état solide par suite de l'absorption de l'oxygène. La lenteur avec laquelle s'effectue le changement d'état, permet aux molécules huileuses l'arrangement symétrique qui les rendrait transparentes, si elles ne renfermaient pas entre elles des molécules opaques. Mais, si celles-ci ne prédominent pas, l'arrangement est tel, que la surface de la peinture est luisante et même brillante, à cause de la lumière qui est réfléchie spéculairement par l'huile devenue sèche. »

Nous terminerons cet article en citant les passages des devis types de la ville de Paris et de la compagnie du Midi, qui se rapportent à la composition et à l'emploi des peintures :

« Les couleurs seront bien broyées et détrempées à l'huile de lin, elle seront de la meilleure qualité.

« On n'emploiera pour les blancs que le blanc de zinc. L'huile sera celle de lin parfaitement épurée et cuite avec un vingtième de son poids de litharge.

« Les mélanges pour la composition des couleurs seront faits sous la surveillance d'un agent préposé par l'ingénieur. Les matières colorantes seront parfaitement broyées et non infusées. Elles seront broyées et lavées à l'eau, puis rebroyées à l'huile. Toutes fraudes reconnues sur la qualité des matières, sur les dosages ou sur le nombre des couches appliquées, entraîneront de plein droit le rejet de toutes les peintures ou de toutes les préparations qui les auraient précédées.

« Les blancs à l'huile seront composés de cinq parties en poids de blanc de zinc et d'une partie d'huile de lin rendue siccative.

« Les tons seront essayés avant l'emploi, et les proportions seront au besoin modifiées d'après cet essai.

« Le *coaltar* qui sera employé pour recouvrir les bois, proviendra de la distillation du goudron tel qu'il sort de l'usine à gaz et purgé d'huile essentielle ; il sera pur et liquide, mais seulement autant qu'il sera nécessaire pour l'étendre avec la brosse à long manche. » (*Devis de la compagnie du Midi.*)

« *Couleurs.* — Les couleurs seront préalablement bien broyées et non infusées : on se servira d'huile de lin pour les ouvrages extérieurs, et d'huile blanche pour ceux intérieurs.

« *Colle, vernis, mastics.* — La colle sera faite, soit en parchemin soit en peau, suivant les cas qui vont être indiqués.

« Les huiles, vernis, essences, et en général tous les objets entrant dans la composition des couleurs, seront de la première qualité.

« Les mastics seront faits avec soin et bien recirés dans leur emploi.

« *Teintes à la colle.* — Les blancs et les teintes claires fines seront faits avec de bonne colle de parchemin, en suffisante quantité pour qu'ils ne se détachent pas au frottement ; les teintes foncées pourront être confectionnées avec de simple colle de peau, également en quantité suffisante.

« On ne distinguera que deux espèces de teintes : l'une dite *commune*, l'autre dite *couleurs fines*, suivant le prix des couleurs dont elles sont composées :

« 1° Les teintes communes, qui seront composées de blanc de Bougival, seul ou mêlé avec les divers ocres, charbon fin, terre d'ombre et autres couleurs communes.

« 2° Les teintes fines, dans lesquelles entreront les orpins, le stil de grain, les jaunes minéral et de Naples, la laque, le vermillon, le vert de gris et le bleu de Prusse, mêlés avec une partie de blanc de céruse sur trois parties de blanc.

« *Teintes à l'huile.* — Les couleurs seront délayées, pour former les teintes, dans de l'huile de lin coupée d'un tiers d'essence de térébenthine ; il sera ajouté un peu de litharge pour les rendre siccatives, lorsque l'ingénieur le jugera nécessaire.

« On ne distinguera, comme dans les peintures à la colle, que deux teintes : l'une de couleurs communes, l'autre de couleurs fines ; mais il est bien entendu que le blanc de Bougival ne doit faire partie des matériaux d'aucune peinture à l'huile, le blanc de céruse et le blanc de zinc devant être seuls employés. Les peintures grises seront donc toujours comptées comme peintures communes, le blanc de céruse ne devant être compté comme peinture fine que lorsqu'il est employé à produire le blanc de roi.

« D'ailleurs, les peintures en couleurs fines ne devront être exécutées qu'autant qu'elles seront demandées par ordre formel et par écrit.

« Toutes ces couleurs devront avoir la consistance nécessaire pour bien couvrir les objets qu'elles doivent peindre.

« *Ouvrages de préparation.* — Les bois ou murs à peindre seront grattés, lavés et préparés convenablement, les trous et joints bien rebouchés, suivant les ordres qui en seront donnés.

« Les grattages sur vieilles peintures en détrempe seront faits à grande eau, bien épongés après l'achèvement du travail.

« Suivant ce qui sera ordonné, les lessivages sur vieilles peintures à l'huile seront faits, soit à l'eau seconde coupée, soit à l'eau seconde forte.

« Les rebouchages seront exécutés en mastic ou bande de papier, et dans ce dernier cas, le papier devra être blanc et fort. Il devra être collé avec de la colle forte, dont le prix est compris dans celui qui est porté au bordereau pour le rebouchage.

« Tout rebouchage sur ouvrage neuf (quand il sera jugé nécessaire) sera au compte de l'entrepreneur.

« *Blanchissage au lait de chaux.* — Le blanchissage au lait de chaux sera fait avec soin, et assez épais pour que deux couches suffisent sur les murs salis.

« *Badigeonnage extérieur.* — Les badigeonnages extérieurs seront en couleur de pierre de Saint-Leu, et devront contenir assez d'alun pour résister aux injures du temps.

« *Peintures à la colle.* — Les couleurs à la colle seront employées chaudes, couchées le plus uniment possible, et suivant le nombre de couches qui sera ordonné.

« On appliquera sous les couches à la colle une couche d'encollage ou blanc d'apprêt avec le rebouchage.

« *Peintures à l'huile.* — On ne mettra jamais d'encollage sous les peintures à l'huile.

« Les couches à l'huile seront suffisamment épaisses, elles seront appliquées, autant que possible, par un temps sec, surtout à l'extérieur : on ne mettra les secondes que quand les premières seront sèches.

« Le nombre des couches sera déterminé par l'ingénieur.

« *Goudronnage.* — Le goudron sera employé chaud et suffisamment épais pour bien couvrir le bois ; on pourra exiger un demi-kilogramme de goudron par mètre carré. » (*Devis général de la ville de Paris.*)

FIN.

Paris. — Imprimerie PILLET fils aîné, rue des Grands-Augustins, 5.